Produtos naturais bioativos

Comissão responsável pela publicação deste livro

Maria José Soares Mendes Giannini
Maria Valnice Boldrin
Erivaldo Antonio da Silva
Rogéria Aragão de Souza

LOURDES CAMPANER DOS SANTOS
MAYSA FURLAN
MARCELO RODRIGUES DE AMORIM
(ORGS.)

PRODUTOS NATURAIS BIOATIVOS

CULTURA ACADÊMICA
Editora

Cultura Acadêmica
Praça da Sé, 108
01001-900 – São Paulo – SP
Tel.: (0xx11) 3242-7171
Fax: (0xx11) 3242-7172
www.culturaacademica.com.br
www.livrariaunesp.com.br
feu@editora.unesp.br

CIP – Brasil. Catalogação na publicação
Sindicato Nacional dos Editores de Livros, RJ

P956

Produtos naturais bioativos / Lourdes Campaner dos Santos, Maysa Furlan, Marcelo Rodrigues de Amorim (Orgs.). São Paulo: Cultura Acadêmica, 2016.

ISBN 978-85-7983-791-3

1. Química. 2. Química farmacêutica. 3. Físico-química. 4. Farmacognosia. I. Santos, Lourdes Campaner dos. II. Furlan, Maysa. III. Amorim, Marcelo Rodrigues de

16-37146 CDD: 540
CDU: 540

Editora afiliada:

Asociación de Editoriales Universitarias de América Latina y el Caribe

Associação Brasileira de Editoras Universitárias

Sumário

Apresentação

Em parceria com a Editora Unesp, sob o selo Cultura Acadêmica, a Pró-Reitoria de Pesquisa (PROPe) tem viabilizado a produção de obras de duas coleções: Desafios Contemporâneos e Fronteiras.

Um de seus objetivos é divulgar a produção acadêmica liderada por pesquisadores e docentes vinculados à Unesp sobre temas de relevância social e tecnológica no mundo contemporâneo.

Esta edição integra a coleção Fronteiras e contempla trabalhos elaborados por grupos de pesquisadores das seguintes unidades/*campus* universitários da Unesp: Instituto de Química (*campus* de Araraquara), Instituto de Biociências (*campus* do Litoral Paulista de São Vicente), Faculdade de Agronomia (*campus* de Botucatu), Faculdade de Ciências Farmacêuticas (*campus* de Araraquara). Esses são locais que concentram qualificadas pesquisas em Produtos Naturais Bioativos (PNB), com diferentes enfoques na fronteira do conhecimento da área.

Os PNB se tornaram conhecidos a partir de clássicos estudos químicos que revelaram a diversidade química e o papel de cada metabólito, cujo conhecimento e cuja interpretação dependem da habilidade do químico e do farmacólogo em detectar, analisar e expor suas estruturas químicas, seus precursores biossintéticos e sua dinâmica metabólica nos diferentes tecidos de uma determinada matriz natural (plantas, micro-organismos ou organismos marinhos). Da mesma forma, cabe ao farmacólogo identificar suas habilidades biológicas. Nesse complexo processo da natureza, os PNB podem ser comparados a uma orquestra que demonstra sua irrepreensível precisão e habilidade de expor e transformar as notas da natureza em infindáveis diversidades química e estrutural com potencial interesse biológico.

Um dos estudos mais clássicos dos PNB resultou no isolamento da morfina do ópio (*Papaver somniferum*), há mais duzentos anos. Por mais de 150 anos, esse estudo configurou-se no único trabalho científico com enfoque no isolamento e na determinação estrutural de uma molécula bioativa isolada de plantas. A morfina teve a sua estrutura molecular determinada em 1923 e veio a ser comercializada e utilizada como sedativo e analgésico em 1927, desempenhando papel fundamental no desenvolvimento da indústria farmacêutica. A morfina é considerada um marcador de tempo dos PNB, uma vez que, subsequente à elucidação de sua estrutura molecular, teve sua síntese orgânica proposta e é utilizada como medicamento até os dias de hoje.

A partir do isolamento e da caracterização da morfina, deu-se início a uma nova era, na qual os estudos químicos e farmacológicos com produtos naturais se expandiram. Após a Segunda Guerra Mundial, o interesse pelos produtos naturais bioativos voltou-se também para os estudos de micro-organismos, sobretudo depois da descoberta da penicilina. A partir desse advento, em ciclo evolutivo até 2012, 66% dos medicamentos aprovados eram produtos naturais ou análogos inspirados nos mesmos.

Essa incrível resposta da natureza está intrinsecamente relacionada à vasta diversidade estrutural, produzida por diferentes matrizes naturais e traduzida em mais de duzentos mil produtos naturais conhecidos e alicerçados em quase seis mil esqueletos carbônicos que ornamentam o meio ambiente. Essa variedade desperta interesse de diferentes áreas do conhecimento e propicia o exercício da interdisciplinaridade na busca de novas alternativas e terapias na cura de doenças. O acesso aos produtos naturais tornou-se realidade com a evolução da síntese orgânica, da química medicinal e dos conceitos de biotransformação, que incrementam a quantidade de moléculas-alvo e/ou a busca por novos modelos de fármacos inspirados nos PNB.

Esta obra procura integrar esses conceitos relevantes da área de PNB em perspectiva interdisciplinar.

No capítulo 1, com conceitos sobre estudos de anatomia vegetal e ênfase em estruturas secretoras de plantas com potencial medicinal e farmacológico, os autores esclarecem a morfologia estrutural da glândula, o período da ocorrência da secreção e a melhor época de colheita para extração.

O capítulo 2 insere dados relevantes sobre a botânica, a fitoquímica, o cultivo e o melhoramento genético de *Lippia alba* (Mill.) N.E.Br – Verbenaceae. Os autores procuram suprir a falta de informações sobre a espécie em questão, apresentando estudos de variabilidade genética vinculada às análises de perfil fitoquímico, bem como de outros aspectos, como morfologia, biologia reprodutiva, pragas, doenças e, sobretudo, melhoramento genético.

No capítulo 3, dando prosseguimento à fitoquímica de espécies vegetais, é apresentado o estudo completo de *Maytenus ilicifolia* (Celastraceae). Os autores discutem dados relevantes sobre ensaios biológicos de extratos, frações e substâncias estudados pelo grupo de pesquisa, evidenciando a razão dessa espécie vegetal ser consagrada como espinheira-santa.

Na sequência, o capítulo 4 traz um panorama sobre o polêmico assunto de doenças negligenciáveis. Introduz aspectos clínicos, epidemiológicos e de controle de leishmanioses e doença de Chagas, enfatizando as dificuldades terapêuticas para controle dessas parasitoses. São discutidas estratégias e descobertas de novos compostos de origem natural com atividade antiprotozoária e apresentadas vias metabólicas importantes desses parasitos para identificação de novos alvos terapêuticos.

Outra ferramenta utilizada e empregada na área de Produtos Naturais é a biocatálise. No capítulo 5, são discutidos como os sistemas enzimáticos são capazes de realizar transformações químicas sem precedentes dentro da química orgânica e produzir moléculas bioativas complexas e que não seriam facilmente obtidas pela síntese orgânica tradicional. Duas grandes classes de produtos naturais foram selecionadas para essa discussão: os flavonoides e os terpenoides.

No capítulo 6, são apresentados os resultados de pesquisas realizadas até o momento com as várias plantas que apresentaram atividade moluscicida, subdivididas conforme a espécie vegetal e o molusco-alvo, com a intenção de sistematizar o conhecimento e favorecer o desenvolvimento de novas abordagens.

Não poderíamos deixar de apresentar o estudo com fungos endofíticos. O estudo desses micro-organismos vem crescendo consideravelmente em todo o mundo e, no Brasil, ocupa também uma posição de destaque. O capítulo

7 contempla pesquisa de fungos endofiticos associados a várias espécies que forneceram compostos bioativos.

O capítulo 8 aborda a importância das plantas medicinais na busca de protótipos de fármacos antifúngicos como alternativa futura às drogas convencionais. Ilustra, ainda, um breve panorama da pesquisa no Laboratório de Micologia Clínica e Núcleo de Proteômica do *campus* de Araraquara da Unesp, apresentando um estudo retrospectivo de substâncias naturais bioprospectadas, no período de julho de 2005 a junho de 2010, frente a patógenos fúngicos de elevada importância epidemiológica. Os dados apresentados contribuem para o desenvolvimento tecnológico nacional, uma vez que envolvem aspectos inerentes à inovação farmacêutica, no desenvolvimento de um novo fitofármaco ou de um fármaco sintético.

A área da química medicinal também foi contemplada nesta edição. O capítulo 9 destaca alguns exemplos de Produtos Naturais Bioativos, destacando algumas de suas subunidades estruturais fundamentais para construção de novos compostos bioativos e de seus respectivos derivados, que oferecem ou podem oferecer tratamento ou alívio de sintomas de algumas doenças.

No capítulo 10, os autores apresentam atividades biológicas passíveis de serem apresentadas por compostos naturais bioativos, além de mostrar métodos *in vivo* e *in vitro* para avaliação de segurança dos fitocosméticos, enfatizando e enfocando a tendência atual da cosmetologia na obtenção de ativos realmente seguros e eficazes na diminuição dos sinais de envelhecimento cutâneo intrínseco e na prevenção de patologias e efeitos inestéticos causados à pele pelo ambiente e pelo tempo.

Acreditamos que a seleção dos conteúdos aqui reunidos possam fornecer aos leitores informações atuais, relevantes e de grande interesse sobre a área de Produtos Naturais Bioativos no Brasil.

Lourdes Campaner dos Santos
Maysa Furlan
Marcelo Rodrigues de Amorim
(Orgs.)

1
Estudos da anatomia vegetal com ênfase em estruturas secretoras de plantas com potencial medicinal e farmacológico

Maria Bernadete Gonçalves Martins
Selma Dzimidas Rodrigues

Introdução

As espécies vegetais contendo substâncias bioativas têm cada vez mais se tornado objeto de pesquisas, na busca de tratamentos terapêuticos alternativos ou de substâncias que, em momento posterior, possam ser exploradas na produção de fármacos, cosméticos e agroquímicos (Fabricant; Farnsworth, 2001).

O estudo de plantas medicinais apresenta várias áreas de pesquisa e, cada vez mais, tem atraído a atenção de botânicos, farmacêuticos e biotecnologistas. Estudos multidisciplinares complementares também são muito importantes dado o vasto número de metabólitos secundários que podem ser encontrados em plantas (Victório, 2011).

No Brasil, 20% da população consome 63% de medicamentos alopáticos. O restante encontra nos produtos de origem natural, especialmente nas plantas, uma fonte alternativa de medicação. Dentre os fatores que têm contribuído para o aumento nas pesquisas, está a comprovada eficácia de substâncias originadas de espécies vegetais, como os alcaloides da vinca, que apresentam atividade antileucêmica, ou do jaborandi, com atividade antiglaucoma, ambos considerados indispensáveis para o tratamento dessas doenças.

Muitas plantas são a matéria-prima para a síntese de fármacos (Foglio et al., 2006). Elas oferecem uma importante fonte de produtos naturais biologicamente ativos, muitos dos quais constituem modelos para síntese de um grande número de fármacos. Pesquisadores da área de produtos naturais mostraram-se impressionados pelo fato de esses produtos encontrados na natureza revelarem grande diversidade de estrutura e de propriedades físico-químicas e biológicas (Wall; Ani, 1996). Apesar do aumento de estudos nessa área, os dados disponíveis revelam que apenas 15% a 17% das plantas foram estudadas quanto ao seu potencial medicinal (Soejarto, 1996).

Grande parte das plantas nativas brasileiras ainda não foram estudadas farmacologicamente, e muitas espécies são usadas empiricamente, sem comprovação científica quanto à eficácia e à segurança de seu emprego. Isso demonstra que, em um país como o Brasil, cuja biodiversidade oferece um vasto celeiro de moléculas a serem descobertas, existe uma enorme lacuna entre a oferta de plantas e as poucas pesquisas comprovadas. As plantas, além de seu uso terapêutico na medicina popular, têm contribuído, ao longo dos anos, para a obtenção de vários fármacos, que são até hoje amplamente utilizados na clínica, como, por exemplo, a emetina, a vincristina, a colchicina e a rutina. A cada momento são relacionadas na literatura novas moléculas, algumas de relevante ação farmacológica, como a forscolina, o taxol e a artemisinina (Cechinel Filho; Yunes, 1998).

Até meados do século XX, as plantas medicinais e seus derivados constituíam a base da terapêutica medicamentosa, quando a síntese química, que teve início no final do século XIX, alcançou a fase de desenvolvimento vertiginoso. Atualmente cerca de 50% dos medicamentos utilizados são de origem sintética e em torno de 30% são de origem vegetal, isolados ou produzidos por semissíntese (Calixto, 2000).

Estudos recentes demonstram que a chamada megabiodiversidade, encontrada em países como a Austrália, Brasil, China, Colômbia, Equador, Índia, Indonésia, Madagascar, Malásia, México, Peru e Zaire, está seriamente ameaçada, o que justificaria a utilização sustentável das plantas, de modo a conservar e reparar áreas degradadas (Nodari; Guerra, 1999).

Recentemente, o Ministério da Saúde brasileiro divulgou uma lista de plantas medicinais aprovadas para uso terapêutico. Essa última atualização apresenta 71 exemplares, de diversas famílias, como, por exemplo, as plantas da família Plantaginaceae (*Plantago major*), Fabaceae (*Erythrina mulungu*), Malvaceae (*Malva sylvestris*), entre outros exemplares. Todas essas espécies de plantas estão autorizadas para consumo pela Agência Nacional de vigilância Sanitária (Anvisa) (Brasil, 2010).

Estruturas secretoras

As estruturas secretoras dos vegetais são compartimentos especiais que sintetizam e/ou armazenam substâncias que conferem propriedades medicinais ao vegetal. Trata-se de um termo empregado para caracterizar células ou conjunto de células envolvidas na secreção de substâncias, como óleos essenciais, mucilagens, resinas, flavonoides e compostos fenólicos.

As células secretoras podem estar individualizadas, constituindo os idioblastos, ou ser encontradas em estruturas multicelulares de variadas formas, nomeadas como tricomas, emergências, cavidades ou bolsas e ductos ou canais. Todos esses tipos morfológicos são designados como estruturas secretoras.

As secreções são, de modo geral, complexas, sendo o exsudado constituído por muitos compostos químicos. Apesar de haver mistura (goma-resina), há predominância de um composto ou grupo de compostos, sugerindo a especificidade na atividade das células secretoras.

A grande diversidade de tipos morfológicos de estruturas secretoras das plantas despertou, desde muito cedo, nos botânicos, um enorme interesse pelo seu valor adaptativo e taxonômico. A morfologia, a distribuição e a frequência dos tricomas glandulares e a classe química dos compostos secretados têm sido empregados como caracteres discriminativos em nível de subfamília ou em táxons inferiores à família (El Gazzar; Watson, 1970; Abu-Asabu; Cantino, 1987; Cantino, 1990).

Nos animais, distingue-se os termos excreção (eliminação de resíduos que não participam mais do metabolismo) e secreção (produção de substâncias que podem participar de processos metabólicos). Nas plantas não se pode fazer essa distinção entre esses dois processos e utiliza-se o termo secreção em sentido amplo.

Para os vegetais, a secreção compreende os complexos processos de formação (podendo incluir a síntese) e de isolamento de substâncias específicas, em compartimentos do protoplasto da célula secretora, e posterior liberação para espaços extracelulares, no interior dos órgãos ou na superfície externa do vegetal. Processos de reabsorção de materiais secretados também já foram registrados em plantas (Castro; Machado, 2006).

Vários tipos de classificação das estruturas secretoras já foram propostos, tomando-se por base a posição que as estruturas ocupam no corpo do vegetal (Esau, 2002; Cutter, 1986), a natureza química da substância secretada (Lüttge, 1971) ou o trabalho celular envolvido nesse processo (Fahn, 1979).

Há tricomas de vários tipos morfológicos, denominados secretores ou glandulares (capitados e peltados) e tricomas não secretores, denominados tectores.

Na Figura 1.1 (A-F), por meio de micrografia eletrônica de varredura, verifica-se na folha de *Brugmansia suaveolens* (Solanaceae), popularmente chamada de sete-saias ou trombeteira, a presença de tricomas tectores e glandulares do tipo capitado e peltado.

Na Figura 1.2, no quadro (A), observa-se em detalhe o tricoma peltado, na folha de *Jacaranda puberula* (Bignoniaceae), popularmente chamado de carobinha; no quadro (B), exibe-se o tricoma capitado de *Tetradenia riparia* (Lamiaceae), conhecido como pluma-de-névoa, limonete, pau-de-incenso ou falsa-mirra. No quadro (C), verifica-se em *Plantago major* (Plantaginaceae), chamada popularmente de tanchagem, o tricoma capitado com a célula apical da glândula, constituída por duas células secretoras.

Na Figura 1.3, temos uma micrografia eletrônica de varredura de folhas adultas de *Avicennia schaueriana* (Avicenniaceae). No quadro (A), apresenta-se uma superfície adaxial, evidenciando glândulas de sal, e no quadro (B), uma superfície abaxial, com inúmeras glândulas de sal recobrindo a epiderme.

Na Figura 1.4, o quadro (A) apresenta, por meio de microscopia de luz, a nervura central da folha de *Schinus terebinthifolius* (Anacardiaceae), evidenciando três canais secretores ao redor de feixes vasculares. O quadro (B) mostra o tricoma capitado e o tricoma tector do tipo estrelado na folha de *Malva sylvestris* (Malvaceae).

Figura 1.1 – Micrografia eletrônica de varredura da folha de *Brugmansia suaveolens*: (A) Superfície adaxial evidencia a distribuição de tricomas tectores e glandulares na região da nervura central (escala 100 μm); (B) superfície adaxial da folha mostrando tricoma capitado e estômato (escala 20 μm); (C) superfície abaxial, tricoma capitado (escala 20 μm); (D) face adaxial da folha, mostrando tricoma peltado e células epidérmicas (escala 30 μm); (E) face abaxial, mostrando nervura secundária (escala 100 μm); (F) tricoma peltado na face adaxial da folha (escala 100 μm)

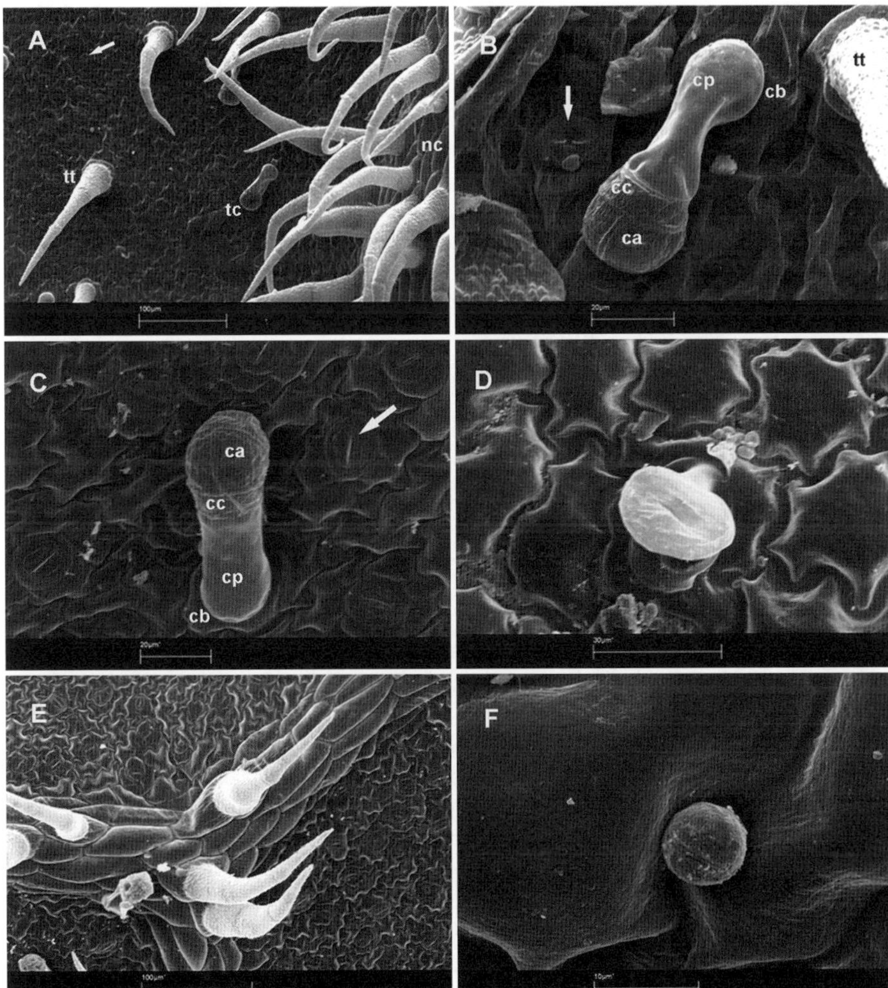

Nas imagens: (seta) estômato; (nc) nervura central; (tt) tricoma tector; (tc) tricoma capitado; (cp) célula peduncular; (cb) célula basal; (cc) célula colar; (ca) célula apical.

Fonte: Martins, M.B.G. (2004)

Figura 1.2. Micrografia eletrônica de varredura da folha evidenciando tricomas secretores: (A) MEV do folíolo central da folha de *Jacaranda puberula* (Bignoniaceae) na região da epiderme abaxial, evidenciando tricoma glandular do tipo peltado, com a "cabeça" da glândula constituída por 7 células secretoras; (B) MEV da superfície abaxial da folha de *Tetradenia riparia* (Lamiaceae), evidenciando o tricoma glandular do tipo capitado; (C) MEV da superfície abaxial de folhas de *Plantago major* (Plantaginaceae) evidenciando tricoma glandular do tipo capitado tendo a "cabeça" do tricoma formada por 2 células secretoras

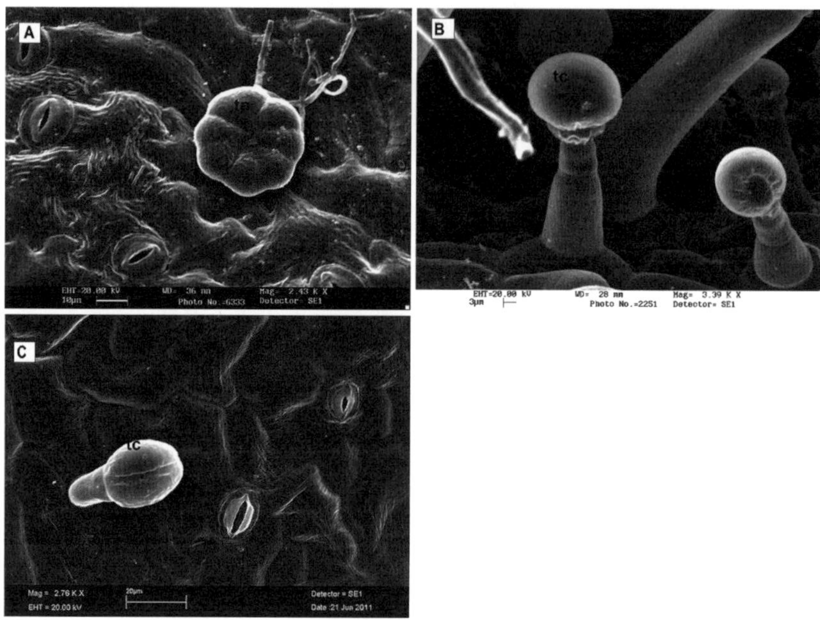

Nas imagens: (tp) tricoma peltado; (tc) tricoma capitado

Fonte: (A) Martins et. al., 2008a; (B) Martins et. al., 2008b; Martins; Mesquita (não publicado)

Figura 1.3 – Micrografia eletrônica de varredura de folhas adultas de *Avicennia schaueriana* (Avicenniaceae): (A) superfície adaxial evidenciando glândulas de sal; (B) superfície abaxial com inúmeras glândulas de sal recobrindo a epiderme

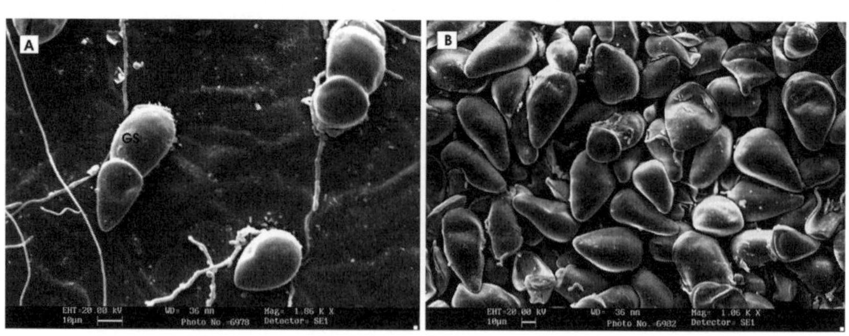

Fonte: Martins; Moreira (2007)

Figura 1.4 – (A) Secção transversal da nervura central da folha de *Schinus terebinthifolius* (Anacardiaceae) vista sob microscopia de luz. Observação de três canais secretores ao redor do feixe vascular; (B) micrografia eletrônica de varredura da folha de *Malva sylvestris* (Malvaceae) na face abaxial

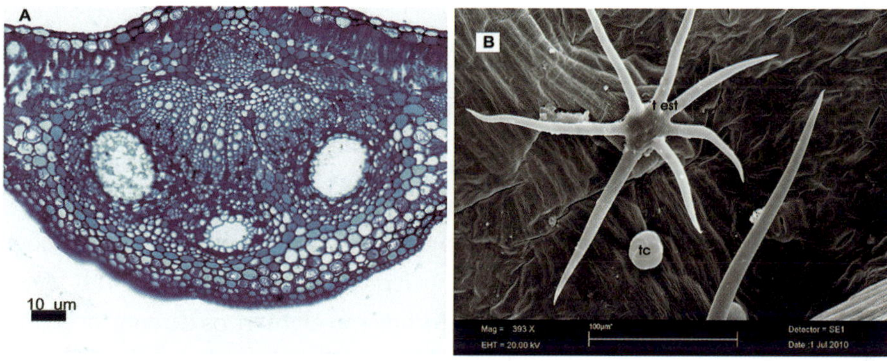

Nas imagens: (tc) tricoma glandular capitado; (t est) tricoma estrelado

Fonte: (A) Martins; Garcia (não publicado) (B) Martins; Romitelli (2013)

Segundo Fahn (1979), as estruturas secretoras são separadas em duas categorias:

1) as estruturas são supridas direta ou indiretamente pelo sistema vascular (hidatódios servem à gutação; glândulas de sal armazenam e exsudam sal; e nectários auxiliam na polinização), e as substâncias eliminadas podem ou não ser modificadas;
2) as estruturas sintetizam as substâncias secretadas: tecidos secretores de mucilagem (babosa, guaco), células de mirosina (idioblastos contendo enzima mirosinase, como ocorre em Brassicaceae, Capparaceae), glândulas digestivas de plantas insetívoras (plantas com sistema radicular pouco desenvolvido), tricomas de defesa (como em Urticaceae, Euphorbiaceae), tricomas secretores de substâncias lipofílicas (associados à resistência genética e ao ataque de pragas). Nesse caso, os terpenos representam o grupo mais importante de substâncias químicas secretadas e que fornecem matéria-prima para indústrias (resinas para papéis e têxteis; aglutinantes para papéis e tecidos; cola para preparo de inseticidas, antissépticos, produtos farmacêuticos, perfumes e condimentos; laticíferos e hidropótios).

Estruturas secretoras supridas direta ou indiretamente pelo sistema vascular

Hidatódios

De acordo com Pimenta (2008), quando as condições ambientais não permitem transpiração, como alta umidade relativa do ar, mas existe pressão de raiz atuando na planta, o conteúdo do xilema, principalmente água e sais minerais, é expelido na forma líquida, através de estruturas encontradas nas margens das folhas, os hidatódios, no processo denominado gutação. O líquido vertido tem composição variável, desde água pura até soluções diluídas de solutos orgânicos e inorgânicos na forma de íons (NH_4^+, K^+, Mg^{2+}, Ca^{2+}, PO^{3-}, Cl^-, NO_3^-). Os hidatódios são elementos de condução exclusivamente xilemáticos, caracterizados pela presença de bainha do feixe aberta, epitema (parênquima de paredes finas, geralmente destituídas de cloroplastos) e poros aquíferos semelhantes a estômatos modificados com câmaras aquíferas. As traqueídes terminais liberam a solução nos espaços intercelulares do epitema. O exsudado é liberado para fora da planta através de poros aquíferos.

Glândulas de sal

De acordo com Perazzolo e Pinheiro (1991), muitas halófitas apresentam estrutura de secreção de sal, como glândulas ou micropelos, que eliminam ativamente os sais, que podem ser íons (Na^+, K+, Mg^{2+}, Ca^{2+}, Cl^-, SO_4^{2-}, NO_3^-, PO_4^{3-}, HCO_3^-) ou carbonatos ($CaCO_3$, $MgCO_3$). A estrutura e a função das glândulas de sal foram estudadas para o gênero *Spartina*, por Fahn nos anos de 1980. A análise da ultraestrutura da glândula de sal foi realizada por outros autores, que registraram a presença de membranas divisórias na célula basal e relacionaram a eficiência da secreção de sal segundo os tipos de glândulas de posição emergentes, semiemergentes e aprofundadas na epiderme foliar. Há um mecanismo para explicar a secreção de sal, baseado na existência de três tipos morfológicos de micropelos: cloridoide, panicoide e enapogoide. Essas glândulas são formadas por duas células: uma grande e interna, a célula basal, e outra pequena, a célula apical. A célula basal aparece em contato com o clorênquima e células epidérmicas adjacentes. A porção superior da célula basal, que está em contato com a célula apical, apresenta um estreitamento que se assemelha a um "pescoço", região onde se pode observar o citoplasma extremamente denso na glândula de sal e as células do mesofilo que a rodeiam. A célula apical apresenta parede celular mais espessa que a parede da célula basal, enquanto que a cutícula que recobre a glândula é delgada, diferenciando-se em espessura da cutícula que recobre as células epidérmicas. A Figura 1.3 evidencia a glândula de sal de *Avicennia schaueriana* (Aviceniaceae) por meio de MEV. Na Figura 1.3, observa-se a epiderme adaxial com glândulas de sal esparsas (A) e a superfície abaxial, com inúmeras glândulas de sal recobrindo a epiderme (B). As células secretoras morrem em decorrência dos níveis elevados de íons em seu vacúolo, como nas espécies de *Atriplex* (glândula holócrina), ou permanecem vivas quando os íons são liberados do protoplasto da célula secretora, através de microvesículas (processo de exocitose), e da cutícula, via microporos, como em espécies de *Spartina e* de *Avicennia* (Castro; Machado, 2006).

Nectários

De acordo com Raven et al. (2007), os estames nas famílias mais primitivas desempenharam o papel óbvio de atração de polinizadores. No entanto, em outras famílias, tornaram-se estéreis, passando a exercer outras funções. Uma delas é a de nectários, isto é, glândulas que secretam néctar, líquido açucarado que atrai polinizadores em busca de alimento. Conforme Castro e Machado (2006), os principais componentes do néctar são sacarose, glicose e frutose; monossacarídeos (galactose), dissacarídeos (maltose e melobiose) e trissacarídeos (rafinose) também podem ser encontrados na composição do néctar, além de íons minerais, fosfatos, aminoácidos, proteínas, vitaminas, mucilagem, lipídios, ácidos orgânicos e alguns tipos de enzimas (sacarose transglicosidase, transfrutosidase-oxidade e tirosinase). A fonte do material a ser secretado é proveniente do floema e do xilema. Estudos autorradiográficos revelaram que as células nectaríferas são capazes de reabsorver o néctar não coletado pelos visitantes. No decorrer da filogênese, outras partes do corpo da planta passaram a exibir nectários florais e os extraflorais (NEF). Nectários extraflorais são bastante diversos quanto à morfologia e à localização e são encontrados em representantes de 113 famílias de Angiospermas. Considerando Paiva e Machado (2006), os NEFs estão distribuídos por todo o limbo, estando mais concentrados nos terços basal e médio do limbo. Esses nectários estão embutidos no mesofilo, apresentam tecido secretor envolvido por uma endoderme e são vascularizados por xilema e floema.

Leitão et al. (2002) relatam que os nectários iniciam precocemente seu desenvolvimento, com surgimento de uma concavidade voltada para a face adaxial. Posteriormente, células protodérmicas dão origem a tricomas nectaríferos clavados e, subjacente a eles, desenvolve-se um parênquima nectarífero vascularizado por floema e xilema, característica comum em nectários. As células da "cabeça" dos tricomas nectaríferos apresentam vacúolos com compostos fenólicos, que possivelmente desempenham algum papel ecológico. Plastídios não ocorrem nos tricomas e são inconspícuos no parênquima nectarífero, o que possivelmente indica sua importância secundária na secreção do néctar.

A epiderme nectarífera é constituída por células de formato retangular ou em paliçada, sem tricomas ou com tricomas uni ou multicelulares. Abaixo da epiderme nectarífera, o parênquima especializado (nectarífero) é constituído por células pequenas, de paredes finas e protoplastos densos. As terminações vasculares liberam as seivas floemática e xilemática no parênquima nectarífero; a seiva floemática é translocada através do parênquima nectarífero, célula a célula, via simplasto, e modificada de pré-nectar a néctar no protoplasto das células nectaríferas.

O néctar pode ser liberado de diferentes maneiras: diretamente das células nectaríferas para o exterior, através de estômatos modificados; por exocitose, do protoplasto das células nectaríferas para o espaço periplasmático, atravessando a parede celular, acumulando-se temporariamente no espaço subcuticular e sendo liberado depois para o exterior; por microporos; ou por rompimento da cutícula (Castro; Machado, 2006). Além disso, Gershenzo e Engelbrth (2010) observam que os insetos enxergam na faixa extrema do ultravioleta e, por isso, percebem os padrões de deposição de flavonas e flavonoides encontrados nas flores. Eles visualizam esses aromáticos como listras, pontos ou círculos concêntricos, chamados de guias de nectários, que, acredita-se, auxiliam os polinizadores a localizar o néctar e o pólen.

Hidropótios

Quando se considera plantas aquáticas, a parede externa da epiderme mostra pouca ou escassa formação de cutícula. Toda sua superfície é capaz de absorver água, nutrientes e gases dissolvidos que rodeia a planta. As folhas de plantas submersas não apresentam estômatos; no caso de plantas flutuantes, os estômatos encontram-se na superfície adaxial. Os minerais são absorvidos por meio de certas estruturas na epiderme, como os hidropótios, pelos mucilaginosos e glândulas complexas. Em geral, o xilema, que normalmente transporta água desde as raízes, não é bem desenvolvido ou está ausente. Em algumas espécies, o floema encontra-se mais desenvolvido que o xilema. As raízes são reduzidas e sua função principal é a fixação e não a absorção de nutrientes e água. Os pêlos das raízes estão ausentes. Lara e Andreo (2006) fizeram essas observações em *Egeria*, uma Hydrocharitaceae, e outros autores fazem referência à Nymphaceaea.

Estruturas secretoras que sintetizam as substâncias secretadas

Estruturas que secretam mucilagem e/ou goma

Também chamadas de glândulas peroladas, essas estruturas são tricomas secretores bicelulares, constituídos por uma célula basal e por uma célula apical grande, variando da forma semigloboide à espatulada, com cutícula espessa, de superfície ondulada e parede péctico-celulósica delgada, relatam Silva e Machado (1999). Durante o processo de secreção, o material – mucilagem e/ou goma, que são polímeros complexos de polissacarídeos ácidos ou neutros de elevado peso molecular – acumula-se entre a parede e a cutícula da célula apical, levando à distensão da cutícula e à formação de um espaço conspícuo (esse processo ocorre em Piperaceae, Rubiaceae e outras). Com o acúmulo progressivo da secreção, a cutícula se rompe e libera a secreção mucilaginosa translúcida, que recobre a superfície das estruturas foliares em desenvolvimento. Além disso, Martins et al. (2010) indicam autores que denominam essas estruturas como coléter (do grego *kolla*), referindo-se à secreção pegajosa produzida por essa estrutura. A secreção liberada pelo coléter pode ser composta apenas por mucilagem ou por uma mistura de substâncias lipofílicas e hidrofílicas. Os autores verificaram que os coléteres calicinais possuem um núcleo central de células parenquimáticas, epiderme secretora em paliçada uniestratificada, cutícula delgada e são sésseis; o eixo parenquimático desses coléteres é destituído de vascularização, e os laticíferos observados são de pequeno calibre. A mucilagem foi detectada na secreção tanto dos coléteres foliares como dos calicinais.

Glândulas digestivas de plantas insetívoras

Guimarães et al. (2003) relatam que o mecanismo de atração das vítimas se dá de duas maneiras: por meio de estímulos visuais e de estímulos olfativos.

No primeiro caso, o padrão de coloração característico das armadilhas é resultado da combinação de diversos pigmentos, como flavonoides, naftoquinonas e antocianinas, que, para os olhos humanos, mostram-se em tonalidades de púrpura e vermelho. Além disso, a superfície exposta de muitas armadilhas exibe padrões de absorção de raios ultravioleta, plenamente percebidos pelos insetos.

No segundo caso, o odor exalado pelas plantas, adocicados ou putrefatos, deve-se a substâncias voláteis detectáveis à longa distância pelos insetos. O odor de matéria orgânica em decomposição, especialmente eficaz para atrair moscas e escaravelhos, é verificado de modo mais conspícuo nas folhas maduras de *Sarracenia* e *Nepenthes*. O néctar exsudado pelas armadilhas orienta os insetos por trilhas estrategicamente dispostas (caminhos nectaríferos), conduzindo-os ao local mais favorável para aprisioná-los.

As armadilhas apresentam caracteres morfológicos peculiares de cada espécie, mas, a princípio, consideram-se quatro tipos básicos: urnas ou ascídias (*Brocchinia, Catopsis, Cephalotus, Darlingtonia, Heliamphora, Nepenthes* e *Sarracenia*); tentáculos adesivos ou mucilaginosos (*Drosera, Drosophyllum, Ibicella, Pinguicula* e *Triphyophyllum*); folhas preênseis (*Aldrovanda* e *Dionaea*); e vesículas de sucção (*Utricularia*).

As espécies do gênero *Drosera*, possuem lâminas foliares profusamente cobertas de pêlos glandulares semelhantes a tentáculos, constituídos de um pedúnculo longo, de ápice dilatado, revestido de duas camadas epidérmicas externas, separadas da camada interna por outra intermediária. Entre o ápice dilatado e a base do tentáculo, há células diferenciadas que, sob estímulos mecânicos, exsudam água, a fim de diluir o líquido viscoso originário da capa secretora, cujo odor se assemelha ao do mel. As glândulas digestivas situam-se na lâmina foliar e na base dos tentáculos. As presas, em geral moscas e formigas, atraídas pela cor e pelo odor, tocam os tentáculos, que prontamente se curvam sobre o inseto, que, por sua vez, passa a se debater, estimulando a liberação de enzimas digestivas. As plantas do gênero *Drosera* levam cerca de cinco dias para completar o processo digestivo.

Conforme Castro e Machado (2006), as enzimas digestivas são produzidas por tricomas glandulares em *Dionaea, Drosophyllum, Pinguicula* e *Nepenthes*, e por emergências vascularizadas em *Drosera*, sendo que esterases, fosfatases ácidas e proteases predominam sobre as peroxidases, amilases, lípases e invertases.

Tricomas de defesa

A síndrome do carnivorismo (Guimarães et al., 2003) evidencia-se por meio de caracteres anatomo-morfológicos encontrados nas armadilhas. Todavia, se tomados isoladamente, de modo algum esses caracteres são exclusividade de plantas carnívoras. Existem muitas outras plantas que, se não chegaram ao estágio de digerir e absorver o conteúdo de suas presas, ao menos possuem dispositivos similares: *Passiflora adenopoda* apresenta, na superfície de suas folhas, tricomas agudos e curvados capazes de puncionar as resistentes couraças de besouros fitófagos, que morrem pelo total extravasamento de seu conteúdo líquido; espécies do gênero *Nicotiana tabacum* produzem alcaloides letais para afídeos sugadores (pulgões); muitas espécies do gênero *Solanum* são dotadas de pêlos glandulares tetralobados que, ao serem rompidos pelos movimentos dos afídeos, derramam dois componentes distintos que se combinam para formar uma substância adesiva que fixa inexoravelmente esses insetos à superfície foliar; espécies do gênero *Roridula*, originárias do sul da África, possuem tricomas mucilaginosos estruturalmente idênticos aos das espécies de *Drosera* e, portanto, são capazes de capturar e matar insetos, embora não estejam bem aparelhadas para absorver o conteúdo de suas vítimas.

Além disso, há os tricomas presentes em plantas pertencentes à Euphorbiaceae, como em espécies do gênero *Croton* (Secco, 2009; Guimarães; Secco, 2010), à Hydrophyllaceae, em cuja *Wigandia urens* Santana e Oyama (1994) encontraram tricomas urticantes. Em Loasaceae, Bovini e Giordano (2005) verificaram que algumas espécies do gênero *Loasa* apresentavam tricomas glandulares nos ramos e nas folhas, causando sensação pegajosa e urticante. Os autores observaram também que as Urticaceae produzem uma secreção que causa reação alérgica.

O tricoma é formado por uma única célula vesiculosa na base e ligeiramente afilada em direção ao ápice. Quando o tricoma é tocado, rompe-se o ápice ao longo de uma linha predeterminada, e o líquido que está sob pressão no seu interior é introduzido. Esse mecanismo funciona como elemento de defesa dessas plantas contra predadores (Romaniuc-Neto et al., 2009).

Laticíferos

De acordo com Lewinsohn e Vasconcellos-Neto (2000), *latex* significa fluido em latim. Trata-se de uma suspensão ou emulsão aquosa de substâncias químicas variadas, produzidas por células especializadas. O que o distingue de outras secreções não é sua composição química, mas o fato de ser mantido em estruturas vivas e ativas, capazes de regular sua produção. Tais estruturas originam-se a partir do meristema fundamental ou do procâmbio e constituem um sistema ramificado em fase secretora desde o início de sua formação nos diferentes órgãos. Essas estruturas só liberam o látex se a planta for injuriada (Rio et al., 2005; Demarco et al., 2006).

Os autores relatam que as paredes dos laticíferos são exclusivamente pectocelulósicas, e suas características químicas provavelmente se alteram durante seu desenvolvimento. Os laticíferos dos órgãos vegetativos ocorrem em todos os tecidos do caule e da folha, com exceção da epiderme e do parênquima medular. Na flor, eles são encontrados em todas as peças florais, exceto no parênquima medular do pedicelo e nos óvulos. O látex tem função de proteção contra herbivoria e infecções microbianas e propicia o sucesso das espécies em diferentes ambientes. Lewinsohn e Vasconcellos-Neto (2000) observam que tais ductos podem ser lineares ou formarem redes, com distribuição diversificada na planta. Aparência do látex geralmente é leitosa e, entre os compostos mais comuns, encontram-se terpenos, carboidratos, resinas, óleos essenciais, alcaloides, ceras, proteínas, enzimas proteolíticas, cristais, taninos, amido, cardenolidas e outras substâncias. Muitas delas são instáveis, uma vez que um laticífero é rompido, o látex exsuda, aumenta de viscosidade e de densidade em contato com o ar e termina solidificando-se.

Preparação de amostras para análises anatômicas em microscopia de luz (ML)

Segundo Johansen (1940), para estudos anatômicos, os tecidos vegetais devem ser colocados em um fixador FAA 70% (1:1:8 formaldeído, ácido acético glacial e álcool etílico 70%) e posteriormente desidratados em série etílica e infiltrados em resina plástica (Leica Historesin). Em micrótomo rotativo, os blocos serão seccionados (5 a10 µm de espessura), e as secções, coradas, por exemplo, com azul de toluidina (Sakai, 1973). As secções coradas do material serão montadas em resina sintética "Entellan", em lâminas permanentes, para serem investigadas por meio de microscopia de luz (ML).

Preparação de amostras para análises anatômicas em microscopia eletrônica de varredura (MEV)

Procedimentos metodológicos específicos devem ser empregados no preparo do material botânico. No geral, as amostras são fixadas em glutaraldeído, desidratadas na série acetona, passando à secagem ao ponto crítico, metalizadas e colocadas em suporte metálico para serem observadas em MEV.

Princípios ativos das plantas medicinais

Considerando que plantas estão sujeitas a inúmeras ameaças, em especial à herbivoria, e que não podem fugir delas, elas lançam mão de compostos químicos para se defenderem, em especial compostos do metabolismo secundário. Tais produtos não servem só à guerra química, mas também atuam como atratores (odor, sabor, cor) para polinizadores e agentes de dispersão e como mediadores nas interações planta-planta, bem como nas simbioses (Gershenzon; Engelbrth, 2010).

Embora sintetizados em qualquer órgão do vegetal, com maior ênfase nas folhas, muitas vezes as plantas produzem esses compostos em estruturas secretoras ou ductos, como descrito anteriormente. Uma ampla gama de grupos bioquímicos está presente nessas estruturas, com novos produtos anunciados diariamente pelas modernas técnicas de análise.

No final dos anos 1920 e durante toda a década de 1930, desenvolveu-se um grande número de trabalhos sobre isolamento e identificação de substâncias de natureza esteroidal. O principal representante dessa classe, o colesterol, teve sua estrutura determinada e, logo depois, a cortisona foi sintetizada. A importância desse químico, considerado o mais expressivo do século XX, pode ser avaliada por meio das sínteses dos alcaloides quinina (1945), estriquinina (1954) e reserpina (1958), como observam Pinto et al. (2002).

Segundo Gershenzo e Engelbrth, (2010), há três pontos de origem e produção de compostos secundários, diferenciados a partir de seus precursores:

1) ácido chiquímico, como precursor de inúmeros compostos aromáticos;
2) aminoácidos, fonte de alcaloides e peptídeos;
3) acetato, que, por meio de duas rotas biossintéticas, originam compostos como poliacetilenos, terpenos, esteroides e outros.

A concentração de princípios ativos na planta depende de diversos fatores, como controle genético, estímulos proporcionados pelo meio (fatores climáticos, edáficos), exposições a micro-organismos, insetos e herbívoros, poluentes etc.

Os estímulos proporcionados pelo meio são normalmente caracterizados como situações de estresse (excesso ou deficiência de algum elemento de produção para a planta).

Dentre os fatores climáticos, o fotoperíodo, a temperatura e o estresse hídrico podem determinar a época ideal de colheita de algumas espécies, momento em que se poderá obter maior quantidade do princípio ativo desejado (alcaloides, óleos essenciais, taninos, saponinas, glicosídeos, flavonoides etc.).

Gershenzo e Engelbrth (2010) relatam que os terpenos, formados pela reunião de radicais acil, são comumente encontrados em tricomas glandulares, na forma de monoterpenos e sesquiterpenos, no cálice de *Salvia sclarea*. Essa mesma planta, também apresenta tricomas que secretam óleos essenciais.

Segundo Simões e Spitzer (2003), dependendo da família, os óleos voláteis podem ocorrer em estruturas secretoras especializadas, como tricomas glandulares (Lamiaceae), células parenquimáticas diferenciadas (Laureaceae, Piperaceae, Poaceae), canais oleíferos (Apiaceae) e em bolsas lisígenas ou esquizolisígenas (Pinaceae, Rutaceae). Os óleos voláteis podem estar presentes em certos órgãos, como nas flores, folhas, cascas, madeira, raízes, rizomas, frutos e sementes. Embora todos os órgãos de uma planta possam acumular óleos voláteis, sua composição pode variar segundo a localização. Óleos voláteis obtidos de diferentes órgãos de uma mesma planta podem apresentar composição química, caracteres físico-químicos e odores bastante distintos. Cabe lembrar que a composição química de um óleo volátil, extraído do mesmo órgão de uma mesma espécie vegetal, pode variar significativamente, de acordo com a época de coleta, estádio de desenvolvimento, condições climáticas e de solo.

Gershenzo e Engelbrth (2010) observam que os óleos essenciais são habitualmente misturas de terpenos e outros grupos bioquímicos. Inclusive os piretroides são ésteres monoterpênicos que ocorrem em *Chrysanthemum* e que se tornaram muito populares como inseticidas. Dessa forma, as estruturas secretoras podem apresentar misturas de terpenos, constituindo óleos essenciais que conferem odor específico às folhagens. Exemplos de plantas com tais características são hortelã, limão (limonoides), manjericão, nim (azadirachtina), sálvia e muitas outras, cujos óleos essenciais encontrados nas folhas podem ser interpretados como aviso de repelência.

Utilizando *Hydrocotyle umbellata* (erva-capitã), Martins et al. (2008) encontraram entre os metabólitos secundários descritos na literatura, triterpeno de esqueleto oleanano muito oxigenado, saponinas triterpenoidais, flavonoides, compostos poliacetilênicos e leucoceramidas. Derivados oleananos e ursanos apresentam importância na descoberta de novos fármacos com atividade antitumoral, anti-inflamatória e antioxidante (Mesa-Vanegas et al., 2011).

Tendo em vista o relato da literatura especializada, percebe-se que as análises químicas da família Apiaceae, bem como a Araliaceae, à qual pertence a erva-capitã, revelam alguns óleos essenciais (Dethier, 1941) na folha, como limoneno e linalol (Hadaruga et al., 2005), monoterpenos e cumarinas (Ribeiro; Kaplan, 2002; Razavi et al., 2008).

Dentre as espécies produtoras de óleos essenciais com significativo volume de comercialização mundial, pode-se destacar a menta (*Mentha pipperita*), a citronela (*Cymbopogon winterianus*), o capim-limão (*Cymbopogon flexuosos*), o eucalipto (*Eucalyptus*), a rosa (*Rosa damacena*), o gerânio (*Pelargonium graveolens*), a lavanda (*Lavanda officinalis*), a camomila (*Chamomilla recutita*), o sândalo (*Santalum álbum*), a manjerona (*Origanum majorana*) e sálvia (*Salvia officinalis*) (Girard, 2005).

Considerando espécies brasileiras, como *Spondias mombin* L (cajá), *Spondias purpurea* L. (ciriguela) e *Spondias sp* (cajarana do sertão), encontram-se terpenos ß-cariofileno (cajá e ciriguela) e a-humuleno (ciriguela) com importante ação antimicrobiana. A espécie *Spondias sp* apresenta também fitol em sua constituição (Brito, 2010).

Por meio de estudos de cromatografia em camada delgada e de cromatografia em fase gasosa, Sossae (1995) verificou a presença de carofileno, eugenol, limoneno, iso-eugenol, metil-eugenol, α-pineno, β-pineno, constituindo 67,3% dos componentes presentes no óleo essencial produzido de primórdios foliares e de folhas jovens e adultas de *T. riparia*. Os estudos apresentados por Werker et al. (1985), Werker et al. (1993) e Zelnik et al. (1978), em várias espécies da família Lamiaceae, também relatam pesquisas sobre essas espécies.

Cavaleiro et al. (2002) estudaram a composição do óleo essencial de *Teucrium salviastrum* (Lamiaceae), usando principalmente GC e GC-MS. Os óleos isolados das folhas coletadas durante a floração e pós-floração exibiram composição química similar. Entretanto, o óleo mostrou diferenças na composição quando comparado a outros óleos, que consistia principalmente de E-beta-farnesene, E-caryophyllene e ermacrene.

Bezic et al. (2001) estudaram os constituintes do óleo essencial de *Satureja cuneifólia* (Lamiaceae) por GC-MS, observando que o óleo essencial apresentou linalool, carvacrol e p-cymene como constituintes principais.

Omolo et al. (2004) estudaram o óleo essencial de seis plantas do Quênia, quanto à atividade repelente ao *Anopheles gambiae*. O óleo de *Conyza newii* (Asteraceae) e *Plectranthus marrubioides* (Lamiaceae) foram os mais repelentes, seguidos por *Lippia javanica* (Verbenaceae), *Lippia ukambensis* (Verbenaceae), *Tetradenia riparia, Iboza multiflora* (Lamiaceae) e *Tarchonanthus camphoratus* (Asteraceae), sendo que oito constituintes dos diferentes óleos (perillyl alcohol, cis-verbenol, cis-carveol, geraniol, citronellal, perillaldehyde, caryophyllene oxide e um álcool sesquiterpeno) exibiram alta repelência.

Van Puyelde e De Kimpe (1998) isolaram alpha-pyrone e tetradenolide de folhas de *T. riparia* e, com base nas análises espectroscópicas, identificaram o composto como 5,6- diidro-6-(1,2-diidroxi-hidroxi-hexil)-2-pirona.

Trinta e cinco componentes do óleo essencial das folhas e caules de *T. riparia*, analisados por GC e GC/MS, foram identificados por Campbell et al. (1997), sendo que os principais são alpha-terpineol (22,6%), fenchone (13,6%), beta-fenchil alcool (10,7%), beta-cariofileno (7,9%) e perilil alcool (6,0%).

Bisio et al. (1999) realizaram análise química do óleo essencial e do extrato da folha de *Salvia blepharophylla* (Lamiaceae), por meio de GC-MS, que revelou um complexo produto de secreção. Os componentes eugenol, *cis*-3-bexenil benzoate, *cis*-jamone, *trans*-nerolidol, benzil álcool e C-19--C-23 *n*-alcanos foram os principais componentes identificados; entretanto os flavonoides nuchensin e pedalitin, o neoclerodano diterpenoide salvianduline-D, e triterpenoides do ácido ursolico e α–amirina foram isolados do extrato foliar.

Martins et al. (2010) obtiveram resultados da cromatografia em camada delgada comparativa (CCDC) das folhas *H. coronarium* e demonstraram o aparecimento de mancha rosa-avermelhada semelhante ao cariofileno e uma mancha azul semelhante ao mirceno. Sendo assim, de acordo com os resultados obtidos na CCDC, pode-se concluir que o óleo essencial possui como principais compostos cariofileno e mirceno, substâncias que, segundo dados da literatura (Craveiro et al., 1981), apresentam várias atividades biológicas, dentre elas a antimicrobiana.

Trapp e Cotreau (2001) relatam que em coníferas, ocorrem monoterpenos nas folhas e troncos em vasos resiníferos. Na camomila, segundo Amaral (2005), os capítulos florais contêm óleo essencial (0,3-1,5%) (composto de sesquiterpenos cíclicos como a-bisabolol, camazuleno e matricina), flavonoides (apigenina), aminoácidos, ácidos graxos, sais minerais, cumarinas como herniarina e umbeliferona, mucilagens, ácidos orgânicos. Considera-se camomila a planta *Chamomilla recutita* (L.) Rauschert, Asteraceae, uma vez que a espécie europeia é denominada como *Matricaria chamomilla*. Esses compostos ficam localizados em ductos e tricomas glandulares nos capítulos. Na aroeira, *Schinus terebinthifolius* Raddi, Anacardiaceae, canais secretores estão associados ao sistema vascular e apresentam fenóis, flavonoides, esteroides, triterpenos, antraquinonas e saponinas (Brito, 2010).

Martins et al. (2009), considerando espectros no UV dos metabólitos secundários isolados em *Brunfelsia uniflora*, puderam inferir a ocorrência de derivados de ácido cafeico, como, por exemplo, o ácido clorogênico, por possuírem espectros no UV semelhantes àquele obtido para o pico 1 (λmax em 300 e 325 nm) coumarinas (pico 4, λmax 330 nm). Em 1992, Friedman observara ácido clorogênico em batatas processadas a fresco, por meio de espectrofotometria por ultravioleta. Martins et al. (2008) verificaram que o extrato etanólico de folhas de *Tetradenia riparia*, Lamiaceae, após tratamento preliminar por extração em fase sólida, permitiu inferir a presença de substâncias flavonoídicas ou de ésteres de ácido cafeico.

Trabalhando com plantas bem adaptadas a campo e com bom rendimento para óleos essenciais, Pansera et al. (2003) verificaram que a quantidade de taninos totais variava com a espécie, mesmo que pertencesse a uma mesma família. Assim há uma variedade de relatos de espécies de Lamiaceae que apresentam vários produtos em suas estruturas secretoras. Por exemplo, *Melissa officinalis*, além de possuir óleos essenciais, apresenta cerca de 0,5 % de compostos fenólicos em folhas, como glicosídios de luteolina, quercetina, ácido cafeico e ácido rosmarínico (Carnat et al., 1998), sendo utilizados como antioxidantes.

Martins e Pastori (2004) analisaram folhas adultas de *Melissa officinalis* na época da floração, por meio de microscopia de luz e cromatografia gasosa, e observaram a presença de dois tipos de tricomas secretores: capitado e peltado, além de tricoma tector.

O tricoma capitado, identificado na literatura como tipo 1, apresentou variações na sua morfologia em relação ao número de células pedunculares e ao número de células secretoras apicais. A análise cromatográfica do óleo essencial identificou a presença de monoterpenos, em dois componentes majoritários, responsável por mais de 87,8% da composição relativa do óleo bruto, além de sesquiterpenos em menores proporções.

Martins et al. (2004) realizaram a caracterização biométrica e química da folha do hibrido, *Mentha pulegium* X *spicata* (Lamiaceae), conhecido como poejo de praia. A extração do óleo essencial foi feita por arraste a vapor de água, a análise química, por CG-EM, e os dados anatômicos obtidos por meio de estudos de ML e MEV. Os autores observaram tricomas capitados e peltados presentes em ambas as faces da folha, porém com predominância na superfície abaxial. A análise de variância mostrou que há diferenças significativas para o número de tricomas capitados e tectores entre as superfícies adaxial e abaxial, mas não são significativas para o tricoma peltado. O óleo essencial analisado mostra a presença do componente majoritário, trans-epóxido de piperitona, responsável por mais de 80% da composição relativa no óleo bruto.

A presença de diferentes grupos de flavonoides em *Browallia grandiflora*, *Chamaesaracha sordida*, *Nicotiana tabacum*, *Petunia surfina* e *Salpiglossis sinuata*, todas espécies da família Solanaceae, foi verificada por Wollenweber e Dorr (1995). Determinando a estrutura química de um flavonoide isolado de *Brunfelsia grandiflora*, Brunner et al. (2000) sugeriram que um dos possíveis compostos químicos de *B. uniflora* pode ser do grupo de flavonoides. Levantamento bibliográfico feito pelo SciFinder indicou a existência de vários estudos fitoquímcos de espécies de *Brunfelsia*.

A análise cromatográfica do extrato etanólico de *Jacaranda puberula* (Bignoniaceae), realizada por Martins et al. (2008), evidenciou a presença de fitoquinoides e flavonoides, sendo que Borges e Bauer (1982) isolaram ethyl-1-hidroxy-4-oxo-2,5-cyclohexadiene-1-acetate deste vegetal.

Silva et al. (2004) observaram a ocorrência de flavonas, flavonois e glicosídeos em espécies do gênero *Solanum*, evidenciando que diferentes espécies desse gênero possuem diferentes grupos de flavonoides. Por sua vez, em uma planta da família Balsaminaceae, *Impatiens sp*, conhecida popularmente como maria-sem-vergonha, foram encontradas três novas flavononas e seus glicosídeos: naringerina, kaempferol e quercetina. Os estudos fitoquímicos já realizados com *Tetradenia riparia* (Lamiaceae) levaram ao isolamento e à caracterização estrutural de α-pironas (Van Puyvelde; De Kimpe, 1998; Davies-Coleman; Rivett, 1995; Franca; Polonsky, 1971; Hakizamungu et al.,1988).

Martins et al. (2004) realizaram a caracterização anatômica da folha de *Cymbopogon citratus* (Poaceae) e o perfil químico do óleo essencial. Os autores observaram a presença de tricomas aculiformes curtos, pontiagudos e unicelulares, inseridos nas áreas vasculares do mesofilo, e micropelos, que consistem de uma célula proximal longa e uma célula distal oval, presentes entre as regiões dos feixes vasculares. O cromatograma obtido mostra que o óleo essencial analisado apresenta três componentes majoritários, responsáveis por 87% da composição relativa do óleo bruto. Esses componentes são monoterpenos, justificando o forte odor do óleo essencial.

As antocianinas e os flavonois são compostos que pertencem ao grupo dos flavonoides e são responsáveis pela coloração, que varia de vermelho-vivo à violeta e de branco à amarelo-claro (Lima et al., 2000).

França (2003) relata que a planta medicinal só pode ser considerada um medicamento quando usada corretamente, podendo ser incluída na farmacopeia. Para isso são necessários diversos estudos, desde os farmacológicos, pré-clínicos e toxicológicos, até o estudo químico visando ao isolamento e à caracterização do princípio ativo. Nesse sentido, medicamentos como a morfina, os digitálicos, a quinina e as estatinas foram desenvolvidos direta e indiretamente de fontes naturais.

Com relação aos alcaloides, Gellert et al. (1978) observaram a presença de alcaloides em *Brunfelsia hopeana*. Mors e Ribeiro (1957) realizaram estudos que evidenciam que a maioria das espécies do gênero *Brunfelsia* possui alguns grupos de alcaloides, como a escopoletina (6-metoxi-7-hidroxicoumarina), também encontrada em outras famílias (Carvalho et al., 2006; Pinto et al., 2008; Razavi et al., 2008).

Martins et al. (2008) relatam que o perfil cromatográfico obtido para o extrato metanólico de folhas de *Hydrocotyle umbellata* indica a presença de flavonoides e provavelmente de substâncias acetilênicas. A análise do óleo essencial de *Hydrocotyle umbellata*, que é uma espécie da família Araliaceae, revelou a presença de isotiocianatos como um dos componentes principais (Lorenzi, 2002), mas Martins et al. (2008) relataram a presença de triterpenos, saponinas, flavonoides, compostos poliacetilênicos e leucoceramidas nessa planta importante para dunas, mas invasora de gramados.

Corsi e Bottega (1999), trabalhando com *Salvia officinallis*, localizaram um tipo de tricoma glandular peltado e quatro capitados, sendo que todos secretavam alcaloides, embora houvesse aqueles de cunho provavelmente lipofílicos e outros hidrofílicos.

As cumarinas estão presentes em diferentes partes das plantas, tanto nas raízes como nas flores e frutos, e podem estar distribuídas em diferentes famílias de Angiospermas, como Apiaceae, Rutaceae, Asteraceae (Ribeiro; Kaplan, 2002; Taleb-Contini et al., 2006). Corrêa et al. (2008) relata que uma das primeiras classes de substâncias broncodilatadoras foi inicialmente descoberta nas folhas de *Hyoscyamus muticus* (Solanaceae). Os antigos egípcios utilizavam a espécie no combate aos sintomas da asma, sendo seu princípio ativo a escopolamina. Da mesma forma, o gênero *Datura* (Solanaceae) foi utilizado na Índia, durante séculos, no tratamento de desordens respiratórias, incluindo a asma. A atividade observada está relacionada aos alcaloides tropânicos, característicos da família Solanaceae, principalmente à presença de atropina, um bloqueador de receptores muscarínicos de fibras colinérgicas. De acordo com Gobbo-Neto e Lopes (2007), a cumarina é a responsável pela palatibilidade da *Artemisia sp,* Asteraceae e pela reflexão de luz dessa planta, atuando como uma molécula de grande importância ecológica.

Bienvenu et al. (2002), trabalhando com extratos aquosos de *Leonotis leonurus* (Lamiaceae), identificaram a presença de alcaloides, saponinas e taninos. *Hypericum perforatum,* Clusiaceae, bem como *Ambrosia trifida,* Asteraceae, apresentam estruturas glandulares tubulares contendo proantocianinas, fenólicos e cafeína, relatam Fornasiero et al. (1998). Ainda considerando as Asteraceae, no gênero *Vernonia,* Freire et al. (2002) encontraram terpenos, flavonoides, poliacetilênicos, lactonas comovernolipina, tiarubrina, brevipenina e outras.

Trabalhando com folhas e rizomas de *Hedychium coronarium,* Zingiberaceae, Martins et al. (2010) evidenciaram a presença de saponinas, com formação de espuma abundante e persistente e ausência de taninos, antraquinonas, alcaloides e flavonoides, resultado semelhante ao de Duarte et al. (2002). Além disso, os autores descrevem a presença de proantocianidinas no rizoma, caules e folhas, e de tripertenoides no rizoma da planta.

Considerações finais

As estruturas secretoras vegetais são compartimentos especiais que sintetizam e/ou armazenam substâncias com propriedades medicinais. Essas estruturas podem ser externas à epiderme (tricomas secretores ou glândulas secretoras de diversas morfologias) ou internas no tecido vegetal (canais ou ductos secretores e laticíferos).

O estudo das estruturas secretoras identifica o local de biossíntese na planta, além de esclarecer a morfologia estrutural da glândula, o período da ocorrência da secreção e a melhor época de colheita para extração farmacológica ou medicinal.

2
Botânica, fitoquímica, cultivo e melhoramento genético de *Lippia alba* (Mill.) N. E. Br. (Verbenaceae)

Lin Chau Ming
Polyana Erhlet
Walter José Siqueira
Márcia Ortiz Mayo Marques

Introdução

A procura do mercado mundial por produtos de origem natural, em substituição aos sintéticos, aumenta consideravelmente ano após ano. Segundo o Ministério do Desenvolvimento, Indústria e Comércio Exterior, em 2006 o Brasil exportou 29.276.415 kg (peso líquido) de óleo essencial, por um valor de US$ 78.124.202 (FOB), e importou no mesmo período 2.169.591 kg (peso líquido), por US$ 36.827.140 (FOB) (Sistema Alice-Secex). Esses números têm despertado o interesse da comunidade científica, que está cada vez mais organizada para desenvolver estudos de novos óleos com vistas a futuras exportações

O Brasil está incluído no grupo dos países com altos níveis de diversidade biológica, decorrência dos diferentes biomas e ecossistemas que o caracterizam. Detém a maior diversidade genética vegetal do mundo, com importante potencial de desenvolvimento socioeconômico para o país na produção de corantes, óleos vegetais, gorduras, fitoterápicos, antioxidantes e óleos essenciais. Industrialmente os óleos essenciais e/ou produtos derivados são empregados como matérias-primas nas indústrias de higiene e limpeza, alimentos e bebidas, cosmética e farmacêutica, razão pela qual têm despertado o interesse da comunidade científica no avanço de conhecimento e desenvolvimento de novos óleos essenciais da biodiversidade brasileira.

Lippia alba (Mill.) N.E. Br. é uma planta da família Verbenaceae, originária da América do Sul e de ampla distribuição no Brasil, sobretudo na região Centro Sul, onde a Mata Atlântica foi tão abundante. O uso popular de *L. alba* para fins terapêuticos representa o ponto de partida para futuro uso fitoterápico da espécie, bem como para síntese de compostos bioativos na área farmacêutica. Seu óleo essencial apresenta diversos quimiotipos, sendo que os designados linalol, citral e carvona são os mais consagrados em literatura científica.

Apesar da enorme importância socioeconômica e do valor agregado, estudos de variabilidade genética vinculada às análises de perfil fitoquímico, bem como de outros aspectos, como morfologia, biologia, reprodução, pragas, doenças e, principalmente, trabalhos de melhoramento genético, são ainda muito incipientes no Brasil. Nesse sentido, visando suprir essa lacuna de informação, estabeleceu-se como ponto de partida a criação do banco de germoplasma para que fossem realizados vários trabalhos para caracterização morfo-anatômica, fitoquímica e molecular e pesquisas sobre cultivo, efeito da variação sazonal, temperatura de secagem, interação genótipo x ambiente e, sobretudo, melhoramento genético.

Descrição botânica de *L. alba*

Segundo Burkart (1979), trata-se de arbusto aromático rizomatoso, de 1-1,50 m de altura, muito ramoso, de ramos delgados, flexíveis, eretos ou arqueados, às vezes decumbentes e arraizantes, de entrenós em geral largos.

Apresenta folhas opostas ou ternadas, ovadas ou ovado-oblongas, de 2-6(9) cm de comprimento por 1,2-4,5 cm de largura, cuneadas em pecíolo curto, conspícuas e regularmente serreadas, rugosas, subtriplinérvias, hirto-ásperas na face adaxial, velutino-tomentosas ou vilosas e resinosas-pontuadas na face abaxial, esta reticulada-venosa e com nervuras marcadamente proeminentes. Inflorescências em capítulos axilares, 1 ou, mais raramente, 2 por axila, pubescentes, globosos (invólucro com cerca de 8 mm de diâmetro), cilíndricos até 2,5 cm de comprimento, brevemente pedunculados. Flores violáceas, com fauce amarela e branca. Brácteas imbricadas, pluriseriadas, ovadas, de 5-6,5 mm de comprimento, largamente acuminadas, seríceo-pubescentes e ciliadas. Cálice 2-filo, de 1,5-1,7 mm de comprimento, pubescentes. Corola marcadamente zigomorfa, de lábio inferior notavelmente desenvolvido, com o lóbulo médio maior e tubo ensanchado na metade superior, pubescente exteriormente. Estames insertos na metade superior do tubo corolino, inclusos.Ovário globoso, estilete curto, de 1,8 mm de comprimento, estigma lateral. Fruto esquizocárpico subgloboso a obovoide, de

2,8-3,0 mm de diâmetro, coberto pelo cálice acrescente; separável espontaneamente em 2 mericarpos hemisféricos de superfície dorsal lisa; pericarpo dilatado e esponjoso na metade superior, óssea e delgado na zona seminal.

Figura 2.1 – *Lippia alba* (Seg. Burkart, 1979): (a, a') ramos floridos; (b) inflorescência; (c) bráctea; (d) cálice; (e) corola; (f) gineceu; (g) cálice frutífero; (h) fruto; (i) corte longitudinal de um mericarpo

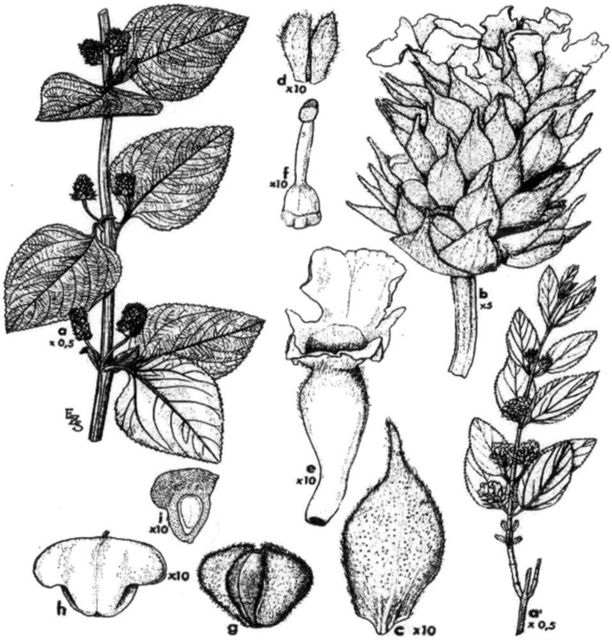

Fonte: Burkart, 1979

Sinonímia científica

Segundo Moldenke (1978): *Lippia alba* (Mill.) N. E. Br.; *Lantana alba* (Mill.), Gard. Dict. Ed. 8, Lantana, no 8. 1768; *Verbena odorata* Hort. Paris. ex Pars., Syn. PL. 2:140, in syn 1806; *Lippia geminata* H.B.K., Nova. Gen. et sp. Pl. ed. Folio, 2:214 et 215. 1817 (not. *L. geminata* Mill sp., 1930, nor Schl., 1964).-*Verbena odorata* (Pers.) Steud., Nom. Bot. Phan., ed. 1, 873 et 898. 1821 (not. *V. odorata* Desf., 1841, nor Meyen, 1834, nor Meyer, 1946); *Lantana* sp. N. 5 Hook. f. & Thompson ex C.B. Clarke in Hook. f., Brit. India 4: 564, in syn, 1885; *Lantana canescens* Hort. ex C.B. Clarke in Hook. f., Fl. Brit. India 4:564, in syn. 1885 (not. L. *canescens* Bentham., 1959, nor

Fedde, 1932, nor H.B.K., 1817, nor Kunth, 1825, nor L., 1885); *Verbena odorata* Pers. Apud. Jacks. In Hook> F> & Jacks., Ind. Kew., imp. 1, 2:95, in syn. 1894; *Lippia geminata* Kuth apud Goyena, Fl. Nicarag., 1:560. 1911; *Lippia geminata – microphylla* Griseb. Ex Fedde & Schust. In Just, Bo. Jahresber. 58(2):329, in syn. 1938; *Lippia alba* "(Mill.), N. E. Br. ex. Britton & Wilson", apud. Santa pav & wagh, Bull. Bot. Surv. India. 5:107. 1963; *Lantana cuneatifolia* Klotzsch ex Moldenke, Résumé Suppl. 10:5, in syn. 1964; *Lippia alba* "(Mill.), N. E. Br. Ex. Britton & Wilson", apud. Malick, Bull. Bot. Surv. India. 8:55, sphalm. 1966; *Lippia alba* (N.E.Br.) Morton, Econ. Bot. 22:97, sphalm. 1968; *Lippia asperofolia* Amico, Erbar. Trop. Firenze. Publ. 11:34. 1968; *Lippia alba* "(Mill.), Brown em Moldenke, Fifth Summ. 2:550, in syn 1971; *Lippia alba* "(Mill.), N.E.Briq. ex. Moldenke, Phytologia 23:432, in syn 1972; *Lantana alba* (Mill.), N.E.Br., in herb. (not *L. alba* Brandis, 1906, nor L., 1947, nor Link, 1947, nor Mill. &Benth., 1968, nor Mill. Ex Link, 1967, nor schall., 1885, nor Vent., 1971).

Sinonímia popular

A espécie *L. alba* (Mill.) N. E. Br. (Verbenaceae) recebe, em regiões diferentes do Brasil, nomes populares específicos. Perozin e Francisco (1990) levantaram diversos nomes populares em todo o país: alecrim, alecrim-do-campo, alecrim-do-mato, camará, capitão-do-mato, chá-de-febre, chá-de-estrada, chá-de-frade, chá-de-pedestre, chá-de-tabuleiro, chá-do-rio-grande-do-sul, cidrão, cidreira, cidreira-brava, cidreira-capim, cidreira-crespa, cidreira-falsa, cidreira-melissa, cidrila, cidró, erva-cidreira, erva-cidreira-do-campo, erva-cidreira-falsa, falsa-melissa, salsa-brava, salsa, salsa-do-Brasil, salsa-limão, sálvia e sálvia-da-gripe.

Um exame mais acurado desses nomes pode indicar uma confusão com outras plantas que apresentam cheiro de limão (citral), como *Cymbopogon citratus* e *Melissa officinalis.*

Aspectos anatômicos

Segundo Gomes et al. (1990), a lâmina foliar é anfiestomática e pilosa. Em vista frontal, as células epidérmicas da área entre as nervuras de ambas as faces são irregulares e de paredes anticlinais levemente espessadas. Essas paredes, na face adaxial são curvas, enquanto que na face abaxial são sinuosas. Em corte transversal, as células da epiderme adaxial são maiores do que as da face abaxial. Os estômatos circundados por duas ou três células epidérmicas, caracterizam morfologicamente complexos estomáticos paracíticos, diacíticos e anomocíticos.

Foram observados quatro tipos de tricomas tectores que tinham número de células do pedicelo diferentes com cutícula ornamentada, bem como tricomas secretores capitados estão presentes. Nos tricomas secretores capitados estão presentes gotas de óleo essencial.

Foram observados quatro tipos de tricomas secretores, que variavam conforme o número de células do pedicelo e da cabeça, em ambas as faces da lâmina foliar. A cutícula e estratos cuticulares apresentam-se mais espessos na epiderme adaxial do que na abaxial. Estrias espicuticulares são visíveis em ambas as epidermes, mais nítidas na face abaxial. O mesófilo é representado pelo parâmetro paliçádico e lacunoso. Em ambos, verificou-se a presença de gotas de óleo. Os feixes vasculares de pequeno porte são envolvidos por uma bainha parenquimática desprovida de cloroplastídeos.

Na região do bordo, estômatos e tricomas estão ausentes, em posição subepidérmicas nota-se a presença de parênquima clorofilano e, nas proximidades, ocorrem feixes vasculares de pequeno porte. A nervura central em corte transversal é proeminente em ambas as faces. O sistema vascular colateral apresenta-se na forma de um arco central, com feixes vasculares menores voltados à face adaxial. Uma bainha de fibras interrompida, por sobre o floema, acompanha o sistema vascular. Tricomas tectores e secretores estão presentes. O padrão de venação foliar enquandra-se no tipo caspedródoma simples. Existe semelhanças em alguns aspectos anatômicos no gênero. Casadoro e Rascio (1982), em estudos com *L. triphylla*, revelaram a presença de três tipos de tricomas glandulares na epiderme. Em estudos anatômicos com *L. nodiflora*, Kaushal e Tripathi (1984) observaram que suas células epidérmicas são sinuosas ou onduladas. Estômatos foram mais frequentes na página inferior e predominantemente anomocítico ou diacítico, raramente anisocítico. Tricomas glandulares e tectores foram observadas em partes foliares e florais. Tricomas tectores são cônicos, normalmente ponteados, compreendendo de 1 a 15 células. Sua superfície é normalmente lisa; mas algumas são verrugosas. Tricomas glandulares com um pequeno a longo pedicelo, com número variável de células (1 a 5) e uma cabeça globular compreendendo 1 a 8 células, a maioria na forma de leque.

A estrutura anatômica pode mudar, conforme o ambiente em que se encontra. Rahman e Shamsul (1982) verificaram diferenças no número de tricomas e no comprimento do entre nó de *L. nodiflora* quando em ambiente seco e ensolarado ou sombreado e úmido.

Figura 2.2 – (A) Corte transversal da lâmina foliar, mostrando gotas de óleo no mesofilo (avermelhadas) EAD = Epiderme adaxial, EAB = Epiderme abaxial, PP = Parênquima paliçádico, PL = Parênquima lacunoso; (B) corte transversal da borda da lâmina foliar; (C) tricoma tector unicelular da face abaxial da lâmina foliar; (D) tricoma tector unicelular da face adaxial da lâmina foliar; (E) tricoma secretor da face abaxial da lâmina foliar, com cutícula espessada; (F) tricoma secretor da face abaxial da lâmina foliar, com cutícula delgada; (G) tricoma secretor da face abaxial da lâmina foliar com cabeça e pedicelo unicelulares; (H) tricoma secretor da face abaxial da lâmina foliar com pedicelo unicelular e cabeça bicelular; (I) tricoma secretor da face adaxial da lâmina foliar com pedicelo e cabeça bicelulares; (J) epiderme da face abaxial da lâmina foliar com tricoma secretor em vista frontal; (K) epiderme da face adaxial, em vista frontal, com tricomas secretores diferentes (a) e base de tricoma tector (b); (L) epiderme da face abaxial em vista frontal

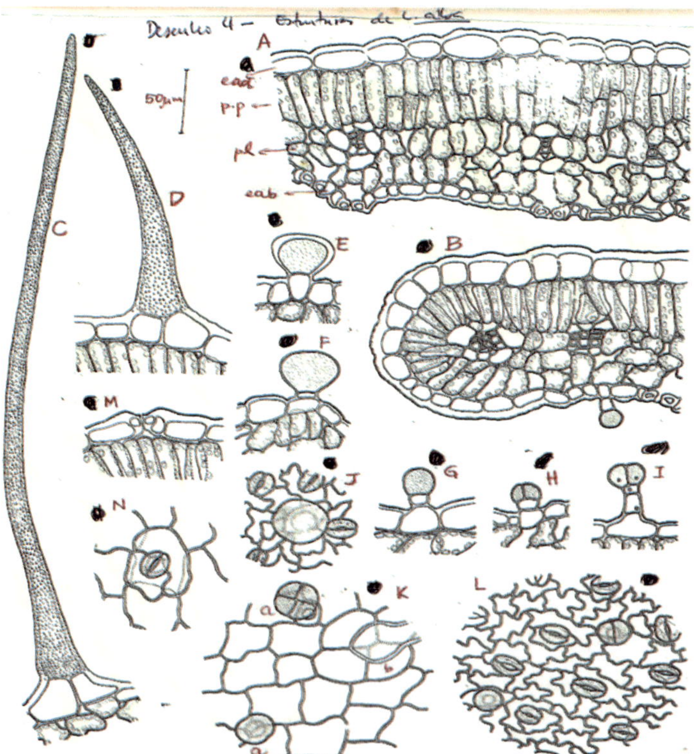

Fonte: Cleuza Bona

Figura 2.3 – (O) Folha mostrando venação caspedródoma; (P) tricoma tector da face abaxial da lâmina foliar na região internerval; (Q) tricoma tector da face abaxial da lâmina foliar na nervura central; (R) tricoma tector da face abaxial da lâmina foliar na nervura central; (S) e (T) tricomas secretores da face abaxial na nervura central; (U) corte transversal da nervura central mostrando epiderme abaxial (eab), epiderme adaxial (ead), xítema (x), floema (f), parênquima cortical (PC) e colênquima (c).

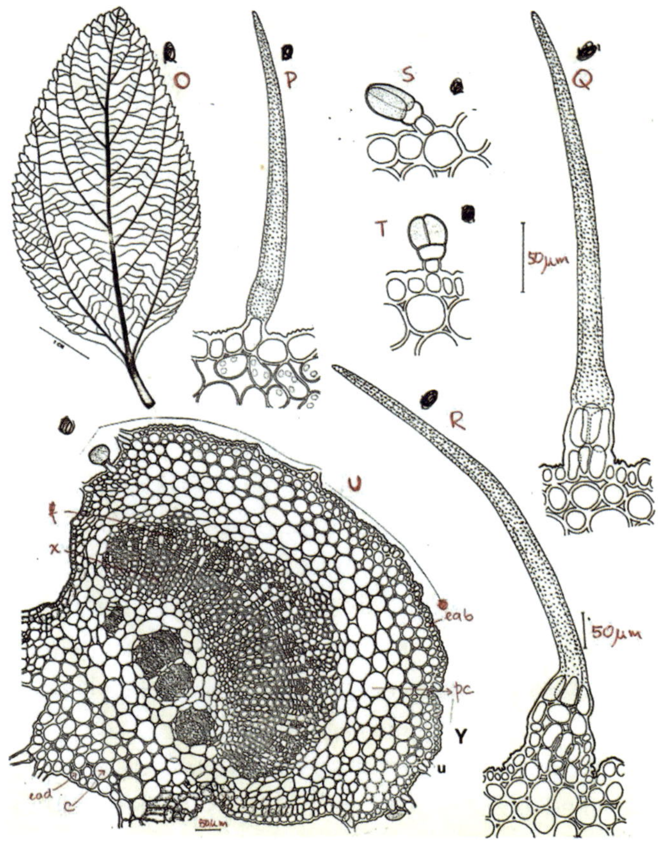

Fonte: Cleuza Bona

Pré-melhoramento

Convencionou-se dizer que algumas atividades ou etapas que antecedem a prática do melhoramento genético como pré-melhoramento. São atividades preparatórias ou básicas, necessárias para o planejamento, implantação e execução a bom termo das múltiplas ações que demandam os métodos de melhoramento e as modalidades de seleção de uma dada espécie-alvo.

Para o caso de *Lippia alba*, uma espécie não domesticada, deve-se fazer um levantamento sobre os conhecimentos existentes acerca da espécie, tais como: tipo de flor, formação ou não de inflorescências, biologia da reprodução predominante, mecanismos de autoincompatibilidade pré e pós-zigóticas, ciclo, tempo e época de florescimento, viabilidade de pólem, presença de dormência e germinação de sementes, compatibilidade entre espécies, propagação vegetativa facultativa, crescimento arbustivo ou arbóreo, ocorrência de perfilhamento e presença de pragas e doenças.outoro. Esses conhecimentos são importantes para orientar o melhorista quanto à melhor estratégia para realizar a seleção de indivíduos geneticamente superiores e estáveis.

Banco de germoplasma

A biodiversidade é essencial para o desenvolvimento sustentado, para adaptação dos seres vivos às mudanças climáticas e para o funcionamento contínuo da biosfera. Por conseguinte, é necessária para sobrevivência da espécie humana e, por isso, tem que ser preservada (Blank et al., 2006), levando-se em consideração, sobretudo, a questão do aquecimento global.

O Brasil apresenta uma grande biodiversidade, distribuída em seus diversos biomas (Mata Atlântica, Amazônia, Cerrado, Pantanal). Diante dessa riqueza, o país é responsável pela preservação e pela exploração sustentável de seu patrimônio genético (Prance, 1977).

Estima-se que entre 5 e 30 milhões de espécies vivem na terra. Grande parte dessa diversidade está se perdendo irreversivelmente por causa da destruição dos habitats naturais, e de forma mais acentuada nas regiões tropicais. As florestas tropicais, apesar de representarem apenas 7% da superfície terrestre, contêm entre 50 a 90% do total mundial, e 5 a 10% das espécies dessas florestas serão extintas nos próximos anos. Atualmente, torna-se necessária a conservação dos recursos genéticos devido à ação antrópica crescente.

Os recursos genéticos vegetais são matéria-prima básica do melhoramento genético, com a finalidade de oferecer, por meio de seleção contínua, cultivares diferenciados no mercado para suprir as demandas alimentares e energéticas do país. No melhoramento genético, os recursos genéticos são fundamentais, principalmente pela introgressão de genes de parentais diversos dentro e entre espécies compatíveis, portadoras de características de interesse para lançamento de novas cultivares competitivas no mercado. A questão é tão séria que a Organização de Agricultura e Alimentação (FAO) resolveu intervir e esboçar várias estratégias para conservação de recursos genéticos no mundo, com a criação de um grupo consultivo internacional de pesquisa agrícola, depois de um comitê internacional de recursos fitogenéticos e atualmente do Instituto Internacional de Recursos Genéticos de Plantas, responsável pela coordenação de mais de quarenta bancos de genes, de diversas culturas, no mundo. Estima-se que pelo menos cem espécies serão extintas por dia nos próximos vinte a trinta anos, resultando em perdas irreparáveis de variabilidade genética, com consequências imprevisíveis para a agricultura mundial e para o meio ambiente como um todo (Blank et al., 2006).

Dessa forma, visando conhecer, domesticar, conservar e disponibilizar genes de valor estratégico, que posam ser utilizados no melhoramento genético, foi criado o banco de germoplasma de *L. alba*. Planta medicinal amplamente distribuída no Brasil e utilizada pela população para fins terapêuticos, possui interesse para a indústria como matéria-prima para síntese de compostos bioativos na área farmacêutica.

Inicialmente o banco de germoplasma (Tabela 2.1) foi instalado em São Manoel, na Fazenda Experimental da Faculdade de Ciências Agrárias (FCA) da Universidade Estadual Paulista (Unesp), na cidade de Botucatu (SP), cujas coordenadas geográficas são 22° 44' de latitude S e 48° 34' de longitude W Gr, numa altitude média de 750m.

O clima, segundo a classificação de Koëppen, é do tipo Cfa, com precipitação anual média de 1450mm e temperatura média de 21°C (Espíndola et al., 1974). O solo é do tipo latossolo vermelho amarelo. Posteriormente parte dos acessos foi transferido (Yamamoto, 2006) para o Instituto Agronômico (IAC), em Campinas (SP). A área experimental do IAC possui as seguintes coordenadas geográficas: 22° 54" latitude S e 47° 05" de longitude W, com altitude média de 674m, precipitação anual média de 1382mm e solo argiloso.

No Instituto Agronômico os acessos foram estaqueados individualmente para multiplicação nos canteiros. Foram selecionadas vinte plantas de morfologia diversa quanto às características da parte aérea e à composição química dos óleos essenciais. Essa diversidade visava compor um banco de germoplasma para o melhoramento genético da *Lippia alba* (Tabela 2.1). Os quimiotipos identificados foram: oito plantas pertencentes ao quimiotipo linalol (IAC-1 a IAC-8), quatro mirceno/cânfora (IAC-9 a IAC-12), três limoneno/carvona (IAC-13 a IAC-15) e quatro citral (IAC-16 a IAC-19) e um quimiotipo mirceno (IAC-20).

Tabela 2.1 – Acessos de *L. alba* obtidos em diferentes estados da União.

Espécie	**Estado**	**Local**
Lippia alba (Mill.) N. E. Br. (1)	Mato Grosso do Sul	Universidade Federal do Mato Grosso do Sul (UFMS)
Lippia alba (Mill.) N. E. Br. (2)	Rio Grande do Sul	EPAGRI – Viamão
Lippia alba (Mill.) N. E. Br. (3)	Acre	Universidade Federal do Acre (UFAC)
Lippia alba (Mill.) N. E. Br. (4)	Mato Grosso do Sul	Universidade Federal do Mato Grosso do Sul (UFMS)
Lippia alba (Mill.) N. E. Br. (5)	Acre	Reserva Chico Mendes
Lippia alba (Mill.) N. E. Br. (6)		
Lippia alba (Mill.) N. E. Br. (7)	Paraná	Universidade Federal do Paraná (UFPR)
Lippia alba (Mill.) N. E. Br. (8)	Goiás	Hospital de medicina alternativa
Lippia alba (Mill.) N. E. Br. Quimiotipo limoneno-carvona	Ceará	Universidade Federal do Ceará (UFC)
Lippia alba (Mill.) N. E. Br. Quimiotipo citral-mirceno		
IAC-1 (linalol)	São Paulo	Instituto Agronômico de Campinas (IAC)
IAC-2(linalol)		
IAC-3(linalol)		
IAC-4(linalol)		
IAC-5(linalol)		
IAC-6(linalol)		
IAC-7(linalol)		
IAC-8(linalol)		
IAC-9 (mirceno/cânfora)		
IAC-10 mirceno/cânfora)		
IAC-11 mirceno/cânfora)		
IAC-12 mirceno/cânfora)		
IAC-13 (limoneno-carvona)		
IAC-14(limoneno-carvona)		
IAC-15(limoneno-carvona)		
IAC-16(citral)		

Continua

Tabela 2.1 – *Continuação.*

Espécie	Estado	Local
IAC-17 (citral)	São Paulo	Instituto Agronômico de Campinas (IAC)
IAC-18 (citral)		
IAC-19 (citral)		
IAC-20 (mirceno)		

Caracterização morfológica

L. alba apresenta ampla variação no que diz respeito às características morfológicas, como foi observado por Santos-Mendes (2001). A pesquisadora estudou oito acessos de *L. alba*, provenientes de: (2) Mato Grosso do Sul, (1) Rio Grande do Sul, (3) Acre, (1) Paraná e (1) Goiás, cultivados em São Manoel (SP). A autora verificou que há variação no contorno do limbo, tipo de ápice e dimensões da folha. O limbo apresentou-se elíptico ou lanceolado. O ápice apresentou-se obtuso, arrendondado ou agudo. O padrão de venação dos oito acessos é broquidódroma, com as nervuras secundárias se unindo sempre em série de arcos.

Utilizando os acessos IAC-1, IAC-2, IAC-3, IAC-4, IAC-5, IAC-6, IAC-7, IAC-8, IAC-11, IAC-13, IAC-17 e IAC-20, do banco de germoplasmas, cultivadas em Campinas (SP), Schocken (2007) avaliou os aspectos da morfologia floral, dos frutos, das folhas e do hábito de crescimento. A pesquisadora verificou que as flores de *L. alba* são hermafroditas, levemente pedunculadas, apresentam coloração rósea-violáceas, tubo da corola de coloração amarela e são do tipo liguladas. As flores apresentam quatro estames didínamos, sendo dois deles mais longos que os demais (Figura 2.4), com papila estigmática em posição lateral, ovário súpero com nectário basal na forma de anel e dois carpelos. O fruto de *L. alba* é um esquizocarpo composto por dois mericarpos (meio-frutos) que se separam facilmente. O mericarpo é do tipo drupa, de forma orbicular-ovoide, arredondado de um lado e achatado do outro, formado por: um epicarpo liso, preto e fosco; um mesocarpo cuja massa farinácea e consistente lembra o endosperma (material de reserva) das monocotiledôneas; e um endocarpo levemente rígido, contendo pouco material de reserva e uma semente cilíndrica e diminuta, com um embrião formado por dois cotilédones e um eixo hipocótilo-radícula muito pouco diferenciado (Figura 2.5).

Figura 2.4 – Caracterização morfológica de flores de *L. alba*: (A) inflorescência de *L. alba*; (B) flores individualizadas; (C) visualização do interior da corola com presença de tricomas e estames; (D) flor com abertura lateral, para visualização dos quatro estames presentes, sendo dois superiores e dois inferiores.

Fonte: Arquivo dos autores

Figura 2.5 – Frutos/sementes de *L. alba*: (A) frutos do tipo esquizocárpicos separados; (B) fruto inteiro; (C) fruto individualizado e cortado para visualização do embrião; (D) plântula com um dia de germinação, dois cotilédones e um eixo hipocótilo-radícula pouco diferenciado.

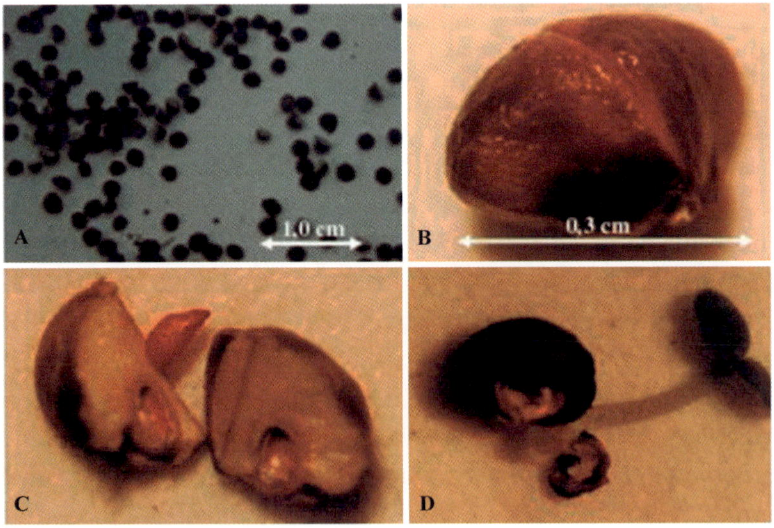

Fonte: Arquivo dos autores

Nenhum dos quimiotipos apresentou diferenças quanto a algumas características foliares, sendo todas simples, inteiras, pecioladas, pubescentes e serrilhadas, opostas e alternadas (Figura 2.6).

Figura 2.6 – Ramificações apicais dos sete genótipos usados como parentais: folhas arrendondadas e internódios longos para os parentais pertencentes ao quimioitipo linalol (IAC2, IAC-6 e IAC-8) e mirceno/cânfora (IAC-11). Os genótipos do quimiotipo limoneno/carvona (IAC-13), citral (IAC-17) e mirceno (IAC-20) apresentam folhas pequenas e alongadas em intervalos mais curtos, sendo visivelmente notados os sintomas de infecção virótica (CMV-*Cucumber Mosaic Vírus*) do genótipo IAC-13, como as distorções foliares.

Fonte: Arquivo dos autores

As diferenças foliares entre os quimiotipos estudados foram mais relevantes para tamanho, forma, coloração e textura (Tabela 2.2).

Tabela 2.2 – Diferenças foliares entre os diferentes quimiotipos de *L. alba*.

Acessos	Tamanho	Forma	Coloração	Textura	Espessa
IAC-2	grande	arredondada	verde bandeira	áspera	não muito
IAC-6	grande	arredondada	verde bandeira	áspera	não muito
IAC-8	grande	arredondada	verde bandeira	pouco áspera	não muito
IAC 11	grande	arredondada	verde escura	extremamente áspera	sim
IAC-13	pequenas	alongada	verde claro	levemente áspera	não
IAC-17	pequenas	alongada	verde claro	macia	não
IAC-20	pequenas	alongada	verde claro	macia	levemente

Em relação ao hábito de crescimento, os quimiotipos IAC-2, IAC-6, IAC-8 (linalol) e IAC-11 (mirceno/cânfora) apresentaram-se decumbentes, podendo seus ramos chegar a cerca de 3 metros após contato com solo. Nos genótipos IAC-13 (limoneno/carvona com vírus); IAC-17 e IAC-20 (citral com e sem vírus, respectivamente) o hábito de crescimento observado foi predominantemente ereto, embora com ramos laterais podendo alcançar dois metros de comprimento, concordando com a descrição de Castro (2001), Salimena (2000) e Corrêa (1992). Em relação aos quimiotipos citral e carvona, Tavares et al. (2003) afirmam que seus ramos podem alcançar cerca de 1,8 m de comprimento, sendo o quimiotipo citral mais invasor que o carvona.

Caracterização anatômica da folha

Ventrella (2000), cultivando *L. alba*, em São Manoel, sob diferentes níveis de sombreamento (0, 30, 50, 70%) e épocas de colheita (primavera, verão, outono e inverno), verificou que a interação dos dois fatores resultou em grande plasticidade nas características anatômicas. As folhas, em ambas as faces, apresentam tricomas tectores, que podem variar de acordo com o número de células do pedicelo e tricomas secretores capitados, com número de células do pedicelo e da cabeça também variáveis. A presença de tricomas tectores e glandulares, também, foi detectado na lâmina foliar, por Castro (2001), que verificou que estes são mais abundantes na face abaxial e concentram-se nas depressões.

A cutícula apresenta-se mais espessa na epiderme da face adaxial que na abaxial, com estrias epicuticulares em ambas as faces.

A Tabela 2.3 apresenta os valores médios das características anatômicas da seção transversal do limbo foliar de *L.alba* nos diferentes níveis de sombreamento em épocas de colheita. As plantas cultivadas a pleno sol e colhidas em janeiro e abril apresentam maiores percentagens da extensão da bainha do feixe vascular; as cultivadas em pleno sol e colhidas em outubro e julho desenvolvem folhas com menor proporção de extensão da bainha do feixe, reforçando o efeito da época que antecede a colheita, e não apenas do sombreamento, na configuração anatômica.

Castro (2001) verificou que a altura do parênquima paliçádico e lacunoso aumentaram na primavera e no verão, contribuindo para maior produção de óleo essencial nessas épocas; além disso, o número de tricomas também foi mais elevado nesse período, contribuindo para maior produção de óleos essenciais.

Tabela 2.3 – Valores médios das características anatômicas da seção transversal do limbo foliar de *Lippia alba* em diferentes níveis de sombreamento e épocas de colheita. Botucatu (SP), 2000.

	Tratamentos	Epiderme da face abaxial (%)	Epiderme da face adaxial (%)	Parênquima paliçádico (%)	Parênquima lalcunoso (%)	Bainha do feixe vascular (%)	Feixe vascular (%)	Extensão da bainha (%)	Área total do limbo ($mm^2.10^{-4}$)	Espessura da epiderme da face abaxial ($mm.10^{-4}$)	Espessura da epiderme da face adaxial ($mm.10^{-4}$)	Largura das células do parênquima paliçádico ($mm.10^{-4}$)	Comprimento das células do parênquima paliçádico ($mm.10^{-4}$)
1	0% out/97	4,20	8,23	40,63	36,85	6,96	2,49	0,64	2171,64	93,11	207,40	97,70	440,82
2	30% out/97	4,40	10,06	41,73	35,89	6,22	1,65	0,06	1807,93	80,61	200,25	93,88	388,26
3	50% out/97	4,97	9,51	44,10	32,18	6,76	2,23	0,24	1724,21	86,22	178,06	88,01	419,39
4	70% out/97	6,87	12,44	35,67	37,13	5,76	1,82	0,30	1431,40	95,92	187,24	102,55	368,37
5	0% jan/98	5,90	9,54	40,46	34,51	6,16	2,22	1,21	1778,82	103,57	173,72	78,57	362,04
6	30% jan/98	5,37	9,14	40,30	36,09	6,39	1,86	0,86	1548,42	82,14	160,20	92,35	363,26
7	50% jan/98	5,39	10,64	36,07	38,81	6,70	2,19	0,20	1483,58	77,55	165,31	88,77	335,20
8	70% jan/98	6,70	11,95	35,14	37,50	6,50	1,87	0,32	1314,43	84,18	170,15	84,44	308,67
9	0% abr/98	5,34	10,29	38,49	36,61	6,03	2,04	1,20	1652,71	91,33	179,59	87,75	355,61
10	30% abr/98	6,00	12,23	36,83	36,75	5,76	1,99	0,44	1368,27	95,66	179,34	83,16	292,65
11	50% abr/98	6,29	11,57	37,00	33,55	8,07	2,76	0,76	1375,80	92,35	163,52	82,14	319,90
12	70% abr/98	7,36	11,87	34,21	37,95	6,20	2,04	0,37	1272,59	88,77	156,89	90,05	294,08
13	0% jul/98	4,33	8,79	41,89	36,09	6,32	2,28	0,30	2170,93	83,16	185,71	96,17	471,22
14	30% jul/98	5,24	10,06	41,51	34,11	5,89	2,51	0,68	1834,31	89,54	191,33	95,66	422,24
15	50% jul/98	5,40	10,36	42,39	32,80	6,12	2,71	0,22	1720,20	94,90	192,09	88,77	435,20
16	70% jul/98	6,00	11,63	39,36	35,75	4,78	2,24	0,23	1550,28	93,11	195,66	101,53	487,75

Observou-se menor percentagem de parênquima paliçádico em folhas de plantas submetidas a sombreamento mais intenso (70%). Supõe-se que isso está relacionado com o menor alongamento das células desse tecido, pois se apresentaram mais curtas. O aumento da proporção do parênquima paliçádico em plantas desenvolvidas a pleno sol parece estar associado à melhor propagação e distribuição da luz através do mesofilo e à maior taxa fotossintética por unidade de área foliar (Smith et al., 1997 apud Castro, 2001).

A Tabela 2.4 apresenta os valores médios das características anatômicas da seção transversal da nervura principal da folha de *L. alba* nos diferentes níveis de sombreamento e época de colheita. Verificou-se que as plantas cultivadas sob sombreamentos mais intensos apresentam maior área foliar unitária, com o aumento da seção transversal da nervura, podendo este fato ser interpretado como uma estratégia morfológica/mecânica para equilibra a arquitetura foliar. Observou-se que houve interação entre os diferentes níveis de sombreamento e as épocas de colheita que resultam nas mais variadas combinações de características ambientais, refletindo na plasticidade da nervura principal da folha. Este estudo sugere que haja uma maior produção de folhas e de óleo essencial em plantas cultivadas a pleno sol, em consequência do desenvolvimento do parênquima paliçádico, da densidade de tricomas secretores e da capacidade de aproveitamento da luz disponível (Ventrella, 2000).

Tabela 2.4 – Valores médios das características anatômicas da seção transversal do limbo foliar de *Lippia alba* em diferentes níveis de sombreamento e épocas de colheita. Botucatu (SP), 2000.

Tratamentos		Epiderme da face abaxial (%)	Epiderme da face adaxial (%)	Parênquima fundamental (%)	Parênquima clorofiliano(%)	Colênquima (%)	Feixe vascular (%)	Área total da Neruvra ($mm^2.10^{-4}$)
1	0% out/97	5,00	1,83	37,83	18,18	12,12	25,03	3222,19
2	30% out/97	4,66	1,69	37,54	16,06	11,98	28,06	4835,55
3	50% out/97	4,76	2,04	35,92	15,55	12,11	29,62	3870,19
4	70% out/97	4,97	2,10	44,57	11,26	10,17	26,93	5095,74
5	0% jan/98	6,45	2,11	33,98	17,02	16,12	24,32	2481,90

Continua

Tabela 2.4 – *Continuação.*

	Tratamentos	Epiderme da face abaxial (%)	Epiderme da face adaxial (%)	Parênquima fundamental (%)	Parênquima clorofiliano(%)	Colênquima (%)	Feixe vascular (%)	Área total da Neruvra (mm².10⁻⁴)
6	30% jan/98	4,80	2,13	45,08	8,64	13,85	25,50	3572,02
7	50% jan/98	4,42	1,70	38,18	11,46	15,18	29,07	4519,31
8	70% jan/98	4,52	1,70	42,01	10,98	12,40	28,39	4850,32
9	0% abr/98	5,15	2,42	39,09	10,81	16,02	26,50	3473,28
10	30% abr/98	5,31	2,01	40,26	10,98	11,64	29,79	4034,26
11	50% abr/98	4,68	1,57	44,43	9,14	13,40	26,78	5384,06
12	70% abr/98	4,55	1,61	47,69	8,37	10,60	27,19	6718,08
13	0% jul/98	4,88	2,06	33,42	20,47	12,02	27,15	4201,32
14	30% jul/98	4,97	2,27	38,40	13,56	10,79	31,25	5221,45
15	50% jul/98	4,62	2,07	35,82	15,46	9,63	32,39	4992,21
16	70% jul/98	5,15	1,86	39,79	12,84	9,50	30,85	5549,34

Caracterização fitoquímica

A *L. alba* quando submetida a diferentes níveis de sombreamento e épocas de colheita em São Manoel/SP, demonstrou que os fatores que condicionam a síntese do óxido de cariofileno, do t-cariofileno e do linalol, são diferentes dos que direcionam o metabolismo da planta para a síntese do geranial e do neral. A síntese do óxido de cariofileno, do t-cariofileno e do linalol parece estar relacionada com condições de maior sombreamento, menor disponibilidade hídrica e temperatura e radiação solar relativamente baixas, enquanto, que a síntese do neral e do geranial parece estar relacionada com condições de boa luminosidade, boa disponibilidade hídrica, temperatura e radiação solar global mais altas, que caracterizam o verão e outono (Ventrella, 2000).

Estudando a composição química de oito acessos de *L. alba*, provenientes de Mato Grosso do Sul(2), Rio Grande do Sul (1), Acre (3), Paraná (1) e Goiás (1), cultivados em São Manoel (SP), Santo-Mendes (2001) verificou a formação de quatro grupos distintos:

– acesso 1 (MS) e acesso 7 (PR) pertencem ao quimiotipo linalol e 1,8 cineol;
– acesso 2 (RS), cânfora, óxido de cariofilleno, ρ-cimeno, linalol e canfeno;
– acesso 4 (MS), acesso 6 (AC) e acesso 8 (GO), citral (geranial/neral)
– acesso 3 (AC) e acesso 5 (AC), D-limoneno, germacreno D e carvona.

Segundo Castro (2001), a variação sazonal e a colheita influenciam na composição química do óleo essencial de *L. alba*, sendo que os principais constituintes encontrados em todas as estações do ano, com pequenas variações foram: citral, t-cariofileno, β-elemeno, β-mirceno, e germacreno. Ehlert (2003) trabalhando com o quimiotipo limoneno-carvona, em Botucatu (SP), verificou que houve variação quantitativa, com relação à percentagem relativa dos principais constituintes (limoneno/carvona). A carvona apresentou 54,11%, no plantio de primavera, enquanto o limoneno obteve 30,25% no plantio de verão. Mas, não encontrou variação qualitativa.

Observou-se em outro estudo com os vinte acessos do IAC, em três ambientes diferentes, revelaram pequenas variações quantitativas das substâncias, porém, não se detectou nenhuma variação qualitativa como o surgimento de uma nova substância ou o desaparecimento de outra. Os resultados obtidos sugerem que as diferentes substâncias que compõe majoritariamente os indivíduos devem ser preferencialmente de natureza genética, com o ambiente influenciando em menor magnitude as alterações destas. Apesar da *L. alba* ser sujeita a grandes variações morfológicas e óleos essenciais de diferentes quimotipos, os constituintes dos óleos essenciais não variaram (Corrêa, 1992), porém, essa plasticidade fenotípica da proporção das substâncias pode auxiliar na compreensão da grande diversidade de ambientes em que essa espécie é encontrada (Yamamoto, 2006).

Caracterização molecular, fenotípica e citogenética

Caracterização molecular

A partir de pequenas quantidades de DNA de oito acessos de *L. alba* – Mato Grosso do Sul (2), Rio Grande do Sul (1), Acre (3), Paraná (1) e Goiás (1) –, por meio da técnica do Random Amplified Polymorphism (RAPD) DNA, utilizando cem *primers* para caracterização molecular, foi produzido um total de 662 bandas. Desse total, 60 *primers* (60%) e 318 bandas (48%) mostraram-se polimórficos para todos os acessos testados (Tabela 2.5).

Tabela 2.5 – Número total de bandas e de bandas polimórficas produzidas por diferentes *primers* em reações de RAPD para oito formas de *Lippia alba*. Botucatu-SP, 2001

Primers	N. Total de Bandas	N. Bandas Poliméricas	*Primers*	N. Total de Bandas	N. Bandas Poliméricas
F01	13	2	J04	15	12
F02	12	3	J05	8	0
F03	10	3	J06	9	3
F04	9	7	J07	12	1
F05	9	5	J08	3	0
F06	11	5	J09	13	8
F07	12	7	J10	10	2
F08	10	10	J11	6	3
F09	11	7	J12	5	3
F10	12	10	J13	11	4
F11	8	3	J14	6	2
F12	11	3	J15	11	7
F13	8	0	J16	11	9
F14	3	0	J17	10	6
F15	1	0	J18	10	6
F16	7	7	J19	7	1
F17	9	5	J20	11	6
F18	4	0	K01	9	4
F19	8	7	K02	10	7
F20	8	4	K03	8	5
G05	10	10	K04	8	4
G06	9	7	K05	2	0
G07	10	3	K06	12	6

Continua

Tabela 2.5 – *Continuação.*

Primers	N. Total de Bandas	N. Bandas Poliméricas	*Primers*	N. Total de Bandas	N. Bandas Poliméricas
G08	10	6	K07	11	0
G09	7	5	K08	11	5
G10	9	0	K09	11	6
G11	7	0	K10	11	6
G12	6	0	K11	5	2
G13	8	4	K12	9	5
G14	7	4	K13	2	0
G15	8	3	K14	10	7
G16	13	7	K15	12	10
G17	15	9	K16	13	5
G19	7	1	K17	8	1
G19	11	5	K18	5	0
J01	7	0	K19	12	9
J02	6	3	K20	9	8
TOTAL	326	155	TOTAL	336	318

No trabalho de Yamamoto (2006), folhas jovens e sadias foram coletadas de vinte genótipos ou clones, constituindo cinco quimiotipos (linalol, limoneno/carvona, mirceno/cânfora, mirceno e citral. A extração de DNA foi realizada de acordo com o protocolo do CIMMYT (International Maize and Wheat Improvement Center), com as seguintes modificações: 40mg de tecido macerado; 1,4ml de tampão de extração com carvão ativado (25mg/g tecido); primeira centrifugação para remoção do tecido; uma etapa a mais de clorofórmio:álcool isoamílico (24:1); precipitação com isopropanol por apenas 5min, e; centrifugação do DNA precipitado a 6,000 rpm por 5min. O DNA obtido foi tratado com RNAse e quantificado em gel de agarose 1% sob luz UV, com o auxilio de DNA comercial padronizado.

Para a reação de amplificação por PCR/RAPD foram utilizados 5ng de DNA. Os *primers* utilizados foram definidos com base no trabalho de Santos (2001), a qual estabeleceu sessenta *primers* polimórficos para oito formas de *L. alba*. Vinte e cinco dos *primers* (Operon) que apresentaram maiores números de polimorfismo foram selecionados para o estudo: OPF (4, 7, 8, 10, 17), OPG (2, 5, 6, 17), OPJ (4, 15, 18) e OPK (1-4, 6, 8-10, 14, 15, 17, 19 e 20).

A PCR foi feita em um volume final de 15µl (3mM MgCl2; 0,15mM dNTP; 0,3pmol primer e 0,05U/µl Taq Polymerase) e foi conduzida em um termociclador, com uma desnaturação inicial de 96°C por 1 minuto, 44 ciclos de 94°C por 1 minuto (desnaturação), 35°C por 1 minuto (anelamento do primer) e 72°C por 1,30 minuto (extensão), e uma extensão final de 72°C por 7 minutos. Todo o volume foi depositado em gel de agarose 1,2%, o qual foi submetido em campo elétrico a 90V por 2 horas, seguido de banho em solução com brometo de etídeo (2,3µg/ml) durante vinte minutos e análise sob luz UV.

A genotipagem dos indivíduos estudados foi realizada com base na presença: ausência de bandas, e apenas aquelas que os diferenciaram, ou seja, as polimórficas, foram utilizadas para compor a matriz binária (Figura 2.7). Para quantificar a similaridade entre os indivíduos foi utilizado o coeficiente de Jaccard (1908) e para o agrupamento, foi utilizado o método de UPGMA (Sneath; Sokal, 1973), ambos realizados por meio do programa NTSYSpc (Rohlf, 1997). Foram feitas pelo menos duas repetições para cada primer analisado e a genotipagem foi baseada apenas nas bandas consistentes e reproduzidas nas duas repetições.

Figura 2.7 – Gel mostrando diferenças de migração de bandas RAPD (*Random Amplified Polymorphic* DNA), para os cinco quimiotipos num total de vinte clones experimentais estudados. Estes *primers* podem ser usados na caracterização destes materiais para fins de registro além dos descritores morfo-agronômicos

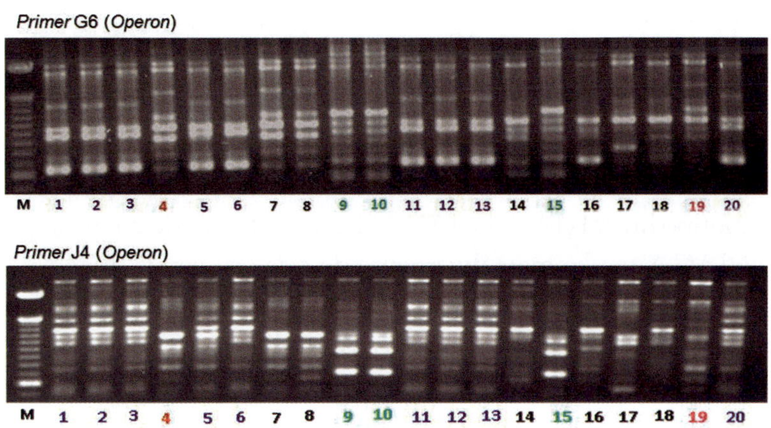

M = marcador de 100pb; Azul = linalol; Vermelho = mirceno/cânfora;

Verde = limoneno/carvona; Preto = citral;; Rosa = mirceno

Fonte: Yamamoto, 2006

A partir de todos os *primers* utilizados foram obtidas 183 bandas polimórficas, resultando na formação de agrupamentos robustos para quantificação da divergência genética, cujos resultados podem ser observados no dendograma (Figura 2.8). O marcador molecular RAPD mostrou-se ser uma ferramenta adequada para caracterizar os diferentes acessos de *L. alba*.

Figura 2.8 – Dendrograma (RAPD) dos 20 genótipos de *L. alba*, pertencentes aos quimiotipos linalol (IAC-1 a IAC-8), mirceno/cânfora (IAC-9 a IAC-12), limoneno/carvona (IAC-13 a IAC-15), citral (IAC-16 a IAC-19) e mirceno (IAC-20). As distâncias genéticas foram obtidas pelas análises de 183 bandas polimórficas. Os coeficientes de similaridade foram gerados de acordo com Jaccard e o agrupamento foi feito segundo o método de UPGMA

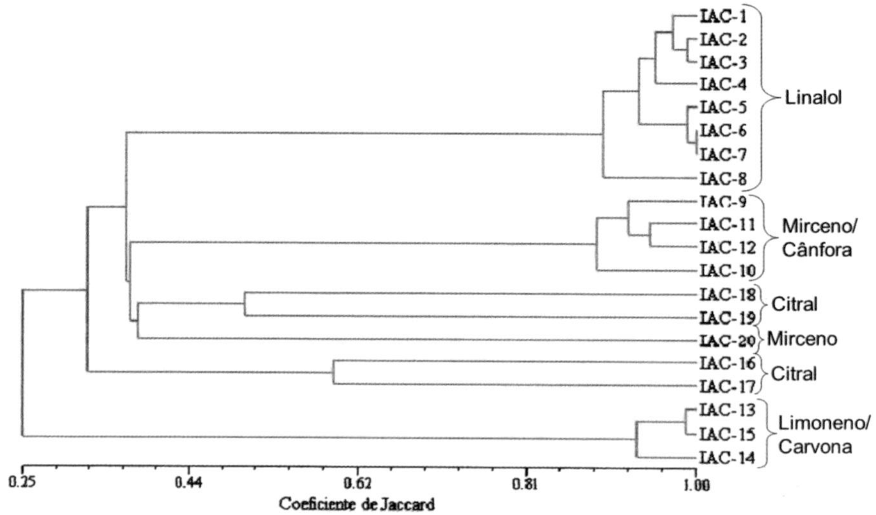

Neste dendrograma observou-se que o agrupamento por bandas polimórficas de RAPD foi muito relacionado com os quimiotipos. Os clones de quimiotipo linalol (IAC-1 a IAC-8) ficaram dentro de um mesmo grupo sendo o IAC-8 pouco mais divergente do que os demais. Este clone tem origem distinta dos demais, pois foi coletado em uma residência na cidade de Campinas (SP). Análise posterior, em coluna quiral deste material, feito na Unicamp, apresentou somente um dos isômeros de linalol na sua composição química.

Num segundo grupo permaneceram os clones de quimiotipo mirceno/cânfora (IAC-9 a IAC-12), com o IAC-10 sendo o mais divergente dentre eles. Os clones de quimiotipo citral formaram o terceiro grupo, mas este pode ser fracionado em dois subgrupos onde se observaram claramente as semelhanças entre IAC-18 com IAC-19 e IAC 16 com IAC-17. O IAC 20 de quimiotipo mirceno situou-se mais próximo dos quimiotipos citral em vez de se posicionar no grupo dos quimiotipos mirceno/cânfora. Finalmente, os clones de quimiotipo limoneno/carvona, todos muito suscetíveis ao vírus, compuseram o último agrupamento, muito próximo entre si, porém sendo os mais distantes de todos os demais grupos, pela metodologia utilizada.

Caracterização fenotípica

Com base em características fenotípicas, foram realizadas duas análises multivariadas para determinar a divergência genética entre os genótipos: análise de componentes principais (ACP) e análise de agrupamento. Para ambas, foi utilizado o programa Genes, para as características peso de massa foliar fresca e seca (PMF e PMS), rendimento (%) de óleo (RED), sintomas de vírus (VIR), altura (ALT) e composição química primária (CQP).

Para a análise de agrupamento, a divergência genética entre os genótipos foi quantificada a partir da média dos dados das características para cada local ou experimento, utilizando a distância Euclidiana como medida de dissimilaridade. Com base na distância estabelecida entre os indivíduos, os genótipos foram agrupados utilizando o método do Vizinho mais Próximo (Saitou; Nei, 1987). A ACP foi realizada para estabelecer os agrupamentos de uma forma gráfica tridimensional, com o auxílio do programa Statistica (Statsoft Inc. 1999). Os gráficos foram obtidos de acordo com a dispersão dos escores dos primeiros componentes principais nos eixos perpendiculares, sendo que o primeiro componente é o de maior variância, seguido pelo segundo de maior variância (segunda componente) e assim sucessivamente. O critério de absorção mínima foi de 70% da variação total nos primeiros componentes. Com a ACP, foi possível também detectar quais foram as características que mais contribuíram para oas agrupamentos.

Os indivíduos pertencentes aos quimiotipos limoneno/carvona, mirceno/cânfora e citral ficaram relativamente mais próximos. Não foi possível uma melhor diferenciação entre eles pelos valores obtidos das características fenotípicas (Figura 2.9).

Figura 2.9 – Análise de componentes principais para 10 e 20 genótipos de *L. alba*, pertencentes aos quimiotipos linalol (IAC-1 a IAC-8), mirceno/cânfora (IAC-9 a IAC-12), limoneno/carvona (IAC-13 a IAC-15), citral (IAC-16 a IAC-19) e mirceno (IAC-20), baseada em 16 variáveis.

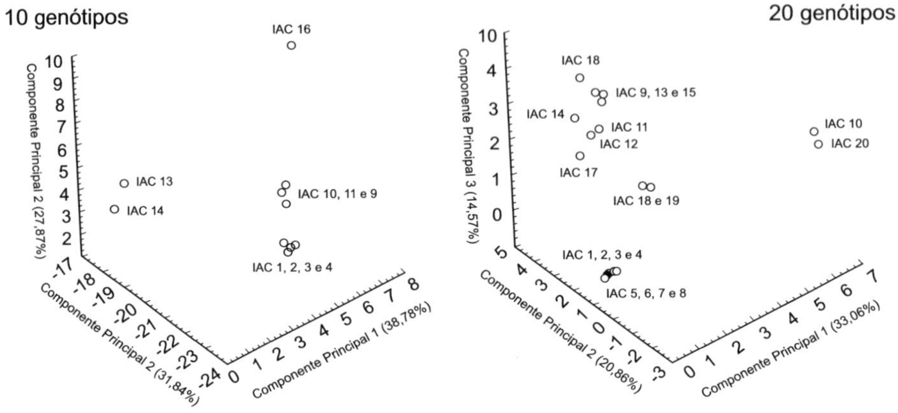

Os clones citral ficaram mais dispersos no gráfico devido à divergência entre eles, detectada também com a análise de agrupamento. Entre eles, o IAC-18 e IAC-19 foram os mais distantes do grupo, porém próximos entre si.

Os oito clones de linalol foram muito próximos, mantendo-se num grupo isolado. Devido à sobreposição dos pontos, não foi possível visualizar um maior distanciamento do IAC-8, o qual foi avaliado como o mais divergente do grupo com o dendrograma. O único genótipo do quimiotipo mirceno ficou bastante isolado, juntamente com o IAC-10. Pelos dendrogramas dos caracteres fenotípicos para dez clones/genótipos (seis experimentos) e depois com vinte (dois experimentos), os agrupamentos seguiram fielmente os quimiotipos. No caso do dendrograma feito com o marcador molecular RAPD o IAC-20, mirceno, ficou posicionado entre os de quimiotipo citral. Com as características fenotípicas ele ficou mais próximo dos clones de quimiotipo mirceno/cânfora (IAC-9 a IAC-12) (Figura 2.10).

Os clones dos demais quimiotipos permaneceram agrupados tanto para dez quanto para vinte clones avaliados, mostrando a fidelidade do método de agrupamento. Salientamos que o grupo mais distante geneticamente é do citral, ficando com cerca de 38 a 48% de divergência dentro dos quatro clones de mesmo quimiotipo (IAC 16 a IAC 19) e distantes do grupo mais próximo de quimiotipo limoneno/carvona em pelo menos 26% de divergência (Figura 2.11).

Figura 2.10 – Análise de divergência genética para dez genótipos de *L. alba*, pertencentes aos quimiotipos linalol (IAC-1 a IAC-4), mirceno/cânfora (IAC-9 a IAC-11), limoneno/carvona (IAC-13 e IAC-14) e citral (IAC-16). As distâncias genéticas foram obtidas com base em quatorze variáveis e quantificadas por meio da distância Euclidiana, e o agrupamento foi realizado de acordo com o método do Vizinho mais Próximo.

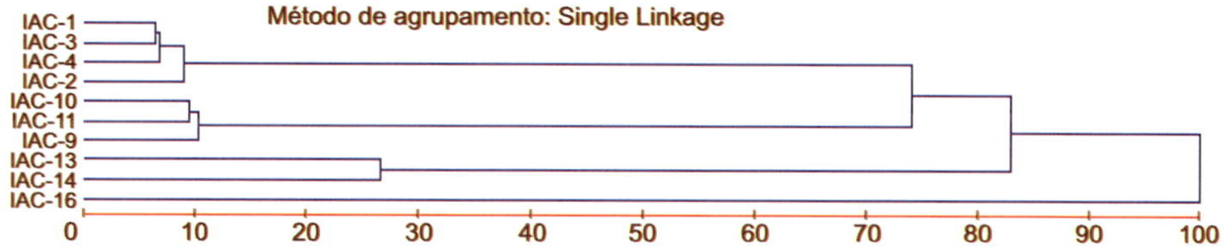

Figura 2.11 – Análise de divergência genética para vinte genótipos de *L. alba*, pertencentes aos quimiotipos linalol (IAC-1 a IAC-8), mirceno/cânfora (IAC-9 a IAC-12), limoneno/carvona (IAC-13 e IAC-15), citral (IAC-16 a IAC-19) e mirceno (IAC-20). As distâncias genéticas foram obtidas com base em 16 variáveis e quantificadas por meio da distância Euclidiana, e o agrupamento foi realizado de acordo com o método do Vizinho mais Próximo.

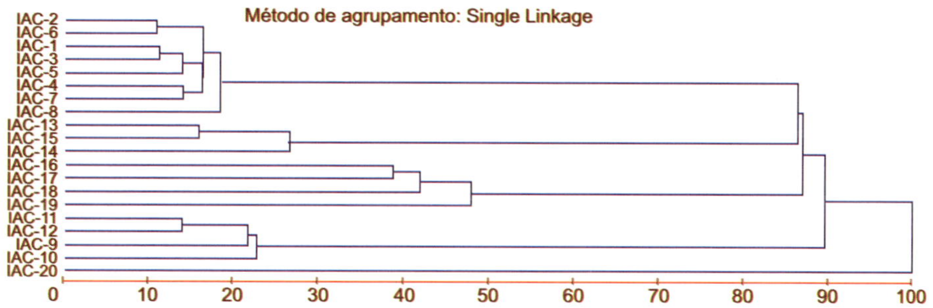

Estes resultados de divergência genética entre clones dentro e entre quimiotipos com repetibilidade utilizando-se de características morfológicas/vegetativas, fitoquímicas, resistência a doenças e opcionalmente marcadores moleculares podem ser úteis no desenvolvimento de descritores para a finalidade de registro e proteção de cultivares junto ao Serviço Nacional de Proteção de Cultivares (SNPC) do Ministério de Ciência e Tecnologia.

Caracterização citogenética

A citogenética é uma ferramenta que permite analisar as células meióticas, com o intuito de se estudar o comportamento cromossômico, o nível de ploidia, identificando híbridos e verificar a regularidade no processo de reprodução sexuada, por meio da fertilidade.

Recentes estudos com o quimiotipo citral, carvona e linalol de *L. alba*, mostraram que o que o número cromossômico é maior do que se esperava e que os quimiotipos apresentam diferentes padrões cromossômicos (Tavares et al., 2003; Viccini et al., 2006 e Souza, 2006). De forma geral, o quimiotipo citral possui 2n=30 cromossomos, ao passo que o quimiotipo carvona apresenta número cromossômico de 2n=60. Por outro lado, com relação ao quimiotipo linalol, nota-se uma grande variação numérica dentro dos próprios indivíduos estudados, 2n=12 a 2n=60 (Tavares et al., 2003).

Em seus estudos, Tavares et al. (2003) e Pierre (2004, apud Souza, 2006) concluem que o quimiotipo citral é diploide, ao passo que o carvona é um tetraploide. Quanto ao quimiotipo linalol, ocorrem ainda controvérsias, porém Pierre (2004) afirma que este seja um mixoploide e infere ainda que o quimiotipo carvona poderia ser um autopoliploide derivado do quimiotipo citral.

Segundo Viccini et al. (2006), parte destas variações nas combinações cromossômicas pode ser decorrente de hibridações naturais seguidas de duplicação. Outra possibilidade é que ocorra um segundo ciclo de poliploidia. De qualquer forma o baixo número de espécimens estudadas não deixa claro qual o número básico de cromossomos da espécie. Porém, a correta identificação e classificação são de grande importância para a manutenção da qualidade, planejamento de cultivo e para a obtenção de fitofármacos para que não prejudiquem a saúde de quem venha a utilizá-los (Pascual et al., 2001).

Conhecer a fertilidade do pólen é condição indispensável ao melhoramento genético clássico, sendo fundamental para os estudos de biologia reprodutiva e desenvolvimento de programas de melhoramento genético.

Viabilidade dos grãos de pólen

Por serem escassos os dados relativos a viabilidade dos grãos de pólen para *L. alba*, e a falta de informação sobre o estádio ideal para sua coleta, fez-se um estudo. Para a determinação da viabilidade do grão de pólen coletaram-se botões florais de diferentes estádios de desenvolvimento (Figura 2.12) dos seguintes acessos: IAC-2, IAC-6, IAC-8, IAC-11, IAC-13, IAC-17 e IAC-20, do banco de germoplasma (Schocken, 2007). O material coletado foi fixado em etanol-ácido acético (3:1) e manteve-se em temperatura ambiente de quatro a seis horas, ou na geladeira por 24 horas; posteriormente o material foi transferido para álcool 70% e armazenado na geladeira. Utilizou-se o corante carmim propiônico 2% sobre lâmina de vidro (Einhardt et al., 2006) e a visualização foi feita em microscópio ótico, sendo viáveis os grãos que apresentavam coloração rosa forte e inviáveis ou vazios os sem coloração. Para contagem cromossômica foram utilizadas três lâminas de cada quimiotipo.

Figura 2.12 – Estádios de desenvolvimento da flor de *L. alba*, coletados para análise e classificados em ordem crescente de desenvolvimento em S_1 – S_5.

Fonte: Schocken, 2007

Verificou-se que o melhor estádio de visualização e análise de grãos de pólen nessa espécie foi o S_4, pois permitiu a visualização de imagens claras do tamanho e intensidade de coloração dos mesmos após tratamento com carmim acético (Figura 2.13).

Figura 2.13 – Grãos de pólen presentes em células do botão floral de *L. alba* em S_4: (a) variação de tamanho e coloração dos grãos de pólen. (Aumento de 40x e opt 2); (b) Seta indicando grão de pólen viável (aumento de 40x e opt 1,25).

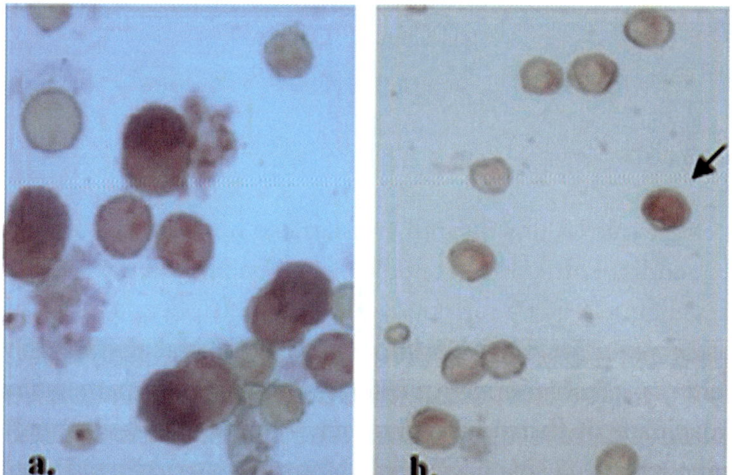

Fonte: Schocken, 2007

Tabela 2.6 – Contagem dos grãos de pólen de sete genótipos de *L. alba*, sob colorimetria com carmim acético 2% (Aumento de 40x e opt.2).

Genótipos	Grãos de Pólen						
	Cheios		Vazios		Pequenos		Total de Pólen
	Nº/Campo	%	Nº/Campo	%	Nº/Campo	%	
IAC-2	17,65	54,69	8,30	26,10	5,70	19,21	1059,00
IAC-6	21,20	66,06	7,55	24,17	3,15	9,76	1271,00
IAC-8	25,75	61,79	12,05	28,78	3,55	9,41	1545,00
IAC-11	15,50	49,75	20,85	42,39	2,60	7,84	930,00
IAC-13	7,60	31,67	17,65	66,10	0,55	2,22	456,00
IAC-17	23,95	76,85	4,45	15,97	1,90	7,18	1437,00
IAC-20	34,95	69,37	11,90	23,37	3,75	7,25	2097,00
Média	20,94	58,60	11,82	32,41	3,03	8,98	1257,57

Com base na média de grãos de pólen cheios (Tabela 2.6) pode-se inferir se a planta é mais ou menos fértil, pois a fertilidade está diretamente relacionada com a porcentagem de células cheias ou corada; tambérm demonstram a grande variabilidade na quantidade e viabilidade dos grãos de pólen ente os acessos analisados. Verifica-se que o acesso IAC-20 foi o que atingiu a maior produção de pólen (35 grãos/campo) e a segunda maior porcentagem de grãos viáveis (69,37%). Os resultados obtidos na Tabela 2. 6 por colorimetria indicam de forma geral, a baixa viabilidade dos grãos de pólen e sugerem que testes de germinação "*in vitro*" sejam realizados para se obter informações mais precisas sobre a viabilidade dos grãos de pólen de *L. alba*.

Germinação

Calcula-se que há uns dez mil anos atrás o homem verificou que a semente, quando plantada em condições adequadas, vai dar origem a uma planta igual àquela que a formou e que esta multiplicaria dezenas, ou até centenas de vezes, a semente original (Carvalho; Nakagawa, 2000). Provavelmente, as características que as tornam órgãos ímpares na natureza são a capacidade de distribuir a germinação no tempo (pelos mecanismos de dormência) e no espaço (pelos mecanismos de dispersão). Dentre as características de valor da semente temos a qualidade, que é o somatório de todos os atributos genéticos, físicos, fisiológicos e sanitários que afetam sua capacidade de originar plantas de alta produtividade (Rosa, 1998).O processo da germinação é um evento fisiológico que depende da qualidade da semente e das condições de germinação, como suprimento de água e oxigênio e a adequação de temperatura, luz e substrato, sendo que estas condições variam entre as espécies de plantas. Parâmetros como peso, pureza, germinabilidade, conteúdo de umidade, e viabilidade pode variar entre os lotes de sementes testados, e servem para indicar a qualidade da semente (Salomão; Sousa-Silva, 2003).

Para a *L. alba,* inicialmente testou-se a germinação em condições de campo a partir de frutos inteiros em virtude da dificuldade de se individualizar as sementes, e por esta ser muito pequena. Dos 1 mil frutos inteiros destinados ao estudo, metade (500) permaneceram intactos e a outra metade passou pelo processo de escarificação (Schocken, 2007). O procedimento de escarificação foi adotado por ser de um método simples, eficaz e de baixo custo e que poderia revelar pistas em caso do baixo índice de germinação da espécie ser devido ao tegumento ou outros fatores de dormência (Marcos-Filho et al., 1987).

A análise dos resultados da germinação revelou não haver efeito significativo (Duncan 5%) entre escarificados e não escarificados (Tabela 2.7). Porém, foi observado efeito significativo da germinação de sementes entre dois clones do estudo, IAC-1 e IAC-2, cujas diferenças podem estar relacionadas às diferenças de tamanho das sementes ou por representarem ecótipos diferentes.

Em virtude da baixa taxa de germinação obtida nas condições de campo, optou-se por realizar testes em laboratório, combinando fatores como temperatura, presença ou ausência de sais estimuladores de germinação e choque térmico de frio e calor, visando superar algumas causas de dormência.

Os resultados do estudo de germinação em condições controladas encontram-se sumarizados na Tabela 2.8. Diversas temperaturas foram utilizadas nos frutos/sementes de *L.alba* para verificar se temperaturas alternadas, realmente eram as mais favoráveis do que somente presença ou ausência de luz; devido ao baixo índice de germinação observado. Sabe-se que espécies que ainda não passaram por processo de domesticação apresentam exigências mais restritas (Marcos-Filho, 1987). As respostas obtidas dos diferentes tratamentos permitem concluir que a melhor condição

Tabela 2.7 – Número de plantas germinadas e porcentagem de germinação de sementes de diferentes acessos de *L. alba* submetidas ou não à escarificação. Letras semelhantes indicam que as médias não se diferenciam ao nível de 5% pelo teste Duncan.

Clone	Linalol	Plantas germinadas	Germinações	Germinações %
IAC-1	C/ESC	21 a	C/ESC	4,2 a
	S/ESC	17 a	S/ESC	3,4 a
	Subtotal	38 A	Subtotal	7,6 A
IAC-2	C/ESC	2 a	C/ESC	0,4 a
	S/ESC	1 a	S/ESC	0,2 a
	Subtotal	3C	Subtotal	0,6 C
IAC-3	C/ESC	15 a	C/ESC	3 a
	S/ESC	17 a	S/ESC	3,4 a
	Subtotal	32 AB	Subtotal	6,4 AB
IAC-4	C/ESC	11 a	C/ESC	2,2 a
	S/ESC	2 a	S/ESC	0,4 a
	Subtotal	13 ABC	Subtotal	2,6 ABC
IAC-5	C/ESC	10 a	C/ESC	2 a
	S/ESC	1 a	S/ESC	0,2 a
	Subtotal	11 ABC	Subtotal	2,2 ABC
IAC-6	C/ESC	8 a	C/ESC	1,6 a
	S/ESC	5 a	S/ESC	1 a
	Subtotal	13 ABC	Subtotal	2,6 ABC
IAC-7	C/ESC	9 a	C/ESC	1,8 a
	S/ESC	16 a	S/ESC	3,2 a
	Subtotal	25 ABC	Subtotal	5 ABC
IAC-8	C/ESC	0 a	C/ESC	0,2 a
	S/ESC	7 a	S/ESC	1,4 a
	Subtotal	7 BC	Subtotal	
Média Geral	C/ESC	8,2 A		1,7 A
	S/ESC	6,7 A		1,3 A

de germinação de semente de *L. alba* (64%) foi com regime de temperatura de 20°C por 16 horas seguido de 30°C por 8 horas, em substrato especial do tipo "blotter", umedecido com solução aquosa de KNO_3 a 0,2% e submetida à choque térmico de calor. Elevado índice também foi obtido apenas utilizando o mesmo regime de temperaturas alternadas, porém sem o estimulador de germinação KNO_3 (60%). Além disso, as sementes foram mantidas na presença constante de luz, confirmando a fotoblastia positiva na espécie já mencionada por Rosa e Ferreira (2001). Este comportamento revela que pode existir um mecanismo duplo de luz e temperatura envolvido na germinação, comum em várias espécies, sendo que nestas a alternância de temperaturas é mais eficiente do que a luz na germinação.

As sementes armazenadas em geladeira por sete dias (choque frio) apresentaram elevada taxa de germinação, sobretudo quando este efeito foi combinado com a aplicação do KNO_3 (56% de germinação), indicando que as sementes dessa espécie podem não ser totalmente recalcitrante como suspeitado inicialmente, podendo suportar o processo de refrigeração. Em contrapartida, sementes mantidas sob bancada e em condições de ambiente perderam a viabilidade em cerca de duas semanas. Os índices mais baixos de germinação foram obtidos nos experimentos cujas temperaturas foram constantes (20, 25 e 30 °C), mesmo adicionando o estimulador de germinação KNO_3 (Tabela 2.8).

Tabela 2.8 – Testes laboratoriais de geminação de sementes de *L. alba* combinando fatores como temperatura, presença ou ausência de sais estimulantes em fruto e em substrato

Exp.	Temperatura °C								Choque term.		
	20	25	30	20-30	KNO_3 fruto	Substr.	AC. Gib. Fruto	Substr.	. frio	calor	% Germ
1	■										0
2	■					■					0
3		■									0
4		■				■					14
5			■								0
6			■			■					0
7				■							60
8				■		■					44
9				■	■						30
10				■						■	16
11				■		■				■	64
12				■					■		20
13				■		■			■		56
14				■				■			44
15				■			■				46

Onde: Temp. 20-30 = 20° C por 16 horas e 30° C por 8 horas. Choque frio= exposição 5-7° C por 7 dias; Choque calor = exposição a calor seco 40° C por 7 dias, KNO_3 e ácido giberélico e choque térmico de frio e calor seco

Também se verificou que as sementes que receberam frio em associação com a aplicação de KNO_3, aumentam o potencial de germinação, porém com o passar do tempo há uma redução da velocidade de germinação.

As observações das taxas de germinação nos diferentes tratamentos permitem concluir que o regime de temperatura mais adequado à germinação das sementes de *Lippia alba* é o de temperatura alternada de 20-30°C, em substrato especial do tipo "blotter", umedecido com solução aquosa de KNO_3 a 0,2%, em presença de luz (64%). Foi possível notar ainda que temperaturas constantes de 20°C, 25°C e 30°C foram prejudiciais à germinação.

Desinfecção de sementes

Os resultados obtidos por Schocken (2007) nos testes de desinfestação de sementes *de L. alba* encontram-se sumarizados na Tabela 2.9.

Tabela 2.9 – Porcentagem de germinação de sementes de *L. alba* submetidas a tratamentos de desinfecção com hipoclorito de sódio (NaClO) e fungicida (Thiram 700PM).

Tratamento	Aplicação em fruto	Aplicação em substrato	Germinação (%)
1	H_2O por 20 minutos		26
2	Thiram 700PM 0,5%		16
3		Thiram 700PM 0,5%	16
4	NaClO – 2,5% – 20 minutos		44
5	NaClO – 2,5% – 20 minutos	Thiram 700PM 0,5%	16

O melhor controle de infecção por fungos durante a germinação de sementes de *L. alba* em condições laboratoriais foi obtido pelo tratamento utilizando apenas hipoclorito de sódio 2,5% no substrato resultando em 44% de germinação, procedimento simples e de menor custo. A aplicação de fungicida controlou o aparecimento dos fungos, porém afetou a germinação (16%) provavelmente por razões de toxidez à semente. De acordo com estes resultados, foi realizado um teste para verificar se a toxidez ocorrida pode estar relacionada ao tempo de exposição das sementes aos produtos testados (Tabela 2.10)

No caso dos tratamentos utilizando NaClO 2,5%, podemos observar que as taxas de germinação aumentam na medida que os frutos são também expostos a um maior tempo de exposição ao produto, com exceção do último tratamento, ou seja, 25min de exposição, que apresentou queda da taxa de

Tabela 2.10 – Porcentagem de germinação de sementes de *L. alba* submetidas a tratamentos de desinfecção de hipoclorito de sódio (NaClO) e fungicida (Thiram 700PM) em diferentes tempos de exposição dos frutos.

Solução	Tempo de exposição (minutos)						Germinação
	1	5	10	15	20	25	(%)
	x						10
NaClO 2,5%		x					14
			x				36
				x			48
					x		58
						x	40
Média							34,33
	x						4
		x					20
Thiram 700 PM a 0,2%			x				22
				x			16
					x		16
						x	14
Média							15,33

germinação (Tabela 2.10). Portanto, o melhor índice obtido foi o de 20min, concordando com os resultados anteriormente apresentados na Tabela 2.9.

As sementes submetidas por 10 minutos, em solução com Thiram apresentaram o melhor índice de germinação (22%), mas a partir de 15min caiu para 16% devido à toxidez causada pelo produto, quando as sementes foram expostas por 10min na solução. Pode-se concluir que para desinfecção de sementes de *L. alba* deve-se imergir as sementes em solução de NaClO 2,5% por 10-20 minutos e que o fungicida Thiram, apesar de ter controlado com maior eficiência o aparecimento de fungos, causa toxidez nas sementes de desta espécie.

Cultivo

No Brasil grande parte das espécies medicinais cultivadas encontra-se no estágio inicial de domesticação, não estando sistematicamente investigada, sendo a maioria obtida por extrativismo (Chaves, 2002). Deve-se levar em conta que fatores como: pH, temperatura do ar e do solo, precipitação pluviométrica, altitude, latitude, disponibilidade de água e nutrientes, umidade relativa, amplitude térmica, entre outros, influenciam no desenvolvimento e na obtenção de material em quantidade e qualidade (Ehlert, 2003). Estas informações organizadas permitem o estabelecimento de estratégias de produção (Ming, 1996), além da exploração de forma racional do arsenal químico oferecido pela espécie alvo e do favorecimento de implantação de agroindústria que gere emprego e saúde.

Em estudo sobre adubação orgânica em *Lippia alba*, realizado na região metropolitana de Curitiba, Paraná (Ming, 1992), foi desenvolvido experimento utilizando-se esterco bovino curtido, com cinco tratamentos (T0 – testemunha; T1 – 1,0 kg/m^2; T2 – 2kg/m^2; T4 – 4kg/m^2 e T8 – 8kg/m^2, para avaliar a produção de biomassa (folhas + flores e caule) e o teor de óleo essencial. Os resultados obtidos na colheita permitiram avaliar o incremento de biomassa foliar, floral e caulinar quando incorporados diferentes e crescentes teores de matéria orgânica em relação ao tratamento testemunha (T_0), observados na Tabela 2.11 (em %), bem como o total da biomassa das partes vegetais (em kg/17,5 m^2), na Figura 2.14:

Tabela 2.11 – Relação ao tratamento testemunha (T_0), observados (em %):

Tratamento	Folhas + Flores	Caule	Total
T_8/T_0	106,34	192,99	166,47
T_4/T_0	91,27	142,40	128,14
T_2/T_0	60,95	98,12	86,75
T_1/T_0	30,00	36,48	34,50

Como teor de óleo essencial encontrado no caule é bem reduzido, conforme Gomes (1990), também pelo fato de as indicações populares utilizarem folhas e flores e no comércio a parte vendida são as folhas e flores, fez-se apenas a discussão dos dados relativos a essas partes.

O aumento de biomassa foi determinado pela introdução de elementos minerais da matéria orgânica e dos existentes no solo, além da melhoria de suas condições físicas biológicas, decorrentes da incorporação de matéria orgânica. O acréscimo de 106,34% do tratamento 8 com relação a testemunha, reflete bem essa situação.

A análise estatística realizada sobre os resultados obtidos na biomassa de folhas e flores, utilizando o programa Systat para microcomputadores, verificou que havia homogeneidade das variâncias dos tratamentos (x^2 = 5,972^{NS}, não significativo), a partir da seguinte gráfico, em g:

Figura 2.14 – Efeito adubação orgânica na produção de biomassa foliar e floral de *Lippia alba* (Mill.) N. E. Br. (Verbenaceae)

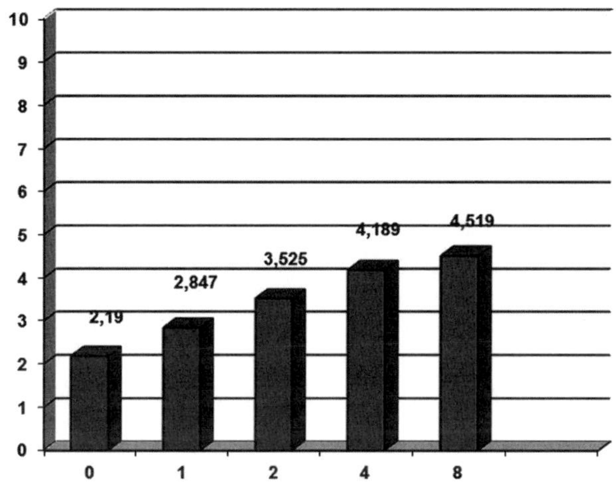

kg/biomassa/17,5m²

Tabela 2.12 – Tratamentos (kg esterco/m²)

Tratamento	Blocos				
	A	B	C	D	E
0	1.945	2.845	2.465	1.820	1.875
1	2.905	3.165	3.250	2.935	1.980
2	4.785	3.675	3.430	2.575	3.160
4	4.910	3.885	4.285	3.625	4.240
8	5.480	4.815	5.630	2.840	3.830

A análise de variância dos dados mostrou o seguinte:

Tabela 2.13 – Variância de dados

Fonte de variação	GL	SQ	QM	F
Blocos	04	5,7770	1,4440	$4,456^{NS}$
Tratamentos	04	18,2280	4,5570	14,06**
Erro	16	5,1860	0,3240	——-
Total	24	29,1910	——-	——-

Onde: GL = grau de liberdade; SQ = soma dos quadrados; QM = quadrado médio
F = coeficiente; NS = não significativo; ** = significativo a 1%

Os resultados da análise de variância mostraram que as diferenças de biomassa obtidas foram devidas aos tratamentos (14,06**) e não devido aos blocos ($4,456^{NS}$).

Os resultados do teste de Tukey (5%), para a biomassa de folhas e flores foram:

Tabela 2.14 – Resultados do teste de Tukey (5%), para a biomassa de folhas e flores

Tratamento	Média	Teste de médias
T_0	2,190	C
T_1	2,847	B C
T_2	3,525	A B
T_4	4,189	A
T_8	4,519	A

Onde Δ = 1,03096

A Tabela 2.14 mostra que não há diferença estatística significativa entre a biomassa de T_0 e T_1, apesar do acréscimo de 30% de T_1 sobre $T_{0.}$ Mostra ainda que há diferença significativa entre T_0 e T_2, mas não há entre T_1 e T_2. Entre os tratamentos $T_{2,}$ T_4 e T_8, não há diferença estatística significativa, mesmo havendo acréscimo de 28,19% de T_8 em relação a $T_{2,}$ ou seja, mesmo sendo obtido a maior biomassa, o tratamento T_8 não difere estatisticamente de T_4 e T_2.

Outras variáveis técnicas como custo da matéria orgânica, frete, mão de obra, devem ser levadas em consideração numa análise econômica, para se determinar a recomendação mais adequada de adubação orgânica.

Outro aspecto observado foi a diminuição da biomassa foliar e floral à medida que se passava mais tempo para a época da colheita. Embora não fosse o objetivo a análise desse parâmetro, pode-se observar algumas indicações. Na colheita do bloco A (realizada no dia 25/04) foi obtida a produção de 20,025 kg de folhas e flores, na do bloco B e C (07/05) foram obtidas produções de 18,385 e 19,060 kg respectivamente, na do bloco D (18/05) foi obtida a produção de 13,795 kg e na do bloco E (25/05) foi obtida a produção de 15,085 kg.

Essa situação pode ser explicada pelo desenvolvimento fisiológico da planta, que emite folhas em processo continuado, havendo maturação e posterior senescência das folhas mais velhas, que acabam por secar ou cair dos ramos, diminuindo a biomassa obtida.

Isso implica então necessariamente num ajuste de época de colheita, que deve ser realizada antes da senescência das folhas mais velhas, aumentando a biomassa e também o teor de óleo essencial. Sobre o rendimento de óleo, a análise estatística, também utilizando o programa Systat, verificou que havia homogeneidade das variâncias dos tratamentos ($x^2 = 3{,}935^{NS}$, não significativo), a partir da seguinte tabela:

Tabela 2.15 – Rendimento de óleo, utilizando o programa Systat

Tratamento	Blocos				
	A	B	C	D	E
0	0,3798	0,3114	0,3146	0,3129	0,3101
1	0,3445	0,3118	0,2912	0,2728	0,3035
2	0,2882	0,3238	0,2891	0,2955	0,2836
4	0,2994	0,2658	0,2706	0,2552	0,2521
8	0,2716	0,2515	0,2447	0,2678	0,2457

A análise de variância dos dados mostrou o seguinte:

Figura 2.15 – Efeito adubação orgânica sobre o teor de óleo essencial de folhas e flores de *Lippia alba* (Mill.) N. E. Br. (Verbenaceae).

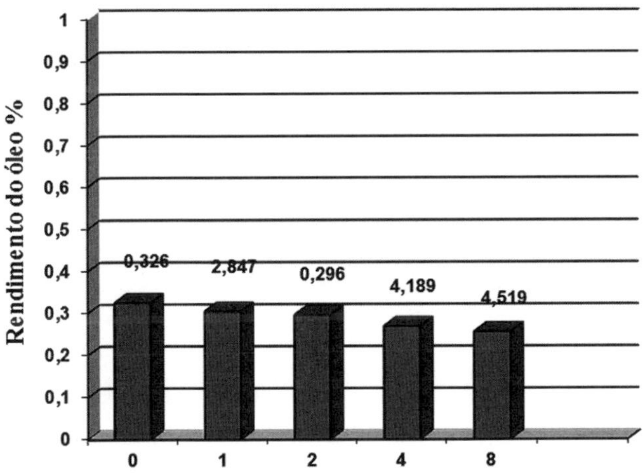

Tratamentos (kg esterco/m²)

Tabela 2.16 – Teste Tukey (5%)

Tratamento	Média	Teste de médias
T_0	0,326	A
T_1	0,305	A
T_2	0,296	A B
T_4	0,269	B C
T_8	0,256	C

A Tabela 2.16 mostra que não há diferença significativa entre os rendimentos de óleo do tratamento T_4 e T_8, mas que há entre o T_8 e T_2, quando houve um decréscimo de 15,62%. Os tratamentos T_2 e T_4 também não mantém entre si, diferença estatística significativa. Já entre os tratamentos T_4 e T_1, houve diferença estatística significativa, com decréscimo de 13,38%. Os tratamentos T_0, T_1 e T_2 não mantém entre si, diferença estatística significativa.

Os resultados do rendimento de óleo mostraram uma diferenciação conforme o tratamento, porém numa relação inversa aos da biomassa. À medida que se aumentava a quantidade de matéria orgânica incorporada no solo, o teor de óleo diminuia conforme observado na tabela das médias e nesta tabela com os percentuais de decréscimo dos diversos tratamentos com relação à testemunha: $T_0/T_8 = 28{,}50$; $T_0/T_4 = 25{,}92$; $T_0/T_2 = 15{,}47$; $T_0/T_1 = 9{,}83$

Esse aumento de teor de óleo essencial produzido pela planta, maior em planta menos adubada, apesar de aparentar uma contradição, refletiu uma resposta fisiológica a uma variação ambiental (nutrientes no solo), conforme Gottlieb (1978) e Almeida (1988), ou seja, o óleo essencial cumpre um papel fundamental na defesa da planta, com maior sinterização quando em ambiente menos favorável. Quando em ambiente mais favorável, a planta não teria "tanta necessidade" de se defender, diminuindo a produção de óleo.

No que concerne à senescência das folhas, nessa situação a produção a produção de óleo essencial cessa e também é reciclado para as porções mais jovens da planta, conforme Vickery, M. L. e Vickery, B. (1981), diminuindo o teor desse composto nas folhas, conforme pode ser observado na tabela a seguir, com a média de teores de óleo por bloco (em %), que foram colhidas em épocas diferentes, com intervalo de 28 dias da primeira colheita (25/04 – bloco A) para a última (23/05 – bloco E):

Bloco A = 0,3157 Bloco B = 0,2928 Bloco C = 0,2820
Bloco D = 0,2808 Bloco E = 0,2790

Verificou-se que o espaço de tempo de cerca de 5 meses, do plantio até a colheita, foi muito longo, ocorrendo senescência de folhas e diminuição de teor de óleo e biomassa, havendo necessidade de se realizar a colheita em menor espaço de tempo a partir do plantio.

Assim como os resultados de biomassa, os rendimentos de óleo também indicaram quem devem ser levadas em consideração outras variáveis técnicas, incluindo a biomassa floral e foliar produzida, para recomendação da adubação orgânica.

Em *L.alba*. Ventrella (2000), verificou que a luminosidade intensa durante o desenvolvimento de folhas de *L. alba* possibilitaria uma atividade fotossintética mais eficiente, indicada por maiores produções biomassa e de óleo essencial. O que está de acordo com os resultados de colheita obtido uma vez que a radiação solar foi mais elevada no verão (média de 407,6cal. $cm^{-2}.dia^{-1}$) e na primavera (média de 395,4cal.$cm^{-2}.dia^{-1}$), enquanto, que no outono e inverno diminuíram com médias de 351,5 e 313,3cal.$cm^{-2}.dia^{1}$, respectivamente.

Em oito acessos de *L. alba*, provenientes de: (2) Mato Grosso do Sul, (1) Rio Grande do Sul, (3) Acre, (1) Paraná e (1) Goiás, cultivados em São Manoel/SP, verificou-se que os dois acessos de Mato Grosso do Sul, colhidos na primavera e no outono apresentaram o maior massa fresca e seca de folhas, quando comparado com os demais acessos. Em contrapartida o acesso 1 de Mato Grosso do Sul, o acesso 3 do Acre e o 7 de Fortaleza, apresentaram o maior rendimento médio de óleo essencial nas duas colheitas (Santos-Mendes, 2001). Deve-se lembrar que essas diferenças entre os acessos quanto ao rendimento de óleo essencial e a produção de óleo devem levar em consideração que essa é uma característica cujo fenótipo depende da expressão de muitos genes e como consequência da interação entre eles e com o ambiente; é uma situação onde o ambiente exerce grande influência (Nodari; Guerra, 2001).

Castro (2001) estudando a variação sazonal, a colheita selecionada e a temperatura de secagem na produção de biomassa e óleo essencial de *L. alba*, observou que há maior produção de biomassa foliar na primavera e verão, assim como, maior rendimento de óleo essencial. A produção de biomassa foliar é maior na porção apical dos ramos, decrescendo até a porção basal. Os rendimentos de óleo essencial são maiores na porção apical e mediana dos ramos. Com relação à composição química, observou-se pequena variação entre as porções do ramo.

Testando-se diferentes idades de colheita (110, 115, 130, 145, 160, 175, 190, 205 e 220 dias após o plantio-DAP) para o quimiotipo limoneno-

-carvona, em diferentes épocas de plantio (primavera, verão, outono e inverno), verificou-se que houve diferença significativa entre os dois fatores estudados. O plantio de verão com colhido com idade de 220DAP produziu 4,24t.ha^{-1} de massa foliar fresca, enquanto que o de primavera com a mesma idade produziu 3,55t.ha^{-1}, os demais plantios na mesma época foram inferiores 1,84t.ha^{-1} (outono) e 1,71t.ha^{-1}; os resultados confirmam os encontrados por Castro (2001), com a mesma espécie.

Os fatores climáticos, provavelmente, contribuíram para o desenvolvimento das plantas na primavera, uma vez que, os índices de temperatura média, insolação e umidade relativa, são mais elevados nesta época propiciando assim, conversão da taxa luminosa em fonte de assimilados para o desenvolvimento do material. O resultado abaixo do satisfatório no inverno se deve a queda de temperatura (17,6°C) e menor insolação, levando ao desenvolvimento mais lento, uma vez que a temperatura tem grande influência sobre o crescimento, desenvolvimento e rendimento das plantas (Ehlert, 2003).

Secagem

A secagem de plantas medicinais pode ser definida como uma série de medidas que visam à durabilidade do fitoterápico e é necessária para que não haja modificações físicas, químicas ou microbiológicas na droga (Di Stasi, 1989). O processo exige a estabilização dos metabólitos secundários, principalmente quando estão presentes enzimas, que podem degradar os princípios ativos (Bacchi, 1996). Por ser um processo que interfere diretamente na qualidade do produto, pois a redução de umidade diminui os ataques de patógenos e reduz a velocidade de deterioração fez necessários estudos testando diferentes temperaturas, uma vez que informações deste tipo são escassas.

Folhas de *L. alba* foram dispostas bandejas em camadas finas (2,0 cm de espessura) e submetidas aos seguintes tratamentos: ambiente natura (sol), estufa de circulação forçada de ar nas temperaturas de 40°C, 50°C, 60°C e 70°C, e revolvidas manualmente para homogeneizar a secagem. A temperatura de secagem influenciou o rendimento de óleo essencial, pois se verificou diferença estatística entre a temperatura de 40°C e as demais (50°C, 60°C e 70°C), sendo que o melhor rendimento de óleo essencial foi obtido em temperatura mais alta (0,6%), enquanto que em temperaturas menores a média de rendimento foi de (0,5%), além disso, também interferiu na abundância relativa das substâncias presentes nos óleos essenciais. Em relação à composição química dos óleos essenciais os principais componentes encontrados foram: carvona+neral (24,54%-36,08%), geranial (10,63%-16,51%), mirceno (4,92%-13,65%) e germacreno-D (6,60%-12,12%) nas diferentes temperaturas testadas. Nos demais compostos verificou-se que houve a formação de alguns constituintes e a degradação de outros.

Pode-se concluir que à medida que se aumenta à temperatura de secagem diminui-se a percentagem de monoterpenos presentes no óleo essencial, enquanto, que dos sesquiterpenos aumenta. Desta forma, a temperatura de secagem deve levar em conta quais são os compostos químicos de interesse (Castro, 2001).

Melhoramento genético

Praticamente não há relatos em literatura sobre a sua biologia reprodutiva, germinação de sementes, dormência, cruzamentos naturais em *L. alba*. Porém, quando se pensa no planejamento e desenvolvimento de um programa de melhoramento genético, bem como para compreensão do seu processo de domesticação, estes aspectos da biologia da planta são de fundamental importância, pois auxiliam na definição ou adoção de técnicas ou metodologias mais apropriadas para o seu melhoramento genético (Allard, 1971; Almeida et al., 2004, Borém, 2005). Segundo Sebbenn et al. (2000), tais aspectos também determinam como os genes são recombinados e mantidos pela espécie para a criação e manutenção da sua variabilidade genética natural, base do seu continuo potencial evolutivo.

Em geral as plantas medicinais brasileiras encontra-se em estado totalmente selvagem, crescendo espontaneamente. A *L.alba* vem despertando interesse por apresentar potencial agroindustrial, estando este associado às grandes facilidades agronômicas que ela apresenta como: rusticidade, rapidez de colonização, propagação vegetativa, alogamia, plasticidade fenotípica, além de, vegetar e florescer o ano todo. O seu melhoramento genético pode resultar em um produto com sustentabilidade na exploração comercial, e ainda, se consolidar como mais uma espécie para agricultura familiar (Yamamoto, 2006).

Interação genótipo x ambiente em *Lippia alba*

As características relacionadas à produção vegetal estão condicionadas ao controle genético do organismo, ao ambiente em que é cultivado e à interação entre esses dois fatores. As diferentes respostas fenotípicas frente a mudanças nas condições ambientais resultam em comportamentos distintos dos genótipos, caracterizando a interação. Assim, no melhoramento, o processo de seleção depende também da estimação dessa interação, para que não ocorra a queda inesperada de desempenho de um material testado. Assim, variações do meio ambiente, principalmente aquelas diferentes do habitat natural, conduzem a modficações nos indivíduos quanto aos perfis de composição dos metabólitos secundários (Retamar, 1994; Zoghbi et al., 1998) de forma muito dinâmica, sendo estes responsáveis pelas relações entre indivíduo e o ambiente onde ele se encontra.

Efeito do ambiente nas avaliações de campo e laboratório

No Laboratório de Fitoquímica do Instituto Agronômico de Campinas, antes do início dos estudos de melhoramento genético de *Lippia alba*, procurou-se determinar as magnitudes das variâncias dos erros cometidos durante as etapas de laboratório (hidrodestilação, retirada e quantificação do óleo obtido etc.) com as de campo, por ocasião da implantação, condução e avaliação das plantas em campo. Utilizaram-se quatro quimiotipos, duas plantas (clones de estacas) por parcela e duas determinações de rendimento por hidrodestilação. Cinco Clevengers foram utilizados para esta finalidade e de forma casualizada. Os resultados encontram-se na Tabela 2.17.

As maiores magnitudes de variâncias foram observadas para quimiotipos, com valor de F altamente significativo (1%). Neste caso como são

Tabela 2.17 – Efeito do ambiente nas avaliações de campo e laboratório

Fontes de Variação	G.L.	Q.M.	Valor de F	Probab > F
BLOCOS	2	427.07	2.66	0.083
QUIMIOTIPOS	3	2457.96	15.34	0.00002
PL/QUIMIOTIPOS	4	465,04	0.72	0.595
Pl / Quim 1	1	1,75	0.01	0.914
Pl / Quim 2	1	302,74	1.89	0.176
Pl / Quim 3	1	2,52	0.015	0.896
Pl / Quim 4	1	158,03	0.98	0.671
DETERM/QUIMIMIOTIPOS	4	65,72	0.106	0.749
Determ / Quim 1	1	20,44	0.12	0.723
Determ / Quim 2	1	0.0007	0.00	1.00
Determ / Quim 3	1	36,50	0.23	0.641
Determ / Quim 4	1	8,78	0.055	0.811
DETERM/PLANTAS	2	27,84	0.087	0.767
Determ / Pl 1	1	10,22	0.064	0.797
Determ / Pl 2	1	17,62	0.110	0.741
RESÍDUO	32	160.16	–	–
TOTAL	47			

Média geral = 40.54 C.V. = 31,2%

quimiotipos diferentes, tem-se efeito de genótipo dentro desta variância, assim como do ambiente. Isolando-se a variância genética (de genótipos) e testando-a com o resíduo obtém-se 87,5% de coeficiente de determinação genotípica. Valor este muito alto evidenciando a predominância de efeitos genéticos na obtenção da variância de quimiotipos. Quando se tem somente efeito de ambiente na expressão da característica, como no nosso caso, para rendimento, as plantas de cada quimiotipo na parcela possuem o mesmo genótipo, pois estas foram clonadas e, da mesma forma, as duas determinações, pois o método usado de extração foi o mesmo. Agora para se detectar as magnitudes das variâncias devidas somente ao ambiente de campo, usamos as variâncias (no caso hierárquicas) de plantas dentro de quimiotipos (Pl/Quim) e para as de laboratório, temos duas, ou seja, determinações dentro de quimotipos (Det/Quim)e determinações dentro de planta (Det/

PL). Vale ressaltar que usamos os quadrados médios para estas comparações por terem praticamente os mesmos graus de liberdade. A relação Pl/Quim com Det/Quim, no entanto é mais fidedigna pois ambas possuem o mesmo grau de liberdade. Quando se tem grau de liberdade diferente é mais correto usar as somas de quadrados (SQ's). Analisando-se então as variâncias de ambiente de campo com as de laboratório verificamos que do total de variância ambiental (campo + laboratório), 79,3% foi devido ao campo e 20,7% ao laboratório. Destes 20,7% praticamente foram distribuídos igualmente para cada um dos fatores, Det/Quim (11,2%) e Det/PL (9,5%), este último com dois graus de liberdade a menos que os demais. Mesmo sendo valores inferiores do que o de campo pode-se dizer que os efeitos de ambiente (erros controláveis) ficaram acima do quie se poderia esperar, dada às condições mais controladas de laboratório. Vale acrescentar que as mantas aquecedoras, o tempo de extrção ou de elevação de temperatura, as quantidades e graus de finura de folhas no sistema de hidrodestilação, os diferentes Clevenger usados, a pipetagem do óleo podem ser considerados os de maior contribuição ao efeito ambiental. No resíduo ficaram os demais efeitos não controláveis neste experimento, incluindo interações específicas. Desta maneira, a melhor precisão para o rendimento de óleo foi obtida com a remoção da água no frasco âmbar utilizando pipeta automática e ponteira de 200μl. As variâncias causadas pelo ambiente não foram significativas, mostrando significância apenas para quimiotipos. Conclui-se, portanto, que quanto maior a precisão na retirada de água das amostras de óleo, maior a repetibilidade dos resultados.

Interação genótipo x ambiente

Em 20 clones/genótipos testados (IAC-1 a IAC-20) verificou-se que a interação G x E para rendimento de óleo essencial foi pouco ampla, indicando alta determinação genotípica para essa característica em três locais (Campinas, Monte Alegre do Sul e Pindorama) do interior do estado de São Paulo; porém observou-se a formação de dois grupos distintos: um superior representado pelo quimiotipo linalol e limoneno-carvona (1,16-1,28%) e outro inferior, representado pelo mirceno/cânfora e citral (0,27-0,37%). Em Pindorama ocorreu a formação de um maior número de grupos, variando de 0,20 a 0,37% para os quimiotipos mirceno/cânfora, citral e mirceno, e entre 0,96 a 1,29% para genótipos representados pelo linalol e limoneno/carvona. Desta forma, Pindorama, foi o local com a maior variação para rendimento de óleo essencial dentre os clones testados, tratando-se, portanto, de um local importante para seleção de clones experimentais num processo de seleção no melhoramento genético (Yamamoto, 2006).

Estabilidade e adaptabilidade fenotípica

Em função da interação significativa observada para Genótipo x Experimento (neste caso dez genótipos e seis experimentos) estudada por Yamamoto (2006), para o caráter massa seca de folhas/planta (MSF), aplicou-se o modelo de estabilidade e adaptabilidade fenotípica de Eberhart &Russell (1966), para identificar clones de maior previsibilidade e responsividade em ambientes favoráveis e desfavoráveis Este modelo é mais aplicável quando se tem reduzido número de ambientes ou experimentos. Esta análise foi realizada primeiramente para todos os dez clones representando agora quatro quimiotipos (Figura 2.16) e depois somente entre os melhores dentro de cada quimiotipo (Figura 2.17).

Figura 2.16. Análise de estabilidade e adaptabilidade de MSF para dez genótipós de *Lippia alba* testados em seis ambientes, sendo eixo Y representado pela média geral do genótipo e índice de adaptabilidade (β_1) no eixo X. À direita seguem as equações lineares de parâmetros de estabilidade, de determinação genotipica (R^2) e desvios da regressão (σ^2_{di}). *Significant at $P < 0.05$.

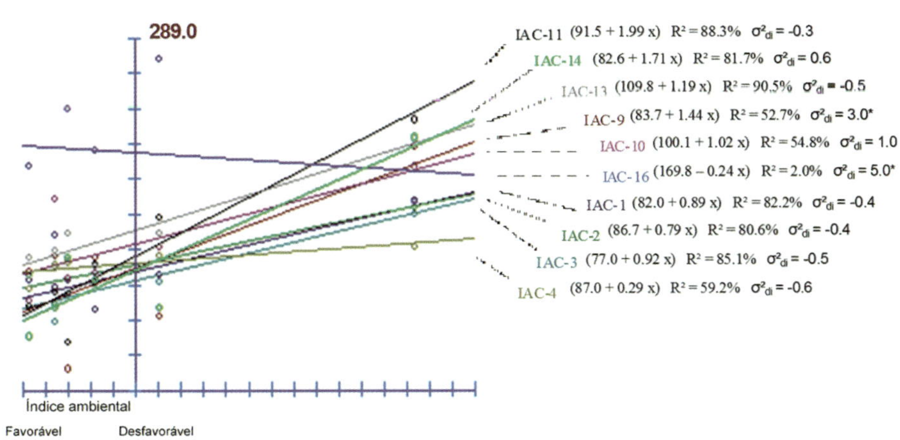

Figura 2.17 – Análise de estabilidade e adaptabilidade para massa seca de folhas, comparando-se os melhores quimiotipos linalol, mirceno/cânfora, limoneno/carvona e citral.

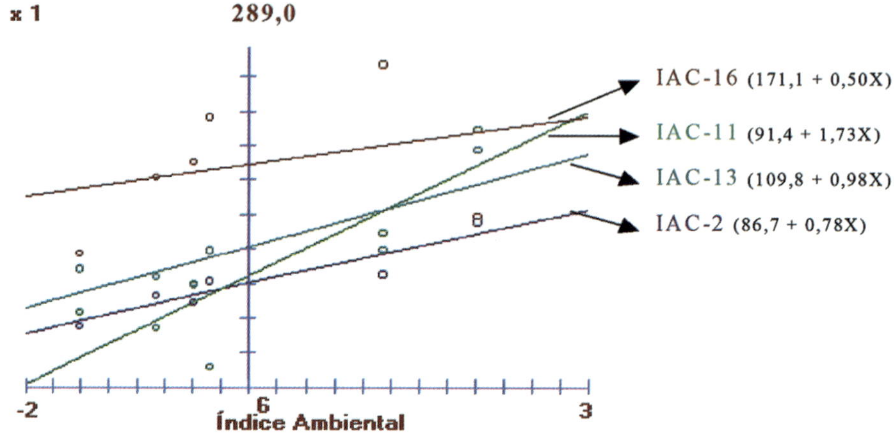

De acordo com o gráfico, verificou-se que o IAC-9 (mirceno/cânfora) e IAC-16 apresentaram baixa estabilidade e desvios significativos da regressão (σ^2_{di}), com valores de R^2 iguais a 52,7% e 2,0%, respectivamente. O IAC-4 (linalol), apesar de desvio não significativo, apresentou razoável determinação genotípica (R^2=59,2%).

Segundo Cruz e Regazzi (1994), o genótipo ideal deve apresentar alta estabilidade (σ^2_{di}=0) e adaptabilidade ampla (σ_1=1) para ambientes desfavoráveis e favoráveis) além, obviamente, de média elevada para o caráter e R^2 elevado (>60%). Por exemplo, para σ_1>1, diz-se que o material é adaptado ou recomendado somente para ambientes favoráveis. Isto porque sendo σ_1>1, significa que o ângulo da reta seria maior que 45^0 e o genótipo começaria com níveis de produtividade ou de MSF muito baixos nos ambientes desfavoráveis. Neste caso estão o IAC-11 e IAC-14 (mirceno/cânfora) com σ_1=1,99 e σ_1=1,72, respectivamente. Valores estes, portanto, significativamente maiores que um, resultando em produções muito baixas nos ambientes desfavoráveis. Da mesma maneira, porém menos drástico, encontra-se o IAC-9 (também mirceno/cânfora) σ^2 com σ^2_1=1,44, que é responsivo ou adaptado também somente para condições favoráveis de ambiente. Por outro lado, o IAC-13 de quimiotipo limoneno/carvona é um genótipo com menor estabilidade ou previsibilidade (σ^2_{di} diferente de zero), mas com adaptação (responsividade) ampla, apresentando $\sigma_1=1$ (além de R^2 = 90,51%). Este genótipo pode, portanto, ser recomendado para ambientes desfavoráveis e favoráveis, considerando sua produção (MFS=109,8g) em níveis comparativos mais elevados que os demais genótipos nessa categoria de $\sigma_1=1$.

Vale salientar que o IAC-13 é altamente infectado por virose que provoca internódios curtos, aumentando a quantidade de folhas apesar de reduzidas. A maior adaptabilidade pode ser explicada, provavelmente, em função da infecção por vírus induzir defesas constitutivas e induzidas não específicas da planta, que asseguram indiretamente menores oscilações às variações abióticas do ambiente (homeostase genética). Esta hipótese poderá ser testada com plantas de mesmo genótipo com diferentes níveis de infecções viróticas, incluindo plantas sadias como controle.

Dentro do quimiotipo linalol, destacou-se como estável e responsivo o IAC-2, com R 2 =80,58%, 2 di 1=1, além de alta produção (86,7g/parcela). O genótipo citral, IAC-16, apresentou a maior média para PMS (171,1g), muito superior entre os demais.

Apesar de estabilidade de produção esse genótipo não foi responsivo, segundo o ângulo $\sigma^2_1=0$, tendo MFS equivalentes ao longo das variações de ambiente presente nesta pesquisa. Mas comparativamente dentre os genótipos aqui testados, mantém um excelente nível de produção de massa seca de folhas. É o que pode ser chamado de um material rústico e produtivo.

Tomando-se como base somente os melhores genótipos de cada quimiotipo foi feito um gráfico de estabilidade para melhor visualização e comparações entre os grupos químicos (Figura 2.12). O representante do linalol, IAC-2, apesar de ter apresentado a menor média de produção, teve o maior R^2 (86,54%) e apresentou desvios da reta não significativos. O mirceno/cânfora (IAC-11), enquanto isso, apresentou $\sigma_1>1$, sendo recomendado apenas para ambientes favoráveis. O IAC-16 (citral), apesar da queda de produção em Pindorama mantém a melhor média. O IAC-13 (limoneno/carvona) teve a segunda média mais elevada (110g/parcela), e apesar de desvios significativos apresentou o R^2=67,63 e foi o genótipo com a melhor responsividade ($\sigma_1=1$).

A avaliação da agressividade de sintomas de vírus (provavelmente Cucumber Mosaic Vírus – CMV), com notas de 1 a 5 (Figura 2.18), em dez clones e seis experimentos permitiu a identificação de um grupo suscetível, representado pelo limoneno/carvona (IAC-13 e IAC-14) (Tabela 2.17). Os outros clones foram resistentes, com média geral de severidade da doença muito próxima da ausência de sintomas (1,1 a 1,7), distinguindo-se IAC-2 e IAC-3 genotypes. The GxE interaction was significative and there were no differences for environment effect (experiments). As variações de sintomas entre os seis experimentos para todos os clones (suscetíveis e resistentes) foram muito baixas, demonstrando que a doença incidiu de forma homogênea em todos os campos com ausência de escapes. Dentre os clones considerados resistentes (quimiotipo linalol, citral e mirceno/cânfora em seis experimentos a variação foi de 1,0 a 2,2 (sem sintomas a raro mosaico nas folhas). Dentro dos clones suscetíveis IAC-13 e IAC-14 as notas variaram de forma muito estreita com valores entre 4,6 a 5,0, portanto, suscetíveis.

Quando foram adicionados mais dez genótipos de coleta, totalizando agora vinte clones e com apenas dois experimentos realizados (Polo de Monte Alegre do Sul, SP e Polo de Pindorama, SP), os clones de linalol (oito representantes, IAC-1 a IAC-8), foram invariavelmente resistentes (1,0 a 1,1), demonstrando a elevada determinação genotípica deste quimiotipo. Os clones de quimiotipo mirceno/cânfora (quatro, IAC-9 a IAC-12) mantiveram a resistência com variação maior que os de linalol (1,2 a 2,4), embora dentro dos níveis de resistência pela escala adotada. O único clone citral (IAC-16) que aparecia nos seis experimentos com dez clones manteve a resistência (1,1 a 1,7) quando comparados com mais três de mesmo quimiotipo (IAC-17, IAC-18 e IAC-19). Entretanto, este quimiotipo citral, teve clones com maiores níveis de sintomas, mostrando serem diferentes geneticamente, como verificado pelas análises multivariadas. O IAC-18 e IAC-19 tiveram, respectivamente, médias de sintomas de 2,8 e 3,4 indicando suscetibilidade moderada. O único clone de quimiotipo majoritário somente mirceno, também apresentou suscetibilidade ao vírus (Tabela 2.18). Pode-se assegurar que os clones de quimiotipo linalol mais produtivos, testados por (Yamamoto 2007), podem ser usados como fontes de resistência ao vírus em programas de melhoramento genético.

Figura 2.18 – Escala de notas atribuídas à avaliação da agressividade de sintomas de virose: nota 1) planta assintomática; nota 2) sintomas leves, tipo mosaico; nota 3) sintomas tipo mosaico com início de deformações foliares; nota 4) sintomas de redução e deformações foliares em quase toda a planta; nota 5) sintomas severos, com toda a planta apresentando folhas deformadas, pequenas e ramos com internódios curtos (ananismo).

Fonte: Arquivo dos autores

Tabela 2.18 – Sintomas de vírus (escala progressiva da doença de 1-5) para dez genótipos/clones de *Lippia alba* em seis experimentos/ambientes, com genótipo (G), experimento (E) e a interação GxE detectada pela Anova e teste de Tukey (P < 0.05)

	Ambientes																			
Genótipos	**E1**			**E2**			**E3**			**E4**			**E5**			**E6**			**Média**	
IAC-1	1,6	BC	a	1,5	B	a	1,0	B	a	1,0	B	a	1,0	C	a	1,0	C	a	1,2	CD
IAC-2	1,0	C	a	1,2	B	a	1,2	B	a	1,3	BC	a	1,0	C	a	1,0	C	a	1,1	D
IAC-3	1,0	C	a	1,3	B	a	1,0	B	a	1,0	C	a	1,1	BC	a	1,0	C	a	1,1	D
IAC-4	1,3	BC	a	1,4	B	a	1,5	B	a	1,4	BC	a	1,1	C	a	1,0	C	a	1,3	CD
IAC-9	1,0	C	a	1,0	B	a	1,5	B	a	2,2	B	a	1,3	BC	a	2,1	B	a	1,5	BC
IAC-10	1,7	BC	a	1,2	B	a	1,0	B	a	1,7	BC	a	1,5	BC	a	1,2	C	a	1,4	BCD
IAC-11	2,2	B	a	2,1	B	a	1,0	B	a	1,6	BC	a	1,6	BC	a	2,0	B	a	1,7	B
IAC-13	5,0	A	a	4,7	**A**	a	5,0	**A**	a	5,0	A	a	4,7	A	a	4,9	A	a	4,9	A
IAC-14	4,6	A	a	5,0	**A**	a	5,0	**A**	a	5,0	A	a	5,0	A	a	5,0	A	a	4,9	A
IAC-16	1,3	BC	a	1,0	B	a	1,0	B	a	**1,0**	**C**	a	1,7	B	a	1,1	C	a	1,2	CD
Média	1,9 **a**			1,9 **a**			1,7 **a**			1,9 **a**			1,8 **a**			1,8 **a**			1,4	
CV= 12,1%	*interação GxE																			

Médias com mesma letra minúscula não diferem estatisticamente (5%) para experimentos.
Médias com mesma letra maiúscula não diferem estatisticamente (5%) para genótipos.
*significativo a 5% de probabilidade. E1 = com irrigação e com adubo; E2 = sem irrigação e com adubo; E3 = com adubação e sem adubo; E4 = sem irrigação e sem adubo; E5 = Monte Alegre do Sul (SP); E6 = Pindorama (SP). IAC-1 a IAC-4 = linalol; IAC-9 a IAC-11 = mirceno/cânfora; IAC-13 e IAC-14 = limoneno/carvona e IAC-16 citral.

Quanto ao rendimento de óleo total, ainda no estudo de Yamamoto (2006), foram formados de forma irrefutável dois grupos distintos, sendo um deles, mais produtivos, com valores acima de 1,0% (1,16 a 1,28%), representado pelos quimiotipos linalol (IAC-1 a IAC-4) e limoneno/carvona (IAC-13 e IAC-14) e outro grupo menos produtivo (0.27 to 0.37%) representado por mirceno/cânfora (IAC-9 a IAC-11) and citral (IAC-16) (Tabela 2.19). Ainda dentro do grupo mais produtivo, os clones IAC-2 (linalol) e IAC-13 (limoneno/carvona) foram os de comportamento mais estável nos considerando-se os ambientes diferenciados dos seis experimentos. O ambiente causa alterações o teor de óleo essencial de acordo com as estações de colheita, segundo (Santos; Innecco, 2003). Estes autores relataram que a produção aumenta em condições de seca. A variação de produção de óleo essencial foi também observado em *Mentha arvensis* L. e *Salvia officinalis* L. de acordo com as diferentes estações do ano (Putievsky et al., 1986). Em *L. alba*, Bahl et al. (2000) detectaram também variações desta característica em anos diferentes. Por outro lado, pode-se concluir que nos estudos realizados por Yamamoto no IAC, as variações em teor de óleo (%) foram muito baixas a julgar pela diversidade de ambientes onde foram realizados os experimentos. Houve variações de frequencias de irrigação por gotejo e de adubação de cobertura nos quatro experimentos de Campinas (SP),além de variações de clima e solo de Pindorama e Monte Alegre do Sul (SP). Como fatores de variação que poderiam influenciar na maior oscilação de produção de óleo entre experimentos pode-se destacar as diferentes épocas de plantio e colheita e a infecção por vírus.

Seria estratégico em programas de melhoramento utilizar em cruzamentos o quimiotipo citral para transferência do potencial produtivo de MSF para outros clones de quimiotipos de interesse nesta espécie, bem como da capacidade produtiva de óleos essenciais demonstrados pelo clone IAC-10 (mirceno/cânfora). É importante mencionar que a base genética da produção total de óleos e da composição química do metabolismo secundário em muitas espécies aromáticas (inclusive a *Lippia alba*), permanece obscura, o que dificulta as ações do melhorista. Entretanto, como são espécies na sua maioria não domesticadas, possue ampla variabilidade genética para ganhos de seleção em caracteres indiretos da produção de óleos essenciais e de majoritários específicos, tais como: aumento de massa foliar, alterações de porte para adensamento de plantio, resistência a fatores de estresse ambiental, vigor e capacidade de brotação, e outros.

Tabela 2.19 – Médias de sintomas de virose, com base em escala progressiva da severidade da doença (1 a 5), considerando-se vinte clones/genótipos e dois experimentos/ambientes (Anova e Teste de Tukey a 5%).

	Experimentos*				
Genótipos *	**MA**		**PI**		**Médias**
IAC-1	1,0 D	a	1,0 C	a	1,0 F
IAC-2	1,0 D	a	1,0 C	a	1,0 F
IAC-3	1,1 CD	a	1,0 C	a	1,1 F
IAC-4	1,0 D	a	1,0 C	a	1,0 F
IAC-5	1,0 D	a	1,0 C	a	1,0 F
IAC-6	1,0 D	a	1,0 C	a	1,0 F
IAC-7	1,0 D	a	1,0 C	a	1,0 F
IAC-8	1,0 D	a	1,0 C	a	1,0 F
IAC-9	1,3 CD	b	2,1 B	a	1,7 CDE
IAC-10	1,5 CD	a	1,2 C	a	1,3 DEF
IAC-11	1,6 CD	a	2,0 B	a	1,8 CD
IAC-12	1,6 CD	b	2,4 B	a	2,0 C
IAC-13	4,7 A	a	4,9 A	a	4,8 A
IAC-14	5,0 A	a	5,0 A	a	5,0 A
IAC-15	4,2 A	a	4,9 A	a	4,6 A
IAC-16	1,7 C	a	1,1 C	b	1,4 DEF
IAC-17	1,5 CD	a	1,0 C	b	1,2 EF
IAC-18	3,0 B	a	2,6 B	a	2,8 B
IAC-19	2,9 B	b	4,0 A	a	3,4 B
IAC-20	3,0 B	b	4,1 A	a	3,5 B
Médias	1,8	b	1,9	a	1,4

Médias com mesma letra minúscula não diferem estatisticamente (5%) para experimentos.
Médias com mesma letra maiúscula não diferem estatisticamente (5%) para genótipos.
*significativo a 5% de probabilidade.
MA = Monte Alegre do Sul (SP); PI = Pindorama (SP).

Quanto à composição química das substâncias majoritárias (>5% no perfil fitoquímico) presentes no óleo essencial dos clones experimentais testados por Yamamoto (2006), os resultados mostraram nenhuma alteração qualitativa do tipo presença/ausência em qualquer um dos seis experimentos realizados com os dez clones ou nos dois experimentos com vinte clones em dois experimentos ou locais (Pindorama e Monte Alegre do Sul). As diferenças foram somente de ordem quantitativa e mesmo assim de reduzida grandeza. Foi possível a detecção de significância esta-

Tabela 2.20 – Médias do teor de óleo essencial (%) para dez clones/genótipos de *Lippia alba* em seis experimentos, com genótipo (G), experimento (E) e interação (GxE) detectado por Anova e teste de Tukey (P < 0.05).

	Ambientes																			
Genótipo	**E1**			**E2**			**E3**			**E4**			**E5**			**E6**			**Média**	
IAC-1	1,16	A	**bc**	1,27	A	**ab**	1,29	A	**ab**	1,45	A	**a**	1,02	A	**bc**	0,93	B	**c**	1,19	A
IAC-2	1,41	A	**a**	1,36	A	**a**	1,26	A	**a**	1,22	A	**a**	1,29	A	**a**	1,15	AB	**a**	1,28	A
IAC-3	1,27	A	**ab**	1,26	A	**ab**	1,28	A	**ab**	1,44	A	**a**	1,07	A	**b**	1,02	AB	**b**	1,22	A
IAC-4	1,38	A	**a**	1,30	A	**a**	1,13	A	**ab**	1,26	A	**ab**	1,01	A	**b**	1,21	A	**ab**	1,22	A
IAC-9	0,41	B	**a**	0,41	B	**a**	0,40	B	**a**	0,42	B	**a**	0,26	B	**a**	0,32	C	**a**	0,37	B
IAC-10	0,36	B	**a**	0,37	B	**a**	0,43	B	**a**	0,36	B	**a**	0,31	B	**a**	0,37	C	**a**	0,37	B
IAC-11	0,37	B	**a**	0,33	B	**a**	0,37	B	**a**	0,35	B	**a**	0,31	B	**a**	0,27	C	**a**	0,33	B
IAC-13	0,21	A	**a**	1,19	A	**a**	1,30	A	**a**	1,24	A	**a**	1,07	A	**a**	1,03	AB	**a**	1,17	A
IAC-14	1,13	A	**ab**	1,23	A	**a**	1,27	A	**a**	1,28	A	**a**	1,13	A	**ab**	0,91	B	**b**	1,16	A
IAC-16	0,35	B	**a**	0,28	B	**a**	0,32	B	**a**	0,29	B	**a**	0,16	B	**a**	0,23	C	**a**	0,17	B
média	0,90 **a**			0,90 **a**			0,91 **a**			0,93 **a**			0,76 **b**			0,74 **b**			0,86	
CV= 15,7%	*interação GxE																			

Médias com mesma letra minúscula não diferem estatisticamente (5%) para experimentos.
Médias com mesma letra maiúscula não diferem estatisticamente (5%) para genótipos.
*significativo a 5% de probabilidade. E1 = com irrigação e com adubo; E2 = sem irrigação e com adubo; E3 = com adubação e sem adubo; E4 = sem irrigação e sem adubo; E5 = Monte Alegre do Sul (SP); E6 = Pindorama (SP).

tística entre as médias devido ao excelente controle ambiental ou precisão experimental a julgar pelos baixos coeficientes de variação experimentais observados. Em termos gerais, considerando-se a amplitude de todos os dados obtidos (médias de seis e dois experimentos), para as substâncias encontradas em cada quimiotipo Yamamoto (2006) observou as seguintes variações:

- Quimiotipo linalol – 75,7 a 81,3% de linalol e 10,6 a 11,2% de 1,8-cineol (CV=0,7 a 3,6%)
- Quimiotipo mirceno/cânfora – 25,9 a 28,9% de mirceno, 25,9 a 30,1% de cânfora, 7,6 a 9,4% de Trans-cariofileno e 6,9 a 7,4% de alfa-fecheno (CV=2,2 a 10,6%);
- Quimiotipo limoneno/carvona – 33,4 a 40,6% de limoneno e 44,8 a 50,2% de carvona (CV=0,19 a 3,23%);
- Quimiotipo citral – 18,3 a 24,9% de neral, 25,3 a 35,7% de geranial e 17,3 a 28,0% de beta-mirceno (CV=5,3 a 10,8%);
- Quimiotipo mirceno – 59,6% de mirceno e 14,8% de alfa-pineno (CV=6,8 a 2,0%).

Tabela 2.21 – Médias de análise conjunta, juntando-se os clones/genótipo de mesmo quimiotipo, para as porcentagens relativas de substâncias químicas presentes no óleo essencial, em seis experimentos/ambientes, com genótipo (G) e experimento/ambiente (E), detectado por Anova teste de Tukey (P < 0.05).

Quimiotipo		Linalol		Mirceno/ cânfora				Limoneno/Carvona		Citral		
Substâncias (%)		linalol	1,8-cineol	β-mirceno	cânfora	t-cariof	α-fench	limoneno	carvona	neral	geranial	β-mirc
Ambientes	E1	76,4 **bc**	11,0 **ab**	26,0 **ab**	30,5 **ab**	7,0 **b**	6,9 **ab**	31,9 **bc**	50,0 **b**	26,3 **abc**	36,3 **a**	16,0 **abc**
	E2	74,8 **cd**	11,6 **a**	25,0 **b**	28,1 **ab**	8,1 **ab**	6,6 **b**	31,8 **bc**	50,3 **b**	29,3 **a**	39,8 **a**	14,3 **c**
	E3	75,3 **cd**	11,1 **ab**	25,1 **b**	31,8 **a**	6,9 **b**	6,5 **b**	29,7 **c**	52,8 **a**	28,3 **ab**	38,8 **a**	14,8 **c**
	E4	74,5 **d**	11,5 **a**	26,5 **ab**	30,2 **ab**	6,6 **b**	7,0 **ab**	31,2 **bc**	50,7 **b**	28,0 **ab**	38,8 **a**	15,0 **bc**
	E5	79,2 **a**	10,6 **b**	26,6 **ab**	31,0 **ab**	7,5 **b**	7,9 **a**	42,8 **a**	44,6 **c**	25,8 **bc**	37,5 **a**	19,3 **a**
	E6	78,0 **ab**	8,8 **c**	28,5 **a**	27,1 **b**	10,2 **a**	6,6 **b**	34,6 **b**	49,7 **b**	24,3 **c**	35,3 **a**	18,5 **a**
Genótipos	IAC-1	75,7 **a**	11,2 **a**	–	–	–	–	–	–	–	–	–
	IAC-2	76,6 **a**	10,6 **b**	–	–	–	–	–	–	–	–	–
	IAC-3	76,9 **a**	10,7 **ab**	–	–	–	–	–	–	–	–	–
	IAC-4	76,3 **a**	10,6 **b**	–	–	–	–	–	–	–	–	–
	IAC-9	–	–	26,6 **a**	29,8 **a**	7,6 **a**	6,9 **a**	–	–	–	–	–
	IAC-10	–	–	25,9 **a**	30,1 **a**	7,8 **a**	6,9 **a**	–	–	–	–	–
	IAC-11	–	–	26,4 **a**	29,5 **a**	7,8 **a**	7,0 **a**	–	–	–	–	–
	IAC-13	–	–	–	–	–	–	33,4 **a**	49,2 **b**	–	–	–
	IAC-14	–	–	–	–	–	–	34,2 **a**	50,2 **a**	–	–	–
	IAC-16	–	–	–	–	–	–			**27,0**	**37,7**	**16,3**
Média Geral		76,4	10,8	26,3	29,8	7,7	6,9	33,8	49,7	27,0	37,7	16,3
CV (%)		1,0	3,2	3,5	4,7	10,6	5,2	3,2	0,9	5,3	6,5	9,7

Médias com mesma não diferem estatisticamente (p < 0.05); E1 = com irrigação e com adubo (Campinas); E2 = sem irrigação e com adubo (Campinas); E3 = com adubação e sem adubo (Campinas); E4 = sem irrigação e sem adubo (Campinas); E5: Monte Alegre do Sul; E6: Pindorama; β-mirc: β-mirceno; t-cariof: trans-cariofileno; α-fench: α-fencheno.

* significativo a 5% de probabilidade. C1 = com irrigação e com adubo; C2 = sem irrigação e com adubo; C3 = com adubação e sem adubo; C4 = sem irrigação e sem adubo; MA = Monte Alegre do Sul (SP); PI = Pindorama (SP).

Avaliação de população de *L. Alba* obtida por recombinação livre

Seleção clonal

Partindo-se de um campo experimental de Yamamoto (2006), com vinte clones/genótipos (localizado no Polo Regional Leste Paulista), representando cinco quimiotipos (linalol, mirceno/cânfora, mirceno, limoneno/carvona e citral), foram coletadas sementes de polinização livre em "bulk" obteve-se uma população de ampla base genética. Como se trata de espécie predominantemente alógama admite-se que houve recombinação (fluxo gênico) entre os materiais para diversas características fenotípicas, incluindo rendimento de óleo e perfil fitoquimico. Desse modo espera-se que, com a recombinação ampla entre os quimiotipos e seus compostos, mencionados na população-base (cerca de 300 plantas), surjam combinações genéticas inéditas quanto à qualidade e tipos de óleos essenciais além de outros caracteres de interesse agronômico (Figuras 2.19 e 2.20).

Figura 2.19 – População-base recombinante (~300 plantas) extremamente variável para seleção de novos clones experimentais e também para obtenção de progênies de meios irmãos com objetivo de estimar parâmetros genético-estatísticos. Irrigação por gotejo.

Fonte: Arquivo dos autores

Desta população-base, de aproximadamente 300 plantas recombinantes, foram clonadas 62 plantas, todas de quimiotipo linalol, mas com caracteres morfológicos contrastantes que se encontram em fase final de avaliação em quatro experimentos em dois locais. Este estudo faz parte de outra dissertação de mestrado, do Curso de Pós-graduação em Agricultura Tropical e Subtropical no IAC. Como controles estão os dois melhores clones de linalol originários de coleta (variabilidade pré-existente) de Yamamoto (2006). Os dados preliminares até o momento indicam o potencial desta população-base (variabilidade provocada) para seleção de plantas geneticamente superiores e estáveis. Será estudado, portanto, o potencial agronômico dos novos clones, além daqueles estudados por Yamamoto (2006) para início de exploração por pequenos e médios produtores rurais, principalmente na região de Monte Alegre do Sul, Polo Regional da APTA/IAC, que já vêm realizando plantios em maior escala de vários quimiotipos em caráter exploratório (Figura 2.20).

Figura 2.20 – Seleção de novos clones linalol. Estacas de plantas de quimiotipo linalol oriundas da população recombinante. Foram selecionadas 63 plantas de quimiotipo linalol, mas contrastantes para diversas característica morfológicas e resistência a virose, para instalação de experimentos. Como controles foram utilizados os dois melhores clones linalol (IAC-2 e IAC-8) de coleta de Yamamoto (2006).

Fonte: Arquivo dos autores

Figura 2.21 – Seleção de novos clones linalol. Variabilidade morfológica e de coloração entre os clones linalol selecionados da população recombinante. Espera-se selecionar clones linalol superiores quanto à produção de massa foliar e rendimento de óleo comparativamente aos de coleta estudados por Yamamoto (2006). A partir desta primeira triagem os cinco melhores serão testados para validação em experimentos em vários locais e anos.

Fonte: Arquivo dos autores

Figura 2.22 – Seleção de novos clones linalol. Retirada das mudas e seleção quanto ao tamanho e diâmetro para uniformização dentro de cada bloco dos experimentos para identificação de novos clones linalol superiores.

Fonte: Arquivo dos autores

Figura 2.23 – Seleção de novos clones linalol. Experimentos 1 (A) e 2 (B) de Campinas (SP), dos 63 novos clones (mais dois controles) obtidos da população base. Note no experimento 2 o vigor vegetativo do clone 280, que pelos dados, até o presente, superou estatisticamente os dois controles.

Fonte: Arquivo dos autores

Figura 2.24 – Seleção de novos clones linalol. Processo da retirada das folhas após colheitas bloco a bloco a bloco dos experimentos para seleção de novos clones linalol, separando-as dos ramos, flores e frutos para pesagem de massa fresca e, posteriormente, de massa seca. Os ramos e os demais componentes das plantas nas parcelas também são pesados para obter relações (seca e fresca) de massa foliar x massa total (rendimento foliar).

Fonte: Arquivo dos autores

Seleção entre e dentro de progênies de meios irmãos (estimativas de parâmetros genéticos)

O estudo teve por objetivo a estimativa de parâmetros genético-estatísticos para análise da estrutura genética da população recombinante obtida como potencial para seleção de novos clones. Nesta população-base foram coletadas, ao acaso, cerca de trinta progênies de meios irmãos e, por meio destas, avaliado o potencial para o melhoramento genético de *Lippia alba*. As progênies foram plantadas em três locais em delineamento de blocos ao acaso com três repetições. Cada progênie (parcela) foi constituída de doze plantas. As estimativas de parâmetros genético-estatísticos foram baseadas em Vencovsky (1978).

Foi implantado um matrizeiro de progênies de meios irmãos visando o fornecimento de estacas para os experimentos. As plantas dentro de cada progênie são descendentes meios irmãos de uma determinada planta de quimiotipo linalol da população-base. Portanto, em vez de usarmos estas próprias plantas para os experimentos de progênies (poucas plantas) elas foram usadas como matrizes fornecedoras de estacas e assim assegurado o fornecimento de material suficiente para instalação dos experimentos em vários locais e anos. Com o crescimento das plantas do matrizeiro de progênies clonais, estacas foram coletadas e plantadas em bandejas para enraizameto. Foram conseguidas trinta progênies linalol com doze plantas cada uma que já se encontram clonadas para instalação dos experimentos Todas estas etapas deste procedimento encontram-se ilustradas e descritas nas próximas figuras.

Figura 2.25 – Uso de progênies de meios irmãos (estimativas de parâmetros genéticos). Germinação de sementes das progênies de meios irmãos coletadas nas plantas linalol da população recombinante. Observaram-se progênies com ausência, baixa e elevada germinação. É uma espécie não domesticada com germinação lenta e irregular ao longo do tempo. Isto limita a disponibilidade de plântulas de quimiotipo linalol e também de mesmos estádios nas progênies para instalação de experimentos. Com a germinação e desenvolvimento das plântulas estas eram identificadas olfativamente e repicadas ao longo do tempo para bandejas maiores.

Fonte: Arquivo dos autores

Figura 2.26 – Uso de progênies de meios irmãos (estimativas de parâmetros genéticos). Após a identificação olfativa do quimiotipo linalol das plântulas elas foram sendo transferidas gradativamente transferidas das bandejas para vasos e posteriormente transplantadas em campo para se constituírem no matrizeiro de mudas (estacas) para instalação dos experimentos. Pela germinação irregular e lenta, as plântulas têm diferentes estádios de desenvolvimento, por ocasião do plantio.

Fonte: Arquivo dos autores

Figura 2.27 – Uso de progênies de meios irmãos (estimativas de parâmetros genéticos). Do matrizeiro clonal (primeiras fotos) foram feitas estacas de indivíduos meios irmãos (todos linalol) das trinta progênies obtidas. Estas estacas (fotos seguintes), representando as progênies, serão usadas nas experimentações em vários locais. Em vez de se ter progênies com indivíduos originados de sementes, elas serão via estacas. Note-se as diferenças entre progênies de vigor e capacidade de brotação

Fonte: Arquivo dos autores

Figura 2.28 – Uso de progênies de meios irmãos (estimativas de parâmetros genéticos). Variabilidade das plantas nas progênies de meios irmãos no matrizeiro clonal. Indivíduos com diferentes comprimentos de internódios, tamanho e número de folhas por nó (componentes de rendimento foliar). Variação no comprimento do pedúnculo da inflorescência e presença de ramo variegata (quimerra mericlinal).

Fonte: Arquivo dos autores

Figura 2.29 – Campo de produção exploratório, em canteiros, dos quimiotipos linalol, mirceno/cânfora, limoneno/carvona, citral e mirceno, no Polo Regional Leste Paulista, município de Monte Alegre do Sul (SP), APTA/IAC. Clones selecionados de coletas e pesquisados por Yamamoto (2006).

Fonte: Arquivo dos autores

Cruzamentos biparentais (irmãos germanos)

Foram realizados cruzamentos biparentais para obtenção de progênies de irmãos germanos. Para isto utilizaram-se diferentes acessos [(IAC-2 linalol com melhor rendimento de massa foliar seca MFS); IAC-6 (linalol), IAC-8 (linalol isômero puro); IAC-11 (mirceno/cânfora), IAC-13 (limoneno/carvona com vírus), IAC-17 (citral com alto rendimento MFS) e IAC-20(citral com alto rendimento MFS, porém com vírus)], por apresentarem características agronômicas e fitoquímicas diversas em relação à morfologia, rendimento de massa foliar, resistência a virose, rendimento e composição de óleos essenciais.

Para o estudo os acessos selecionados foram plantados lado a lado dentro de uma lavoura de café (variedade Novo Mundo), no Centro Experimental de Campinas (IAC), sendo dispostos a uma distância mínima de 30 metros uns dos outros, para evitar a contaminação por polens não desejados (Figura 2.30).

Figura 2.30 – Mapa da área de localização dos cruzamentos biparentais de *L. alba*.

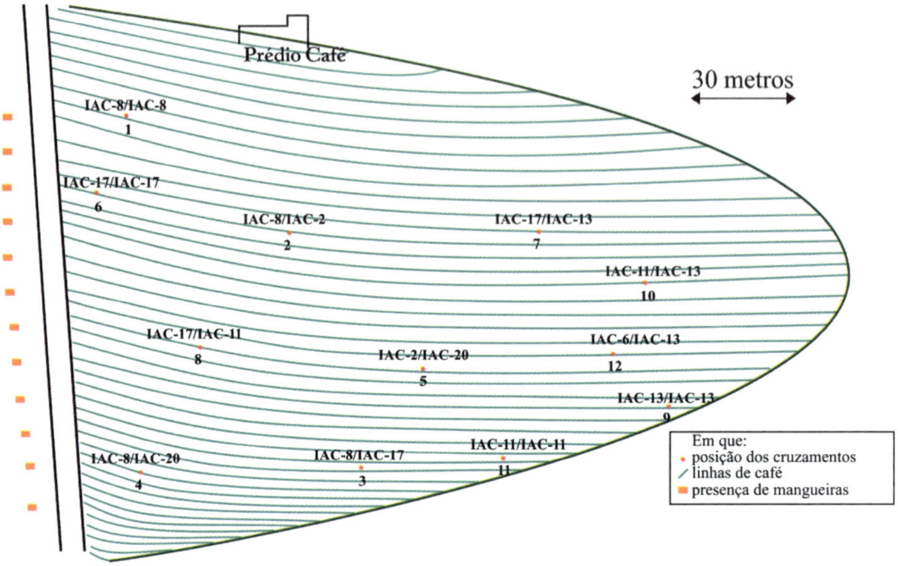

As infrutescências obtidas de cada cruzamento foram colhidas em diferentes períodos (abril-junho) para comparação do grau de produção de sementes supostamente híbridas, os frutos foram pesados e contados.

O número médio do total de frutos obtidos de cada cruzamento foi de 291, com peso médio de 50 frutos de 0,034. O número médio de plantas obtidas a partir da germinação de todos os frutos obtidos no período de coleta foi de cinco, o que representa 2,87% desse total (Tabela 2.22).

No cruzamento 1 (autofecudação) observou-se baixa produção de sementes, com aspecto fosco e baixa e baixo índice de germinação, resultando na obtenção de apenas duas plantas adultas. O cruzamento 4 a produção total de sementes ficou abaixo da média, apesar de apresentar elevado peso de 50 sementes (252 e 0,058, respectivamente); a germinação deste lote foi relativamente rápida, quando comparada às demais progênies, resultando em 16 plantas do total de 252 frutos plantados.

No cruzamento 3, a produção de frutos e sementes foi de 305 e 0,050, respectivamente. O cruzamento 2 apresentou número de frutos e peso de 50 sementes acima da média, com índice de germinação de 3,1% (=11 plantas).

Tabela 2.22 – Produção total de frutos, peso de cinquenta frutos (gramas) e número de plantas obtidas a partir do plantio total de frutos obtidos de cruzamentos de diferentes clones de *Lippia alba*.

	Cruzamento	PL mãe	Nº frutos/ desvio	Soma	Peso/50 frutos/desvio	PL obtidos %	Desvio Pl obtidas
4	IAC-8 x IAC-20	IAC-8 IAC-20	252 (-13,48) 63 (-78,37)	315	0,058 (68,60) 0,027(-21,51)	16 (6,35) 12 (19,05)	121,25 563,76
3	IAC-8 x IAC-17	IAC-8 IAC-17	305(4,72) 855(193,56)	1160	0,05(45,35) 0,037(7,56)	9 (2,95) 4 (0,47)	2,79 -83,62
8	IAC-17x IAC-11	IAC-17 IAC-11	490 (68,24)	490	0,033(-4,07)		
5	IAC-20 x IAC-2	IAC-20 IAC-2	936(221,37) 310(6,44)	1246	0,049(42,44) 0,055(59,88)	33 (3,25) 4 (1,29)	22,65 -55,05
12	IAC-6 x IAC-13	IAC-6 IAC-13	302 (3,69) 948(225,49)	1250	0,083(141,28) 0,024(-30,23)	2 (0,66) 11 (3,10)	-77,0
10	IAC-13 x IAC-11	IAC-13 IAC-11					
2	IAC-2 x IAC-8	IAC-2 IAC-8	113(-61,20 355(21,89)	468	0,051(48,26) 0,06 (74,42)	5 (4,42)	54,01 8,01
7	IAC-17 x IAC-13	IAC-17 IAC-13	235(-19,31)	235	0,037 (7,56)	1 (0,42)	-85,37
1	IAC-8 x IAC-8	IAC-8	124(-57,42)	124	0,056 (62,79)	2 (1,61)	-43,90
11	IAC-11 x IAC-11	IAC-11	217(-25,49)	217	0,04 (16,28)	2 (0,92)	-67,94
9	IAC-13 x IAC-13	IAC-13					
6	IAC-17 x IAC-17	IAC-17	320(9,87)	320	0,029 (-15,70)		
	Média		291,15		0,0344	5,05 (2,87)	

Onde IAC-2, IAC-6 e IAC-8 pertencem ao quimiotipo linalol; IAC-11 ao quimiotipo mirceno/cânfora; IAC-11 quimiotipo limoneno/carvona; IAC-17 quimiotipo citral; IAC-20 quimiotipo mirceno

O cruzamento 5 produziu número mediano de frutos (310) e de peso acima da média (0,055); porém o número de plantas obtidas foi relativamente baixo, de apenas quatro do total de frutos plantados, ou seja, 1,29%. No cruzamento 12 a produção de frutos foi mediana (302), os frutos apresentaram maior peso de 50 sementes quando comparado com os demais (0,083). Verifica-se, no entanto, que não parece haver correspondência entre peso de frutos e taxa de germinação ou de obtenção de plantas, pois foram obtidas duas plantas do total de sementes plantadas, cujo índice (0,66%) foi um dos menores encontrados.

No cruzamento 6, observou-se produção mediana de frutos (320), porém com grande número de chochos e nenhum planta foi obtida de suas sementes. O cruzamento 7 produziu 235 frutos de peso semelhante à média (0,037). Do total de 235 frutos colocados para germinar apenas uma planta foi obtida (0,42%). Observou-se no cruzamento 8 produção de frutos acima da média (490) e de peso semelhante à média (0,033), porém estavam foscos e porosos; provavelmente por isso, nenhuma semente germinou.

No cruzamento 9 houve ausência de frutos, as infrutescências apresentavam-se vazias, enquanto que, no cruzamento 10 houve ausência de frutos.

No cruzamento 11 o peso de 50 frutos observado foi acima da média (0,040), sendo que do total de frutos produzidos, apenas 2 plantas foram obtidas (0,92%).

O cruzamento 12 apresentou produção mediana de frutos (302), porém os frutos apresentaram o maior peso de 50 sementes quando comparado aos demais (0,083), mas em contrapartida apresentou baixo índice de germinação (0,66%).

Observando todos os tratamentos verifica-se que o linalol esteve presente em seis cruzamentos dos quais 5 resultou em boa produção de sementes, excetuando-se a produção da sua autofecundação. O quimiotipo citral participou de quatro cruzamentos, sendo um com cada quimiotipo. De modo geral, as repostas foram boas, com produção de frutos em todos os cruzamentos, porém, só foi possível obter plantas desses cruzamentos quando o parental utilizado foi o linalol ou limoneno-carvona.

Os acessos IAC-11 e IAC-13 apresentaram baixa produção de frutos em todos os cruzamentos testados, e o IAC-13 não gerou nenhuma planta adulta durante o experimento. Para a obtenção de plantas adultas verifica-se que os genótipos que renderam os maiores valores de plantas obtidas (%) foram IAC-20 e IAC-8, com 19,05 e 6,35%, respectivamente, cujo número de plantas obtidas foram de 33 e 16, respectivamente.

Verificou-se, de forma geral, que o acesso IAC-20 (quimiotipo mirceno) apresentou boa capacidade de cruzamento com os demais clones que foi cruzado estando presente em seis dos dez melhores índices para produção e peso de frutos, maior índice de plantas germinadas em número e em porcentagem.

Conclusão

Diante dos estudos realizados no programa de melhoramento genético de *L. alba* no Instituto Agronômico (SP), conclui-se que:

A seleção massal dentro dos acessos introduzidos resultou em vinte clones experimentais pertencentes a cinco quimiótipos (linalol: IAC 1 a IAC 8, mirceno/cânfora: IAC 9 a IAC11, limoneno/carvona: IAC 12 a IAC 15, citral: IAC 16 a IAC 19 e mirceno: IAC 20:).

A partir da experimentação dos clones (IAC 1 a IAC 20) em seis experimentos e três locais foram selecionados clones superiores do quimiótipo citral (IAC 16 e IAC 18), mirceno/cânfora (IAC 9 e IAC 11), limomeno/carvona (IAC 13) e linalol (IAC 2, e IAC 8).

A partir da recombinação em polinização aberta ou livre dos 20 clones de cinco quimiótipos mencionados anteriormente, foi gerada uma população de ampla base genética (~300 plantas) dos mais variados perfis químicos. Estas plantas obtidas na população recombinante se constituíram num Banco Inédito de Aromas ou de Fragrâncias do Instituto Agronômico.

Nesta população recombinante foram identificados 63 clones de quimiótipo linalol que se constituíram em tratamentos ou genótipos para três experimentos em dois locais ou ambientes. Sobressaíram, em média, dez novos clones mais produtivos em massa seca e houve variação de linalol de 69,5% a 87,0%. Este material inédito encontra-se a disposição para avaliação pelas industrias dentro da conjuntura de seus mercados internos e externos.

Pela primeira vez nesta espécie foram obtidas as estimativas de parâmetros genéticos (herdabilidades, ganhos genéticos, correlações genética aditiva, fenotípica e de ambiente) a partir de progênies de meios irmãos. Estas estimativas forneceram subsídios para se planejar qual a melhor estratégia que o melhorista deve aplicar na sua população de trabalho para obter ganhos genéticos mais elevados quanto às características desejadas e de forma mais rápida e segura. Foram selecionados por meio desta estratégia 30 plantas ou clones superiores de quimiótipo linalol.

Os cruzamentos biparentais (irmãos germanos) inéditos entre vários quimiótipos produziram cerca de trinta híbridos (clonados posteriormente) com as mais diversas combinações de compostos majoritários majoritários.

Os resultados de pesquisas em *Lippia alba* envolvendo a diversidade e estruturação genética de bancos de germoplasma, bem como o conhecimento sobre o potencial da seleção entre e dentro de progênies de meios irmãos e de irmãos germanos aliados à tecnologia de produção contribuirão para a domesticação da espécie com vistas ao seu cultivo comercial.

3
Maytenus ilicifolia (espinheira-santa) e os produtos naturais que a santificam

Maysa Furlan
Vânia Aparecida de Freitas Formenton Macedo dos Santos
Lidiane Gaspareto Felippe
Tatiana Maria de Souza-Moreira
Karina Alves Pinheiro

Importância e o avanço dos produtos naturais no decorrer da história

A história da utilização de produtos naturais na busca de alívio e cura de doenças é tão antiga quanto a própria história da humanidade. São inúmeros os relatos que datam de épocas e civilizações primitivas e que envolvem a utilização de plantas e outros organismos na preparação de chás, emplastos, xaropes e tinturas para obtenção de medicamentos, ou em rituais festivos e religiosos e até mesmo como veneno (Pinto, 1995).

No entanto, a química de produtos naturais, teve seu marco inicial na história com a descoberta e identificação da morfina, que é considerada a primeira substância isolada de fonte natural, em 1805. Neste mesmo ano, um farmacêutico chamado Friedrich Wilhelm Serturner isolou uma substância cristalina do ópio (*Papaver somniferum*) após imersão em água quente (meio básico). Com objetivo de avaliar o seu potencial biológico, Sertuner testou esta substância em cães e, em si mesmo em doses menores, e descobriu que seus efeitos principais eram o alívio da dor e euforia. Ele também observou que altas doses da droga poderiam levar a efeitos psíquicos, náuseas, vômitos, constipação e respiração lenta. O alívio da dor utilizando a substância pura mostrou um efeito dez vezes maior quando comparado ao do chá bruto das flores de papoula. Serturner nomeou sua substância de morfina em referência ao deus grego dos sonhos, Morfeu. Em 1925, os cientistas J. Masson Gulland e Robert Robin propuseram a estrutura química da morfina com a fórmula molecular $C_{17}H_{19}NO_3$. Porém, a estrutura química pôde ser confirmada somente em 1952 (Figura 3.1), por Marshall Gates e Gilg Tschudi, que conseguiram realizar a síntese total desta substância em 31 etapas e um rendimento de apenas 0,06% (Sneader, 2005; Ji et al., 2009).

Outro importante produto natural que marcou a história da química medicinal é a penicilina. A penicilina foi descoberta acidentalmente, em 1928, durante uma das experiências do médico e professor de bacteriologia Alexander Fleming, que observou a presença de uma colônia fúngica contaminando uma de suas culturas de bactéria do gênero *Staphylococcus* provocando a morte dessas bactérias (Calixto; Cavalheiro, 2012). Fleming isolou esse fungo e descobriu que ele pertencia ao gênero *Penicillium,* atribuindo, assim, o nome de *penicilina* à substância com atividade antibacteriana. Essa descoberta representou um marco importante na era dos antibióticos, pois a partir dela, foi possível diminuir expressivamente o número de mortes causadas por doenças infecciosas. Essa descoberta ocorreu em meio ao cenário da II Guerra Mundial, e as necessidades de medicamento para o tratamento de combatentes feridos contribuíram para o avanço científico e estudos desse novo fármaco. A penicilina (Figura 3.1) foi isolada, purificada e concentrada alguns anos depois, por Howard Florey e Ernst Chain e pôde ser então produzida em larga escala por fermentação, salvando milhares de vidas (Calixto; Cavalheiro, 2012).

Figura 3.1 – Estruturas químicas da morfina e penicilina G.

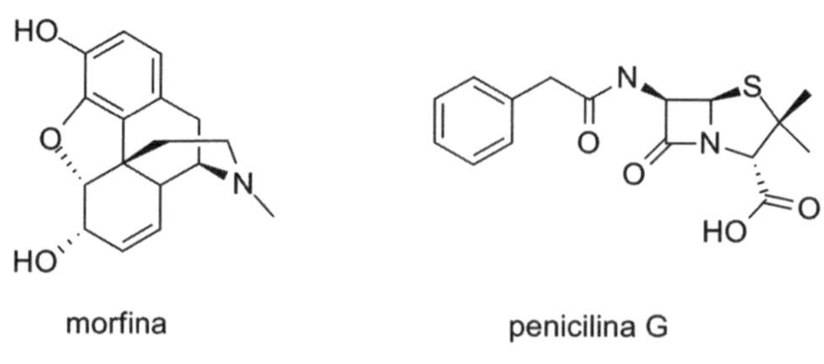

Fonte: Sneader, 2005

Concomitante à descoberta destes e outros produtos naturais com importantes atividades biológicas ao longo do século XIX e XX ocorreu o desenvolvimento da ciência e da indústria farmacêutica com interesse em substâncias bioativas de origem natural. No entanto, atualmente, a Organização Mundial da Saúde estima que 65% da população mundial ainda utilizam planta como medicamento, principalmente nos primeiros cuidados (Newman; Cragg, 2012). Recentemente, Newman e Cragg (2012) demonstraram também que 66% dos fármacos comercializados são formalmente sintéticos, sendo o restante, oriundos de Produtos Naturais (PN) ou derivados de PN. Destes, 70% mostraram atividade anti-infecciosa, incluindo antifúngica, antiviral, antibacteriana e antiparasitária e 70% apresentaram atividade anticancerígena. Isso demonstra que os produtos naturais podem ser considerados potenciais candidatos a fármacos, uma vez que apresentam uma diversidade estrutural que os diferencia dos produtos sintéticos, com grande número de centros quirálicos e um alto nível de oxidação o que os torna únicos quanto à diversidade química e potencialidade biológica (Li; Vederas, 2009; Mitchell, 2011). Dentre as plantas já utilizadas na medicina tradicional, destaca-se a espinheira-santa, *Maytenus ilicifolia* Martius ex Reiss. e *Maytenus aquifolium* Mart., pertencente à família Celastraceae.

Família Celastracea e o gênero *Maytenus*

Plantas da família Celastraceae compreendem 90 gêneros e 1.210 espécies, a maioria dos quais são encontrados nas regiões tropicais e subtropicais (Simmons et al., 2008). No Brasil, esta família está representada por quatro gêneros: *Maytenus* Juss, *Austroplenckia* Lund, *Gouppia* Reissek e *Fraunhofera* Mart (Carvalho-Okano, 1992). O gênero *Maytenus* é o mais representativo sendo constituído por cerca de 200 espécies distribuídas nos trópicos. A flora brasileira possui 80 espécies desse gênero, sendo 15 referidas para a Amazônia. A ocorrência é ampla, desde a Amazônia até o sul do país (Carvalho-Okano; Leitão Filho, 2004).

Plantas do gênero *Maytenus* são extensivamente investigadas visando a obtenção de substâncias bioativas, pois são amplamente usadas na medicina tradicional e tiveram algumas atividades investigadas, incluindo inseticida (Núñez et al., 2004a), citotóxica (Nakao et al., 2004; Ohsaki et al., 2004), antitumoral (González et al., 1999; Jeller et al., 2004; Costa et al., 2008), antioxidante (Corsino et al., 2003; Santos et al., 2010), antiplasmódica (El Tahir et al., 1999), antiulcerogênica (Bersani-Amado et al., 2000; Gonzalez et al., 2001), anti-inflamatória (Jorge et al., 2004), antiprotozoária (Santos et al., 2012; Santos et al., 2013) e antimicrobiana (Moujir et al., 1990; Rodríguez et al., 2005). Exibem diversos tipos de metabólitos secundários, incluindo flavonoides (Vilegas et al., 1999; Leite et al., 2001; Corsino et al., 2003), triterpenos quinonametídeos (Corsino et al., 1998a; Buffa Filho et al., 2002a; Buffa Filho et al., 2002b; Buffa Filho et al., 2004; Santos et al., 2010; Santos et al., 2013), dímeros de triterpenos (Itokawa et al., 1990; González et al., 1999; Shirota et al., 2004a), triterpenoides tetracíclicos (Núñez et al., 2004b), alcaloides piridínicos sesquiterpênicos (Corsino et al., 1998b; Corsino et al., 1998c; Shirota et al., 2004b; Santos et al., 2012), glicosídeos fenólicos (Vilegas et al., 1999; Leite et al., 2001) e maitansinoides (Pullen et al., 2003), com interessante espectro de atividades biológicas.

As espécies *Maytenus ilicifolia* Martius ex Reiss. e *Maytenus aquifolium* Mart. são amplamente utilizadas na medicina popular brasileira (Leite et al., 2001) e a infusão aquosa das folhas, frescas ou secas, é utilizada no tratamento de úlceras, gastrites crônicas e desordens estomacais (Leite et al., 2001; Nascimento et al., 2005). As propriedades antiulcerogênicas foram comprovadas e estão associadas aos taninos e flavonoides (Negri, 2007).

"Espinheira-santa" é o nome popular das espécies, *Maytenus ilicifolia* Martius ex Reiss. e *Maytenus aquifolium* Mart. (Figura 3.2), e ganhou esse nome justamente pela aparência de suas folhas, que apresentam espinhos nas margens e por ser vista como um "santo remédio" para tratar vários problemas. Estas plantas medicinais também são conhecidas como "cancorosa", "cancerosa", "salva-vidas", "sombra de touro", "espinho de Deus" entre outros e são encontradas no Brasil, Chile, Paraguai, Uruguai a Bolívia. No Paraguai e Bolívia, são utilizadas pelas tribos indígenas e pela população rural como agente regulador da fertilidade, devido ao alcaloide maitensina (Cordeiro et al., 1999).

Figura 3.2 – Fotos da espécie *Maytenus ilicifolia*: folha e raiz.

Fonte: Arquivo próprio dos autores

Outras atividades farmacológicas são descritas para a espinheira-santa (*Maytenus ilicifolia*), incluindo propriedades curativas e cicatrizantes, as quais foram comprovadas e comparadas a dois produtos da indústria farmacêutica, a ranitidina e a cimetidina (Cirio et al., 2003).

A espécie *M. ilicifolia* é a mais conhecida e explorada economicamente, devido a sua aplicabilidade na medicina popular e na indústria de Fitoterápicos, principalmente pela potente ação antiulcerogênica, tendo sido sua propriedade farmacológica reconhecida pela Central de Medicamentos (CEME) do Ministério da Saúde do Brasil, havendo assim confirmação da eficácia de seu uso (Di Stasi, 2004) e hoje está incluída na Relação Nacional de Plantas Medicinais de Interesse ao SUS (Renisus) (Brasil, 2009).

A espécie *M. ilicifolia* ocorre no sub-bosque das florestas de Araucária ou às margens de rios; é encontrada predominantemente na região sul do Brasil e a ocorrência nos estados de São Paulo e Mato Grosso do Sul é pouco abundante. Quanto a *M. aquifolium* encontra-se na região sudeste nos estados de Minas Gerais, Rio de Janeiro, São Paulo e em toda a região sul do Brasil (França e Pereira, 1997).

Essas espécies podem ser encontradas no comércio informal sob diversas formas, como extrato seco liofilizado, em tintura, cápsulas e droga *in natura* para uso na forma de chá (Leite et al., 2001). Atualmente, muitas indústrias farmacêuticas produzem e comercializam fitomedicamentos contendo essas espécies (Soares et al., 2004).

A *M. aquifolium* foi reportada como bebida e adulterante da "erva-mate" (Aquifoliaceae) no Paraguai (Gonzalez, 1986), que é largamente utilizada como bebida no sul do Brasil (Vilegas et al., 1999; Leite et al., 2001).

Devido às semelhanças morfológicas das folhas das espécies de *Zolernia ilicifolia* (conhecida popularmente como "falsa espinheira-santa") da família Fabaceae e *Soracea bomplandii* (conhecida popularmente como "mata-olho") da família Moraceae, com as espécies *M. aquifolium* e *M. ilicifolia,* muitas adulterações são comumente encontradas no comércio informal do Brasil (Jesus e Cunha, 2012). O estudo comparativo utilizando a infusão de *Zolernia ilicifolia* ("falsa espinheira-santa") e espécies de *M. ilicifolia e M. aquifolium* mostrou que além de flavonoides a *Zolernia ilicifolia* produz glicosídeos cianogênicos, condiderados tóxicos, o que é um fator preocupante já que *M. ilicifolia* é considerada um fitoterápico. No entanto, este estudo permitiu reconhecer os marcadores químicos valiosos para a avaliação do controle de qualidade dessas plantas para uso como medicamentos fitoterápicos (Coelho et al., 2003).

A química e a biossíntese em *M. ilicifolia* e *M. aquifolium*

O metabolismo secundário dos organismos vivos utiliza as vias primárias para a produção de metabólitos secundários, também conhecidos como especiais, por vias biossintéticas diferenciadas, as quais conduzem à formação das mais variadas classes destes metabólitos. Embora o número dos blocos de construção principais das vias biossintéticas descritas seja limitado (Figura 3.3), a quantidade e diversidade de metabólitos secundários é infinita, uma vez que é a biossíntese exclusiva destas substâncias produzidas pelo número incontável de organismos terrestres e aquáticos, fornece estruturas químicas específicas com grande variedade de atividades biológicas (Dewick, 2009).

Figura 3.3 – Vias biossintéticas envolvidas na formação de metabólitos secundários de *M. ilicifolia* e *M. aquifolium*.

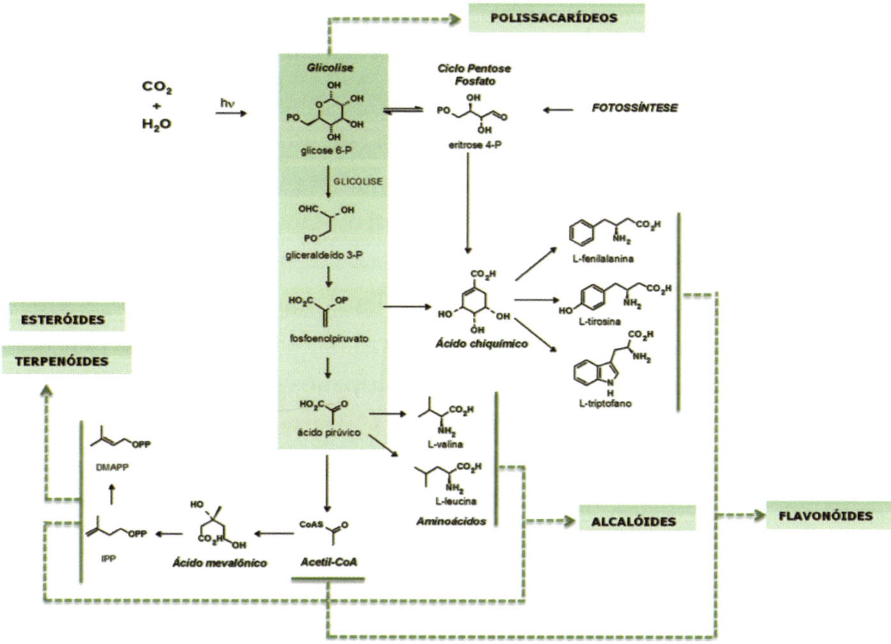

Fonte: Adaptado de Dewick, 2009

Dentre as classes de metabólitos secundários encontrados em espécies de *Maytenus*, duas se destacam sob o ponto de vista dos estudos biossintéticos, os alcaloides piridínicos sesquiterpênicos e os triterpenos quinonametídeos (Lee; Waller, 1972; Corsino et al., 2000).

Biossíntese dos triterpenos friedelânicos e quinonametídeos

Os terpenoides constituem o grupo mais complexo e diversificado de metabólitos secundários e o maior grupo em termos de relevância farmacológica. Até 2000, haviam sido descritos cerca de 33 mil substâncias desta classe (Verpoorte; Alfemann, 2000). Do ponto de vista biossintético, os triterpenos se formam pela união de duas unidades de pirofosfato de farnesila, para dar origem ao esqualeno, o qual é epoxidado enantioseletivamente mediante ação de ciclases específicas, formando 2,3*S*-epoxidoesqualeno (Dewick, 2009). A maioria dos esqueletos triterpênicos, tanto tetracíclicos como pentacíclicos, derivam da ciclização dos dois possíveis confôrmeros do 2,3*S*-epoxidoesqualeno: cadeira-barco-cadeira-barco ou cadeira-cadeira-cadeira-barco. Uma abertura regiosseletiva do grupo epóxido ocorre mediante protonação, e por uma sequência de adições eletrofílicas, as ligações duplas são formadas, originando os aneis correspondentes e gerando dois intermediários-chaves, o cátion protosteril e o cátion damarenil (Dewick, 2009).

Triterpenoides tetracíclicos incluem damaranos, lanostanos, cicloartanos, cucurbitanos, tirucalanos e meliacanos, enquanto triterpenoides pentacíclicos incluem oleananos, ursanos, lupanos e friedelanos (Yan et al., 2014). Os triterpenos descritos na família Celastraceae pertencem a séries de friedelano (friedelina, friedelanol, quinonametídeo, eno-quinonametídeo e fenólico), lupano, oleano, damarano, muitos tipos de dímeros triterpenicos, diterpenos como o kaurano e abietano e sesquiterpenos (Núñez et al., 2004b). Dentre os triterpenos isolados e identificados em *M. ilicifolia* e *M. aquifolium*, os triterpenos friedelânicos (friedelina e friedelanol), dímeros triterpênicos (congorosinas A e B), triterpenos quinonametídeos (maitenina, pristimerina, celastrol, isomaitenina), são os mais abundantes. A Figura 3.4 mostra a formação dos possíveis cátions intermediários que levam à formação dos triterpenoides pentacíclicos e algumas substâncias identificadas e isoladas de *M. ilicifolia* e *M. aquifolium*.

Os triterpenos quinonametídeos, também denominados de celastroloides, se constituem em uma classe de substâncias naturais restrita à família Celastraceae, apresentando esqueleto carbônico do tipo D:A-friedo-*nor*-oleanano oxigenados e insaturados, formando um grupo relativamente pequeno de produtos naturais e marcadores químicos de espécies de Celastraceae (Jeller et al., 2004).

Figura 3.4 – Intermediários na formação de triterpenos pentacíclicos. Em verde, as substâncias isoladas das folhas e, em amarelo, aquelas isoladas das raízes das espécies *M. aquifolium* e *M. ilicifolia*.

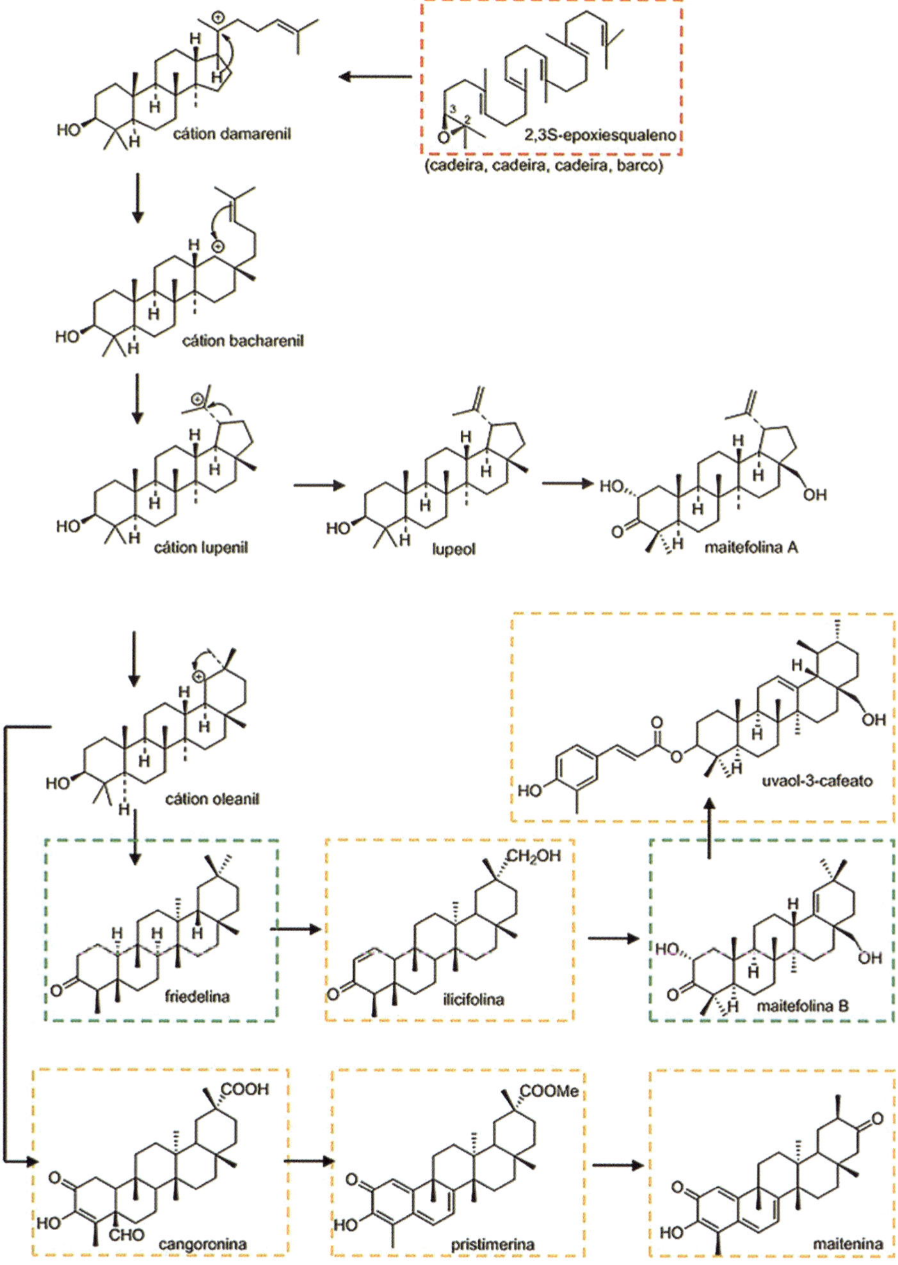

Fonte: Arquivo próprio dos autores

Em geral os celastroloides, além de possuir o núcleo 24-*nor*-D:A-friedo-oleanano (Figura 3.5), contêm invariavelmente funções oxigenadas nos C-2 e C-3. Outras oxidações do sistema quinonametídeo são C-6 e C-7, originando as classes 6-oxofenólico-nor-triterpenoide e 7-oxo-quinonametídeo. Alguns triterpenos quinonametídeos com insaturações adicionais em C-14 (15) são conhecidos e classificados como 14 (15)-enoquinonametídeos (Jeller et al., 2004). A posição mais comumente oxidada fora do sistema quinonametídeo é no C-29. Este grupo metílico geralmente é encontrado oxidado a CO_2H (ou CO_2Me) em que a subsequente descarboxilação fornece a série análoga 29-nor. Outras posições conhecidas de oxidações do esqueleto carbônico são C-15, C-21, C-22, C-23 e C-28 (Figura 3.5).

Figura 3.5 – Estrutura química do 24-*nor*-D:A-friedo-oleanano

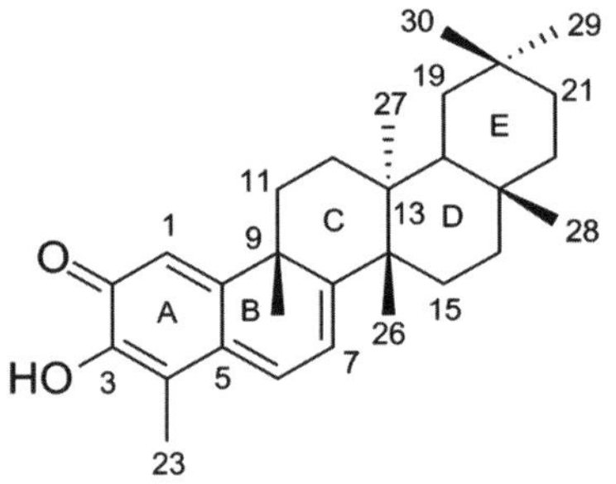

Fonte: Jeller et al., 2004

A elucidação da biossíntese desses metabólitos foi explorada (Corsino et al., 2000) e se configura em uma etapa primordial para o desenvolvimento de futuras pesquisas envolvendo estudos proteomicos e genomicos desta classe de metabólitos.

Estes estudos demonstraram que os triterpenos friedelânicos são os precursores dos triterpenos quinonametídeos e que há compartimentalização dos sítios reativos. Foi demonstrado que os friedelanos são biossintetizados nas folhas e posteriormente translocados para as raízes onde são transformados nos triterpenos quinonametídeos (Corsino et al., 2000).

A Figura 3.6 descreve a biossíntese dos triterpenos quinonametídeos, tendo como precursores o 3β-friedelanol e a friedelina, triterpenos friedelânicos, comumente encontrados nas folhas de espécies de Celastraceae.

Estes experimentos foram realizados utilizando 2,3-epoxiesqualeno como substrato, em extratos enzimáticos das plântulas das folhas e raízes de *Maytenus aquifolium* (Celastraceae) e *Salacia campestris* (Hippocrateaceae), determinando a atividade da enzima ciclase exclusivamente nas folhas de *M. aquifolium* e *S. campestris* (Corsino et al., 2000).

Experimentos utilizando mevalonolactona-5-^{3}H como precursor foram realizados por incorporação *in vivo* nas folhas de *M. aquifolium*, a fim de comprovar o envolvimento dos derivados friedelânicos na biossíntese e compartimentalização dos triterpenos quinonametídeos (Corsino et al., 2000). Posterior análise via cromatografia líquida de alta eficiência, acoplada a detector de partículas beta (β), permitiu comprovar que os quinonametídeos, também marcados, estavam presentes nos extratos obtidos das cascas das raízes das plântulas de *M. aquifolium*, utilizadas como matriz vegetal (Corsino et al., 2000).

Figura 3.6 – Biossíntese dos triterpenos quinonametídeos em *M. ilicifolia* e *S. campestris*

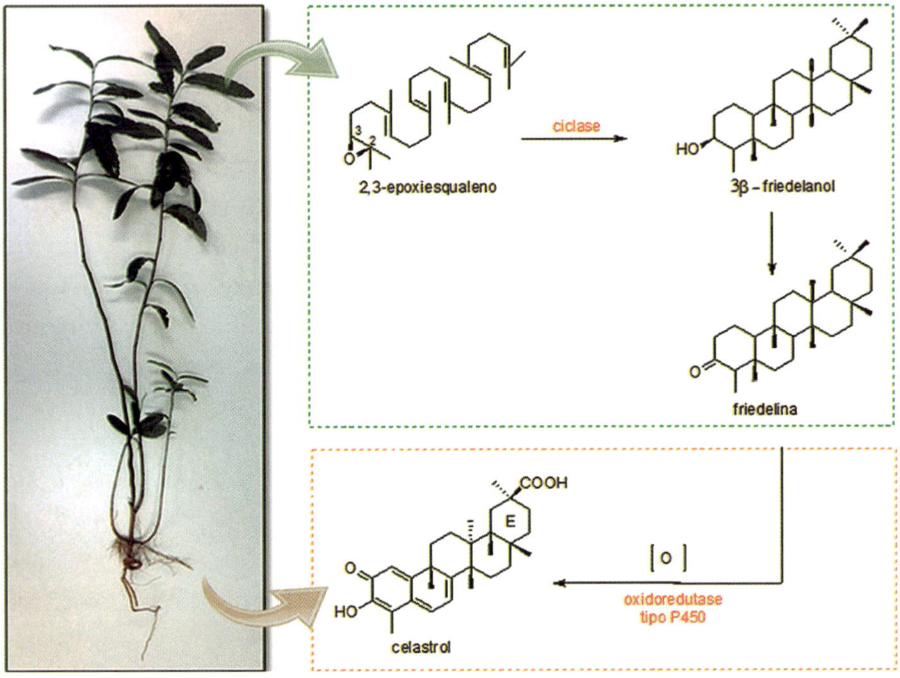

Fonte: Adaptado de Corsino et al., 2000

Os trabalhos desenvolvidos até então com espécies de *Maytenus*, além de demonstrar que a compartimentalização dos triterpenos quinonametídeos e de seus precursores ocorre nos órgãos vegetais raízes e folhas, respectivamente, demonstraram também que os triterpenos quinonametídeos possuem acúmulo exclusivo em raízes das plantas jovens (Corsino et al., 2000; Buffa Filho et al., 2004).

Biossíntese e biogênese dos alcaloides piridínicos sesquiterpênicos

Entre os compostos contendo nitrogênio que ocorrem naturalmente, os alcaloides piridínicos sesquiterpênicos constituem em um importante grupo, os quais são constituintes farmacologicamente ativos num número de plantas medicinais.

A primeira publicação sobre a presença de alcaloides na família Celastraceae data de 1934 e desde então numerosos trabalhos têm conduzido ao isolamento, elucidação estrutural e avaliação da atividade biológica dessa classe de metabólito secundário.

Dentre os metabólitos secundários característicos da família Celastraceae um amplo grupo de sesquiterpenoides, com estruturas química diversificada baseada no esqueleto 5,11-epoxi-5β, 10α-eudesmano-4-(14)-eno conhecido como β-diidroagarofurano foram descritos (Gao et al., 2007) (Figura 3.7). Eles apresentam grande diversidade química e grande número de centros quirálicos (Brüning; Wagner, 1978; Corsino et al., 1998b; Corsino et al., 1998c; Rodrigues-Fo et al., 2001; Santos et al., 2012) e mostram um amplo espectro de atividades biológicas.

Figura 3.7 – Estruturas químicas dos sesquiterpenos do tipo β-diidroagarofurano

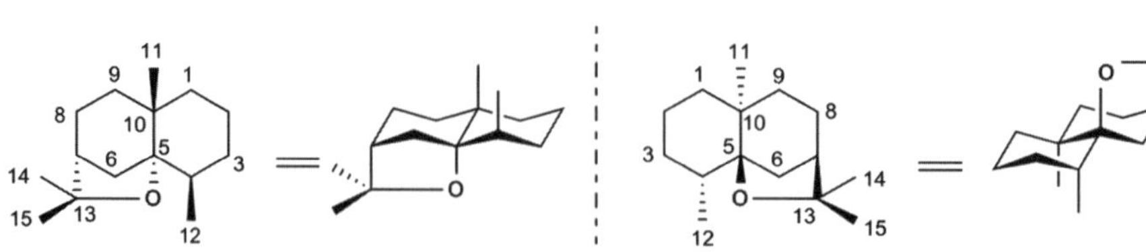

Fonte: Adaptado de Gao et al., 2007

Dentre os metabólitos secundários com uma porção sesquiterpênica do tipo β-diidroagarofurano reportados na literatura, destacam-se os alcaloides piridínicos sesquiterpênicos, os quais são considerados marcadores quimiotaxonômicos desta família (Brüning; Wagner, 1978; Lião, 2003) (Figura 3.8). Estes foram isolados de espécies pertencentes á família Celastraceae (Duan et al., 1997; Corsino et al., 1998c; Duan; Takaishi, 1998; Piacente et al., 1998; Duan; Takaishi, 1999; Descoins et al., 2002; Jinbo et al., 2002; Kuo et al., 2003; Nakagawa et al., 2004; Núñez et al., 2004a; Horiuch et al., 2006; Whitson et al., 2006; Santos et al., 2012) e três espécies de Hippocrateaceae; *Hippocratea excelsa* (Furukawa et al., 2002), *Peritassa campestris* (Lião et al., 2001) e *Peritassa compta* (Klass et al., 1993).

Estruturalmente, os alcaloides piridínicos sesquiterpênicos são caracterizados por uma unidade sesquiterpênica do tipo β-diidroagarofurano, constituída pelos anéis A e B na forma biciclo *trans*-decalino dimetilado e unidos 1,3-diaxial por ponte do tipo $(CH_3)_2C$-CO, constituindo o anel C--tetraidrofuranil e uma unidade alcaloídica (Figura 3.8).

Figura 3.8 – Estrutura química clássica do alcaloide piridínico sesquiterpênico

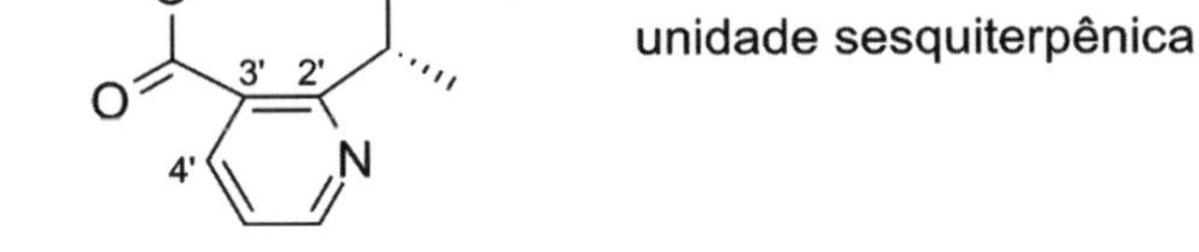

Fonte: Adaptado de Lião, 2003

A unidade alcaloídica é formada por vários ácidos piridínicos dicarboxílicos (Figura 3.9) que esterificam os grupos hidroxila do esqueleto sesquiterpênico, os quais são substituídos nas posições 2,3 ou 3,4 do anel piridínico, formando um macrociclo entre os C-3 e C-15 (Lião, 2003).

Figura 3.9 – Estruturas dos ácidos piridínicos dicarboxílicos que esterificam o núcleo do esqueleto sesquiterpênico

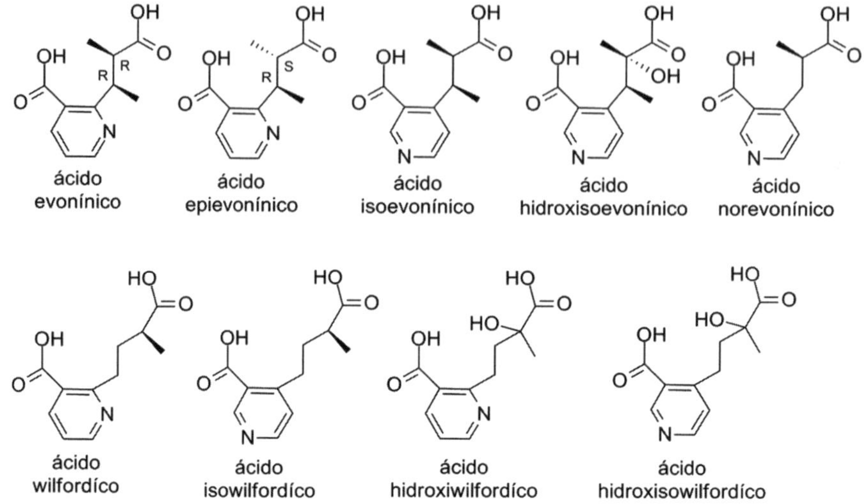

Fonte: Lião, 2003

Desde 1990, um crescente número de trabalhos foi divulgado apresentando dados sobre a química e atividade biológica relacionados a esta classe de metabólito secundário de Celastraceae.

Os alcaloides piridínicos sesquiterpênicos são caracterizados do ponto de vista biossintético por uma rota mista, sendo a unidade sesquiterpênica proveniente da via do mevalonato (MVA) e a unidade alcaloídica a partir do gliceraldeído 3-fosfato e precursores de aminoácidos (Lião, 2003).

A formação da unidade sesquiterpênica do tipo agarofurano envolve o farnesil de pirofosfato, o precursor fundamental dos sesquiterpenos e podem adotar as configurações *E* ou *Z*. Na Figura 3.10 está apresentada a biogênese de formação da unidade sesquiterpênica segundo a proposta de Brüning. Adotando-se a configuração *E*, primeiro acontece o fechamento do anel e posterior formação de carbocátion terciário (1). Em (2) ocorre a protonação da ligação dupla, ciclização, formação de um carbocátion terciário e ataque nucleofílico da H_2O, (3) rearranjo de Wagner-Meerwein, migração 1,2 de hidreto, com retenção de estereoquímica, (4) ataque nucleofílico de OH ao carbocátion terciário.

Figura 3.10 – Biogênese da unidade sesquiterpênica

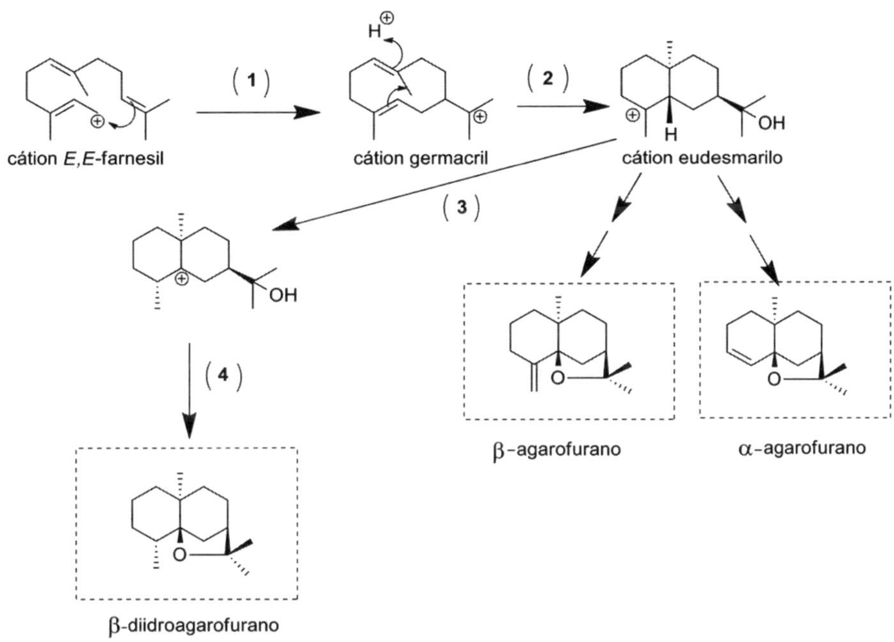

Fonte: Adaptado de Brûning; Wagner, 1978

O primeiro e único trabalho biossintético relacionado à formação da unidade alcaloídica dos alcaloides piridínicos sesquiterpênicos data de 1972. Neste experimento utilizou-se o ácido nicotínico-6^{14}C como precursor na incorporação *in vivo* nas folhas de *Tripterygium wirfordii*, a fim de comprovar o envolvimento do ácido nicotínico na formação da unidade alcaloídica dos alcaloides piridínicos sesquiterpênicos. O ácido nicotínico marcado foi efetivamente incorporado aos ácidos wilfordícos e hidroxiwilfordícos formando a unidade piridínica desses alcaloides (Lee; Waller, 1972).

A unidade alcaloídica tem origem em aminoácidos alifáticos, condensando-se com o gliceraldeído 3-fosfato que, por meio de ciclização, desidratações, descarboxilação e outras reações, formam o ácido nicotínico, precursor inicial desta unidade (Dewick, 2002) (Figura 3.11).

O acoplamento do ácido nicotínico com outros aminoácidos leva à formação de vários ácidos piridínicos dicarboxílicos que posteriormente irão esterificar os grupos hidroxilas do esqueleto sesquiterpeno. Na Figura 3.12 é mostrado o acoplamento do ácido nicotínico com o (3*S*)-isoleucina, levando à formação do ácido evonínico. O ácido wilfórdico e adulínico tem um caminho similar, entretanto, o acoplamento envolve outros carbonos originados da isoleucina (Lião, 2003).

Figura 3.11 – Biossíntese do ácido nicotínico

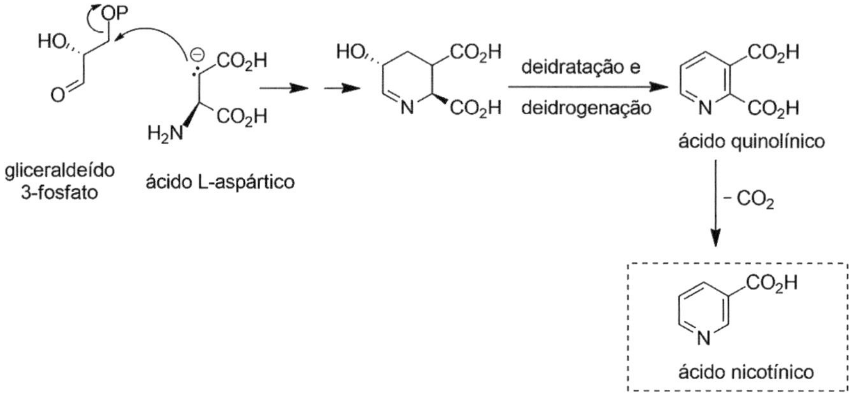

Fonte: Dewick, 2002

Figura 3.12 – Biogênese da unidade piridínica

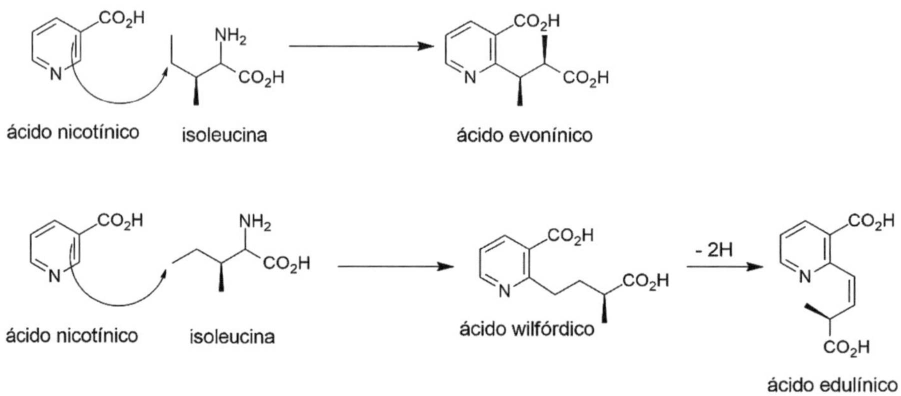

Fonte: Lião, 2003

A última etapa do processo biogenético envolve a formação do anel macrocíclico. As pontes são formadas a partir de ácidos piridínicos dicarboxílicos e um sesquiterpeno β-diidroagarofurano via esterificação (Figura 3.13).

Figura 3.13 – Formação biossintética do macrocíclo de alcaloides sesquiterpênicos

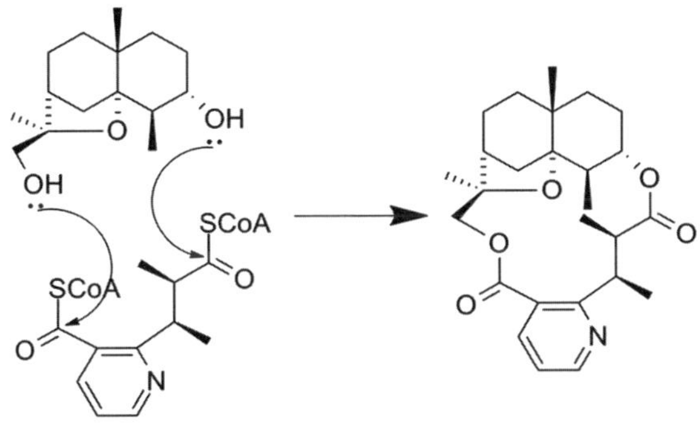

sesquiterpeno + ácido evonínico

Fonte: Lião, 2003

Atividades biológicas dos metabólitos secundários presentes em espécies de Celastraceae

Do ponto de vista químico, as folhas da verdadeira "espinheira-santa" apresentam como metabólitos secundários: flavonoides glicosilados (Vilegas et al., 1999; Leite et al., 2001; Corsino et al., 2003), catequinas (Corsino et al., 2003), glicosídeos (Zhu et al., 1998), polissacarídeos (Cipriani et al., 2006), triterpenos friedelânicos (Yariwake et al., 2005) e triterpenos com esqueleto lupano e oleano (Ohsaki et al., 2004).

Estudos fitoquímicos utilizando as raízes das espécies *M. ilicifolia* e *M. aquifolium* mostraram o acúmulo de triterpenos friedelânicos (Itokawa et al., 1991), triterpenos quinonametídeos (Itokawa et al., 1990; Buffa Filho et al., 2002a; Santos et al., 2010; Santos et al., 2013), dímeros de triterpenos quinonametídeos (Itokawa et al., 1990) e alcaloides piridínicos sesquiterpênicos (Corsino et al., 1998b; Corsino et al., 1998c; Santos et al., 2012).

As atividades biológicas dos metabólitos identificados em *M. ilicifolia* vêm sendo exploradas ao longo dos anos e demonstram grande potencial, não apenas no tratamento de úlceras e gastrites, mas no tratamento e na prevenção de diversas outras doenças. Só nas últimas duas décadas, dezenas de diferentes atividades biológicas foram avaliadas e abordadas utilizando extratos, frações e substâncias puras de *M. ilicifolia* e *M. aquifolium*. Mais de 40 trabalhos científicos são dedicados à avaliação do potencial biológico destas espécies e, dentre atividades com resultados mais promissores, oito se destacam: antiúlcerogênica, antioxidante, anti-hipertensiva, anti-inflamatória, antiprotozoária, antimicrobiana, antiviral e antitumoral (Santos-Oliveira et al., 2009; Niero et al., 2011) (Figura 3.14).

Figura 3.14 – Distribuição dos relatos sobre potencial biológico dos metabólitos de espécies *M. ilicifolia* e *M. aquifolium* (espinheira-santa)

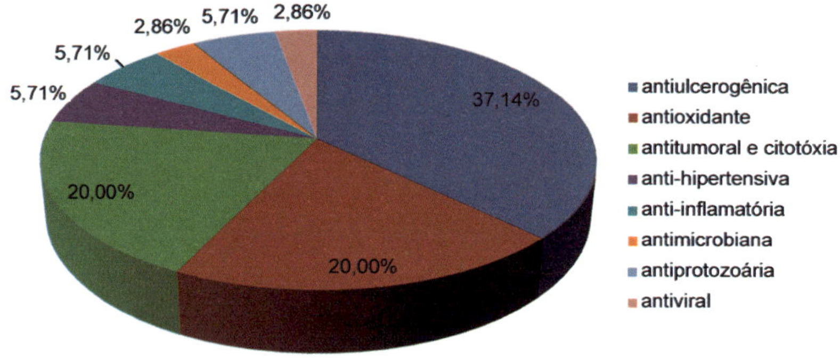

Fonte: Base de dados *Scifinder*

Em relação às classes de metabólitos descritas e testadas do ponto de vista biológico, os triterpenos quinonametídeos detêm a maior diversidade de resultados positivos, sendo descritos como ativos em cinco das seis matrizes biológicas testadas (antitumoral, antioxidante, antifúngica, antiviral, antiparasitária e antiulcerogênica), utilizando substâncias puras isoladas de espinheira-santa. Os compostos fenólicos avaliados, tais como flavonoides, catequinas e antocianidinas, são descritos como os principais responsáveis pela atividade antiulcerogênica e antioxidante da espécie e os alcaloides piridínicos sesquiterpênicos possuem pronunciada atividade antitumoral e antiparasitária (Figura 3.15).

Em decorrência da grande diversidade química encontrada e dos estudos até então realizados, é possível visualizar o potencial ainda inexplorado destas espécies para a elaboração de formas farmacêuticas não apenas no tratamento antiulcerogênico, mas também, como antitumorais, anti-hipertensivos e antiprotozoários. Tal perspectiva ganha nova força com a ação da Agência Nacional de Saúde (Anvisa), que atualizou a regulamentação para o registro de medicamentos fitoterápicos e criou a notificação de produtos tradicionais fitoterápicos, estando presente a espinheira-santa na lista dos produtos tradicionais fitoterápicos de registro simplificado (Brasil, 2014).

Figura 3.15 – Classe e número de substâncias relacionadas a cada atividade relatadas de acordo com a pesquisa bibliográfica realizada neste trabalho. (Alc: alcaloides piridínicos sesquiterpênicos; Cat: catequinas; FG: flavonoides glicosilados; Pol: polissacarídeos; TQ: triterpenos quinonametídeos; Trit: triterpenos)

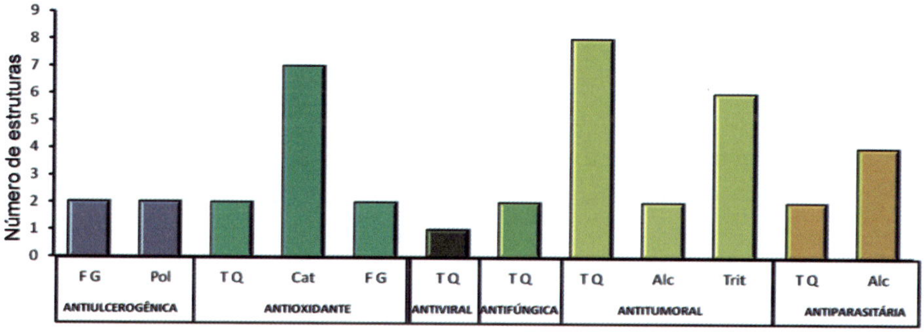

Fonte: Base de dados *Scifinder*

Atividade antiulcerogênica

O equilíbrio entre as capacidades digestivas de ácido clorídrico e pepsina e a barreira de mucosa estomacal são essenciais para a saúde gástrica. A ulceração ocorre quando há uma perturbação deste equilíbrio normal, que pode ser causado por uma agressão induzida por diversos fatores externos como má alimentação, uso de álcool e alguns medicamentos ou pela diminuição da resistência da mucosa. Vários fatores estão envolvidos na patogênese da úlcera gástrica e estes favorecem o aparecimento de lesões na mucosa. Além disso, a úlcera gástrica também é associada com a infecção do tecido da mucosa gastrointestinal por *Helicobacter pylori*, já que este micro-organismo está presente em 70% dos pacientes com úlcera péptica e sua erradicação parece curar a doença (Borrelli; Izzo, 2000). O tratamento medicamentoso da úlcera péptica é direcionado a qualquer ação contrária aos fatores agressivos ou no estímulo das defesas da mucosa. Os objetivos ideais de tratamento da úlcera péptica são o alívio a dor, a cura e o retardamento de recorrência de possíveis lesões. Até o momento, nenhuma droga atende a todos os objetivos da terapia (Borrelli; Izzo, 2000).

Tradicionalmente, o uso farmacológico mais difundido da espinheira-santa é no tratamento da úlcera e gastrite. Os chás por infusão das folhas são largamente utilizados pela população brasileira como primeira fonte de cura e alívio das dores decorrentes destas doenças. O primeiro relato de estudo clínico que avaliou o potencial antiulcerogênico das espécies de *Maytenus* foi realizado por Souza-Formigoni et al. (1991), que descreveu os efeitos da administração oral e intraperitonial do extrato de 5 espécies deste gênero em animais submetidos a prévio tratamento com indometacina, substância que induz a gastrite. Os resultados mostraram não só uma redução na úlcera induzida *in vivo*, mas também um potente efeito protetor da mucosa estomacal. Este estudo também contribuiu com valiosa informação da conservação das atividades descritas em plantas secas (liofilizadas) por longos períodos, confirmando o potencial comercial de seu uso como fitoterápico.

Vilegas et al. (1999) também realizaram ensaios farmacológicos a partir do extrato obtido da infusão aquosa de *M. aquifolium*, com o objetivo de avaliar *in vivo* sua atividade antiulcerogênica. Deste mesmo extrato foram isolados dois flavonoides glicosilados: quercetina 3-*O*-α-L-ramnopiranosil(1→6)-*O*-[β-D-glicopiranosil(1→3)-*O*-α-L-ramnopiranosil(1→2)]-*O*-β-D-galactopiranosideo e canferol 3-*O*-α-L-ramnopiranosil(1→6)-*O*-[β-D-glicopiranosil(1→3)-*O*-α-L-ramnopiranosil(1→2)-*O*-β-D-galactopiranosideo, porém estes compostos não foram submetidos isoladamente aos mesmos ensaios neste estudo. No entanto, como resultado dos testes em ratos utilizando o extrato de espinheira-santa, o melhor resultado obtido foi com a administração de 800 mg/kg com redução de 30-50% das úlceras induzidas.

Em 2000, dois outros estudos foram realizados do ponto de vista farmacológico da ação analgésica e preventiva da gastrite e da úlcera, sendo que o primeiro avaliou o extrato seco de *M. aquifolium* em ratos (Bersani-Amado et al., 2000). O segundo estudo mencionado avaliou o potencial dos terpenos isolados de *M. ilicifolia*, friedelina e friedelanol, também em ratos. Os resultados demonstraram que estes metabólitos não são os responsáveis pela atividade antiulcerogênica de espinheira-santa (Queiroga et al., 2000). Estes dados foram muito importantes e propiciaram a continuidade dos estudos fitoquímicos e farmacológicos destas espécies em busca dos verdadeiros princípios ativos que as confere propriedades terapêuticas no tratamento de problemas gástricos. Muitos outros trabalhos relataram o potencial dos extratos de *M. aquifolium* e *M. ilicifolia* no tratamento da gastrite e como analgésico, bem como o desenvolvimento de diferentes técnicas de preparo e conservação de suas bioatividades (Gonzalez et al., 2001; Tabach; Oliveira, 2003; Ferreira et al., 2004; Jorge et al., 2004).

A investigação do efeito gastroprotetor de espécies de *Maytenus* foi intensificado nos últimos anos, levando ao isolamento e avaliação de substâncias puras isoladas principalmente de suas folhas. Baggio et al. (2007) reportaram previamente a potente atividade antiulcerogênica *in vivo* das frações do extrato de *M. ilicifolia*, enriquecidas com galactiol (25%), epicatequinas (3,1%) e catequina (2%) e conferiu a estes compostos a inibição da atividade da enzima H^+/K^+-ATPase, envolvida na indução da gastrite. Além disso, foi possível concluir com estes resultados que esta fração foi responsável por reduzir úlceras crônicas (DE_{50}= 79 mg/kg), lesões induzidas por etanol (DE_{50}= 25 mg/kg) e por indometacina (DE_{50}= 4 mg/kg).

Um trabalho publicado recentemente (Leite et al., 2010) corroborou as observações descritas para as atividades dos flavonoides descritas por Baggio e colaboradores (2007), acrescentando informações importantes quando foram isolados diversos derivados glicosilados desta classe. Com os resultados obtidos foi possível concluir que a presença de triglicosídeos flavônicos como o canferol-3-*O*-α-L-ramnopiranosil(1→6)-*O*-[α-L-ramnopiranosil(1→2)]-*O*-β-D-galactopiranosideo (1) e tetraglicosídeos flavônicos, como o canferol-3-*O*-α-L-ramnopiranosil(1→6)-*O*-[β-D-arabinopiranosil(1→3)-*O*-α-L-ramnopiranosil(1→2)]-*O*-β-D-galactopiranosideo (2) (Figura 3.16) causam aumento significativo do pH e do volume gástrico. O aumento da secreção gástrica utilizando a fração do extrato de *M. ilicifolia* enriquecida com os flavonoides descritos (170 mg/kg), foi comparável a do padrão positivo cimetidina (50 mg/kg), indicando que esses glicosídeos, possuem importante papel sob sua capacidade terapêutica e gastroprotetora.

Figura 3.16 – Estruturas químicas dos flavonoides glicosilados 1 e 2 que apresentaram atividade antiúlcera

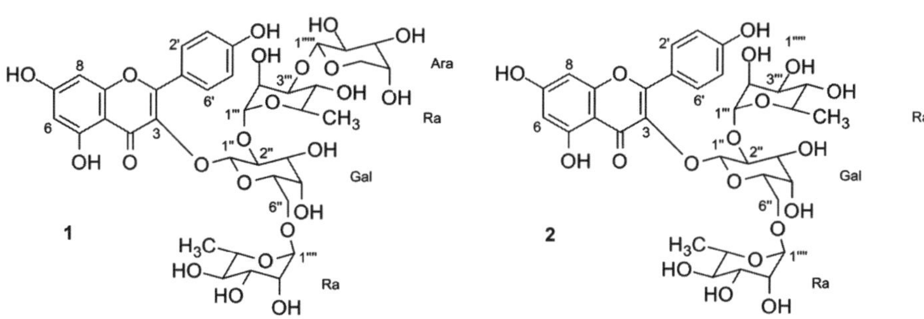

Fonte: Leite et al., 2010

Dando continuidade a estes estudos, foram isolados do chá das folhas de *M. ilicifolia* alguns polissacarídeos. Estes foram testados frente às lesões gástricas induzidas em ratos e revelaram uma inibição próxima de 85% no surgimento das úlceras (DE_{50} = 9,3 mg/kg), quando comparados a um padrão positivo, o omeprazol (Cipriani et al., 2006). Com isso, foi possível sugerir que arabinogalactanas do tipo II, liberadas da planta durante a infusão, seriam as possíveis responsáveis pelo efeito antiulcerogênico e de proteção das paredes da mucosa estomacal. Outros estudos do mesmo grupo de pesquisa puderam contribuir com o conhecimento gerado até então, principalmente com o isolamento de outro polissacarídeo, o ácido poligalacturônico, constituído por monômeros do tipo (1→4)-ligados a α-D-Gal*p*A, que apresentou uma inibição expressiva da gastrite (DE_{50} = 103 mg/kg), quando submetido aos mesmos testes descritos pelo trabalho anterior (Cipriani et al., 2009).

Atividade antimicrobiana

Nas últimas décadas foi observado um aumento acentuado de infecções fúngicas, as quais contribuem para uma elevada taxa de mortalidade em pacientes imunocomprometidos, como os pacientes HIV positivos, pacientes com câncer e transplantados, além daqueles submetidos a procedimentos invasivos como diálise e hemodiálise, a terapia com antibióticos de amplo espectro e uso ininterrupto de corticoides (Montagnac et al., 2006; Moellering Jr.et al., 2007).

Os frequentes agentes causadores dessas infecções estão principalmente concentrados nas espécies de *Candida, Aspergillus, Cryptococus, Mucor* e algumas outras espécies incomuns como *Fusarium* e *Candida* não-*albicans* que são resistentes à terapia convencional (Montagnac et al., 2006; Moellering Jr.et al., 2007). O número de fármacos disponíveis para o tratamento de infecções fúngicas é limitado e conduz a inúmeros efeitos tóxicos.

Hoje, as plantas medicinais representam uma importante fonte de substâncias fungitóxicas, as quais, quando comparadas com fungicidas de origem sintética, caracterizam uma proposta ecológica praticamente inofensiva ao meio ambiente (Stangarlin et al.; 1999; Venturoso et al.; 2011).

Os triterpenos quinonametídeos, pristimerina (3) e maitenina (4) (Figura 3.17) tiveram seu potencial antifúngico avaliado frente aos fungos patógenos humanos: *Candida albicans, Candida krusei, Candida parapsilosis, Candida glabrata, Candida tropicalis, Cryptococcus neoformans var. grubii, Histoplasma capsulatum, Aspergillus niger, Aspergillus fumigatus, Trichophyton interdigitalis.* Isolados clínicos de *Paracoccidioides brasiliensis, Trichophyton rubrum, Trichophyton mentagrophytes, Cryptococcus neoformans var. grubii* resistente ao fluconazol, dois isolados clínicos de *Cryptococcus neoformans var. grubii* suscetível ao fluconazol, e *Cryptococcus gattii* isolados de animais, resistente ao fluconazol, e *Histoplasma capsulatum (lung bat)* foram também usados neste estudo (Gullo et al., 2012).

Figura 3.17 – Estruturas químicas dos triterpenos quinonametídeos 3 e 4 com propriedades antifúngicas

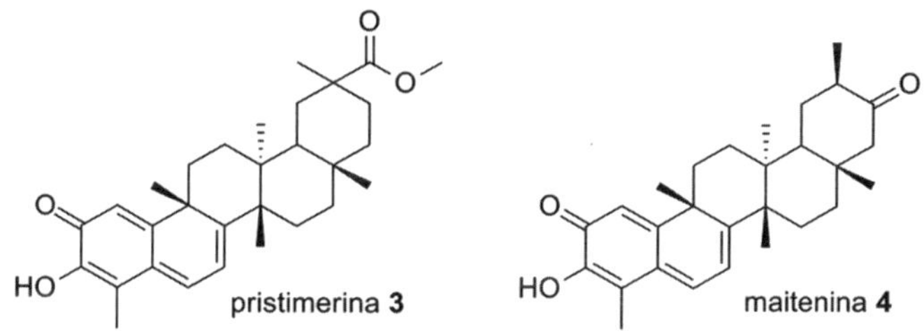

Fonte: Gullo et al., 2012

Dentre os resultados, destaca-se a ação antifúngica potente da maitenina que apresentou concentração inibitória mínima (CIM) de 0,12 e 125 mg/L para as leveduras e fungos filamentosos (Gullo et al., 2012). Pristimerina mostrou uma variação significativa de sua atividade quando comparada a fungos leveduriformes e filamentosos. Para as leveduras, a pristimerina mostrou potente atividade, com exceção de *Candida glabrata*. Para fungos filamentosos, pristimerina mostrou atividade moderada, com a exceção de *Trichophyton mentagrophytes*, para o qual mostrou uma CIM de 62,5 mg/L e foi classificada como tendo uma atividade potente (Gullo et al., 2012).

O Índice de Seletividade (IS), referente à razão entre o índice de citotoxicidade de 50% frente a células de queratinócitos humanos (linhagem NOK) e a concentração fúngicida mínina (CFM), foi alto para a pristimerina, exceto contra duas espécies fúngicas enquanto que para a maitenina foi observado atividade seletiva, corroborando melhor eficácia quando comparada à pristimerina. Os resultados deste estudo indicaram que as duas moléculas isoladas de *M. ilicifolia* podem se configurar em um possível protótipo e para o desenvolvimento de novos agentes antifúngicos com largo espectro de ação (Gullo et al., 2012).

Não foram estudados os mecanismos de ação, mas a maioria dos fármacos antifúngicos disponíveis atua na membrana celular, principalmente na síntese ou na integridade do ergosterol, principal esterol fúngico. Derivados azólicos, como fluconazol, voriconazol e itraconazol, e o grupo dos poliênicos, como a anfotericina B e a nistatina, são os fármacos mais frequentemente empregados para tratamento das infecções fúngicas (Odds et al., 2003; Kathiravan et al., 2012).

Os derivados azólicos, que em geral apresentam ação fungistática, atuam inibindo a enzima 14-α-desmetilase, presente no citocromo P450 da célula fúngica, impedindo a desmetilação do precursor lanosterol em ergosterol. Este esteroide de membrana é vital a manutenção da vida celular, sendo que a redução da sua concentração, associada ao acúmulo de esteroides metilados, altera a fluidez da membrana, resultando em alterações de permeabilidade seletiva e das atividades metabólicas inviabilizando o crescimento celular.

Contra bactérias, a atividade dos extratos etanólicos das folhas de *M. ilicifolia*, enriquecidos com flavonoides, mostrou concentração inibitória de 0,25 mg/mL, contra a bactéria gram-positiva *Staphylococcus aureus* e a gram-negativa *Klebsiella pneumoniae* (Ducat et al., 2011).

Atividade antioxidante

A atividade antioxidante de um determinado composto ou extrato vegetal está associada a benefícios à saúde por ser capaz de prevenir ou retardar processos oxidativos resultantes do estresse celular ligado a doenças crônico degenerativas, como diabetes, hipertensão e câncer (Terry et al., 2001; Halvorsen et al., 2002; Lindsay; Astley, 2002; Chun et al., 2005; Gupta; Sharma, 2006; Pisoschi; Negulescu, 2011). Os compostos antioxidantes podem agir por sequestro das espécies livres de oxigênio, ou inibir sua formação por inativar a ativação de fagócitos. Podem ainda quelar metais ou inibir a peroxidação de lipídeos por meio da sua própria oxidação (Gupta; Sharma, 2006).

Plantas em geral se configuram em uma rica fonte de compostos antioxidantes (Lindsay; Astley, 2002). Além dos compostos já considerados como vitaminas, a grande classe dos compostos fenólicos destaca-se como antioxidante devido à presença do grupamento hidroxila com propriedade doadora de hidrogênio (Lindsay; Astley, 2002). Os extratos polares, ricos em polifenóis, da casca das raízes (Vellosa et al., 2006) de *M. ilicifolia* e de *M. aquifolium* (Vellosa et al., 2007) e das folhas de *M. ilicifolia* (Negri et al., 2009; Pessuto et al., 2009) apresentaram atividade antioxidante por meio de diferentes métodos (Tabela 1). Entre esses, os mais comumente utilizados verificaram o potencial do sequestro de radicais livres pela reação como os modelos de radical livre estável formado pela molécula de 2,2-difenil-1-picrilhidrazila (DPPH) ou do ácido 2,2'-azinobis(3-etilbenzotiazolina-6-sulfônico) (ABTS), e pelo sequestro de moléculas não radicalares formadas na célula como o ácido hipocloroso, ou de superóxido formado pela reação de metanossulfato de fenazina com NADH ou de óxido nítrico e, também pela formação do complexo fosfomolibdênio. As atividades de sequestro das moléculas de ácido hipocloroso e de superóxido são importantes explorações da atividade antiúlcera atribuída ao extrato, visto que o primeiro oxida amônia produzida pela bactéria *Helicobacter pylori*, patógeno frequentemente associado a úlceras gástricas, e gerando monocloroamina, o que causa injúria ao estômago (Lapenna; Cuccurullo, 1996); e o segundo por se tratar de uma propriedade protetora de tecidos em geral contra a geração de superóxido de forma enzimática *in vivo* (Vellosa et al., 2007).

As atividades antioxidantes dos extratos das raízes de plantas jovens e adultas e dos seus triterpenos quinonametídeos isolados, maitenina (4) e pristimerina (3), foram avaliadas por voltametria cíclica, indicando que a substância pristimerina (+0,30 V) tem maior potencial oxidativo, quando comparado com o flavonoide rutina (+0,40 V), utilizado como controle (Santos et al., 2010). Em comparação, maitenina (4), pristimerina (3) e rutina na concentração de 100 μM mostraram atividade de sequestro do radical DPPH$^{\bullet}$ de 61,4, 22,3 e 82% (Jeller et al., 2004).

Das folhas de *M. ilicifolia* foram isoladas compostos fenólicos como catequina (5), epicatequina (6), epigalocatequina (7), epicatequina-(4β→8)-catequina (8) e epicatequina-(4β→8)-epicatequina (9), sendo que os dois últimos, moléculas do tipo pirogalol, com maior número de hidroxilas fe-

Tabela 3.1 – Atividade antioxidante de diferentes extratos de *M. ilicifolia* e de *M. aquifolium*, por diferentes metodologias

Ext	Atividade antioxidante de acordo com o método						
	ABTS$^{\cdot+}$ IC_{50} (μg.mL^{-1})	HOCl IC_{50} (μg.mL^{-1})	DPPH$^{\cdot}$ IC_{50} (μg.mL^{-1})	$O_2^{\cdot-}$	NO$^{\cdot}$	Fosfomolibdêno	Referência
1	2,0	1,9	–	–	–	–	Vellosa et al., 2006
2	3,6	2,0	35,5%[a]	36,0%[a]	18,3%[a]	–	Vellosa et al., 2007
3	–	–	4,02-7,07 (40-80 °C)	–	–	36,86% (40 °C)[b] 29,55% (80 °C)[b]	Negri et al., 2009
4	–	–	35,34	–	–	0,30%[c]	Pessuto et al., 2009
5	–	–	47,31	–	–	0,15%[c]	Pessuto et al., 2009
6	–	–	25,39	–	–	0,70%[c]	Pessuto et al., 2009

Extratos analisados: 1- Etanólico das raízes de *M. ilicifolia*; 2- Etanólico das raízes de *M. aquifolium*; 3- Extrato etanólico das folhas de *M. ilicifolia*; 4- Extrato acetônico das folhas de *M. ilicifolia*; 5- Fração aquosa do extrato acetônico das folhas; 6- Fração acetato de etila do extrato acetônico das folhas. IC_{50}= concentração de extrato/fração que inibe 50% da formação de moléculas do respectivo radical. a) Porcentagem de inibição da formação do radical, em uma dada concentração. b) Porcentagem de atividade antioxidante, considerando 100% de atividade do ácido ascórbico.

nólicas, apresentaram maior atividade de sequestro do radical DPPH$^{\cdot}$, cuja concentração de inibição de 50% dos radicais foi de cerca de 3 μM (Pessuto et al., 2009).

Nos estudos de *M. aquifolium*, os compostos antioxidantes foram selecionados por meio de cromatografia em camada delgada dos extratos das folhas e casca, revelada com uma solução de β-caroteno. Eles foram identificados como epigalocatequina (7), (+) ouratea-catequina (10), proantocianidina e dois flavonoides glicosilados canferol 3-*O*-α-L-ramnopiranosil(1→6)-*O*-[β-*D*-glicopiranosil(1→3)-*O*-α-L-ramnopiranosil-(1→2)]-*O*-β-*D*-glicopiranosideo e quercetina 3-*O*-α-L-ramnopiranosil(1→6)-*O*-[β-*D*- glicopiranosil(1→3)-*O*-α-L-ramnopiranosil-(1→2)]-*O*-β-*D*-glicopiranosideo e os valores de potencial de oxidação de cada um, respectivamente, foi de +0,76, +0,82, +0,80, +0,49 e +0,30 V (Corsino et al., 2003).

Constatou-se que as catequinas possuem maior potencial antioxidante medido por voltametria, e também pela alta porcentagem sequestrante dos radicais DPPH. Estruturalmente, essa propriedade deve-se à presença de dois grupamentos hidroxílicos em *orto* no anel B e ao grupo catecol ou 4'-metilpirogalol (Corsino et al., 2003).

Figura 3.18 – Estrutura química das substâncias isoladas de *M. ilicifolia* e *M. aquifolium* com maior potencial antioxidante.

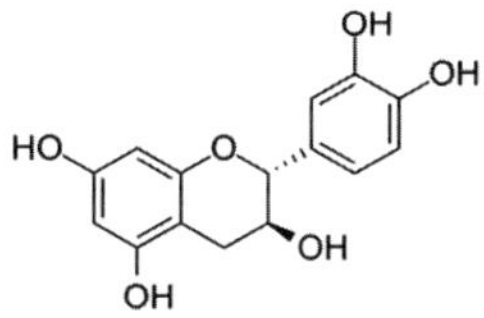

catequina **5**

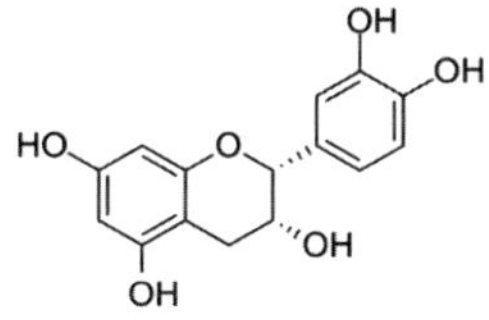

epicatequina **6**

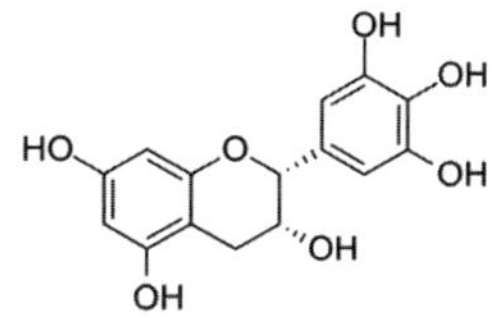

epigalocatequina **7**

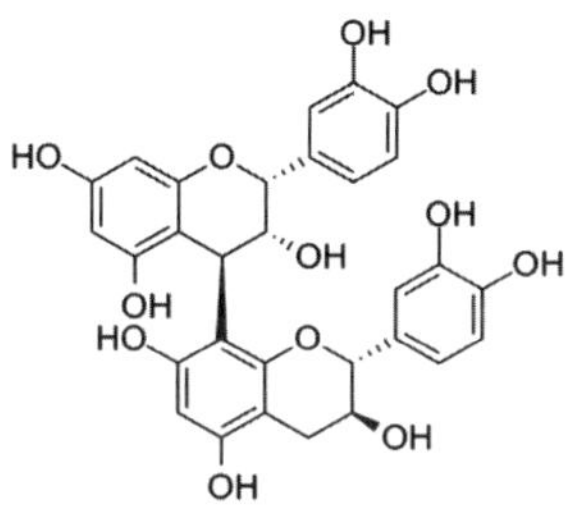

epicatequina-(4β–8)-catequina **8**

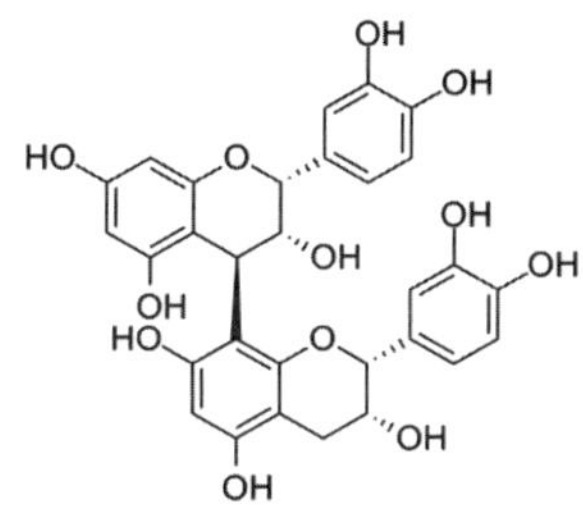

epicatequina-(4β–8)-epicatequina **9**

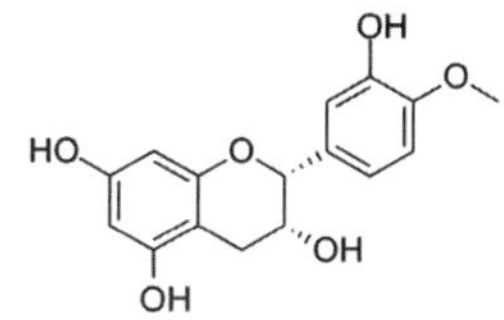

ourateacatequina **10**

Fonte: Pessuto et al., 2009

Atividade anti-hipertensiva

A hipertensão é uma condição de saúde em que a pressão arterial sistólica atinge mais de 140 mmHg e a diastólica, mais de 90 mmHg. Um dos mecanismos explorados para avaliação da atividade anti-hipertensiva consiste na análise do potencial de inibição da enzima conversora de angiotensina (ECA) I a II, potente agente vasoconstritor, sendo a mesma enzima um inativador do vasodilatador bradicinina (Kitts; Weiler, 2003; Huang et al., 2013). Por outro lado, um dos fatores associados à causa dessa condição é a diminuição de óxido nítrico, NO, disponível no endotélio dos vasos, inibindo a ação dilatadora dessa molécula (Erdmann et al., 2006; Huang et al., 2013). O estresse oxidativo e, portanto, o aumento da presença de espécies reativas de oxigênio, inibe a formação de NO e levam ao aumento de substâncias vasoconstritoras (Landmesser et al., 2006; Huang et al., 2013). É nesse sentido que a presença de substâncias antioxidantes auxilia no combate à hipertensão, propiciando o retorno dos níveis normais de NO (Huang et al., 2013).

A fim de verificar a atividade anti-hipertensiva, foi preparada uma infusão com as folhas de *M. ilicifolia* que, após liofilizada e solubilizada, foi avaliada quanto à sua atividade inibitória da ECA na concentração de 0,33 mg/mL (Castro Braga et al., 2000). Embora a atividade inibitória do extrato tenha sido de apenas 19% (Castro Braga et al., 2000), frações extraídas com etanol e água, a partir de uma infusão semelhante, levaram à redução da pressão arterial média em ratos anestesiados na concentração de 20 e 10 mg/kg (Crestani et al., 2009). A propriedade de relaxamento arterial foi amplamente explorada e verificou-se que tal propriedade não era dependente de alguma ação sobre receptores muscarínicos ou β-adrenérgicos nem da ativação do sistema parassimpático, mas sim devido a um estímulo da produção de NO e estímulo de guanilato ciclase solúvel, levando à abertura de canais de K^+ (Rattmann et al., 2006; Crestani et al., 2009). Constatou-se que as frações que proporcionaram tal atividade eram ricas em compostos fenólicos como catequinas e flavonoides, já relatados também pela sua ação antioxidante (Rattmann et al., 2006; Crestani et al., 2009).

A fração extraída com acetato de etila a partir de uma extração etanólica da infusão das folhas de *M. ilicifolia*, rica em proantocianidinas, por sua vez, apresentou efeito hipotensor em doses acima de 30 mg/kg por meio de uma atividade diurética, aumentando significativamente a excreção de água e íons sódio (Leme et al., 2013), o que complementa a atividade anti-hipertensiva das folhas desta admirável espécie.

Atividade antiviral

A literatura relata que extratos aquosos e alcoólicos de diferentes espécies vegetais apresentaram atividade antiviral principalmente contra os vírus herpes simplex virus type 2 (HSV-2), HIV, hepatitis B virus (HBV) e contra infecções virais associadas a poxvírus e o vírus da síndrome respiratória (Sars). Além disso, alguns extratos também estimularam o sistema de defesa imune inata, contribuindo para o combate a essas infecções (Mukhtar et al., 2008). Contudo, é importante que a eficácia antiviral seja avaliada não só pela sua atividade sobre os diferentes tipos de vírus (de DNA ou RNA; encapsulado ou não), mas também quanto à toxicidade frente à célula hospedeira (Cos et al., 2006).

A atividade antiviral de extrato etanólico da espécie *M. ilicifolia* (Schrad.) Planch., uma sinonímia pouco utilizada de *M. ilicifolia* Mart. ex Reissek, foi avaliada contra diferentes tipos de vírus (DNA e RNA) patógenos de animais. O extrato, na concentração de 25 μg/mL, apresentou 99% de atividade inibitória frente ao vírus da herpes bovina tipo 5 (BHV-5), principalmente quando as células foram tratadas imediatamente antes da infecção (Kohn et al., 2012). Por sua vez, o composto pristimerina (3) (Figura 3.17), a partir de isolamento de outra espécie de *Maytenus* (*M. heterophylla*), apresentou significativa atividade contra citomegalovírus humano (HCMV) (Hussein et al., 1999; Niero et al., 2011).

Atividade antiparasitária

O protozoário *Trypanosoma cruzi* é o agente etiológico da doença de Chagas que afeta 20 milhões de pessoas na América Central e América do Sul e é responsável pela morte de mais de 45 mil pacientes por ano (Rassi Jr.et al., 2012). No Brasil, existem cerca de 4 milhões de pessoas infectadas (Vinhaes; Dias, 2000). A quimioterapia atual da doença de Chagas é baseada exclusivamente nos derivados de nitroimidazóis, a maioria deles desenvolvidos a mais de 30 anos. Benzonidazol e nifurtimox são as drogas mais usadas para tratar a doença de Chagas e têm demonstrado baixa eficácia, especialmente na fase crônica da infecção, além de alta toxicidade (Sênior, 2007).

No entanto, no Brasil, o nifurtimox foi retirado do mercado devido a seus efeitos colaterais (Rey, 2001; Lana; Tafuri, 2005). Entre os efeitos colaterais dos dois medicamentos, pode-se observar: perda de peso (anorexia), náusea e vômito, excitação nervosa, insônia, convulsão, vertigens, dores de cabeça, depressão do sistema nervoso central e dermatites (Saúde-Guimarães; Faria, 2007). Dessa forma, o benzonidazol se tornou, no Brasil, a única alternativa para o tratamento, apesar de muitas críticas devidas também a seus efeitos colaterais e a pouca efetividade na fase crônica da doença.

As plantas medicinais têm sido utilizadas como fonte de agentes terapêuticos em nível mundial e tem se configurado em alternativas para a busca de novos fármacos e ou inspiração para novos modelos de fármacos. Atualmente, é observado na literatura aumento exponencial das investigações sobre a atividade tripanocida utilizando uma grande variedade de extratos vegetais e/ou seus metabólitos isolados (Coura; Castro, 2002).

Os triterpenos quinonametídeos, pristimerina (3) e maitenina (4) (Figura 3.17), foram submetidos a testes de atividade leishmanicida e tripanocida. As substâncias foram eficazes contra o Trypanosomatidae *Leishmania amazonensis* e *Leishmania chagasi* e *Trypanosoma cruzi*, agentes etiológicos da leishmaniose e doença de Chagas, respectivamente. Os triterpenos quinonametídeos (3 e 4) exibiram elevada atividade leishmanicida *in vitro* frente às formas promastigota e amastigota, com valores de concentração inibitória (IC_{50}) inferiores a 0,88 nM. Ambos apresentaram IC_{50} menor que 0,3 nM frente à forma epimastigota de *Trypanosoma cruzi*. As duas substâncias (3 e 4) apresentaram potente atividade quando comparada ao controle positivo pentamidina para *L. amazonensis* (IC_{50}= 6,75 nM) e *L. chagasi* (IC_{50}= 4,0 nM) e benzonidazol para *T. cruzi* (IC_{50}= 31,20 μM). Os índices de seletividade (IS), com base em macrófagos de BALB/c, para *L. amazonensis* e *L. chagasi* foram de 243,65 e 46,61 para maitenina (4) e de 193,63 e 23,85 para pristimerina (3), o que indica que ambos os compostos apresentaram uma elevada seletividade para *Leishmania* sp. Para a forma epimastigota de *T. cruzi* os índices de seletividade foram 85 para (4) e 332,37 para (3), indicando que as substâncias (3 e 4) apresentam uma boa seletividade para formas extracelulares tripanossomatídeos. Os resultados sugerem que estas substâncias podem servir como modelos para o desenvolvimento de novos agentes antiprotozoários (Santos et al., 2013).

A potente atividade apresentada pelos triterpenos quinonametídeos pode estar relacionada à composição da membrana plasmática das formas epimastigotas. Essa composição apresenta maior percentagem dos esteroides em sua composição, principalmente ergosterol, que desempenha um papel importante no transporte das substâncias através da membrana plasmática do parasita (Silveira et al., 1979; Lião et al., 2008), transformando a forma epimastigota mais suscetíveis á ação de substância exógena.

Os alcaloides piridínicos sesquiterpênicos, ilicifoliuninas A (11) e B (12), aquifoliunina E-I (13) e maiteína (14) (Figura 3.19) foram submetidos ao ensaio para avaliação das atividades leishmanicida e tripanocida. Entre os compostos testados, a aquifoliunina E-I foi o mais ativo contra a *L. chagasi* e *T. cruzi*, com valores de IC_{50} de 1,4 e 41,9 μM, respectivamente. Estes dados indicaram a potente atividade antiprotozoária deste alcaloide, quando comparado com o controle positivo pentamidina (IC_{50}= 5,1 μM) e benzonidazol (IC_{50}= 42,7 μM). O alcaloide ilicifoliunina A apresentou potente atividade antitripanossomal, com um valor de IC_{50} de 27,7 mM. No entanto, este metabólito foi inativo contra ambas as espécies de *Leishmania*. As substâncias ilicifoliuninas B e a maiteína não apresentaram atividade contra os protozoários testados a 100 μM (Santos et al., 2012).

Figura 3.19 – Estruturas químicas dos alcaloides piridínicos sesquiterpênicos 11-14, com propriedades antiparasitárias

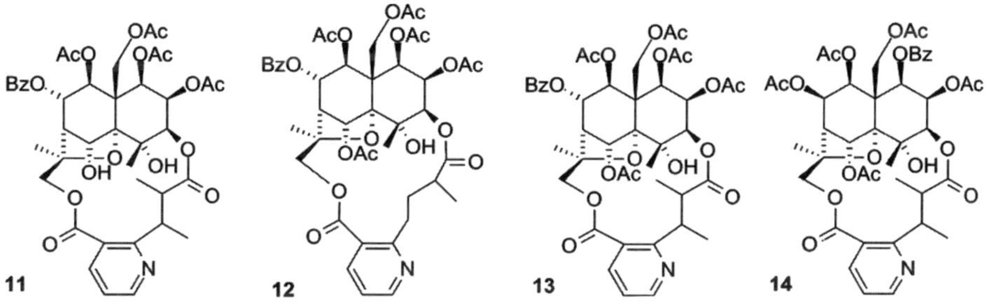

Fonte: Santos et al., 2012

As substâncias potentes, ilicifoliunina A (11) e aquifoliunina E-I (13), foram selecionadas para a avaliação da atividade citotóxica em células de mamíferos, usando macrófagos peritoneais murinos. Os resultados revelaram que esses dois alcaloides piridínicos sesquiterpênicos não são tóxicos nas concentrações em que exibem atividade tripanocida (IC_{50}= 1,282 e 1,847 μM), mas a sua citotoxicidade foi semelhante ao do benzonidazol (IC_{50}= 1,141 μM), fármaco atualmente empregado no controle da Doença de Chagas (Santos et al., 2012).

Sabendo que a seletividade é um parâmetro crucial para o desenvolvimento de agentes antiprotozoários, a atividade citotóxica foi correlacionada com a atividade antitripanosomal pelo cálculo do índice de seletividade (IS), IS= IC_{50} (macrófagos peritoneais murinos)/IC_{50} (*Trypanosoma cruzi*). Os valores de IS para ilicifoliunina A e aquifoliunina E-I, e benzonidazol foi de 46,2, 44,0 e 26,7 respectivamente, mostrando que os dois alcaloides isolados são mais seletivos do que o controle positivo (Santos et al., 2012).

Em conclusão, os alcaloides piridínicos sesquiterpênicos, ilicifoliunina A (11) e aquifoliunina E-I (13), isolados de *M. ilicifolia,* podem ser úteis como protótipos para o desenvolvimento de novos medicamentos antiparasitários (Santos et al., 2012).

Vale salientar a importância e o potencial biológico dessas duas classes de metabólitos secundários, presentes em *M. ilicifolia,* para doenças negligenciadas.

Atividade anti-inflamatória

Causada a partir de uma agressão tecidual, a inflamação ocorre pelo aumento da irrigação sanguínea como mecanismo de defesa do sistema imunológico. As células que fazem parte desse sistema, os leucócitos, atuam no processo de fagocitose do agente agressor, onde o mesmo é englobado e digerido por tais células. Nesse processo, são produzidas as prostaglandinas e derivados de ácidos graxos, a partir da liberação dos fosfolipídios da membrana (Bernard et al., 2001). As prostaglandinas são responsáveis pela estimulação dos receptores de dor, característicos da inflamação (Ricciotti; Fitzgerald, 2011).

Muitos estudos visam compreender os mecanismos da inflamação, bem como métodos de tratamento dessa doença. Em 2001, foi avaliada a potência anti-inflamatória dos extratos de 68 espécies de plantas (Bernard et al., 2001). A espécie *M. ilicifolia* inibiu 50% da atividade da enzima fosfolipase A_2, responsável pela catálise da produção de ácidos graxos, precursores das prostaglandinas.

Atualmente existem vários fármacos que atuam contra a inflamação. Porém, alguns incluindo aspirina, ibuprofeno e piroxicam podem causar efeitos adversos como ulcerações gastrointestinais (Rainsford, 2007). Assim, a interferência do extrato bruto das folhas de *M. aquifolium* frente à ação do piroxicam foi investigada a partir do conhecimento das propriedades antiulcerogênicas de *M. aquifolium* (Kimura et al., 2000). Nesse estudo, concluíram que a eficácia anti-inflamatória do piroxicam não foi afetada pela administração concomitante do extrato das folhas de *M. aquifolium* e que houve absorção do piroxicam pelo trato gastrointestinal para o tratamento contra a inflamação.

Atividade antitumoral, antimutagênica e citotóxica

O crescimento e a diferenciação das células no organismo são rigorosamente controlados. No entanto, uma célula pode proliferar descontroladamente a formar um tumor por mutação em algum gene ou por invasão viral. Os tumores malignos (câncer) crescem de forma invasiva e quase sempre são fatais. Dessa forma, o crescimento descontrolado e danos ao DNA são eventos que contribuem para o desenvolvimento da carcinogênese. Portanto, a avaliação de compostos oriundos de fontes vegetais com propriedades de inibição da proliferação celular ou da mutagênese ou mesmo que promovam a morte celular são de interesse em testes preliminares para a prevenção e o controle de tumores (Edenharder et al., 1993; Horn; Vargas, 2003; Araújo Jr. et al., 2013).

Em 2003, foram investigadas as interações entre os extratos aquosos de *M. ilicifolia* e substâncias mutagênicas (Horn; Vargas, 2003). Neste trabalho, foi verificado que em ensaios realizados sem ativação metabólica, as respostas da atividade antimutagênica foram significativas com 2-nitrofluoreno e azida de sódio. Na busca de fármacos que combatam as células cancerígenas, muitas substâncias já isoladas de plantas tiveram sua atividade antitumoral, citotóxica, antiproliferativo e antimutagênica avaliadas. Na avaliação das substâncias isoladas de *Maytenus*, pristimerina (3) (Figura 3.17), 6-oxotingenol (19), 6-oxopristimerol (20), 3-metil-6-oxotingenol (21), 3-metil-22β,23-diol-6-oxotingenol (22), maitenina (23) e 22β-hidroximaitenina (24) (Figura 3.20) constatou-se atividade citotóxica moderada contra células cancerígenas dos triterpenos quinonametídeos. A Tabela 3.2 apresenta os valores de IC_{50} obtidos no bioensaio com MTT destes compostos isolados frente as linhagens de células tumorais: L-1210, P-388 (leucêmicas) e KB (nasofaringe humana) (Shirota et al., 1994).

Tabela 3.2 – Atividade antitumoral dos compostos isolados das espécies de *Maytenus* em diferentes linhagens de células cancerígenas (Shirota et al., 1994)

SUBSTÂNCIA	IC_{50} (µg/mL)		
	L-1210	**P-388**	**KB**
pristimerina (3)	0,36	0,12	0,55
6-oxotingenol (19)	6,0	2,6	30
6-oxopristimerol (20)	2,8	1,5	2,8
3-metil-6-oxotingenol (21)	>100	>100	11
3-metil-22β,23-diol-6-oxotingenol (22)	–	4,3	–
maitenina (23)	0,14	0,041	0,28
22β-hidroximaitenina (24)	–	0,012	–

O extrato metanólico de *M. ilicifolia* mostrou atividade citotóxica significativa contra células cancerígenas e das substâncias isoladas, cangoronina (25), ilicifolina (26), ácido maitenoico (27), D:B-friedoolean-5-en-3β,29-

diol (28), D:A-friedooleanan-29-ol-3-ona (29), pristimerina (3) (Figura 3.17), ácido salasperímico (30), isopristimerina III (31), isomaitenina III (32) (Figura 3.20), a que apresentou atividade mais forte contra cada tipo de célula tumoral testada foi a pristimerina. Por outro lado, a ilicifolina (26) não apresentou atividade citotóxica considerável. A Tabela 3.3 apresenta os valores de IC_{50} das substâncias isoladas de *M. ilicifolia* frente a diferentes linhagens de células tumorais: V-79 (pulmão de hamster), KB (nasofaringe humana) e P-388 (leucêmicas) (Itokawa et al., 1991).

Tabela 3.3 – Avaliação da atividade antitumoral dos compostos isolados de *M. ilicifolia* em diferentes linhagens de células cancerígenas (Itokawa et al., 1991)

SUBSTÂNCIA	IC_{50} (μg/mL)		
	V-79	**KB**	**P-388**
ilicifolina (26)	>100	>100	>100
ácido maitenoico (27)	38	12	23
D:B-friedoolean-5-en-3β,29-diol (28)	>100	$1{,}1 \times 10^{2}$	95
D:A-friedooleanan-29-ol-3-ona (29)	$1{,}1 \times 10^{2}$	$1{,}0 \times 10^{2}$	98
pristimerina (3, Figura 3.17)	$1{,}3 \times 10^{-1}$	$2{,}3 \times 10^{-1}$	$5{,}2 \times 10^{-2}$
isopristimerina III (31)	9,4	1,7	2,0
isomaitenina III (32)	1,4	1,1	$1{,}8 \times 10^{-1}$

O eritrodiol (33) (Figura 3.20), precursor de ácidos triterpénicos pentacíclicos, também exibiu citotoxicidade significativa com valor de IC_{50} igual a 7,0 μg/ml contra células tumorais formadoras de queratina (Ohsaki et al., 2004). Ao investigar a apoptose das células cancerígenas *versus* células normais do extrato seco pulverizado de *M. ilicifolia* verificou-se que a proliferação de células cancerígenas foi fortemente inibida quando concentrado para 1,0 e 2,0 mg/mL e em concentração menor (0,5 mg/mL) a toxicidade diminuiu até mesmo em células normais (Araújo Jr. et al., 2013).

Costa et al. (2008) determinaram os efeitos antiproliferativos da pristimerina (3) (Figura 3.17) em diferentes linhagens de células tumorais: MDA/MB-435 (mama), SF-295 (sistema nervoso central), HCT-8 (cólon), HL-60 e K-562 (leucêmicas) e células mononucleares do sangue periférico humano (PBMC). O mecanismo de ação da pristimerina também foi avaliado em linhagens de células cancerosas leucêmicas HL-60. Neste trabalho, foram avaliados a citotoxicidade da pristimerina nas cinco diferentes linhagens de células tumorais e também os efeitos da pristimerina (0,4, 0,8 e 1,7 μM) em células HL-60, depois de 6, 12 e 24 h de exposição. A pristimerina (3) reduziu o número de células viáveis e aumentou o número de células não viáveis de uma forma dependente da concentração pelo teste azul de tripano, mostrando alterações morfológicas consistentes com apoptose. No entanto, a pristimerina (3) não foi seletiva para células de cancro, uma vez que inibiu a proliferação de PBMC com um IC_{50} de 0,88 μM. Inibição da síntese de DNA foi avaliada por incorporação de 5-bromo-2'-deoxiuridina (BrdU) em células HL-60, o que resultou em 70% e 83% para as concentrações de 0,4 e 0,8 μM, respectivamente. Pristimerina (3) nas concentrações de 10 e 20 μM não foi capaz de inibir a topoisomerase I. Na coloração AO/EB (laranja de acridina/brometo de etídio: células vivas/células mortas), todas as concentrações testadas reduziram o número de células HL-60 viáveis, com a ocorrência de necrose e apoptose de uma forma dependente da concentração, de acordo com resultados de exclusão de azul tripano. A análise da integridade da membrana e fragmentação internucleossômica do DNA por citometria de fluxo, na presença de pristimerina indicou que as células tratadas foram submetidas a apoptose.

O estudo apontou para a importância da pristimerina (3) como representante de uma classe emergente de potencial anticancerígeno, exibindo um efeito antiproliferativo por inibir a síntese de DNA e desencadear a morte celular por apoptose, além de exibir citotoxicidade frente a várias linhagens de células do cancro (Costa et al., 2008).

A fração diclorometânica, procedente do extrato metanólico da raiz de *M. aquifolium*, exibiu uma fraca atividade frente a cepas mutantes da levedura de *Saccharomyces cerevise*. Dessa fração foram isolados os alcaloides aquifoliunina (E-I) e (E-II), que mostraram fraca, mas seletiva atividade de dano de DNA, com valores de C_{12} de 164 e 266; 160 e 167; 160 e 189 μg/mL frente as cepas mutantes da levedura RS 321N, RS 322YK (Rad 52Y) e RS 167N (Rad 6), respectivamente. Aquifoliunina (E-I) e (E-II) também foram inativas (CI_{12} >1000 μg/mL) na cepa selvagem RS 188N (rad +). Esses resultados indicaram que estas substâncias foram responsáveis pela moderada atividade do dano de DNA observado no extrato diclorometano de *M. aquifolium* (Corsino et al., 1998b).

Figura 3.20 – Substâncias avaliadas quanto à potencialidade das atividades antimutagênica, antitumoral e citotóxica

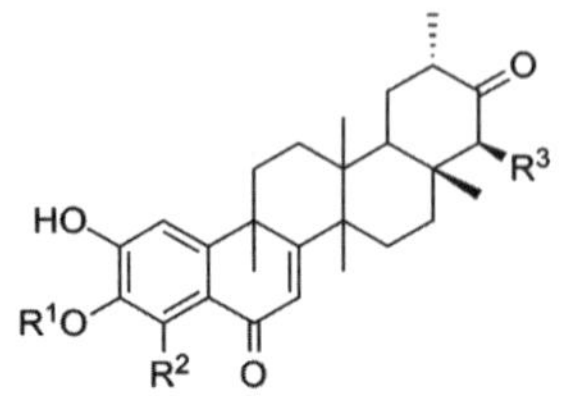

19 R^1, R^2 = H, R^3=CH_3
21 R^1, R^2 = CH_3, R^3=H
22 R^1=CH_3, R^2 = CH_2OH, R^3=OH

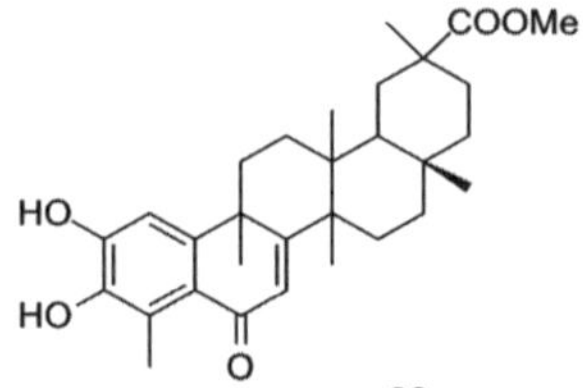

20

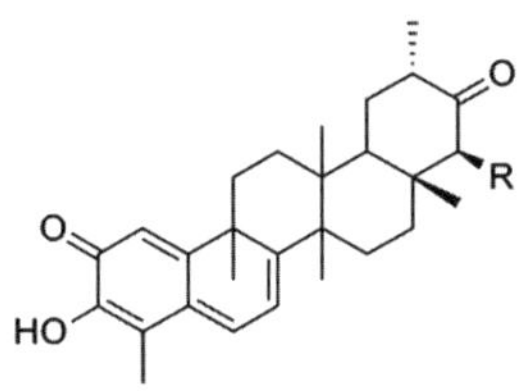

23 R = H
24 R=OH

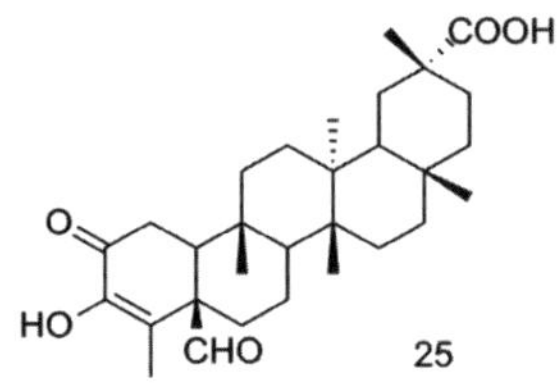

25

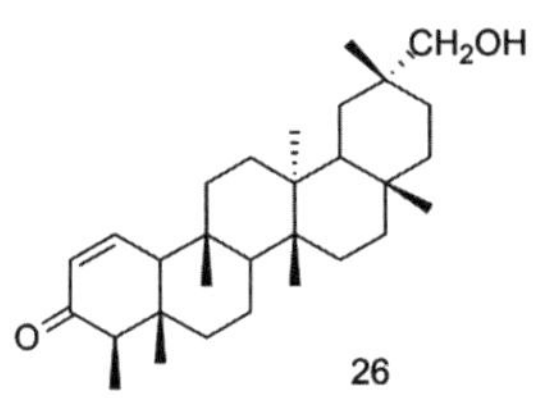

26

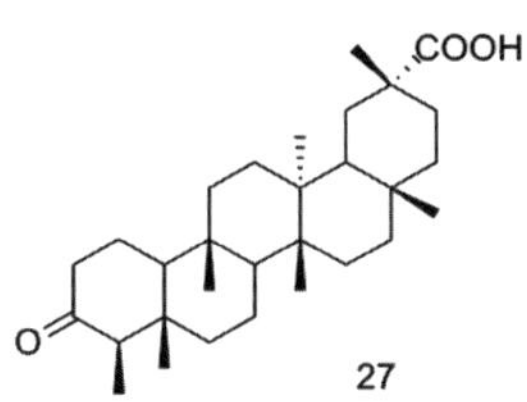

27

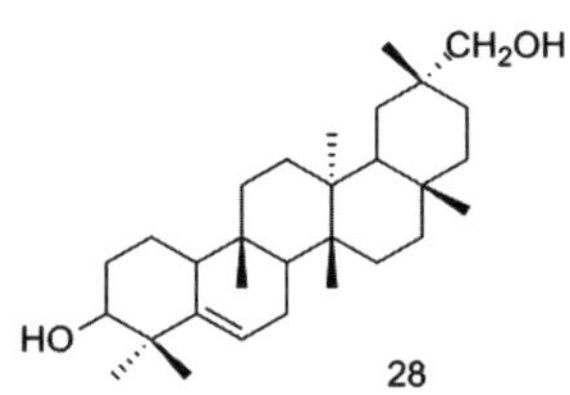

28

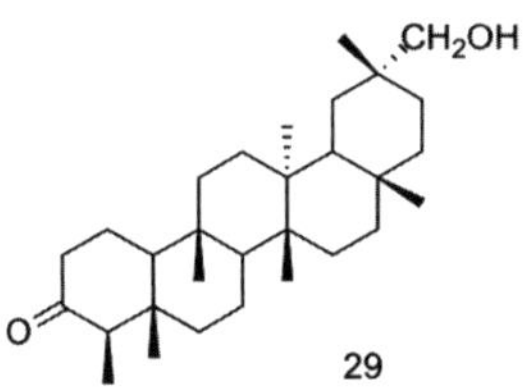

29

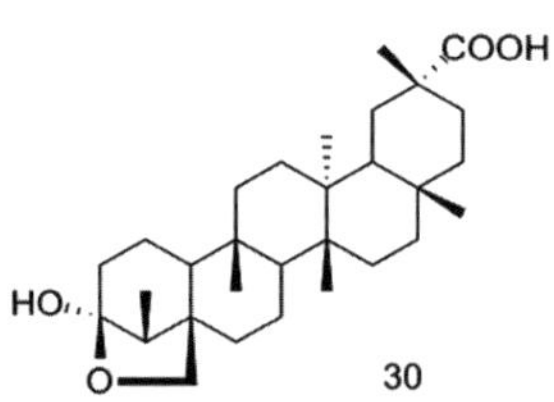

30

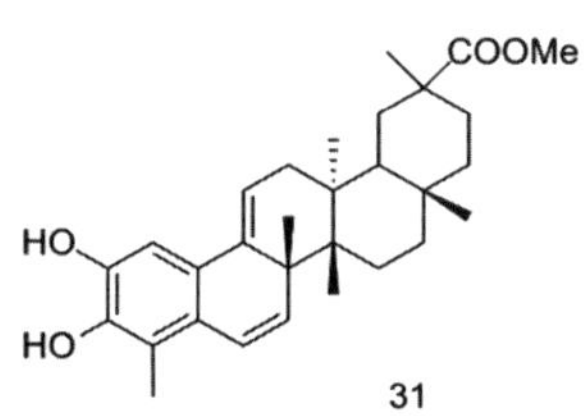

31

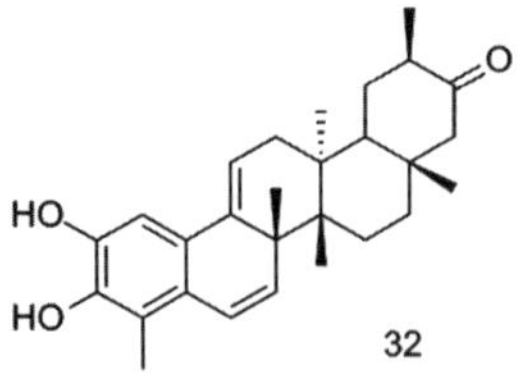

32

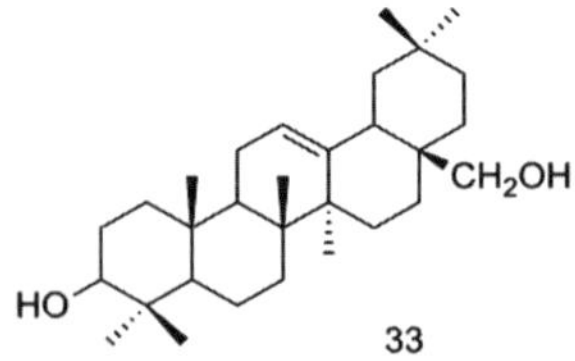

33

Fonte: Shirota et al., 1994; Itokawa et al., 1991; Ohsaki et al., 2004

Novas tecnologias para a produção dos compostos ativos de *M. Ilicifolia*

A obtenção de metabólitos secundários, além da baixa concentração inerente desses compostos na planta, está sujeita a variações das condições de cultivo, o que promove uma vasta exploração do recurso natural. Por outro lado, muitas vezes, a síntese química não consegue reproduzir *in vitro* a complexidade estrutural das moléculas (Chang; Keasling, 2006; Ajikumar et al., 2008). Tais percalços direcionam a pesquisa por métodos mais eficientes de obtenção dos fitocompostos.

Em relação a *M. ilicifolia* já foi relatado que a propagação por sementes tem a desvantagem de levar a variações tanto na morfologia quanto no teor de metabólitos (Pereira, 1998; Lima et al., 2009). Neste caso, a estaquia acaba sendo o método preferencial para a propagação da espécie, pois mantém as características genéticas das plantas selecionadas (Silva, 1999; Lima et al., 2009).

Geograficamente, um estudo no Brasil observou que, embora a quantidade de triterpenos não sofra alteração significativa, os taninos, por outro lado, são encontrados em maior concentração em regiões de maior exposição ao sol (Mossi et al., 2009). Por sua vez, em relação à sazonalidade, um estudo com *M. aquifolium* apresentou que os triterpenos (representados por friedelina e friedelanol) estavam presentes em maior quantidade no inverno e verão, o inverso ocorrendo em relação ao acúmulo de flavonoides (Yariwake et al., 2005).

Quanto à obtenção e ao rendimento, foi observada a compartimentalização dos compostos friedelina e friedelanol nas folhas de *M. ilicifolia* enquanto que os quinonametídeos triterpênicos, embora estejam acumulados de forma significativa nesta espécie, estão presentes principalmente na casca das raízes jovens (Corsino et al., 2000; Coppede et al., 2014), chegando a 100 ppm no caso do 22β-hidroximaitenina e celastrol, enquanto que maitenina (4) e pristimerina (3), marcadores da espécie, estão presentes em torno de 30 ppm (Buffa Filho et al., 2002b). Também foi observada que a presença desses metabólitos atinge o ápice na idade de cinco anos de desenvolvimento da planta, período de maturidade em que ocorre a primeira floração (Coppede et al., 2014).

A fim de superar tais limitações, bem como para evitar o extrativismo pela coleta das raízes da espécie, a produção dos principais metabólitos pode ser incrementada pelo uso de técnicas envolvendo cultura de células e engenharia metabólica.

O processo de micropropagação, em que uma cultura de células vegetais é mantida em suspensão e pode levar à regeneração de plântulas, é uma técnica que propicia a obtenção de clones da planta selecionada e mantém as características pelas quais ela foi escolhida, inclusive as características de produção de metabólitos secundários (Buffa Filho et al., 2002b).

A primeira descrição da produção de triterpenos quinonametídeos foi feita utilizando cultura de células de *Maytenus buchananii* (Kutney et al., 1981). O trabalho de Buffa Filho et al. (2002), iniciou o processo de obtenção e otimização de uma cultura celular a partir de explantes de folhas micropropagadas de *M. ilicifolia* com a finalidade de produção dos triterpenos quinonametídeos. Embora o rendimento tenha sido baixo, já desde então foi estabelecida a produção desses compostos e, após algumas melhorias, foi observada uma produção cerca de 100 vezes maior de 22β-hidroximaitenina e de 30 vezes a de maitenina em relação às raízes das cascas de *M. ilicifolia* (Buffa Filho et al., 2002a; Buffa Filho et al., 2004). Nesse mesmo trabalho, foi observado que a produção dos quinonametídeos concentra-se na fase logarítmica de crescimento das células, ao contrário dos outros metabólitos secundários em geral, que são produzidos na fase de platô da curva de crescimento celular, o que, de acordo com os autores pode ser uma associação da produção dos quinonametídeos com o desenvolvimento das células indiferenciadas (Buffa Filho et al., 2004). Esses dados foram corroborados pelos dados de Coppede et al. (2014), que observou maior acúmulo dos quinonametídeos em culturas com duas semanas de inoculação, período em que os compostos celastrol e pristimerina também foram detectados, embora o último em menor quantidade que os demais. Em cinco anos de manutenção da cultura celular, os níveis de maitenina, 22β-hidroximaitenina, celastrol e pristimerina foram 1,96, 2,48, 8,85 e 3,29 vezes maiores do que nas raízes das plantas *in natura*, respectivamente (Coppede et al., 2014).

A cultura de células de outra espécie da família Celastraceae, denominada *Peritassa campestris* também pode ser considerada uma nova fonte de obtenção de maitenina em altos níveis, chegando a uma produção com sete dias de cultivo de cerca de cinco vezes maior do que nas raízes jovens comparadas (Paz et al., 2013).

Por outro lado, uma possibilidade de obtenção de metabólitos secundários *in vitro* que independe do tempo de estabelecimento das culturas celulares e tem o potencial de aumentar seu rendimento, é a produção desses compostos por meio de biologia sintética. As sequências codificadoras de enzimas triterpeno sintases (Guhling et al., 2006; Kirby et al., 2008; Wang et al., 2010) e CYP450 (Hamann; Müller, 2007) estão sendo clonadas e a funcionalidade das enzimas, caracterizada por meio de expressão em um micro-organismo, geralmente *Escherichia coli* ou *Saccharomyces cerevisiae*, sendo os principais exemplos referentes à produção dos precursores do anticâncer paclitaxel (Ajikumar et al., 2010) e do antimalárico artemisinina (Martin et al., 2003; Ro et al., 2006; Paradise et al., 2008; Tsuruta et al., 2009; Westfall et al., 2012). Nesse caminho, abre-se a oportunidade da clonagem dos genes tanto das ciclases (triterpenos sintases), bem como das enzimas do sistema CYP450, com a finalidade de proporcionar aumento da produção de metabólitos como a friedelina e seus derivados, principalmente os antitumorais e anti-inflamatórios celastrol e pristimerina. Para tanto, a expressão desses genes em um micro-organismo geneticamente modificado é necessária, tendo-se em vista que as modificações consistem em uma engenharia das vias metabólicas do micro-organismo envolvidas para aumento da produção dos compostos vegetais pela ação das enzimas cujos genes foram clonados.

De qualquer forma, trata-se aqui não só da importância de evitar o extrativismo de espécies vegetais pela substituição da síntese de seus metabólitos por uma síntese que proporcione maior rendimento e de forma sustentável. É importante também que a população possa ter acesso aos medicamentos contendo os compostos ativos com o teor necessário ao seu tratamento e de forma viável, o que muitas vezes é uma variável no consumo da planta *in natura*, embora mais acessível economicamente.

Conclusão

A natureza é a maior fonte de diversidade estrutural e de compostos com relevância biológica oriundos das mais diversas fontes, incluindo plantas superiores, micro-organismos e organismos marinhos. Uma expressiva porcentagem das substâncias químicas atuantes como agentes terapêuticos para humanos descobertas nos últimos anos são produtos naturais e derivados ou moléculas sintetizadas utilizando produtos naturais como modelo. Nessa perspectiva, os estudos químicos de plantas da família Celastraceae mostraram resultados relevantes e reconhecidos na comunidade científica. Os estudos fitoquímicos da planta *Maytenus ilicifolia* (Celastraceae), conhecida popularmente como "espinheira-santa", levaram ao isolamento de triterpenos friedelânicos, triterpenos quinonametídeos e alcaloides piridínicos sesquiterpênicos que apresentaram potentes atividade biológicas. Além disso, é importante que sejam realizados trabalhos com enfoque na flora brasileira, principalmente de biomas considerados *hotspots*, como é o caso do Cerrado. Nesse contexto, a espécie *M. ilicifolia* mostra relevância uma vez é nativa do Brasil e faz parte das espécies de plantas selecionadas e aprovadas pela Anvisa para uso como fitoterápico, principalmente contra úlcera gástrica, se configurando em alternativas terapêuticas para a população brasileira.

4
Busca por fármacos para doenças negligenciadas, com ênfase em doença de Chagas e leishmanioses utilizando a biodiversidade algal

Leticia de Almeida
Leandro da Costa Clementino
Thais Gaban Passalacqua
Angela Maria Arenas Velásquez
Maicon Segalla Petrônio
Erika Mattos Stein
Pio Colepicolo Neto
Márcia Aparecida Silva Graminha

Introdução

Doenças tropicais negligenciadas (DTNs) afetam a vida de aproximadamente um bilhão de pessoas no mundo, principalmente em países em desenvolvimento (Chatelain; Ioset, 2011). Dentre as 17 DTNs priorizadas pela Organização Mundial da Saúde para diversas ações integradas de controle e investimento em ações para o bem estar das populações afetadas, destacaremos neste texto as doenças causadas pelos parasitos da família Trypanosomatidae: leishmanioses e doença de Chagas, sendo *Leishmania* spp. e *Trypanosoma cruzi* os agentes etiológicos destas doenças, respectivamente.[1] Uma característica comum destes parasitos é a utilização de insetos vetores para sua internalização no hospedeiro mamífero. Uma vez dentro do hospedeiro mamífero, *T. cruzi* invade diferentes tipos celulares, enquanto *Leishmania* spp. reside, principalmente, em macrófagos. É durante

1 Disponível em <http://www.who.int/neglected_diseases/diseases/en/>. Acesso em: 5 abr. 2016.

a migração na corrente circulatória que ocorre a infecção dos respectivos insetos vetores durante o repasto sanguíneo.

Enquanto as leishmanioses estão distribuídas ao redor do mundo, a doença de Chagas localiza-se, principalmente nas Américas do Sul e Central. As regiões endêmicas são parcialmente sobrepostas, o que resulta em coinfecções de leishmaniose visceral e doença de Chagas na América do Sul (Peres et al., 2008). Os medicamentos utilizados no tratamento dessas doenças são geralmente desatualizados, altamente tóxicos e ineficazes, não havendo, nos últimos anos nenhum lançamento no mercado de novos fármacos específicos para tratamento dessas parasitoses. Entre 2000 e 2011, apenas 1% dos fármacos aprovados foram desenvolvidos para o tratamento de doenças negligenciadas, sendo três para a malária e outro para doenças diarreicas, sem qualquer nova opção terapêutica para tripanossomíases (Pedrique et al., 2013).

Desde a publicação dos genomas de *Leishmania major,T. cruzi, Trypanosoma brucei gambiense* e *Trypanosoma brucei rhodesiense, em* 2005 (Berriman et al., 2005; El-Sayed et al 2005; Ivens et al., 2005), e *Leishmania infantum* e *Leishmania braziliensis, em 2007* (Smith et al., 2007), aumentou-se a possibilidade de identificação de genes codificadores de proteínas específicas e essenciais destes protozoários para a descoberta de novos alvos terapêuticos que possam resultar em novos fármacos ou mesmo possibilitar modificações químicas naqueles existentes para aumento de eficácia. Este capítulo introduzirá aspectos clínicos, epidemiológicos e controle das leishmanioses e doença de Chagas, enfatizando as dificuldades terapêuticas para controle dessas parasitoses. Serão discutidas estratégias e descobertas de novos compostos de origem natural com atividade antiprotozoária. Finalmente, serão apresentadas vias metabólicas importantes desses parasitos para identificação de novos alvos terapêuticos.

Doenças tropicais neglicenciadas

As doenças tropicais negligenciadas (DTNs) correspondem a um grupo de doenças infecciosas parasitárias, virais ou bacterianas, que afetam predominantemente as populações mais pobres e vulneráveis e contribuem na perpetuação dos ciclos de pobreza, desigualdade e exclusão social, em razão principalmente de seu impacto na saúde infantil, na redução da produtividade da população trabalhadora e na promoção de estigma social (Hotez et al., 2008).

De acordo com a Organização Mundial da Saúde (OMS) e o Ministério da Saúde do Brasil, as DTNs de maior interesse no cenário brasileiro atualmente são: leishmanioses, doença de Chagas, esquistossomose, dengue, hanseníase, filariose linfática, oncocercose, geohelmintíases, tracoma e raiva (Hotez; Fujiwara, 2014; Brasil, 2010). A distribuição geográfica e a instalação dessas DTNs ocorrem em locais ligados à pobreza e precariedade de saneamento básico (Figura 4.1). O desenvolvimento de fármacos para as DTNs é um fato que chama a atenção, apesar de se tratar de doenças responsáveis por 11,4% dos problemas mundiais em saúde, principalmente nos continentes Asiático, Africano e nas Américas, há pouco investimento no desenvolvimento de novos medicamentos (Souza, 2010) (Ketler; Marjanovic, 2004).

Na última década, esta temática tem sido abordada constantemente, tornando-se foco de debates mundiais, como nos objetivos do milênio da Organização das Nações Unidas (Pedrique et al., 2013). Alguns países desenvolveram ações para mitigar esta problemática, dentre as quais foi criado o DND*i* (*Drugs for Neglected Diseases Initiative*) que possui como parceiros fundadores a Fundação Oswaldo Cruz (Brasil), Instituto Pasteur (França), e outros institutos de pesquisa da Malásia, Índia e Quênia (Chetelein; Loset, 2011). O DND*i* atualmente exerce importante papel no desenvolvimento de medicamentos contra a tripanossomíase humana africana, doença de Chagas, leishmaniose visceral e malária.

As estratégias para o desenvolvimento de novos fármacos para doenças negligenciadas são distintas e incluem pesquisa de produtos naturais, química medicinal ou desenho racional de fármacos baseado no conhecimento de alvos terapêuticos (Guido; Andricopulo; Oliva, 2010). A importância das plantas terrestres e seus constituintes químicos para o desenvolvimento de fármacos pode ainda ser evidenciado na informação sobre os vinte fármacos mais prescritos em uso clínico, os quais seis são de origem natural, incluindo o endoperóxido sesquiterpênico artemisinina (para tratamento da malária grave causada pelo *Plasmodium falciparum*) e o diterpeno taxol (para tratamento de câncer), ambos obtidos a partir das plantas *Artemisia annua* e *Taxus brevifolia,* respectivamente (Newman; Cragg; Snader, 2003); além disso, há novos candidatos à fármacos antiparasitários como caserinas A, B, G e J isoladas de *Caesaria sylvestris*, os terpenos DCTN, CTN e AAA isolados de *Croton cajucara* ou ainda várias isoflavonas, terpenos e diterpenos isolados de fontes naturais dos mais diversos ambientes (Tempone et al., 2008; Costa-Silva et al., 2015; Lima, 2014).

O ambiente marinho mostra-se como outra fonte valiosa para o desenvolvimento de novos fármacos, uma vez que concentra um expressivo patrimônio genético com enorme potencial biotecnológico. As algas de um modo geral merecem destaque por ser um recurso renovável, de grande importância econômica, encontradas em abundância na natureza, e ainda uma fonte de metabólitos bioativos já descritos na literatura, como antibacterianos, antitumorais, antinematoides e antiparasitários (Torres et al., 2014; Silva, 2005). O Brasil encontra-se em um cenário privilegiado neste sentido, por possuir grande biodiversidade algal, com cerca de 800 espécies de algas conhecidas encontradas por todo o litoral, em águas que vão desde os trópicos até regiões temperadas quentes, o que condiciona um ambiente adverso e induz a produção de metabólitos secundários bioativos (Stein, 2011).

Figura 4.1 – Distribuição geográfica das principais DTNs. (A) e a distribuição do índice de desenvolvimento humano (B) no Brasil.

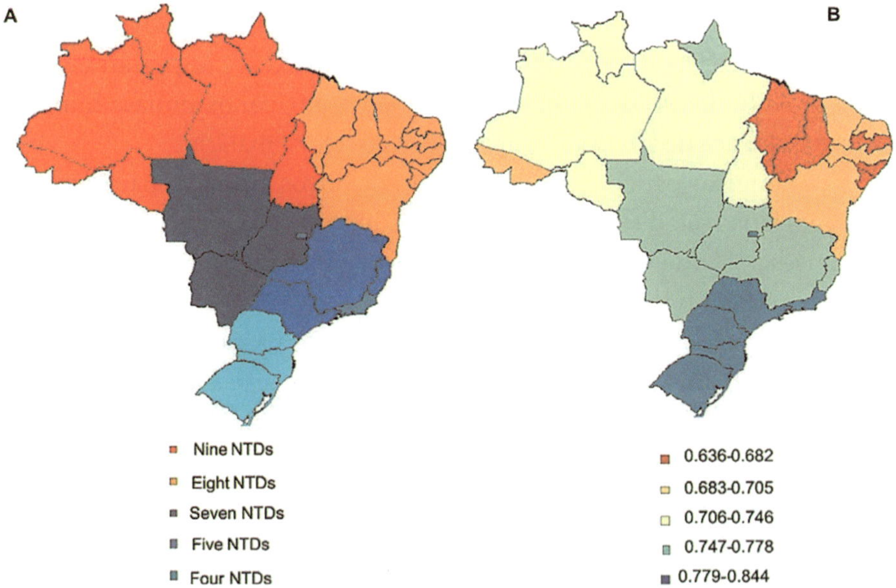

Fonte: Lindoso, J. A.; Lindoso, A. A., 2009

Leishmanioses

As leishmanioses correspondem a grupo de doenças causadas por mais de 20 espécies de protozoários pertencentes ao gênero *Leishmania* spp (Pinto et al., 2011). As manifestações clínicas incluem leishmaniose cutânea (LC), mucocutânea (LMC) e visceral (LV), sendo esta última também denominada calazar (Magill, 1995).

A LC pode ser causada pelas espécies *Leishmania major, Leishmania tropica,* e *Leishmania aethiopica* em regiões da Ásia, África e Europa (Velho Mundo). Nas Américas (Novo Mundo), com destaque para a América Latina, a doença é causada pelas espécies *Leishmania amazonensis, Leishmania guyanensis, Leishmania panamensis* e *Leishmania braziliensis,* sendo esta última a mais prevalente; no entanto, outras espécies também podem estar associadas a LC, como a *Leishmania mexicana, Leishmania pifanoi, Leishmania venezuelensis, Leishmania peruviana, Leishmania shawi* e *Leishmania lainsoni,* as quais aparecem principalmente na região amazônica e América Central (Torres et al., 2014). A LMC, que afeta mucosa nasal e oral resultando em graves desfiguramentos faciais, pode ser causada pelas espécies *L. braziliensis, L. panamensis, L. guyanensis* e *L. amazonensis* no Novo Mundo e *L. major* e *L infantum* no Velho Mundo. (Goto; Lindoso, 2010). A LV é a manifestação mais grave da doença, podendo ser fatal se não tratada, causando uma mortalidade estimada em 59 mil casos anuais (Den Boer et al., 2011). LV é causada, na África e Ásia, pela espécie *L. donovani.* No sul da Europa e na América do Sul é causada pela espécie *L. infantum* (Balasegaram et al., 2012).

As leishmanioses afetam mais de 12 milhões de pessoas em 98 países e colocam mais 350 milhões em situação de risco (WHO, 2013b). São estimados cerca de 1-2 milhões de novos casos a cada ano, dos quais 0,7 a 1,2 milhões de casos de LC e 0,2 a 0,4 milhões de LV (WHO, 2013b; Bacon; Hotez; Lee, 2013; Bhargava; Singh, 2012; Teixeira et al., 2012). A pandemia de HIV/Aids tem contribuído para o aumento do número de casos de leishmanioses em áreas endêmicas (Alvar et al., 2008), e uma situação alarmante pode ser observada no Brasil, onde foram relatados 26.021 casos de LC entre 1988 e 2009 (Brasil, 2011), e entre 1980 e 2008 mais de 70 mil casos de LV com 3.800 mortes registradas (Werneck, 2010).

Ciclo biológico do parasito

Os parasitos sofrem várias alterações morfológicas e metabólicas durante seu ciclo de vida (Figura 4.2) e envolvem dois hospedeiros, os vertebrados (mamíferos) e os insetos (flebotomíneos) (Caceres et al., 2007).

O ciclo de vida da *Leishmania* spp se desenvolve quando a fêmea do flebotomíneo, durante o repasto sanguíneo, regurgita formas promastigotas infectivas (formas metacíclicas) na pele do hospedeiro mamífero. Macrófagos são atraídos para o local da picada e fagocitam as formas promastigotas, mediados por receptores complemento, formando um fagolisossomo, onde os promastigotas se diferenciam em formas amastigotas. Uma vez dentro do fagolisossomo, as formas amastigotas multiplicam-se por divisão binária até o rompimento do macrófago, ocorrendo a liberação dos amastigotas e nova fagocitose por outros macrófagos. O ciclo de vida completa-se quando um inseto pica o hospedeiro contaminado e ingere macrófagos infectados. No inseto os macrófagos rompem-se, liberando as formas amastigotas que se diferenciam em promastigotas não infectivas, multiplicam-se e novamente diferenciam-se até atingirem o estágio infectivo terminal, quando são encontradas livres ou aderidas na porção anterior do aparelho sugador do inseto vetor (Assche et al., 2011; Chappuis et al., 2007).

Figura 4.2 – Ciclo biológico do parasito *Leishmania*

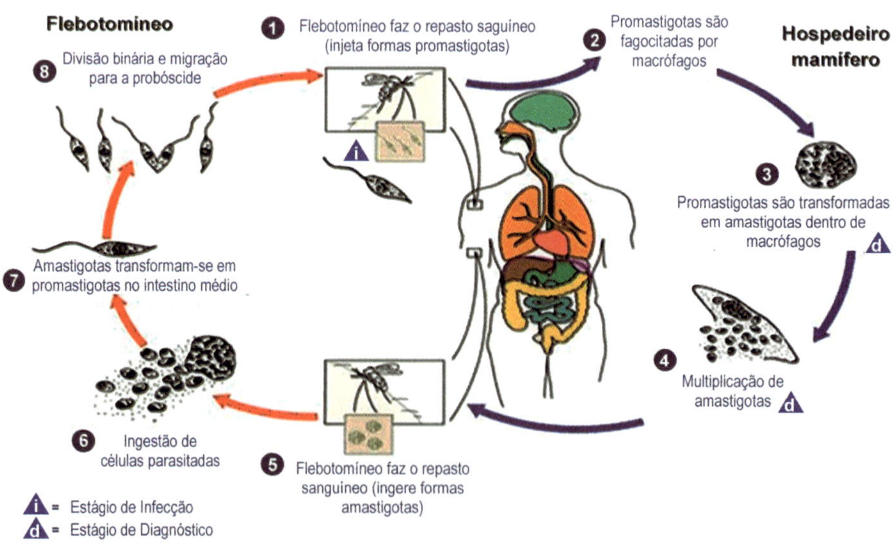

Fonte: http://www.cdc.gov/parasites/leishmaniasis/biology.html

Tratamento

A quimioterapia atual para o tratamento das leishmanioses possui limitações como toxicidade, difícil administração e baixa eficácia em áreas endêmicas (Torres et al., 2014). Apesar dos esforços para encontrar novos fármacos contra *Leishmania* spp, o tratamento ainda é baseado em fármacos que foram desenvolvidos há mais de 60 anos, como os antimoniais pentavalentes (Figura 4.3), os quais causam efeitos colaterais como hepatotoxicidade e cardiotoxicidade, e tem-se verificado um aumento nos casos de resistência a esses fármacos (Sundar, 2001; Maltezou, 2009). Além disso, estão associados a altas taxas de mortalidade, principalmente em pacientes coinfectados com HIV (Torres et al., 2014).

Figura 4.3 – Estrutura química dos fármacos utilizados no tratamento de primeira escolha das leishmanioses: (A) estibogluconato de sódio; (B) antimoniato de meglumina.

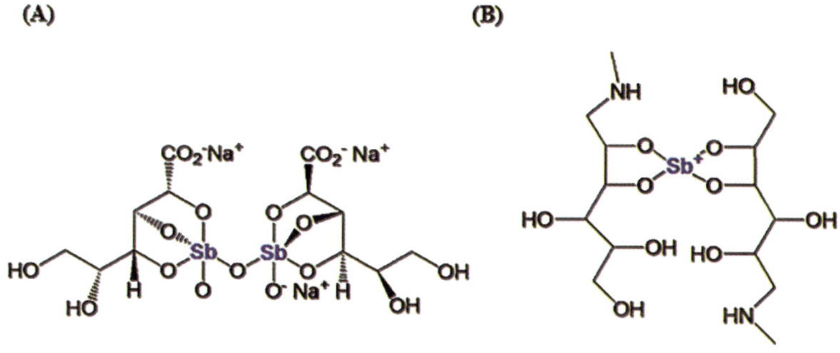

Fonte: Caballero; Salas; Sanchez-Moreno, 2015

A pentamidina (Figura 4.4B) é uma diamina aromática usada para o tratamento de LC somente na América do Sul. Esse fármaco tem seu uso limitado devido aos severos efeitos colaterais que apresenta, por exemplo, diabete mellitus, hipoglicemia, miocardites e toxicidade renal (Croft; Olliaro, 2011; WHO, 2010).

O antibiótico poliênico anfotericina B (Figura 4.4A) tem sido usado como tratamento de segunda escolha para as leishmanioses (Balasegaram et al., 2012). Anfotericina B é bastante efetiva, mesmo em pacientes que não respondem aos antimônios, contudo possui limitações devido a sua toxicidade renal e administração intravenosa. Por outro lado, a anfotericina B lipossomal é menos tóxica, porém quanto maior a dose, maior o custo, o que limita o seu uso. De fato, o custo por paciente tratado com a formulação Ambisome varia de U$153,00 (10 mg/Kg, dose única) a U$300,00 (20 mg/Kg, quatro doses) (Bhandari et al., 2012; Dorlo et al., 2012). Estudos clínicos envolvendo a coadministração de Ambisome com outros antileishmaniais estão sendo realizados para redução dos custos do tratamento. O custo total da combinação terapêutica de Ambisome/miltefosina ou Ambisome/ paromomicina por paciente apresentou uma redução de U$24,00 e U$ 21,00 quando comparado ao tratamento dose única de Ambisome (10 mg/Kg). Programas de doação são outra alternativa para redução dos custos do tratamento com Ambisome. Em 2012, por exemplo, um acordo firmado entre a indústria farmacêutica Gilead Sciences e OMS envolveu a doação e distribuição de 450 000 frascos de Ambisome, possibilitando o tratamento de doentes nos países beneficiários do acordo. Além dos custos, Ambisome não é estável a temperaturas acima de 25°C (quando liofilizado) ou 2-8°C (quando reconstituído em água), o que limita o seu uso no campo na maioria dos países afetados pelas leishmanioses (Meheus et al., 2012; Mohamed-Ahmed; Brocchini; Croft, 2012).

Embora a paromomicina, um antibiótico aminoglicosídico, ter sua atividade leishmanicida descrita, possui diferenças em relação a sua eficácia entre diferentes populações, e não tem seu uso amplamente difundido fora da África e no subcontinente indiano (Van Griensven; Diro, 2012; Singh; Kumar; Singh, 2012).

A miltefosina (Figura 4.4C) foi registrada em 2002 como o primeiro fármaco oral para tratamento das leishmanioses (Sundar; Rai, 2002; Singh; Sivakumar, 2004; Dorlo et al., 2012). Atualmente é utilizada no tratamento da LV em países como Índia, Bangladesh e Nepal, e como segunda escolha na Colômbia e Bolívia. Efeitos colaterais foram observados, principalmente, no trato gastrointestinal como anorexia, náusea, vômito e diarreia, além de terem sido reportados casos de hepatotoxicidade e insuficiência renal (Who, 2010; Croft; Olliaro, 2011; Sundar; Rai, 2002; Singh; Sivakumar, 2004).

Figura 4.4 – Estrutura química dos fármacos utilizados no tratamento de segunda escolha das leishmanioses. (A) Anfotericina B, (B) pentamidina e (C) miltefosina.

(A)

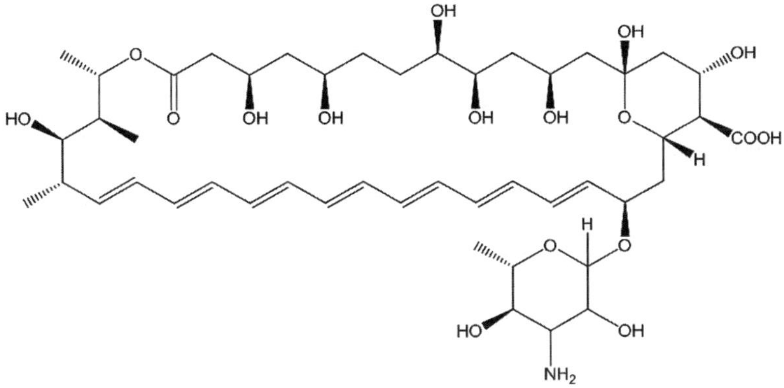

(B)

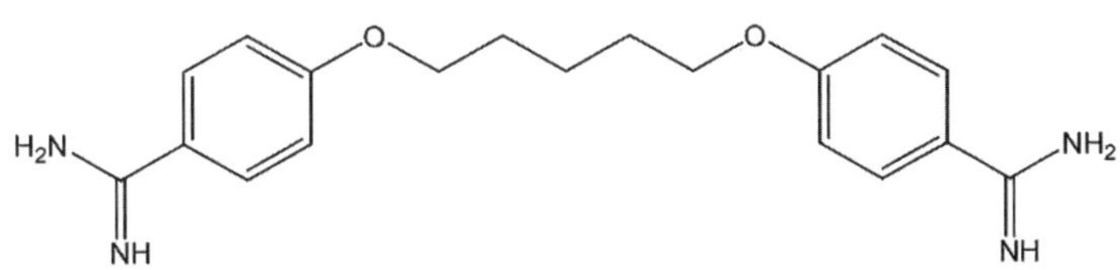

(C)

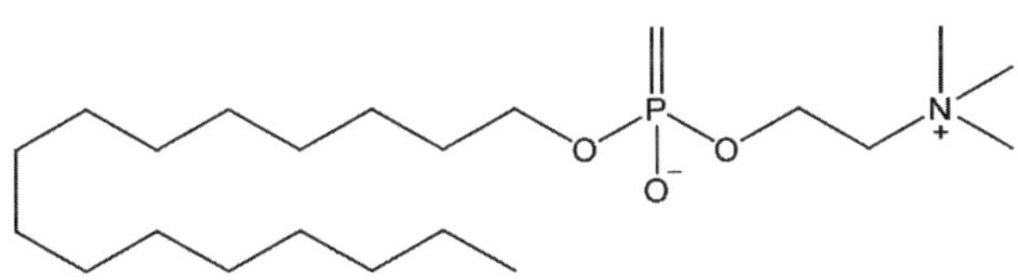

Doença de Chagas

A doença de Chagas é uma doença parasitária endêmica distribuida em 21 paises, principalmente na América Latina (WHO, 2012), sendo Brasil, Argentina, Chile, Colômbia, Paraguai, Bolívia, Guatemala e Venezuela os países mais afetados (Rey, 2001; Rassi Jr.; Rassi; Marin-Neto, 2010). Considerada como uma das principais doenças negligenciadas no mundo (Hotez et al., 2007) esta foi descoberta em 1909 por Carlos Chagas o qual observou que a enfermidade afetava, basicamente, populações rurais extremamente pobres, as quais viviam em moradias que permitiam condição ideal de domiciliação do inseto transmissor do parasito (Dias; Schofiled, 1999).

A doença é causada por o protozoário hemoflagelado *T. cruzi* (Chagas, 1909) e transmitida pelas fezes do inseto triatomíneo conhecido no Brasil como barbeiro em 80-90% dos casos (Carneiro, 1963). O parasito também pode ser transmitido por transfusão sanguínea (5-20% dos casos), via placentária e durante aleitamento materno (0,5-8% dos casos), por meio de transplantes e alimentos processados (Mazza et al., 1936; Camandaroba, Pinheiro Lima; Andrade, 2002; Coura; Castro, 2002), também encontra-se associdada a pacientes imunossuprimidos (Rassi Jr.; Rassi; Marin-Neto, 2010).

Atualmente, entre 6 a 7 milhões de pessoas estão infectadas por *T. cruzi* (WHO, 2016), mais de 100 milhões habitam áreas endêmicas e a incidência anual é de cerca de 200 mil novos casos (Dias, 2007; Rassi Jr.; Rassi; Marin-Neto, 2010).

Ciclo biológico do parasito

O ciclo biológico de *T. cruzi* (Figura 4.5) envolve obrigatoriamente a passagem por meio de hospedeiros vertebrados (mamíferos, incluindo o homem) e invertebrados (insetos triatomíneos hematófagos, sendo os principais gêneros: *Triatoma*, *Panstrongylus* e *Rhodnius*), em uma série de estágios. A forma tripomastigota ingerida pelo inseto diferencia-se na forma proliferativa epimastigota, que alcançando o intestino posterior, desenvolve-se na forma tripomastigota metacíclica. O inseto triatomíneo ao picar o indivíduo defeca próximo ao local da picada durante o repasto sanguíneo. O indivíduo, ao coçar a região internaliza a forma tripomastigota metacíclica. Esta última, quando invade as células do hospedeiro vertebrado, diferencia-se em amastigotas, que após inúmeros ciclos reprodutivos transforma-se em tripomastigotas, a forma responsável pela disseminação da infecção (Dias, 2000).

As variações morfológicas e o ciclo de vida se devem a uma adaptação aos distintos habitats e situações biológicas pelos quais passa o parasito (Rey, 2001; Dias, 2005). Vários tipos de células hospedeiras são infectadas durante a fase aguda, mas a doença associa-se principalmente à infecção crônica das células dos tecidos cardíaco e entérico, sendo que entre 20 a 30% dos indivíduos afetados sofrem alterações cardíacas e 10% gastrointestinais (WHO, 2012).

Figura 4.5 – Ciclo biológico do parasito *Trypanosoma cruzi*

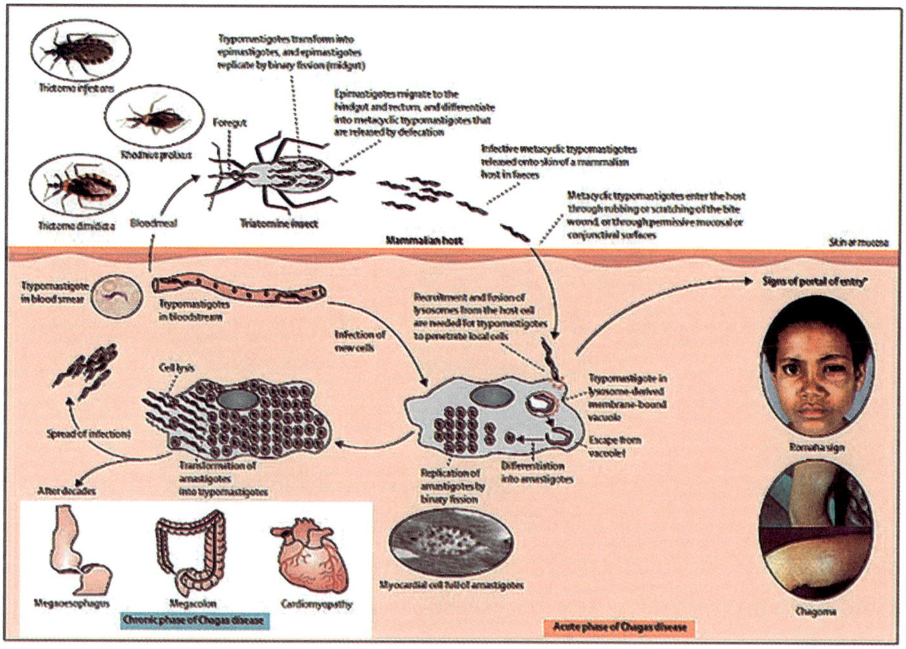

Fonte: Rassi Jr.; Rassi; Marin-Neto, 2010

Tratamento

No final de 1960 e início da década de 1970, dois fármacos começaram a ser utilizados no tratamento da doença de Chagas: nifurtimox (Figura 4.6A) e benzonidazol (Figura 4.6B), comercializados, respectivamente, com os nomes Lampit® e Rochagan® (Coura; Castro, 2002), sendo efetivos na eliminação dos parasitos na fase aguda da doença (Saúde-Guimarães; Faria, 2007), induzindo a cura em 78% dos pacientes em fase aguda (Cancado, 2002). Entretanto, na fase crônica da doença, o tratamento é eficaz em apenas 8% dos casos (Urbina; Docampo, 2003) e 20% dos pacientes tratados com estes fármacos apresentam testes parasitológicos positivos, sendo que resultados negativos não são indicativo de ausência de parasitos (WHO, 2012).

Figura 4.6 – Estrutura química dos fármacos utilizados no tratamento da doença de Chagas: (A) nifurtimox; (B) benzonidazol.

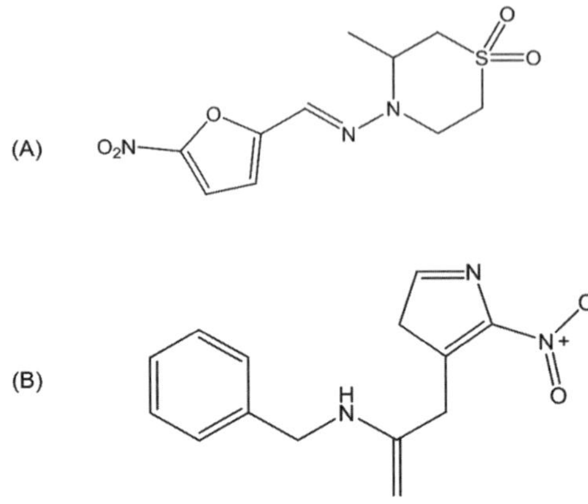

A baixa eficácia desses medicamentos, somado ao tratamento prolongado (que requerem de 60 a 90 dias) e a interrupção por parte dos pacientes devido aos efeitos colaterais indesejados, impôs limitações em seu uso (Urbina; Docampo, 2003; Rassi Jr.; Rassi; Marin-Neto, 2010; WHO, 2012). Além disso, diferentes cepas de *T. cruzi* apresentam diversos níveis de susceptibilidade ao benzonidazol e nifurtimox (Filardi; Brener, 1987; Murta; Romanha, 1998) o que pode explicar, em parte, as diferenças observadas na efetividade da quimioterapia. No Brasil, o nifurtimox foi retirado do mercado devido a seus efeitos colaterais (Lana; Tafuri, 2000; Rey, 2001). Dessa forma, o benzonidazol tornou-se a única alternativa para o tratamento, apesar de muitas críticas devido aos seus efeitos colaterais, caracterizadas por dermatites, depressões da medula óssea e polineuropatia periférica (Coura; Castro, 2002), além da pouca efetividade na fase crônica da doença. O tratamento antitripanossômico é contraindicado durante a gravidez e em pacientes com insuficiência renal ou hepática (Rassi Jr.; Rassi; Marin-Neto, 2010). Portanto, a identificação de novos quimioterápicos é o maior desafio para o controle dessa doença (Urbina; Docampo, 2003).

Entre as abordagens mais promissoras para o tratamento da doença de Chagas encontram-se inibidores da biossíntese do ergoesterol, como é o caso do posaconazol ou ravuconazol; inibidores da cruzipaína, principal cisteíno protease de *T. cruzi*, como a vinil sulfona K777; bifosfonatos, que inibem a farsenil-pirofosfato sintase do parasito e inibidores da síntese da tripanotiona (Urbina, 2010).

Produtos naturais e busca por novos fármacos

Produtos naturais há muito tempo vêm sendo utilizados pelo homem. A busca por alívio e cura de doenças pela ingestão de ervas e folhas talvez tenha sido uma das primeiras formas de utilização desses produtos naturais (Viegas Jr.; Bolzani; Barreiro, 2006). Ainda hoje, nas regiões mais pobres do país e até mesmo nas grandes cidades brasileiras, plantas medicinais são comercializadas em feiras livres, mercados populares e encontradas em quintais residenciais (Maciel et al., 2002).

Pode-se considerar como planta medicinal aquela administrada sob qualquer forma (como, por exemplo, chás e infusões) e por qualquer via ao homem, exercendo algum tipo de ação farmacológica. As plantas podem ser classificadas de acordo com sua ordem de importância, iniciando-se pelas plantas empregadas diretamente na terapêutica, seguidas daquelas que constituem matéria-prima para manipulação e, por último, as empregadas na indústria para obtenção de princípios ativos ou como precursores em semissíntese (Foglio et al., 2006).

Produtos naturais de plantas terrestres

O uso empírico de plantas medicinais pela população tem demonstrado que caules, raízes, folhas, sementes e frutos de plantas têm eficiência na cura de diversas doenças, suscitando assim grande interesse no estudo científico de plantas. Nos últimos anos, as plantas tornaram-se uma importante fonte de produtos naturais biologicamente ativos; 25% dos medicamentos do mercado farmacêutico possuem extratos em sua composição, alguns dos quais têm sido usados como matéria-prima de fármacos semissintéticos (Bergmann; Costa; Moraes, 1997).

A observação das propriedades terapêuticas de produtos naturais tem levado à pesquisa dos princípios ativos de várias espécies vegetais. Metabólitos secundários tais como: alcaloides, terpenoides, flavonoides, esteroides, estilbenoides, considerados no passado como inativos, são hoje ferramentas importantes no tratamento e investigação clínica para várias doenças.

A bioprospecção envolve um trabalho minucioso e guiado, a fim de escanear na natureza plantas, micro-organismos e metabólitos com potencial terapêutico para o tratamento de diversas doenças. Dessa forma, a prospecção de novas moléculas tornou-se quase incessante pela comunidade científica.

Um dos trabalhos mais avançados de bioprospecção envolve uma planta encontrada no semiárido brasileiro conhecida como camapu ou mata-fome (*Physalis angulata*). Pesquisadores da Fiocruz-Bahia isolaram esteroides que apresentaram atividade contra *Leishmania* spp. e desenvolveram um medicamento de uso tópico que pode vir a ser utilizado contra a forma mais comum da doença, a leishmaniose cutânea. A eficácia do produto já foi comprovada nos testes pré-clínicos em animais (Guimarães et al., 2010).

Seguindo a prospecção guiada pelo laboratório de Imunofarmacologia do Instituto de Biofísica e o Laboratório de Química de Produtos Naturais Bioativos (LPNBio) da Universidade Federal do Rio de Janeiro, foi desenvolvida uma técnica que permitiu identificar uma substância natural com alto potencial terapêutico contra *L. amazonensis*, tal como, o extrato da planta *Kalanchoe pinnata* (Kp), mais conhecida como Saião. O extrato do Saião é ativo em camundongos e em humanos, e age por estimulação da enzima óxido nítrico sintase induzível (iNOS) nos macrófagos, que são células reguladoras da resposta imune. Através de inúmeros experimentos, verificou-se que o extrato aquoso do Saião protege contra a infecção progressiva por *L. amazonensis* e que a via oral é tão eficaz quanto o tratamento com glucantime. O *K. pinnata* foi escolhido para a produção de um fitoterápico contra a *Leishmania* spp., pois é uma espécie medicinal tradicional, com amplo uso em regiões tropicais e de fácil cultivo; não provoca danos hepáticos, como o tratamento atual, possuindo inclusive importante atividade hepatoprotetora. Além disso, o saião apresenta efeito terapêutico na leishmaniose cutânea murina; seu mecanismo de ação já é conhecido e apresenta eficácia comprovada no uso oral em um caso humano da LC (Almeida; Muzitano; Costa, 2006).

A busca por protótipos levou pesquisadores do Instituto Adolfo Lutz e do Instituto Butantan a estudar metabólitos secundários como esteroides e alcaloides e, em um desses estudos, foram isolados dois esteroides a partir do veneno do sapo-cururu (*Rhinella jimi*). Os esteroides telocinobufagina e a helebrigenina foram capazes de destruir o parasita *Leishmania*, sem causar danos às células de mamíferos (Tempone et al., 2008).

Seguindo a mesma linha de raciocínio, o grupo de pesquisa do Nubbe (Núcleo de Bioensaios, Biossíntese e Ecofisiologia de Produtos Naturais) do Instituto de Química da Unesp-Araraquara, tem-se consagrado como referência em bioprospecção de produtos naturais; dessa forma, com pouco mais de dez anos de existência o Nubbe tem avançado significativamente na busca por substâncias com potencial terapêutico (Portal Nubbe).

Através da bioprospecção guiada de plantas do cerrado e da mata atlântica do estado de São Paulo, o Nubbe isolou, identificou e caracterizou diversos compostos e muitos deles com potencial terapêutico para diversas doenças como por exemplo, inibidores de acetilcolinesterase (Serrano et al., 2010), tripanocidas (Continguiba et al., 2009) e antifúngicos (Petrônio et al., 2008). Entre essas doenças, as negligenciadas como doença de Chagas e leishmanioses tiveram uma atenção especial, pois são doenças que acometem milhares de pessoas no Brasil e cujos tratamentos ainda apresentam uma série de problemas tais como baixa eficácia e alta toxicidade (Brasil, 2010). Em colaboração com as pesquisadoras Maria Regina Barretto Cicarelli e Márcia Graminha, da Faculdade de Ciências Farmacêuticas da Unesp-Araraquara, foi possível testar moléculas isoladas frente aos ensaios biológicos, avaliando o potencial tripanocida e leishmanicida; e com essa parceria gerou-se inúmeros artigos (Continguiba et al., 2009; Santos et al., 2012; Coqueiro et al., 2014; Passalacqua et al., 2015a; 2015b), e duas premiações em 2010 (Prêmio Philip Marsden e Prêmio PFizer), consagrando assim o Nubbe como um dos principais grupos de pesquisa na investigação de moléculas para tratamento de doenças negligenciadas.

Plantas são ricas em uma ampla variedade de metabólitos secundários (taninos, terpenoides, alcaloides e flavonoides), os quais desempenharam um papel fundamental no desenvolvimento da química orgânica sintética moderna. Historicamente, o desenvolvimento da química orgânica ocorreu paralelamente ao estudo de plantas, principalmente a partir do século XIX, quando foram registrados os primeiros estudos com base científica. Isso resultou no isolamento de alguns princípios ativos de plantas, já então conhecidas como medicinais. Desses estudos foram obtidas algumas substâncias que se consagraram como princípios ativos eficazes e que, até hoje, ainda são muito empregados no tratamento de certas doenças, a exemplo de morfina, quinina, cânfora e cocaína (Cowan, 1999; Montanari; Bolzani, 2001).

O desenvolvimento de novos fármacos para as doenças que afetam o Brasil e países em desenvolvimento, como a doença de Chagas e as leishmanioses, como dito anteriormente, pouco interessa à indústria farmacêutica. Embora esses países reúnam 80% da população mundial, correspondem a apenas 20% das vendas globais de medicamentos. Entre 1981 e 2014, de 326 novos fármacos oriundos de produtos naturais aprovados para tratamento de doenças infecciosas, apenas 15 foram desenvolvidos para o tratamento de doenças parasitárias (Newman; Cragg, 2016; Funari; Ferro, 2005).

O Brasil possui a maior diversidade genética vegetal do mundo contando com mais de 55 mil espécies vegetais catalogadas de total estimado entre 350 mil e 550 mil (Myers et al., 2000). Entretanto, apenas 15 a 17% das espécies catalogadas foram estudadas quanto ao seu potencial medicinal; dessas, apenas 8% foram avaliadas em suas propriedades terapêuticas (Phillipson, 2001), o que demonstra que em um país com tamanha biodiversidade, ainda existe uma enorme lacuna entre a oferta de plantas e as poucas pesquisas. Desta forma, considera-se este um fator de grande incentivo aos estudos com plantas, visando sua utilização como fonte de recursos terapêuticos, pois o reino vegetal representa, em virtude da pouca quantidade de espécies estudadas, um vasto celeiro de moléculas a serem descobertas (Foglio et al., 2006).

No Brasil espécies de animais têm sido utilizadas medicinalmente pelas sociedades indígenas há milênios. Durante sua viagem pelo interior do Brasil no século XIX, o médico alemão Von Martius registrou muitos medicamentos naturais utilizados pelas tribos ameríndias, como por exemplo gordura fresca de jacaré, aplicada para aliviar o reumatismo. Ainda hoje, a gordura de espécies de jacarés como *Caiman latirostris* (jacaré-de-papo-amarelo), *Melanosuchus niger* (jacaré-negro) e *Paleosuchus palpebrosus* (jacaré-anão) é usada em comunidades rurais e urbanas para o tratamento de reumatismo. Alguns exemplos de animais que foram usados no Brasil desde os tempos coloniais incluem: *Iguana iguana* (iguana), *Caiman latirostris*, *Crotalus durissus* (cascavel), e *Micrurus ibiboboca* (cobra coral) (Alves; Alves, 2011).

Assim, tal diversidade de fauna e flora tem despertado enorme interesse de indústrias e de grupos de pesquisa direcionados ao desenvolvimento de novos fármacos. Os medicamentos de origem natural formam a base da atenção à saúde desde os primórdios da humanidade e a despeito do progresso do setor de origem sintética verificado nos últimos anos, o papel que essa fonte natural vem desempenhando é incontestável e inesgotável. Estudos recentes relatam que dentre os vinte fármacos mais prescritos em uso clínico, seis são de origem natural como artemisinina (para tratamento da malária) e taxol (para tratamento de câncer) (Newman; Gragg; Snader, 2003), e isso converge cada vez mais à pesquisa na busca de novos protótipos baseados em similaridade com constituintes químicos de plantas (Phillipson, 2001). A artemisinina é um endoperóxido sesquiterpeno incomum que foi isolado como o princípio ativo da planta chinesa *Artemisia annua*. Testes clínicos demonstraram que a artemisinina é um efetivo antimalárico utilizado no tratamento de infecções causadas por cepas multirresistentes de *Plasmodium falciparum* (Phillipson, 1995), agente causador da forma mais grave da malária.

Produtos naturais marinhos

O Laboratório de Bioquímica e Biologia Molecular de Algas do Instituto de Química da USP há muito está engajado na prospecção de compostos bioativos oriundos de algas. O Laboratório está ligado à Redealgas, organização fundada em 2005, a qual compreende uma rede colaborativa de parceiros nacionais e internacionais, unidos para o desenvolvimento de pesquisas multidisciplinares para avançar em estudos de prospecção de compostos bioativos de algas, dentre outros produtos relacionados com o setor de cosméticos e alimentos. Além da Redealgas, projeto "Biodiversidade, monitoramento, estratégias de sobrevivência e prospecção de macroalgas extremófilas da Antártica Marítima" no âmbito do Programa Antártico Brasileiro, permite pesquisas sobre a diversidade química de espécies algais do Continente Antártico. Estas iniciativas são importantes, principalmente para incrementar estudos sobre o conhecimento da diversidade florística e faunística do ambiente marinho, bem como intensificar a busca por novos medicamentos.

As algas marinhas são há muito tempo usadas na alimentação e no âmbito medicinal principalmente entre polinésios e orientais (Vo et al. 2012; Carrió; Vallès 2012; Chen et al. 2008; Gupta; Abu-Ghannam 2011; Gurib-Fakim, 2006). Majoritariamente os estudos com algas aplicam-se a extratos brutos ou fracionados. Allmendinger e colaboradores estudaram as algas vermelhas da Inglaterra e Irlanda e, das 23 espécies testadas contra *T. brucei rhodesiense, T. cruzi, L. donovani*, a alga *Corallina officinalis* foi a que apresentou um IC_{50} menor que 5 µg/mL contra o causador da tripanossomíase africana (doença do sono) *T. brucei rhodesiense.* No entanto, neste mesmo estudo outras espécies também se mostraram interessantes, como é a caso de *Ceramium virgatum, Gelidium pulchellum, Halopitys incurvus, Osmundea pinnatifida* e *Porphyra linearis* cujos IC_{50} foram menores que 10 µg/mL e sem toxicidade relevante (> 90 µg/mL) – o que tornam estes extratos interessantes para fracionamento (Allmendingeret al., 2010).

No extrato hexânico de *Bostrychia tenella* do Brasil, duas frações se mostraram muito interessantes frente a *L. amazonensis,* com valores de IC_{50} de

1,5 e 2,7 μg/mL, quando comparados com a anfotericina B (IC_{50}=13 μg/mL) (de Felício et al., 2010).

Estudo com *L. mexicana* demostrou que extrato da alga vermelha *Laurencia microcladia* e da alga parda *Turbinaria turbinata* apresentaram atividade com IC_{50} de 16,3 e 10,9 μg/mL, respectivamente. Já existem registros em literatura que apontam a ação de terpenos e polifenóis de *L. microcladia* como agente antielmíntico e fucanas sulfatadas de *T. turbinata* como agente antiproliferativo (Freile-Pelegrin et al., 2008).

Já no trabalho de Bianco e colaboradores, várias espécies de invertebrados e macroalgas marinhos foram testadas. Dentre os invertebrados, o extrato hexânico da esponja *Dragmaxia anomala* (Figura 4.7) numa concentração de 50 μg/mL inibiu em 97,2% a forma promastigota do protozoário *L. braziliensis*. Já nos testes com a forma amastigota, o resultado já não foi tão satisfatório, uma vez que o índice de seletividade, um indicativo de segurança que nos permite determinar o grau de seletividade da droga para o patógeno, sem causar danos celulares foi menor que 3,6 (Bianco et al., 2013).

Figura 4.7 – Exemplar da espécie *Dragmaxia anomala* Carvalho e Hajdu (van Soest, R. 2007) cujo extrato hexânico numa concentração de 50 ug/mL foi capaz de inibir 97,2% da forma promastigota do protozoário *L. braziliensis*.

Fonte: World Porifera database. Disponível em: <http://www.marinespecies.org/porifera/porifera.php?p=taxdetails&id=165564 on 2016-03-29>

Ainda no trabalho de Bianco e colaboradores, das 27 espécies de algas testadas, os extratos da alga verde *Anadyomene saldanhae*, das algas pardas *Canistrocarpus cervicornis, Dictyota* sp. e *Padina* sp. e da alga vermelha *Ochtodes secundiramea* numa concentração de 50 μg/mL inibiram mais de 80% o crescimento da forma promastigota do protozoário *L. braziliensis,* com destaque para *O. secundiramea* cujo percentual de inibição chegou a 99,7% (Bianco et al., 2013).

Um *screening* também foi realizado por Vonthron-Sénécheau et al. (2011), no qual foram testados extratos de vinte espécies de algas. Deles, o extrato acetato de etila das espécies de alga vermelha *Dilsea carnosa*, e de algas pardas *Dictyopteris polypodioides Dictyota dichotoma,* foram ativos contra *L. donovani,* com detaque para *Bifurcaria bifurcata* que apresentou IC_{50} = 3,8 μg/mL. Contra a mesma espécie de *Leishmania* o extrato metanólico de *Dasya pedicellata* também se mostrou interessante, com IC_{50} = 23 μg/mL (Süzgeç-Selçuk, Meriçli et al. 2011). Contra *L. infantum,* extrato etanólico de *Asparagopsis taxiformis* foi bastante ativo contra a forma amastigosta do parasita, atingindo IC_{50} = 9 μg/mL (Vitale et al., 2015).

A Tabela 4.1 traz um apanhado geral dos extratos produzidos a partir de diversas espécies de organismos marinhos e o potencial dos mesmos frente a parasitos causadores de enfermidades tropicais.

Diversos grupos de pesquisa que avaliam extratos de organismos marinhos contra diferentes parasitos causadores de DTNs avançam os estudos objetivando chegar ao composto ativo. Da espécie *Laurencia dendroidea,* uma das algas vermelhas mais bem estudadas devido a sua grande capacidade de sintetizar compostos biologicamente ativos das mais diferentes classes e que, não por menos, fascinam pesquisadores no Brasil e no mundo, foi encontrada atividade leishmanicida do elatol (1) e obtusol (2) (Figura 4.8). O (1) foi ainda mais ativo que o (2), mas ambos foram efetivos contra *L. amazonensis* nas suas formas promastigostas (IC_{50} = 6.2 μg/mL e 9.7 μg/mL, respectivamente) e amastigostas (IC_{50} = 3.9 μg/mL and 4.5 μg/mL, respectivamente) sem serem tóxicos às células de mamíferos (da Silva Machado et al., 2011).

Sendo (1) um dos compostos majoritários da *L. dendroidea*, investigações continuaram sendo realizadas e, num tempo maior de exposição houve aumento notório do potencial deste composto contra *L. amazonensis*, sendo

Tabela 4.1 – Exemplos de extratos produzidos a partir de organismos marinhos e seu potencial frente à ação antiparasitária.

Espécie (Preparo Do Extrato)	Parasito/Efeito	Referência
	RHODOPHYTA	
Corallina officinalis (*i*-PrOH + $CHCl_3$:MeOH 2:1)	*T. brucei rhodesiense*/IC_{50} = 4,8 μg/mL	Allmendingeret al., 2010
Ochtodes secundiramea (Me_2CO)	*L. braziliensis*/inibição = 99,7% (50 μg/mL)	Bianco et al., 2013
Bostrychia tenella (Hexano ou CH_2Cl_2)	*L. braziliensis*/IC_{50} =1,5-4,4 μg/mL	de Felício et al., 2010
Laurencia microcladia (CH_2Cl_2:MeOH 7:3)	*L. mexicana*/IC_{50} = 16,3 μg/mL	Freile-Pelegrin et al., 2008
Dilsea carnosa (AcOEt)	*L. donovani*/IC_{50} = 9,5 μg/mL	Vonthron-Sénécheau et al., 2011
Dasya pedicellata (MeOH)	*T. cruzi*/IC_{50} = 62 μg/mL *L. donovani*/IC_{50} = 23 μg/mL	Süzgeç-Selçuk et al., 2011
Asparagopsis taxiformis (EtOH)	*L. infantum* (P)/IC_{50} = 25 μg/mL *L. infantum* (A)/IC_{50} = 9 μg/mL	Vitale et al., 2015
	OCHROPHYTA	
Canistrocarpus cervicornis (Me_2CO)	*L. braziliensis*/inibição = 85,8% (50 μg/mL)	Bianco et al., 2013
Dictyota sp. (CH_2Cl_2/MeOH 2:1)	*L. braziliensis*/inibição = 93,3% (50 μg/mL)	Bianco et al., 2013
Turbinaria turbinata (CH_2Cl_2:MeOH 3:1)	*L. mexicana*/IC_{50} = 10,9 μg/mL	Freile-Pelegrin et al., 2008
Bifurcaria bifurcata (AcOEt)	*L. donovani*/IC_{50} = 3,8 μg/mL	Vonthron-Sénécheau et al., 2011
Dictyopteris polypodioides (AcOEt)	*L. donovani*/IC_{50} = 10,8 μg/mL	Vonthron-Sénécheau et al., 2011
Dictyota dichotoma (AcOEt)	*L. donovani*/IC_{50} = 8,8 μg/mL	Vonthron-Sénécheau et al., 2011
	CHLOROPHYTA	
Anadyomene saldanhae (Me_2CO)	*L. braziliensis* (P); inibição = 87,9% (50 μg/mL)	Bianco et al., 2013
	INVERTEBRADOS MARINHOS	
Dragmaxia anomala (hexano)	*L. braziliensis* (P); inibição = 97,2% (50 μg/mL)	Bianco et al., 2013

i-PrOH: isopropanol; $CHCl_3$: clorofórmio; Me_2CO: acetona; CH_2Cl_2: diclorometano; AcOEt: acetato de etila; MeOH: metanol; EtOH: etanolND: não-determinado

P: formas promastigotas de *Leishmania*. A: formas amastigostas de *Leishmania* possível detectar a ação do mesmo no processo de autofagia no protozoário. O fato da ação ser específica contra o protozoário e não para os macrófagos, (1) foi indicado como potente agente antiproliferativo tanto das formas promastigostas quanto amastigotas e ainda com importantes vantagens para o desenvolvimento de novos fármacos leishmanicidas.

Figura 4.8 – Estrutura química elatol (1) e obtusol (2).

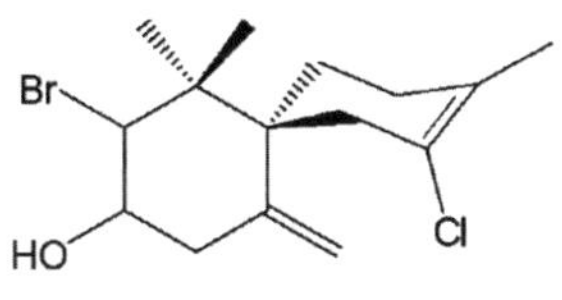

(1)

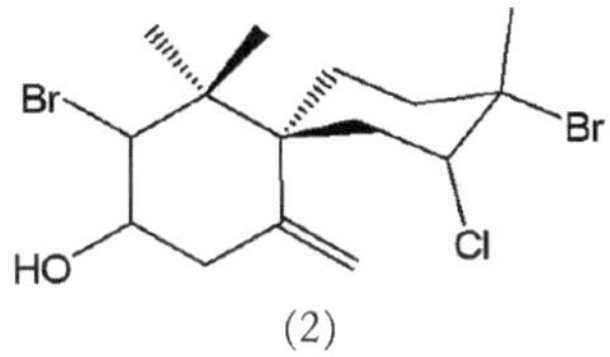

(2)

Também proveniente de águas brasileiras, (4*R*,9*S*,14*S*)-4α-acetoxy-9β,14α-dihydroxydolast-1(15),7-dieno foi isolado da alga parda *Canistrocarpus cervicornis* (anteriormente conhecida como *Dictyota cervicornis*) e o composto (4), dolabeladienetriol, isolado da espécie *Dictyota pfaffii* O composto apresentou, respectivamente, IC_{50} de 2,0 μg/mL, 12,0 μg/mL e 4,0 μg/mL para as formas promastigota, amastigota axênica e amastigota intracelular de *L. amazonensis* durante um período de tratamento de 72h (dos Santos et al., 2011) em quanto (4) apresentou IC_{50} 43,9 μM para a forma promastigosta da espécies de protozoário (Soares, Calegari-Silva et al. 2012).

Figura 4.9 – Estrutura química de (4*R*,9*S*,14*S*)-4α-acetoxy-9β,14α-dihydroxydolast-1(15),7-dieno isolado da alga parda *Canistrocarpus cervicornis* e dolabeladienetriol isolada de *Dictyota pfaffii.*

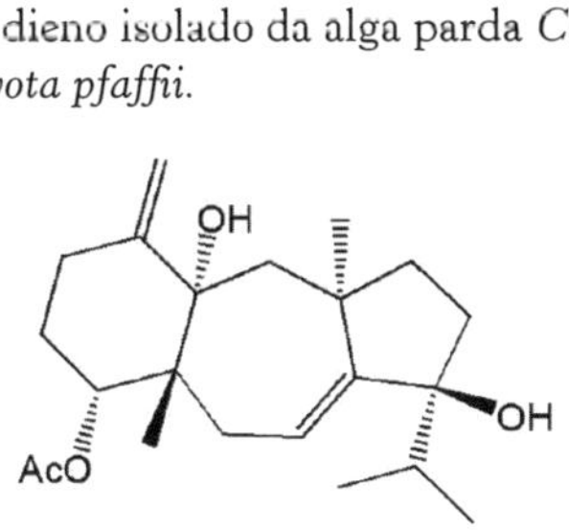

(3)

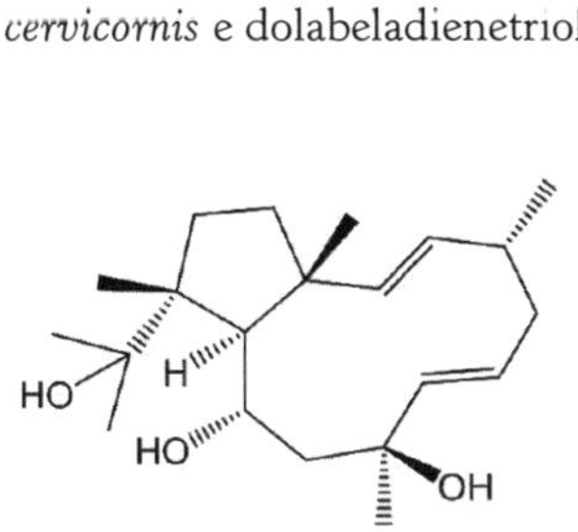

(4)

A organização "Panama International Cooperative Biodiversity Group" (ICBG) faz estudos também com cianobactérias e, das mais diferentes espécies foi possível isolar diversos compostos cujas atividades biológicas foram testadas. Um exemplo é a gallinamida A (5) (Figura 4.10), um peptídeo isolado da cianobactéria *Schizothrix* sp. coletada na costa do caribe panamenho que apresenta atividade contra *Plasmodium falciparum* e *L. donovani* nas concentrações de 8.4 μM e 9.3 μM, respectivamente.

Figura 4.10 – Estrutura química da gallinamida A(5).

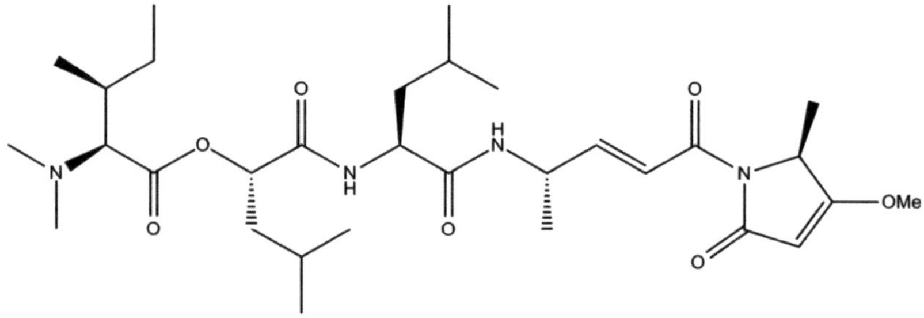

(5)

Este trabalho nos leva a considerar um fato importante: se um extrato é ativo a uma concentração muito interessante, nem sempre haverá nele um composto majoritário responsável pela ação. Pode haver sinergismos entre as moléculas que resultem em tal. O extrato da cianobactéria *Schizothrix* sp. apresentou IC_{50} = 1 µg/mL e o composto dele isolado, a gallinamida A, apresentou, segundo os autores, atividade moderada (Linington et al., 2009).

Peptídeos lineares dragonamida A (6), dragonamida E (7) e herbamida B (8), e os lipopeptídeos lineares metilados, almiramida B (9) e almiramida C (10), isolados da cianobactéria *Lyngbya majuscula* do Panamá demonstram atividade leishmanicida.

Figura 4.11 – Estrutura química dos peptídeos lineares dragonamida A (6), dragonamida E (7) e herbamida B (8), e os lipopeptídeos lineares metilados almiramida B (9) e almiramida C (10).

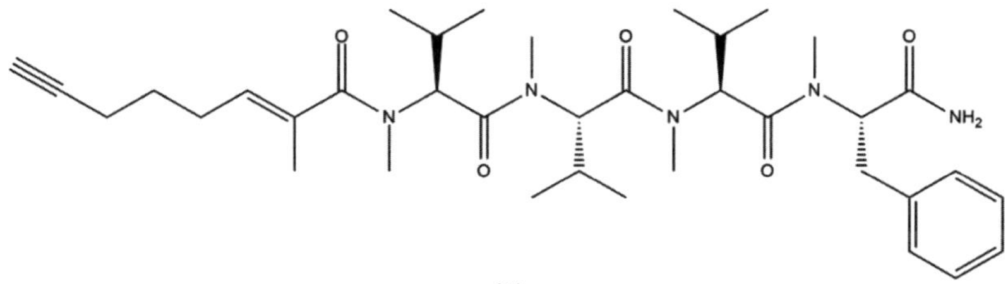

(6)

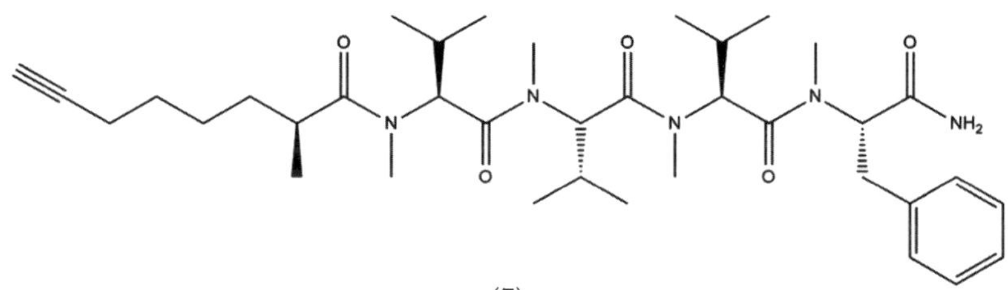

(7)

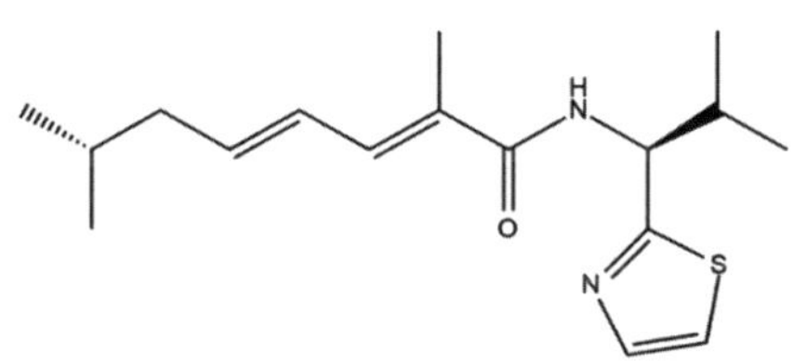

(8)

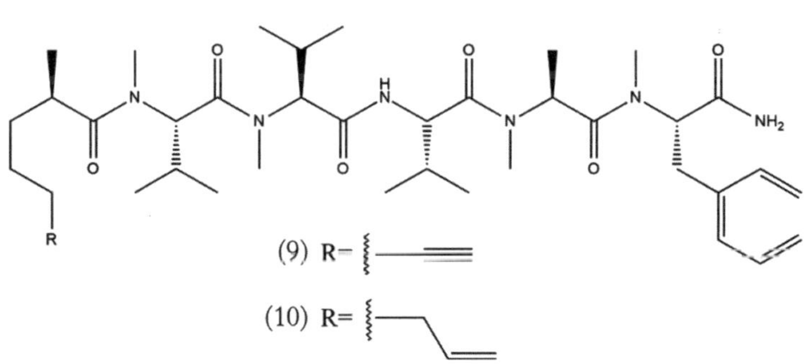

(10)

Almiramidas A-C foram identificadas, mas apenas (9) e (10) mostraram alta atividade contra *L. donovani*; este achado motivou o grupo a estudar a relação estrutural desses peptídeos (almiramidas) e dos outros previamente isolados dessa mesma espécie (as dragonamidas) a fim de gerar vários semissintéticos derivados da combinação daqueles mais ativos. Um destes compostos semissintéticos (11), resultado da metilação de 7 com NaH/MeI, exibiu valor de IC_{50} menor (IC_{50}= 1,6 μM) que seu precursor. Isso é altamente encorajador, não só para este, mas também para outros grupos de pesquisa, a gerarem semissintéticos partindo de moléculas de ocorrência natural com atividade biológica promissora, gerando assim uma biblioteca de moléculas para ensaios *in vivo* e *in vitro* com chances de ação potencializada.

Figura 4.12 – Estrutura química do composto semissintético gerado por meio da combinação entre almiramidas e dragonamidas

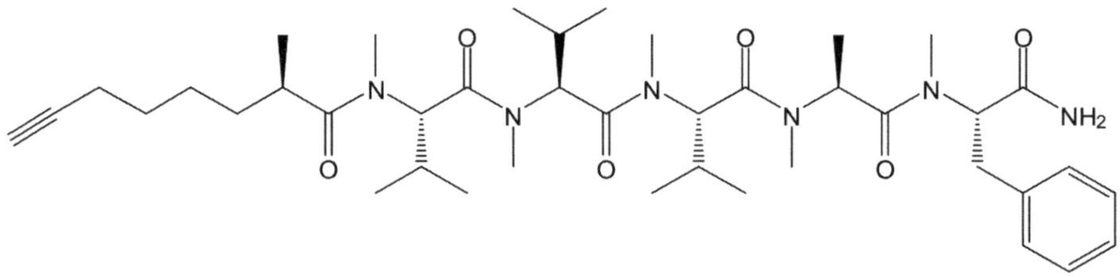

(11)

As esponjas marinhas também são fontes fascinantes de novos metabólitos com atividade biológica. Mais de 5300 produtos naturais diferentes foram isolados de esponjas marinhas e suas bactérias associadas, sendo mais de duzentos novos metabólitos anualmente reportados de esponjas (Pimentel-Elardo et al., 2011; Laport et al., 2009). E, da espécie *Agelas gracilis* coletada no Japão, isolou-se 3 novos compostos da família das plakortinas que foram denominadas de gracilioéter A (12), gracilioéter B (13) e gracilioéter C (14) cujas atividades antiparasitárias foram testadas. Foi sugerido que estes compostos fossem derivados de um mesmo precursor biossintético e, pode-se observar que 13 e 14 são análogos entre si. No entanto, a atividade de 13 é vinte vezes maior que a atividade de 14 contra o *P. falciparum* além de apresentar inibição do parasito *L. major* (Ueoka et al., 2009). Este é um exemplo interessante de produtos naturais marinhos que são análogos e que apresentam atividade em níveis tão distintos. São estes exemplos que suportam o grande interesse na área de síntese associada a modificações estruturais com finalidade de potencializar a ação da atividade em estudo.

Figura 4.13 – Estrutura química de gracilioéter A (12), gracilioéter B (13) e gracilioéter C (14)

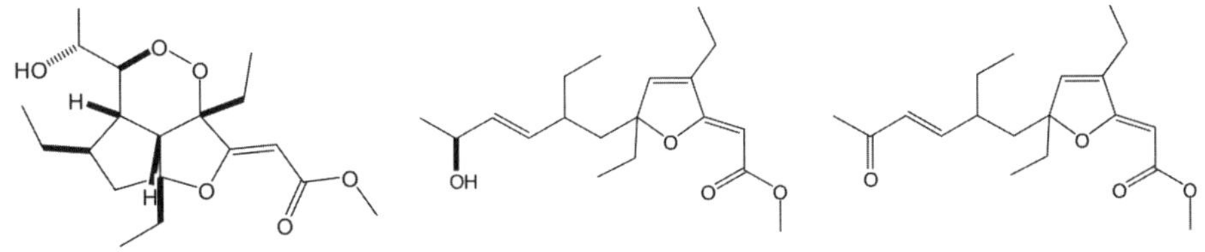

(12) (13) (14)

Outra esponja marinha japonesa *Neopetrosia* sp. produz um alcaloide, renieramicina A (15) que apresenta atividade contra *L. amazonensis* (IC_{50} = 0,2 μg/mL) e, de uma espécie de esponja brasileira *Callyspongia* sp. isolou-se um meroterpenóde (16) que apresenta atividade contra *Leishmania* spp (IC_{50} = 1,05 μM) (Gray et al., 2006).

Figura 4.14 – Estrutura química da renieramicina A (15) e da isoacaterpina (16).

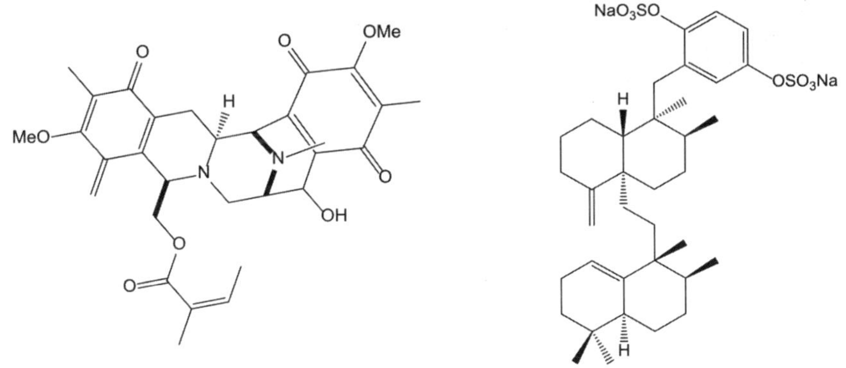

(15) (16)

Devido as esponjas se alimentarem por filtração, uma grande quantidade de bactérias simbiontes consorcia o tecido mesenquimal, sendo elas grandes produtoras de metabólitos com atividades biológicas das mais diversas (Pimentel-Elardo et al., 2011; Thomas et al., 2010).

Da esponja marinha do Mediterrâneo *Axinella polypoides* (Figura 4.15), isolou-se a cepa de bactéria simbionte *Streptomyces axinellae* Pol001^{T} da qual foram obtidos as tetromicinas 1-4 (17-20) (Figura 4.16) cujas atividades leishmanicida e tripanocida foram testadas. Estes compostos foram ativos contra *T. brucei* mas apenas o composto 19 foi ativo contra *L. major*.

Estes são apenas alguns exemplos do potencial que cianobactérias, invertebrados marinhos e macroalgas podem fornecer, e uma compilação destas informações encontra-se disposta na

Figura 4.15 – Exemplar da espécie *Axinella polypoides* Schmidt (van Soest, R. 2007), fonte de obtenção da bactéria simbionte *Streptomyces axinellae*, produtora de tetromicinas com atividade antiparasitária.

Fonte: World Porifera database. Disponível em: http://www.marinespecies.org/aphia.php?p=taxdetails&id=132487. Acesso em: 30 de março de 2016.

Figura 4.16 – Estrutura química das as tetromicinas 1-4 (17-20) obtidas da *Streptomyces axinellae*.

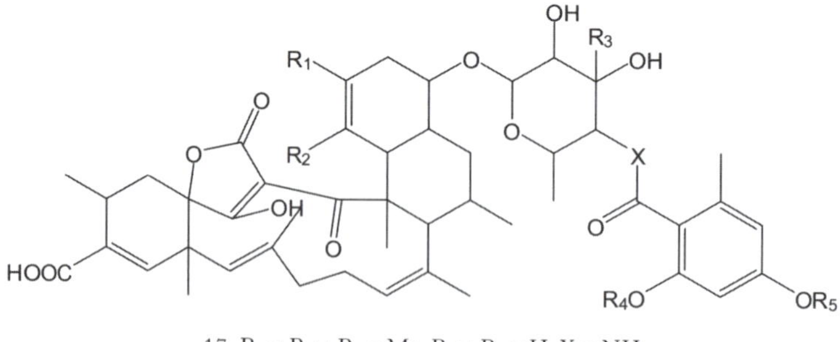

17 $R_1 = R_3 = R_5 = Me, R_2 = R_4 = H, X = NH$
18 $R_1 = R_4 = R_5 = Me, R_2 = R_3 = H, X = O$
19 $R_1 = R_3 = R_5 = H, R_2 = R_4 = Me, X = O$
20 $R_1 = R_4 = Me, R_2 = R_3 = R_5 = H, X = O$

Tabela 4.2 – Exemplos de produtos naturais isolados de organismos marinhos pertencentes a diferentes filos

Espécie	Classe	Composto	Parasito / Efeito	Referência
RHODOPHYTA				
Laurencia dendroidea	Sesquiterpenos	elatol obtusol	*Leishmania amazonensis* / IC_{50} = 9,7 μg/mL *Leishmania amazonensis* / IC_{50} = 6,2 μg/mL	da Silva Machado et al., 2011
OCHROPHYTA				
Canistrocarpus cervicornis	Diterpeno	(4R, 9S, 14S)-4α-acetoxi-9β, 14α-diidro xidolast-1(15), 7-dieno	*Leishmania amazonensis* / IC_{50} = 2,0 μg/mL	dos Santos et al., 2011
Dictyota pfaffii	Diterpeno	Dolabeladienetriol	*Leishmania amazonensis* / IC_{50} = 43,9 μM	Soares et al., 2012
CYanOBACTERIA				
Schizothrix sp.	Peptídeo	Galinamida A	*Plasmodium falciparum* / IC_{50}=8.4 μM *Leishmania donovani* / IC_{50} = 9.3 μM	Linington et al., 2009
Lyngbya majuscula	Depsipeptídeos Cíclicos	Lagunamida A Lagunamida B	*Plasmodium falciparum* / IC_{50}=0,19 μM *Plasmodium falciparum* / IC_{50}=0,91 μM	Tripathi et al., 2010
	Peptídeos	Dragonamida A Dragonamida E Herbamida B	*Leishmania donovani* / IC_{50}=6,5 μM *Plasmodium falciparum* / IC_{50}=7,7 μM *Leishmania donovani* / IC_{50}=5,1 μM *Leishmania donovani* / IC_{50}=5,9 μM	Balunas et al., 2010; McPhail et al., 2007
	Lipopeptídeos Lineares	Almiramida B Almiramida C	*Leishmania donovani* / IC_{50}=2,4 μM *Leishmania donovani* / IC_{50}= 1,9 μM	SANCHEZ et al., 2010

Continua

Tabela 4.2 – *Continuação*

Espécie	Classe	Composto	Parasito / Efeito	Referência
Oscillatoria sp.	Hexapeptídeo	Venturamida A Venturamida B	*Plasmodium falciparum* / IC_{50}=8,2 μM *Plasmodium falciparum* / IC_{50}=5,2 μM	Linington et al., 2007
		PORIFERA		
Agelas gracilis	Placontinas	Gracilioéter A	*Plasmodium falciparum* / IC_{50} = 10 $\mu g/mL$	Ueoka et al., 2009
		Gracilioéter B	*Plasmodium falciparum* / IC_{50} = 0,5 $\mu g/mL$ *Leishmania major* (inibição de 68% a 10 µg/mL)	
		Gracilioéter C	*Plasmodium falciparum* / IC_{50} = 10 $\mu g/mL$	
Neopetrosia sp.	Alcaloide	Renieramicina A	*Leishmania amazonenis*/IC_{50} = 0,2 $\mu g/mL$	Nakao, Shiroiwa et al. 2004
Callyspongia sp.	Meroterpenoide	Isoacaterpina	*Leishmania* spp./IC_{50} = 1,05 μM	Gray, de Lira et al. 2006
		ACTINOBACTERIA		
Streptomyces axinellae	Ácido tetrônico	Tetromicina 1 Tetromicina 2 Tetromicina 3 Tetromicina 4	*Trypanosoma brucei* / IC_{50} = 29,30 μM *Trypanosoma brucei* / IC_{50} = 45,39 μM *Trypanosoma brucei* / IC_{50} = 26,90 μM *Leishmania major* / IC_{50} = 36,80 μM *Trypanosoma brucei* / IC_{50} = 35,85 μM	Pimentel-Elardo et al., 2011
Fármacos atualmente usados	Antimoniais pentavalentes	estibogluconato miltefosina	*Leishmania donovani* / IC_{50} = 44,7 μM *Leishmania dondvani* / IC_{50} = 0,5 μM	Sanchez et al., 2010

Ensaios in vitro para avaliação de atividade leishmanicida e tripanocida

Vários grupos de pesquisa, incluindo pesquisadores da Unesp de Araraquara, estão empenhados na bioprospecção de compostos originários de diversos organismos. Assim, explorar aleatoriamente bibliotecas de compostos (naturais ou sintéticos) com a finalidade de identificar moléculas com atividade leishmanicida e/ou tripanocida requer testes rápidos, de manuseio simples, reprodutíveis, quantificáveis e que reflitam as condições encontradas pelo parasito na célula hospedeira (Sereno et al., 2007). Vários ensaios biológicos envolvendo a manipulação das formas promastigotas e amastigotas de *Leishmania* e epimastigota, tripomastigota e amastigotas de *T. cruzi* estão disponíveis e sumarizadas nos Quadros 4.1 e 4.2. A maioria destas metodologias permite o manuseio de um grande número de compostos para avaliação de potencial atividade leishmanicida/tripanocida.

Quadro 4.1 – Alguns bioensaios disponíveis para avaliação de atividade leishmanicida contra as formas promastigotas, amastigotas intramacrofágicas e amastigotas axênicas.

Ensaio	Vantagens	Desvantagens	Forma parasito	Referências
Contagem direta	Simples Baixo-custo	Laborioso Erros de contagem microscópica Ineficiente	Promastigotas	Chan-Bacab et al., 2003
			Amastigotas intracelular	Dube; Singh; Sundar, 2005
			Amastigotas axênicos	Callahan et al., 1997
Ensaio Colorimétrico com MTT	Simples Baixo-custo Rápido Preciso	Interação de alguns compostos com o sal de tetrazólio	Promastigotas	Berg et al., 1994
			Amastigotas axênicos	Sereno; Lemesre, 1997
Leishmania transgênica expressando constitutivamente a GFP	Rápido Possibilidade de automação Permite estudo *in vivo*	Equipamentos e reagentes caros	Promastigotas/ Amastigotas	Bolhassani et al., 2011

MTT: 3-(4,5-dimetiltiazol-2-il)-2,5-difenil-tetrazólio
GFP: *Green Fluorescent Protein*

Quadro 4.2 – Alguns bioensaios disponíveis para avaliação de atividade tripanocida contra as formas epimastigotas, tripomastigotas e amastigotas intracelulares e amastigotas axênicas.

<table>
<tr><th>Ensaio</th><th>Vantagens</th><th>Desvantagens</th><th>Alvo Celular</th><th>Referências</th></tr>
<tr><td rowspan="3">Contagem direta</td><td rowspan="3">Simples
Baixo-custo</td><td rowspan="3">Laborioso
Erros de contagem microscópica
Ineficiente</td><td>Epimastigotas</td><td>Brener; Chiari, 1965</td></tr>
<tr><td>Tripomastigotas</td><td>Brener; Chiari, 1965</td></tr>
<tr><td>Amastigotas</td><td>Pinto et al., 1999</td></tr>
<tr><td>Ensaio Colorimétrico com MTT</td><td>Simples
Baixo-custo
Rápido
Preciso</td><td>Interação de alguns compostos com o sal de tetrazólio</td><td>Epimastigotas</td><td>Muelas-Serrano; Nogas-Ruiz; Gómez-Barrio, 2000</td></tr>
<tr><td rowspan="2">Bioluminescência e Florescência</td><td rowspan="2">Elimina necessidade de fixação do parasito ou permeabilidade celular
Fácil detecção da fluorescência</td><td rowspan="2">Experimento extenso</td><td>Epimastigotas</td><td>Ramirez et al., 2000</td></tr>
<tr><td>Epimastigotas e amastigotas</td><td>Canavaci et al., 2010</td></tr>
<tr><td rowspan="3">Expressão da β-Galactosidase</td><td rowspan="3">Triagem de compostos tripanocidas
Permite estudo in vivo
Rápido</td><td rowspan="3">Compostos coloridos podem interferir na absorbância.
A enzima pode afetar a atuação de alguns compostos em T. cruzi</td><td>Epimastigotas</td><td>Vega et al., 2005</td></tr>
<tr><td>Tripomastigotas</td><td>Buckner et al., 1996</td></tr>
<tr><td>Amastigotas</td><td>De Mesquita et al., 2005</td></tr>
</table>

Devido às dificuldades experimentais impostas pelas formas amastigotas intracelulares, triagens iniciais de bibliotecas de compostos naturais ou sintéticos podem ser realizadas com as formas promastigotas/epimastigotas, por essas serem de fácil cultivo e ensaio. Desta forma, apenas as substâncias que apresentarem alguma atividade leishmanicida/tripanocida seguem para a próxima etapa, a qual consiste na avaliação da atividade contra as formas intracelulares dos parasitos (Siqueira-Neto et al., 2010; Santos et al., 2012). Visto que, as formas extracelulares compartilham muitas vias metabólicas com as formas intracelulares, compostos que apresentaram alguma atividade no ensaio inicial (com as formas extracelulares) poderão ser também ativos frente às amastigotas intracelulares. No entanto, muitos compostos promissores podem ser perdidos nesta abordagem, já que esta estratégia pode excluir, por exemplo, o encontro de substâncias ativas apenas nas formas amastigotas, como por exemplo, os antimoniais pentavalentes, os quais são pró-fármacos, metabolizáveis nas células hospedeiras e que desempenham, portanto, sua atividade apenas nas formas amastigotas intramacrofágicas (Callahan et al., 1997; Fumarola; Spinelli; Brandonisio, 2004). Além disso, substâncias que foram promissoras na primeira triagem poderão falhar contra as formas intracelulares, apenas por não serem capazes de atravessar a barreira imposta pela membrana plasmática da célula hospedeira (Siqueira-Neto et al., 2010).

Uma comparação entre formas promastigotas e amastigotas axênicas tratadas com os fármacos leishmanicidas padrão, mostrou que as amastigotas axênicas apresentaram maior susceptibilidade a maioria, se não todos, os fármacos testados. O anterior indica que as formas promastigotas podem não ser tão relevantes como as amastigotas axênicas para fins de *screening* de compostos (Sereno et al., 2007). Triagens contra amastigotas axênicas apresentam várias vantagens: o teste é dirigido frente à forma mais relevante do parasito, é fácil de manipular, a quantificação da atividade leishmanicida é simples e barata.

A triagem em formas promastigotas pode ser realizada utilizando-se um contador de células. Pode ainda, ser realizada avaliando-se a viabilidade da população com o método colorimétrico do MTT – baseado na capacidade de células vivas reduzirem o sal amarelo de brometo de tetrazólio (MTT) em um produto de coloração púrpura chamado formazana; esta conversão é produzida pela atividade da enzima succinato desidrogenase no meio mitocondrial (Mosmann, 1983). O *screening* de compostos baseado no fenótipo celular traz algumas vantagens na descoberta de novos fármacos. Esta vantagem baseia-se na capacidade de realizar ensaios com células vivas, tornando a análise mais rápida e precisa, além disso, inibidores identificados durante ensaios fenotípicos apresentam maior probabilidade de sucesso no processo de desenvolvimento de fármacos, uma vez que, são selecionadas moléculas capazes de permear as diferentes membranas celulares (Sereno et al., 2007; Njoroge et al., 2014).

Para a avaliação de compostos frente às formas amastigotas intracelulares, células infectadas (tratadas e não tratadas com composto) e fixadas em lamínulas de vidro são coradas com Giemsa e avaliadas por microscopia. Nesta etapa, deve-se considerar o número de amastigotas por célula (de um total de 100 células contadas), e então determinar a porcentagem de infecção das células, bem como a eficácia dos compostos testados em eliminar o parasito intracelularmente (Sereno et al., 2007; Velásquez et al., 2016). Entre algumas das desvantagens deste método, ressalta-se, que a contagem de células é demorada e imprecisa (suscetível a erros de contagem). Esta imprecisão pode ser corrigida utilizando corantes fluorescentes que são empregados em ensaios de citometria de fluxo, o que aumentaria a capacidade de medir de forma precisa o índice de infecção. Para monitorar a capacidade de infecção de *Leishmania* em modelos de células hospedeiras, utilizam-se o 2',7'-bis-(2-carboxietil)-5-6-carboxil fluoresceína, a cetoximetilester, SYTO 17, o corante fluorescente vermelho para ácidos nucleicos e o PKH2-GL (cromóforo fluorescente alifático) (Sereno et al., 2007).

Também se destaca a tecnologia de genes *reporter* (Sereno et al., 2007; Njoroge et al., 2014; Vacchina; Morales, 2014), na qual um gene com um fenótipo mensurável que pode ser distinguido facilmente dentro de um grupo de proteínas endógenas é quantificado para avaliar a atividade do composto em teste.

Entre alguns dos genes utilizados está o gene da β-galactosidase, como citado no quadro 4.2, mas também se utiliza genes como a luciferase, cloranfenicol acetil transferase e fosfatase alcalina (Sereno et al., 2007). O uso da tecnologia de genes *reporters* fluorescentes, como a GFP (*Green Fluorescent Protein*) (Quadro 4.1) (Sereno et al., 2007; Bolhassani et al., 2011), a RFP (*Red Fluorescent Protein*) e a mCherry (proteína monomérica fluorescente vermelha), também são utilizadas para a detecção da expressão de genes em *L. major* e *L. donovani in vitro* com visualização em tempo real *in vivo* (Vacchina; Morales, 2014).

Como dito anteriormente, ensaios fenotípicos contribuem para o sucesso de uma molécula ao longo de todo o processo de desenvolvimento de fármacos. No entanto, esta abordagem dificulta a modificação química das moléculas porque na maioria dos casos, o alvo de ação das moléculas é desconhecido; portanto, é importante utilizar estratégias para identificação do alvo molecular de compostos bioativos. Dentre as diferentes estratégias descritas na literatura, temos a aplicação de cromatografia de afinidade acoplada à espectrometria de massas para identificação de alvos de ação de compostos bioativos. Neste caso os compostos se incorporam à fase estacionária da coluna e o lisado de parasitos, que compreende o possível espectro de macromoléculas alvo, passa através da coluna. A coleta de diferentes frações do eluente seguida das análises por espectrometria de massas são utilizadas para a identificação dos alvos moleculares. A limitação está na identificação de proteínas de membrana ou algumas macromoléculas difíceis de detectar na espectrometria de massas (Njoroge et al., 2014).

Para a triagem de compostos bioativos, além dos ensaios fenotípicos, é possível utilizar estratégias de ensaios baseados em alvos terapêuticos para identificação de compostos ativos. Esta estratégia permite que as técnicas de triagem sejam automatizadas e em alta escala (HTS – *high throughput screening*), ainda podendo ser realizadas triagens virtuais (VS – *virtual screening*) (Ferreira; Oliva; Andricopulo, 2011; Salavati et al., 2012). A identificação de alvos biológicos com papéis essenciais na célula é o primeiro passo na descoberta de fármacos. O segundo passo implica na procura de uma molécula especifica para o alvo, neste caso o uso de bibliotecas de compostos pode ser de grande utilidade para a identificação de um *hit* (termo em inglês para designar um novo ligante ou composto bioativo). Enfoques modernos como a química combinatória, biologia estrutural e análise computacional podem incrementar as possibilidades de êxito neste passo e minimizar o tempo requerido. Finalmente, chega-se ao passo conhecido como *hit-to-lead*. O objetivo desta etapa é identificar um composto com propriedades similares à dos fármacos que são ativos no contexto celular, seguido da etapa de otimização das propriedades farmacocinéticas e farmacodinâmicas do composto (Salavati et al., 2012).

Bibliotecas para reutilização e reposicionamento de fármacos também são utilizadas para serem testadas frente a diversos parasitos ou seus alvos terapêuticos. Witschel et al (2012) descreveram o *screening* de 600 agroquímicos comerciais para avaliar atividade antiplasmódica, tripanocida e leishmanicida.

As vantagens da técnica de HTS compreende a avaliação rápida, precisa e confiável de milhares ou até milhões de compostos devido, principalmente ao uso de equipamentos automatizados e capazes de realizar ensaios miniaturizados, possibilitando a descoberta de inibidores que atuem em diversos sítios de uma determinada proteína alvo, independente de sua determinação estrutural prévia; no entanto, a porcentagem de falsos positivos pode ser alta, o que demanda posterior validação dos inibidores (Ferreira; Oliva; Andricopulo, 2011).

O VS é um método *in silico* (computacional) baseado na análise de grandes bases de dados de compostos e que surgiu como alternativa ao HTS. O objetivo é identificar moléculas com elevado potencial de interagirem com proteínas alvo, para posterior avaliação bioquímica *in vitro* (Ferreira; Oliva; Andricopulo, 2011). O método de VS consiste de dois passos principais: primeiro são utilizados algoritmos rápidos para a realização de *docking* molecular, assim pode-se identificar a posição e orientação da molécula candidata frente ao sítio ativo da proteína de interesse; e como segundo passo, a atividade da molécula é classificada mediante análise estérica e eletrostática do complexo previsto proteína-ligante (Salavati et al., 2012). As vantagens desta metodologia residem no alto número de compostos que podem ser testados sem precisar de muita infraestrutura, como no caso do HTS. Contudo, é necessário o modelo tridimensional do alvo, os ligantes ficam restritos a um determinado sítio de ligação, o que pode acarretar na identificação de falsos negativos (Ferreira; Oliva; Andricopulo, 2011). É essencial enfatizar a complementaridade das técnicas aqui citadas e a importância destas nas fases iniciais de projetos de descoberta de novos compostos bioativos.

Busca por alvos terapêuticos: brincando com os genomas

A organização celular de tripanossomatídeos é consideravelmente diferente dos mamíferos. Portanto, as vias bioquímicas presentes em tripanossomatídeos e ausentes em seus hospedeiros podem fornecer excelentes alvos para o desenho racional de fármacos. A via de identificação de alvos moleculares baseava-se amplamente em estudos de genética comparada e estudos bioquímicos (Cavalli; Bolognes, 2009).

A publicação do genoma dos "Tritryps" *Trypanosoma brucei, Trypanosoma cruzi e Leishmania major* em 2005 trouxe uma nova oportunidade para a descoberta de fármacos alternativos para tratamento de leishmanioses e doença de Chagas (El-Sayed et al., 2005b; Ivens et al., 2005) avançando rumo à caracterização do transcriptoma (Adaui et al., 2011), proteoma (Alcolea; Alonso; Larraga, 2011) e estrutura de suas proteínas (Wang et al., 2007; Hemsworth et al., 2011). Este avanço trouxe a oportunidade de explorar os bancos de dados com as sequências disponíveis destes parasitos, trazendo à tona informações importantes sobre o metabolismo destes e de seus hospedeiros, apontando diferenças bioquímicas existentes entre eles (genômica comparada). Dentre os bancos de dados disponíveis destacamos o GeneDB (www.genedb.org) e o TritrypDB (tritryp.org). Esta avalanche de informação revela potenciais alvos terapêuticos para o desenvolvimento de fármacos altamente seletivos, efetivos e seguros para tratamento das leishmanioses e doença de Chagas, além de outros patógenos.

O genoma de *L. Major* e *T. Cruzl* e potenciais alvos terapêuticos

Os genomas haploides de *L. major* e *T. cruzi* apresentam 8373 e 12000 genes codificadores de proteínas, respectivamente (Myler, 2008). As sequências destes organismos estão disponíveis no sítio http://www.genedb.org, mantido pelo Instituto Sanger (Unidade de Sequenciamento de Organismos Patogênicos), o qual armazena também dados de outros patógenos como, por exemplo, *Trypanosoma brucei* e *Plasmodium* spp. (Hertz-Fowler et al., 2004). Como dito anteriormente, explorar estes genomas para busca de alvos terapêuticos proporciona velocidade no processo de desenvolvimento de novos fármacos.

Alvos terapêuticos potenciais podem ser proteínas codificadas por genes presentes apenas no genoma do patógeno. Dentro desta perspectiva, os tripanossomatídeos apresentam uma série de novidades biológicas atrativas para o desenvolvimento de fármacos. Estes fenômenos biológicos incluem amplificação gênica (Beverley, 1991), dobramento de DNA (Marini et al.,

1982), trans-splicing (Perry; Agabian, 1991) e transcrição policistrônica (Lebowitz et al., 1993).

Os parasitos *Leishmania* e *Tripanossoma* compartilham muitos genes ortólogos que divergem do hospedeiro mamífero (El-Sayed et al., 2005a). *L. major* possui aproximadamente 75% de genes ortólogos em *T. cruzi* e *T. brucei*, sendo 90% destes ocorrendo no mesmo contexto genômico (sintenia) (Myler, 2008). Destaca-se ainda que *L. major* compartilha mais ortólogos com *T. cruzi* do que com *T. brucei*, talvez reflexo das similaridades de seus estágios intracelulares obrigatórios no hospedeiro mamífero (El-Sayed et al., 2005a). Por outro lado, os genomas de *Leishmania* e *Trypanosoma* contêm um número significativo de genes espécie-específicos, como por exemplo, os Antígenos de Superfície de Promastigota (do inglês *Promastigote Surface Antigens*, PSA-2) em *L. major* (Murray et al., 1989) e trans-sialidases em *T. cruzi* (Schenkman et al., 1992). Estes genes podem estar envolvidos nas várias apresentações clínicas das doenças (leishmaniose visceral/cutânea/mucocutânea), e também nas diferenças "dentro" das doenças, como por exemplo, diferenças na sensibilidade para um mesmo fármaco. Os fármacos atualmente utilizados para tratamento de leishmanioses e doença de Chagas, e mesmo aqueles em testes clínicos ou em estudos experimentais, são na maioria das vezes exclusivos de cada doença (Croft; Brun, 2003). Esta observação tem uma importância prática na idealização de ensaios biológicos para busca de novos fármacos. Este tópico não é uma classificação sistemática de todos os alvos terapêuticos de tripanosomatídeos. Entretanto, destacaremos algumas vias promissoras na pesquisa de potencias candidatos antitripanosomatídeos.

O processamento de mRNAs por mecanismos de *trans-splicing* é uma via exclusiva de tripanossomatídeos e constitui-se um potencial alvo terapêutico. Estudos de reação de *trans-splicing* em *T. cruzi*, utilizando sistema de células permeáveis, demonstraram que o composto hidroximetilnitrofuranol (NFOH), um nitrofurano capaz de inibir a tripanotiona redutase, leva a uma diminuição nos níveis de mRNAs em *T. cruzi*, sugerindo possível interferência deste composto no processamento de mRNAs (Ambrósio et al., 2004; Barbosa et al., 2007), sem afetar o processamento de mRNAs das células hospedeiras, que ocorre via *cis-splicing*. Outros estudos foram realizados para avaliar potencial atividade de compostos naturais nessa via (Andrade E Silva et al., 2011).

Eventualmente, o alvo terapêutico pode, ainda, ser compartilhado tanto pelo parasito quanto pelo hospedeiro mamífero, porém, apresentar uma importância crucial para o patógeno, diferentemente de seu homólogo mamífero. Em outras palavras, o homólogo presente no parasito é essencial para a sua sobrevivência por codificar uma proteína central numa via metabólica única e essencial para o parasito. A gliceraldeído 3-fosfato desidrogenase glicosomal (gGAPDH) de *T. cruzi* é um exemplo de alvo terapêutico que se encaixa nesta última descrição: está presente tanto no parasito quanto no hospedeiro, é central na via glicolítica e, necessário para a sobrevivência do parasito, uma vez que o metabolismo das formas infectivas amastigotas e tripomastigotas de *T. cruzi* é essencialmente glicolítico (Engel et al., 1987). A estrutura tridimensional desta enzima foi resolvida na forma nativa (Souza et al., 1998), formando complexos com substâncias de origem natural e identificando muitos candidatos inibidores de origem natural da gGAPDH (Pavão et al., 2002; Freitas et al., 2009).

Fosfodiesterases de *L. major* estão sendo exploradas como alvos terapêuticos. Estas enzimas são cruciais na proliferação e apoptose do parasito (Johner et al., 2006). A resolução da estrutura tridimensional da fosfofodiesterase *LmjPDEB1* (LmjF15.1480) mostrou diferenças significativas no sítio ativo quando comparada com o seu homólogo humano, tornando-a atraente para busca de inibidores específicos contra tripanossomatídeos (Wang et al., 2007; Shakur et al., 2011). A Figura 4.17 mostra o contexto genômico da fosfodiesterase LmjF15.1480 e a sintenia com outros protozoários, mostrando conservação de sequência e posição no genoma dos cinetoplastídeos. Flavonoides luteolina e quercetina, inibidores naturais de fosfodiesterases, em bioensaios contra a forma promastigota, provocaram parada no ciclo celular na fase G1 e aumento na apoptose celular (Salem; Werbovetz, 2006). Uma série de compostos da Altana Farma e Nicomed exibiram atividade anti-*Trypanosoma* e ainda inibiram a fosfodiesterase a nível nanomolar (Shakur et al., 2011).

Todos os membros do grupo Kinetoplastida, incluindo os parasitos da família Trypanosomatidae, *Leishmania* spp., *T. cruzi* e *T. brucei* possuem uma organela específica chamada glicossomo (Opperdoes; Borst, 1977; Gualdrón-Lopez et al., 2012; Barros-Alvarez et al., 2014). Glicossomos são peroxissomos que possuem a maioria das enzimas da via glicolítica.

Figura 4.17 – Organização genômica do gene LmjF15.1480 em *Leishmania major* e em outros cinetoplastídeos

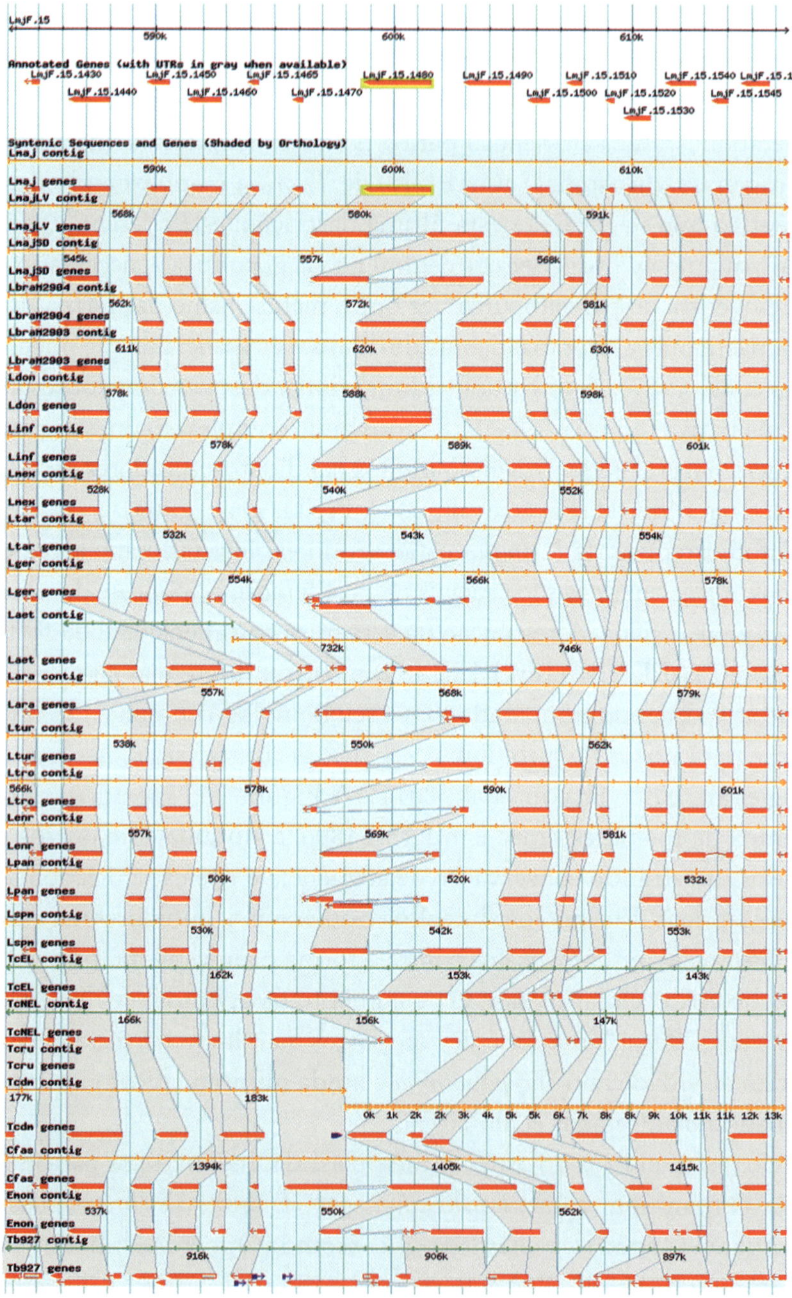

Fonte: Busca realizada no www.genedb.org em 16/03/2016, utilizando fosfodiesterase como termo de busca.

Adicionalmente, outras vias metabólicas, pelo menos em parte, estão localizadas na matriz destas organelas, tais como a via das pentoses (PPP), síntese dos nucleotídeos-açúcares, via de salvação das purinas, biossíntese das pirimidinas, síntese de esterol/isoprenoide e a β-oxidação dos ácidos graxos. Além disso, funções típicas dos peroxissomos tais como síntese de éter- lipídio e defesa contra espécies reativas de oxigênio (EROs) estão presentes nestas organelas, com exceção da enzima catalase, comum nesta organela, a qual parece ter sido perdida ao longo da evolução (Misset; Bos; Opperdoes, 1986).

O conteúdo enzimático dos glicossomos pode variar consideravelmente de acordo com a espécie de parasito analisada, bem como ao longo do ciclo de vida, quando o parasito passa por sucessivas mudanças ambientais, incluindo alteração na disponibilidade de nutrientes, fatores de crescimento, oxigênio e modificações na pressão e temperatura (Hart et al., 1984). Os tripanossomatídeos apresentam uma única mitocôndria e inúmeros glicossomos, sendo aproximadamente 50 nos diferentes estágios celulares de *T. cruzi* e promastigotas de *Leishmania* (Soares; De Souza, 1988; Soares et al., 1989) e, apenas 5-10 em amastigotas de *Leishmania* (Coombs et al., 1986).

Pesquisas realizadas nas últimas três décadas mostram que compartimentalização de processos metabólicos essenciais e a distância evolutiva entre estes parasitos e o homem faz com que proteínas glicossomais possuam características estruturais e funcionais únicas, podendo estas enzimas corresponder a novos alvos terapêuticos. Apresentaremos diferentes vias metabólicas compartimentalizadas nos glicossomos, os processos de transportes de metabólitos através da membrana desta organela e enzimas que podem ser exploradas do ponto de vista de descoberta de inibidores seletivos, os quais podem ser explorados no desenvolvimento de novos fármacos para tratamento das leishmanioses e doença de Chagas (Guáldron-López et al., 2012).

A característica distinta dos glicossomos é a presença da maioria das enzimas da via glicolítica, com a hexoquinase (HXK), a qual fosforila a glicose e outros açúcares, como a fosfoglicerato quinase (PGK), produzindo 3-fosfoglicerato (3-PGA) – (Figura 4.18). Ao sair dos glicossomos, 3-PGA, é convertido a piruvato pelas três últimas enzimas citosólicas da via glicolítica: fosfoglicerato mutase, enolase (ENO) e piruvato quinase

(PYK). A enzima chave da gliconeogênese, frutose-1,6-bifosfatase (FBPase), também está presente nos glicossomos. A presença de fosfofrutoquinase (PFK) e FBPase dentro dos glicossomos faz com que esta organela desempenhe um papel importante diante de altas concentrações de açúcar ou aminoácidos/lipídeos. Altas concentrações de açúcar são encontradas pelas formas tripomastigotas de *T. cruzi* quando este está na circulação sanguínea dos mamíferos. Para as formas amastigotas de *Leishmania* spp. e de *T. cruzi*, o ambiente do vácuolo parasitóforo é rico em aminoácidos e lipídeos (Maugeri; Cannata; Cazzulo, 2011; McConville; Naderer, 2011; Naderer; McConville, 2011); desta forma, estas formas intracelulares dos parasitos requerem a gliconeogênese para produzir glicoconjugados, importantes para a patogênse da *Leishmania* (McConville; Naderer, 2011; Naderer; McConville, 2011).

Outras vias metabólicas presentes no glicossomo são mais predominantes nas formas epimastigotas de *T. cruzi* e promastigota/amastigota de *Leishmania*. A Figura 4.18 mostra as diferentes vias metabólicas glicossomais compartilhadas entre os gêneros *Trypanosoma* e *Leishmania* ou exclusivas de *T. cruzi* e *Leishmania* spp. (Figura 4.18); por exemplo, a via PPP começa com a glicose 6-fosfato (G6P) produzida dentro do glicossomo pela HXK ou a glicoquinase (GlcK) a qual não está presente em *T. brucei*, mas pode ser encontrada nos glicossomos de *T. cruzi* e *Leishmania* spp. (Coustou et al., 2006). Para a via PPP citosólica, G6P deve ser capaz de sair dos glicossomos. A via PPP é responsável pela redução de $NADP^+$ a NADPH pela glicose-6-fosfato desidrogenase (G6PDH) e 6-fosfogluconato desidrogenase (6PGDH). O NADPH formado dentro dos glicossomos pode ser utilizado para reações biossintéticas ou defesa contra o estresse oxidativo, reduzindo a tripanotiona pela tripanotiona redutase (TR), uma enzima que está predominantemente presente no citosol. O conteúdo enzimático dos glicossomos difere entre os diferentes estágios patogênicos de cada um dos parasitos aqui analisados por causa dos diferentes ambientes os ambientes nos quais os parasitos vivem. Estas diferenças são principalmente quantitativas, mas também diferenças qualitativas são encontradas.

Na maioria dos tripanossomatídeos, a via glicolítica é estendida até a via de produção de succinato. O fosfoenolpiruvato (PEP) produzido no citosol pela enolase (ENO) pode tanto ser convertido a piruvato via PYK

Figura 4.18. Enzimas das via metabólicas presentes nos glicossomos das formas clinicamente relevantes de *T. brucei*, *T. cruzi* e *Leishmania* spp. 1) HXK; 2) PGI, 3) PFK; 4) FBPase; 5) ALD; 6) TPI; 7) GAPDH, 8) PGK; 9) fosfoglicerato mutase; 10) ENO; 11) PYK; 12) G3PDH; 13) GPO; 14) GlcK; 15) G6PDH; 16) 6-fosfogliconolactonase; 17) 6PGDH; 18) PEP mutase; 19) PEPCK; 20) MDH; 21) FH; 22) FRD; 23) PPDK; 24) ADH; 25) ADK; 26) GK; 27) UGE; 28) UAP; 29) GNA; 30) GMD; 31) UGP; 32) PMM; 33) PAGM; 34) riboquinase; 35) ribulose quinase; 36) galactoquinase; 37) PGM; 38) glicosamina-6-fosphato isomerase; 39) HGPRT; 40) XPRT; 41) UMP sintase; 42) HMGCR; 43) MK; 44) SDPS; 45) SQS; 46) acyl-CoA sintetase; 47) 2-enoyl coenzyme A hydratase; 48) $NADP^+$-dependente 3-hidroxiacyl-CoA desidrogenase; 49) 3-cetoacyl-CoA tiolase; 50) enoyl-CoA hidratase/3--hidroxiacyl-CoA desidrogenase/cis-3-enoyl-CoA isomerase; 51) DHAP acyltransferase; 52) alkyl-DHAP sintase; 53) AK; 54) TR; 55) TNX; 56) tripanotiona peroxidase; 57) peroxiredoxina; 58) Fe-ascorbateoxidoredutase; 59) ALO; 60) SOD; 61) arginase; 62) síntese de manose.

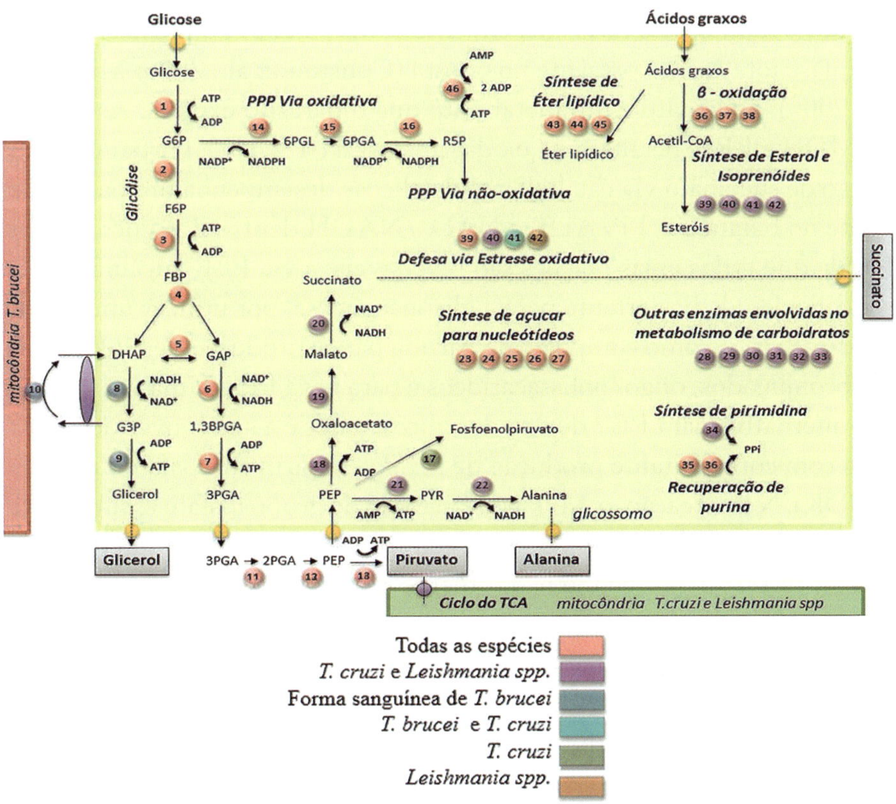

Fonte: Adaptado de Barros-Alvarez, 2014

ou entrar nos glicossomos. Se convertido a piruvato, este pode ser convertido a alanina, a qual é posteriormente secretada, ou entrar na mitocôndria para ser catabolizado e produzir ATP. Entre os tripanossomatídeos, apenas o *T. cruzi* pode converter PEP em fosfoenolpiruvato pela enzima PEP mutase, etapa inicial na formação de compostos com ácido fosfônico em sua composição e que participam da formação de âncoras de GPI da superfície do parasito (Sarkar; Hamilton; Fairlamb, 2003). PEP mutase está presente tanto no citosol quanto nos glicossomos. A quantidade de PEP que entra no glicossomo depende provavelmente da atividade regulatória da enzima alostérica PYK. Quando PEP entra no glicossomo, ele pode ser carboxilado e desfosforilado com produção simultânea de ATP pela PEP carboxiquinase (PEPCK), seguido pela conversão e redução a succinato via malato desidrogenase (MDH), fumarato hidratase (FH) e fumarato redutase NADH- dependente (FRD). A FH pode estar em parte ou quase totalmente presente no citosol (Coustou et al., 2006; Michels et al., 2006). Succinato é um metabólito que o parasito excreta. As reações de MDH e FRD resultam na oxidação NADH a NAD^+. Portanto, a produção de succinato via catabolismo da glicose desempenha um papel relevante no balanço ATP/ADP e NAD^+/NADH dentro dos glicossomos. Desde que todas essas reações são reversíveis, a via PEP-succinato pode ser considerada importante para a gliconeogênese, por utilizar um de seus intermediários como composto de partida para a produção de G6P para os glicoconjugados, oligo/polissacarídeos e para a via PPP. Uma via metabólica alternativa para PEP dentro dos glicossomos é a sua conversão a piruvato com concomitante produção de ATP pela piruvato fosfato diquinase (PPDK). Nesta reação, o ADP não é aceptor do grupo fosfato e, sim, AMP, que recebe o grupo fosfato do fosfoenolpiruvato e PPi, liberando Pi. Desta forma, PPDK desempenha não somente um papel de homeostase nos níveis de ATP, mas também nos níveis de AMP e PPi. A PPDK hidroliza o PPi obtido das reações anabólicas, usando energia livre para a produção de ATP. O piruvato produzido pela PPDK pode sair para o citosol e seguir a mesma rota que o produto de PYK, ou seja, a mitocôndria, no ciclo do ácido tricarboxílico (apenas em *T. cruzi* e *Leishmania*), ou ser reduzido pela enzima alanina desidrogenase (ADH) a alanina (Acosta et al., 2004). A enzima glicossomal adenilato quinase (ADK) contribui para a homeostase ATP/ADP/AMP dentro da organela.

Glicossomos também contém uma enzima chamada glicerol quinase (GK). Esta enzima permite o uso do glicerol para a síntese de lípidios, fosforilando-os a G3P com gasto de ATP. O G3P também pode alimentar as vias da glicólise ou gliconeogênese pela oxidação dependente de NAD^+ a DHAP pela G3PDH. Portanto, esta via de consumo de glicerol também é importante para a manutenção do balanço intraglicossomal de ATP/ADP e NAD^+/NADH. Consequentemente, glicose é então convertida a uma molécula de piruvato e uma molécula de glicerol. Importante ressaltar que o balanço ATP/ADP é mantido, no entanto, à custa de todo ATP gerado durante a glicólise. Sob esta condição, para cada molécula de glicose consumida, um ATP é formado pela PGK e, outra, pela GK, ambas dentro dos glicossomos, mas a produção final de ATP pela PYK citosólica é de apenas um. Isto parece ser suficiente para manter as células vivas por algumas horas (Helfert et al., 2001).

Outra ramificação da glicólise/gliconeogênese é a rota sintética dos nucleotídeos-açúcares, necessários para a maioria das reações de glicosilação. Em *Trypanosoma,* esta síntese ocorre principalmente *de novo,* isto é, pela conversão de açúcares ou nucleotídeo-açúcares existentes. Enquanto na maioria dos organismos esta via está localizada no citosol, nos tripanossomas, várias etapas da síntese de GDP-fucose, GDP-glicose, UDP-galactose e UDP-N-acetilglicosamina estão localizadas nos glicossomos: UDP-glicose 4'-epimerase (UGE), UDP-N-acetilglicosamina pirofosforilase (UAP), glicosamina 6-fosfato N-acetiltransferase (GNA), GDP-manose desidratase (GMD), UDP-glicose pirofosforilase (UGP), fosfomanomutase (PMM) e fosfo-N-acetilglicosamina mutase (PAGM) (Roper et al., 2002; 2005; Turnock; Izquierdo; Ferguson, 2007; Stokes et al., 2008; Marino et al., 2010; 2011; Bandini et al., 2012).

T. cruzi e *Leishmania* spp. apresentam outras enzimas que possuem sinal de localização para o peroxissomo (PTS – *Peroxysomes-Targeting Signal*) e, por isso, provavelmente localizadas dentro dos glicossomos, utilizadas no metabolismo de carboidratos: riboquinase, ribulose quinase e galactoquinase, bem como fosfoglicomutase (PGM) e glicosamina-6-fosfato isomerase (Opperdoes; Szikora, 2006; Penha et al., 2009; Gualdrón-Lopez et al., 2012). Estas enzimas podem ser importantes para o uso de açúcares como fontes alternativas de energia, bem como para a formação de glicoconjugados importantes e essenciais (Garami; Ilg, 2001; Ralton et al., 2003).

Os tripanossomatídeos são auxotróficos para purinas. Bases purínicas são adquiridas do hospedeiro e convertidas a nucleotídeos purínicos pelas enzimas da via de salvação das purinas das quais várias estão localizadas dentro dos glicossomos e/ou identificadas como enzimas glicossomais pela presença de PTS, dentre elas as enzimas produtoras de PPi hipoxantina-guanina fosforibosiltransferase (HGPRT) e xantina fosforibosiltransferase (XPRT) (Opperdoes; Szikora, 2006). No entanto, dados recentes sugerem que amastigotas de *T. cruzi* são capazes de obter nucleotídeos purínicos diretamente das células do hospedeiro (Caradonna et al., 2013). Os tripanossomatídeos também são capazes de sintetizar pirimidinas *de novo*, mas eles também captam bases pirimidínicas, bem como seus nucleosídeos, diretamente do hospedeiro (de Koning; Bridges; Burchmore, 2005; Landfear, 2011; Ali et al., 2013; Caradonna et al., 2013). As duas últimas enzimas da via sintética dos nucleotídeos pirimidínicos (orotato fosforibosiltransferase e orotidina-5'monofosfato decarboxilase) são fusionadas em uma enzima bifuncional [uridina 5- monofosfato (UMP) sintase] e estão presentes dentro do glicossomo (French et al., 2011). Além dessas vias metabólicas descritas, outras enzimas importantes também estão compartimentalizadas nos glicossomos, como segue: síntese de isoprenoides (Pena-Diaz et al., 2004; Ginger; McFadden; Michels, 2010), lípidios-éter (Opperdoes, 1984; Heise; Opperdoes, 1997), ascobarto (Wilkinson et al., 2005; Opperdoes; Coombs, 2007), β-oxidação (Hart; Opperdoes, 1984; Wiemer et al., 1996; Michels; Hannaert; Bringaud, 2000) e proteção contra o estresse oxidativo via superóxido dismutase (SOD) (Dufernez et al., 2006; Wilkinson et al., 2006).

Um importante fator de virulência é o GP63, uma proteína de superfície expressa nas formas promastigotas de *Leishmania* spp. (Fong, 1982; Etges et al., 1985; Chang et al., 1986). GP63 é uma metaloprotease dependente de zinco (Etges; Bouvier; Bordier, 1986; Chaudhuri; Chang, 1988) que protege o parasito da lise mediada pelo sistema complemento, e promove a sobrevivência dos amastigotas dentro dos macrófagos e modula a sinalização do macrófago (Isnard; Shio; Olivier, 2012). Para sobreviver nestas células, amastigotas precisam lidar com espécies reativas de oxigênio e nitrogênio, os quais são produzidos pelos macrófagos para eliminação de patógenos. *Leishmania* spp. possui um metabolismo redox na qual as moléculas de baixo peso molecular tripanotiona e tripanotiona redutase substituem os sistemas glutationa/glutationa redutase e tioredoxina/tioredoxina redutase presentes em outros organismos (Colotti; Ilari, 2011). As estruturas tridimensionais e sítios catalíticos das tripanotiona e glutationa redutases apresentam diferenças importantes, o que possibilita o desenvolvimento de inibidores parasito-específicos (Singh; Kumar; Singh, 2012; Zucca; Scuteram; Savoiam, 2013).

Em tripanossomatídeos, as vias de síntese do ergosterol e estigmasterol diferem da correspondente via de síntese do colesterol das células de mamífero. Ergosterol e estigmasterol, bem como as enzimas envolvidas em suas vias de síntese, são considerados alvos terapêuticos. Como exemplo de agente inibidor para estas vias, podemos destacar o azasterol, o qual mostrou atividade inibitória da enzima 24-metiltransferase, uma enzima essencial da via de síntese do ergosterol, a qual não é necessária para a síntese do colesterol (Lorente et al., 2005).

Pesquisas recentes sugerem ainda, que as DNAs topoisomerases são importantes alvos terapêuticos promissores para o tratamento do câncer (Pommier et al., 1998) e diversas doenças parasitárias tais como malária, toxoplasmose, criptosporidiose (Garcia-Estrada et al., 2010) e leishmanioses (Roy et al., 2011). As DNA topoisomerases são enzimas que desempenham papel fundamental na modulação da dinâmica da estrutura do DNA e executam processos celulares vitais tais como replicação, reparo, recombinação, transcrição, integração e segregação cromossômica (Liu, 1989; Wang, 1996; Champoux, 2001). Topoisomerases são classificadas em tipos I e II. As DNAs topoisomerases do tipo I (Top1) ou tipo II (Top2) quebram uma ou as duas fitas de DNA, respectivamente. A Top I de eucariotos é uma enzima do tipo IB que catalisa a reação de transesterificação ligando-se covalentemente à extremidade 3' fosfato do DNA clivado por meio de uma ligação fosfotirosina. Todas as TopIB de eucariotos são monoméricas apresentando domínios de "ligação ao DNA" e "carboxi-terminal" conservados. Top1B é essencial em todos os eucariotos (Lee et al., 1993; Morham et al., 1996), com exceção das leveduras (Uemura et al., 1987). As Top1B de *Leishmania* spp. são diferentes dos demais eucariotos em relação às suas propriedades biológicas e sensibilidade a diferentes agentes terapêuticos (Das, B. B. et al., 2004; Das et al., 2006); além disso, estruturalmente, Top1B de *Leishmania* spp. é composta de duas subunidades, sendo uma maior de 73kDa e outra menor, de 29kDa. As duas subunidades são codificadas por genes diferentes e associadas por meio de interações proteína-proteína para formar uma enzima heterodimérica funcional (Das, B. B. et al., 2004). Ressalta-se que a enzima do parasito é diferente de seu homólogo em mamífero, tornando-a um alvo celular atraente para triagem ou desenvolvimento racional de inibidores (Das, A. et al., 2004). Neste sentido, as DNAs topoisomerases vem sendo considerada um alvo terapêutico importante para desenvolvimento de fármacos contra as leishmanioses.

As enzimas DNA topoisomerases (Top) são amplamente distribuídas e são necessárias para diminuir o grau de superenrolamento do DNA, introduzindo quebras transitórias necessárias para remover o estresse topológico das moléculas de DNA; desta forma, a inibição destas enzimas afeta a viabilidade celular. Devido à sua natureza dimérica (Villa et al., 2003), Top1B de *Leishmania* é filogeneticamente única e apresenta diferenças importantes quando comparada à enzima correspondente humana, o que possibilita explorar tais diferenças para desenho de fármacos parasito-específicos.

Os primeiros inibidores da Top1B de tripanossomatídeos pertencem à família das camptotecinas (CPT). Resultados mostram que gimatecan é eficaz, promovendo a morte de *L. infantum* e Top1B foi identificado como alvo de ação dessa molécula (Prada et al., 2013). Resumidamente, gimatecan provocou diminuição na atividade de religação da enzima recombinante e alterou o equilíbrio favorável à clivagem do DNA. Este efeito é persistente e interfere no crescimento de promastigotas de *L. infantum* (Prada et al., 2013). Os flavonoides baicaleina, luteolina e quercetina também foram capazes de bloquear a atividade de religação da Top1B de *L. donovani* (Das et al., 2006b). Top1B de *L. donovani* também é sensível aos derivados do composto natural naftoquinona, tais como lapachol, β-lapachona e diospirina, com os dois primeiros impedindo a formação do complexo proteína-DNA e, o último, atuando como um inibidor catalítico (Hazra et al., 1987). Betulina é um triterpeno natural isolado de *Betula* spp., uma planta que apresenta uma série de atividades farmacológicas. Três derivados betulínicos, betulina disuccinil, diidrobetulina diglutarl e diidrobetulina disuccinil, foram testadas e mostraram atividade inibitória do processo de relaxamento do DNA, sendo o efeito mais forte quando os compostos são pré-incubados com a TOP1B de *L. donovani*. De fato, diferentemente de CPT, os três derivados betulínicos agiram impedindo a formação do complexo proteína-DNA por meio de uma interação direta com a enzima (Chowdhury et al., 2011).

Validação do alvo terapêutico: manipulação genética

A validação de alvos é um passo chave para qualquer programa de desenho racional de fármacos. Como em outras áreas da pesquisa farmacêutica, a validação de um dado alvo envolve abordagem de gene *knockout* para investigar se uma proteína específica é ou não essencial para a sobrevivência do parasito e, portanto, um alvo de fármacos adequado (Cavalli; Bolognes, 2009).

A confirmação de um potencial alvo terapêutico consiste na validação do mesmo por meio de estudos de *knockout/knockdown* gênico para avaliação da essencialidade do gene, seguido de ensaios de inibição com bibliotecas de compostos para busca de inibidores. Validação genética de alvos terapêuticos é realizada comumente no modelo experimental *T. brucei,* utilizando-se ferramentas genéticas tais como RNAi (*knockdown*) (Shi et al., 2000). Os dados de *knockdown* obtidos em *T. brucei* são utilizados para inferir essencialidade de genes compartilhados com *Leishmania* ou *T. cruzi,* os quais impõe dificuldades experimentais para realização desta abordagem. As questões relacionadas com a ausência de maquinaria de RNAi em *Leishmania* e *T. cruzi* envolvem questões evolutivas, o que está além da proposta deste capítulo e, para maior compreensão sobre este tema sugerimos a leitura dos artigos de Kolev, 2011, Shi, 2000, Smith, 2007 e Militello 2008 (Kolev et al., 2011; Shi et al., 2000; Smith; Peacock; Cruz, 2007) (Militello et al., 2008).

A realização de *knockout* gênico em *Leishmania* e *T. cruzi* é possível. Resumidamente, temos que em *L. major,* a manipulação genética só foi possível a partir de 1989 quando foi padronizada a técnica de transfecção neste organismo. Só então, foi possível conduzir estudos genéticos para caracterização funcional de genes nestes organismos (Bellofatto; Cross, 1989;

Laban; Wirth, 1989; Clayton et al., 1990; Kapler; Coburn; Beverley, 1990; Laban et al., 1990). Trabalhos sobre amplificação gênica induzida por fármacos em *Leishmania* spp. levaram ao desenvolvimento de um plasmídio, que passou a ser utilizado na transfecção de DNA (Coderre et al., 1983; Beverley et al., 1984; Beverley; Ellenberger; Cordingley, 1986; Kapler; Coburn; Beverley, 1990). A partir deste momento, foi possível avançar em estudos de genética reversa para estudos fenotípicos, pois construções plasmidiais contendo marcadores de seleção flanqueados por sequências do gene que se deseja estudar passaram a ser utilizadas para substituir o gene normal (ou parte dele) por recombinação genética- *knockout* (Cruz; Beverley, 1990). Foi subsequentemente demonstrado que, em dois ciclos de transfecção, usando dois marcadores de seleção diferentes em cada etapa, é possível gerar mutantes nulos para ambos os alelos (Cruz; Coburn; Beverley, 1991). Assim, diante destas ferramentas genéticas disponíveis, genes selecionados por bioinformática como potencial alvo terapêutico podem ser funcionalmente deletados e avaliados fenotipicamente, confirmando-se ou não essencialidade do mesmo.

Bioinformática e busca de alvos terapêuticos

Os dados genômicos disponíveis associados às tecnologias de manipulação genética dos patógenos fornecem informações básicas sobre funcionalidade, essencialidade e conformidade de genes para o desenvolvimento de fármacos. Com a finalidade de facilitar a assimilação, integração e mineração ("*data mining*") originárias destes estudos, bem como a identificação e priorização de candidatos a alvos terapêuticos, foi desenvolvido um banco de dados para doenças tropicais por meio de um *network* global envolvendo setores públicos e privados. Criou-se, assim, o *TDR Targets Database* em 2007, uma iniciativa que visa integrar uma pletora de informações básicas, tais como, informação genômica, funcional, bioquímica, estrutural, farmacológica e literatura de diversos patógenos com a finalidade de facilitar a identificação de novos alvos terapêuticos (Agüero et al., 2008).

O *TDR Targets Database* inclui informações sobre *L. major e T. cruzi*, além de outros protozoários causadores de diversas doenças (*Trypanosoma brucei, Toxoplasma gondii, Plasmodium vivax, Plasmodium falciparum*), helmintos (*Schistosoma mansoni e Brugia malayi*), bactérias (*Mycobacterium tuberculosis* e *Mycobacterium leprae*) dentre outros (Crowther et al., 2010). Este banco de dados permite acesso rápido sobre o papel de um determinado gene na biologia do patógeno e, consequentemente, seu potencial como alvo terapêutico (www.tdrtargets.org). Se a informação genética de um determinado gene do patógeno de interesse não estiver disponível, é possível obter informações, por exemplo, por meio de ortologia, uma vez que genes ortólogos tendem a serem funcionalmente conservados, mesmo em organismos distantes filogeneticamente como *Leishmania* e leveduras; assim esta inferência é importante, porque muitas vezes o patógeno de interesse apresenta obstáculos para sua manipulação genética, como é o caso de *T. cruzi*. A Tabela 4.3 mostra o número de evidências atualmente acessíveis utilizando o *TDR Target Database*.

A compilação de diversos bancos de dados permite ao pesquisador elaborar complexos questionamentos a fim de garimpar os melhores alvos terapêuticos de acordo com sua própria experiência e formação acadêmica ou mesmo em função da prioridade de sua instituição de pesquisa ou empresa.

Tabela 4.3 – Linhas de evidências acessíveis via *TDR Targets Database**

	Leishmania major	*Trypanosoma cruzi*	*Trypanosoma brucei*
Enzimas	2079	4157	1847
Ensaiabilidade	313	333	347
Estruturas cristalinas	93	82	144
Modelos tridimensionais	3968	7390	–
Filogenia: ausência em mamíferos	5936	15701	6969

*Acesso em: 14 mar. 2016

Podemos exemplificar como esta ferramenta pode ser utilizada formulando o seguinte critério de busca: Encontrar todos os genes de *T. cruzi*, que codifiquem para enzimas com qualquer evidência de essencialidade em organismos modelos, como *Sacharomyces cerevisiae* e, finalmente, possuam estrutura tridimensional resolvida experimentalmente. A Tabela 4.4 mostra os resultados encontrados.

Tabela 4.4 – Lista de genes de *T. cruzi*. (10 de 48 resultados obtidos). Os critérios de seleção utilizados foram: genes de *T. cruzi* codificadores de enzimas, com estrutura tridimensional resolvida experimentalmente e com qualquer evidência de essencialidade em organismos modelos.

Organism	Name	Ortholog group	Product
T. cruzi	Tc00.1047053503897.80	OG4_10463	deaminase, putative
T. cruzi	Tc00.1047053504005.10	OG4_10356	endonuclease III, putative
T. cruzi	Tc00.1047053504105.30	OG4_10109	DNA-directed RNA polymerase III largest subnit, putative
T. cruzi	Tc00.1047053504257.70	OG4_10182	valy-tRNA synthetase, putative
T. cruzi	Tc00.1047053504839.28	OG4_10063	tryparedoxin peroxidase, putative
T. cruzi	Tc00.1047053504839.44	OG4_10063	tryparedoxin peroxidase
T. cruzi	Tc00.1047053505183.80	OG4_10333	signal recognition particle, putative
T. cruzi	Tc00.1047053506195.90	OG4_10238	phosphoglycerate kinase, putative
T. cruzi	Tc00.1047053506195.80	OG4_10482	adenylate kinase, putative
T. cruzi	Tc00.1047053506515.20	OG4_10177	O-sialoglycoprotein endopeptidase, putative

Discussão

As doenças tropicais negligenciadas (DTNs) são doenças causadas por uma variedade de agentes infecciosos causando uma diversidade de condições clínicas nos países localizados entre os trópicos (Molyneux; Malecela, 2011; Choi; Yu; Hong, 2015).

De acordo com a Organização Mundial de Saúde (OMS), as DTNs de maior interesse no cenário brasileiro atualmente são: leishmanioses, doença de Chagas, esquistossomose, dengue, hanseníase, filariose linfática, oncocercose helmintíases transmitidas pelo solo, tracoma e raiva (Lindoso, J. A.; Lindoso, A. A., 2009).

Muitas DTNs são doenças de desenvolvimento lento e pioram progressivamente, podendo causar dor severa, deficiência e desfiguração, com profundo impacto econômico, social e político (Lindoso, J. A.; Lindoso, A. A., 2009; Liese et al., 2014). E embora algumas dessas doenças tenham tratamentos acessíveis e efetivos, muitas requerem tratamentos caros, tóxicos e de difícil administração. Além disso, alguns regimes de tratamentos permanecem inalterados por décadas, podendo haver diminuição da eficácia devido à resistência dos agentes causadores aos fármacos utilizados (Kappagoda; Ioannidis, 2012).

As leishmanioses são um grupo de doenças causadas por mais de 20 espécies de protozoários pertencentes ao grupo *Leishmania* spp (Pinto et al., 2011). As manifestações clínicas incluem leishmaniose cutânea (LC), mucocutânea (LMC) e visceral (LV) ou calazar (Magill, 1995).

A quimioterapia atual para o tratamento das leishmanioses possui limitações como toxicidade, difícil administração e baixa eficácia em áreas endêmicas (Torres et al., 2014). Apesar dos esforços para encontrar novos fármacos contra *Leishmania* spp, o tratamento de primeira escolha ainda é baseado em fármacos que foram desenvolvidos há mais de 60 anos, como os antimoniais pentavalentes, os quais causam efeitos colaterais como hepatotoxicidade e cardiotoxicidade, e tem-se verificado um aumento nos casos de resistência a esses fármacos (Sundar, 2001; Maltezou, 2009).

Outros fármacos estão também disponíveis, como o antibiótico poliênico – anfotericina B (AnfB) e suas formulações lipossomais, a diamina aromática – pentamidina, o antibiótico aminoglicosídico – paromomicina, e a miltefosina. Porém, estes fármacos apresentam uma série de efeitos colaterais desagradáveis (Croft; Olliaro, 2011; Balasegaram et al., 2012; Bhandari et al., 2012; Dorlo et al., 2012).

A doença de Chagas é uma doença parasitária endêmica distribuida em 21 paises, principalmente na América Latina (WHO, 2012), sendo Brasil, Argentina, Chile, Colômbia, Paraguai, Bolivia, Guatemala e Venezuela os países mais afetados (Rey, 2001; Rassi Jr.; Rassi; Marin-Neto, 2010).

Esta doença é causada pelo protozoário hemoflagelado *Trypanosoma cruzi* (Chagas, 1909) e transmitida pelas fezes do inseto triatomíneo, conhecido no Brasil como barbeiro (Carneiro, 1963). O parasito também pode ser transmitido por transfusão sanguínea, via placentária e durante aleitamento materno, ou ainda por meio de transplantes e alimentos processados (Mazza et al., 1936; Camandaroba; Pinheiro Lima; Andrade, 2002; Coura; Castro, 2002).

No final de 1960 e início da década de 1970, dois fármacos começaram a ser utilizados no tratamento da doença de Chagas: nifurtimox e benzonidazol (Coura; Castro, 2002), sendo efetivos na eliminação dos parasitos na fase aguda da doença (Saúde-Guimarães; Faria, 2007). Entretanto, na fase crônica, o tratamento mostra pouca eficácia (Urbina; Docampo, 2003).

A baixa eficácia dos medicamentos supracitados associados à interrupção do tratamento por parte dos pacientes devido aos efeitos colaterais limitou o uso do nifurtimox e benzonidazol. Adicionalmente, diferentes respostas quanto à efetividade do tratamento foram vistas, acredita-se que isso deve-se às diferentes cepas de *T. cruzi*, as quais exibem níveis distintos de susceptibilidade (Urbina; Docampo, 2003; Rassi Jr.; Rassi; Marin-Neto, 2010; Who, 2012; Lana; Tafuri, 2000; Rey, 2001). Com o passar dos anos, o benzonidazol tornou-se a única alternativa para o tratamento, apesar de seus efeitos colaterais apresentados (Urbina; Docampo, 2003).

As leishmanioses e doenças de Chagas apresentam em comum a problemática da quimioterapia. Os fármacos disponíveis para os tratamentos de tais doenças apresentam diversos efeitos colaterais desagradáveis; longo tempo de tratamento, o que muitas vezes acarreta na interrupção deste pelos pacientes, bem como o surgimento de cepas de parasitos resistentes aos fármacos. Visto que essas doenças acometem milhões de pessoas ao redor do mundo, é necessária a identificação de novos compostos para serem introduzidos à quimioterapia.

O crescente interesse no uso de plantas para fins medicinais tem provocado um renovado incentivo pelo conhecimento das características das substâncias delas originadas, incluindo sua estrutura, composição química e propriedades farmacológicas (Foglio et al., 2006). Considerando a extensa e diversificada flora brasileira, há toda uma diversidade química que pode ser explorada para amenizar o problema das doenças negligenciadas. Especificamente para os tripanossomatídeos *Leishmania* e *T. cruzi* existem vários bioensaios disponíveis para triagem inicial para seleção de moléculas interessantes. Soma-se ainda, a disponibilidade de se explorar os genomas destes organismos para seleção de alvos terapêuticos para busca de inibidores mais específicos ou mesmo estudos de estrutura-atividade. As ferramentas atualmente disponíveis facilitam a identificação de alvos específicos desses parasitos, o que diminuiria os efeitos colaterais para os pacientes.

Os organismos marinhos denotam um campo ainda pouco explorado quando comparado aos do ambiente terrestre, e muito ainda desconhecido. Apesar dos esforços terem se intensificado para o isolamento e identificação de compostos com real aplicabilidade nas áreas medicinal, da saúde, farmacêutica ou nutracêutica, poucos são os compostos oriundo de organismos marinhos disponíveis no mercado (Gupta; Abu-Ghannam, 2011).

Como pudemos ver, vários foram os trabalhos que deram um pontapé inicial por meio de *screeenings* com as mais diferentes espécies de diversos lugares do mundo. No entanto, o isolamento de uma molécula que venha somar ou substituir aquelas presentes no mercado apresenta alguns impasses que devem ser levados em consideração, como a presença em quantidade suficiente na amostra para suportar as sucessivas etapas do fracionamento bioguiado.

A coleta dos organismos marinhos torna-se outro fator que deve ser levado em consideração para a obtenção de biomassa suficiente para os estudos. A dinâmica das populações, ocorrências sazonais, variações diárias da maré, abundância no ambiente e até mesmo interferência das mudanças climáticas ano após ano são pontos relevantes no processo de obtenção do material de interesse.

Diante de um composto isolado, caracterizado e com atividade biológica em potencial deve-se fazer uso dos recursos computacionais de modelagem molecular, a fim de alterar a estrutura da molécula sinteticamente para assim potencializar seu efeito previamente adquirido. Tornar disponível um banco de moléculas semissintéticas baseadas em produtos naturais aumentaria as chances de levar ao mercado um novo produto, também provocaria o incremento do número de patentes além de amplificar as informações.

Alguns alvos terapêuticos já vêm sendo explorados como possíveis alvos de novos candidatos à fármacos para o tratamento das leishmanioses e doença de Chagas. Como é o caso do processamento de mRNAs por mecanismos de *trans splicing*, via exclusiva de tripanossomatídeos, o qual o composto NFOH levou à diminuição nos níveis de mRNAs em *T. cruzi*, sugerindo possível interferência deste composto no processamento de mRNAs (Ambrósio et al., 2004; Barbosa et al., 2007). Há também as fosfodiesterases de *L. major*, enzimas cruciais na proliferação e apoptose do parasito (Johner et al., 2006), que foram inibidas pelos flavonoides luteolina e quercetina em bioensaios contra a forma promastigota, provocando parada no ciclo celular na fase G1 e aumentando a apoptose celular (Salem; Werbovetz, 2006).

Os glicossomos mostram-se também como uma via interessante a ser explorada para identificação de novos inibidores. Pesquisas realizadas nas últimas três décadas mostram que compartimentalização de processos metabólicos essenciais e a distância evolutiva entre estes parasitos e o homem faz com que proteínas glicossomais possuam características estruturais e funcionais únicas, podendo estas enzimas corresponder a novos alvos terapêuticos (Galland et al., 2010; Guáldron-López et al., 2013).

Os glicossomos são peroxissomos que possuem a maioria das enzimas da via glicolítica. Adicionalmente, outras vias metabólicas, pelo menos em parte, estão localizadas na matriz destas organelas, tais como a via das pentoses (PPP), síntese dos nucleotídeos-açúcares, via de salvação das purinas, biossíntese das pirimidinas, síntese de esterol/isoprenoide e a β-oxidação dos ácidos graxos. Além disso, funções típicas dos peroxissomos tais como síntese de éter- lipídio e defesa contra espécies reativas de oxigênio (EROs) estão presentes nestas organelas, com exceção da enzima catalase, comum nesta organela, a qual parece ter sido perdida ao longo da evolução (Misset; Bos; Opperdoes, 1986). Sendo assim, diversas enzimas dessas vias metabólicas podem ser exploradas para identificação de novos compostos que sejam mais específicos e causem menos efeitos colaterais.

5
Biocatálise: estratégias para obtenção de substâncias bioativas

Cíntia Duarte de Freitas Milagre
Luna Schlittler dos Santos
Maraylla Inácio de Moraes
Raquel Sabará da Cruz

Biocatálise: fundamentos e o estado da arte

A Natureza é, sem sombra de dúvidas, a maior fonte de inspiração para a síntese de substâncias bioativas. Muitas vezes, estas substâncias necessitam de pequenas transformações estruturais para que seus efeitos benéficos sejam potencializados, para que seus efeitos maléficos como toxicidade e mutagenicidade sejam minimizados ou ainda para melhorar suas propriedades físico-químicas. Nem sempre as posições nas quais as modificações químicas devem ocorrer são ativadas para sofrer as reações disponíveis no arsenal de reações químicas convencionais. Em outras situações, a complexidade estrutural e a falta de seletividade (quimio-, regio- e/ou enantiosseletividade) das reações resulta na formação de subprodutos e necessidade de etapas de purificação, inviabilizando a síntese destas substâncias. Diante deste cenário a Natureza vem, novamente, nos inspirar. As macro e micromoléculas biológicas são sintetizadas nos seres vivos de forma eficiente, com reduzido consumo energético, em sistemas aquosos tamponados assistidas pelos mais potentes catalisadores – as enzimas. Seguindo este modelo, os químicos orgânicos vêm optando cada vez mais pelo uso de enzimas isoladas (purificadas ou extratos) ou células microbianas e vegetais íntegras (selvagens ou geneticamente modificadas) para sintetizar substâncias bioativas. As vantagens e desvantagens de se usar cada um dos tipos de biocatalisadores supracitados pode ser discutida intensamente, mas a escolha final dependerá do tipo de reação e das aplicações pretendidas (Faber, 2011; Fischer; Pietruszka, 2010).

Neste ponto torna-se importante esclarecermos alguns termos relacionados às transformações biocatalíticas que, na maioria das vezes, são usados como sinônimos ou de forma equívoca, gerando confusão ou interpretações incorretas. Segundo Bommarius e Riebel as transformações biocatalíticas são classificadas em: (I) Fermentações, (II) Fermentações precursoras, (III) Biotransformações e (IV) Catálise enzimática, conforme apresentado na Tabela 5.1. Entretanto, a biotransformação e a catálise enzimática têm sido frequentemente empregadas sob o termo Biocatálise, sem distinção entre as mesmas, em virtude da tênue linha que as diferencia em termos de classificação (Bommarius; Riebel, 2004), assim, daqui para frente utilizaremos apenas o termo Biocatálise. Esta área do conhecimento iniciou-se na Europa e Estados Unidos em meados da década de 1970 e amadureceu ao longo dos anos, principalmente com o surgimento das técnicas de biologia molecular, tornando-se hoje bastante consolidada e estratégica do ponto de vista de desenvolvimento sustentável e da Química Verde (Faber, K. 2011). O Brasil também tem contribuído para o desenvolvimento da Biocatálise no cenário mundial, conforme apontado por Birolli e colaboradores (Birolli et al., 2015).

Tabela 5.1 – Característica das transformações biocatalíticas

Transformação Biocatalítica	**Descrição**	**Tipo de fonte de carbono**	**Fonte de nitrogênio**	**Tipo de biocatalisador**
Fermentação	Transforma a matéria-prima utilizada como fonte de carbono (ex: glicose, amido) em produtos alvos mais complexos, utilizando células em crescimento.	C_mH_n	+	Células em crescimento
Fermentação precursora	Inicia com uma substância pré-definida e a transforma, utilizando células em crescimento, no(s) produto(s) desejado(s).	Substância xenobiótica definida	+	Células em crescimento

Continua

Tabela 5.1 – *Continuação*

Transformação Biocatalítica	Descrição	Tipo de fonte de carbono	Fonte de nitrogênio	Tipo de biocatalisador
Biotransformação	Transforma precursores definidos no(s) produto(s) desejado(s) utilizando enzimas ou células em repouso.	Substância xenobiótica definida	–	Células em repouso
Catálise enzimática	Utiliza enzimas (semipurificadas ou extratos)* no(s) produto(s) desejado(s).	Substância xenobiótica definida	–	Enzimas (semipurificadas ou extratos)

*Neste caso, o grau de pureza do extrato enzimático ou da enzima semipurificada deve ser tal que não ocorram reações laterais catalisadas por outra(s) enzimas(s) presente(s) na amostra. As enzimas totalmente purificadas são quase que exclusivamente utilizadas na produção de substâncias farmacêuticas com elevado valor agregado, em função do custo envolvido nas etapas de purificação enzimática

A Biocatálise reúne características que atendem à vários preceitos da química verde (Tabela 5.2) e por isto tem se destacado como uma das principais alternativas ambientalmente sustentáveis quando comparada aos processos químicos tradicionais.

Tabela 5.2 – Correlação entre os 12 princípios da química verde e as vantagens da Biocatálise

Princípios da Química Verde	Características da biocatálise
Prevenção de geração de resíduos	Enzimas são catalisadores muito eficientes
Economia atômica	
Sínteses químicas menos perigosas	Enzimas não apresentam toxicidade como os catalisadores metálicos e organometálicos
Desenvolvimento de produtos químicos mais seguros	
Uso de solventes e auxiliares benignos	As reações podem ocorrer em soluções aquosas tamponadas e solventes verdes (líquidos iônicos, fluidos supercríticos, PEG etc.)
Busca por eficiência energética	As reações geralmente ocorrem à temperatura e pressão ambiente e pH próximo ao fisiológico
Uso de matérias-primas provenientes de fontes renováveis	As enzimas microbianas e vegetais são provenientes de fontes renováveis
Evitar formação de derivados	As enzimas podem ser bastante quimio –, regio –, diastereo – e enantiosseletivas
Catálise	Uso de biocatalisadores
Produtos biodegradáveis	Enzimas são biodegradáveis
Análise em tempo real para prevenção de poluição	
Química segura para prevenção de acidentes	

Os benefícios alcançados com a escolha da Biocatálise como alternativa sintética, principalmente na indústria farmacêutica, de cosméticos e alimentícia também têm sido explorados do ponto de vista do marketing, visando influenciar a escolha de compra dos consumidores finais. Segundo a legislação, um produto obtido por processo biocatalítico é considerado como sendo "natural" (Santos; Porto; Omori, 2012). Assim, os produtos obtidos por meio de rotas biocatalíticas são apresentados aos consumidores com adjetivos tais como produtos "verde". "ecologicamente corretos". "sustentáveis". "livre de metais pesados" que agregam enorme valor aos produtos e às respectivas marcas.

Neste capítulo abordaremos como os biocatalisadores são capazes de realizar transformações químicas sem precedentes dentro da química orgânica e produzir substâncias complexas, bioativas e que não seriam facilmente obtidas por meio de reações de sínteses orgânicas tradicionais (Figura 5.1). Para tanto selecionamos os flavonoides, os terpenos e os esteroides, entre as diversas classes de produtos naturais, para integrar e exemplificar a discussão. Este é um tema bastante amplo e de forma alguma pretendemos esgotar o assunto. Pelo contrário, a proposta é estimular os pesquisadores, em especial aqueles da área de produtos naturais, a incorporar em suas linhas de pesquisa a utilização das substâncias isoladas de extratos vegetais ou microbianos, como material de partida para reações biocatalíticas visando obter novas substâncias ou substâncias já conhecidas, porém agregando valor às mesmas.

Figura 5.1 – Obtenção de produtos naturais bioativos por meio de processos biocatalíticos.

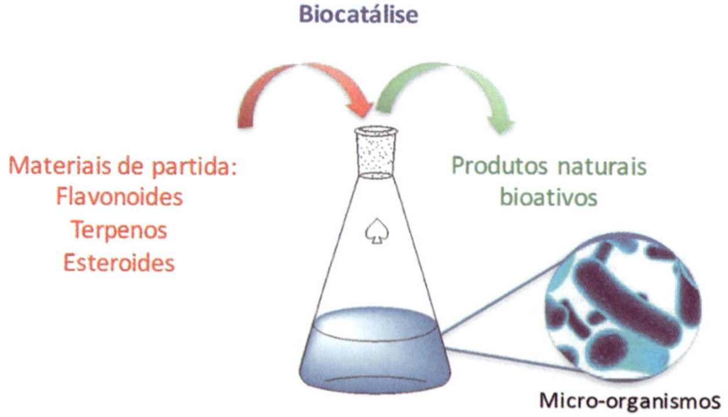

Fonte: Arquivo próprio dos autores

Flavonoides

Características gerais

Os flavonoides são metabólitos secundários pertencentes a uma classe de compostos polifenólicos que ocorrem em uma grande variedade de plantas e podem ser encontrados nas sementes, frutas, cascas, raízes, folhas e flores. São biossintetizados a partir da via dos fenilpropanoides participando de importantes funções no crescimento, desenvolvimento e na defesa dos vegetais contra o ataque de patógenos (Wang et al., 2010; Kumar; Pandey, 2013).

A estrutura básica de um flavonoide consiste em um esqueleto de 15 carbonos distribuídos em dois anéis aromáticos (A e B) e um anel pirano (C) acoplado ao anel A (Figura 5.2).

Figura 5.2 – Núcleo básico de um flavonoide.

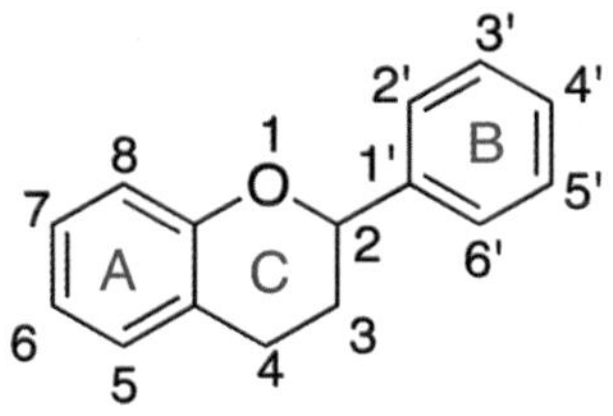

Fonte: Kumar; Pandey, 2013

Esses compostos podem ser subdivididos em algumas classes, sendo as principais: flavonas, flavanonol, flavanonas, flavonois, isoflavonas e antocianinas. As diversas classes de flavonoides diferem entre si no nível de oxidação e no padrão de substituição do anel C, enquanto os compostos dentro de uma mesma classe diferem entre si no padrão de substituição dos anéis A e B (Figura 5.3) (Kumar; Pandey, 2013). Frequentemente nos carbonos 3', 4', 5', 5 e 7 há presença de grupos hidroxila, metila, prenila, isoprenila e metoxila. A solubilidade desses compostos em água aumenta à medida que há substituintes hidroxila, enquanto a maior substituição por grupos metila, prenila, e/ou isoprenila aumenta a hidrofobicidade dos mesmos (Karabin et al., 2015). Atualmente mais de 4000 quimiotipos de flavonoides já foram identificados.

Figura 5.3 – Classificação dos flavonoides

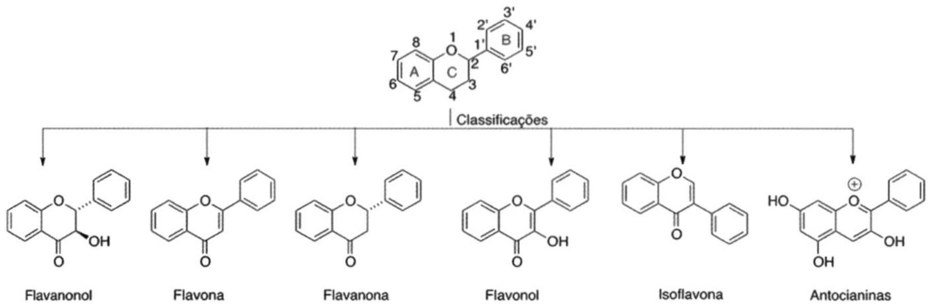

Fonte: Arquivo próprio dos autores

Os flavonoides exibem uma vasta gama de atividades biológicas, tais como, atividade antioxidante, hepatoprotetora, antibacteriana, anti-inflamatória, anticarcinogênica entre outras, sendo que tais atividades estão diretamente associadas às estruturas desses compostos. Em função da grande variedade de propriedades e da possibilidade de aplicações tanto na área farmacêutica como cosmética, é crescente o interesse por essa classe de compostos. Neste sentido a Biocatálise apresentam-se como ferramenta estratégica de grande potencial na produção de novos padrões estruturais de flavonoides bioativos (Cao et al., 2006).

Uma das aplicações da Biocatálise na química dos flavonoides está associada ao melhoramento da solubilidade e estabilidade desses compostos em meios polares e não polares, uma vez que tais características restringem a incorporação dessas substâncias em muitas formulações. Por exemplo, os flavonoides glicosilados têm solubilidade limitada em meios lipofílicos enquanto os flavonoides prenilados exibem baixa biodisponibilidade como consequência de sua reduzida permeabilidade na membrana celular (Wang et al., 2010).

Estudos da relação entre a estrutura química destes compostos e sua atividade biológica tem sido investigada por diversos pesquisadores, sendo que reações biocatalíticas são uma das principais estratégicas sintéticas (Viskupicová; Sturdík; Ondrejovic, 2009). As enzimas mais utilizadas para estas biotransformações correspondem às classes das hidrolases (lipases, celulases e proteases), oxidorredutases (lacases e peroxidases), transferases e isomerases (Wang et al., 2006). Durante a biotransformação de flavonoides, a natureza da enzima, o solvente empregado na reação e a estrutura do flavonoide afetam diretamente parâmetros reacionais como o rendimento, o número de produtos formados e suas proporções relativas (Wang et al., 2010).

As principais reações biocatalíticas nos flavonoides são a acilação e a glicosilação. A reação de acilação torna esses compostos mais hidrofóbicos melhorando não apenas sua solubilidade em diversos meios (por exemplo, bases para cremes e pomadas) como também aumentando a estabilidade e atividade antioxidante dos mesmos. A reação de glicosilação reforça o caráter hidrofílico dessas substâncias pela adição de uma ou mais unidades glicosídicas (Chebilet al., 2006). As reações de *O*-metilação e a polimerização enzimática também merecem destaque e serão abordadas a seguir. Outras importantes reações de biotransformação em flavonoides como hidroxilação, desidroxilação, *O*-desmetilação, desglicosilação, desidrogenação, hidrogenação, ciclização, redução de carbonilas, sulfatação e cloração foram apresentadas e discutidas por Cao et al (Cao et al., 2015).

Biotransformações de flavonoides

Reações de acilação

A preparação de derivados lipofílicos de flavonoides via esterificação de grupos hidroxila com moléculas alifáticas pode ser empregada como uma ferramenta útil a fim de aumentar a solubilidade desses compostos visando aplicações na indústria farmacêutica, cosmética e de alimentos. Entretanto, a utilização de métodos de acilação química convencional gera uma mistura de produtos com vários graus de esterificação uma vez que esses métodos apresentam baixa regiosseletividade (Mellou et al., 2005). Assim, a utilização de enzimas livres ou células microbianas íntegras apresentam como vantagens sua alta regiosseletividade, que resulta em maior facilidade de purificação dos produtos além de permitir uma síntese em condições ambientalmente compatíveis (Figura 5.4). Nas reações de acilação é importante evitar a hidrólise do produto gerado, assim o uso de meios não aquosos é crucial. Os solventes orgânicos como acetona, 2-metil-butan-2-ol, acetonitrila e sistemas binários destes estão entre os principais solventes orgânicos utilizados nestas reações. O uso de líquidos iônicos, fluidos supercríticos e polímeros hidrossolúveis como uma alternativa de solvente "verde" têm sido empregados com sucesso. A temperatura é outro fator determinante nestas reações e está diretamente relacionada à termoestabilidade e temperatura ótima da enzima responsável pela bioconversão. Apesar de haver relatos de biotransformações variando entre 30-100 °C, a temperatura usual para estas reações gira em torno de 60 °C em função da maior estabilidade enzimática nesta temperatura (Viskupicová; Sturdík; Ondrejovic, 2009).

Figura 5.4 – Acilação regiosseletiva em flavonoides catalisada por lipase CAL-B

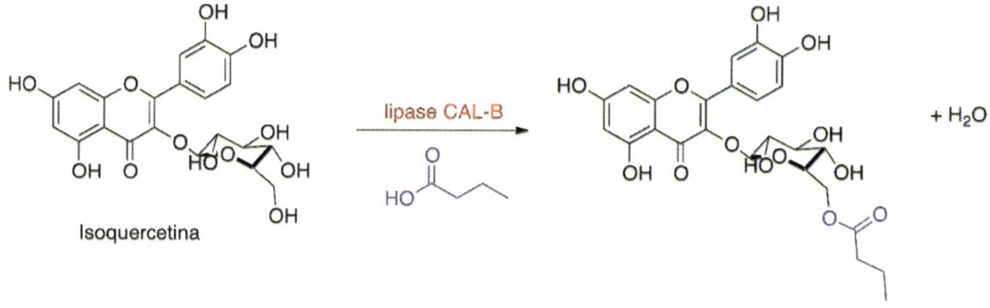

Fonte: Adaptado de Viskupicová; Sturdík; Ondrejovic, 2009

A lipase B de *Candida antarctica* (CAL-B) mostrou-se bastante regiosseletiva ao catalisar modificações estruturais que aumentaram a lipofilicidade destes flavonoides, porém sem prejudicar sua atividade biológica. Isto acontece porque esta enzima é capaz de promover a acilação de flavonoides especificamente em sua porção glicosídica, não afetando o núcleo flavonoide, responsável por sua atividade antioxidante (Mellou et al., 2005).

A CAL-B pertence à superfamília de α/β hidrolases, possui 317 resíduos de aminoácidos e uma tríade catalítica constituída pelos aminoácidos serina (S), ácido aspártico (D) e histidina (H) (S-D-H) (Viskupicová; Sturdík; Ondrejovic, 2009). Uma proposta para o mecanismo de acilação enzimática catalisada pela CAL-B é apresentado no Figura 5.5 (DE Oliveira et al., 2009).

Na maioria das vezes as enzimas utilizadas na acilação de flavonoides estão na forma imobilizada, uma vez que a imobilização pode melhorar a estabilidade enzimática, facilitar a recuperação do produto final e permitir o reuso do biocatalisador. Além disso, a imobilização pode aumentar a resistência da enzima à inativação por diferentes agentes desnaturantes, como por exemplo os solventes orgânicos empregados nestas reações. (Wang et al., 2010).

Figura 5.5 – Proposta mecanística para a acilação de flavonoides catalisada por CAL-B evidenciando os 2 intermediários tetraédricos e a enzima acilada

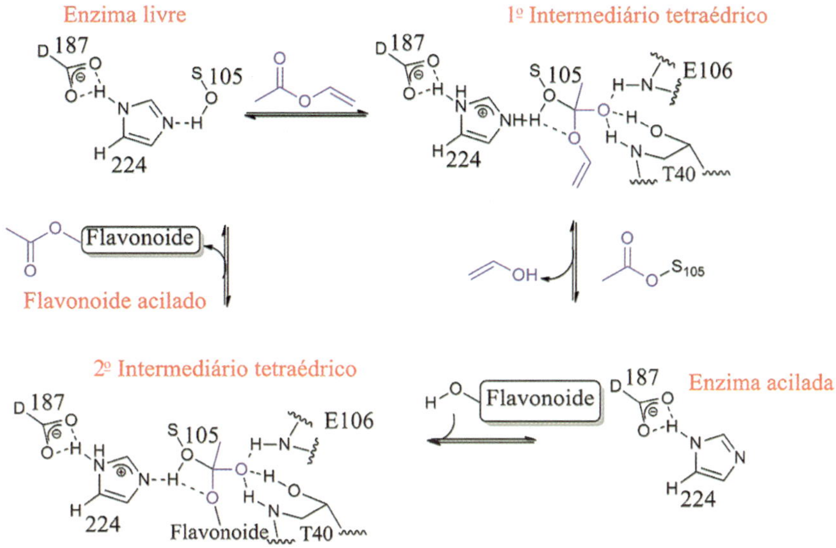

Fonte: Adaptado de DE Oliveira et al., 2009

Além da CAL-B outras enzimas podem ser empregadas para promover a acilação de flavonoides, entre elas a subtilisina e a carboxilesterase. No entanto, a CAL-B é a mais utilizada devido à sua baixa especificidade por substratos, boa atividade catalítica e elevada regiosseletividade (Viskupicová; Sturdík; Ondrejovic, 2009).

Reações de glicosilação

A glicosilação ocorre, geralmente, como a última etapa na biossíntese de flavonoides, sendo que as glicosiltransferases são as enzimas responsáveis por catalisar o acoplamento de uma unidade de sacarídeo à aglicona correspondente (Figura 5.6).

A glicosilação promove o aumento na solubilidade dos flavonoides em soluções aquosas e contribui para melhorar sua estabilidade (Xiao; Muzashvili; Georgiev, 2014). Estudos recentes demonstraram que a maioria dos flavonoides com importância clínica são glicosilados como, por exemplo, a rutina (Xiao; Muzashvili; Georgiev, 2014). Outro exemplo interessante é o xanthohumol, uma prenilchalcona isolada do lúpulo, que apresenta atividade antineoplásica, antiviral e antibacteriana e, no entanto, sua aplicação é consideravelmente restringida devido à baixa solubilidade em água. Uma das maneiras de reverter esse problema é por meio da glicosilação desse composto. O xanthohumol pode ser regiosseletivamente glicosilado na posição C-4' originando o xanthohumol 4'-O-β-D-glicopiranosídeo, xanthohumol 4'-O-β-D-(4'''-*O*-metil)-glicopiranosídeo e o isoxanthohumol 7-O-β-glicopiranosídeo por fungos como *Absidia coerulea*, *Rhizopus nigricans*, *Beauveria bassiana* e *Mortierella mutabilis* (Figura 5.7) (Tronina et al., 2013).

Figura 5.6 – Representação esquemática de uma glicosilação enzimática

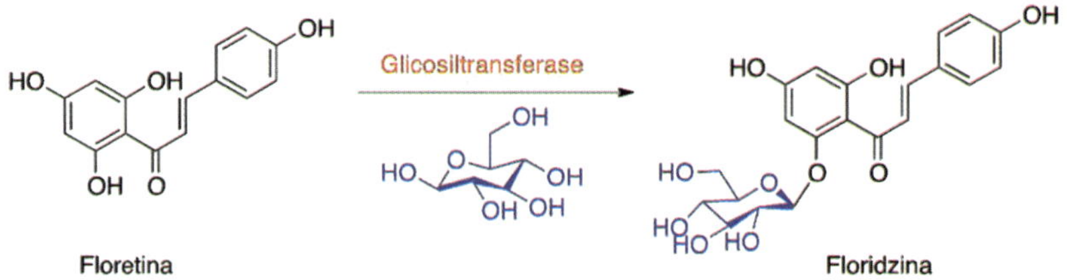

Fonte: Adaptado de Xiao; Muzashvili; Georgiev, 2014

Figura 5.7 – Bioglicosilação do xanthohumol, catalisada por diferentes fungos filamentosos

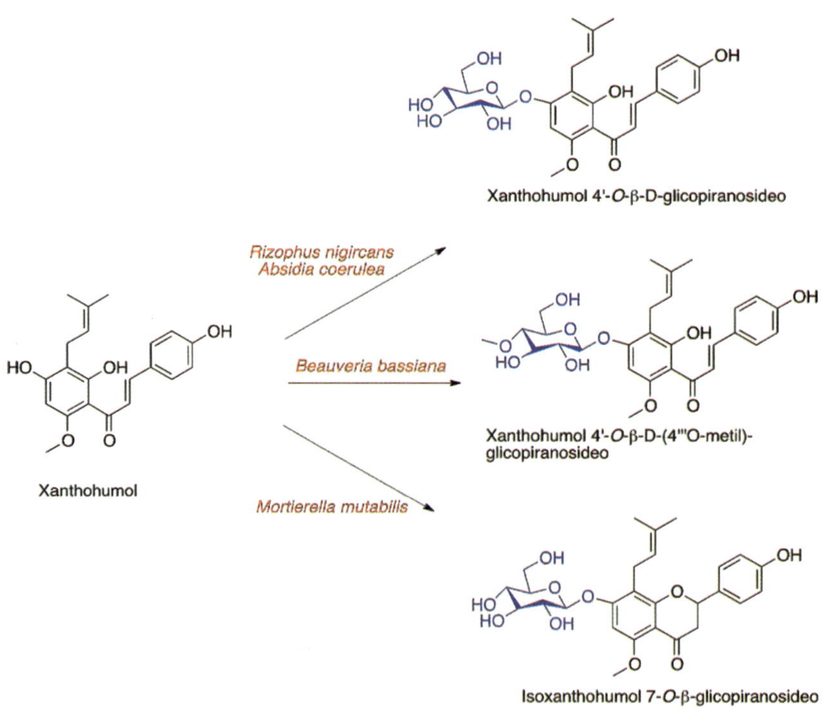

Fonte: Tronina et al., 2013

A síntese de flavonoides glicosilados inclui tanto a produção de substâncias inéditas ainda não isoladas na natureza, quanto a produção de compostos glicosídicos já conhecidos em quantidades suficientes para produção em larga escala (Xiao; Muzashvili; Georgiev, 2014). Diversas ferramentas de bioquímica e biologia molecular têm sido utilizadas para a obtenção de flavonoides glicosilados. Através da engenharia genética é possível obter genes modificados de glicosiltransferases, os quais após expressão em linhagens de *E. coli* produzirão a enzima de interesse em quantidade suficiente para a glicosilação de diferentes flavonoides.

Reações de *O*-metilação

A *O*-metilação de flavonoides é uma modificação enzimática muito comum, catalisada por *O*-metiltranferases (OMT), enzimas que realizam a transferência de um grupo metila de uma *S*-adenosil-L-metionina para um grupo hidroxila da molécula aceptora do grupo metila. *O*-metiltranferases já foram isoladas de diversas plantas e caracterizadas, sendo que a maioria dessas enzimas possui alta especificidade para seus substratos. Em geral, as reações de *O*-metilação são bem mais abundantes na natureza que as reações de *C*-metilação. (Karabin et al., 2015).

A *O*-metilação de flavonoides influencia diretamente na biodisponibilidade oral desses compostos. Esta é a principal reação para a proteção de grupos hidroxila livres produzindo derivados que são menos sensíveis ao metabolismo hepático, o que resulta na melhora significativa da biodisponibilidade oral dos mesmos (Karabin et al., 2015). Além disto, alguns estudos já demonstraram que a *O*-metilação frequentemente resulta em derivados com melhores propriedades biológicas. Os efeitos biológicos de flavonoides *O*-metilados são dependentes da posição em que a mesma ocorre, por exemplo, a 3-*O*-metilquercetina apresenta atividade antiviral, enquanto a 7-*O*-metilquercetina é capaz de inibir a formação das proteínas β-amiloide que são as principais componentes das placas amiloides, envolvidas na doença de Alzheimer (Figura 5.8). A biotransformação da quercetina no correspondente composto 7-metoxilado, catalisada por *O*-metiltransferases isoladas de algodão (*Populos deltoids*), apresenta elevada regiosseletividade formando o produto desejado com 80% de conversão, em 24 horas de reação (Karabin et al., 2015).

Figura 5.8 – Regiosseletividade da reação de O-metilação na quercetina catalisada por micro--organismos diferentes

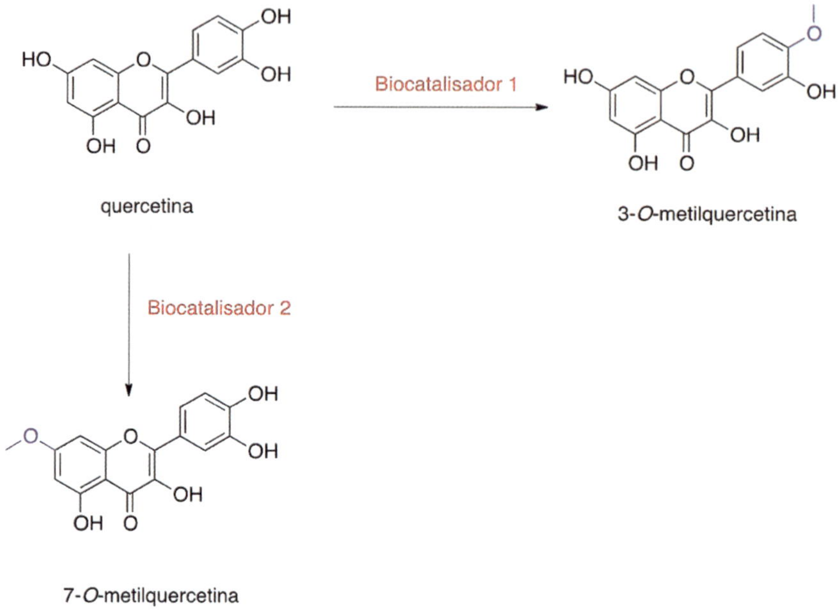

Fonte: Adaptado de Karabin et al., 2015

Estudos baseados na conversão da naringerina catalisada por 4'-*O*--metiltransferase isolada da soja levaram à expressão do gene que codifica essa enzima em *E. coli*. A enzima demonstrou habilidade em transferir um grupo metila para flavonoides contendo grupos hidroxila na posição 4' do anel B. Alguns micro-organismos apresentando *O*-metiltransferase já foram descritos na literatura, entre eles a bactéria *Streptomyces griseus* e o fungo *Beauveria bassiana*. Foi demonstrado que ambos micro-organismos são capazes de metilar a posições C-3' da quercetina, entretanto apenas a *B. bassiana* também realiza a glicosilação da hidroxila na posição 7'. A bactéria *Streptomyces griseus* também é capaz de promover reações de *O*-metilação na luteolina e baicaleina formando os respectivos derivados 3'- e 6'-*O*--metoxilados crisoeriol e a baicaleina (Figura 5.9) (Karabin et al., 2015; Cao et al., 2006).

Figura 5.9 – Biotransformação da luteolina e baicaleina empregando *Streptomyces griseus*

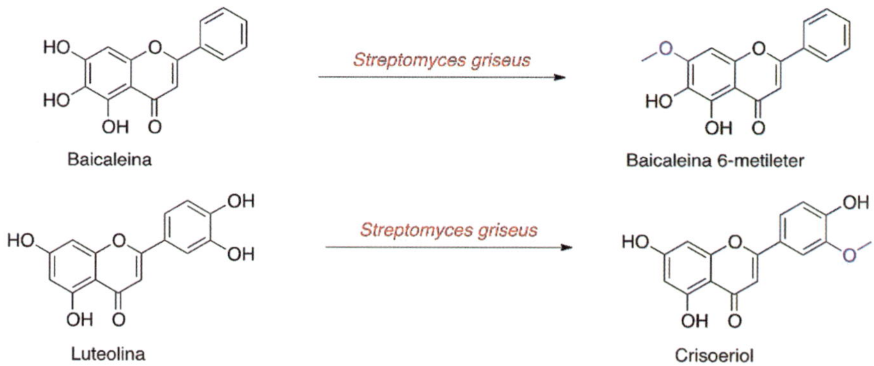

Fonte: Adaptado de Karabin et al., 2015

Reações de polimerização

Apesar da grande variedade de efeitos biológicos e farmacológicos promovida pelos flavonoides, o tempo de meia vida desses compostos é limitado a um curto período de tempo quando *in vivo*. Além disso, alguns flavonoides são capazes de gerar espécies reativas de oxigênio como o peróxido de hidrogênio (Kurisawa et al., 2003). Estudos comprovaram que flavonoides com elevada massa molecular apresentam melhorias em suas propriedades fisiológicas bem como maior tempo de meia vida. Com base nessas observações, a polimerização de flavonoides se mostra uma estratégia promissora para sintetizar polímeros de flavonoides (Bruno et al., 2012).

Por exemplo, a polimerização da catequina, um flavonoide encontrado em abundância no chá verde, foi realizada via reação oxidativa empregando diferentes enzimas como a peroxidase e a lacase (Figura 5.10). A lacase é uma enzima que pode ser encontrada em fungos como o *Myceliophthora thermophila*. Essa enzima contém cobre em seu sítio ativo e faz uso do oxigênio como agente oxidante na polimerização oxidativa. Comparativamente à peroxidase, a lacase é mais ambientalmente amigável uma vez que catalisa a reação de polimerização sem a necessidade de utilizar peróxido de hidrogênio como agente oxidante (Kurisawa et al., 2003). As catequinas polimerizadas apresentaram maior atividade antioxidante e maior inibição da xantina oxidase quando comparadas ao monômero de catequina, demonstrando potencial de aplicação da terapêutica como agentes protetores contra uma vasta gama de radicais livres (Kurisawa et al., 2003; Bruno et al. 2012).

Figura 5.10 – Representação esquemática de um dos possíveis produtos de polimerização enzimática da catequina

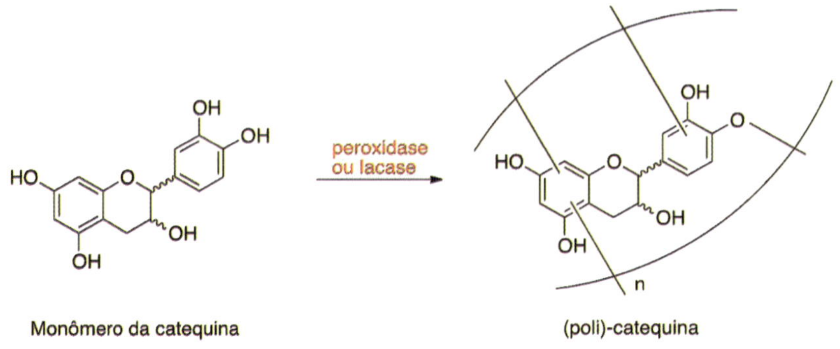

Fonte: Bruno et al., 2012

Terpenos

Características gerais

Dentre as classes de produtos naturais de ampla ocorrência em plantas superiores estão os terpenos (Gonzáles-Coloma et al., 2011). Esses compostos podem ser encontrados também em organismos marinhos, algas, micro-organismos e em menor extensão em fungos (Hill; 2012). Os terpenos constituem uma grande e estruturalmente diversificada família de substâncias naturais derivadas do isopreno. Atualmente mais de 22 mil quimiotipos de terpenoides são conhecidos e classificados como hemiterpenos (C_5), monoterpenos (C_{10}), sesquiterpenos (C_{15}), diterpenos (C_{20}), sesterterpenos (C_{25}), triterpenos (C_{30}) e tetraterpenos (C_{40}) (Dewick, 2009; Parshikov; Netrusov; Sutherland, 2012). Mono e sesquiterpenos são os principais componentes dos óleos essenciais, enquanto os outros terpenos são componentes de bálsamos, resinas, ceras e borrachas (Muffer et al., 2011).

Ervas e plantas superiores que contêm terpenos e seus derivados oxigenados têm sido utilizadas no setor de perfumaria e fragrância durante séculos. Os terpenos têm atraído cada vez mais atenção comercial por causa do seu papel na prevenção e terapia de várias doenças, incluindo o câncer. Alguns terpenos atuam como inseticidas naturais e agentes antimicrobianos, propriedades que podem ser úteis para o armazenamento de produtos agrícolas e como bloco de construção para a síntese de compostos de alto valor agregado (Carvalho; Fonseca, 2006; Parshikov; Netrusov; Sutherland, 2012).

Biotransformação de Terpenos

Monoterpenos

Os monoterpenoides consistem em duas unidades de isopreno que podem estar dispostos em padrões cíclicos ou acíclicos. Eles são biotransformados por bactérias e fungos tais como *Aspergillus niger*, *Diplodia gossypina*, *Botrytis* allii, *Glomerella cingulata*, *Armillaria mellea*, *Streptomyces bottropensis*, *Rhizoctonia solani*, *Cephalosporium aphidicola*, *Penicillium italicum*, *Picea abies*, *Curvularia luneta* e outros (Bhatti; Khera, 2014; Lindmark-Henriksson et al., 2004; Hegazy et al., 2015). Dentre as transformações microbianas de monoterpenoides, as de maior interesse são aquelas que produzem derivados hidroxilados que podem ser utilizados na síntese estereoespecífica de compostos bioativos (Parshikov; Netrusov; Sutherland, 2012). Esmaeili e Hashemi (2011) descreveram a biotransformação do mirceno pela bactéria *Pseudomonas aeruginosa* PTCC 1074. Neste estudo foram observadas a ação de enzimas da classe das oxidorredutases que levaram à formação dos compostos de oxidação diidrolinalool (79,5%) e α-terpineol (7,7%), sendo este último obtido pela epoxidação da ligação dupla C=C seguida de abertura redutiva do epóxido. Além destes, observou-se a formação do produto de redução total das ligações duplas C=C, o 2,6-dimetiloctano (90,0%) após 3 dias de reação (Figura 5.11).

Figura 5.11 – Biotransformação do mirceno por *Pseudomonas aeruginosa*

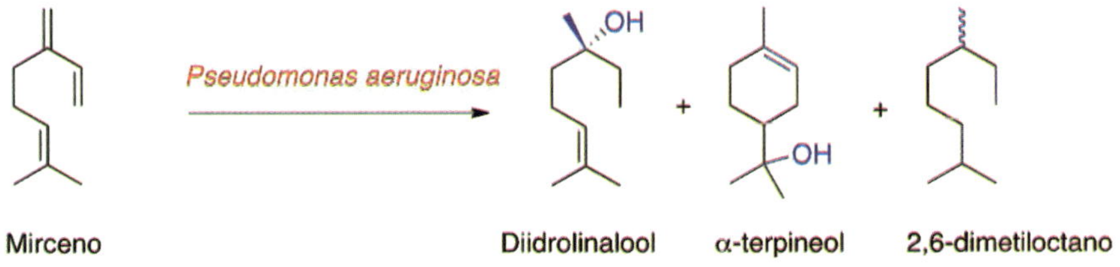

Fonte: Adaptado de Esmaeili; Hashemi, 2011

Outro abundante terpenoide que tem atraído a atenção de pesquisadores quanto às reações de biotransformação é a carvona. Os principais produtos da biorredução da (*R*)-carvona foram relatados na literatura como diidrocarvona, carveol e diidrocarveol/neodiidrocarveol (Silva; Stambuk;

Nascimento, 2012). Nunes e colaboradores (2013) investigaram a biotransformação dos enantiômeros (*R*) e (*S*) da carvona por três diferentes micro-organismos *Lasiodiplodia theobromae, Trichoderma harzianum* e *Mucor circinelloies* (Figura 5.12).

Figura 5.12 – Monoterpenos obtidos da biotransformação microbiana da carvona

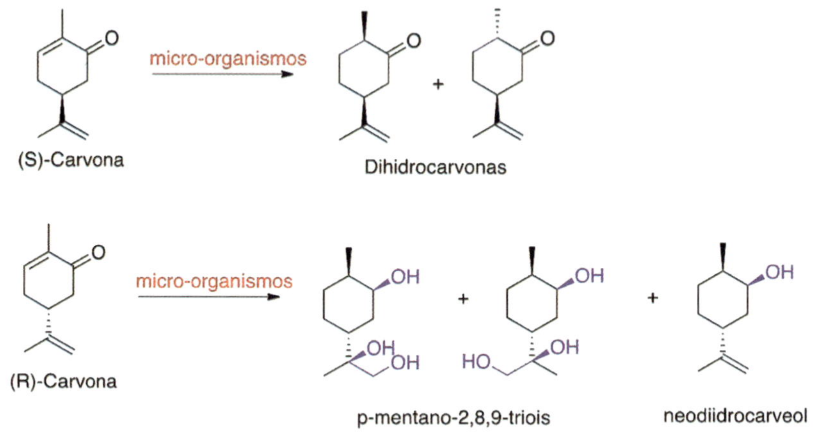

Fonte: Adaptado de Nunes et al., 2013

A biotransformação da (*S*)-carvona catalisada por *M. circinelloides* gerou apenas o produto de redução diidrocarvona. Entretanto, quando utilizou-se o enantiômero (*R*)-carvona como substrato observou-se a formação do produto de biotransformação *p*-mentano-2,8,9-triol, que também foi obtido pela biotransformação da (*S*)-carvona por *L. theobromae*. Este foi o primeiro relato de obtenção do *p*-mentanotriol via biotransformação. Na biotransformação do enantiômero (*R*)-carvona por *T. harzianum* o único produto obtido foi o neodiidrocarveol. Estes resultados exemplificam a estereoespecificidade dos diferentes micro-organismos frente aos enantiômeros da carvona e comprovam o potencial biotecnológico do emprego de reações de biotransformação para obtenção de blocos construtores quirais.

Uma importante ferramenta para modulação das reações biocatalíticas é a imobilização dos biocatalisadores (células inteiras ou enzimas isoladas). A imobilização de biocatalisadores permite que compostos xenobióticos e tóxicos às células possam ser utilizados como material de partida nas reações de biotransformação, evita a inibição enzimática provocada pelos produtos ou pelo material de partida, além de permitir o reuso do biocatalisador. A levedura *Rhodotorula minuta* foi utilizadas tanto em sua forma livre quanto imobilizada em alginato de cálcio para catalisar a biorredução do L-(-)-citronelal em L-(-)-citronelol (Velankar; Heble, 2003). Variáveis como temperatura, pH e período de incubação foram avaliados para máxima obtenção de biomassa. A imobilização das células em esferas de alginato possibilitou o reuso do biocatalisador por 3 ciclos sem perda de eficiência no processo. Estes resultados são promissores quando pensamos no escalonamento do processo (Figura 5.13).

Figura 5.13 – Biotransformação do citronelal por *Rhodotorula minuta*

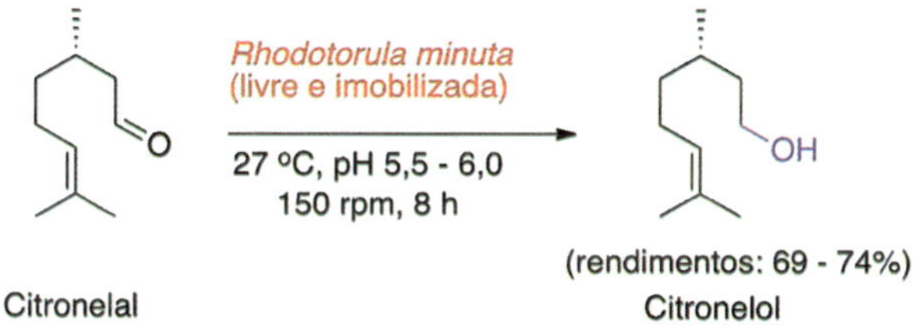

Fonte: Adaptado de Velankar; Heble, 2003

Sesquiterpenos

Os sesquiterpenoides são formados por três unidades isoprênicas e encontrados em muitas plantas e insetos como agentes de defesa ou feromônios (Parshikov; Sutherland, 2014). Estes compostos ainda apresentam propriedades anti-inflamatórias e têm sido utilizados no tratamento de diversas doenças, incluindo câncer, doenças cardiovasculares e malária (Huang et al.,2012; Parshikov; Sutherland, 2014).

Um importante representante desta classe de compostos é a artemisinina, uma lactona sesquiterpênica com um grupo 1,2,4-trioxano, isolada da planta *Artemisia annua*. A artemisinina é o principal ingrediente ativo utilizado no tratamento da malária. A grandeza deste composto fica evidenciada pelo Prêmio Nobel de Medicina ou Fisiologia de 2015 que laureou a pesquisadora chinesa Youyou Tu por seus trabalhos com a artemisinina (Nobel Prize, 2015). Uma das estratégias na busca por derivados mais potentes e que sejam ativos em cepas resistentes de *Plasmodium falciparum* consiste na biotransformação da artemisinina por cepas microbianas selvagens ou modificadas geneticamente (Liu et al., 2006; Musharraf et al., 2010; Parshikov; Netrusov; Sutherland, 2012). Algumas espécies de micro-organismos como: *Nocardia corallina, Penicillium chrysogenum, Aspergillus niger, Aspergillus flavus, Cunninghamella echinulata, Umbelopsis ramanniana*, *Streptomyces griseus* e outras foram relatadas em reações de biotransformação da artemisinina (Asakawa; Noma, 2010a).

O fungo *Cunninghamella elegans* ATCC 9245 foi capaz de biotransformar a artemisinina em quatro diferentes derivados hidroxilados: 7-β-hidroxi-9-α-artemisinina, 4α-hidroxideoxiartemisinina, 7β-hidroxiartemisinina e 6β-hidroxiartemisinina (Figura 5.14) (Parshikov; Netrusov; Sutherland, 2012, Asakawa; Noma, 2010).

Figura 5.14 – Biotransformação da artemisinina por *Cunninghamella elegans*

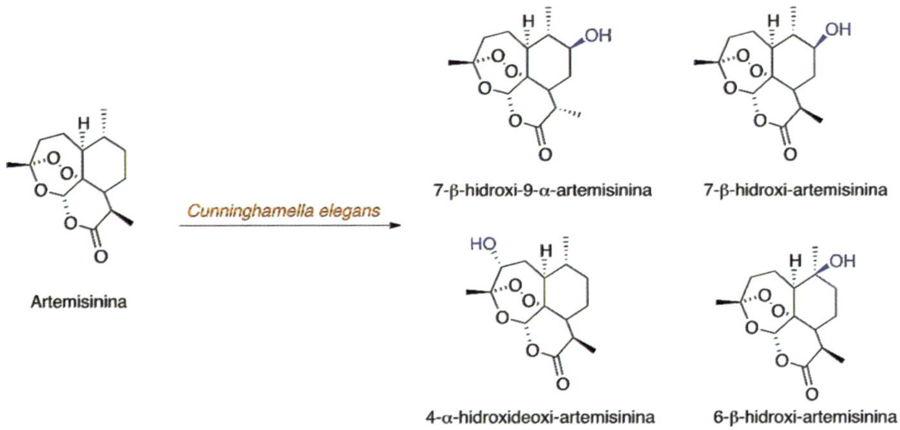

Fonte: Parshikov; Netrusov; Sutherland, 2012; Asakawa; Noma, 2010

A biotransformação da artemisinina por *Cunninghamella echinulata* AS 33400 e *Aspergillus niger* AS 3795 forneceu a 6-β-hidroxiartemisinina e 4-α-hidroxidesoxiartemisinina, respectivamente, enquanto na reação com *Mucor polymorphosporus* os produtos obtidos foram o 7-β-hidroxiartemisinina e dois outros produtos hidroxilados (Zhan et al., 2002). Embora alguns destes produtos de biotransformação apresentem menor atividade antimalárica quando comparados à artemisinina, eles têm sido avaliados quanto à outras atividades farmacológicas e os resultados têm se mostrado promissores (Parshikov; Netrusov; Sutherland, 2012, Asakawa; Noma, 2010).

Diterpenos

Diterpenos são compostos constituídos por quatro unidades de isopreno em diversos arranjos e podem ser encontrados em resinas de plantas. Vários processos biocatalíticos utilizando diterpenos como materiais de partida foram relatados nos últimos anos, especialmente os labdanos, caurenos, estemodanos, sacculatanos, taxanos e abietanos (Asakawa; Noma, 2010b; Parshikov; Sutherland, 2014, Haridy et al 2006).

Muitos destes compostos têm propriedades medicinais, como por exemplo o Taxol (paclitaxel), produzidos pelas árvores do teixo, e utilizado clinicamente no tratamento de câncer de ovário, mama, cabeça e pescoço. Uma das principais formas de obtenção do paclitaxel é por meio de semissíntese, uma vez que a sua extração direta das cascas do teixo é inviável em função das quantidades extraídas (Liu et al., 2015). Uma das estratégias de semissíntese para obtenção do paclitaxel envolve o intermediário chave DT (10-desacetiltaxol) que após sofrer reação de acetilação fornece o produto desejado, paclitaxel. O composto DT por sua vez pode ser obtido a partir da hidrólise do seu derivado glicosilado XDT (7-b-xilosil-10-desacetiltaxol). A Figura 5.15 mostra a bioconversão do XDT (7-b-xilosil-10-desacetiltaxol) no DT (10-desacetiltaxol) catalisada por enzimas hidrolíticas (glicosídeo hidrolases) extraídas do fungo *Lentinula edodes* e modificadas geneticamente.

Figura 5.15 – Produção do paclitaxel a partir da hidrólise do XDT catalisada por glicosídeo hidrolases extraídas do fungo *Lentinula edodes*

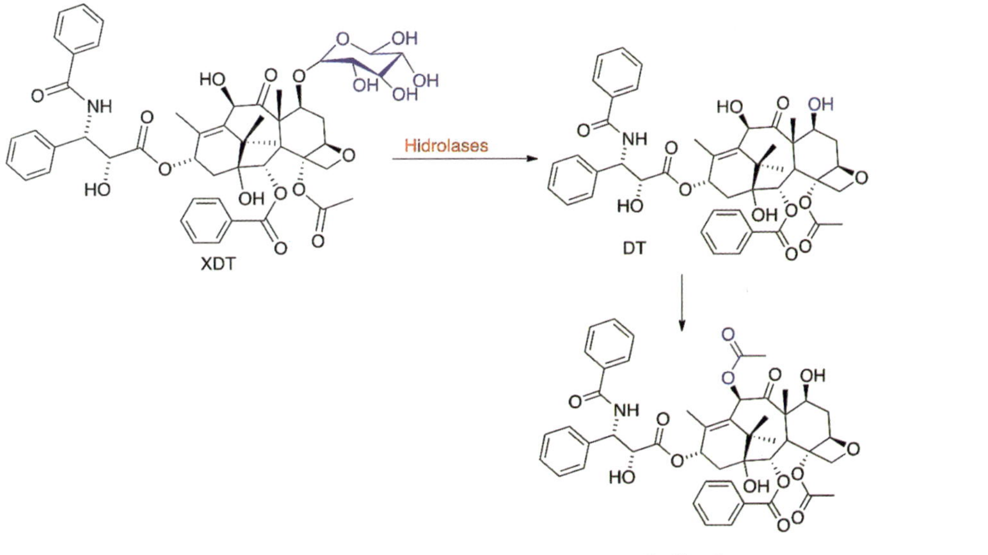

Fonte: Adaptado de Liu, 2015

Triterpenos

Os triterpenos formam a maior e mais comum classe de metabólitos secundários no reino vegetal. Todos os triterpenoides originam-se biogeneticamente do esqualeno, um álcool de sesquiterpeno, e são compostos estruturalmente diversos exibindo cerca de 200 esqueletos carbônicos distintos. Estes compostos têm sido estudados quanto à suas atividades antineoplásica, anti-inflamatória, antiulcerogênica, antimicrobiana, antiviral (anti-HIV), hepato e cardioprotetora, analgésica, antimicótica e imunomoduladora (Martinez et al., 2013; Shah et al., 2014, Parra et al., 2009, Muffler et al., 2011).

O lupeol é um triterpenoide pentacíclico, pertencente à classe dos lupanos, e tem sido objeto de estudos de reações de biotransformação (Figura 5.16). Dependendo do micro-organismo utilizado o lupeol gera os produtos de oxidação, com rendimentos variando de 11 a 26,7 % (Bhatti; Khera, 2014; De Carvalho et al., 2010; Shah et al., 2014).

Figura 5.16 – Biotransformação do lupeol por *A. ochraceus* e *M. rouxii*

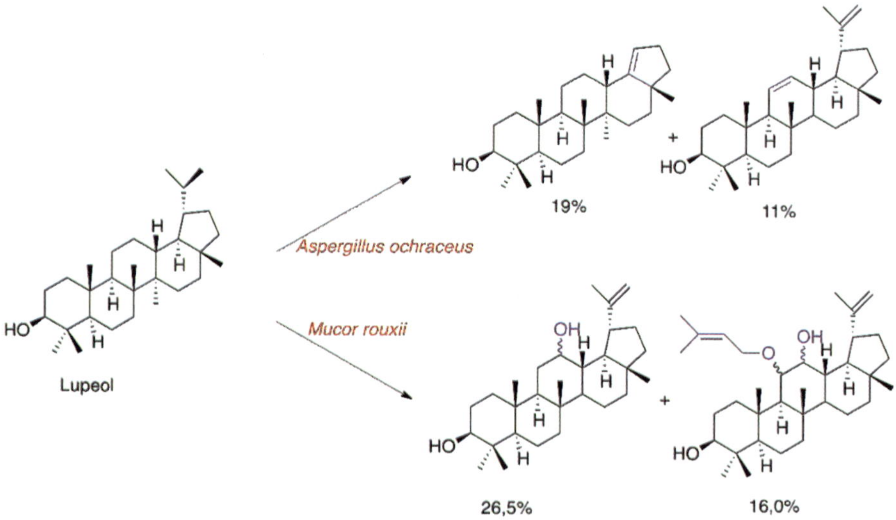

Fonte: Bhatti; Khera, 2014

Um outro exemplo interessante envolve o triterpenoide ácido ursólico que apresenta atividade antimalárica. A introdução de grupos hidroxila nos carbonos saturados neste composto seria dificilmente bem-sucedida com as metodologias químicas disponíveis. Entretanto, é importante que derivados oxidados do ácido ursólico sejam produzidos para que estudos das relações estrutura-atividade sejam realizados, a fim de se obter novos compostos com potencial atividade antimalárica para o arsenal terapêutico. Neste sentido foram realizadas biotransformações do ácido ursólico com o fungo endofítico *Umbelopsis isabelina,* isolado da planta *Hurpezia serrata.* Os resultados mostram que este fungo endofítico foi capaz de catalisar reações de hidroxilação e transferência de ligações duplas C-C no ácido ursólico gerando os compostos 3β-hidroxi-urs-11-eno-28,13-lactona, 3β,7β-diidroxi-urs-11-eno-28,13-lactona e 1β,3β-diidroxi-urs-11-eno-28,13-lactona (Figura 5.14) (Fu et al., 2011).

Figura 5.17 – Biotransformação do ácido ursólico por *Umbelopsis isabelina*

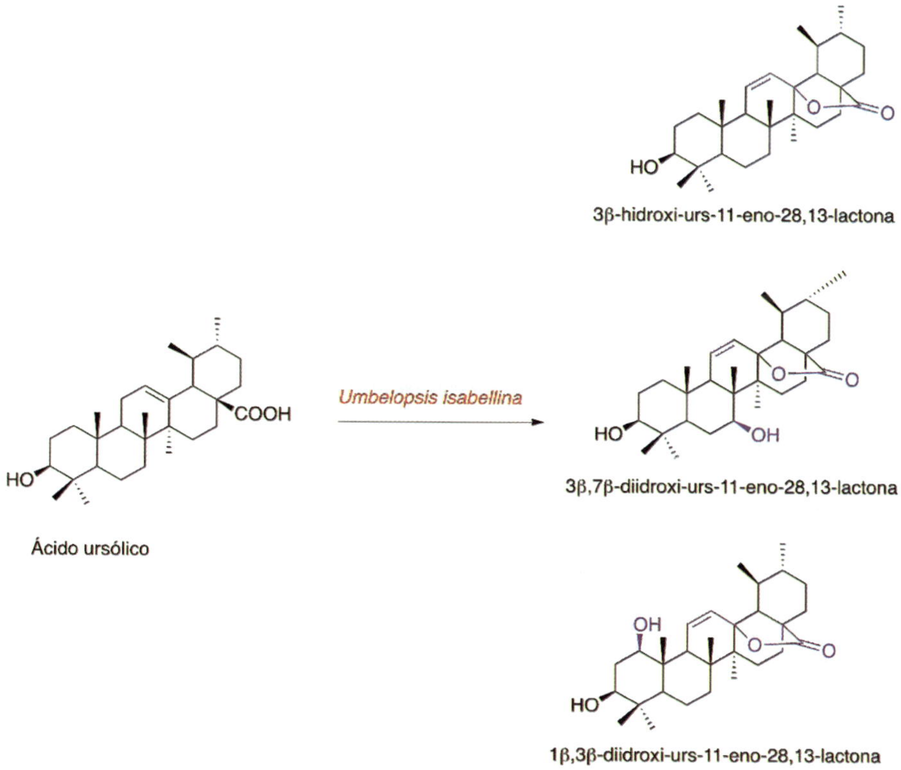

Fonte: Fu et al., 2011

Esteroides

Características gerais

Os esteroides possuem um esqueleto básico contendo 17 átomos de carbono dispostos sob a forma de um núcleo cíclico (núcleo esterano ou gonano) formado por quatro anéis cicloalcanos (A-D) (Figura 5.18) (Bhatti; Khera, 2012). Estes compostos apresentam grande variação estrutural e a atividade biológica dos mesmos é dependente do padrão de substituição do seu esqueleto básico: o tipo de substituinte, o número de substituições, a posição dos grupos funcionais substituintes no núcleo gonano e o estado de oxidação dos anéis. Por exemplo, a presença de um oxigênio no C-11 (posição β) é crucial para atividade inflamatória, a presença do grupo funcional hidroxila na posição C-17 (posição β) determina as atividades dos androgênios, a aromatização do anel A resulta em efeitos estrogênicos, corticoides tem uma porção de 3-oxo-5-eno e pregnanos possuem a cadeia lateral em C-17 (Fragkaki et al., 2009; Funder, 2010).

Figura 5.18 – Esqueleto básico dos esteroides e principais representantes da classe

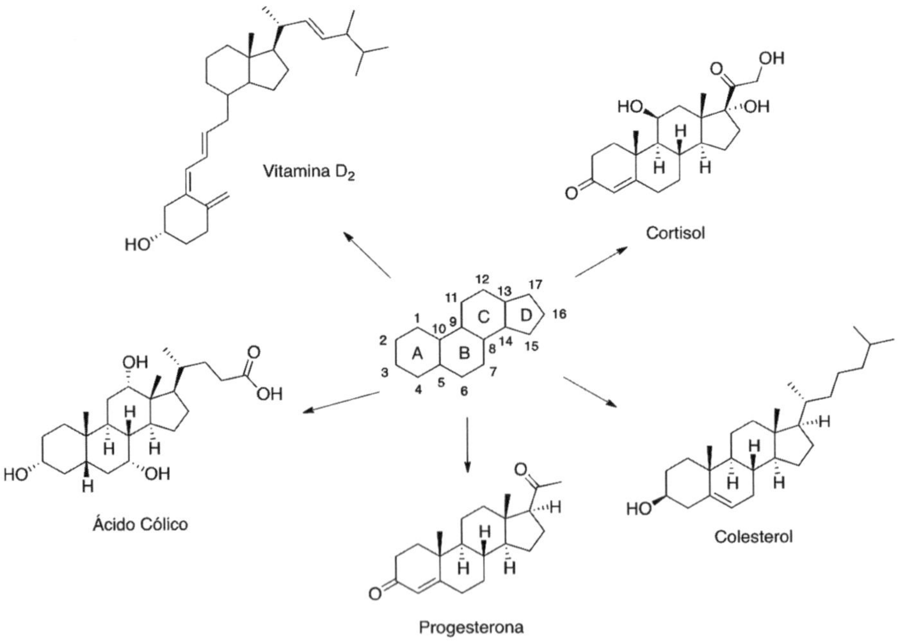

Fonte: Bhatti; Khera, 2012

Alguns compostos de importância vital tais como a vitamina D_2, os ácidos biliares, o colesterol, hormônios sexuais, hormônios corticoides e antibióticos pertencem à classe dos esteroides (Tong; Dong, 2009). No organismo os esteroides atuam como reguladores fisiológicos, hormônios, provitaminas além de serem importantes constituintes das membranas celulares, essenciais para a sua estabilidade, crescimento e reprodução. Os compostos com esqueleto esteroidal ocupam a segunda maior categoria de produtos comercializados pela indústria farmacêutica, ficando atrás somente dos antibióticos. Os fármacos com esqueleto esteroidal apresentam atividades anti-inflamatória, imunossupressora, progestacional, diurética, anabolizantes e contraceptiva (Mahato; Mazumder, 1995; Tuba et al., 2000; Ko et al., 2000). Os esteroides também têm sido utilizados para o tratamento de algumas formas de câncer de mama e de próstata (Siemes et al., 2000; Diaz-Chico et al., 2007), no tratamento de insuficiências renais (Hohnston, 1987), na prevenção de doenças coronarianas (Frye; Leonard, 1987), como agentes antifúngicos (ChunG et al., 1998), como agentes antiobesidade (Suzuki et al., 1988) e no tratamento da Aids (Dombrowski et al., 2000).

Esta classe de compostos pode ser sintetizada quimicamente, porém esse é, frequentemente, um processo não trivial e dispendioso devido à sua grande complexidade estrutural. Em contrapartida, a funcionalização de carbonos em posições não ativadas do núcleo gonano pode ser catalisada por micro-organismos, e, assim, a produção comercial de esteroides geralmente envolve ao menos uma etapa de biotransformação microbiana.

Biotransformações de esteroides

As principais reações de biotransformação de esteroides consistem em reações de hidroxilação, oxidorredução e degradação de sua cadeia lateral (Bureik; Bernhardt, 2007; Pádua et al., 2005; Pádua et al., 2007). Os primeiros estudos bem-sucedidos de biotransformação de esteroides foram realizados em 1937 por Mamoli e Vercellone, que observaram a biorredução de 17-cetoesteroides em 17-β-hidroxiesteroides durante uma biotransformação com células de leveduras em crescimento (Figura 5.19).

Figura 5.19 – Biorredução de 17-cetoesteroides utilizando leveduras

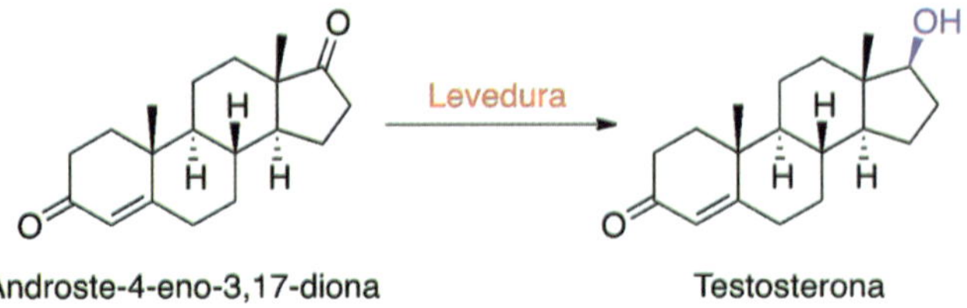

Fonte: Charney; Herzog, 1967

Hechter e seus colaboradores, em 1949, reportaram a 11-β-hidroxilação da desoxicorticosterona em corticosterona utilizando a glândula adrenal bovina (Figura 5.20). A realização desta reação por meio de reações químicas convencionais é bastante difícil por se tratar de uma posição não ativada. Além disto, a inserção do átomo de oxigênio na posição 11 é crucial para a bioatividade deste composto. Consequentemente, os resultados obtidos por Hetcher e colaboradores inspiraram os cientistas da época a buscarem micro-organismos capazes de catalisar a reação de 11-β-hidroxilação em esteroides (Hogg, 1992).

Figura 5.20 – Biotransformação esteroides gerando produtos 11-β-hidroxilados

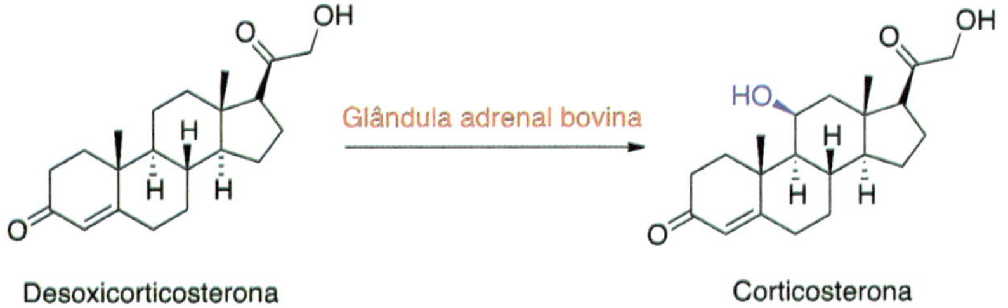

Fonte: Hechter et al., 1949

A partir da década de 1950, os estudos envolvendo a biotransformação de esteroides foram impulsionados com o reconhecimento de que o fungo filamentoso *Rhizopus arrhizus* era capaz de introduzir uma hidroxila na posição C-11α da progesterona diminuindo drasticamente o número de etapas para a síntese da cortisona e da progesterona (Hogg, 1992). Esses estudos criaram um grande incentivo para a obtenção da cortisona por esta via alternativa mais eficiente do que a extração de cápsulas suprarrenais bovina.

O processo químico da síntese da cortisona a partir do ácido desoxicólico era realizado inicialmente por meio de 31 etapas, sendo um processo longo, com etapas envolvendo condições drásticas de reação, baixos rendimentos e economicamente pouco viável (Hogg, 1992). Peterson e Murray reportaram em 1952, a reação de 11-α-hidroxilação da progesterona em uma única etapa utilizando o fungo *Rhizopus arrhizus*, à 37 °C, utilizando água como solvente e à pressão atmosférica e com elevado rendimento (Figura 5.21).

Figura 5.21 – Reação de 11-α-hidroxilação da progesterona

Fonte: Peterson; Murray, 1952

Na natureza, a interconversão regio- e estereosseletiva de álcoois secundários de compostos esteroidais em cetonas é catalisada por enzimas oxidorredutases dependentes de NAD(P)H, conhecidas como hidroxiesteroide desidrogenases (HSDHs) (Maser, 1995; Moghrabi; Andersson, 1998). As HSDHs têm sido exploradas nas biotransformações seletivas de ácido biliares, como o ácido cólico, o ácido quenodesoxicólico e o ácido ursodesoxicólico (Figura 5.22). Estes compostos possuem aplicações farmacêuticas importantes relacionadas com a sua capacidade de solubilizar cálculos biliares de colesterol.

Figura 5.22 – Ácidos biliares utilizados como substratos para as HSDHs

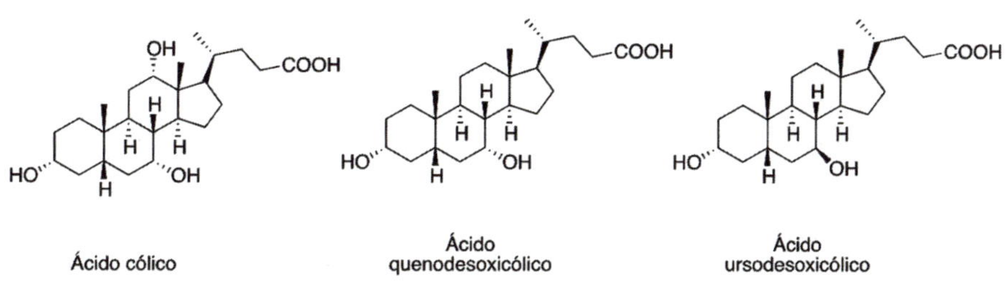

Fonte: Monti et al., 2011

Utilizando diferentes enzimas HSDHs na biorredução do ácido desidrocólico foi possível sintetizar derivados hidroxilados de forma regio- e estereosseletiva, em meio aquoso e com regeneração dos NAD(P)(H) *in situ* conforme apresentado no Figura 5.23.

Figura 5.23 – Redução regio- e estereosseletiva do ácido desidrocólico catalisada por diferentes HSDHs

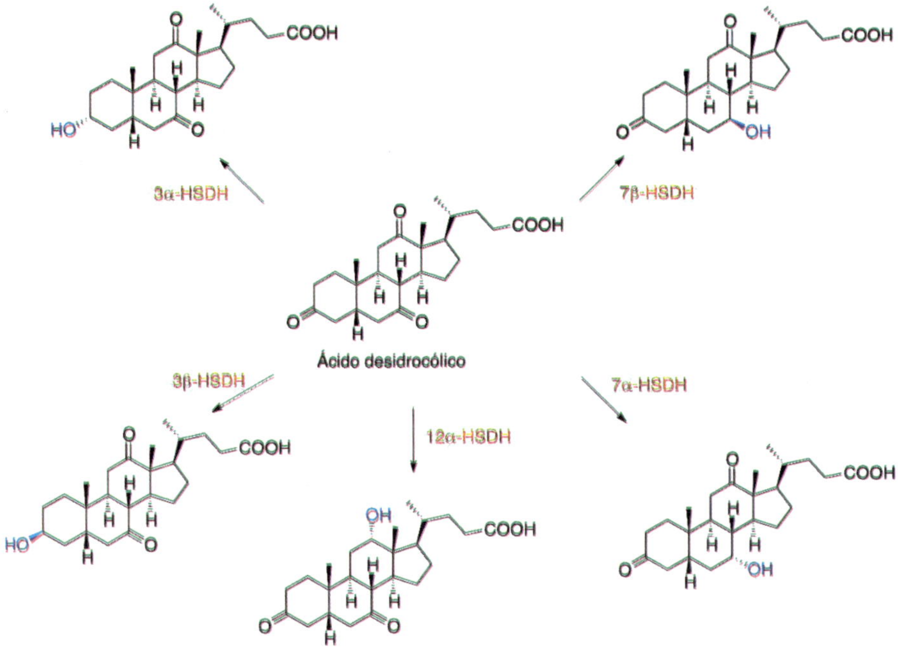

Fonte: Monti et al., 2011

O ácido 12-cetoquenodesoxicólico é um intermediário chave na via química industrial para a transformação do ácido cólico no seu derivado bioativo ácido ursodesoxicólico. O ácido 12-cetoquenodesoxicólico foi preparado em apenas uma etapa, catalisada por uma enzima 12α-HSDH a partir do ácido cólico (Figura 5.24). O ácido 12-ceto quenodesoxicólico foi obtido em escala de multiquilograma, em um reator de membrana no qual a enzima 12α-HSDH foi reutilizada por vários ciclos (até 50 ciclos), o que torna o processo bastante interessante do ponto de vista econômico (Riva et al., 1986; Carrea et al., 1984; Carrea et al., 1985).

Figura 5.24 – Preparação do ácido 12-cetoquenodesoxicólico

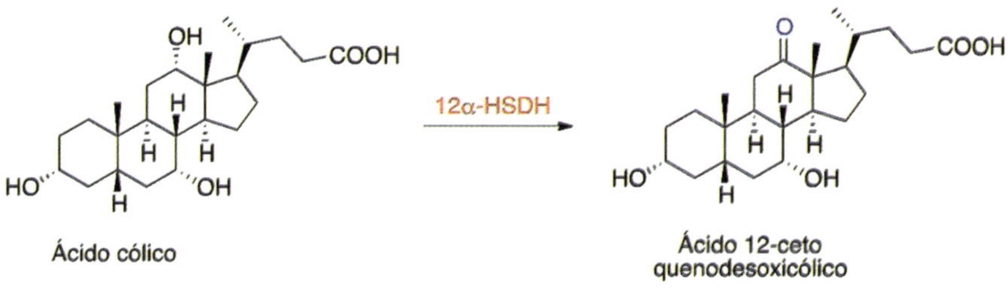

Fonte: Riva et al., 1986

O uso de enzimas isoladas em reações de oxirredução de esteroides tem se tornado mais comum com o desenvolvimento de processos para regeneração de cofatores, porém a aplicação de células inteiras como biocatalisadores ainda é muito utilizada. As células inteiras não só são utilizadas em reações multienzimáticas, onde as vantagens do uso das mesmas são evidentes, mas também em todas as reações que requerem reciclagem de cofatores como as reações de oxidações de grupos hidroxilas, nas reações de desidrogenação de ligações C-C ou ainda nas reações de hidrogenação de duplas ligações C-C (Shah et al., 2013).

As actinobacterias (*Arthrobacter simplex*, *Nocardioides simplex* entre outros) são comumente utilizadas na indústria para catalisar reações de 2-desidrogenação em esteroides (Donova et al., 2007). Esta reação é conhecida desde a década de 1950, porém algumas novas aplicações foram descritas na última década. Bie et al. (2008) relataram a reação de desidrogenação da metiltestosterona fornecendo a metandienona em alto rendimento utilizando o micro-organismo *Arthrobacter simplex* AS1.94 em sistema bifásico (água: solvente orgânico) (Figura 5.25). A estratégia do uso de meios não convencionais, como por exemplo os solventes orgânicos (n-hexano, butanol, éter etílico etc.), em reações de biotransformação são especialmente úteis quando há problemas relacionados à solubilidade dos materiais de partida nos sistemas aquosos. Entretanto, cuidados têm que ser tomados para que o solvente orgânico não seja demasiado tóxico provocando inativação ou morte das células microbianas. Em muitas situações a imobilização do biocatalisador em matrizes adequadas pode contornar este problema de forma bem-sucedida.

Figura 5.25 – Oxidação regio- e estereosseletiva do ácido desidrocólico catalisada por diferentes HSDHs

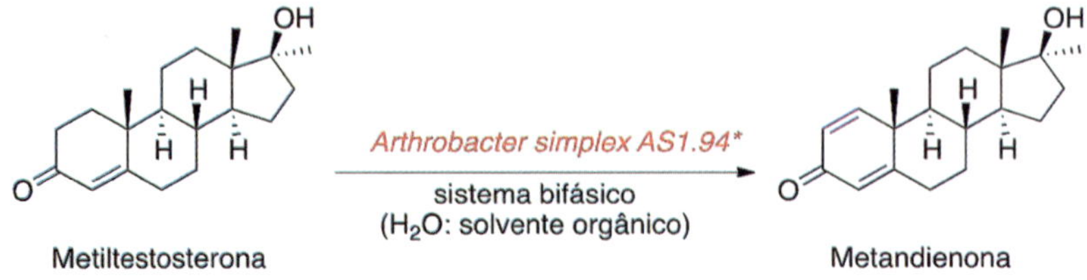

Fonte: Bie et al., 2008

Em relação à seletividade, nem sempre estas biotransformações apresentam elevada quimiosseletividade e reações indesejadas podem ocorrer como por exemplo, a reação de redução da carbonila no C-20 durante a redução da prednisolona, utilizando células inteiras do fungo *Streptomyces roseochromogenes* TS79 (Figura 5.26) (Fokina et al., 2003, Zhang et al., 2011).

Figura 5.26 – Reação de desidrogenação da Prednisolona utilizando *Streptomyces roseochromogenes* TS79

Fonte: Zhang et al., 2011

A reação de hidroxilação é uma das reações de funcionalização de esteroides mais importantes. Os produtos dessa reação, esteroides hidroxilados, comumente apresentam atividade biológica maior quando comparada aos esteroides não hidroxilados análogos, como por exemplo o derivado de 7α-hidroxi-DHEA que exibi propriedades imunoprotetoras e imunorreguladoras extremamente superiores quando comparadas com o DHEA não-hidroxilado (Figura 5.27).

Figura 5.27 – Estrutura das moléculas DHEA e 7α-hidroxi-DHEA

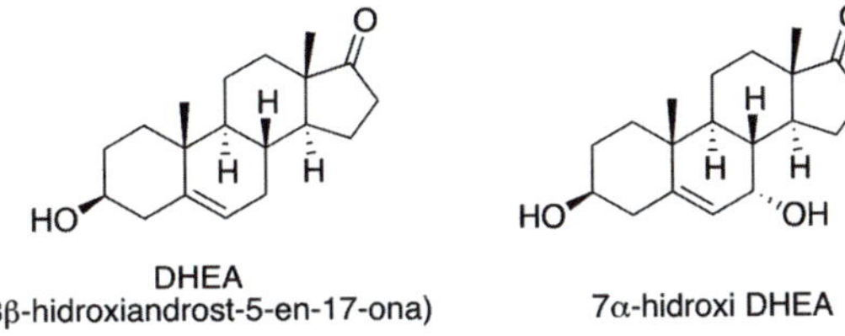

Fonte: Janeczko et al., 2009

As enzimas responsáveis pela catálise na reação de hidroxilação de esteroides são as esteroide hidroxilases que pertencem ao complexo multienzimáticos do citocromo P450. Exemplos de reações de hidroxilação da testosterona utilizando esteroides hidroxilases bacterianas são apresentadas na Figura 5.28. Hidroxilações nas posições C-9α, C-16α, C-2α do esteroide e na posição C-25 da cadeia lateral são relatadas utilizando micro-organismos do gênero Actinobacteria. Reações de hidroxilação na posição C-11β de 11-desoxicorticosterona 6-substituídas foram relatadas para os micro-organismos das famílias *Pseudonocardineae* (gêneros *Lentzea, Saccharothrix, Amycolatopsis, Saccharopolyspora*), *Streptomycineae* (*Streptomyces hygroscopicus* VKM Ac-831) e *Streptosporangineae* (*Nonomuraea* spp.).

Figura 5.28 – Estrutura da testosterona com destaque para os carbonos não ativados suscetíveis a sofrer reações de hidroxilação catalisadas por esteroides hidroxilases bacterianas

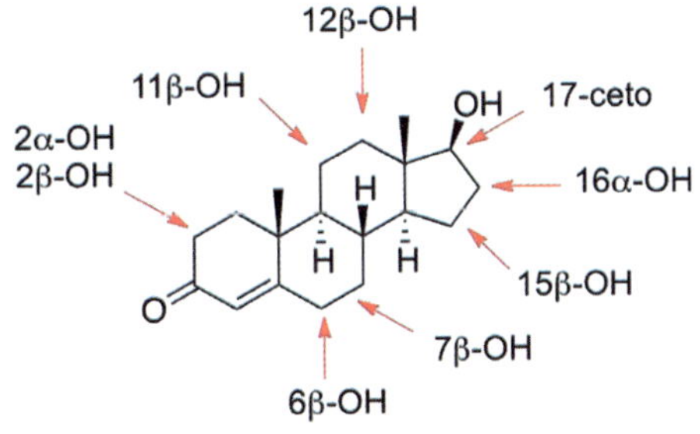

Fonte: Donova; Egorova, 2012

Na última década, foram realizados progressos significativos no campo da expressão heteróloga de enzimas P450 *esteroidogênicas* em micro-organismos. Uma conquista é a expressão de várias hidroxilases de mamíferos na levedura *Saccharomyces cerevisiae* resultando na produção de hidrocortisona a partir de glicose (Szczebara et al., 2003).

As tendências atuais nos estudos de hidroxilação catalisada por micro-organismos focam a busca de novos biocatalisadores capazes de realizar reações muito importantes para a indústria de esteroides (hidroxilação nas posições 7α, 9α, 11α,11β, 16α, 17α), a produção de novos hidroxiesteroides com propriedades terapêuticas mais potentes, o efeito da estrutura do esteroide sobre a posição de inserção do grupo hidroxila e a construção de novos biocatalisadores utilizando engenharia genética.

Desafios e perspectivas

Como observado ao longo deste capítulo as reações biocatalíticas são ferramentas eficazes para a preparação de novos compostos bioativos que seriam difíceis de se preparar por métodos sintéticos convencionais. O emprego de micro-organismos modificados geneticamente e o uso de enzimas isoladas fornece um método alternativo para o suprimento de produtos naturais de alto valor agregado que ocorrem naturalmente em baixos níveis ou que são de difícil isolamento. Assim, a modificação das propriedades físico-químicas e biológicas dos compostos de origem natural por meio de modificações estruturais catalisadas por enzimas provenientes de fontes renováveis, em condições brandas de reação e em sistemas aquosos, apresentando ainda elevada seletividade contribui para tornar a indústria farmoquímica mais sustentável, atendendo ao apelo das pressões públicas no que tange à poluição ambiental provocada por este setor industrial.

Apesar dos significativos progressos no desenvolvimento de sistemas de biocatalisadores mais eficientes, ainda existe uma grande necessidade por novas metodologias, especialmente em relação à engenharia de proteínas e ensaios de triagens enzimáticas de alta eficiência, para a produção de produtos naturais bioativos e seus derivados.

Um dos maiores problemas enfrentados nas reações biocatalíticas, que geralmente ocorrem em sistemas aquosos, é relativo à lipofilicidade do substrato, como por exemplo no caso de esqueletos esteroidais. A baixa solubilidade destes compostos ocasiona uma diminuição na sua disponibilidade para a célula microbiana (biocatalisador) diminuindo dessa maneira a conversão do substrato em produto. Os esforços realizados para melhorar as taxas de bioconversões têm sido baseados em micronização do substrato, emulsificação assistida por agentes tensoativos, uso de sistemas solventes orgânicos, polímeros líquidos, ou ciclodextrinas, bem como combinações desses diferentes métodos. Outros inconvenientes como o efeito de inibição, ou mesmo o efeito da toxicidade do substrato ou do produto para o micro-organismo podem ser contornados com a imobilização dos biocatalisadores e seleção de linhagens tolerantes a altas concentrações dos substratos e/ou produtos.

Apesar das dificuldades citadas anteriormente, a Biocatálise é parte principal da "Biotecnologia Industrial" e em combinação com o uso de produtos primários renováveis levará a uma indústria química e farmacêutica mais sustentável (Fischer; Pietruszka, 2010).

6
Moluscicidas naturais

Iracy Lea Pecora
Rodrigo Araújo de Souza

Introdução

O filo Mollusca é o segundo filo com a maior diversidade de espécies, perdendo apenas para Arthropoda (Brusca, R. C.; Brusca, G. J., 2007). Inclui animais que servem de alimento (mariscos, lulas e caracóis) ou ornamentação, distribuindo-se pelos ambientes aquáticos de diferentes salinidades, bem como o terrestre, onde haja umidade suficiente.

Alguns moluscos, no entanto, participam do ciclo biológico de parasitas, sendo vetores de doenças humanas e de animais, ou ainda, podem trazer prejuízos à economia agrícola (Neves et al., 2001).

No Brasil, os moluscos vetores de doenças são: 1) os caramujos límnicos *Biomphalaria glabrata* Say, 1818, *Biomphalaria tenagophila* Orbigny, 1835 e *Biomphalaria. straminea* Dunker, 1848, transmissores da Esquistossomose Mansônica (Barriga d'água), cujo agente etiológico é o verme *Schistosoma mansoni* Sambon, 1907 (Neves et al., 2001); 2) os caramujos límnicos *Lymnaea columella* Say, 1817, *Lymnaea viatrix* Orbigny, 1835 e *Lymnaea cubensis* Pfeiffer, 1839 transmissores da Fasciolose, cujo agente causal é *Fasciola hepatica* Linnaeus, 1758, tendo, entretanto, importância veterinária maior do que para a espécie humana (Neves et al., 2001); 3) um grupo de moluscos límnicos e terrestres que participa da transmissão de nematódeos do gênero *Angiostrongylus*: *Angiostrongylus costaricensis* Morera e Céspedes,

1971, agente causal da angiostrongilíase abdominal e *Angiostrongylus cantonensis* Chen, 1935, agente etiológico da meningoencefalite (ou meningite) eosinofílica (Neves et al., 2001). Este grupo de moluscos engloba organismos com ou sem concha, que apresentam diferentes sensibilidades naturais aos parasitas que, associadas à abundância das espécies, resulta nos diversos graus de envolvimento na transmissão dessas doenças. Dentre os moluscos envolvidos com a transmissão de *Angiostrongylus*, encontram-se *Phyllocaulis variegatus* Semper, 1885, *Sarasinula linguaeformis* Semper, 1885, *Sarasinula marginata* Semper, 1885, *Subulina octona* Brugüière, 1789, *Veronicella occidentalis* Guilding, 1825, *Bradybaena similaris* Férussac, 1821, *Helix aspersa* Müller, 1774, *Achatina fulica* Bowdich, 1822, *Megalobulimus* sp, além de *Biomphalaria tenagophila* e *B. glabrata* entre outros, que já foram encontrados naturalmente infectados com pelo menos uma das espécies de *Angiostrongylus* (Neves et al., 2001).

Dessa forma, torna-se de suma importância o controle desses moluscos, que são encontrados também em ambientes antropizados, colonizando hortas e jardins, favorecendo a disseminação de doenças.

Moluscicidas

Os moluscicidas são substâncias químicas sintetizadas ou naturais, que atuam sobre os moluscos de forma a interromper seu ciclo biológico (Brasil, 2008).

Os moluscicidas químicos em uso autorizado no Brasil para uso doméstico (Metarex sp®, Madelesma® e Lesmax®) principalmente para moluscos terrestres, são soluções à base de Metaldeído (Ficha de Informação de Segurança, 2007), que apresentam maior poder ativo no controle desses animais provocando-lhes a dessecação. No entanto, para campanhas supervisionadas pelo Ministério da Saúde, no combate aos caracóis límnicos, a Niclosamida (Bayluscide®) é o princípio ativo de escolha, induzindo-lhes hemorragia. É também o produto indicado pela WHO, por ter baixa CL50 (a concentração que elimina 50% da população estudada) para mamíferos, determinada em ratos (5000 mg/kg de peso corpóreo) (WHO, 2006). Entretanto, um moluscicida sintético é de alto custo, e não é específico (Brasil, 2008) podendo gerar desastres ambientais, eliminando formas associadas que não estão oferecendo riscos à saúde (Ficha de Informação de Segurança, 2007). Por isso, justifica-se a pesquisa constante de produtos naturais novos que possam contornar essa problemática e, quem sabe, revelar alguma substância que seja específica a pelo menos um desses moluscos vetores de doenças.

Os moluscicidas que tem como alvo os caramujos límnicos são especialmente problemáticos, pois são aplicados em coleções de águas, que muitas vezes são ainda reserva para o consumo humano. A ação residual e a decomposição química dos moluscicidas de qualquer origem, ainda são pouco estudadas e necessitam de maiores esforços nesses esclarecimentos.

Os moluscicidas naturais podem ser derivados a partir de partes vegetais previamente desidratadas ou não, obtendo-se o extrato durante a exposição à água ou a solventes orgânicos, com ou sem aquecimento, e o efeito pode ser avaliado em diferentes estágios do ciclo evolutivo do molusco em estudo. Para efeito de comparação, deve-se levar em consideração o solvente utilizado uma vez que as condições químicas se alteram fortemente com esse fator. Os solventes orgânicos mais utilizados são: acetato de etila, clorofórmio, etanol, hexano, metanol, todos em soluções puras ou em diferentes proporções entre eles. Para vários pesquisadores, entretanto, os moluscicidas naturais não deveriam ser obtidos em soluções orgânicas, para facilitar o uso posterior, uma vez que já seriam menos agressivos ao meio ambiente (Jurberg et al., 1989).

Ensaio moluscicida

Para sistematizar a pesquisa nessa área e favorecer o método científico, os ensaios devem ser conduzidos conforme normas da World Health Organization (WHO, 1965; Souza et al., 1995; WHO, 1983) que foram adaptadas à pesquisa com *Biomphalaria glabrata* (Silva et al., 2008) e estendidas aos moluscos em geral.

Basicamente, recomenda-se (WHO, 1965; Silva et al.; 2008; WHO, 1983): obter os extratos a partir de folhas e/ou partes aéreas, frutos, cascas, pedículos, em fim, porções que não inviabilizem a planta, como por exemplo, raízes; utilizar caracóis aclimatados por 24h; período de exposição de 24 h ao extrato em teste; em seguida lavar os caracóis, oferecer alface, e observar os batimentos cardíacos ou a presença de hemorragia sob microscópio estereoscópico ou, o comportamento e mortalidade, por mais 24 h. Nessas condições, aqueles extratos vegetais que apresentarem

100% de mortalidade na concentração de 100 ppm, seguirão para uma nova etapa onde se determinará a concentração letal que elimine 50% da população (CL50), ou ainda 90% dela (CL90), empregando diluições menores (ex.: 75, 50, 25, 10, 5, 2 e 1 ppm), com o auxílio de tratamento estatístico dos dados de letalidade (Teste Probit-Log). Quanto mais baixo o valor da CL90 (em ppm), mais interessante se torna o extrato e, então seu efeito poderá ser estudado sobre a desova de *B. glabrata* e peixes da espécie *Poecilia reticulata* Peters, 1859, para avaliação da toxicidade ao ecossistema.

Na literatura mundial, há o registro de centenas de extratos provenientes de espécies vegetais com atividade moluscicida, mas que se distanciam da realidade brasileira por utilizarem plantas não encontradas em nosso território. Para um moluscicida natural, é imprescindível que seja derivado de uma planta facilmente encontrada na região de estudo (Who, 1965; Who, 1983). Na década de 1980, o primeiro levantamento brasileiro realizado registrou 344 espécies estudadas, em 73 famílias, sendo que destas, apenas três espécies em duas famílias apresentaram mortalidade de 100%, em concentrações abaixo de 10 ppm (Jurberg et al., 1989). Se forem consideradas as espécies com mortalidade obtida em concentrações abaixo de 20 ppm, obtém-se 14 espécies moluscicidas: *Anacardium occidentale, Dasyphyllum brasiliensis, Delonix regia, Eclipta alba, Euphorbia cotinifolia, Euphorbia splendens, Euphorbia splendens* var. *hislopii, Euphorbia tirucalli, Macrosiphonia guaranítica, Magonia pubescens, Pithecolobium multiflorum, Ruta graveolens, Spathodea campanulata* e *Ziziphus joazeiro*. Ser um produto natural não garante que a aplicação do moluscicida não será danosa ao ambiente, e a busca de novos produtos deve ser constante, mas, padronizada (Jurberg et al., 1989).

Estado da arte

Neste capítulo serão apresentados os resultados de pesquisas realizadas até o momento com as várias plantas que apresentaram atividade moluscicida, subdivididas conforme a espécie vegetal e o molusco-alvo, com a intenção de sistematizar os conhecimentos e favorecer o desenvolvimento de novas abordagens. Um resumo desses dados encontra-se na Tabela 6.1. Os extratos avaliados e que não tiveram efeito moluscicida mínimo conforme a orientação da OMS (WHO, 1965) estão organizados na Tabela 6.2.

Tabela 6.1 – Resumo das principais espécies vegetais encontradas em território brasileiro com atividade moluscicida contra moluscos vetores de doenças, segundo os critérios previamente estabelecidos. Só foram transcritos os resultados ≤100, para o período de 24h.

Dados do Produto vegetal			Dados do molusco				Referência
Espécie	Família	Parte utilizada/extrator	Espécie#	Fase	ppm##	MTD (%)	
Abarenia cocliocampus	Leguminosae	Casca do caule/etanol	Bg	A	70,51	90	Santos et al., 2000b
Achyrocline satureioides (Lam) DC	Compositae	Parte aérea/etanol	Bg	A	43	90	Mendes et al., 1999
Actinoseris angustifolia (Gardn) Cabr	Compositae	Parte aérea/etanol	Bg	A	33	90	Mendes et al., 1999
Adenocalymma comosum (Cham) D C	Bignoniaceae	Planta toda/etanol	Bg	A	51,8	90	Silva et al., 2007
Allium sativum L	Alliaceae	Pó do bulbo/*spray*[64]	Af	A	7,24	50	Rao et al., 2002
Allium sativum + *Cedrus deodara*	Alliaceae e Pinaceae	Pó do bulbo e óleo	Af	A	4,18	50	Rao et al., 2002
Alomia myriadenia Baker	Compositae	Parte aérea/etanol	Bg	A	33	90	Mendes et al., 1999
Amaioua guianensis Aulb	Rubiaceae	Folha/etanol	Bg	A	100	100	Oliveira, 2009
Anacardium occidentale L	Anacardiaceae	Casca da castanha/hexano	Bg	A	2,0	90	Souza et al., 1992
Anacardium occidentale L	Anacardiaceae	Casca da castanha/hexano	Bt	A	2,0	90	Souza et al., 1992
Anacardium occidentale L	Anacardiaceae	Casca da castanha/hexano	Bs	A	2,2	90	Souza et al., 1992
Annona crassiflora M	Annonaceae	Polpa, semente, caule e raiz/etanol	Bg	A	20	90	Cantanhede et al., 2010
Annona glabra L	Annonaceae	Folha e semente/etanol	Bg	A	20	90	Cantanhede et al., 2010
Annona muricata L	Annonaceae	Folha e caule/etanol	Bg	A	20	90	Cantanhede et al., 2010

Continua

Tabela 6.1 – *Continuação*

Dados do Produto vegetal			Dados do molusco				Referência
Espécie	Família	Parte utilizada/extrator	Espécie[#]	Fase	ppm[##]	MTD (%)	
Annona muricata L	Annonaceae	Folha/etanol	Bg	A	59,44	90	Santos et al., 2000b
Annona muricata L	Annonaceae	Folha/etanol	Bg	D	52,36	90	Santos et al., 2000b
Annona muricata L	Annonaceae	Folha/etanol	Bg	A	100	100	Luna et al., 2005
Annona pisonis M	Annonaceae	Caule/etanol	Bg	A	20	90	Santos et al., 2001
Annona salzmani D	Annonaceae	Folha/etanol	Bg	A	20	90	Cantanhede et al., 2010
Annona squamosa Vell	Annonaceae	Raiz/etanol	Bg	A	20	90	Cantanhede et al., 2010
Arrabidaea parviflora (Mart ex D C) Bureau & K Schum	Bignoniaceae	Planta toda/etanol	Bg	A	18,1	90	Silva et al., 2007
Arthemisia verlotorum Lamotte	Compositae	Folha/hexano	Bg	D	100	100	Mendes et al., 1984
Arthemisia verlotorum Lamotte	Compositae	Folha/etanol	Bg	A	100	90	Mendes et al., 1984
Byrsonima coccolobifolia Kunth	Malpighiaceae	Folha/diclorometano e metanol	Bg	A	100	100	Alves et al., 2000
Byrsonima intermedia A Juss	Malpighiaceae	Folha/metanol	Bg	A	20	100	Alves et al., 2000
Byrsonima verbascifolia (L.) Richard	Malpighiaceae	Folha/diclorometano e metanol	Bg	A	40	100	Alves et al., 2000
Byrsonima verbascifolia (L.) Richard	Malpighiaceae	Casca/metanol	Bg	A	60	100	Alves et al., 2000
Byrsonima verbascifolia (L.) Richard	Malpighiaceae	Casca/água	Bg	A	60	100	Alves et al., 2000
Calophyllum brasiliensis Camb	Clusiaceae	Resíduo da folha/ hidroalcoólico	Bg	A	25	100	Souza et al., 2002

Continua

Tabela 6.1 – *Continuação*

Dados do Produto vegetal			Dados do molusco				Referência
Espécie	Família	Parte utilizada/extrator	Espécie[#]	Fase	ppm[##]	MTD (%)	
Calophyllum brasiliensis Camb	Clusiaceae	Folha/hidroalcoólico	Bg	A	100	100	Souza et al., 2002
Calophyllum brasiliensis Camb	Clusiaceae	Galho/hidroalcoólico	Bg	A	100	100	Souza et al., 2002
Calophyllum brasiliensis Camb	Clusiaceae	Resíduo do galho/ hidroalcoólico	Bg	A	100	100	Souza et al., 2002
Caesalpinia echinata Lam	Caesalpinaceae	Madeira/etanol	Bg	D	100	100	Luna et al., 2005
Caesalpinia peltophoroides Benth	Caesalpinaceae	Folha/hexano	Bg	D	100	100	Mendes et al., 1984
Caesalpinia peltophoroides Benth	Caesalpinaceae	Casca/etanol	Bg	A	100	90	Mendes et al., 1984
Caesalpinia pulcherrima SW	Caesalpinaceae	Flor/etanol	Bg	A	100	100	Mendes et al., 1986
Caryocar brasiliense Cambess	Caryocaraceae	Folha/hidroalcoólico	Bg	A	0,17[&]	100	Lopes et al., 2011
Caryocar brasiliensis Camb	Caryocaraceae	Folha e casca/etanol	Bg	A	100	90	Bezerra et al., 2002
Cassia rugosa G Don	Cesalpinacea	Casca/etanol	Bg	D	100	100	Mendes et al., 1984
Cedrus deodara (Roxb ex D Don) G Don	Pinaceae	Óleo (Indian Herbs, Saharanpur)	Af	A	3,32	50	Rao et al., 2002
Chenopodium ambrosioides L	Chenopodiaceae	Óleo essencial/ hidrodestilação	Bg	A	10	100	Frank et al., 2011
Chenopodium ambrosoides L	Chenopodiaceae	Folha/etanol	Bg	A	91,57	90	Santos et al., 2012
Clytostoma binatum (Thumb) Sandwith	Bignoniaceae	Planta toda/etanol	Bg	A	26,5	90	Silva et al., 2007

Continua

Tabela 6.1 – *Continuação*

Dados do Produto vegetal			Dados do molusco				Referência
Espécie	Família	Parte utilizada/extrator	Espécie#	Fase	ppm##	MTD (%)	
Croton floribundus Spreng	Euphorbiaceae	Folha/hexano	Bg	A	85,2	90	Medina et al., 2009
Croton floribundus Spreng	Euphorbiaceae	Folha/etanol	Bg	A	35,2	90	Medina et al., 2009
Croton floribundus Spreng	Euphorbiaceae	Casca/metanol	Bg	A	11,5	90	Medina et al., 2009
Croton urucurana Baill	Euphorbiaceae	Casca/etanol	Bg	Re	12,5	100	Corrêa, 2006
Curcuma longa L	Zingiberaceae	Oleoresina/acetona	Bg	A	80	95	Silva Filho et al., 2009
Curcuma longa L	Zingiberaceae	Óleo essencial/água a quente	Bg	A	70	94	Silva Filho et al., 2009
Cuspidaria argentea (Wawra) Sandwith	Bignoniaceae	Planta toda/etanol	Bg	A	8,9	90	Silva et al., 2007
Davilla rugosa Poir	Dilleniaceae	Folha/diclorometano e metanol	Bg	A	100	100	Alves et al., 2000
Delonix regia Raf	Cesalpinacea	Flor/etanol	Bg	A	20	100	Mendes et al., 1986
Derris sp	Leguminosae	Raiz/etanol	Bg	A	13,43	90	Santos et al., 2000b
Derris sp	Leguminosae	Raiz/etanol	Bg	D	2,25	90	Santos et al., 2000b
Eleocharis sellowiana Kunth	Cyperaceae	Parte subterrânea fresca/hidroalcóolico	Bg	D	24,27	50	Ruiz et al., 2005
Emmotum nitens Miers	Icacinaceae	Haste/metanol	Bg	A	100	100	Alves et al., 2000
Eugenia dysenterica DC	Myrtaceae	Folha/diclorometano e metanol	Bg	A	100	100	Alves et al., 2000
Eugenia dysenterica DC	Myrtaceae	Folha/etanol	Bg	A	100	100	Bezerra et al., 2002
Eugenia malaccensis L	Myrtaceae	Casca do caule/etanol	Bg	A	42,53	50	Oliveira et al., 2006

Continua

Tabela 6.1 – *Continuação*

Dados do Produto vegetal			Dados do molusco				Referência
Espécie	Família	Parte utilizada/extrator	Espécie#	Fase	ppm##	MTD (%)	
Eugenia malaccensis L	Myrtaceae	Folha/etanol	Bg	A	41,90	50	Oliveira et al., 2006
Euphorbia milii Des Moul var *splendens* (Ursch & Leandri)	Euphorbiaceae	Látex/água	Af	A	7,50@	100	Crignis, 2011
Euphorbia milii Des Moul var *splendens* (Ursch & Leandri)	Euphorbiaceae	Látex/água	Lu	A	Diluído até 1:800	100	Afonso-Neto et al., 2010
Euphorbia pulcherrima Willd	Euphorbiacea	Flores/hexano	Bg	D	100	100	Mendes et al., 1984
Euphorbia splendens Bojer	Euphorbiacea	Caule/hexano	Bg	A,D	100	100	Mendes et al., 1984
Euphorbia splendens Bojer	Euphorbiacea	Casca/hexano	Bg	A e D	100	100	Mendes et al., 1984
Euphorbia splendens Bojer	Euphorbiacea	Folha/adulto	Bg	A	100	100	Mendes et al., 1984
Euphorbia splendens Bojer	Euphorbiacea	Caule/etanol	Bg	A	100	90	Mendes et al., 1984
Euphorbia splendens Bojer	Euphorbiacea	Casca do caule/etanol	Bg	A	100	100	Mendes et al., 1984
Euphorbia splendens var *hislopii* N E B	Euphorbiacea	Látex/água	Bg e Bt	A	<0,5	90	Vasconcellos et al., 1986
Euphorbia splendens var *hislopii* N E B	Euphorbiaceae	Látex/água	Lc	A	<1,60	90	Vasconcellos et al., 2003
Euphorbia tirucalli L	Euphorbiacea	Látex/água	Bg	A	85	90	Jurberg et al., 1985
Guaiacum officinale L	Zygophyliaceae	Pericarpo do fruto/água	Bg, Bt e Bs	A	20	100	Mendes et al., 1993
Guaiacum officinale L	Zygophyliaceae	Pericarpo do fruto/água	Bg	D	100	100	Mendes et al., 1993

Continua

Tabela 6.1 – *Continuação*

Dados do Produto vegetal			Dados do molusco				Referência
Espécie	Família	Parte utilizada/extrator	Espécie[#]	Fase	ppm[##]	MTD (%)	
Guaiacum officinale L	Zygophyliaceae	Folha/água	Bg	A	15	90	Mendes et al., 1993
Guaiacum officinale L	Zygophyliaceae	Semente/água	Bg	A	33	90	Mendes et al., 1993
Guaiacum officinale L	Zygophyliaceae	Casca da raiz/água	Bg	A	57	90	Mendes et al., 1993
Hymenaea stigonocarpa C. Martius	Leg-Caesalpinoideae	Casca/diclorometano e metanol	Bg	A	40	100	Alves et al., 2000
Hymenaea stigonocarpa C. Martius	Leg-Caesalpinoideae	Casca/metanol	Bg	A	40	100	Alves et al., 2000
Hymenaea stigonocarpa C. Martius	Leg-Caesalpinoideae	Folha/diclorometano e metanol	Bg	A	100	100	Alves et al., 2000
Hyptis pectinata L	Laminaceae	Folha/etanol	Bg	A	75,66	90	Santos et al., 2012
Jatropha elliptica Muell Arg	Euphorbiaceae	Raiz/etanol	Bg	A	44,48	90	Santos et al., 2000b
Jathropa elliptica Muell Arg (procedente de Goiás)	Euphorbiaceae	Raiz/etanol	Bg	D	23,29	90	Santos et al., 2000b
Jatropha mollissima (Pohl) Baill	Euphorbiaceae	Haste/etanol	Bg	A	56,26	90	Santos et al., 2012
Joannesia princeps Vell	Euphorbiacea	Semente/etanol	Bg	A, D	100	100	Mendes et al., 1984
Kielmeyera variabilis Mart	Clusiaceae	Caule/metanol	Bg	A	12,5	100	Pinheiro et al., 2003
Kielmeyera variabilis Mart	Clusiaceae	Caule/hexano	Bg	A	100	100	Pinheiro et al., 2003
Lafoensia pacari St Hil	Lythraceae	Raiz/etanol	Bg	A	58,29	90	Santos et al., 2000b
Leonorus sibiricus L	Labiada	Raíz/hexano	Bg	A	100	90	Mendes et al., 1984
Leonorus sibiricus L	Labiada	Raíz/hexano	Bg	D	100	100	Mendes et al., 1984

Continua

Tabela 6.1 – *Continuação*

Dados do Produto vegetal			Dados do molusco				Referência
Espécie	Família	Parte utilizada/extrator	Espécie[#]	Fase	ppm[##]	MTD (%)	
Leonorus sibiricus L	Labiada	Raiz/etanol	Bg	A	100	100	Mendes et al., 1984
Licania carri Cardozo	Chenopodiaceae	Folha/metanol	Bg	A	100	100	Cantanhede et al., 2010
Macrosiphonia guaranitica Muel	Apocinacea	Folha/hexano	Bg	A	100	100	Mendes et al., 1984
Macrosiphonia guaranitica Muel	Apocinacea	Flores/hexano	Bg	A,D	100	100	Mendes et al., 1984
Magonia pubescens ST Hil	Sapindaceae	Cascas/etanol	Bg	V, E	12,5	100	Corrêa, 2006
Melia azedarach L	Meliaceae	Fruto e semente/etanol 80%	Lb	A	2,5[$]	100	Perez et al., 1998
Melloa quadrivalvis A H Gentry	Bignoniaceae	Haste/etanol	Bg	A	25,6	90	Silva et al., 2007
Mimosa tenuiflora (Willd) Poir	Fabaceae	Haste/etanol	Bg	A	62,05	90	Santos et al., 2012
Nerium oleander L	Apocinacea	Caule/hexano	Bg	A	100	100	Mendes et al., 1984
Panicum maximum M	Leguminosa	Folha/água	Bg	A	100	100	Mendes et al., 1984
Piper nigrum L	Piperaceae	Folha/água	Bt	A	100	100	Paula et al., 2011
Piper nigrum L	Piperaceae	Caule/água	Bt	A	50	100	Paula et al., 2011
Piptocarpha rotundifolia Baker	Compositae	Parte aérea/etanol	Bg	A	99	90	Mendes et al., 1999
Plathymenia foliolosa Benth	Leg-Mimosoideae	Folha/metanol	Bg	A	100	100	Alves et al., 2000
Pterodon emarginatus Vogel	Fabaceae	Casca/etanol	Bg	E	12,5	100	Corrêa, 2006

Continua

Tabela 6.1 – *Continuação*

Dados do Produto vegetal			Dados do molusco				Referência
Espécie	Família	Parte utilizada/extrator	Espécie#	Fase	ppm##	MTD (%)	
Qualea parviflora Mart.	Vochysiaceae	Casca/água	Bg	A	100	100	Alves et al., 2000
Rumex crispus L	Poligonacea	Raiz/etanol	Bg	D	100	100	Mendes et al., 1984
Ruta graveolens L	Rutacea	Caule e Folha/hexano	Bg	A	100	90	Mendes et al., 1984
Ruta graveolens L	Rutacea	Caule e folha/etanol	Bg	A	100	100	Mendes et al., 1984
Serjania glabrata Kunth	Sapindaceae	Semente/hexano	Bg	A	28,3	50	Grzesiuk, 2008
Solanum asperum L C Rich	Solanaceae	Raiz/metanol	Bg	A	43,56	90	Silva et al., 2005
Solanum asperum L C Rich	Solanaceae	Fruto/metanol	Bg	A	44,11	90	Silva et al., 2005
Solanum diamantinense Agra	Solanaceae	Parte aérea/metanol	Bg	A	52,80	90	Silva et al., 2005
Solanum jabrense Agra & M Nee	Solanaceae	Parte aérea/etanol	Bg	A	39,8	90	Silva et al., 2006
Solanum paludosum Moric	Solanaceae	Fruto/metanol	Bg	A	82,86	90	Silva et al., 2005
Solanum sisymbriifolium Lam	Solanaceae	Parte aérea/metanol	Bg	A	46.66	90	Silva et al., 2005
Solanum stipulaceum Roem & Schult	Solanaceae	Raiz/metanol	Bg	A	73,87	90	Silva et al., 2005
Spathodea campanulata P Breaw	Bignoniacea	Flor/hexano ou etanol	Bg	A	100	100	Mendes et al., 1986
Stryphnodendron adstringens Mart Coville	Mimosoideae	Folha/etanol	Bg	A	50	90	Bezerra et al., 2002
Stryphnodendron adstringens Mart Coville	Mimosoideae	Casca/etanol	Bg	A	100	100	Bezerra et al., 2002

Continua

Tabela 6.1 – *Continuação*

Dados do Produto vegetal			Dados do molusco				Referência
Espécie	**Família**	**Parte utilizada/extrator**	**Espécie#**	**Fase**	**ppm##**	**MTD (%)**	
Stryphnodendron barbatiman M	Leguminosa	Caule/água	Bg	A e D	100	100	Mendes et al., 1984
Stryphnodendron polyphyllum Mart	Mimosoideae	Folha e casca/etanol	Bg	A	100	100	Bezerra et al., 2002
Styrax camporum Pohl	Styracaceae	Folha/diclorometano e metanol	Bg	A	100	100	Alves et al., 2000
Synadenium carinatum Boiss	Euphorbiaceae	Látex/metanol	Bg	A	0,5	100	Moreira et al., 2010
Synadenium grantii Hook F	Euphorbiaceae	Folha/etanol	Bg	A	50	100	Hartmann et al., 2011
Tabebuia aurea (Manso) S Moore	Bigniniaceae	Haste/etanol	Bg	A	53,9	90	Silva et al., 2007
Thevetia peruviana (Pers) Schumann	Apocynaceae	Fruto/água	Af	C	Diluído até 2%	100	Panigrahi et al., 1994
Tibouchina scrobiculata Cogn	Melastomacea	Flor/etanol	Bg	A	100	100	Mendes et al., 1986
Vanillosmopsis erythropappa Sch Bip	Compositae	Parte aérea/etanol	Bg	A	99	90	Mendes et al., 1999
Verbesina clausseni Sch Bip	Compositae	Parte aérea/etanol	Bg	A	78	90	Mendes et al., 1999

#Espécies: *Biomphalaria glabrata* (Bg); *B. tenagophila* (Bt); *B. straminea* (Bs); *Lymnaea columella* (Lc); *Lymnaea cubensis* (Lb); *Achatina fulica* (Af); *Leptinaria unilamellata* (Lu).
##Menor concentração em ppm (mg/L) para se obter o melhor efeito moluscicida. Na referência, pode estar como CL ou DL, ou ser relativo aos ensaios iniciais para determinação da mortalidade. *Os ovos permaneceram na solução do extrato e, depois, foi quantificada a porcentagem de natimortos.
@g/L, 96 horas; $mL/L.; &G/ml (A = Adulto; C = 1 a 6 meses; D = Desova; E = Eclosão; Re = Recém-Eclodido; VE= Várias idades-Eclosão)

Tabela 6.2 – Resumo das principais espécies vegetais encontradas em território brasileiro que não apresentaram atividade moluscicida contra as espécies testadas, segundo os critérios previamente estabelecidos[5,13], sendo registrados: aqueles que não tiveram efeito (inativo), ou então, a concentração da determinação da mortalidade ou a DL/CL foi >100 ppm, sempre para o período de 24 h.

Dados do Produto Vegetal			Dados do Molusco		Referência
Espécie	Família	Parte utilizada/extrator	Espécie#	Fase	
Abarenia cocliocampus	Leguminosae	Casca do caule/etanol	Bg	D	Santos et al., 2000b
Acanthospermum australe (Loef) Kunt	Compositae	Parte aérea/etanol	Bg	A	Mendes et al., 1999
Acanthospermum hispidum D C	Compositae	Raiz/etanol	Bg	A	Santos et al., 2000b
Achras sapota L	Sapotaceae	Fruto/hidroalcoólico	Bg	A	Mendes et al., 2011
Ageratum conyzoides L	Compositae	Parte aérea/etanol	Bg	A	Mendes et al., 1999
Allamanda cathartica L	Apocynaceae	Folha ou galho/etanol	Bg	A	Hartmann et al., 2011
Ampelozizyphus amazonicus Ducke	Rhamnacea	Folha e caule/hexano	Bg	A, D	Mendes et al., 1984
Ampelozizyphus amazonicus Ducke	Rhamnacea	Folha e caule/etanol	Bg	A, D	Mendes et al., 1984
Andira humilis C. Martius	Leg-Faboideae	Folha/água	Bg	A	Alves et al., 2000
Annona crassiflora Mart	Annonaceae	Folha/diclorometano e metanol	Bg	A	Alves et al., 2000
Annona crassiflora Mart	Annonaceae	Folha/água	Bg	A	Alves et al., 2000
Annona crassiflora Mart	Annonaceae	Folha e casca/etanol	Bg	A	Bezerra et al., 2002
Annona glabra L	Annonaceae	Folha/etanol	Bg	A	Santos et al., 2000b
Annona muricata L	Annonaceae	Folha/etanol	Bg	D	Luna et al., 2005
Annona pisonis M	Annonaceae	Haste/etanol	Bg	A	Santos et al., 2000b
Annona salzmani D C	Annonaceae	Haste/etanol	Bg	A	Santos et al., 2000b
Aristolochia brasiliensis M e Zucc	Aristoloquiacea	Flor/hexano ou etanol	Bg	A, D	Mendes et al., 1986
Arthemisia verlotorum Lamotte	Compositae	Folha/etanol	Bg	D	Mendes et al., 1984
Aspilia foliosa (Garder) Benth & Hook	Compositae	Parte aérea/etanol	Bg	A	Mendes et al., 1999

Continua

Tabela 6.2 – *Continuação*

Dados do Produto Vegetal			Dados do Molusco		Referência
Espécie	**Família**	**Parte utilizada/extrator**	**Espécie#**	**Fase**	
Austroplenckia populnea Reiss	Celastraceae	Haste/etanol	Bg	A	Alves et al., 2000
Austroplenckia populnea Reiss	Celastraceae	Folha/metanol	Bg	A	Alves et al., 2000
Azadirachta indica A Juss	Meliaceae	Folha/água	Af	V	DP
Baccharis dracunculifolia DC	Asteraceae	Raiz/diclorometano e metanol	Bg	A	Alves et al., 2000
Baccharis dracunculifolia DC	Asteraceae	Parte aérea/etanol	Bg	A	Mendes et al., 1999
Baccharis helichrysoides DC	Asteraceae	Parte aérea/etanol	Bg	A	Mendes et al., 1999
Baccharis platypoda DC	Asteraceae	Folha/etanol	Bg	A	Mendes et al., 1999
Baccharis serrulata (Lam) Pers	Asteraceae	Folha/etanol	Bg	A	Mendes et al., 1999
Baccharis trimera (Less) DC	Asteraceae	Folha/etanol	Bg	A	Mendes et al., 1999
Baccharis trimera (Less) DC	Asteraceae	Folha/água	Af	V	DP
Baccharis trinervis (Lam) Pers	Asteraceae	Folhas/etanol	Bg	A	Mendes et al., 1999
Bauhinia cheilantha (Bong) Steud	Burseraceae	Madeira, folha e raíz/etanol	Bg	D	Luna et al., 2005
Bauhinia curvula Benth	Leg-Caesalpinoideae	Folha/diclorometano ou água	Bg	A	Alves et al., 2000
Bidens pilosa L	Asteraceae	Folha/etanol	Bg	A	Mendes et al., 1999
Bidens rubifolius HBK	Asteraceae	Folha/etanol	Bg	A	Mendes et al., 1999
Blainvillea biaristata DC	Asteraceae	Folha/etanol	Bg	A	Mendes et al., 1999
Boerhaavia coccínea P Miller	Nictagenaceae	Raiz/etanol	Bg	A	Santos et al., 2000b
Bowdichia virgilioides Kunth	Leg-Faboideae	Folha/diclorometano e metanol	Bg	A	Alves et al., 2000
Bowdichia virgilioides Kunth	Leg-Faboideae	Casca/água	Bg	A	Alves et al., 2000
Breynia nivosa (W Bull) Small	Phyllanthaceae	Folha ou galho/etanol	Bg	A	Hartmann et al., 2011
Bromelia antiacantha Bertol	Bromeliaceae	Folha e fruto/etanol	Bg	A	Manetti et al., 2010

Continua

Tabela 6.2 – *Continuação*

Dados do Produto Vegetal			Dados do Molusco		Referência
Espécie	**Família**	**Parte utilizada/extrator**	**Espécie#**	**Fase**	
Brosimum gaudichaudii Trecul	Moraceae	Raiz/diclorometano	Bg	A	Alves et al., 2000
Bursera leptophloeos Mart	Burseraceae	Madeira/etanol	Bg	D	Luna et al., 2005
Byrsonima intermedia A Juss	Malpighiaceae	Folha/água	Bg	A	Alves et al., 2000
Cabralea polytricha Jussieu	Meliaceae	Fruto/diclorometano ou água	Bg	A	Alves et al., 2000
Caesalpinia echinata Lam	Caesalpinaceae	Folha/etanol	Bg	D	Luna et al., 2005
Caesalpinia ferrea Mart	Caesalpinaceae	Folha/etanol	Bg	D	Luna et al., 2005
Caesalpinia peltophoroides Benth	Caesalpinaceae	Casca e raiz/hexano	Bg	A, D	Mendes et al., 1984
Caesalpinia peltophoroides Benth	Caesalpinaceae	Folha e casca/etanol	Bg	D	Mendes et al., 1984
Caesalpinia peltophoroides Benth	Caesalpinaceae	Raiz/etanol	Bg	A, D	Mendes et al., 1984
Caesalpinia peltophoroides Benth	Caesalpinaceae	Flor/hexano ou etanol	Bg	A, D	Mendes et al., 1986
Caesalpinia pulcherrima SW	Caesalpinaceae	Flor/hexano ou etanol	Bg	A, D	Mendes et al., 1986
Caesalpinia pulcherrima SW	Caesalpinaceae	Folha e madeira/hexano	Bg	A, D	Mendes et al., 1986
Caesalpinia pyramidalis Tul	Caesalpinaceae	Folha/etanol	Bg	D	Luna et al., 2005
Carapa guianensis Aubl	Meliaceae	Óleo/etanol	Bg	A	Santos et al., 2000b
Caryocar brasiliense Cambess	Caryocaraceae	Folha/diclorometano e metanol	Bg	A	Alves et al., 2000
Casearia sylvestris Sw	Flaucourtiaceae	Folha/diclorometano e metanol	Bg	A	Alves et al., 2000
Cassia rugosa G Don	Cesalpinacea	Casca/etanol	Bg	A	Mendes et al., 1984
Cayaponia podantha Cogn	Curcubitaceae	Folha/etannol	Bg	A	Truiti et al., 2005
Cecropia pachystachya Vell	Moraceae	Haste/etanol	Bg	A	Santos et al., 2000b
Cetratherum punctatum Cass	Asteraceae	Folha/etanol	Bg	A	Mendes et al., 1999
Chaptalia nutans (L) Polak	Asteraceae	Folha/etanol	Bg	A	Mendes et al., 1999

Continua

Tabela 6.2 – *Continuação*

Dados do Produto Vegetal			Dados do Molusco		Referência
Espécie	Família	Parte utilizada/extrator	Espécie#	Fase	
Chlorophora tinctoria Gaud	Moraceae	Raiz/etanol	Bg	A	Santos et al., 2000b
Chrysobalanus icaco L	Chrysobalanaceae	Raiz/etanol	Bg	A	Santos et al., 2000b
Codiaeum variegatum (L) A Juss	Euphorbiaceae	Folha/água	Af	V	DP
Conium maculatum L	Umbelifera	Folha e galho/hexano	Bg	A, D	Mendes et al., 1984
Conium maculatum L	Umbelifera	Folha e galho/etanol	Bg	A, D	Mendes et al., 1984
Copaifera langsdorffii Desf	Leg-Caesalpinoideae	Folha/diclorometano e metanol	Bg	A	Alves et al., 2000
Cosmos sulfureus Cav	Asteraceae	Folha/etanol	Bg	A	Mendes et al., 1999
Coutarea hexandra Schum	Rubiaceae	Raiz/etanol	Bg	A	Santos et al., 2000b
Croton floribundus Spreng	Euphorbiaceae	Folha e casca/etanol	Bg	A	Hartmann et al., 2011
Croton urucurana Baill	Euphorbiaceae	Casca/etanol	Bg	A, J	Corrêa, 2006
Cupania vernalis Camb	Sapindacea	Folha/hexano	Bg	A, D	Mendes et al., 1984
Cupania vernalis Camb	Sapindacea	Folha/etanol	Bg	A, D	Mendes et al., 1984
Dalbergia nigra Allem	Leg-Faboideae	Folha/metanol	Bg	A	Alves et al., 2000
Dasyphyllum macrocephala Baker	Asteraceae	Folha/etanol	Bg	A	Mendes et al., 1999
Delonix regia Raf	Cesalpinacea	Flor/etanol	Bg	A, D	Mendes et al., 1986
Dieffenbachia amoena Schott	Araceae	Folha/etanol	Bg	A	Hartmann et al., 2011
Dilodendron bipinnatum Radlk	Sapindaceae	Fruto e folha/diclorometano	Bg	A	Alves et al., 2000
Dimorphandra mollis Bth	Mimosoideae	Folha e casca/etanol	Bg	A	Bezerra et al., 2002
Dioclea virgata (Rich) Amshoff	Fabaceae	Folha/etanol	Bg	A	Luna et al., 2005
Eclipta alba Hassk	Composta	Folha e galho/hexano	Bg	A, D	Mendes et al., 1984
Eclipta alba Hassk	Composta	Folha e galho/etanol	Bg	D	Mendes et al., 1984
Eclipta paniculata Kuntz	Asteraceae	Folha/etanol	Bg	Adulto	Mendes et al., 1999

Continua

Tabela 6.2 – *Continuação*

Dados do Produto Vegetal			Dados do Molusco		Referência
Espécie	**Família**	**Parte utilizada/extrator**	**Espécie[#]**	**Fase**	
Eleocharis acutangula (Roxb) Schult	Cyperaceae	Parte aérea ou subterrânea frescas/hidroetanólico	Bg	A, D	Ruiz et al., 2005
Eleocharis interstincta (Vahl) Roem & Schull	Cyperaceae	Parte aérea fresca/ hidroetanólico	Bg	A, D	Ruiz et al., 2005
Eleocharis maculosa (Vahl) Roem & Schult	Cyperaceae	Parte aérea fresca/ hidroetanólico	Bg	A, D	Ruiz et al., 2005
Eleocharis maculosa (Vahl) Roem & Schult	Cyperaceae	Parte aérea seca/metanol	Bg	A, D	Ruiz et al., 2005
Eleocharis sellowiana Kunth	Cyperaceae	Parte aérea fresca/ hidroetanólico	Bg	A, D	Ruiz et al., 2005
Eleocharis sellowiana Kunth	Cyperaceae	Parte aérea seca/metanol	Bg	A, D	Ruiz et al., 2005
Eleocharis sellowiana Kunth	Cyperaceae	Parte subterrânea fresca/ hidroalcoólico	Bg	A	Ruiz et al., 2005
Elephantopus mollis HBK	Asteraceae	Folha/etanol	Bg	A	Mendes et al., 1999
Emmotum nitens Miers	Icacinaceae	Folha/metanol	Bg	A	Alves et al., 2000
Eremanthus glomerulatus (DC) Less	Asteraceae	Folha/etanol	Bg	A	Mendes et al., 1999
Eremanthus sphaerocephalus Baker	Asteraceae	Folha/etanol	Bg	A	Mendes et al., 1999
Erigeron bonariensis L	Asteraceae	Folha/etanol	Bg	A	Mendes et al., 1999
Erigeron canadensis L	Asteraceae	Folha/etanol	Bg	A	Mendes et al., 1999
Eugenia dysenterica DC	Myrtaceae	Casca/etanol	Bg	A	Bezerra et al., 2002
Eugenia pitanga (O Berg) Kiaersk	Myrtaceae	Folha/diclorometano e metanol	Bg	A	Alves et al., 2000
Eugenia pitanga (O Berg) Kiaersk	Myrtaceae	Folha/água	Bg	A	Alves et al., 2000
Eugenia uniflora L	Myrtaceae	Folha e madeira/etanol	Bg	D	Luna et al., 2005
Eupatorium amphidictyum DC	Asteraceae	Folha/etanol	Bg	A	Mendes et al., 1999

Continua

Tabela 6.2 – *Continuação*

Dados do Produto Vegetal			Dados do Molusco		Referência
Espécie	Família	Parte utilizada/extrator	Espécie[#]	Fase	
Eupatorium bupleurifolium DC	Asteraceae	Folha/etanol	Bg	A	Mendes et al., 1999
Eupatorium halimifolium DC	Asteraceae	Folha/etanol	Bg	A	Mendes et al., 1999
Eupatorium laevigatum Lam	Asteraceae	Folha/etanol	Bg	A	Mendes et al., 1999
Eupatorium squalidum DC	Asteraceae	Folha/etanol	Bg	A	Mendes et al., 1999
Euphorbia cotinifolia L	Euphorbiaceae	Látex/água	Lu	A	Afonso-Neto et al., 2010
Euphorbia milii des Mol var *breonii*	Euphorbiaceae	Folha/etanol	Bg	A	Hartmann et al., 2011
Euphorbia pulcherrima Willd	Euphorbiacea	Folha/hexano	Bg	A, D	Mendes et al., 1984
Euphorbia pulcherrima Willd	Euphorbiacea	Flor/hexano	Bg	A	Mendes et al., 1984
Euphorbia pulcherrima Willd	Euphorbiacea	Folha e flor/etanol	Bg	A, D	Mendes et al., 1984
Euphorbia splendens Bojer	Euphorbiacea	Folha/hexano	Bg	D	Mendes et al., 1984
Euphorbia splendens Bojer	Euphorbiacea	Caule, casca e folha/etanol	Bg	D	Mendes et al., 1984
Euphorbia tirucalli L	Euphorbiaceae	Látex/água	Lu	A	Afonso-Neto et al., 2010
Gnaphalium spicatum Hook	Asteraceae	Folha/etanol	Bg	A	Mendes et al., 1999
Gochnatia polymorpha (Less) Cabr	Asteraceae	Folha/etanol	Bg	A	Mendes et al., 1999
Guaiacum officinale L	Zygophyliaceae	Pericarpo do fruto/etanol	Bg	A	Mendes et al., 1993
Guazuma ulmifolia Lam	Sterculiaceae	Casca/metanol	Bg	A	Alves et al., 2000
Guazuma ulmifolia L var Tormentosa M Schum	Sterculiaceae	Casca do caule/etanol	Bg	A	Santos et al., 2000b
Helicteres gardneriana St Hill & Naud	Sterculiaceae	Parte aérea/etanol	Bg	A	Truiti et al., 2005
Hibiso rosa-sinensis L	Malvaceae	Folha/água	Af	V	DP
Hieracium sp	Asteraceae	Folha/etanol	Bg	A	Mendes et al., 1999
Hydrocotyle bonariensis Lam	*Apiaceae*	Folha/água	Af	V	DP
Hymenaea courbaril L	Fabaceae	Casca/água	Bg	A	Alves et al., 2000

Continua

Tabela 6.2 – *Continuação*

Dados do Produto Vegetal			Dados do Molusco		Referência
Espécie	**Família**	**Parte utilizada/extrator**	**Espécie#**	**Fase**	
Ixora coccinea L	Rubiaceae	Folha/água	Af	V	DP
Jaegeria hirta (Lag) Less	Asteraceae	Folha/etanol	Bg	A	Mendes et al., 1999
Jatropha curcas L	Euphorbiacea	Folha e fruto/hexano	Bg	A, D	Mendes et al., 1984
Jatropha curcas L	Euphorbiacea	Folha e fruto/etanol	Bg	A, D	Mendes et al., 1984
Jatropha curcas L	Euphorbiaceae	Folha/etanol	Bg	A	Hartmann et al., 2011
Jatropha elliptica Muell Arg (proveniente de Mato Grosso)	Euphorbiacea	Raiz/etanol	Bg	A	Santos et al., 2000b
Joannesia princeps Vell	Euphorbiacea	Semente/hexano	Bg	A, D	Mendes et al., 1984
Jungia floribunda Less	Asteraceae	Folha/etanol	Bg	A	Mendes et al., 1999
Lafoensia pacari St Hilaire	Lythraceae	Folha/metanol	Bg	A	Alves et al., 2000
Lafoensia pacari St Hil	Lythraceae	Raiz/etanol	Bg	D	Santos et al., 2000b
Lantana camara L	Verbenaceae	Raiz/diclorometano	Bg	A	Alves et al., 2000
Leonorus sibiricus L	Labiada	Raiz/hexano	Bg	A	Mendes et al., 1984
Leonorus sibiricus L	Labiada	Raiz/etanol	Bg	D	Mendes et al., 1984
Leonorus sibiricus L	Lamiaceae	Parte aérea/diclorometano e metanol	Bg	A	Alves et al., 2000
Luffa cylindrica Roem	Cucurbitaceae	Fruto/etanol	Bg	A	Santos et al., 2000b
Lychnophora pinaster Mart	Asteraceae	Folha/etanol	Bg	A	Mendes et al., 1999
Lychnophora pseudovillosissima Semir & LF	Asteraceae	Folha/etanol	Bg	A	Mendes et al., 1999
Lycopersicon esculentum Mill	Solanaceae	Folha/água ou etanol ou metanol	Bg	D	Leyton et al., 2005
Machaerium opacum Vogel	Leg-Faboideae	Folha/diclorometano	Bg	A	Alves et al., 2000
Macrosiphonia guaranítica Muell	Apocinacea	Caule/hexano	Bg	A, D	Mendes et al., 1984

Continua

Tabela 6.2 – *Continuação*

Dados do Produto Vegetal			Dados do Molusco		Referência
Espécie	Família	Parte utilizada/extrator	Espécie[#]	Fase	
Macrosiphonia guaranítica Muell	Apocinacea	Folha/hexano	Bg	D	Mendes et al., 1984
Macrosiphonia guaranítica Muell	Apocinacea	Caule, folha e flor/etanol	Bg	A, D	Mendes et al., 1984
Marsdenia altissima (Jacq) Dugand	Asclepiadaceae	Casca da madeira/etanol	Bg	A	Luna et al., 2005
Melochia arenosa Benth	Sterculiaceae	Parte aérea/etanol	Bg	A	Truiti et al., 2005
Miconia albicans (SW) Triana	Melastomataceae	Folha/metanol	Bg	A	Alves et al., 2000
Mikania cordifolia (LF) Wild	Asteraceae	Folha/etanol	Bg	A	Mendes et al., 1999
Mikania lutzelburghii Mattf	Asteraceae	Folha/etanol	Bg	A	Mendes et al., 1999
Mikania obtusata DC	Asteraceae	Folha/etanol	Bg	A	Mendes et al., 1999
Mikania sessilifolia DC	Asteraceae	Folha/etanol	Bg	A	Mendes et al., 1999
Monstera deliciosa Liebm	Araceae	Folha/etanol	Bg	A	Hartmann et al., 2011
Morus rubra L	Moraceae	Folha seca/água	Af	G	Miranda et al., 2012
Nectandra falcifolia (Nees) Castiglioni	Lauraceae	Folha/etanol	Bg	A	Truiti et al., 2005
Nerium oleander L	Apocinacea	Folha/hexano	Bg	A, D	Mendes et al., 1984
Nerium oleander L	Apocinacea	Caule/hexano	Bg	D	Mendes et al., 1984
Nerium oleander L	Apocinacea	Folha e caule/etanol	Bg	A, D	Mendes et al., 1984
Ocimum seloi Benth	Lamiaceae	Folha/água	Af	V	DP
Ocotea glomerata (Nees) Mez	Lauraceae	Casca da madeira, madeira e folha/etanol	Bg	A	Luna et al., 2005
Operculina macrocarpa (Linn) Urb	Convolvulaceae	Tubérculo/etanol	Bg	D	Luna et al., 2005
Paepalanthus lamarcku Kunth	Eriocaulacea	Flor/hexano	Bg	A, D	Mendes et al., 1984
Paepalanthus lamarcku Kunth	Eriocaulacea	Flor/etanol	Bg	A, D	Mendes et al., 1984
Palicourea nicotianaefolia Cham	Rubiacea	Folha/hexano	Bg	A, D	Mendes et al., 1984
Palicourea nicotianaefolia Cham	Rubiacea	Folha/etanol	Bg	D	Mendes et al., 1984

Continua

Tabela 6.2 – *Continuação*

Dados do Produto Vegetal			Dados do Molusco		Referência
Espécie	Família	Parte utilizada/extrator	Espécie[#]	Fase	
Panicum maximum M	Leguminosa	Raiz/hexano	Bg	A, D	Mendes et al., 1984
Panicum maximum M	Leguminosa	Folha/hexano	Bg	D	Mendes et al., 1984
Panicum maximum M	Leguminosa	Raiz e folha/etanol	Bg	A, D	Mendes et al., 1984
Paullinia elegans Cambess	Sapindaceae	Folha/etanol	Bg	A	Truiti et al., 2005
Peltastes peltatus Vell	Apocynaceae	Raiz/etanol	Bg	A	Santos et al., 2000b
Pereskia aculeata Mill	Cactacea	Raiz/hexano	Bg	A, D	Mendes et al., 1984
Pereskia aculeata Mill	Cactacea	Raiz/etanol	Bg	A, D	Mendes et al., 1984
Philodendron hederaceum (Jacq.) Schott	Araceae	Folha/água	Af	V	DP
Philondendron imbe Schott	Araceae	Caule e casca/hexano	Bg	A, D	Mendes et al., 1984
Philondendron imbe Schott	Araceae	Casca e caule/etanol	Bg	A, D	Mendes et al., 1984
Physalis angulata L	Solanaceae	Planta toda/acetato de etila ou acetona	Bt	A	Santos et al., 2003
Pilea cadierei Gagnep & Guillaumin	Urticaceae	Folha/água	Af	V	DP
Piper arboreum Aublet	Piperaceae	Folha/etanol	Bg	A	Luna et al., 2005
Plathymenia foliolosa Benth	Leg-Mimosoideae	Folha/água	Bg	A	Alves et al., 2000
Plectranthus sp	Lamiaceae	Folha/etanol	Af	V	DP
Plectranthus grandis (Cramer) R Willemse	Lamiaceae	Folha/água	Af	V	DP
Pluchea quitoc L	Asteraceae	Folha/etanol	Bg	A	Mendes et al., 1999
Plumbago auriculata Lam	Plumbaginaceae	Folha e fruto/água	Af	V	DP
Pseudoginonoxis pohlii (Sch Bip) LF	Asteraceae	Folha/etanol	Bg	A	Mendes et al., 1999
Pterocaulon alopecuroides (Lam) DC	Asteraceae	Folha/etanol	Bg	A	Mendes et al., 1999
Pterodon emarginatus Vogel	Fabaceae	Casca/etanol	Bg	F	Corrêa, 2006

Continua

Tabela 6.2 – *Continuação*

Dados do Produto Vegetal			Dados do Molusco		Referência
Espécie	Família	Parte utilizada/extrator	Espécie[#]	Fase	
Qualea parviflora Mart	Vochysiaceae	Casca/metanol	Bg	A	Alves et al., 2000
Rheedia brasiliensis Pl e Tr	Gutiferaceae	Casca e haste/etanol	Bg	A	Santos et al., 2000b
Roupala heterophylla Pohl	Proteaceae	Folha/metanol	Bg	A	Alves et al., 2000
Roupala montana Aubl	Proteaceae	Folha/água	Bg	A	Alves et al., 2000
Rumex crispus L	Poligonacea	Raiz/hexano	Bg	A, D	Mendes et al., 1984
Rumex crispus L	Poligonacea	Raiz/etanol	Bg	A	Mendes et al., 1984
Sabicea brasiliensis Wernham	Rubiaceae	Parte aérea/metanol	Bg	A	Alves et al., 2000
Sclerolobium aureum (Tul) Baill	Fabaceae	Folha/metanol	Bg	A	Alves et al., 2000
Senecio brasiliensis Less	Asteraceae	Folha/etanol	Bg	A	Mendes et al., 1999
Senecio confusus Britten	Asteraceae	Folha/etanol	Bg	A	Mendes et al., 1999
Solanum agrarium Sendtner	Solanaceae	Raiz/metanol	Bg	A	Silva et al., 2006
Solanum asperum Vahl	Solanaceae	Parte aérea/metanol	Bg	A	Silva et al., 2005
Solanum asterophorum Mart	Solanaceae	Parte aérea/metanol	Bg	A	Silva et al., 2005
Solanum capsicoides All	Solanaceae	Parte aérea e fruto/metanol	Bg	A	Silva et al., 2005
Solanum crinitum Lam	Solanaceae	Parte aérea/metanol	Bg	A	Silva et al., 2005
Solanum jabrense Agra & Nee	Solanacea	Parte aérea/metanol e água	Bg	A	Silva et al., 2006
Solanum megalonyx Sendtn	Solanaceae	Parte aérea/metanol ou água	Bg	A	Silva et al., 2006
Solanum megalonyx Sendtn	Solanaceae	Parte aérea/metanol	Bg	A	Silva et al., 2005
Solanum nigrum L	Solanaceae	Folha/hexano	Bg	A, D	Mendes et al., 1984
Solanum nigrum L	Solanaceae	Folha/etanol	Bg	A, D	Mendes et al., 1984
Solanum palinacantum Dunal	Solanaceae	Parte aérea, fruto e raiz/ metanol	Bg	A	Silva et al., 2005
Solanum paludosum Moric	Solanaceae	Raiz/metanol	Bg	A	Silva et al., 2005

Continua

Tabela 6.2 – *Continuação*

Dados do Produto Vegetal			Dados do Molusco		Referência
Espécie	**Família**	**Parte utilizada/extrator**	**Espécie#**	**Fase**	
Solanum paludosum Moric	Solanaceae	Parte aérea/butanol	Bg	A	Silva et al., 2006
Solanum paniculatum L	Solanaceae	Parte aérea e fruto/metanol	Bg	A	Silva et al., 2005
Solanum paraibanum Agra	Solanaceae	Folha/etanol	Bg	A	Silva et al., 2006
Solanum paraibanum Agra	Solanaceae	Fruto/metanol	Bg	A	Silva et al., 2005
Solanum sisymbriifolium Lam	Solanaceae	Fruto/metanol	Bg	A	Silva et al., 2005
Solanum stipulaceum Roem & Schult	Solanaceae	Raiz/etanol	Bg	A	Silva et al., 2006
Solanum torvum Sw	Solanaceae	Parte aérea/metanol	Bg	A	Silva et al., 2005
Spondias mombin L	Anacardiaceae	Semente/etanol	Bg	D	Luna et al., 2005
Stenocline chionaea DC	Asteraceae	Folha/etanol	Bg	A	Mendes et al., 1999
Strychinos pseudoquina St Hil	Loganiaceae	Folha/etanol	Bg	A, D	Santos et al., 2000b
Stryphnodendron adstringens (Mart) Cov	Leg-Mimosoideae	Casca/metanol ou água	Bg	A	Alves et al., 2000
Stryphnodendron barbatiman M	Leguminosa	Caule/etanol	Bg	A, D	Mendes et al., 1984
Symphyopappus polystachyus Baker	Asteraceae	Folha/etanol	Bg	A	Mendes et al., 1999
Symphytum officinale L	Boraginaceae	Folha/água	Af	V	DP
Tabebuia ochracea (Cham) Standl	Bignoniaceae	Madeira/diclorometano	Bg	A	Alves et al., 2000
Tabebuia ochracea (Cham) Standl	Bignoniaceae	Folha/metanol	Bg	A	Alves et al., 2000
Tagetes minuta L	Asteraceae	Folha/etanol	Bg	A	Mendes et al., 1999
Taraxacum officinale (With) Wiggers	Asteraceae	Folha/etanol	Bg	A	Mendes et al., 1999
Tecoma heptaphylla (Vell) Mart	Bignoniaceae	Flor/etanol	Bg	A	Santos et al., 2000b
Tecoma longiflora Bur *et* K Schum	Bignoniaceae	Folha/etanol	Bg	A, D	Santos et al., 2000b
Tibouchina scrobiculata Cogn	Melastomacea	Flor/hexano	Bg	A, D	Mendes et al., 1986
Tibouchina scrobiculata Cogn	Melastomacea	Folha e flor/hexano ou etanol	Bg	A, D	Mendes et al., 1986

Continua

Tabela 6.2 – *Continuação*

Dados do Produto Vegetal			Dados do Molusco		Referência
Espécie	**Família**	**Parte utilizada/extrator**	**Espécie#**	**Fase**	
Tithonia rotundifolia Baker	Asteraceae	Folha/etanol	Bg	A	Mendes et al., 1999
Tradescantia pallida (Rose) D R Hunt var. *purpurea*	Commelinaceae	Folha/água	Af	V	DP
Trixis vauthieri DC	Asteraceae	Folha/etanol	Bg	A	Mendes et al., 1999
Turnera ulmifolia L	Turneraceae	Folha/etanol e água	Bg	A	Santos et al., 2010
Vernonia condensata Baker	Asteraceae	Folha/etanol	Bg	A	Mendes et al., 1999
Vernonia crotonoides (DC) Sch Bip	Asteraceae	Folha/etanol	Bg	A	Mendes et al., 1999
Vernonia ferruginea Less	Asteraceae	Folha/etanol	Bg	A	Mendes et al., 1999
Vernonia herbaceae (Vell) Rusby	Asteraceae	Folha/etanol	Bg	A	Mendes et al., 1999
Vernonia linearis Spreng	Asteraceae	Folha/etanol	Bg	A	Mendes et al., 1999
Vernonia pedunculata DC	Asteraceae	Folha/etanol	Bg	A	Mendes et al., 1999
Vernonia polyanthes (Spreng) Less	Asteraceae	Folha/etanol	Bg	A	Mendes et al., 1999
Vernonia remotiflora Rich	Asteraceae	Folha/etanol	Bg	A	Mendes et al., 1999
Viguiera ovatifolia Baker	Asteraceae	Folha/etanol	Bg	A	Mendes et al., 1999
Vochysia divergens M	Vochysiaceae	Raiz/etanol	Bg	A, D	Santos et al., 2000b
Wedelia paludosa DC	Asteraceae	Folha/etanol	Bg	a	Mendes et al., 1999
Wulfia baccata (LF) Kunt	Asteraceae	Folha/etanol	Bg	A	Mendes et al., 1999
Xylopia aromatica (Lam) Mart	Annonaceae	Casca/diclorometano e metanol	Bg	A	Alves et al., 2000
Xylopia aromatica (Lam) Mart	Annonaceae	Casca/água	Bg	A	Alves et al., 2000
Ziziphus joazeiro Mart	Rhamnaceae	Madeira	Bg	A	Luna et al., 2005

#Espécies: *Biomphalaria glabrata* (Bg); *Biomphalaria tenagophila* (Bt); *Achatina fulica* (Af); *Leptinaria unilamellata* (Lu).
DP: dados pessoais. (A = Adulto; C = 1 a 6 meses; D = Desova; E = Eclosão; Re = Recém-Eclodido; V= Várias idades; F = Adulto, jovem e recém-eclodido; G = Ovo/recém-eclodido)

Em 1983, a Organização Mundial da Saúde reorganizou as diretrizes para pesquisa de moluscicidas naturais: a planta só deve ser considerada ativa quando obtiver 90% de mortalidade nas concentrações de 20 ppm para os extratos e, no mínimo 100 ppm para o vegetal bruto (Who, 1983). Dessa forma, alguns resultados são apresentados na literatura como CL90, em 24 horas, para se avaliar o potencial moluscicida vegetal, e estão sumarizados também na Tabela 6.1. Os resultados negativos para essa abordagem estão incluídos na Tabela 6.2.

Alguns bioativos possuem efeito bem precoce eliminando moluscos em algumas horas após a exposição, como: óleo essencial de Erva de Santa-Maria (*Chenopodium ambrosioides*), que nas concentrações de 80 e 100 ppm, já eliminam 100% de *B. glabrata*, após 6 h de exposição (Frank et al., 2011). Já o extrato aquoso do pericarpo do fruto *Guaiacum officinale* testado contra adultos de *Biomphalaria glabrata*, induziu hemorragia nos caramujos, 2 horas após a exposição (Mendes et al., 1993).

Em um levantamento que não incluíu apenas espécies encontradas no Brasil, relatam-se as principais famílias de plantas moluscicidas que apresentam em comum, as seguintes classes de compostos majoritários: triterpenoides, saponinas, glicoalcaloides esteroides, diterpenos, sesquiterpenos, monoterpenos, iridoides, naftoquinonas, alquenil-fenóls, chalcones, flavonoides, taninos, furanocumarinas, isobutilamidas e alcaloides (Marston et al., 1985). Exemplificando, há saponinas e taninos em *Solanum paniculatum* (Silva et al., 2012), alcaloides de várias espécies de *Solanum* (Silva et al., 2005); terpenos em *Origanum vulgare* L, *Eugenia uniflora* L e *Laurus nobilis* L (Leite et al., 2009); flavonoides e taninos na fração ativa (iniciada com etanol e finalizada com acetato de etila) de *Amaioua guianensis* (Oliveira et al., 2009); três xantonas e um ácido orgânico de *Kielmeyera variabilis* Mart (Pinheiro et al., 2003). Encontrar o componente majoritário é o caminho de escolha para se encontrar o princípio ativo, mas, nem sempre essa correspondência ocorre.

Para muitos extratos, já se realizou a análise dos componentes bioativos, e, para alguns, inclusive o seu isolamento, como: timol de *Lippia sidoides* Cham (Matos et al., 1998; Bezerra et al., 1981); glicoalcaloide esteroidal bruto – Geb de *Lycopersicon esculentum* Mill (Leyton et al., 2005); dihidrochalcone de *Piper aduncum* L (Orjala et al., 1994); *pool* de fisalinas de *Physalis angulata* L (Santos et al., 2003); alicina de *Allium sativum* L

(Singh et al., 1995); três alcaloides esteroidais (solanandaina, solasonina e solamargina) derivadas de *Solanum* asperum (Silva et al., 2005; Silva et al., 2008) com boa atividade moluscicida individualmente, mas, o melhor resultado é obtido na fração alcaloidal (LC = 17,33) (Silva et al., 2008); saponinas (1, 2, 3 e 4) de *Phytolacca icosandra*, com DL100 < 12,5 ppm e outras saponinas dessa espécie (5, 6, 7, 8 e 9), com atividade ≥ 50 ppm (Treyvaud et al., 2000); lapachol, isolapachol e nor-lapachol (naftoquinonas) da Família Bignoniaceae, principalmente dos gêneros *Tecoma* e *Tabebuia*; que possuem LD90 < 10 ppm e podem ser facilmente obtidos ou sintetizados, indicando provável uso comercial (Santos et al., 2000a; Lima et al., 2002); esses compostos e derivados de lapachol também são eficientes sobre desovas de *Biomphalaria glabrata* (LC90 < 3 ppm) (Lima et al., 2002). Entretanto, comercialmente, já se produz o Timol Puríssimo® (Isofar), para uso exclusivamente laboratorial (Ferreira et al., 2011); a mortalidade do gastrópode terrestre *Bradybaena similaris* juvenis foi de 100% após a exposição a 5 g/L de timol® (observação por 10 dias). Entretanto, há produtos muito mais eficientes que o timol: o bioativo isolado do látex de *Euphorbia milii*, denominado miliamina (dianthraniloyl ester of ingenol), apresenta LD1OO da ordem de 2,5 μg/L (Mendes et al., 1997). A partir do extrato hidroalcoólico de galhos e folhas de *Calophyllum brasiliensis* foi possível isolar uma cumarina denominada (-) mammea A/BB (1), cuja DL90, determinada contra *Biomphalaria glabrata*, foi de 1,47 ppm (Gasparotto et al., 2005). O extrato hidroalcoólico de *Caryocar brasiliense* eliminou 100% desses moluscos na concentração de 0,17 mg/mL. Outros resultados indicam que, para um extrato ser ativo, depende da presença de saponinas, pois, a pesquisa realizada no extrato etanólico de frutos de *Achras sapota*, revelou a presença significativa (+++) de cumarinas, triterpenos e esteroides, mas, esse fruto não possui saponina e também não apresentou atividade moluscicida (Mendes et al., 2011). Já o extrato eficientíssimo de *Caryocar brasiliense* é rico em saponinas, além de taninos e esteroides (+++) (Lopes et al., 2011).

São várias as plantas que contem cafeína: *Camellia sinensis* (L) Kuntze (Theaceae), *Coffea arabica* L (Rubiaceae), *Ilex paraguariensis* St Hil (Aquifoliaceae) e *Paullinia cupana* Kunth (Sapindaceae) (Brenelli et al., 2003). Seu potencial moluscicida foi observado quando essa droga foi borrifada sobre folhas de vegetais, o que impediu a ingestão pelas lesmas *Veronicella cubensis* (Pfeiffer, 1840) (Mollusca, Veronicellidae) (Hollingsworth et al., 2002). Dessa forma, a ação da cafeína sobre o molusco terrestre *Subulina octona* Brugüière, 1789 foi investigada. Ovos tratados com 5 g/L indicaram 100% de mortalidade dos juvenis após 90 dias da eclosão. Nas outras fases estudadas, as concentrações indicadas não tiveram um efeito expressivo (Ferreira et al., 2009).

Para a aplicação em campo, o bioativo deve antes passar por testes de toxicidade que consistem na exposição de naúplios de *Artemia salina* (microcrustáceo) e de peixes, principalmente *Poecilia reticulata* (conhecido por *guppy* ou lebiste), em condições laboratoriais. O resumo dos resultados desses ensaios está na Tabela 6.3. Além disso, os moluscicidas naturais podem ser aplicados experimentalmente em campo, para visualizar sua eficiência e dose necessária para eliminar os moluscos no ambiente a que se destinam. Um resumo desses resultados se encontra na Tabela 6.4.

A preocupação com os outros organismos presentes no ecossistema exposto ao moluscicida, mesmo que este seja natural, tem nos ensaios com *Poecilia reticulata* apenas o início dessa abordagem. Já existem relatos na literatura de estudos laboratoriais realizados com *Melanoides tuberculata* (Thiaridae), um caramujo que vive associado ao habitat de *Biomphalaria glabrata*. Seguindo a mesma padronização recomendada pela (WHO, 1965; WHO, 1983), foi possível verificar que *M. tuberculata* é 13,8 vezes menos sensível que *B. glabrata* (Giovanelli et al., 2001). Dessa forma, a exposição ao moluscicida favorece o aumento da população do molusco mais resistente. *M. tuberculata* é também hospedeiro intermediário de um parasito: *Paragonimus* spp que pode afetar a população humana (Neves et al., 2001), recomendando cautela no uso desse moluscicida.

Estudos realizados em campo avaliando o efeito do látex de *Euphorbia splendens* var *hislopii* demonstrou que o mesmo é eficiente sobre *Biomphalaria glabrata* e preservou a população de *Pomacea haustrum* Reeve, 1856, espécie típica do mesmo ecossistema (Mendes et al., 1992). Observação semelhante foi descrita para a eliminação de *Biomphalaria tenagophila* mantendo as populações de *Poecilia reticulata* e *Pomacea haustrum* (Baptista et al., 1992). Entretanto, a sobrevivência pode ser acompanhada por alterações na atividade celular evidenciada pelo aumento do índice mitótico de células epiteliais das brânquias de *Poecilia vivipara* (Bloch; Schneider,

Tabela 6.3 – Resumo dos resultados de toxicidade de moluscicidas naturais, testados em condições laboratoriais, em *Artemia salina* ou *Poecilia reticulata*.

Dados do vegetal	Condições laboratoriais		Referência
	Artemia salina*	***Poecilia reticulata*****	
Adenocalymma comosum (planta toda/etanol)	485,5 µg/mL eliminam 50%	–	Silva et al., 2007
Anacardium occidentale (casca da castanha/ hexano)	–	Inócuo até 2 ppm	Souza et al., 1992
Anadenanthera macrocarpa (casca da madeira/ etanol)	1000 ppm eliminam 80%	–	Luna et al., 2005
Annona muricata (folha/etanol)	1000 ppm eliminam 100%	–	Luna et al., 2005
Arrabidaea parviflora (planta toda/etanol)	590,8 µg/mL eliminam 50%	–	Silva et al., 2007
Bauhinia cheilantha (madeira/etanol)	1000 ppm eliminam 50%	–	Luna et al., 2005
Bauhinia cheilantha (folha/etanol)	1000 ppm eliminam 61%	–	Luna et al., 2005
Bauhinia cheilantha (raiz/etanol)	1000 ppm eliminam 100%	–	Luna et al., 2005
Bursera leptophloeos (madeira/etannol)	1000 ppm eliminam 57%	–	Luna et al., 2005
Cabralea polytricha (fruto/diclorometano)	LC50 = 36	–	Alves et al., 2000
Cabralea polytricha (fruto/metanol)	LC50 = 53	–	Alves et al., 2000
Caesalpinia echinata (folha/etanol)	1000 ppm eliminam 78%	–	Luna et al., 2005
Caesalpinia echinata (madeira/etanol)	1000 ppm eliminam 57%	–	Luna et al., 2005
Caesalpinia férrea (folha/etanol)	1000 ppm eliminam 68%	–	Luna et al., 2005
Caesalpinia pyramidalis (folha/etanol)	1000 ppm é inativo	–	Luna et al., 2005
Caesalpinia pyramidalis (madeira/etanol)	1000 ppm eliminam 100%	–	Luna et al., 2005
Caryocar brasiliense (folha/diclorometano e metanol)	LC50 = 90	–	Alves et al., 2000
Clytostoma binatum (planta inteira/etanol)	801,6 µg/mL eliminam 50%	–	Silva et al., 2007
Copaifera langsdorffii (folha/diclorometano e metanol)	LC50 = 83	–	Alves et al., 2000

Continua

Tabela 6.3 – *Continuação*

Dados do vegetal	Condições laboratoriais		Referência
	Artemia salina*	***Poecilia reticulata*****	
Curcuma longa (oleoresina)	CL50 = 80,43	-–	Silva Filho et al., 2009
Curcuma longa (óleo essencial)	CL50 = 319,82	–	Silva Filho et al., 2009
Cuspidaria argentea (planta toda/etanol)	880,2 μg/mL eliminam 50%	–	Silva et al., 2007
Dioclea virgata (folha/etanol)	1000 ppm eliminam 88%	–	Luna et al., 2005
Eleocharis acutangula (parte subterrânea fresca/ hexano)	CL50 = 476	–	Ruiz et al., 2005
Eugenia uniflora (folha/etanol)	1000 ppm eliminam 45%	–	Luna et al., 2005
Eugenia uniflora (madeira/etanol)	1000 ppm é inativo	–	Luna et al., 2005
Euphorbia splendens var *hislopii* (látex/água)	–	LD50 = 2,36 LD90 = 3,77	Vasconcellos et al., 1986
Eugenia uniflora (Laboratório de Tecnologia Farmacêutica/UFPB)	LC50 = 253,43	–	Leite et al., 2009
Euphorbia tirucalli (látex/água)	–	2 ppm (100%)	Jurberg,et al., 1985
Guaiacum officinale (pericarpo do fruto/água)	–	5 ppm (100%)	Mendes et al., 1993
Lantana camara (raiz/diclorometano)	LC50 = 47	–	Alves et al., 2000
Laurus nobilis	LC50 = 89,88	–	Leite et al., 2009
Leonurus sibiricus (Parte aérea/diclorometano e metanol)	LC50 = 12	–	Alves et al., 2000
Marsdenia altissima (casca da madeira/etanol)	1000 ppm eliminam 62%	–	Luna et al., 2005
Melloa quadrivalvis (haste/etanol)	197,7 μg/mL eliminam 50%	–	Silva et al., 2007
Ocotea glomerata (casca da madeira/etanol)	1000 ppm eliminam 29%	–	Luna et al., 2005
Ocotea glomerata (casca e folha/etanol)	1000 ppm é inócuo	–	Luna et al., 2005
Operculina macrocarpa (tubérculo/etanol)	1000 ppm eliminam 100%	–	Luna et al., 2005

Continua

Tabela 6.3 – *Continuação*

Dados do vegetal	Condições laboratoriais		Referência
	Artemia salina*	***Poecilia reticulata*****	
Origanum vulgare (Ferquimica Ind Com Ltda)	LC50 = 14,91	–	Leite et al., 2009
Phytolacca dodecandra (fruto/butanol)	–	2 ppm (90%)	Souza et al., 1987
Piper arboreum (folha/etanol)	1000 ppm eliminam 83%	–	Luna et al., 2005
Solanum asperum (folha/metanol)	CL50 = 420,5	–	Silva et al., 2007a
Solanum asperum (raiz/metanol)	CL50 = 593,4	–	Silva et al., 2007a
Solanum diamantinense (parte aérea/metanol)	CL50 = 481,0	–	Silva et al., 2007a
Solanum paludosum (folha/metanol)	CL50 = 548,0	–	Silva et al., 2007a
Solanum sisymbrifolium (parte aérea/metanol)	CL50 = 382,7	–	Silva et al., 2007a
Solanum stipulaceum (raiz/metanol)	CL 50 = 823,1	–	Silva et al., 2007a
Spondias mombin L (semente/etanol)	1000 ppm eliminam 96%	–	Luna et al., 2005
Tabebuia aurea (haste/etanol)	815,4 µg/mL eliminam 50%	–	Silva et al., 2007
Turnera ulmifolia (folhas/hidroalcoólico)	DL50 = 224,56	–	Santos et al., 2010
Ximenia americana (casca da madeira/etanol)	1000 ppm é inócuo	–	Luna et al., 2005
Xylopia aromática (casca/diclorometano e metanol)	LC50 = 18	–	Alves et al., 2000
Ziziphus joazeiro (madeira/etanol)	1000 ppm eliminam 83%	–	Luna et al., 2005

*Microcrustaceo marinho recém-eclodido (náuplio).

**Peixe de água doce; nome popular: *guppy*, lebiste ou barrigudinho.

Tabela 6.4 – Resumo dos resultados de moluscicidas naturais aplicados em campo, avaliados contra os moluscos transmissores de doenças, ou aqueles que convivem no mesmo ecossistema.

Dados do vegetal	Condições no campo			Referência
	Espécie de molusco*	ppm	Mortalidade em campo	
Anacardium occidentale (casca da castanha/hexano)	Bg	20	100	Souza et al., 1992
Anacardium occidentale (casca da castanha/hexano)	Bt	20	100	Souza et al., 1992
Anacardium occidentale (casca da castanha/hexano)	Bs	20	97,1	Souza et al., 1992
Euphorbia milii (folha/água)	Pc	10**	90	Felizari et al., 2011
Euphorbia splendens var *hislopii* (látex/água)	Bt	<4,1	3,77	Vasconcellos et al., 1986
Euphorbia splendens var *hislopii* (látex/água)	Bg	12	100	Mendes et al., 1992
Euphorbia splendens var *hislopii* (látex/água)	Bg	12	100	Mendes et al., 1997
Euphorbia splendens var *hislopii* (látex/água)	Bt	12	100	Baptista et al., 1992
Euphorbia splendens var *hislopii* (látex/água)	Bt	5	100	Vasconcellos et al., 2003a
Euphorbia splendens var *hislopii* (látex/água)	Lc	5	97,4	Vasconcellos et al., 2003a
Euphorbia splendens var *hislopii* (látex/água)	Mt	5	100	Vasconcellos et al., 2003a
Euphorbia splendens var *hislopii* (látex/água)	Ps	5	40	Vasconcellos et al., 2003a
Guaiacum officinale (pericarpo do fruto/água)	Bg	40	100	Mendes et al., 1993
Phytolacca dodecandra (fruto/butanol)	Bg (adulto)	4,5	90	Souza et al., 1987
Phytolacca dodecandra (fruto/butanol)	Bg (recém-eclodido)	23,0	90	Souza et al., 1987
Ricinus communis (folha/água)	Pc	10##	100	Felizari et al., 2011

*Espécies: *Biomphalaria glabrata* (Bg); *Biomphalaria tenagophila* (Bt); *Lymnaea columella* (Lc); *Melanoides tuberculata* (Mt); *Pomacea* spp (Ps); *Pomacea caniculta* (Pc).
**Em %.

1801) expostas à fração acetato de etila da casca do caule de *Caryocar brasiliense* (Motter et al., 2004). Há ainda o relato da pesquisa em campo afirmando a mortalidade de 90% de peixes *Poecilia reticulatus* (= *Poecilia reticulata*) quando expostos a 3,77 ppm de uma solução aquosa do látex de *Euphorbia splendens* var *hislopii* (Vasconcellos et al., 1986).

Com a expansão da aquicultura associada ao relato da ocorrência de *Biomphalaria straminea* em tanques de piscicultura (Silveira et al., 1997), tornou-se importante avaliar o efeito de moluscicidas naturais sobre organismos cultivados com interesse comercial. Assim, tilápias *Sarotherodon niloticus* (= *Oreochromis niloticus*), expostas a extrato aquoso de folhas de *Ricinus communis* e *Euphorbia milii*, ambas a 10%, induziram 94 e 100% de mortalidade, respectivamente (Felizari et al., 2011). Embora tenha sido um ensaio de 4 dias, este resultado indica cautela no uso desses produtos, uma vez que o látex de *Euphorbia splendens* var *hislopii* permaneceu ativo por cerca de 124 dias à temperatura ambiente (Schall et al., 1992).

A grande maioria da produção bibliográfica volta-se para moluscicidas ativos contra *Biomphalaria glabrata*, o que é compreensível pelo número de pacientes envolvidos com a Esquistossomose mansônica. Entretanto, a Angiostrongilíase já é considerada uma parasitose emergente, o que é preocupante, quando associada ao descaso do poder público. Moluscos terrestres tem apresentado bastante resistência aos extratos de plantas que são moluscicidas para caramujos límnicos. Uma família vegetal que se apresenta promissora para moluscos do ambiente terrestre, é Euphorbiaceae. O látex de *Euphorbia milii* var *splendens*, na diluição de 1:800 ainda elimina 100% de *Leptinaria unilamellata* d'Orbigny, 1835, que é um gastrópode terrestre que pode ser hospedeiro intermediário de helmintos trematódeos digenéticos que parasitam animais domésticos. Esse efeito já pode ser observado nos primeiros minutos após a aplicação (Afonso-Neto et al., 2010).

Esse efeito precoce foi também observado sobre o caracol africano *Achatina fulica* (de 1 a 6 meses de idade), quando exposto à pasta aquosa obtida de frutos de *Thevetia peruviana* (Pers) Schumann (Família: Apocynaceae) e nas suas diluições aquosas de até 2%, eliminando-os desde 2 até 17 horas após a exposição, conforme a diluição e a idade (Panigrahi et al., 1994).

Para moluscos terrestres, uma visualização dos possíveis efeitos decorrentes da aplicação do moluscicida no ambiente pode ser obtida em ensaios com espécies vegetais, como *Tradescantia pallida* (Rose) D R Hunt, onde se pesquisa a produção de micronúcleos, um indicativo de genotoxicidade. Sobre o ambiente aquático, também podem ser utilizados bioindicadores como a alga verde *Pseudokirchneriella subcapitata*. Dessa forma, o uso do látex de *Euphorbia milii* var *splendens* para controle de *Achatina fulica* foi eficiente, mas, seu emprego fica inviável pois é também muito tóxico, se testada contra esses bioindicadores (Crignis, 2011).

Além da avaliação dos efeitos sobre organismos menos complexos como microcrustáceos, peixes, outros moluscos e organismos vegetais, é importante também avaliar a ação do moluscicida em animais mais próximos ao ser humano. Neste sentido, o látex de *Euphorbia splendens* demonstrou ser irritante aos olhos e pele de coelhos, indicando cuidados no manuseio e aplicação do produto , em concentrações muito acima das testadas em laboratório e em campo contra os moluscos (Freitas et al., 1991). Por outro lado, o látex de *Euphorbia milii* somente apresentou efeito teratogênico em ratas prenhas, naquelas concentrações muito elevadas, distantes da faixa de utilização em campo (Souza et al., 1997). Os efeitos do óleo esencial de *Piper aduncum* foram avaliados em camundongos indicando baixa toxicidade (Souza et al., 2008).

Com a intenção de melhor explorar os recursos naturais brasileiros, alguns pesquisadores iniciaram novas frentes, como por exemplo, avaliar o poder moluscicida do extrato orgânico do fungo *Agrocybe perfecta* (Basidiomycota) e de seu isolado poliacetileno citotóxico (agrocibina). Entretanto, ambos foram ineficientes em eliminar o caracol *Achatina fulica* (Lisboa et al., 2006). Além disso, foi iniciada a busca por moluscicidas naturais provenientes de espécies marinhas atuando sobre *Biomphalaria glabrata*. De 12 extratos, somente os derivados da alga vermelha *Liagora farinosa* e da esponja *Amphimedon viridis* apresentaram atividade moluscicida, tendo LC50 = 120 µg/mL e 20 µg/mL para *L. farinosa* e *A. viridis* respectivamente. As espécies que não tiveram atividade moluscicida foram: as ascídias *Didemnum rodriguesi*, *Didemnum speciosum*, *Microcosmus exasperatus*, *Trididemnum orbiculatum* e *Phallusia nigra*; a alga *Galaxaura marginata* e as esponjas *Axinella* aff. *corrugata* e *Polymastia janeirensis*.

A pesquisa de moluscicidas abriu um leque de abordagens que permitiu investigar outros efeitos desses bioativos sobre os moluscos estudados, que favoreceram o entendimento de sua fisiologia. Desde o início das pesquisas, já se observou, por exemplo, a alteração do comportamento do molusco, indicando que alguma ação existia, mas, que não era eficiente na eliminação do molusco (Pieri et al., 1981; Jurberg et al., 1988).

Muitos bioativos não se apresentaram conforme os padrões da (WHO, 1965; WHO, 1983), mas interferiram no metabolismo de tal forma que a morte ocorreu em maior tempo, associada a alterações fisiológicas, como: redução da concentração de glicose na hemolinfa, número de ovos e fecundidade, além de aumento do tempo para alcançar a maturidade, avaliada sobre *Subulina octona* (Silva et al., 2012); óleo de *Azadirachta indica* e *Cedrus deodara*, pó do bulbo (dente) de *Allium sativum* e pó da casca de *Nerium indicum* isoladamente ou em combinações entre estas quatro espécies reduziram drasticamente a fecundidade, viabilidade dos ovos, redução dos níveis de proteínas, aminoácido, DNA, RNA e fosfolipídeos, simultaneamente ao aumento da lipoperoxidação no ovotestis de *Achatina fulica* (Rao et al., 2000); redução dos níveis das enzimas acetilcolinesterase, desidrogenase láctica e das fosfatases ácida e alcalina em *Achatina fulica* (Rao et al., 2003); ou ainda, alteração na distribuição de glicose nos diferentes tecidos de *Bradybaena similares* (Lustrino et al., 2008).

É importante ressaltar que, o moluscicida oriundo de uma fonte vegetal tem grande chance de ser biodegradável e, só por isso, já desperta o interesse dos pesquisadores e responsáveis pelo controle da proliferação de moluscos vetores e hospedeiros intermediários de doenças parasitárias (WHO, 1983). Deve-se ressaltar, entretanto, que o controle de moluscos não deve ser uma ação isolada e pontual, pois são organismos muito adaptados e, após um mês do tratamento em campo, já se observou o retorno da população inicial de *Biomphalaria glabrata* anterior ao tratamento com *Euphorbia splendens* var *hislopii* (Mendes et al., 1997). Isso se deve à ineficiência da aplicação sobre outras fases do ciclo biológico desses animais: ovos, recém-eclodidos.

Por outro lado, mesmo que os moluscicidas sejam naturais e biodegradáveis, a consequente mortandade de moluscos límnicos e sua decomposição tornam a água do reservatório imprópria para consumo. Atualmente, para a WHO (2005), a busca por moluscicidas naturais deve buscar bioativos cada vez mais potentes, agindo em concentrações bem baixas e que sejam ao mesmo tempo, pouco tóxicos a *Artemia salina* e *Poecilia reticulata*, revelados com ensaios em que esses organismos sobrevivam a altas concentrações do produto.

7
Fungos endofíticos: fonte de novos metabólitos secundários bioativos

Angela Regina Araujo
Vanessa Mara Chapla
Carolina Rabal Biasetto
Maria Luiza Zeraik

Introdução

Os fungos são organismos heterotróficos, ou seja, adquirem os nutrientes no meio ambiente pela decomposição de matéria orgânica ou parasitando outros organismos vivos. Estes podem infectar diferentes hospedeiros, levando-os à morte ou desenvolvendo uma relação simbiótica com os mesmos (Schardl, 2004). Os fungos constituem o segundo maior grupo de espécies sobre a Terra, estimados em 5,1 milhões de espécies, sendo que apenas 98 mil foram descritas (Blackwell, 2011; Moore; Robson; Trinci, 2011). São encontrados em diversos habitats que variam de ambientes aquáticos, solo, ar e partículas em suspensão, profundezas dos oceanos, geleiras, vulcões, plantas, entre outros e possuem a capacidade de utilizar vários substratos para o seu desenvolvimento. Durante seu desenvolvimento utilizam diferentes rotas biossintéticas que levam à produção de inúmeros metabólitos secundários, além da produção de enzimas de interesse comercial (Zain et al., 2014).

O estudo sistemático de metabólitos secundários oriundos de fungos iniciou-se em 1922 por Harold Raistrick, que caracterizou mais de 200 metabólitos fúngicos (Raistrick, 1950). No entanto, a atenção voltou-se aos metabólitos produzidos por fungos somente após a descoberta da penicilina, por Alexander Fleming, isolada de *Penicillium chrysogenum*. A partir desta descoberta, as grandes indústrias farmacêuticas investiram em programas de triagem e por volta de 1950 descobriram valiosos produtos microbianos com aplicações farmacêuticas. Deste modo, a busca por metabólitos secundários bioativos continuou ininterruptamente, e milhares de compostos que inibem o crescimento de bactérias, fungos, protozoários, parasitas, insetos, vírus e células tumorais foram descobertos (Zain et al., 2014). Destes, dos que foram estudados do ponto de vista químico e farmacológico foram isolados uma grande variedade de micromoléculas bioativas, que incluem desde substâncias tóxicas como aflatoxinas, ocratoxinas e citreoviridinas a substâncias com aplicações terapêuticas (Gunatilaka, 2006; Miller; Trenholm, 1995).

Dentre os medicamentos de maior repercussão terapêutica, para doenças infecciosas, destacam-se os antibióticos β-lactâmicos das classes de penicilina e cefalosporina, como os exemplos mais conhecidos de produtos de fungos. A atorvastatina (Lipitor®) é um dos medicamentos mais vendidos, um hipocolesterolêmico de origem microbiana, que vendeu mais de US$ 11 bilhões em 2004 e, se incluirmos as vendas da Pfizer e Astellas Pharma no período de 2004 a 2014, as vendas estavam na faixa de US$12-14 bilhões de dólares por ano (Newman; Cragg, 2015).

Substâncias isoladas de fungos são empregadas também no combate de pragas, que consomem um grande percentual da produção agrícola mundial, calculado em bilhões de dólares em prejuízos. Esses metabólitos atuam como agroquímicos naturais, como por exemplo, os alcaloides indólicos, derivados de pirrolizidinas, quinazolinas e criptocina (antimicótico), que são inibidores de fitopatógenos (Zhang; Song; Tan, 2006).

Entre os micro-organismos, os fungos são de grande interesse biotecnológico, sendo talvez, dentre os seres vivos, os que mais têm contribuído com produtos e processos de importância fundamental para o bem-estar da população. Eles constituem a base de uma grande indústria de produção de alimentos graças a sua ação fermentadora (panificação, indústria cervejeira e de outras bebidas, produção de certos tipos de queijo). Os fungos são ainda importantes na produção de álcool, ácidos orgânicos como o cítrico e o acotínico, antibióticos e esteroides (Ainsworth; Sussman, 1996).

Várias vantagens são observadas quanto à utilização de fungos na obtenção de produtos naturais bioativos em relação a outras fontes naturais, pois são recursos renováveis e a sua produção em escala ampliada pode ser realizada usando a tecnologia existente, como variação do meio e otimização das condições de cultivo. Como exemplo, a manipulação no meio de cultura do *Penicillium notatum*, resultou em um aumento de 6000 vezes a produção da penicilina (Demain, 2000). Outra vantagem está relacionada com a conservação ambiental uma vez que requerem uma única e pequena remoção de material vivo (Bills, 1995).

Dentro deste contexto os fungos representam um significativo reservatório de diversidade genética e uma fonte importante para a descoberta de novos metabólitos secundários bioativos (Gunatilaka, 2006).

Fungos endofíticos

Fungos endofíticos (*endon* = no interior; *phyton* = planta) são geralmente definidos como aquelas espécies que vivem dentro dos tecidos das plantas, sem causar danos aparentes aos seus hospedeiros (Gunatilaka, 2006; Yan et al., 2015). O termo endófito foi primeiramente descrito em 1866 pelo pesquisador De Barry, que os definiu como aqueles que vivem nos tecidos vegetais e assintomáticos, distinguindo-os dos epifíticos e fitopatogênicos. Atualmente são encontradas diferentes definições de endófitos, mas a que foi definida pelos pesquisadores Bacon e Write amplamente aceita e utilizada é "endófitos são micro-organismos que colonizam os tecidos internos das plantas sem causar prejuízos imediatos ao seu hospedeiro". Esta definição abrange os fungos e bactérias, e todo o espectro de interação simbiótica na qual os fungos e plantas participam: parasitismo, comensalismo e mutualismo (Kharwar et al., 2011; Nisa et al., 2015). Azevedo e Araújo (2007) definem como micro-organismos endofíticos todos aqueles que são cultiváveis ou não e que habitam o interior de vegetais sem prejudicar o seu hospedeiro e sem produzir estruturas externas emergindo dos vegetais.

Outra definição para os fungos endofíticos é que estes são um grupo diversificado de ascomicetos que possui sua ocorrência assintomática dentro dos tecidos vegetais. Ocorrem em todo o território terrestre, nas comunidades naturais e antrópicas, colonizando plantas no Ártico, Antártica, solos geotérmicos, desertos, oceanos, florestas tropicais, mangues e florestas costeiras (Jalgaonwala et al., 2011; Arnold, 2007). Em quase todas as plantas vasculares, algas marinhas, musgos e samambaias, estudadas até o momento, foram encontradas bactérias e fungos endofíticos. Normalmente, centenas de espécies de endófitos podem ser isolados de uma única espécie vegetal, sendo que pelo menos um é específico ao hospedeiro (Yan et al., 2015; Rai et al., 2014; Tan; Zou, 2001). Vale ressaltar que das cerca de 300 mil espécies de plantas superiores existentes na terra cada uma contém uma diversidade única de micro-organismos endofíticos, o que pode representar uma diversidade genética de espécies ainda não descritas (Strobel; Daisy, 2003, Lacava; Sebastianes; Azevedo, 2010).

Os fungos endofíticos se diferenciam dos micro-organismos fitopatogênicos, que são prejudiciais às plantas, causando-lhes doenças. São também distintos dos micro-organismos epifíticos, que vivem na superfície dos órgãos e tecidos vegetais. Assim, um endófito, que vive no interior de uma planta de acordo com as condições do ambiente e o próprio estado fisiológico do hospedeiro, pode ser considerado um patógeno latente (Azevedo, 1998). Deste modo, a natureza da associação entre fungos endofíticos e seus hospedeiros varia de parasitismo ou antagonismo a neutro ou simbiótico (Carrol, 1988; Saikkonen et al., 1998).

Os fungos endofíticos representam um importante componente da biodiversidade fúngica, sendo conhecidos por influenciar a estrutura e diversidade das comunidades das plantas hospedeiras. Os endófitos gastam toda ou parte de seu ciclo de vida colonizando inter ou intracelularmente os tecidos saudáveis das plantas (Lacava; Sebastianes; Azevedo, 2010).

Pesquisas com muitas espécies de plantas durante os últimos trinta anos demonstraram que a colonização por fungos endofíticos é onipresente. O número de espécies detectadas depende de fatores biótico, abiótico, experimentais, da espécie hospedeira, tipo e disposição de fase do órgão da planta, condições edáficas e climáticas, o procedimento de isolamento e o número e tamanho de amostras. A diversidade de espécies na microbiota interna é rica em muitas espécies de plantas, por exemplo, mais de 120 espécies foram detectadas em galhos de *Carpinus caroliniana* e *Abies alba* (Sieber, 2007).

A análise da diversidade de fungos dentro da planta hospedeira é, no entanto, muitas vezes direcionado para as espécies com rápido crescimento, espécies onipresentes, espécies raras, entretanto possuem menor força competitiva o que pode ocasionar a não descoberta dessas espécies mesmo após várias tentativas de isolamento e cultivo (Aly et al., 2010).

Em relação à biodiversidade de fungos endofíticos em países tropicais, como o Brasil, sem dúvida possuem um potencial a ser explorado, tanto no ponto de vista de plantas tradicionalmente cultivadas, como a banana, cacau, cana-de-açúcar, entre outras, como também em plantas nativas endêmicas de áreas de Cerrado, Florestas Tropicais e Caatinga (Lacava; Sebastianes; Azevedo, 2010). A busca por fungos endofíticos em locais pouco explorados vem despertando interesse pela possibilidade da presença de novas espécies de endófitos.

Como exemplo, temos os estudos realizados e conduzidos pelo pesquisador José Odair Pereira na Universidade Federal da Amazônia com diversas plantas da região (Azevedo et al., 2002). Das plantas tóxicas citadas, as do gênero *Palicourea,* como *P. longiflora* (Rubiaceae), são responsáveis por 90% dos casos de mortes de gado na região Amazônica. As do gênero *Strychnos,* como *S. cogens* (Loganiaceae), são usadas por indígenas para a confecção dos venenos de flechas denominados "curares". O trabalho envolveu o isolamento de 59 fungos endofíticos de *S. cogens* e 512 de *P. longiflora.* Alguns gêneros isolados foram identificados como: *Colletotrichum, Guigniardia* e *Aspergillus* nas duas espécies de plantas; *Phomopsis, Glomerella* e *Xylaria* de *P. longiflora* e *Trichoderma* de *S. cogens.* Os endófitos isolados foram submetidos ao ensaio de antagonismo contra *Candida albicans* e *Trichoderma* sp., 24 % dos fungos apresentaram atividade antagônica positiva (Souza et al., 2004). Outro trabalho com a planta encontrada na região amazônica de grande importância comercial no Brasil, *Euterpe oleracea* (Açaizeiro) relata o isolamento de três novas espécies de fungos endofíticos do gênero *Idriella* (*I. euterpes, I. asaicola* e *I. amazonica*) (Rodrigues; Samuels, 1992).

Interações dos endófitos com seus hospedeiros

Em todas as plantas estudas até o momento foram encontrados pelo menos um micro-organismo habitando seu interior. Normalmente, os endófitos penetram nas plantas por aberturas naturais (estômatos e hidatódios), feridas e pela produção de enzimas hidrolíticas, em especial as celulases que facilitam sua penetração. Após a entrada na planta hospedeira os endófitos podem colonizar os espaços inter ou intracelulares e vasos condutores xilema e floema (Lacava; Sebastianes; Azevedo, 2010).

Os fungos endofíticos podem ser transmitidos de dois diferentes modos. A transmissão vertical ocorre de modo sistêmico pela descendência através das sementes do hospedeiro, já a transmissão horizontal ocorre pela transferência de esporos de forma sexuada ou assexuadamente (Aly et al., 2011).

O modo com que o fungo penetra uma espécie vegetal pode alterar o tipo de interação endófito-hospedeiro. Na transmissão vertical é predominante a interação mutualística, enquanto que na transmissão horizontal (não-sistêmica) essa interação tende a ser antagonista. Todas as interações dos fungos com os hospedeiros são precedidas por encontros físicos entre a planta e o fungo, seguida por várias barreiras químicas e físicas que devem ser superadas para que ocorra uma associação de sucesso (Kusari; Hertweck; Spiteller, 2012). As interações que abrangem os endófitos e a espécie hospedeira são bastante complexas e não são compreendidas totalmente, entretanto envolvem interação multi espécies, múltiplos níveis de casualidade e fluxos multidirecionais de influência, como mudanças bióticas e abióticas, idade da planta, modo de transmissão e fatores genéticos de ambas espécies fúngica e hospedeira (Zhang; Song; Tan, 2006).

A associação dos endófitos com as plantas hospedeiras são descritas como simbióticas, mas estas variam desde o mutualismo (endófito e planta hospedeira obtém vantagens) até o parasitismo (somente o endófito é beneficiado) (Aly et al., 2011; Kusari; Hertweck; Spiteller, 2012). Alguns endófitos são considerados mutualistas porque matam herbívoros, enquanto outros exibem ambos os estilos de vida: o mutualismo em algumas circunstâncias e parasitismo sob outros (Sieber, 2007). Uma vez no hospedeiro o endófito permanece, geralmente, em um estado latente por toda sua vida ou por um período prolongado até que as condições ambientais lhe sejam favoráveis, neste caso o endófito pode assumir uma função patogênica ao hospedeiro (Aly et al. 2011; Chapla et al., 2013).

A visão mutualística da interação fungo endofítico-planta tem sido associada à endofíticos de gramíneas de regiões temperadas. Esta visão foi sustentada principalmente por estudos com endofíticos do gênero *Neotyphodium*, os quais infectam gramíneas, protegendo-as contras herbívoros pela produção de alcaloides (Bultman; Bell, 2003). Alguns relatos sugerem um complexo sistema de comunicação envolvendo cruzamento de informações genéticas entre endófitos e sua planta hospedeira durante a formação da associação. Além disso, os genes podem regular a produção de metabólitos secundários bioativos pelos endófitos e essas interações podem induzir à expressão de genes que conferem resistência às plantas hospedeiras (Bailey et al., 2006).

Schulz e Boyle (2005) propuseram que a associação entre a planta hospedeira e o endófito consiste em um balanço antagonismo, nessa hipótese a virulência do fungo e o sistema de defesa da planta estão em equilíbrio resultando em uma associação assintomática. Quando esse equilíbrio é perturbado, tanto diminuindo a defesa da planta ou aumentando a virulência do fungo, doenças aparecem no hospedeiro, surgindo deste modo uma relação planta-patogênico. Muitos endófitos permanecem em um estado endofítico (endofitismo), contudo quando mudanças nas condições ambientais ocorrem ou outros fatores externos, os endófitos passam a assumir uma relação patogênica ao hospedeiro (Figura 7.1).

Figura 7.1 – Figura das relações dos endófitos.

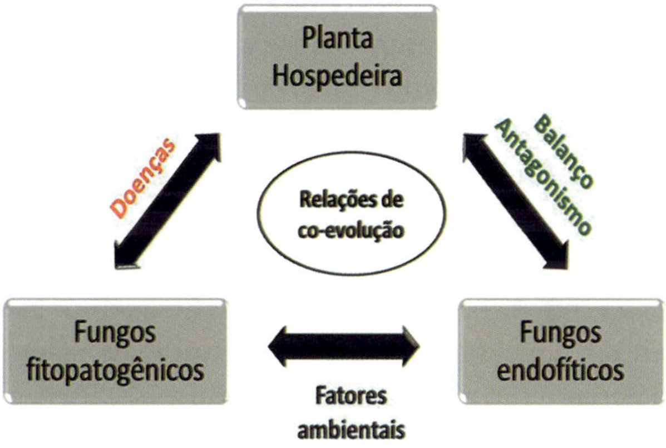

Fonte: Adaptado de Kusari; Hertweck; Spiteller, 2012

Contudo, mais recentemente as interações dos endófitos com os hospedeiros foram definidas como complexas e não são descritas apenas como um equilíbrio entre virulência e defesa. Por exemplo, a planta *Camptotheca acuminata* produz a camptotecina e o seu papel ecológico em plantas é protegê-las dos insetos, pois esse composto exibiu potente atividade inseticida. O fungo endofítico *Fusarium solani* isolado da casca de *C. acuminata* também foi capaz de produzir a camptotecina. Apesar disso, o fungo necessita da enzima *Strictosidine sintase* da planta para sintetizar esse composto. O cultivo do fungo *in vitro* levou a uma diminuição da produção de camptotecina devido à instabilidade genética da biossíntese da camptotecina no fungo. Essas observações mostram a complexidade e variação das interações das plantas com seus fungos endofíticos e sua não compreensão até o presente momento (Spiteller, 2015; Kusari; Hertweck; Spiteller, 2012).

De acordo com a teoria da coevolução, os endófitos ajudam no sistema de defesa química da planta pela produção de metabólitos secundários. Duas preposições intrigantes foram feitas, a primeira de acordo com a teoria "mosaic effect" os endófitos protegem o hospedeiro criando uma composição química heterogênea dentro e entre os órgãos das plantas que são geneticamente uniformes. Consequentemente, estes órgãos variam arbitrariamente na importância para herbívoros, e em termos de infecciosidade para patógenos. A segunda teoria é que os endófitos podem ajudar o hospedeiro no "sistema de imunidade adquirida" e as moléculas sinalizantes ou induzidas por estresse das plantas podem ser detectadas pelos heterótrofos (animais e micro-organismos), que desenvolveram essa capacidade pela seleção evolutiva. Por isso, é possível que determinados grupos de genes mantiveram-se ao longo do tempo evolutivo entre plantas, micro-organismos e animais, e estes podem ser ativados por adequadas associações planta-endófito e/ou endófito-endófitos (Kusari; Hertweck; Spiteller, 2012).

Como as plantas são colonizadas por diversos micro-organismos endofíticos, estes podem interagir direto ou indiretamente como outros endófitos (fungo-fungo, fungo-bactéria e/ou bactéria-bactéria). Estas interações desempenham um papel fundamental na produção de metabólitos secundários por bactérias e fungos endofíticos (Figura 7.2). Esta comunicação/interação pode envolver moléculas sinalizantes que podem desencadear outra via biossintética silenciosa. No entanto, a íntima interação física entre a bactéria *Streptomyces rapamycinicus* e o fungo *Aspergillus nidulans* demostrou envolver uma regulação epigenética no metabolismo secundário do fungo (Kusari; Hertweck; Spiteller, 2012).

Figura 7.2 – Representação esquemática do "crosstalk" interespécies dos fungos endofíticos.

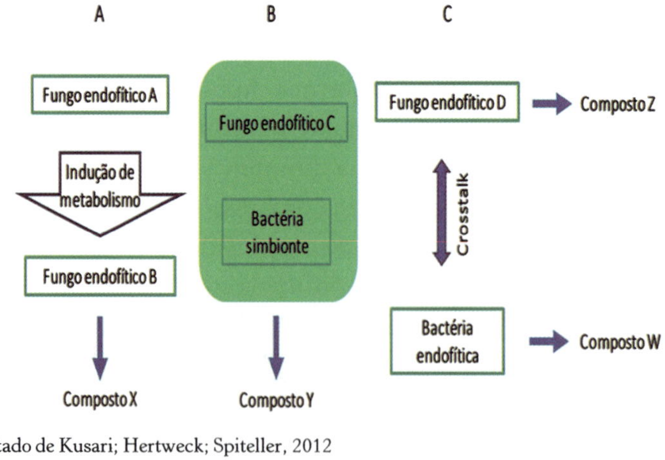

Fonte: Adaptado de Kusari; Hertweck; Spiteller, 2012

A produção de metabólitos secundários por fungos ocorre principalmente devido as interações com o hospedeiro e outros micro-organismos endofíticos. Estes metabólitos, em muitos casos podem ser utilizados para a defesa do fungo contra substâncias produzidas pelos organismos em contato. A ecologia descreve que organismos que estão em ambientes com intensas interações com outros organismos possuem uma capacidade superior em produzir metabólitos secundários, como é o caso dos organismos endofíticos (Kusari; Hertweck; Spiteller, 2012).

Produtos naturais produzidos por fungos endofíticos

Produtos naturais bioativos isolados de fungos endófitos associados a plantas superiores estão atraindo a atenção de químicos e biólogos devido ao aumento constante de publicações dedicadas a este tema nos últimos anos (113 artigos de pesquisa sobre metabólitos secundários de fungos endófitos no período de 2008-2009, 69 em 2006-2007, 36 em 2004-2005, 14 em 2002-2003, e 18 em 2000-2001) (Aly et al., 2010).

Cabe ressaltar que as pesquisas sobre endófitos, durante o período de 2008-2009, conduziram à descoberta de mais de 100 novos produtos naturais, enquanto que durante sete anos (2000-2007), relatou-se quase o mesmo número de novos compostos, o que evidencia nos últimos anos a crescente importância da prospecção em fungos endófiticos (Aly; Debbab; Proksch, 2011).

Os fungos endofíticos possuem a capacidade de produzir uma ampla variedade de enzimas e metabólitos secundários, que exibem diversas atividades biológicas (Corrêa, 2014). Atualmente os micro-organismos são uma das formas de vida mais importantes, a qual fornece ferramentas biotecnológicas para a transformação da matéria orgânica, assim como a produção de produtos químicos e bioquímicos úteis (Ióca; Allard; Berlinck, 2014). Os produtos naturais produzidos pelos endófitos possuem estruturas e bioatividades únicas e podem ser agrupadas em diferentes classes químicas incluindo: alcaloides, esteroides, flavonoides, terpenos, glicosilados, xantonas, isocumarinas, quinonas, lignanas, lactonas, benzopironas, metabólitos alifáticos, citocalasinas, entre outros, alguns deles incluem novas classes como benzopiranonas e palmarumicinas (Kual et al., 2012; Nisa et al., 2015).

A produção de metabólitos secundários por fungos endofíticos pode variar com o biotipo e as condições de crescimento, como por exemplo, a produção das ciclosporinas A e B variam de acordo com o habitat e o substrato. Desta maneira os metabólitos secundários sintetizados pelos endófitos dependem do nicho ecológico, no qual estão inseridos e das contínuas interações entre o fungo e a planta hospedeira (Nisa et al., 2015).

Trabalhos mostraram que os fungos endófitos como, *Didymostilbe* sp., isolado de *Taxus chinensis* var. (Wang; Tang, 2011) e *Botryodiplodia theobromae* Pat., isolado de *Morinda citrifolia* Linn., (Pandi; Manikandan; Muthumary, 2010) produzem o fármaco taxol (11), sendo este isolado pela primeira vez do fungo endofítico *Taxomyces andreanae* durante os anos de 1990 (Stierle et al., 1993). Na produção de taxol pelo endófito *Penicillium aurantiogriseum*, isolado de *Corylus avellana*, foi possível identificar clusters de genes envolvidos nesta produção diferentes do hospedeiro, demonstrando a evolução biossintética em espécies de *Penicillium*, independente da planta hospedeira (Yang et al., 2014; Newman; Cragg, 2015). Com as evidências de que fungos endófitos podem também produzir o taxol visualizou-se um novo processo, talvez mais eficiente e menos dispendioso, para a produção deste importante fármaco.

Outros produtos potencialmente bioativos produzidos por fungos endófitos merecem destaque, como os anticancerígenos: derivados de antracenediona (Zhang et al., 2010), 22-oxa-(12)-citocalasinas (Priti et al., 2009) e novos meroterpenoides (pestalafones J e K) (Wang, 2016). Pesquisas ainda relatam outros compostos com atividades promissoras como a antraquinonas (Zhang; Song; Tan, 2006) e a 10-hidroxicamptotecina (12) (Shweta et al., 2010), poderosos agentes antineoplásicos, isolado dos fungos endófitos *Pleospora* sp. e *Fusarium solani*, respectivamente; e o subglutinol A (10) e B, um agente imunossupressor, produzido pelo endófito *Fusarium subglutinans* (Guo et al., 2008). Kusari (2011) descreveu a produção de hipericina (8) a partir de um endófito isolado de *Hypericum perforatum*, um agente no combate a depressão e ansiedade. Em 2012, isolou-se do endófito pertencente ao gênero *Phoma* associado a *Arisaema erubescens*, os metabólitos tricodermina (6) e cercosporamida (7), com fortes atividades antifúngicas e antineoplásicas (Wang et. al., 2012). Em 2014, isolou-se compostos da classe das huperzinas, os quais são inibidores da enzima acetilcolinesterase (Newman; Cragg, 2015).

Dentro deste contexto, os produtos naturais de fungos endofíticos apresentam um amplo espectro de atividades biológicas, sendo alguns exemplos, antimicrobiana (1), (2), (3), (4), (5), (6) e (7) (Aly; Debbab; Proksch,

2011; Wang et. al., 2012), ansiolítica (8) (Kusari, 2011), neuroprotetiva (9) (Aly et al., 2010), propriedades imunossupressoras (10) (Guo et al., 2008) e antineoplásicos (6), (7), (11), (12) e (13) (Yang et al., 2014; Wang, 2016; Shweta et al., 2010; Wang et. al., 2012) (Figura 7.3).

Outros compostos de interesses comerciais conhecidos apenas em plantas foram posteriormente isolados e identificados nos fungos endofíticos, como o importante anticancerígeno vincristina (14), isolado primeiramente da planta *Catharanthus roseus* e posteriormente do fungo endofítico *Fusarium oxysporum* isolado da mesma planta. Similarmente a lignana podofilotoxina, precursora sintética dos anticancerígenos etoposida (15) e teniposida (16), foi encontrada em espécies vegetais do gênero *Podophylum* e também relatada nos endófitos *Trametes hirsuta* e *Phialocephala fortinii* (Aly et al., 2010, Kaul et al., 2012).

Lactonas macrocíclicas monocilina (17) e seu análogo clorado radicicol (18) apresentaram potente atividade citotóxica (Gunatilaka, 2006), sendo estas isoladas dos fungos endofíticos *Opuntialepto caulis* e *Chaetomium chiversii* associados à *Ephedra fasciculata*. A substância nectriapirona (19), um monoterpenoide, apresentou atividade citotóxica contra leucemia humana e células de melanoma. Esta foi isolada de diferentes espécies de fungos endofíticos como *Phomopsis oblonga*, *Scytalidum* sp. e *Phomopsis* sp. associados a diferentes espécies vegetais (Evidente et al., 2014).

Os fungos endofíticos são descritos como produtores de diversas classes de compostos antimicrobianos. Recentemente Deshmukh (2015) e colaboradores relataram a criptocina (21, Figura 7.4) com atividade antibacteriana produzida pelo endófito *Cryptosporiopsis cf. quercina,* a qual é também reportada e produzida por outros fungos endofíticos (Li et al., 2000). Outro exemplo de composto antibacteriano é o ácido ambúico (20) isolado do endófito *Pestalotiopsis* sp., o qual apresentou atividade contra *S. aureus* com valor de IC_{50} de 43,9 μmol L^{-1} (Deshmukh et al., 2015).

Outros compostos como cinco novos octacetídeos citosporonas A (22), B (23), C (24), D (25) e E (26) foram isolados de dois fungos endofíticos *Cytospora* sp. e *Diaporthe* sp. Citosporonas D e E apresentaram atividade antimicrobiana, enquanto a citosporona B exibiu atividade antifúngica e citotóxica (Gunatilaka, 2006). Citosporonas A e C foram isoladas posteriormente do endófito *Phomopsis* sp. e a citosporona C apresentou atividade antifúngica contra *Candida albicans* e *F. oxysporum* (Kaul et al., 2012).

Figura 7.3 – Substâncias bioativas isoladas de fungos endofíticos.

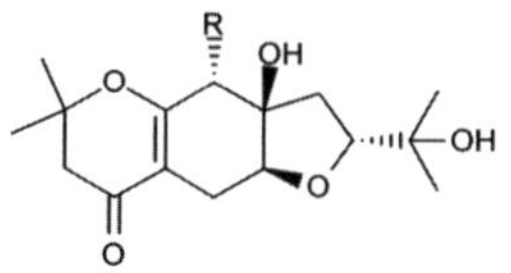

R=OH; pestaloteol A (**1**)
R=H; pestaloteol B (**2**)

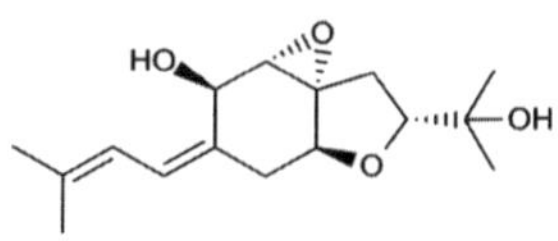

Pestaloteol C (**3**)

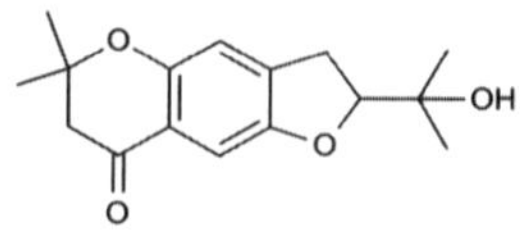

Pestaloteol D (**4**)

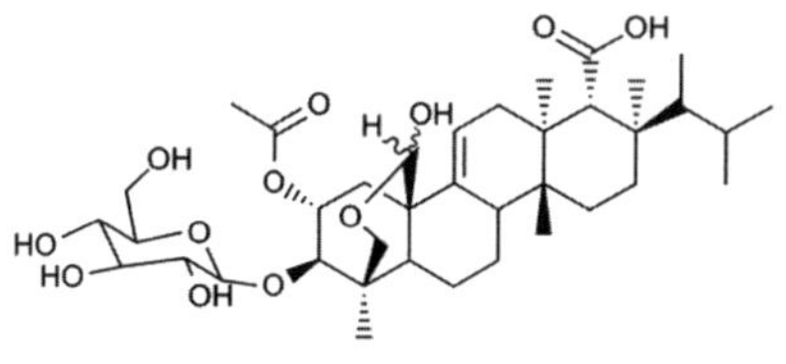

Enfumafungina (**5**)

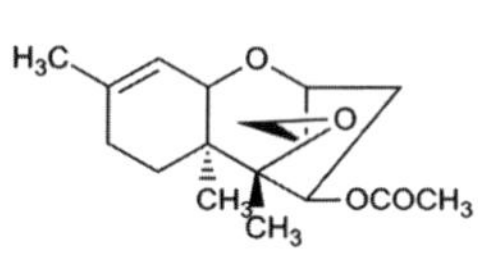

Tricodermina (**6**)

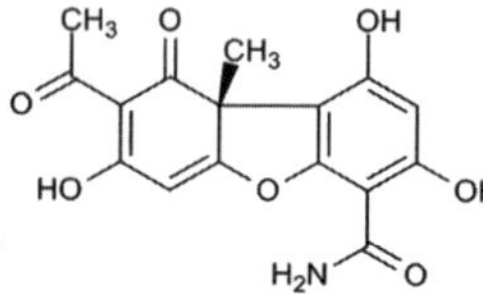

Cercosporamida (**7**)

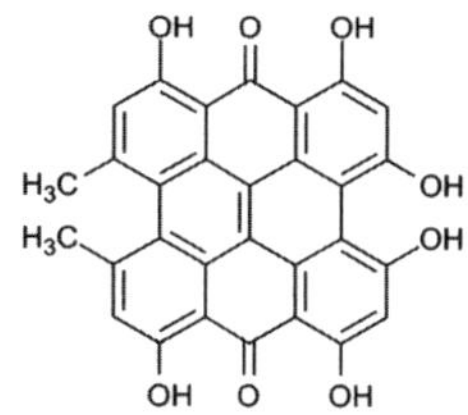

Hipericina (**8**)

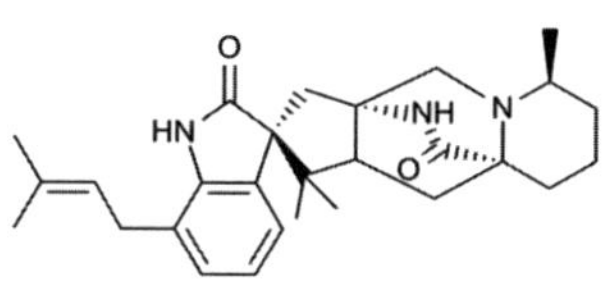

Crisogenamida A (**9**)

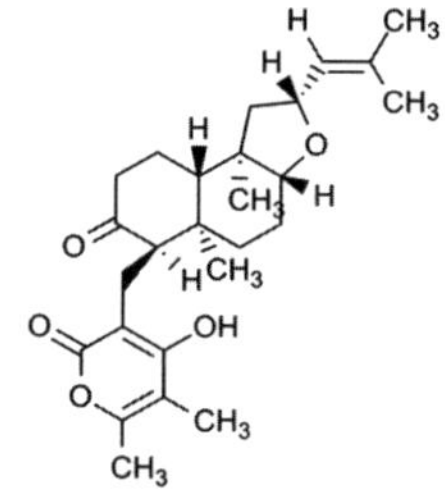

Subglutinol A (**10**)

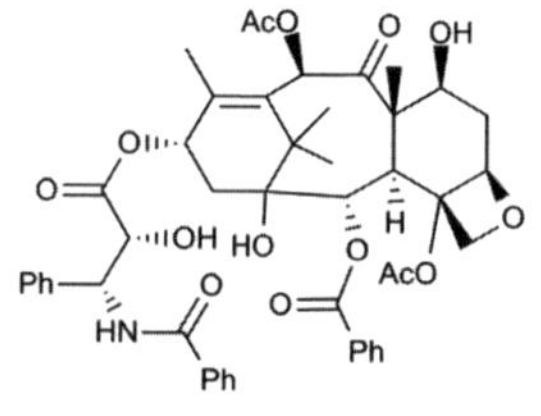

Taxol (**11**)

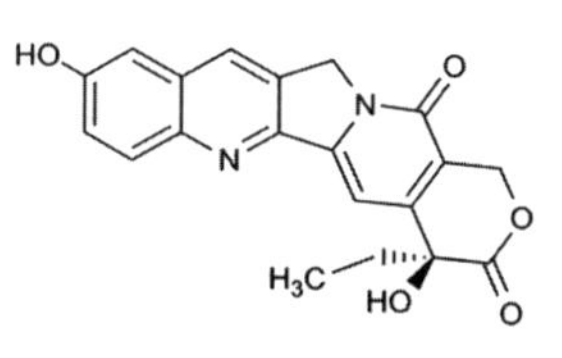

10-hidroxicamptotecina (**12**)

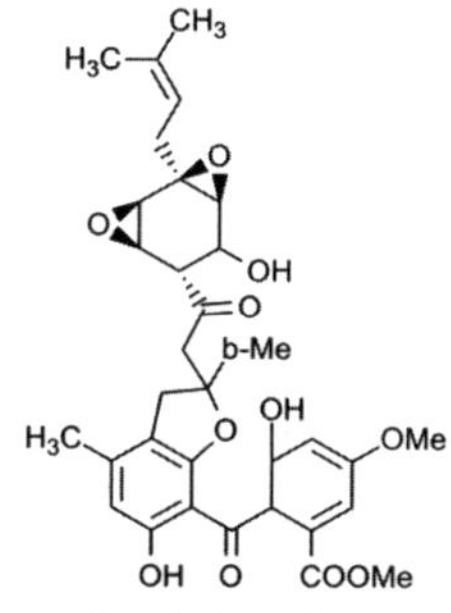

Pestalofone J (**13**)

Fonte: Aly; Debbab; Proksch, 2011; Wang et. al., 2012; Kusari, 2011; Aly et al., 2010; Guo et al., 2008; Yang et al., 2014; Wang, 2016; Shweta et al., 2010.

Fatores ambientais incluindo os bióticos e abióticos, balanço nutricional, genótipo e ontogênese geralmente controlam e regulam a biossíntese dos metabólitos secundários em plantas (Kumar et al., 2014). Estudos recentes fornecem evidências que interações microbianas podem desempenhar o principal papel na produção de metabólitos secundários em bactérias e fungos (Kusari; Hertweck; Spiteller, 2012).

Os fungos são capazes de biossintetizar uma grande diversidade química e biológica de metabólitos secundários. Infelizmente, métodos de fermentação em condições laboratoriais são ineficientes para mimetizar o habitat natural de um organismo. Como muitos genes, responsáveis pela biossíntese de produtos naturais não são expressos no ambiente artificial de laboratório, instiga-se o desenvolvimento de novas estratégias para a ativação das vias biossintéticas (Brakhage; Schroeckh, 2011; Williams et al., 2008), como por exemplo, o co-cultivo, epigenética, cultivo com adição de metais, dentre outras.

Figura 7.4 – Substâncias com atividades citotóxicas e antimicrobianas isoladas de fungos endofíticos.

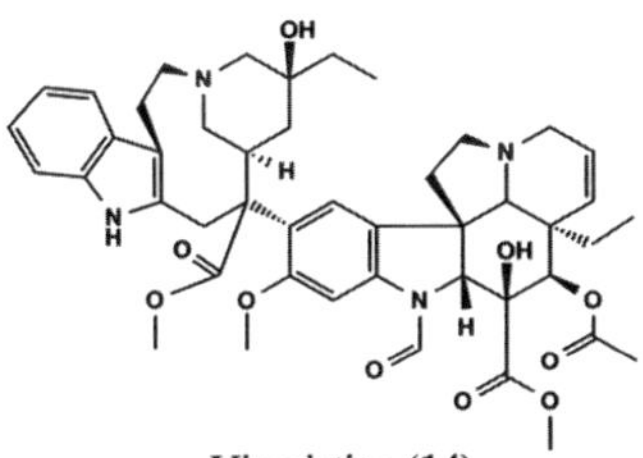

Vincristina (**14**)

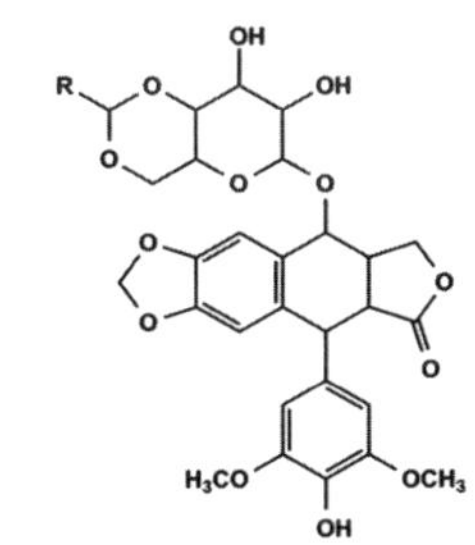

R = CH_3 ; setoposida (**15**)

R =  ; teniposida (**16**)

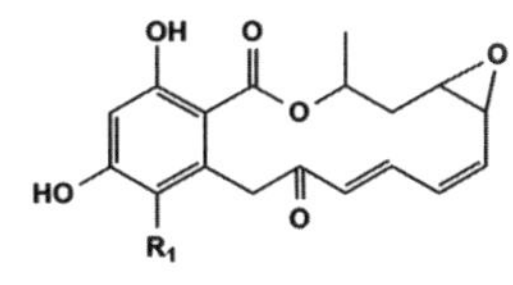

R=H; monocilina (**17**)
R=Cl; radicicol (**18**)

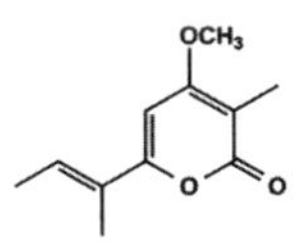

Nectriapirona (**19**)

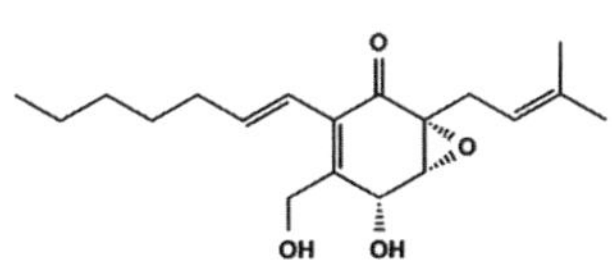

Ácido ambúico (**20**)

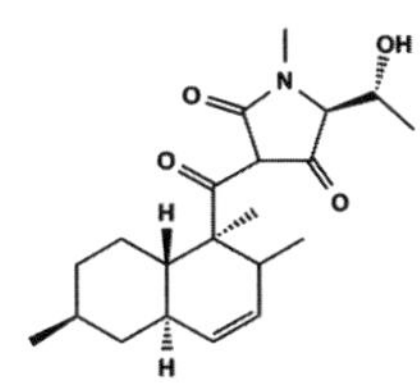

Criptocina (**21**)

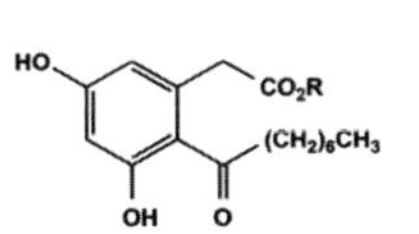

R=H; citosporona A (**22**)
R=CH_2CH_3; citosporona B (**23**)

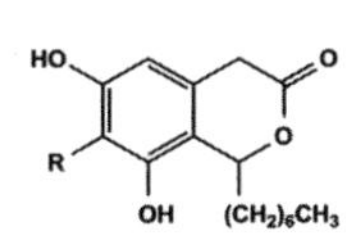

R=H; citosporona C (**24**)
R=OH; citosporona D (**25**)

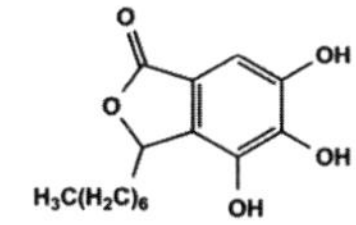

Citosporona E (**26**)

Fonte: Aly et al., 2010, Kaul et al., 2012; Gunatilaka, 2006; Evidente et al., 2014; Deshmukh et al., 2015; Li et al., 2000.

Recentes estudos têm levado a descoberta de vários metabólitos secundários de plantas produzidos por fungos endofíticos aumentando a perspectiva do uso dos mesmos como fonte alternativa desses metabólitos. Além disso, os endófitos produzem outros compostos biologicamente ativos e estruturalmente diversos que não são conhecidos em plantas, sendo uma importante fonte de descoberta de novas drogas e compostos para a agricultura. A bioprospecção de fungos endofíticos oferece uma enorme promessa de descoberta de produtos naturais com valor terapêutico agregado, o que tem chamado a atenção de pesquisadores de diversas áreas como microbiologia, biotecnologia, ecologia, agronomia e química (Nisa et al., 2015, Aly et al., 2010).

Contribuição dos endófitos para as plantas hospedeiras

Os fungos endofíticos que colonizam espécies de plantas contribuem de forma benéfica a fisiologia do hospedeiro para a adaptação em ambientes e ao estresse biótico e abiótico. Geralmente plantas infectadas com endófitos são mais saudáveis do que aquelas sem infecção. Os endófitos vivem em sinergia com seu hospedeiro, estes são conhecidos por abrigar e nutrir os fungos endofíticos que em troca atacam com sucesso as pragas por meio da produção de substâncias especiais, como os metabólitos secundários. A variedade de metabólitos sintetizados pelos endófitos confere as plantas maior resistência a nematoides, insetos e animais, além de aumentarem a absorção de nutrientes pela planta. As plantas habitadas com endófitos específicos são muitas vezes capazes de crescer mais rapidamente devido à produção de fito-hormônios tornando-as competitivas, chegando a dominarem um ambiente particular (Nisa et al., 2015; Lacava; Sebastianes; Azevedo, 2010).

Estudos do papel dos fungos endófitos em influenciar a fisiologia vegetal têm sido realizados. Algumas plantas infectadas com endófitos interagem diretamente ou indiretamente na absorção de nutrientes minerais para reduzir ou prevenir estresse. Em espécies tolerantes à seca, fungos endofíticos exercem a sua ação não só no armazenamento e secreção de açúcares e álcoois, mas também na modificação das características da folha, o que reduz perdas na transpiração. Sob estresse por metais pesados, fungos endofíticos podem proteger plantas hospedeiras, limitando o transporte e acumulação dos metais pesados nos tecidos das plantas. O endófito *Piriformosfora indica* induziu a resistência a doenças causadas por fungos e ao estresse salino de plantas monocotiledôneas (Zhang; Song; Tan, 2006).

O papel ecológico da maioria dos metabólitos secundários produzidos por fungos endofíticos é desconhecido, contudo alguns casos envolvendo a ecologia química dos endófitos estão sendo estudados, como as gramíneas e outras plantas herbáceas habitadas por endófitos que são capazes de produzir toxinas venenosas aos herbívoros. Os endófitos do gênero *Neotyphodium* que produzem alcaloides do tipo ergot, tais como ergovalina (27, Figura 7.5), que é altamente tóxica para alguns mamíferos e insetos, protegem o hospedeiro de seus predadores. Espécies desse mesmo gênero também produzem alcaloides indólicos como a agroclavina (28), também tóxica a insetos e mamíferos, assim como o alcaloide peramina, que é tóxica para insetos, mas não para mamíferos (Zhang; Song; Tan, 2006; Spiteller, 2015).

Fungos endofíticos do gênero *Acremonium*, que colonizam gramíneas, são capazes de produzir hormônios de crescimento de plantas como o ácido indol-acético (29), consequentemente, os fungos endofíticos presentes em gramíneas são capazes de proteger seu hospedeiro contra predadores e torna-las plantas competidoras, transformando-as dessa forma, em espécies dominantes (Zhang; Song; Tan, 2006; Spiteller, 2015). Os endófitos são eficazes também em outras plantas, como a *Forsythia viridissima* colonizada por espécies do gênero *Pezicula*, que são capazes de produzir a isocumarina meleína (30), um potente agente fungicida e herbicida (Spiteller, 2015).

Os fungos endofíticos habitam o mesmo nicho ecológico ocupado pelos fitopatógenos, podendo dessa forma se tornar uma ferramenta poderosa no controle de patógenos por competição por nutrientes, produção de substâncias antagônicas, parasitismo ou mesmo induzindo a planta a desenvolver resistência. A maioria dos metabólitos secundários produzidos por endófitos demostraram nas avaliações *in vitro* possuírem atividades antimicrobianas, isto sugere que em muitos casos o endófito esteja protegendo o hospedeiro contra micro-organismos fitopatogênicos (Gunatilaka, 2006; Lacava; Sebastianes; Azevedo, 2010). Como é o caso do endófito *Cryptosporiopsis quercina* isolado da planta medicinal *Tripterigeum wilfordii*, este fungo produz o peptídeo criptocadina e o ácido tetrâmico criptocina que possuem potente atividade antifúngica (Li et al., 2000; Dutta et al., 2014).

Outros benefícios da colonização dos endófitos para as plantas são o controle de nematoides e insetos. Tem sido comprovado que o fungo *Fusarium oxysporum* é um antagonista de nematoides parasitas de plantas, demostrando que os metabólitos secundários produzidos por esse fungo causam a morte de nematoides. A capacidade de controle de insetos herbívoros por fungos endofíticos está associado à produção de metabólitos ou toxinas pelos fungos, como é o caso do fungo endofítico *Hormonema dema-*

tioides, isolado da planta *Abies balsemea*, que produz o inseticida rugulosina (31). Outros exemplos incluem os endófitos *Beauveria* ssp. *Paecilomyces fumosoroseus* e *Verticillium lecanii* capazes de produzirem compostos com ação inseticida como beauvericina (32), beauverolides e bassionalide. Estudos demostram que o fungo *B. bassiana* coloniza endofiticamente tecidos de plantas de banana contribuindo para o controle do inseto-praga *Cosmopolites sordidus* (Lacava; Sebastianes; Azevedo, 2010).

Outro aspecto interessante e benéfico da associação endófito-planta considera a disseminação de sementes da planta. Estudos recentes demostraram que sementes infectadas por endófitos podem ser menos atrativas para formigas do deserto, contudo as formigas só percebem a infecção após terem coletado as sementes, as quais posteriormente são descartadas pelo caminho, aumentando desta forma a disseminação das sementes e favorecendo a sua germinação longe da competição com a planta-mãe (Azevedo at al., 2002).

Figura 7.5 – Metabólitos secundários produzidos por fungos endofíticos benéficos as plantas.

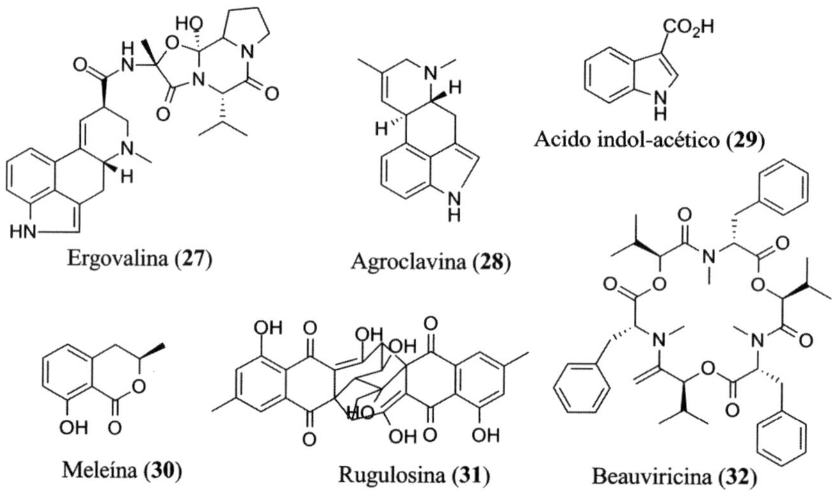

Fonte: Zhang; Song; Tan, 2006; Spiteller, 2015; Lacava; Sebastianes; Azevedo, 2010.

Além das inúmeras vantagens citadas anteriormente da associação dos fungos endofíticos com as plantas hospedeiras, os endófitos exercem um importante papel na promoção do crescimento das plantas. O fungo endofítico *Fusarium oxysporum* produz o ácido giberélico e o ácido indol-acético. Ácido giberélico é um hormônio vegetal que controla o crescimento de plantas e promove floração, alongamento do caule, maturação e germinação das sementes. Deste modo, o ácido giberélico, com outros hormônios vegetais, como o ácido indol-acético, pode melhorar o crescimento das plantas e a produtividade das culturas (Rai et al., 2014).

Auxinas, citocininas e giberelinas são os fatores de crescimento mais citados associados com o crescimento induzido de plantas como resposta a associação endofítica. As auxinas são conhecidas por estimular a divisão celular, resultando no aumento da massa radicular e formação acelerada da raiz, enquanto as citocininas induzem o alongamento da raiz, aumentando dessa forma a sua massa. Citocininas são também, aparentemente responsáveis pelo aumento da acumulação e transporte de nutrientes, contribuindo assim para melhorar o crescimento das plantas (Rai et al., 2014).

Existem diversos outros exemplos na literatura de compostos produzidos pelos endófitos que conferem maior proteção contra predadores e resistência a estresse biótico e abiótico. Deste modo, os endófitos cooperam para a proteção do hospedeiro, aumentando a expressão dos mecanismos de defesa do mesmo e promovendo fontes adicionais de defesa, extrínsecas aquelas do hospedeiro, ajudando dessa forma a planta a sobreviver (Rai et al., 2014).

Estudo de fungos endofíticos no Instituto de Química de Araraquara

No Brasil o estudo químico de fungos endofíticos teve seu início em 2001, com a implantação desta linha de pesquisa no Instituto de Química da Unesp em Araraquara. Atualmente, esta pesquisa está difundida no Brasil com inúmeros grupos espalhados por vários Institutos de Pesquisa e Universidades. No Instituto de Química de Araraquara, dois grupos se destacam o Núcleo de Bioensaios, Biossíntese e Ecofisiologia Vegetal (Nubbe) e o Fitoquímica, que exploram a produção de metabólitos secundários de fungos endofíticos associados a espécies de plantas medicinais de ocorrência em vários biomas do Brasil. Neste capítulo mostraremos os resultados das pesquisas desenvolvidas em Araraquara que resultaram no isolamento de vários metabólitos secundários provenientes de diferentes espécies de endófitos e as respectivas atividades biológicas apresentadas pelas substâncias obtidas por estes dois grupos.

O estudo químico e biológico dos fungos endofíticos, aqui relatados, foram isolados de espécies vegetais de regiões de Cerrado e Mata Atlântica, já estudadas quimicamente e com substâncias com potencial uso farmacológico. Os resultados que serão apresentados foram obtidos de fungos endofíticos associados às espécies vegetais: *Alibertia macrophylla* (*Penicillium* sp.1, *Penicillium* sp.2, *Camarops* sp., *Penicillium* sp.), *Piper aduncum* (*Xylaria* sp.1, *Xylaria* sp.2, *Xylaria* sp.3), *Ocotea corymbosa* (*Curvularia* sp.), *Senna spectabilis* (*Phomopsis cassiae, Phomospis sp.*), *Cryptocaria mandioccana* (*Colletotrichum gloeosporioides*), *Xylopia aromatica* (*Periconia atropurpurea*), *Michelia champaca* (*Colletotrichum gloesporioides*), *Palicourea marcgravii* (*Xylaria* sp.), *Paepalanthus planifolius* (*Anthostomella brabeji*).

Das nove espécies vegetais selecionadas, 97 fungos endofíticos foram isolados e purificados, no entanto descrevemos neste trabalho a prospecção química e biológica de apenas quinze fungos endofíticos. O isolamento e a purificação dos fungos endofíticos associados com as espécies vegetais foram desenvolvidos de acordo com o fluxograma da Figura 7.6, e a metodologia geral para obtenção do extrato bruto e isolamento das substâncias é mostrada na Figura 7.7 (Chapla; Biasetto; Araújo, 2013).

Figura 7.6 – Metodologia de isolamento e purificação de fungos endofíticos.

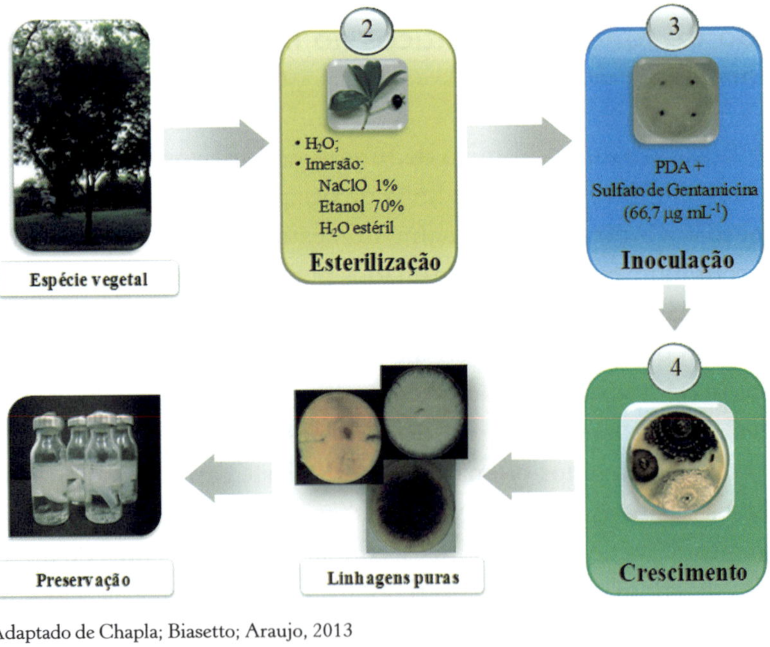

Fonte: Adaptado de Chapla; Biasetto; Araujo, 2013

Figura 7.7 – Metodologia de cultivo e obtenção dos extratos brutos para isolamento dos metabólitos produzidos pelos endófitos.

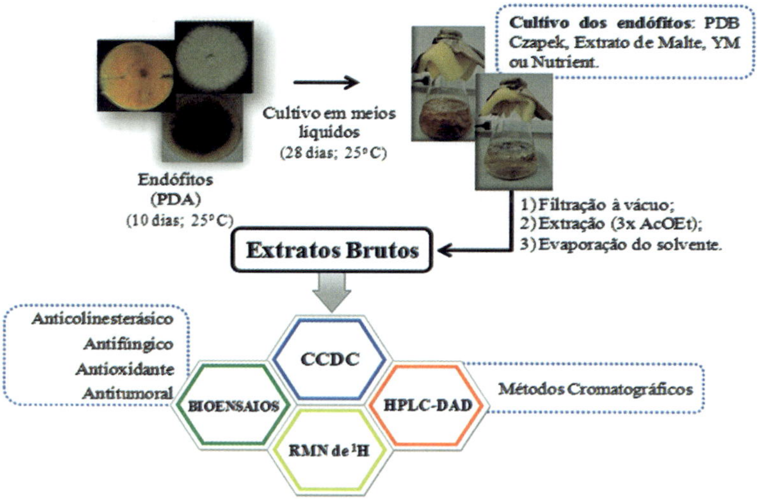

Fonte: Adaptado de Chapla; Biasetto; Araujo, 2013

Citocalasinas

As citocalasinas são terpenos com grande diversidade estrutural produzidas por fungos e foram isoladas pela primeira vez em 1966, desde então mais de 100 estruturas ou derivados foram isolados, são descritos na literatura oriundos de diferentes fungos incluindo ascomicetos e basidiomicetos. Alguns dos principais gêneros produtores são *Penicillium*, *Aspergillus*, *Zygosporium*, *Phoma*, *Metarhizum*, *Chaetomium*, *Rosellinia*, *Ascochyta*, *Hypoxylon*, *Xylaria* e *Phomopsis*. Muitos desses fungos ocupam diferentes nichos ecológicos. Citocalasinas são caracterizadas estruturalmente por possuírem um anel isoindolona altamente substituído com um grupo benzil na posição 3 e fundido com um anel macrocíclico de 11 a 14 membros. Sua complexidade estrutural deriva da biossíntese mista dos policetideos e aminoácidos (Scherlach et al., 2010).

As citocalasinas exibem um amplo espectro de atividades, incluindo atividade antibiótica, antitumoral, inibidor de proteases de HIV, atividade fitotóxica, entre outras. São muito usadas em sondas biológicas (substâncias utilizadas em ensaios biológicos), mas sua aplicação terapêutica é limitada devido a sua toxicidade (Wagnenaar et al., 2000).

Do fungo endofítico *Xylaria* sp.1, isolado de *Piper aduncum*, foram isoladas as citocalasinas, 19,20-epoxicitocalasina (35) inédita, D (36), C (37), N (38), Q (39) e R (40) (Figura 7.8), todas apresentaram forte atividade contra a linhagem tumoral HeLa (tumor de cervix humano), com CI_{50} 43,0; 1,0; 2,0; 1,0; 3,0 e 3,0 μmol L^{-1}, respectivamente. As citocalasinas 35-36 e 38-40 apresentaram atividade fraca contra a linhagem CHO (ovário de hamster Chinês). A forte atividade apresentada pelas citocalasinas 35-38 contra a linhagem cancerígena HeLa, e a baixa atividade contra a linhagem não cancerígena CHO evidenciam uma seletividade destas substâncias para as linhagens tumorais HeLa, sugerindo provável utilização como droga anticancerígena (Silva et al., 2010; Chapla; Biasetto; Araújo, 2013).

De *Xylaria* sp. isolado de *Palicourea marcgravii* foram isoladas as citocalasinas D (41) e B (42) que apresentaram atividade contra os fungos fitopatogênicos *Cladosporium cladosporioides* e *Cladosporium sphaerospermum* a uma concentração de 10,0 e 25,0 μg mL^{-1}, respectivamente (Cafeu et al., 2005).

Figura 7.8 – Citocalasinas produzidas pelos endófitos *Xylaria* sp.1, *Xylaria* sp. e *Phomopsis* sp., isolados de *P. aduncum*, *P. Marcgravii* e *S. spectabilis*

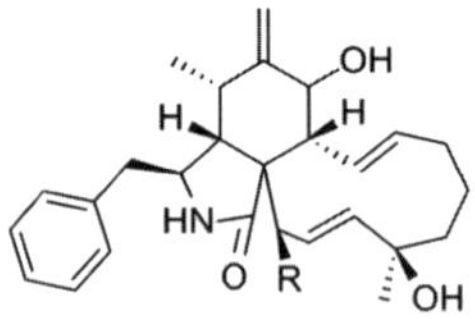

citocalasina J (**33**)
citocalasina H (**34**)

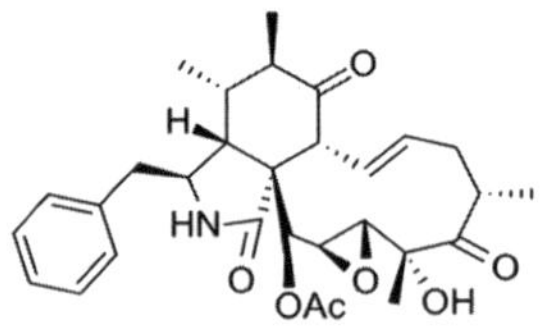

19,20-epoxicitocalasina (**35**)

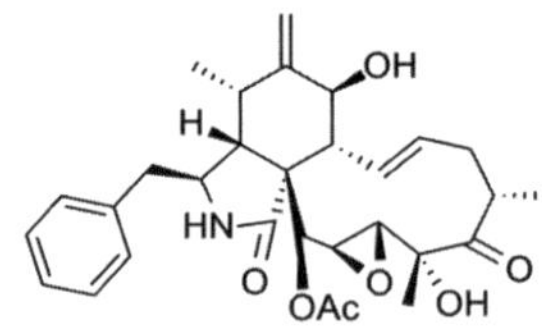

19,20-epoxicitocalasina D (**36**)

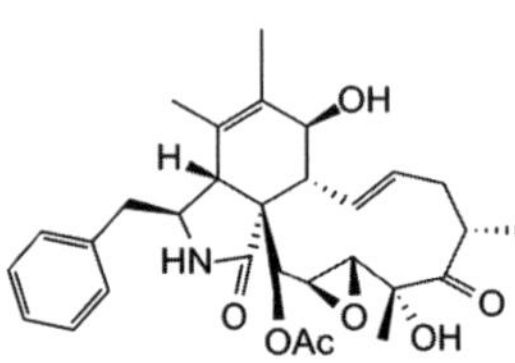

19,20-epoxicitocalasina C (**37**)

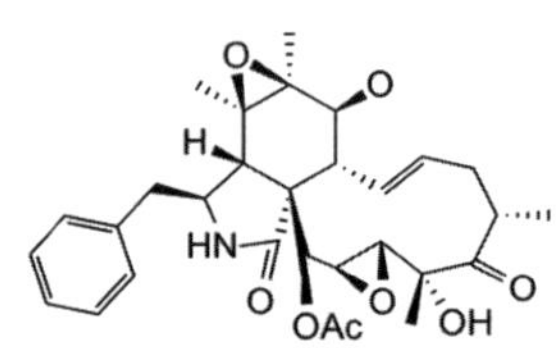

19,20-epoxicitocalasina N (**38**)

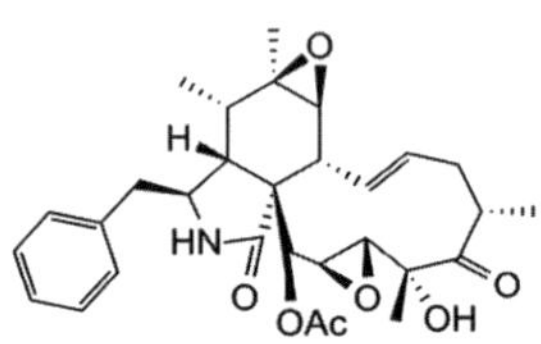

19,20-epoxicitocalasina Q (**39**)

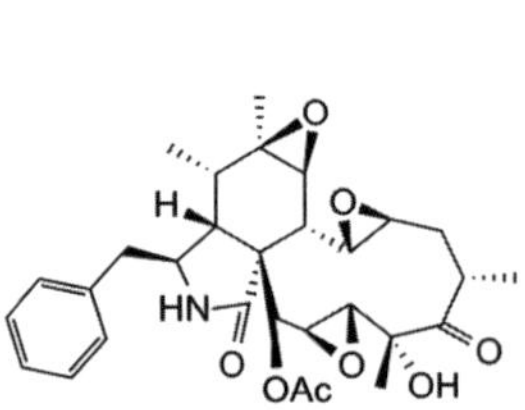

19,20-epoxicitocalasina R (**40**)

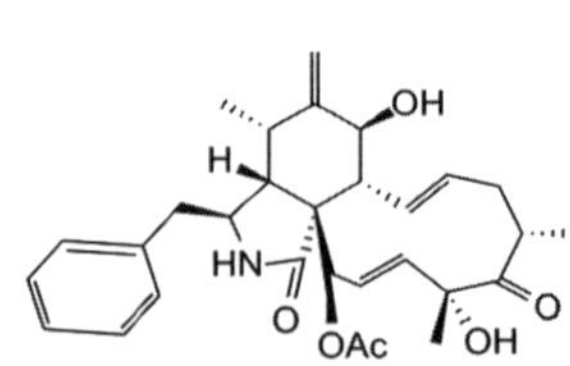

citocalasina D (**41**)

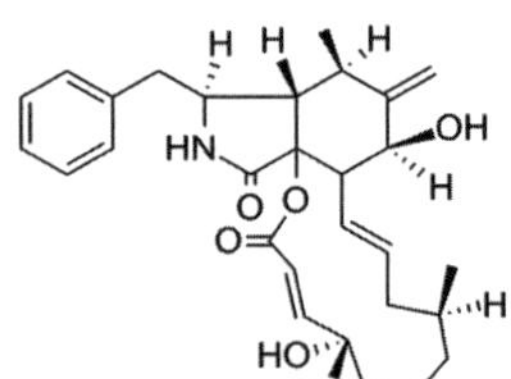

citocalasina B (**42**)

Fonte: Silva et al., 2010; Cafeu et al., 2005; Chapla et al., 2014a

O extrato bruto do fungo *Phomopsis* sp. isolado de *Senna spectabilis* forneceu as citocalasinas J (33) e H (34). Estas substâncias apresentaram potente inibição na produção de ERO (espécies reativas de oxigênio) produzidos por neutrófilos humanos e agiram como potente agentes anti-inflamatório. A citocalasina H exibiu, ainda, atividade contra os fungos *C. Cladosporioides* e *C. sphaerosphermum* (quantidade mínima requerida para inibir o crescimento dos fungos foram de 10,0 μg e 25,0 μg, respectivamente) e atividade de inibição da enzima anticolinesterase (quantidade necessária para inibir a enzima foi 25,0 μg) (Chapla et al., 2014a).

Isocumarinas

Isocumarinas e 3,4-dihidroisocoumarinas são metabólitos secundários provenientes da biossíntese dos policetídios, são encontradas em uma grande variedade de organismos, como bactérias, fungos, líquens, e em menor número em plantas superiores, além de esponjas marinhas. Esta classe de substâncias apresenta diversas atividades biológicas como inibidora de proteases, antimicrobiana, reguladoras de crescimento, antialérgica e antimalárica (Sarrd, 2016; Guimarães et al., 2008).

De nossos trabalhos, diversas isocumarinas foram isoladas e identificadas, sendo que do fungo endofítico *Penicillium* sp.2, isolado de *Alibertia macrophylla*, foram isoladas as substâncias 4-hidroximeleina (43), 8-metoximeleina (44) e 5-hidroximeleina (45) (Figura 7.9). A substância 43 mostrou moderada atividade contra os fungos fitopatogênicos *C. cladosporioides* e *C. sphaerospermum* com limite de detecção de 10,0 e 25,0 μg, respectivamente. As substâncias 44 e 45 mostraram forte atividade com limite de detecção de 5,0 e 10,0 μg em C. *cladosporioides* e C. *sphaerospermum*, respectivamente. Adicionalmente, as substâncias 43, 44 e 45 mostraram atividade inibidora da enzima acetilcolinesterase (AChE) com um limite de detecção de 3,0; 10,0 e 10,0 μg, respectivamente (Oliveira et al., 2009).

De *Alibertia macrophylla* e *Piper aduncum* foram isolados os endófitos *Penicillium* sp. e *Xylaria* sp.2. O extrato bruto AcOEt obtido do cultivo em PDB (meio de batata dextrose) forneceu as isocumarinas (3*R*,4*R*)-5-carboxi-6-hidroxi-3-metil-3,4-dihidroisocumarina (46) inédita, (3*R*) 7-hidroximeleina (47) e (3*R*,4*R*) 4,7-di-hidroximeleina (48). As substâncias 46-48 foram avaliadas quanto a atividade contra os fungos fitopatogênicos *C. cladosporioides* e *C. sphaerospermum*, e 47 apresentou forte atividade com um limite de detecção de 5,0 e 10,0 µg, respectivamente. A substância 48 exibiu moderada atividade em *C. cladosporioides* e *C. sphaerospermum*, com limite de detecção de 10,0 e 25,0 µg, respectivamente (Oliveira et al., 2011a; Chapla; Biasetto; Araújo, 2013).

Figura 7.9 – Isocumarinas produzidas por *Xylaria* sp. e *Penicillium* sp.

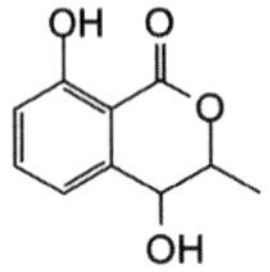
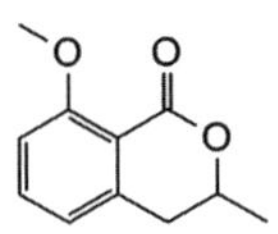
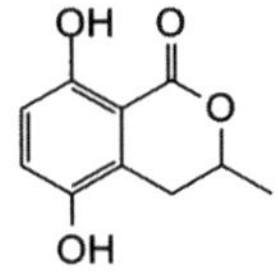

Rel.4-hidroximeleina (**43**) *Rel*.8-metoximeleina (**44**) *Rel*.5-hidroximeleina (**45**)

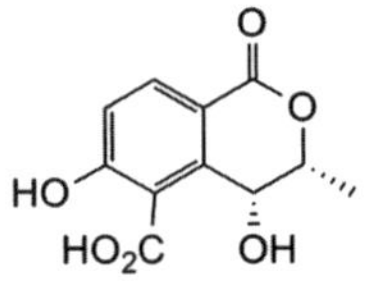

(3*R*,4*R*)-5-carboxi-6-hidroxi-3-metil-3,4-di-hidroisocumarina (**46**)

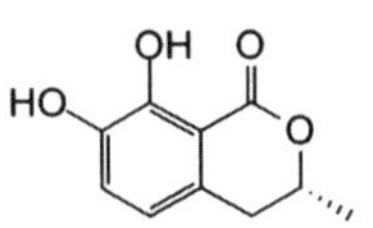
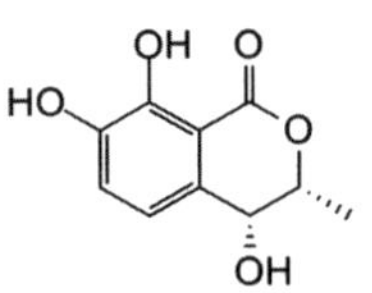

(3*R*)-7-hidroximeleina (**47**) (3*R*,4*R*)-4,7-di-hidroximeleina (**48**)

Fonte: Oliveira et al., 2009; Oliveira et al., 2011a

Sesquiterpenos presilfiperfolano e eremofilano

Sesquiterpenos eremofilanos são metabólitos secundários bem conhecidos em fungos e plantas superiores, possuem esqueleto básico com um bicíclico do tipo eremofilano com um grupo carboxilato na posição 1, duas metilas nas posições 14 e 15 e um muitos casos um grupo carbonílico na posição 8. Membros desta classe apresentam atividade fitotóxica, carcinostática, reguladora de crescimento de plantas, inibidora de enzimas, antibacteriana, citotóxica, entre outras (McDonald et al., 2004; Silva et al., 2010; Oliveira et al., 2011b).

De *Piper aduncum* foi isolado o endófito *Xylaria* sp.3, que forneceu, após fracionamento do extrato bruto de AcOEt, os sesquiterpenos presilfiperfolanos, ácido 9,15-di-hidroxipresilfiperfolano-4-oico (49), ácido 15-acetoxi-9-hidroxipresilfiperfolano 4-oico (50) e os eremofilanos faseolinona (51) e fomenona (52) (Figura 7.10). Os compostos 49 e 50 se mostraram inativos nos ensaios para avaliação de atividade citotóxica em CHO. Nos ensaios com os fitopatógenos *C. cladosporioides* e *C. sphaerospermum*, 50 mostrou atividade com limite de detecção de 10,0 μg. Somente a substância 52 mostrou 80 e 50% de viabilidade celular em CHO a 20 e 200 $\mu mol\ L^{-1}$, respectivamente (Silva et al., 2010).

Camarops sp., um endófito de *Alibertia macrophylla*, foi submetido ao cultivo em milho e forneceu após fracionamento cromatográfico do extrato bruto obtido com AcOEt, os sesquiterpenos eremofilanos Xylarenona A (53) e as substâncias inéditas Xylarenona C (54), Xylarenona D (55) e Xylarenona E (56) (Oliveira et al., 2011b). Este fungo foi cultivado novamente em milho e o extrato CH_3CN forneceu os sesquiterpenos eremofilanos inéditos Xylarenona F (57) e Xylarenona G (58), juntamente com os citados anteriormente Xylarenona C (54) e Xylarenona D (55) (Gubiani et al., 2014).

As substâncias 53-56 foram avaliadas *in vitro* quanto à atividade inibitória de proteases utilizando as enzimas subtilisina e pepsina. A substância 54 mostrou potente atividade inibitória nas enzimas pepsina com CI_{50} 0,288 $\mu mol\ L^{-1}$ e subtilisina com CI_{50} 0,462 $\mu mol\ L^{-1}$. O composto 53 também mostrou significante atividade inibitória da pepsina com CI_{50} 2,43 $\mu mol\ L^{-1}$. As substâncias 53, 55 e 56 não mostraram atividade inibitória na subtilisina nas concentrações testadas. Estes resultados sugerem que as hidroxilas da cadeia alifática lateral das substâncias 55 e 56 não sejam responsáveis pela atividade inibitória da protease (Oliveira et al., 2011b).

As xylarenonas 54, 55, 57 e 58 exibiram potente inibição na produção de ERO (espécies reativas de oxigênio) produzidos por neutrófilos humanos. A substância 54 apresentou $CI_{50} = 6{,}13 \pm 0{,}41$ μM, a 55 ($CI_{50} = 5{,}73 \pm 0{,}42$ μM), 57 ($CI_{50} = 5{,}90 \pm 0{,}70$ μM), e 58 ($CI_{50} = 4{,}17 \pm 0{,}81$ μM), esses valores foram similares ao padrão quercetina ($CI_{50} = 4{,}86 \pm 0{,}36$ μM) e apocinina

(CI_{50} = 3,90 ± 0,30 μM), um excelente inibidor do complexo NADPH oxidase. Essa potente inibição pelas xylarenonas pode ajudar a prevenir danos oxidativos no corpo humano (Gubiani et al., 2014).

Figura 7.10 – Sesquiterpenos eremofilanos e presilfiperfolano isolados de *Xylaria* sp. e *Camarops* sp.

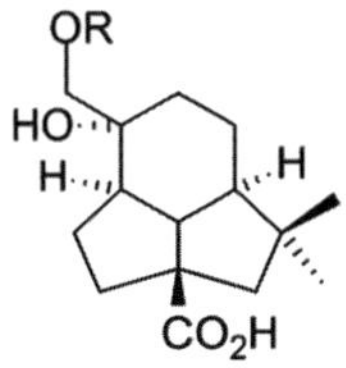

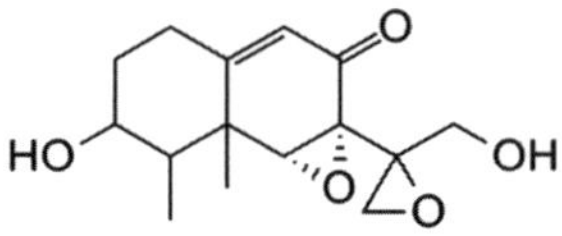

faseolinona (**51**)

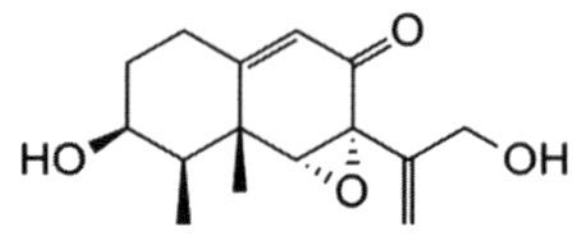

fomenona (**52**)

R = H; ácido 9,15-di-hidroxipresilfiperfolano-4-oico (**49**)
R = $COCH_3$; ácido 15-acetoxi-9-hidroxipresilfiperfolano-4-oico (**50**)

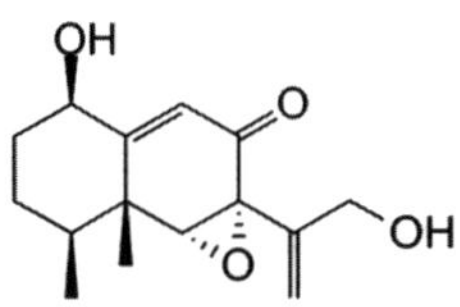

xylarenona A (**53**)

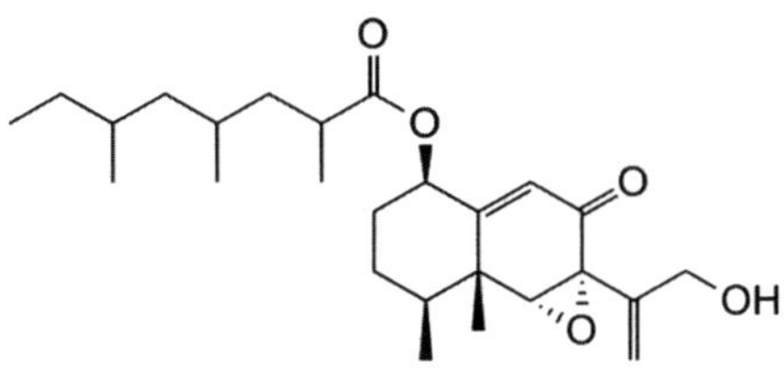

xylarenona C (**54**)

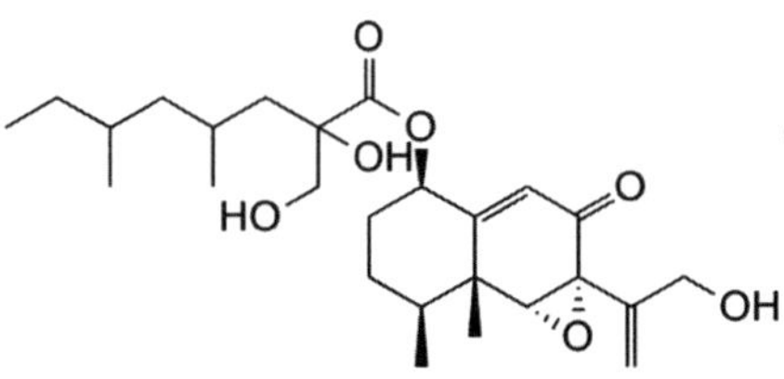

xylarenona D (**55**)

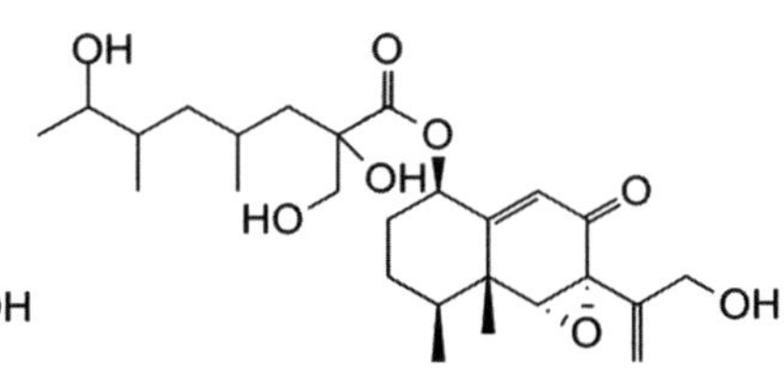

xylarenona E (**56**)

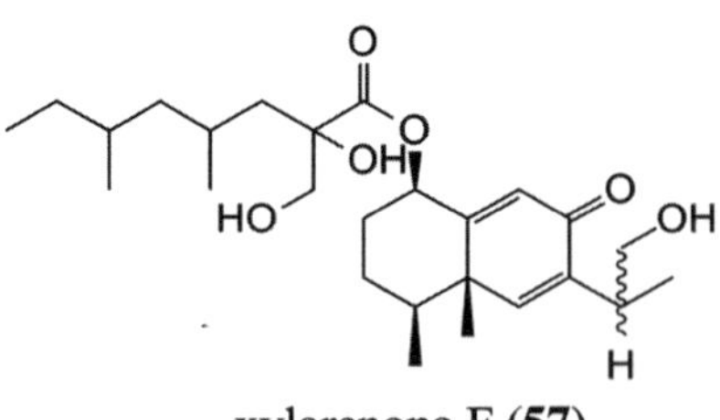

xylarenona F (**57**)

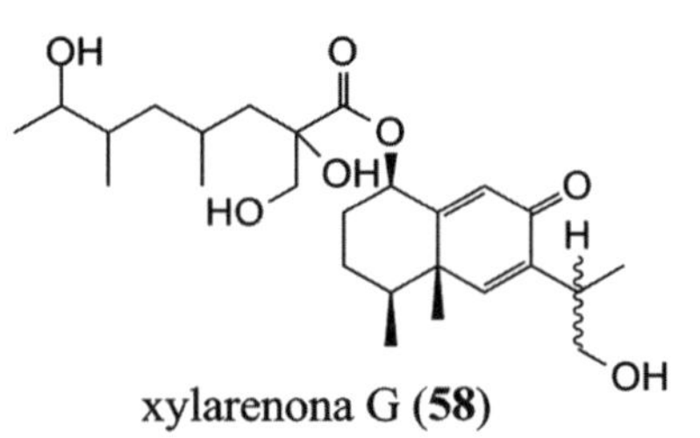

xylarenona G (**58**)

Fonte: Silva et al., 2010; Gubiani et al., 2014; Oliveira et al., 2011b

Sesquiterpenos cadinanos, cadalenos e calamenenos

Os sesquiterpenos cadinanos são metabólitos secundários produzidos, principalmente, por fungos e corais, e apresentam atividades nematicida, citotóxica, antimicrobiana, entre outras. Os principais precursores biossintéticos para os sesquiterpenos cadinanos são o cadinol e bisabolol (Li et al., 2008; Hiramatsu et al., 2011).

De *Senna spectabilis* foram isolados sete endófitos, dentre estes *Phomopsis cassiae* foi cultivado em PDB e o extrato bruto obtido em AcOEt, forneceu após fracionamentos cromatográficos sucessivos, os sesquiterpenos calamenenos e cadalenos inéditos (-)-(7*S*,9*S*,10*S*)-3,9,12-tri-hidroxicalameneno (63) e (+)-(7*S*,9*R*,10*S*)-3,9,12-tri-hidroxicalameneno (64), (+)-(7*S*,10*S*)-3,12-di-hidroxicalameneno (65), 3,12-di-hidroxicadaleno (66) e 3,11,12-tri-hidroxicadaleno (67) (Figura 7.11). As substâncias 63-67 foram avaliadas nos ensaios *in vitro* contra os fungos fitopatogênicos *C. cladosporioides* e *C. sphaerospermum* e 64 exibiu uma potente atividade com um limite de detecção de 5,0 μg, comparável com o padrão nistatina. Nos ensaios para a avaliação da citotoxicidade utilizando a linhagem de tumor cervical (HeLa), as substâncias 65-67 exibiram moderada e fraca citotoxicidade com CI_{50} 20,0; 100,0 e 110,0 μmol L^{-1}, respectivamente (Silva et al., 2006).

Phomopsis cassiae foi cultivado, também, em extrato de malte e o extrato bruto AcOEt, forneceu após fracionamento cromatográfico quatro sesquiterpenos cadinanos sendo dois novos estereoisômeros *Rel. (7R,9S,10R)*-3,9-di-hidroxicalameneno (59) e *Rel.* (*7R,9R,10R)*-3,9-di-hidroxicalameneno (60) e os conhecidos *Rel. (7S,10R)*-3- hidroxicalamen-8-ona (61) e aristelegona-A (62). As substâncias 59-62 foram submetidas a ensaio para avaliação das atividades antifúngica contra os fungos fitopatogênicos *Cladosporium cladosporioides* e *C. sphaerospermum* e anticolinesterásica. As substâncias 59-62 mostraram forte atividade antifúngica contra fungos fitopatogênicos com limite de detecção de 5,0 μg. Adicionalmente as substâncias mostraram potente atividade inibidora da enzima acetilcolinesterase (AChE) com um limite de detecção de 3,0 μg. Este foi o primeiro relato do potencial antifúngico e anticolinesterásico demonstrado por estas substâncias (Zanardi et al., 2012).

Figura 7.11 – Sesquiterpenos isolados de *Phomopsis cassiae.*

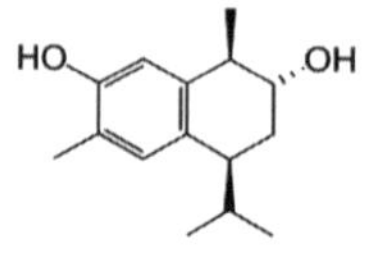

Rel. (*7R,9S,10R*)-3,9-di-hidroxicalameneno (**59**)

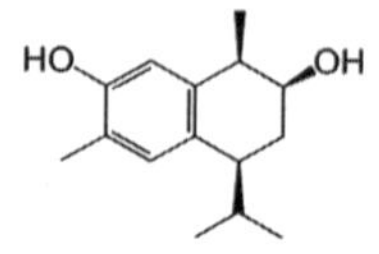

Rel. (*7R,9R,10R*)-3,9-di-hidroxicalameneno (**60**)

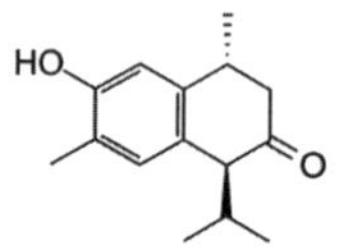

Rel. (*7S,10R*)-3- hidroxicalamen-8-ona (**61**)

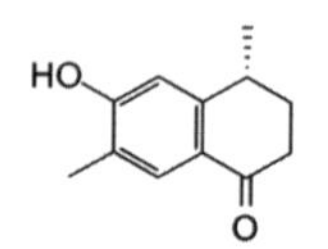

aristelegona-A (**62**)

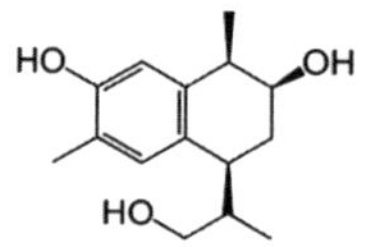

(-)-(7*S*, 9*S*, 10*S*)-3,9,12-tri-hidroxicalameneno (**63**)

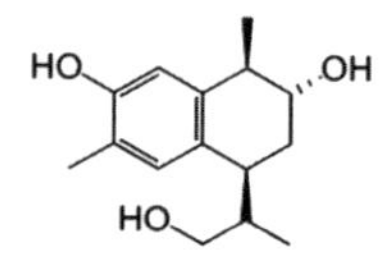

(+)-(7*S*, 9*R*, 10*S*)-3,9,12-tri-hidroxicalameneno (**64**)

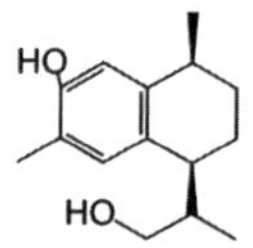

(+)-(7*S*, 10*S*)-3,12-di-hidroxicalameneno (**65**)

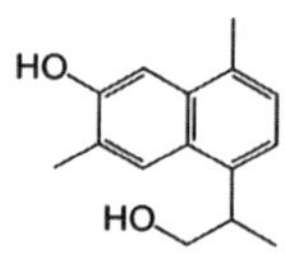

3,12-di-hidroxicadaleno (**66**)

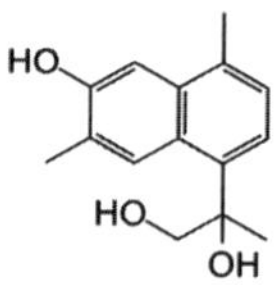

3,11,12-tri-hidroxicadaleno (**67**)

Fonte: Silva et al., 2006; Zanardi et al., 2012

Benzopiranos

Os benzopiranos são substâncias formadas pela fusão de um anel benzênico com um anel heterociclo, provenientes da via biossintética dos policetídeos, e apresentam diversas atividades biológicas, como antimicrobiana, citotóxica, antimicobacteriana, entre outras (Bungihan et al., 2011; Wu et al., 2010; Tripathi et al., 2011; Teles et al., 2005).

Curvularia sp., um endófito de *Ocotea corymbosa* (Lauraceae) foi cultivado em PDB e forneceu o extrato bruto AcOEt que mostrou moderada atividade antifúngica contra *C. cladosporioides* e *C. sphaerospermum.*

Fracionamento cromatográfico forneceu as benzopironas inéditas 5-metoxi-2-metil-benzopiran-4-ona (68) e 2,3-di-hidro-2-metil-5-metoxi-benzopiran-4-ona (69) e as conhecidas (12*S*)-2-(propan-12-ol)-5-hidroxi-benzopiran-4-ona (70) e 2,3-di-hidro-2-metil-benzopiran-4,5-diol (71) (Figura 7.12). As substâncias 68-71 foram avaliadas nos ensaios com os fungos fitopatogênicos *C. cladosporioides* e *C. sphaerospermum*, e somente a 68 e 70 apresentaram fraca atividade com limite de detecção de 10,0 μg para ambas as substâncias. Avaliação da atividade citotóxica utilizando HeLa (tumor de cervix humano) e CHO (ovário de hamster chinês) evidenciou que 70 reduziu a proliferação celular de HeLa em 70% e em 25% de células de CHO a uma concentração de 20,0 $\mu mol\ L^{-1}$. As substâncias 68, 69 e 71 foram inativas em CHO e apresentaram fraco efeito estimulatório (estimula a proliferação celular) em células HeLa. A atividade biológica de 68 e 70 parece ser diferenciada em células de fungos e mamíferos e também diferente para células normais de mamíferos (CHO), indicando um possível mecanismo de ação específico, o que merece futuras investigações (Teles et al., 2005; Chapla; Biasetto; Araújo, 2013).

Figura 7.12 – Benzopiranos isolados de *Curvularia* sp.

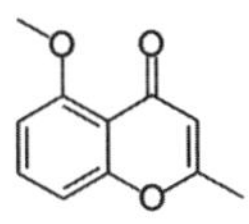

5-metoxi-2-metil-benzopiran-4-ona (68)

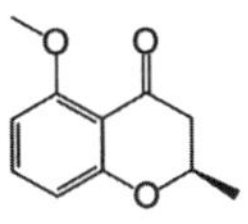

2,3-di-hidro-2-metil-5-metoxi-benzopiran-4-ona (69)

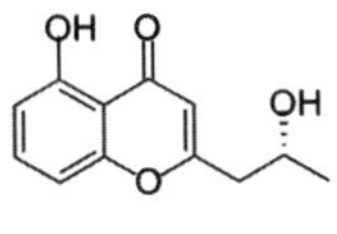

(12*S*)-2-(propan-12-ol)-5-hidroxi-benzopiran-4-ona (70)

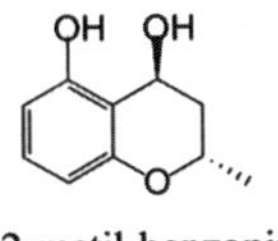

2,3-di-hidro-2-metil-benzopiran-4,5-diol (71)

Fonte: Teles et al., 2005

Tetralonas

Cryptocaria mandioccana Nees foi submetida à metodologia convencional para isolamento dos endófitos associados. Dos 11 fungos isolados, *Colletotrichum gloeosporioides* foi cultivado em PDB e o extrato bruto em AcOEt obtido forneceu (-)*cis*-4-hidroxi-6-deoxiscitalona (72) e (4*R*)-4,8-di-hidroxi-α-tetralona (73) (Figura 7.13). Estas substâncias foram submetidas ao ensaio *in vitro* contra os fungos fitopatogênicos *C. cladosporioides* e *C. sphaerospermum* e mostraram forte atividade com limite de detecção de 5,0 μg, comparável ao padrão nistatina (Inacio et al., 2006).

Figura 7.13 – Tetralonas isoladas de *Cryptocaria mandioccana* Nees.

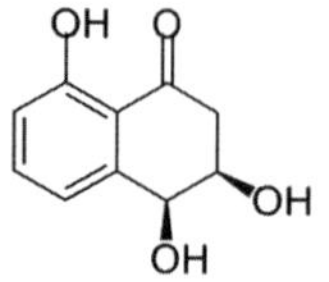

cis-4-hidroxi-6-deoxiscitalona (**72**)

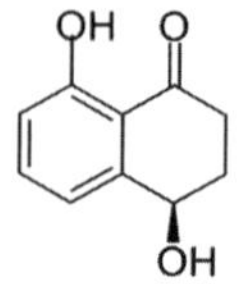

(4*R*)-4,8-di-hidroxi-a-tetralona (**73**)

Fonte: Inacio et al., 2006

Outras substâncias

O extrato bruto em AcOEt obtido de *Xylaria* sp., um endófito de *Palicourea marcgravii* apresentou forte atividade contra os fungos fitopatogênicos *C. cladosporioides* e *C. sphaerospermum*. O Fracionamento cromatográfico deste extrato utilizando coluna de sílica gel C-18 e CLAE (Cromatografia Líquida de Alta Eficiência) conduziu ao isolamento de griseofulvina (74), 7-declorogriseofulvina (75) e do ácido 2-hexil-3-metil--butanodioico (76) (Figura 7.14).

Griseofulvina (74) é utilizada como um poderoso antimicótico, sendo comercializada em medicamentos como Fulcin® (Zeneca) e Sporostatinâ (Shering Plough) com atividade contra várias espécies de *Microsporum*, *Epidermophyton* e *Trychophyton*. O ácido 2-hexilideno-3-metilbutanodioico (76) mostrou-se ativo frente às linhagens de *C. cladosporioides* e *C. sphaerospermum* com limite de detecção de 10,0 e 25,0 μg, respectivamente (Cafêu et al., 2005).

De *Periconia atropurpurea*, um endófito de *Xylopia aromatica*, foram obtidos a cumarina (77), o benzaldeído (78) inéditos, e a periconicina (79) (Figura 7.14). As substâncias 77-79 foram submetidas a bioensaios com duas linhagens celulares de mamíferos HeLa e CHO. A substância 77 mostrou-se inativa nas duas linhagens celulares, e 78 induziu a proliferação de HeLa em 37% a 2,0 μmol L^{-1} e de CHO em 38% a 20,0 μmol L^{-1}. A substância 79 diminuiu a viabilidade celular de HeLa e CHO com CI_{50} 8,0 μmol L^{-1} mostrando potencial similar ao da cisplatina, um agente antineoplásico com CI_{50} 5,0 μmol L^{-1}, o qual foi utilizado como controle positivo citotóxico (Teles et al., 2006).

Ensaios com os fungos fitopatogênicos *C. cladosporioides* e *C. sphaerospermum* revelaram que 78 possui potente atividade antifúngica com limite de detecção de 1,0 μg, comparável com a nistatina, usada como controle positivo. Já as substâncias 77 e 79 mostraram-se inativas (Teles et al., 2006).

Figura 7.14 – Substâncias isoladas de *Xylaria* sp., *Periconia atropurpurea* e *Phomopsis cassiae*.

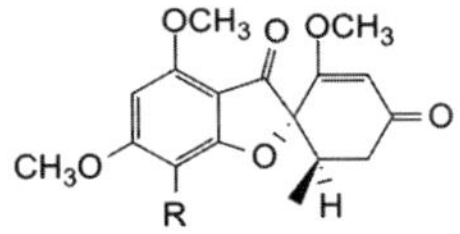

R=H ; griseofulvina (**74**)
R=Cl ; 7-declorogriseofulvina (**75**)

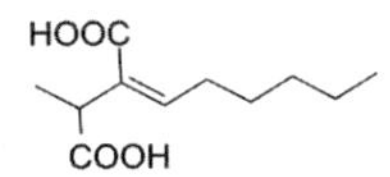

ácido 2-hexil-3-metil-butanodioico (**76**)

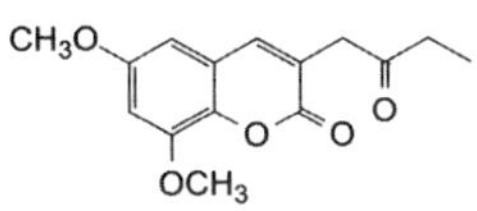

6,8-dimetoxi-3-(2'-oxo-propil)-cumarina (**77**)

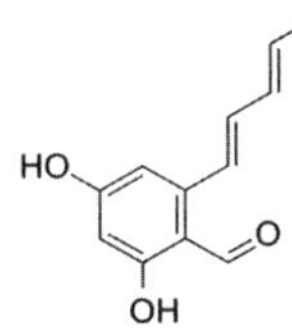

2,4-di-hidroxi-6-((1'E,3'E)-penta-1',3'-dienil)benzaldeído (**78**)

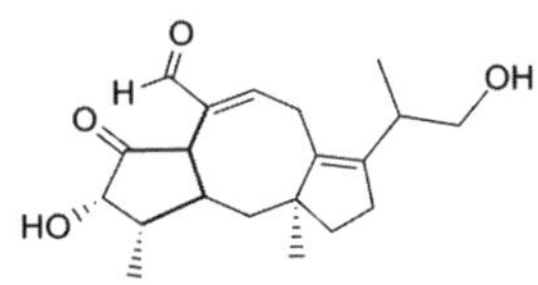

periconicina (**79**)

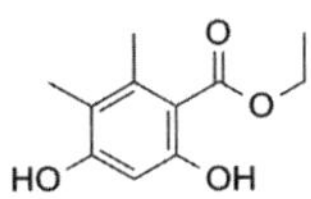

2,4-di-hidroxi-5,6-dimetil benzoato de etila (**80**)

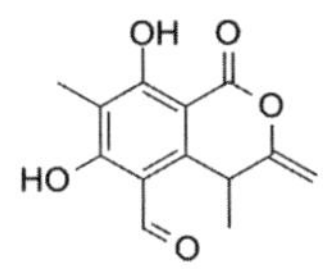

phomopsilactona (**81**)

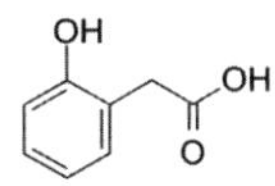

ácido hidroxifenil acético (**82**)

Fonte: Cafeu et al., 2005; Teles et al., 2006; Silva et al., 2005

Phomopsis cassiae, um endófito de *Senna spectabilis* foi submetido a estudo químico e forneceu três substâncias, 2,4-di-hidroxi-5,6-dimetil benzoato de etila (80), phomopsilactona (81) inéditas, e o ácido hidroxifenil acético (82). As substâncias 80-82 mostraram forte atividade antifúngica contra fungos fitopatogênicos *C. cladosporioides* e *C. sphaerospermum* com limite de detecção de 1,0 μg. As substâncias 80-82 foram testadas contra HeLa utilizando o teste MTT (ensaio colorimétrico baseado na conversão do sal 3-(4,5-dimetil-2-tiazol)-2,5-difenil-2-H-brometo de tetrazolio em azul de formazana) (Mosmann et al., 1983). O composto 81 apresentou uma fraca citotoxicidade (CI_{50} 200,0 μmol L^{-1}) e 82 uma forte atividade citotóxica com CI_{50} 10,0 μmol L^{-1}. A cisplatina foi novamente usada como controle positivo (Silva et al., 2005; Chapla; Biasetto; Araújo, 2013).

O fungo endofitico *Colletotrichum gloeosporioides* isolado de *Michelia champaca* foi cultivado em PDB e o extrato bruto AcOEt resultou no isolamento de uma nova substância 2-feniletil-1*H*-indol-3-il-acetato (83, Figura 7.15), e outros sete compostos conhecidos: uracila (84), duas dicetopiperazinas ciclo-(*S**-Pro-*S**-Tyr) (89), ciclo-(*S**-Pro-*S**-Val) (90), 4-hidroxi-benzamida (85), o ácido 2(2-aminofenil)acético (86), ácido 2(4-hidroxifenil)acético (87), e ácido 2(2-hidroxifenil)acético (88).

Todos os compostos obtidos foram avaliados contra os fungos *C. cladosporioides* e *C. sphaerospermum* utilizando a metodologia de difusão em CCD, estes foram avaliados a 100,0 μg. Os compostos 83, 89 e 90 exibiram alta atividade antifúngica e o composto 88 demostrou alta atividade contra o fungo *C. cladosporioides* e moderada atividade contra *C. sphaerospermum*, os demais compostos foram inativos. A limite de detecção das substâncias ativas foram avaliados e 83 apresentou potente atividade antifúngica com limite de detecção de 5,0 μg. Os compostos 88, 89 e 90 exibiram moderada atividade antifúngica com limite de detecção a 25,0 μg para os três fungos. Os compostos 83-90 exibiram, também, moderada atividade de inibição da enzima acetilcolinesterase, os quais foram avaliados pela metodologia de bioautografia a 200,0 μg. Galantamina foi utilizada como controle positivo (1,0 μg) (Chapla et al., 2014b).

Do fungo endofitico *Phomopsis* sp. isolado de *Senna spectabilis* foram obtidos as micotoxinas 5'-epialtenueno (91), alternariol monometil éter (92) e alternariol (93), além da citosporona C (94) e o 2-hidroxialternariol (95), este composto foi considerado um novo produto natural, uma vez que não foram encontrados relatos de seu isolamento proveniente de organismos vivos. O alternariol (93) neste trabalho apresentou potente inibição de ERO totais produzidos por neutrófilos humanos e agiu como um potente agente anti-inflamatório (Chapla et al., 2014a).

O extrato bruto obtido do fungo endofítico *Anthostomella brabeji*, isolado da planta *Paepalanthus planifolius* (Eriocaulaceae), foi submetido a cromatografia preparativa em CLAE-DAD e resultou no isolamento da substância inédita (+)-(6*R**,7*S**,8*R**)-6,7,8-trihidroxi- 2,2-dimetil-5,6,7,8-tetrahidro-croman-4-ona (96) e as conhecidas 6-hidroxi-2,2-dimetil-5,6,7,8- tetrahidro-7,8-epoxicroman-4-ona (97), siccaina (98) e eutipinol (99) (Figura 15) (Amorim et al., 2016).

Todos os compostos foram submetidos à avaliação da atividade antimicrobiana utilizando diferentes cepas bacterianas. As substâncias não apresentaram atividade contra a *E. coli* (MIC > 1000,0 μg mL^{-1}), porém os compostos 98 e 99 apresentaram atividade antibacteriana contra *S. aureus*, com MIC de 62,5 e 31,25 µg mL[-1], respectivamente. Os melhores resultados da atividade contra *S. setubal* foram os compostos 97 (MIC 500,0 µg mL[-1]) e 99 (MIC 31,25 µg mL[-1]), enquanto 97 exibiu atividade antifúngica contra *Candida albicans* com MIC de 62,5 µg mL[-1] (Amorim et al., 2016).

Figura 7.15 – Substâncias produzidas pelos endófitos *Colletotrichum gloeosporioides*, *Phomopsis* sp. e *Anthostomella brabeji*.

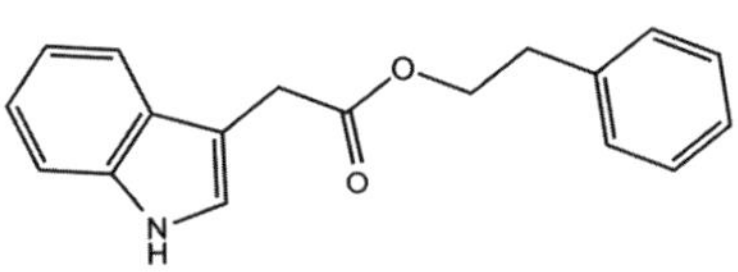

2-feniletil-1H-indol-3-il-acetato **(83)**

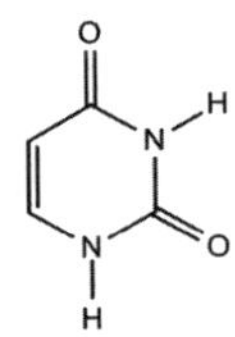

uracila **(84)**

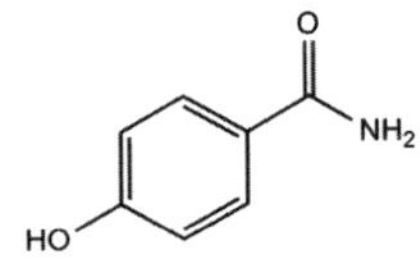

4-hidroxi-benzamida **(85)**

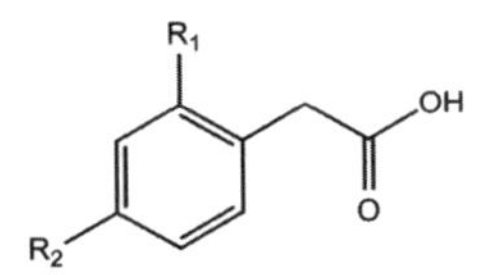

R_1= NH_2, R_2= H; ácido 2(2-aminofenil)acético **(86)**
R_1= H, R_2= OH; ácido 2(4-hidroxifenil)acético **(87)**
R_1= OH, R_2= H; ácido 2(2-hidroxifenil)acético **(88)**

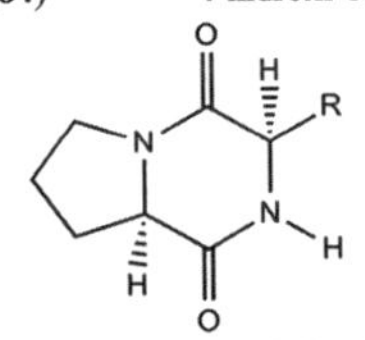

R= CH_2PhOH; ciclo-(S*-Pro-S*-Tyr) **(89)**
R= $CH(CH_3)_2$; ciclo-(S*-Pro-S*-Val) **(90)**

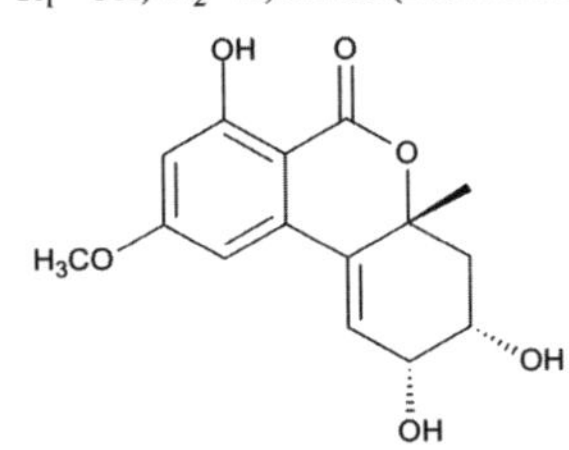

5'-epialtenueno **(91)**

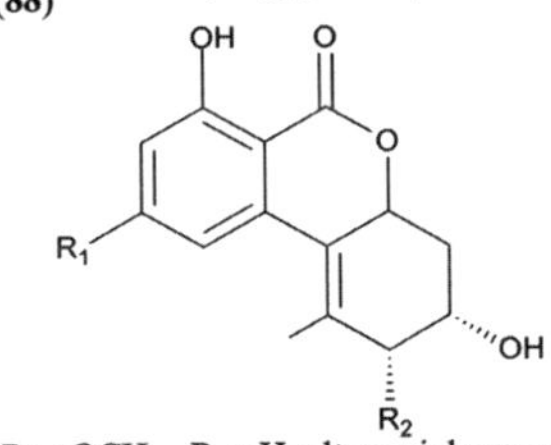

R_1= OCH_3, R_2= H; alternariol monometil éter **(92)**
R_1= OH, R_2= H; alternariol **(93)**
R_1= OH, R_2= OH; citosporona C **(94)**

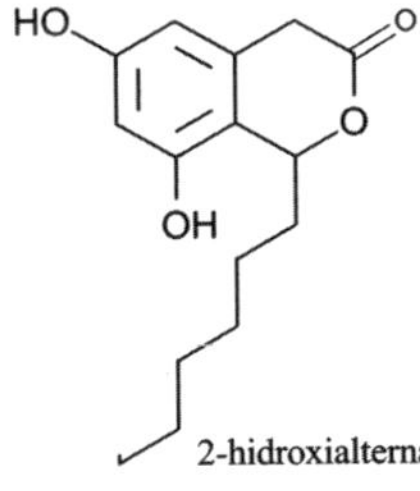

2-hidroxialternariol **(95)**

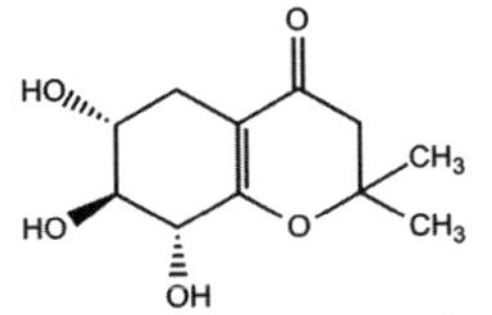

(+)-(6R*,7S*,8R*)-6,7,8-trihidroxi-2,2-dimetil-5,6,7,8-tetrahidro-croman-4-ona **(96)**

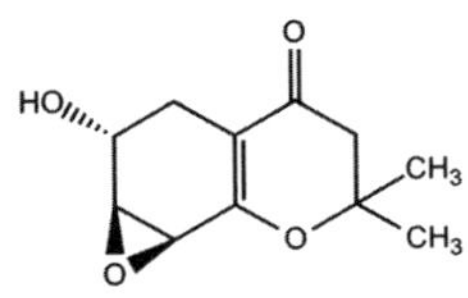

6-hidroxi-2,2-dimetil-5,6,7,8-tetrahidro-7,8-epoxicroman-4-ona **(97)**

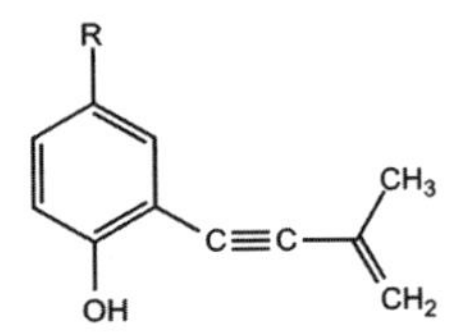

R= OH; siccaína **(98)**
R= CH_2OH; eutipinol **(99)**

Fonte: Chapla et al., 2014a; Chapla et al., 2014b; Amorim et al., 2016

Conclusão

As pesquisas descritas neste trabalho evidenciaram fungos endofíticos como prolíficos produtores de substâncias inéditas e bioativas, sendo que todas apresentaram algum tipo de bioatividade nos ensaios realizados contra os fungos fitopatogênicos *C. cladosporioides* e *C. sphaerospermum*, citotóxica nas linhagens HeLa e CHO, inibitória da enzima acetilcolinesterase, das enzimas subtilisina e tripsina, antimicrobiano, antioxidante, entre outros, além das atividades descritas na literatura para as substâncias conhecidas.

Dentro deste contexto, estratégias precisam ser avaliadas para utilizar esses fungos endofíticos não apenas como agentes de controle biológico, como ocorre frequentemente, mas também como potenciais "fábricas" para a produção de metabólitos secundários, que podem fornecer novos produtos naturais bioativos.

Deste modo, o escopo e o futuro das investigações na biologia e química dos fungos endofíticos não deve parar. Novas estratégias devem ser estudadas e aplicadas para a maximização da produção metabólica destes micro-organismos, a qual é dependente das condições de cultivo. Adicionalmente, estes resultados reforçam a urgente necessidade do estudo da microbiota associada às espécies vegetais da flora brasileira, tendo em vista o risco da perda da biodiversidade endofítica, decorrente da rápida diminuição das florestas tropicais e possivelmente a perda de muitos fungos ainda não descritos.

8
Substâncias naturais com atividade antifúngica

Janaina de Cássia Orlandi Sardi
Nayla de Souza Pitangui
Dulce Helena Siqueira Silva
Maysa Furlan
Vanderlan da Silva Bolzani
Ana Marisa Fusco Almeida
Maria José Soares Mendes Giannini

Introdução

A busca por substâncias, que pudessem ajudar no combate às doenças, fez com que as pessoas tivessem um olhar especial sobre as plantas. Os primórdios da utilização das plantas medicinais eram instintivos e empíricos, como ocorre com os animais (Petrovska, 2012), visto que, naquele momento, não havia informações suficientes sobre as doenças existentes e nem como as plantas poderiam ser utilizadas para a cura, tudo era baseado na experiência empírica. Com o tempo, as razões para o uso de plantas medicinais específicas para o tratamento de certas doenças foram sendo descobertas e, assim, gradualmente o quadro empírico mudou para o cientifico (Kelly, 2009; Petrovska, 2012). Até o século XVI, as plantas foram empregadas em tratamentos e na profilaxia, porém a diminuição da eficácia de fármacos sintéticos e as contraindicações crescentes fizeram com que a busca por fármacos naturais retornasse nos dias atuais. Esse capítulo tem como objetivo descrever a importância das plantas medicinais na busca de fármacos antifúngicos, como alternativa futura às drogas convencionais.

Importância e histórico sobre as plantas medicinais

Existem vários registros históricos sobre a utilização das plantas para tratamento de doenças desde 4 mil a.C. O primeiro registro médico depositado no Museu da Pensilvânia é datado de 2.100 a.C. e inclui uma coleção de fórmulas de trinta diferentes fármacos de origem vegetal, animal ou mineral (Helfand; Cowen, 1983). Textos caldeus, babilônicos e egípcios já traziam referências a certas espécies vegetais usadas em rituais religiosos (Berg, 1993; Dimitrova, 1999). A evidência mais antiga do uso das plantas medicinais para a preparação de fármacos foi encontrado em uma laje de argila sumeriana de Nagpur, com idade aproximada de 5000 anos. É composta por 12 receitas para a preparação de fármacos referindo-se as mais de 250 diferentes plantas, algumas como fontes de alcaloides, como a papoula, beladona e mandrágora (Kelly 2009; Petrovska, 2012). O livro chinês sobre as raízes e ervas "Pen T'Sao". escrito pelo imperador Shen Nung por volta de 2500 a.C., descreve 365 medicamentos (partes secas de plantas medicinais), muitos dos quais são usados até hoje, como a cânfora, o ginseng, a erva daninha, a casca de canela e a efedrina (Wiart, 2006; Petrovska, 2012).

O livro indiano *Vedas* também menciona o tratamento com plantas que são abundantes naquele país. Numerosas plantas conhecidas como especiarias são utilizadas até hoje e se originam da Índia: noz-moscada, pimenta e cravo da índia (Petrovska, 2012). A história da terapêutica provavelmente foi iniciada por Mitríades, rei de Porto, século II a.C., o primeiro farmacologista experimental e, nessa época, já eram conhecidos os opiáceos e inúmeras plantas tóxicas. No papiro de Ebers, de 1550 a. C., cerca de 700 drogas diferentes, incluindo extratos de plantas, metais e venenos de animais de procedências diversas, foram mencionadas (Tucakov, 1964; Petrovska, 2012). Na Bíblia, tanto no Antigo como no Novo Testamento, há referências às plantas curativas ou a seus derivados, como por exemplo, o aloé, o benjoim e a mirra. Ainda no livro sagrado judaico Talmud, plantas aromáticas como a murta e o incenso foram utilizadas durante vários rituais que acompanhavam o tratamento dos indivíduos (Dimitrova, 1999; Petrovska, 2012). No passado, a medicina estava estreitamente ligada aos conhecimentos da Botânica. Hipócrates, na obra *Corpus Hippocraticum*, fez uma síntese dos conhecimentos de seu tempo, indicando, para cada enfermidade, um remédio vegetal (Petrovska, 2012).

Por outro lado, Sardi e colaboradores (2011) citam que o uso de plantas medicinais pela população mundial é significativo nos últimos tempos e, corroborando essa afirmativa, dados da Organização Mundial da Saúde (OMS) mostram que cerca de 80% da população mundial fez e faz uso de algum tipo de produto de origem natural na busca de alívio de alguma sintomatologia dolorosa e, desse total, pelo menos 30% é por indicação médica. O conhecimento sobre plantas medicinais é precário ainda hoje nas regiões mais pobres do país e até mesmo nas grandes cidades brasileiras, nas quais as plantas medicinais são comercializadas em feiras livres, mercados populares e encontradas em quintais residenciais (Amorozo; Gely, 1988). As plantas são utilizadas na medicina popular por representarem uma alternativa econômica, de fácil obtenção e aplicabilidade para diversas doenças (Sardi et al., 2011). As formas de uso de plantas medicinais podem variar desde o uso de chás, preparados com plantas frescas, até o uso de pós, gotas, cápsulas e outros tipos de fitoterápicos (Oliveira et al., 2010). A partir do ano de 1978, a OMS (2002) estimulou os governos a estabelecerem políticas para medicamentos fitoterápicos e plantas medicinais, no intuito de que os países utilizem recursos naturais disponíveis em seus próprios territórios para promover a atenção primária à saúde. No documento "National Policy on Traditional Medicine and Regulation of Herbal Medicines – Report of a Global Survey". que publica uma pesquisa realizada pela OMS em 2003, evidencia-se que 53 estados membros (37%) da OMS, àquela época, tinham regulamentação para medicamentos fitoterápicos e 42 (49%) dos países que não tinham estavam em processo avançado de regulamentação. Esses dados demonstram que a fitoterapia e os seus produtos são utilizados em grande parte do mundo. Adicionalmente, deve ser destacado que a OMS disponibiliza documentos para a oferta de serviços e fitoterápicos com qualidade, segurança e eficácia, tais como, "Who guidelines on good agricultural and collection practices (GACP) for medicinal plants". publicado em 2003; "Who guidelines on good manufacturing practices (GMP) for herbal medicines". publicado em 2007; "Who guidelines for assessing quality of herbal medicines with reference to contaminants and residues". publicado em 2007 e "Who monographs on selected medicinal plants".

publicado em quatro volumes, em 1999 (v.1); 2002 (v.2); 2007 (v.3); e 2009 (v.4). Esses documentos foram incorporados ao Brasil para comprovarem segurança, eficácia e qualidade dos produtos nas legislações recém-atualizadas para fitoterápicos.

O Brasil obteve avanços significativos, com a aprovação e publicação da política nacional de plantas medicinais e fitoterápicos. A Portaria do Ministério da Saúde incentiva a introdução de plantas medicinais e medicamentos fitoterápicos nas Unidades de Saúde, reforçando, assim, a importância das plantas como benefício para a saúde da população (Brasil, 2006). Atualmente, existem bulas padronizadas de 12 medicamentos fitoterápicos, para os profissionais da área da saúde prescreverem à pacientes do Sistema Único de Saúde (SUS) (Brasil, 2009) (Tabela 8.1). Apesar de todo esforço e do interesse na utilização de plantas medicinais, o Brasil tem um longo percurso a percorrer.

Tabela 8.1 – Relação de Fitoterápicos ofertados no Sistema Único de Saúde (SUS).

Nome Popular	Nome Científico	Indicação
Espinheira Santa	*Maytenus ilicifolia*	Tratamento de Gastrite e úlcera
Guaco	*Mikania glomerata*	Expectorante e broncodilatadora
Alcachofra	*Cynara scolymus*	Dispepsia funcional e hipercolesterolemia leve e moderada
Aroeira	*Schinus terebenthifolus*	Cicatrizante, anti-inflamátorio, antisséptico tópico
Cascara Sagrada	*Ramnus purshiana*	Obstipação intestinaeventual.
Garra do diabo	*Harpagophytum procumbens*	Dor lombar aguda e coadjuvante em casos de osteoartrite. Ação anti-inflamatória
Isoflavona de Soja	*Glycine max*	Alívio nos sintomas do climatério
Unha de gato	*Uncaria tomentosa*	Tratamento de artrite e osteoartrite. Ação anti-inflamatória e imunomodulatória
Hortelã	*Mentha piperita*	Síndrome do Colon irritável. Ação anti-inflamatória e antiespasmódica
Babosa	*Aloe vera*	Tratamento tópico de queimadura de 1º e 2º grau e como coadjuvante nos casos de psoríase vulgaris
Salgueiro	*Salix alba*	Tratamento de dor lombar baixa aguda. Apresentação ação anti-inflamatório
Plantago	*Plantago ovata* forsk	Auxilia nos casos de obstipação intestinal habitual. Tratamento da síndrome do cólon irritável

Plantas medicinais e pesquisas sobre atividade antimicrobiana no mundo e no brasil

As propriedades antimicrobianas de substâncias presentes em extratos e óleos essenciais, produzidos pelas plantas como uma consequência do metabolismo secundário, são reconhecidas empiricamente há séculos, sendo que sua comprovação cientifica tem apenas algumas décadas (Sardi et al., 2011). Muitos países têm se dedicado extensivamente à pesquisa e ao uso de plantas nativas com atividades antimicrobianas, tais como Brasil, Venezuela, Cuba, Índia, China, México, África e Jordânia, que possuem uma flora diversificada e rica em tradição na utilização de plantas medicinais para uso como antibacterianos ou antifúngicos (Bulle et al., 2016; Golfakhrabadi et al., 2016; Hyun et al., 2015; Tibyangye et al., 2015; Silva et al., 2015; Ibrahim et. al., 2014; Duarte et al., 2004).

Desta maneira, com o conhecimento de que as plantas medicinais produzem uma variedade de substâncias com propriedades antimicrobianas, programas de triagem devem ser desenvolvidos para que possam ser descobertos compostos candidatos para o desenvolvimento de novos antifúngicos. Em muitos países, tais como Índia, África e países da América Latina, os trabalhos iniciam-se a partir de um levantamento etnofarmacológico identificando as espécies mais utilizadas pela população. Alguns países da América Latina mantêm programas de triagem de produtos naturais para atividade antimicrobiana, como é o caso de Cuba (Pardo Andreuet al., 2015; Martinez et al., 1996), Honduras (Lentz et al., 1998), México (King-Díaz et al., 2015) e Brasil (Calixto Júnior et al., 2016).

Infecções humanas, particularmente aquelas envolvendo a pele e mucosas, constituem um sério problema, especialmente em países tropicais e subtropicais, sendo os fungos dermatófitos e as leveduras do gênero *Candida* spp. os patógenos mais frequentes (Day et al., 2016; Soares et al., 2014). Estudos realizados, por Perez-Blanco e colaboradores (2003), demonstraram um excelente resultado clínico no uso de Ajoeno (composto extraído do alho) no combate as lesões de *Cladophialophora carrionii,* agente responsável pela cromoblastomicose. Além do tratamento da cromoblastomicose, Ajoeno tem apresentado resultados promissores em testes contra outros fungos patogênicos (Vivas et al., 2011; Carrero et al., 2009; Gonzalez et al., 1998). Além de infecções superficiais, as infecções fúngicas sistêmicas, como as causadas por *Paracoccidioides* spp., *Cryptococcus neoformans* e *Histoplasma capsulatum*, também são reconhecidas como um problema sério com necessidade de busca de antifúngicos envolvendo substâncias advindas de plantas. As pesquisas de novos agentes antifúngicos obtidos a partir de extratos de plantas têm se intensificado, principalmente, devido ao arsenal relativamente pequeno de fármacos disponíveis para o tratamento das micoses, além da problemática envolvendo cepas resistentes. Vários grupos de pesquisadores de diferentes países têm estudado os extratos e os óleos essenciais extraídos de plantas. Entretanto, se levarmos em conta a existência das cerca de 300 mil espécies de plantas conhecidas, os estudos são insuficientes e muito trabalho há de ser realizado. Ainda, para a maioria das plantas, somente uma das partes, como folha, raiz ou caule, foi explorada para um tipo de preparação, como óleo essencial ou extrato (Freires et al., 2014; Anibal et al., 2013). A atividade antimicrobiana tem sido atribuída a pequenos terpenoides e compostos fenólicos, como timol, carvona, carvacrol, mentol e muroleno, que também na forma pura exibem atividade antibacteriana ou antifúngica (Danoso et al., 2015; Bozov et al., 2015).

Estudos com plantas brasileiras provenientes da Caatinga (*Schinus terebinthifolius, Piptadenia colubrina, Parapiptadenia rigida, Mimosa ophthalmocentra, Persea americana* e *Eugenia uniflora*) mostraram boa atividade contra dermatófitos e, dentre estes, *Trichophyton rubrum* apresentou sensibilidade alta (Biasi-Garbin et al., 2016). Os óleos essenciais de espécies do gênero *Hyptis* são bem conhecidos por suas propriedades biológicas, incluindo as atividades antimicrobianas e acaricidas (Flores et al., 2015; Xu et al., 2013; Violante et al., 2012). Estudos realizados por Violante et al. (2012), com óleo essencial isolado a partir das partes aéreas de *Hyptis crenata*, demonstraram atividade antimicrobiana *in vitro* contra cinco cepas bacterianas e seis fúngicas, utilizando métodos de microdiluição em caldo. As fortes atividades bactericidas foram mostradas contra *Staphylococcus aureus* e *Enterococcus faecalis*, enquanto as atividades fungicidas mais fortes foram contra *C. neoformans, Candida glabrata* e *Candida tropicalis*. Outros dois componentes puros foram isolados da *Wedelia paludosa*, planta nativa do Brasil e tradicionalmente usada na medicina popular, apresentando atividade contra os dermatófitos, *T. rubrum, Trichophyton mentagrophytes* e *Epidermophyton floccosum* (Sartori et al., 2003). *Bauhinia racemosa*, encontrada na Índia, China e Timor, é usada no tratamento de cefaleia, problemas de pele e diarreia, apresentando atividade contra bactérias Gram negativas, positivas e também frente à *Candida albicans*, *Aspergillus niger* e *Aspergillus flavus* (Rashed et al., 2014; Kumar et al., 2005). Rodrigues et al. (2012) extraíram óleo essencial de *Cordia verbenácea*, popularmente conhecida como erva baleeira, e obtiveram bons resultados contra *C. albicans* e *Candida krusei*. *Camellia sinensis*, o popular chá verde, foi avaliado quanto à atividade antimicrobiana e demonstrou ser ativo contra *C. albicans* e *Streptococcus mutans* (Anita et al., 2014; Faria et al., 2011). Isobe et al. (2002), estudando a planta *Pothomorphe umbellata*, conhecida pelo nome popular de pariparoba ou caapeba e usada como analgésico, diurético, antiespasmódico, anti-inflamatório, antimalárico e antiasmático, verificaram que esta planta também apresentava ação antimicrobiana contra *Helicobacter pylori*. O óleo essencial obtido a partir das sementes dos frutos de *Caryocar brasiliensis*, planta amplamente distribuída nas regiões central e sudeste do Brasil, teve atividade antifúngica comprovada contra *C. neoformans* (Passos et al., 2002). As plantas *Ziziphus joazeiro* e *Caesalpinea pyramidalis*, usadas popularmente no tratamento de micoses nos estados do Paraná e Sergipe, mostraram-se potentes contra os patógenos humanos *T. rubrum*, *Candida guilliermondii*, *C. albicans*, *C. neoformans* e *Fonsecaea pedrosoi* (Brito et al., 2015; Cruz et al., 2007). A romã tem atraído o interesse de pesquisadores, por causa de sua composição química e propriedades biológicas. Possui forte atividade antioxidante, com potenciais benefícios à saúde e também propriedades antimicrobianas. Vários estudos relatam a atividade antifúngica de compostos naturais contra *Cryptococcus* sp., *Candida* sp. (Anibal et al., 2013; Reddy et al., 2007). Endo et al. (2012) estudaram a romã contra *C. albicans* e obtiveram excelentes resultados *in vitro*. Aguero e colaboradores, em 2011, avaliaram a atividade de extratos de própolis frente a isolados de *C. albicans*, *C. tropicalis*, *C. neoformans*, *A. flavus*, *Aspergillus fumigatus*, *A. niger*, *T. rubrum*, *T. mentagrophytes* e *Microsporum gypseum* e, como resultado, obtiveram um valor de Concentração Inibitória Mínima (CIM) variando entre 7,8 e 250 μg/mL. Os autores concluíram que a própolis é um composto interessante para o tratamento de doenças fúngicas. Em outro trabalho desenvolvido pelo mesmo grupo, identificaram, por meio de HPLC, os principais agentes responsáveis pela atividade antifúngica da própolis (galangina, izalpinina e ramoncitrina). Entre os outros polifenóis, encontrados ativos, houve a flavanona (pinocembrina e pinostrobina) e as chalconas (2,4-dihydroxychalcone e 2,4-di-hidroxi-3-methoxychalcone), que em outros estudos mostraram que têm atividade antimicrobiana (Aguero et al., 2010). Em 2011, Pinto e colaboradores mostraram que derivados de xantonas naturais apresentam-se como promissores para novas drogas antifúngicas contra cepas de *C. albicans*, *C. glabrata* e *C. neoformans*, com o valor de CIM de 31,25 μg/mL para essas leveduras e para algumas espécies de dermatófitos, além de mostrar a interferência das xantonas na biossíntese de ergosterol. Alcaloides obtidos de *Stemona aphylla* foram avaliados quanto a sua atividade antifúngica contra *C. albicans* e *C. neoformans* e antibacteriana contra bactérias Gram-positivas e Gram-negativas. A CIM dos alcaloides para *C. neoformans* variou entre 31,25 e 7,8 μg/mL (Sastraruji et al., 2011). O extrato metanólico e a fração aquosa de *Bohadschia vitiensis* (Semper) foram avaliados contra espécies de *Candida*, *C. neoformans*, *Sporothrix schenckii* e alguns fungos filamentosos e as substâncias mostraram-se promissores antifúngicos (Lakshmi et al., 2011). Satheesh e colaboradores (2011) avaliaram a atividade antimicrobiana de um composto inibidor de protease isolado das folhas de *Coccinia grandis (L.) Voigt*, contra *C. neoformans* e *C. albicans*, e o composto mostrou-se um excelente candidato para o desenvolvimento de antifúngicos. Em outro estudo avaliou-se a atividade de polifenóis (curcumina) isolados de raízes de *Curcuma longa* contra diversos fungos patogênicos, tais como espécies de *Candida*, *C. neoformans*, *Paracoccidioides brasiliensis* e *Aspergillus* sp.; esses polifenóis mostraram-se mais potentes que a droga fluconazol (Martins et al., 2009). Novos alcaloides extraídos das folhas de *Prosopis glandulosa* var. *glandulosa* também mostraram forte atividade contra *C. neoformans* (Rahman et al., 2011). Sousa et al. (2012) testaram extratos de *Chenopodium ambrosioides* (Mastruz) e *Kielmeyera neglecta* (Pau-Santo) contra algumas espécies de *Candida* e concluíram que estas plantas apresentaram resultados promissores frente às espécies fúngicas testadas. Também *Cassia fistula* demonstrou ter boa atividade anti-*Candida* (Jothy et al., 2012). Sule e colaboradores (2012) demonstraram que a planta *Andrographis paniculata Nees* teve ação antifúngica contra vários dermatófitos e concluíram que a mesma poderia ser utilizada para o tratamento de infecções cutâneas. Muitos estudos têm explorado o uso de substância natural, seja na forma de extrato bruto, frações ou de moléculas como protótipo antifúngico, uma vez que o aumento de infecções fúngicas, com o advento da Aids associada à resistência dos fungos, obriga os pesquisadores a buscarem novas alternativas de cura dessas micoses. Capoci et al. (2015) estudaram *Cymbopogon nardus* (L.) *Rendle* (citronela) contra o fungo *Microsporum canis* isolado de ambiente e animal e obtiveram resultados promissores com potencial fungicida (19,5 a 78 µg/mL). Estudos realizados por Morais-Braga e colaboradores (2016) demonstraram que a associação de *Psidium guajava L* e *Psidium brownianum Mart* com fluconazol apresentou alto potencial anti-*Candida*. Limoneno é um monoterpeno naturalmente detectado nos óleos essenciais de várias plantas (Sonboli et al., 2006). É um líquido incolor volátil à temperatura ambiente, com um cheiro extremamente forte das laranjas. Vários trabalhos têm demonstrado a ação do limoneno contra *T. rubrum*, espécies de *Candida* e *Cryptococcus* (Ruiz-Perez et al., 2016; Metoui et al., 2015; Chee et al., 2009).

Os antifúngicos de origem marinha, com potencial contra diversos fungos, têm sido pesquisados por diferentes autores. DiGirolamo e colaboradores (2009) identificaram dois novos esteroides sulfatados geodisterol-3-O-sulfato e 29-demethylgeodisterol-3-O-sulfato, em uma esponja marinha, *Topsentia* sp., que associados ao fluconazol foram eficazes contra cepas resistentes de *C. albicans*. Nishimura e colaboradores (2010) estudaram o bicíclico theonellamide dodecapéptido F, previamente isolado a partir de uma esponja *Theonella* sp. A análise do perfil químico-genômico, juntamente com estudos de localização subcelular, determinou que os antifúngicos theonellamides representassem uma nova classe de moléculas de ligação a esteróis que induzem danos na membrana. Além disso, os estudos envolvendo vários produtos naturais marinhos foram publicados com dados mostrando atividade antifúngica significativa (CIMs menores que 10 µg/mL, 10 µM, ou 10 µg/disco), porém seu mecanismo de ação não tem sido relatado (Mayer et al., 2013). Estes compostos marinhos podem fornecer pistas farmacológicas novas contribuindo assim para a busca global por agentes antifúngicos clinicamente úteis.

Há uma necessidade urgente de novas descobertas, pois na área dos antifúngicos, apenas um medicamento foi aprovado no período de 2006-2010. Este foi o derivado de equinocandinas, anidulafungina que foi aprovado para uso nos Estados Unidos, no início de 2006. Como no caso de um número significativo de compostos, a empresa que comercializou este composto não foi quem a sintetizou inicialmente. Esta molécula foi sintetizada pela primeira vez por Lilly, sob o número de código Ly-303366, então licenciada para a Versicor, em 1999; Versicor tornou-se Vicuron, em 2003, e a Pfizer comprou a Vicuron, em 2005. Em contraste com os antibacterianos, dos antifúngicos apresentados comercialmente nos últimos 30 anos, apenas três agentes caem na categoria dos derivados de produtos naturais, correspondendo a apenas 10% dos medicamentos aprovados. Isto pode ser devido aos tratamentos preconizados ainda usarem agentes, como a anfotericina e griseofulvina, os quais foram ambos lançados em 1958 (Newman e Cragg, 2016). De 32 substâncias antifúngicas comercializadas e listadas, por Newman e Cragg (2016), apenas três são derivadas de produtos naturais, anidulafungina, caspofungina e micafungina. Há, portanto, um caminho enorme a ser percorrido em vista de explorarmos um número significativo de drogas derivadas de produtos naturais, para a terapia de outras doenças.

Antifúngicos atualmente disponíveis pertencem a quatro grandes categorias: polienos (anfotericina B), azois (fluconazol), equinocandinas (caspofungina) e análogos de pirimidina (5–fluorocitosina) (Denning; Hope, 2010). Estas classes de fármacos podem romper a integridade da membrana e estão associados à biossíntese do ergosterol, atuando na parede celular e na síntese de DNA, respectivamente. Enquanto são amplamente utilizados na clínica, estes medicamentos dentro de cada classe sofrem de várias limitações, incluindo toxicidade (polienos), resistência (azóis), espectro estreito de atividade (equinocandinas) e falta de eficácia como agente único (5-fluorocitosina). A resistência às drogas tem sido uma grande preocupação principalmente no caso dos azóis e também, mais recentemente, às equinocandinas, como a caspofungina (Sanglard, 2016). Na verdade, a resistência às drogas foi encontrada para todas as classes de medicamentos conhecidas e coloca um desafio significativo na terapia antifúngica (Sanglard, 2016). Uma das maneiras de superar a resistência aos fármacos é por meio da administração de terapia combinada. Os tratamentos combinados oferecem várias vantagens, incluindo a capacidade para (i) reduzir as doses e, por conseguinte, reduzir a toxicidade, (ii) aumentar o espectro de atividade e (iii) converter um medicamento fungistático em fungicida, facilitando assim a eliminação do patógeno e diminuindo a oportunidade para o desenvolvimento de resistência (Svetaz et al., 2016). Vários estudos têm mostrado a capacidade de vários compostos, muitos dos quais são produtos naturais, para melhorar a atividade de fármacos antifúngicos azóis (Samber et al., 2015; Houël et al., 2014; Endo et al., 2010; Digirolamo et al., 2009). No entanto, para o desenvolvimento de uma combinação de fármacos eficaz, é importante entender o mecanismo molecular por trás do efeito de drogas combinadas. Tal entendimento não só será inestimável em prever interações medicamentosas adversas e efeitos colaterais tóxicos, mas também será útil no desenvolvimento de sondas químicas para explorar caminhos biológicos direcionados pela combinação de drogas. Esta avaliação incide sobre perfis quimiogenomicos e as metodologias desenvolvidas no modelo de *Saccharomyces cerevisiae* (Agarwal et al., 2012).

Busca de novos protótipos antifúngicos a partir de produtos naturais

Devido a grande diversidade da microbiota e a dificuldade de recursos financeiros em alguns países, a OMS tem incentivado a utilização de plantas como recurso para o tratamento de muitas doenças. De fato, esta conduta deve ser considerada como uma alternativa econômica e com grande beneficio à população, além, é claro, de ser uma fonte para a busca de novos fármacos. As plantas são utilizadas desde os primórdios da civilização para tratamento e cura de enfermidades sendo extensivamente empregadas na medicina popular, uma vez que, além de representarem uma alternativa econômica, são de fácil obtenção e aplicabilidade para diversas doenças. Estas têm contribuído significativamente para o fortalecimento da indústria farmacêutica, por meio do isolamento de substâncias bioativas, cuja complexidade de muitas estruturas químicas inviabilizaria técnica e economicamente a síntese orgânica de tais substâncias (Rojas et al., 2006). A ampla biodiversidade presente no território brasileiro nos coloca em posição estratégica para o desenvolvimento da exploração racional e sustentável de novos metabólitos de valor terapêutico. A extensão territorial do país, com uma grande diversidade de climas e solos, favorece a biodiversidade e diversidade química. Determinadas áreas, entre elas a floresta Amazônica e Atlântica, o Cerrado e a Caatinga, são ricas em espécies que podem fornecer compostos naturais ativos para uma variedade de enfermidades como doenças crônicas degenerativas, malária, tuberculose, micoses e muitas outras (Basso et al., 2005). A Faculdade de Ciências Farmacêuticas da Unesp, do campus de Araraquara, em colaboração com o Instituto de Química, por meio do projeto Biota/Fapesp (Bioprospecta) e Sisbiota (CNPq), têm estudado e testado diversas substâncias extraídas de plantas, frações e moléculas com ação antifúngica. Várias substâncias foram testadas, dentre elas extratos brutos e frações totalizando mais de 300 substâncias, bem como derivados sintéticos. Assim, o Projeto Temático – Biota/Fapesp (Bioprospecta), intitulado "Conservation and sustainable use of the plant biodiversity from Cerrado and Atlantic Forest: chemical diversity and prospecting for potencial drugs". desenvolvido pelo Núcleo de Bioensaios, Biossíntese e Ecofisiologia de Produtos Naturais (Nubbe) do Instituto de Química – Unesp em associação com o laboratório de Micologia da Faculdade de Ciências Farmacêuticas – Unesp, e também em colaboração com o laboratório do Professor Luis Octavio Regasini do Instituto de Biociências, Letras e Ciências Exatas-Ibilce da Unesp de São José do Rio Preto, tiveram como objetivo o estudo de espécies vegetais do Cerrado e da Mata Atlântica do estado de São Paulo, baseado em bioensaios prévios dos extratos, com vista ao estabelecimento de modelo para a preservação, estudo e exploração racional da flora remanescente no estado, bem como no desenvolvimento de substâncias sintéticas derivadas de produtos naturais. Destas, algumas se destacam pelo seu poder antifúngico *in vitro* bem estabelecido. As substâncias puras pristimerina e maitenina, isoladas da espécie *Maytenus ilicifolia (Espinheira Santa)*, uma árvore comumente encontrada na África e no Brasil, foram estudadas contra diversas espécies de fungos. No Brasil, seu uso é muito popular e altamente conhecido desde a década de 1920, sendo indicado ao combate da gastrite e dispepsias, além de apresentar ações tônica, analgésica, antisséptica, cicatrizante, diurética e laxativa (Silva et al., 2015; Araújo et al., 2013; Kohn et al., 2012). Os primeiros estudos da eficácia terapêutica de *M. ilicifolia* foram realizados em 1922 por um professor brasileiro, Aluizio França, o qual estudou seu uso em pacientes portadores de úlcera gástrica (Ming et al., 1998) e isto foi comprovado, demonstrando a eficácia da atividade antiulcerativa e gástrica (Cipriani et al., 2004). A atividade antifúngica de pristimerina e maitenina foi testada para diversos fungos (*C. albicans, C. krusei, C. tropicalis, C. glabrata, C. neoformans, Cryptococcus gattii, P.*

brasiliensis, H. capsulatum, A. fumigatus, A. niger, T. rubrum, T. mentagrophytes) e os resultados obtidos evidenciam CIMs variando entre 0,12-125 µg/mL, para maitenina, e 0,12-250 µg/mL, para pristimerina. Além da CIM, estas substâncias foram testadas quanto a sua citotoxicidade em queratinócitos orais (NOK) e os resultados demonstraram que as mesmas são seguras com relação à toxicidade e poderiam ser potentes antifúngicos (Gullo et al., 2012).

Adicionalmente, vários estudos *in vitro* e *in vivo* foram realizados em nosso laboratório com a molécula chalcona. Estas são classificadas como polifenóis de cadeia aberta, da família dos flavonoides, derivados de plantas. Destacam-se por apresentarem diversidade estrutural no reino vegetal e também grande variedade de atividades biológicas devido à presença de muitos compostos fisiologicamente ativos e por serem substratos para a realização de várias sínteses orgânicas (Li et al., 2015; Katsori et al., 2011; Simões, 2006). Brandão e colaboradores (2010) relataram em seu estudo a atividade antibacteriana, antiviral e citotóxica das chalconas. De modo complementar, vários estudos mostraram o seu potencial antibacteriano, antimalárico, antileishmania, anti-HIV, antifúngico, antituberculose e inibidores da tirosina quinase (Hameed et al., 2016; Evranos-Aksöz et al., 2015). O potencial de redução do processo inflamatório a partir da utilização desta substância foi demonstrado em vários estudos com chalconas derivadas de plantas do gênero *Glycyrrhiza* e *Alpinia conchigera* (*Zingiberaceae*) (Prasad et al., 2010). Alguns estudos relataram que a molécula de chalcona, isolada das plantas do gênero *Glycyrhiza*, apresenta forte atividade contra o protozoário *Leishmania* sp., por inibir a enzima fumarato redutase (Boeck et al., 2006). Stevaz e colaboradores (2004) mostraram que há atividade de chalconas contra os fungos *Fusarium equiseti* e *Colletotrichum truncatum*. Park e colaboradores (2011) avaliaram a atividade de chalconas frente ao vírus da influenza, causador da gripe e, como resultado, ainda se observou uma baixa inibição da carga viral, podendo ser considerado como um importante dado para o desenvolvimento de derivados naturais contra o vírus. O potencial antifúngico e a atividade antitumoral de chalconas foram avaliados por Tavares et al. (2011), os quais verificaram ação contra *C. albicans, Candida parapsilosis* e *C. tropicalis* e, ainda, algumas chalconas apresentaram uma forte atividade antifúngica para *P. brasiliensis* e *C. gattii*.

De maneira suplementar, o ácido protocatecuico (ácido 3,4- diidroxibenzoico) é um derivado do ácido benzoico encontrado em frutas, nozes e vegetais (por exemplo, azeitonas, arroz integral, chá, vinho branco e em medicamentos fitoterápicos). A presença dos compostos fenólicos tem sido muito estudada por estes apresentarem atividades farmacológicas e também por inibirem a oxidação lipídica e a proliferação de fungos. Os ácidos fenólicos são algumas das substâncias que constituem o grupo dos compostos fenólicos. Caracterizam-se por terem um anel benzênico, um grupamento carboxílico e um ou mais grupamentos de hidroxila e/ou metoxila na molécula (Soares et al., 2014). Estudos *in vivo* demonstraram que o ácido protocatecuico é um eficaz anticarcinogênico, com propriedades antioxidante e protetora contra o estresse oxidativo e exerce efeitos preventivos nas doenças cardiovasculares que estão associadas com os radicais livres. Nosso grupo avaliou a atividade antifúngica de diversas frações derivadas do ácido protocatecuico contra fungos dermatofíticos (*T. rubrum* e *T. mentagrophytes*) (Soares et al., 2014). Esses resultados demonstraram dados satisfatórios, uma vez que os fungos causadores de dermatofitoses costumam ser bastante resistentes aos antifúngicos vendidos comercialmente.

Os extratos da planta *Alibertia macrophylla* Schum., pertencente a família Rubiaceae, espécie de ampla distribuição e nativa do cerrado paulista, foram previamente testados para verificação de atividade antifúngica em nosso laboratório. Estas plantas são encontradas desde o sul do México até o norte da Argentina e, ainda, como flora do cerrado paulista, mas também nos estados do Ceará, Goiás, Mato Grosso e Minas. Seus extratos hexânico e etanólico são extraídos diretamente da torta dos caules, secos e moídos (Diniz, 2010). Em nosso laboratório, avaliamos a atividade antifúngica específica contra vários isolados ambientais de *C. neoformans* e o extrato hexânico de *A. macrophylla* apresentou CIM que variou entre 15,6 e >250 µg/,mL mostrando ser um possível protótipo antifúngico. Estudos *in vitro* demonstraram não haver toxicidade para células. Além disso, o extrato de *A. macrophylla* apresentou efeito saneante com índice de eficiência de mais de 80%, após 24 horas nos ensaios realizados, para a grande maioria dos isolados de *C. neoformans*, e outros estudos adicionais demonstraram que o extrato de *A. macrophylla* é estável à incidência de luz, ao calor e variação de pH e, portanto, seria um excelente protótipo de saneante ambiental.

Destaca-se ainda a família *Clusiaceae* (*Garcinia* sp.) que vem despertando grande interesse na comunidade científica, devido aos promissores resultados químicos e biológicos. Esta família é composta de 25 gêneros que se distribuem nas regiões tropicais do globo, sendo algumas espécies de ocorrência predominante no Brasil, principalmente na Mata Atlântica e no Cerrado. Muitas destas espécies são empregadas na medicina popular para tratar injúrias, como dor, processos infecciosos, inflamatórios e úlceras. Do ponto de vista químico, as espécies dessa família são reconhecidas como fontes de xantonas, benzofenonas, terpenos, esteroides, cumarinas e biflavonoides e, quanto às atividades biológicas, destacam-se as propriedades antibacteriana, antifúngica, citotóxica, inibitória da promoção de tumor e inibitória da replicação do vírus HIV-1 (Cunha et al., 2015). Ensaios farmacológicos com xantonas naturais mostraram diferentes atividades, como anti-inflamatória, antileucêmica, antitumoral, anti-hepatotóxica, antiulcerogênica, antiviral (herpes), estimulante do miocárdio e do sistema nervoso central, hipertensora, antimicrobiana com atividade sobre fungos e bactérias, analgésica e imunossupressora, o que evidencia o potencial desses metabólitos especiais, como agentes medicinais (Cunha et al., 2015). Neste contexto, foi avaliada a atividade do extrato da folha de *Garcinia* sp. na interrupção da adesão de *C. neoformans* às células A549, e os resultados obtidos demonstram que o extrato inibiu/ interrompeu a adesão em mais de 95%, demonstrando ser uma substância de grande importância, como futuro medicamento.

A espécie *Alchornea glandulosa* (Euphorbiaceae) é uma árvore de 10-20 metros com caules tortuosos, sendo popularmente conhecida como "tapiá", "tanheiro de folha-redonda", "tanheiro", "canela-raposa" ou "amor-seco", sendo encontrada nas regiões sul e sudoeste do Brasil, principalmente na Mata Atlântica (Urrea-Bulla et al., 2004). Estudos químicos da espécie *A. glandulosa* revelaram a presença de compostos fenólicos, como exemplo o ácido gálico, constituinte majoritário no extrato etanólico. O ácido gálico é um metabólito especial de ocorrência ampla no reino vegetal, o qual apresenta diversas atividades biológicas como anti-inflamatório, antioxidante, antimutagênico, anticarcinogênico, antibacteriana, antiviral e analgésica. Como antioxidante o ácido gálico atua como agente antiapoptótico e protege as células humanas contra danos oxidativos (Fernandes et al., 2015). Devido a sua variada aplicação comercial, o ácido gálico é uma substância de interesse para as indústrias farmacêuticas e químicas. O ácido gálico (ácido 3,4,5-triidroxibenzoico) pode ser produzido pela hidrólise ácida de taninos, porém este possui como desvantagens, o custo, a produção e a baixa pureza (Fernandes et al., 2015; Rocha et al., 2011). O ácido gálico é uma substância que ocorre em muitas plantas, como raízes de *Paeonia rockii*, espécies de *Astronium*, frutos de *Syzygium cumini*, *Euphorbia lunulata*, folhas, caules e raízes de variedades diferentes de *Labisa pumila Benth*, *Zingiber officinale Roscoe*, casca de *Klainedoxa gabonensis*, e de *Nervilia aragoana* e folhas de *Atlantia monophylla*, *Lawsonia inermis*, *Ardisia chinensis* e *A. glandulosa*. Adicionalmente, tem-se estudado derivados do ácido gálico e resultados promissores foram encontrados para *P. brasiliensis* quando se utilizou o galato de decila em que a CIM variou de 0,004 a 0,125 μg/mL, possuindo, portanto, atividade promissora contra esse patógeno (De Paula e Silva et al., 2014).

Kielmeyera spp., pertencente à família *Clusiaceae*, é uma planta tipicamente encontrada no cerrado brasileiro. A decocção dos caules de *Kielmeyera coriacea* é tradicionalmente usada no tratamento de várias doenças tropicais, incluindo esquistossomose, leishmaniose, malária e infecções bacterianas e fúngicas (Martins et al., 2015). De acordo com nossos resultados de CIM, o extrato AcOEt da planta *Kielmeyera rubriflora* apresentou atividade antifúngica e teve ação fungicida em concentração de 250 μg/mL, para *C. albicans*, e 31,2 μg/mL, para *C. krusei*. No entanto, o extrato EtOH, da planta *K. rubriflora*, apresentou atividade antifúngica e teve ação fungicida na concentração de 62,5 μg/mL para *C. albicans* e *C. krusei* (dados não publicados).

Por final, *Pterogyne nitens* (Fabaceae) é popularmente conhecida como "amendoim bravo". "amendoinzeiro" ou "bálsamo". É uma árvore que possui de 5 a 12 metros de altura, altamente ramificada. Na medicina popular, as cascas do caule foram usadas como agente antiparasitário, por exemplo, para o tratamento de ascaridíase (Coqueiro et al., 2014; Bolzani et al., 1999). Estudos preliminares sobre a atividade biológica de *P. nitens* indicaram uma forte inibição do edema de pata de camundongos, sugerindo a presença de compostos anti-inflamatórios no extrato etanólico das folhas (Bolzani et al., 1999). Outras análises permitiram a descrição de mais compostos presentes nas folhas deste vegetal (Regasini et al., 2008). A substância pura pedalitina é obtida a partir da fração acetato de etila, a qual é proveniente do extrato etanólico das folhas de *P. nitens*. A fração AcOEt foi submetida a partição líquido-líquido seguida de cromatografia de permeação em gel (LH-20) e cromatografia líquida de alta eficiência (Clae), culminando na obtenção do flavonol isoquercetrina e da flavona pedalitina. A pedalitina da planta *P. nitens* apresentou boa atividade antifúngica contra *C. neoformans* tanto para a cepa ATCC 90012, como para os isolados clínicos, sensíveis e resistentes a fluconazol. Ainda, a pedalitina, quando combinada com antifúngicos convencionais anfotericina B e fluconazol, apresentou atividade sinérgica, além dessa substância agir na inibição da adesão de *C. neoformans* aos pneumócitos. Este estudo indica que a pedalitina poderia ser um excelente protótipo antifúngico (Regasini et al., 2010).

Plataforma para o desenvolvimento de protótipos antifúngicos do laboratório de micologia clínica e núcleo de proteômica, Unesp, Araraquara

O laboratório de Micologia Clínica e Núcleo de Proteômica, da Unesp de Araraquara, São Paulo, tem focado na criação de uma plataforma para o desenvolvimento de antifúngicos viabilizada e alicerçada nos programas Biota/Bioprospecta, conforme citado no tópico anterior. Tal plataforma caracteriza-se pela bioprospecção da atividade antifúngica de substâncias naturais frente a diversos fungos, particularmente *C. albicans, C. krusei, C. parapsilosis* e *C. neoformans*. Um estudo retrospectivo relativo às substâncias ensaiadas revela que, considerando o período de Julho de 2005 a Junho de 2010, foram bioprospectadas 738 substâncias, entre elas 199 extratos brutos, 266 frações e 273 substâncias puras, conforme demonstrado na Figura 8.1. De acordo com os dados representados na Figura 8.2A, um índice inferior a 1% dos extratos brutos testados apresentou CIM ≤ 7,8 µg/mL para *C. albicans*. Para *C. parapsilosis* nenhum extrato bruto bioprospectado exibiu forte atividade antifúngica, com CIMs ≤ 7,8 µg/mL (Figura 8.2C). Por outro lado, 4% e 5% de todos os extratos brutos testados exibiram atividade antifúngica significativa (CIMs ≤ 7,8 µg/mL) para *C. krusei* (Figura 2B) e *C. neoformans* (Figura 2D), respectivamente. De acordo com os resultados de CIM obtidos para as frações testadas, 4%, 13%, 6% e 13%

exibiram forte atividade antifúngica (CIM ≤ 7,8 μg/mL) para *C. albicans, C. krusei, C. parapsilosis* e *C. neoformans*, respectivamente (Figura 8.3). Considerando as substâncias puras, 12% dos compostos testados exibiram forte atividade antifúngica frente à *C. albicans*, 14% para *C. krusei*, 13% para *C. parapsilosis* e 22% para *C. neoformans*, com CIMs ≤ 7,8 μg/mL, como representado na Figura 8.4.

Figura 8.1 – Plataforma para o desenvolvimento de um protótipo antifúngico. Total de substâncias bioprospectadas no laboratório de Micologia Clínica e Núcleo de Proteômica da Unesp de Araraquara, São Paulo, no período de julho de 2005 a junho de 2010.

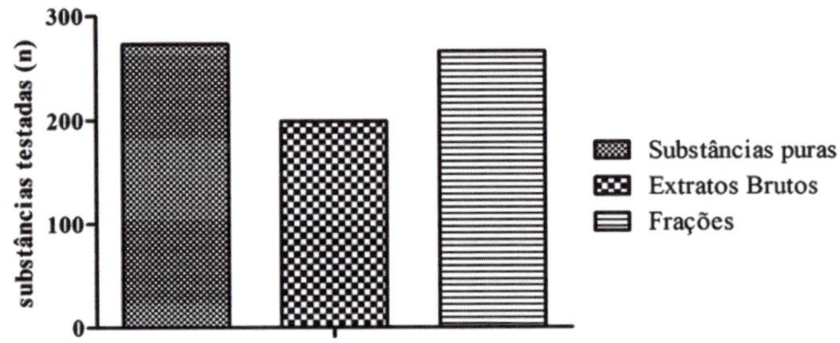

Figura 8.2 – CIMs dos extratos brutos bioprospectados frente à (A) *C. albicans*, (B) *C. krusei*, (C) *C. parapsilosis* e (D) *Cryptococcus neoformans*. Porcentagens (%) correspondentes ao total de extratos brutos com variações de CIM entre ≤ 7,8 μg/mL e ≥ 250 μg/mL para espécies fúngicas testadas no laboratório de Micologia Clínica e Núcleo de Proteômica da Unesp de Araraquara, São Paulo, no período de Julho de 2005 a Junho de 2010. A categoria outros refere-se a substâncias naturais insolúveis em dimetilsulfóxido (DMSO) ou que não foram testadas para uma determinada espécie fúngica.

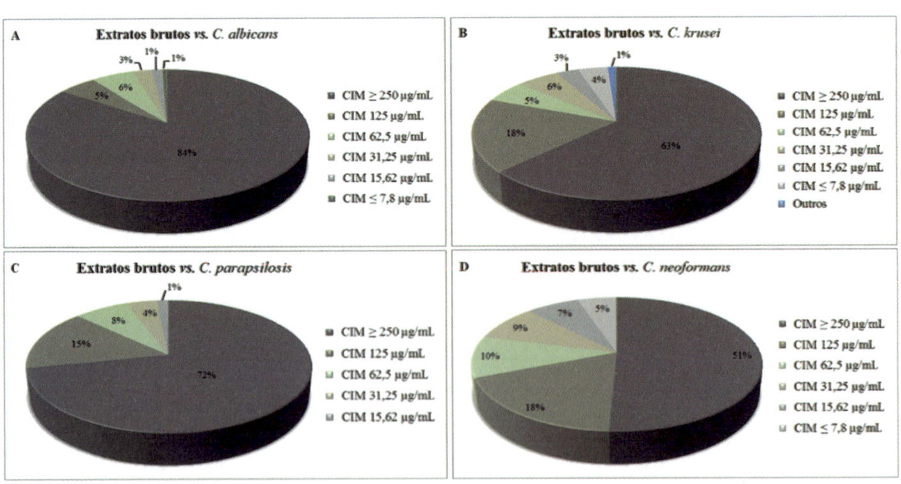

Figura 8.3 – CIMs das frações bioprospectadas frente à (A) *C. albicans*, (B) *C. krusei*, (C) *C. parapsilosis* e (D) *C. neoformans*. Porcentagens (%) correspondentes ao total de frações com variações de CIM entre ≤ 7,8 μg/mL e ≥ 250 μg/mL para as espécies fúngicas testadas no laboratório de Micologia Clínica e Núcleo de Proteômica da Unesp de Araraquara, São Paulo, no período de Julho de 2005 a Junho de 2010. A categoria outros refere-se a substâncias naturais insolúveis em DMSO ou que não foram testadas para uma determinada espécie fúngica.

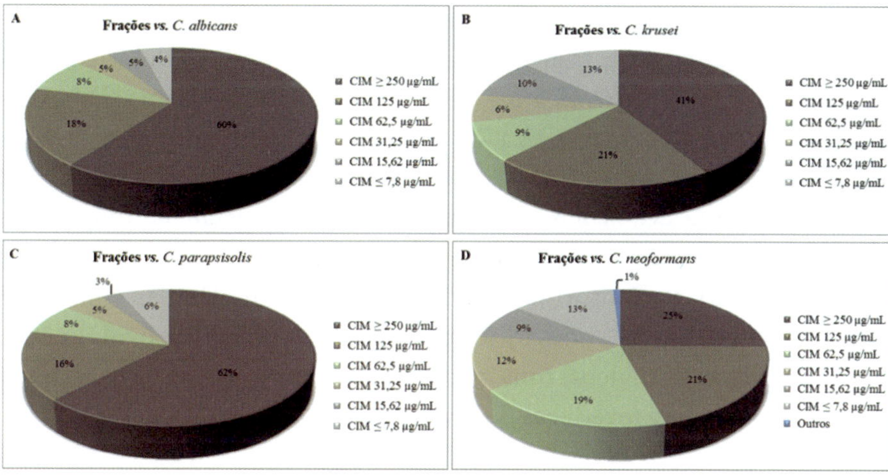

Figura 8.4 – CIMs das substâncias puras bioprospectadas frente à (A) *C. albicans*, (B) *C. krusei*, (C) *C. parapsilosis* e (D) *C. neoformans*. Porcentagens (%) correspondentes ao total de substâncias puras com variações de CIM entre ≤ 7,8 μg/mL e ≥ 250 μg/mL para as espécies fúngicas testadas no laboratório de Micologia Clínica e Núcleo de Proteômica da Unesp de Araraquara, São Paulo, no período de Julho de 2005 a Junho de 2010.

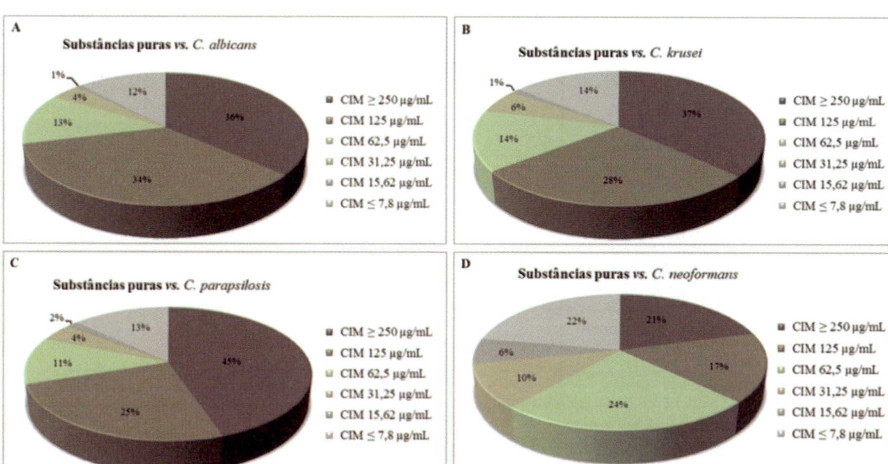

Adicionalmente, a Tabela 8.2 destaca o total de substâncias naturais testadas (extratos brutos, frações e substâncias puras) e os valores de CIMs (≥ 250 μg/mL, 125 μg/mL, 62,5 μg/mL, 31,25 μg/mL, 15,62 μg/mL e ≤ 7,8 μg/mL) obtidos para as quatro espécies fúngicas. A análise dos dados de uma forma geral, considerando o total de substâncias prospectadas, revela que, embora um grande número de substâncias tenha apresentado CIM ≥ 250 μg/mL frente às quatro espécies fúngicas desafiadas, há também um número significativo de compostos que exibiram CIM excelente, com variações entre 0,48 a 7,8 μg/mL para os fungos testados. Este número de compostos, nesta faixa de CIM (0,48-7,8 μg/mL), destaca-se ainda mais frente à *C. neoformans*, para o qual 112 substâncias mostraram atividade antifúngica potente, o que representa 15% do total de substâncias prospectadas. Conforme Gullo et al. (2012), moléculas com CIM entre 0,48 a 7,8 μg/mL podem ser promissoras para o desenvolvimento de protótipos antifúngicos, uma vez que esta faixa de CIM é classificada como excelente para leveduras do gênero *Candida* sp. e *Cryptococcus* spp, entre outros.

Tabela 8.2 – Total de substâncias naturais (extratos brutos, frações e substâncias puras) testadas no laboratório de Micologia Clínica e Núcleo de Proteômica da Unesp de Araraquara, São Paulo, no período de Julho de 2005 a Junho de 2010, com variações de CIM entre ≤ 7,8 μg/mL e ≥ 250 μg/mL para as espécies fúngicas testadas (*C. albicans, C. krusei, C. parapsilosis* e *C. neoformans*).

	Candida albicans **ATCC 90028**	***Candida krusei*** **ATCC 6258**	***Candida parapsilosis*** **ATCC 22019**	***Cryptococcus neoformans*** **ATCC 90012**
Substâncias naturais testadas com CIM ≥ 250 μg/mL (n)	423	331	425	221
Substâncias naturais testadas com CIM 125 μg/mL (n)	149	163	138	134
Substâncias naturais testadas com CIM 62,5 μg/mL (n)	67	73	65	133
Substâncias naturais testadas com CIM 31,25 μg/mL (n)	27	43	33	77
Substâncias naturais testadas com CIM 15,62 μg/mL (n)	17	35	14	53
Substâncias naturais testadas com CIM ≤ 7,8 μg/mL (n)	52	73	58	112
Outros	3	20	5	8

CIM: Concentração Inibitória Mínima.
Outros: substâncias naturais insolúveis em DMSO ou que não foram testadas para uma determinada espécie fúngica.

O delineamento de um protótipo antifúngico é emergente e, em particular, a investigação de substâncias com potencial antifúngico para as leveduras do gênero *Candida* sp. e *Cryptococcus* spp. é de grande importância para a comunidade científica, visto que as espécies *Candida* são classificadas como o quarto patógeno mais comum nos hospitais e está relacionado ao aumento da resistência aos antifúngicos existentes redundando em infecções nosocomiais e, consequentemente, aumento da mortalidade (Nett, 2016). Do mesmo modo, a incidência da criptococose, que é mais comumente atribuída à infecção por *C. neoformans*, aumentou drasticamente em decorrência da Aids. Tais indivíduos que apresentam funções imunológicas reduzidas, quando infectados, desenvolvem infecções pulmonares e, ainda, sofrem de meningoencefalite. De acordo com um levantamento realizado pelo Centro de Controle e Prevenção de Doenças (Estados Unidos), estima-se um milhão de casos anuais de meningite criptocócica, com um número de mortos impressionante de 625 mil pessoas (Liew et al., 2016).

Em vista desta problemática, ressaltamos na Tabela 8.3 as substâncias naturais que merecem destaque em vista dos valores de CIM (≤ 7,8 μg/mL) resultantes dos testes de susceptibilidade que foram realizados no presente estudo para as leveduras do gênero *Candida* sp. e *C. neoformans*. De fato, muitas substâncias com as quais estamos trabalhando mostraram potencial em ensaios *in vitro* e estamos otimizando estes resultados para os ensaios *in vivo* com o objetivo de verificar a potencialidade de uma substância natural ser aplicada como antifúngico, originando dessa forma um produto inovador.

Tabela 8.3 – Valores de CIM das substâncias naturais frente às espécies fúngicas *Candida* sp. e *C. neoformans*. Valores de CIM resultantes dos testes de sensibilidade pelo método de microdiluição em caldo realizados no laboratório de Micologia Clínica e Núcleo de Proteômica da Unesp de Araraquara, São Paulo, no período de Julho de 2005 a Junho de 2010.

	Candida albicans **ATCC 90028 CIM μg/mL**	***Candida krusei*** **ATCC 6258 CIM μg/mL**	***Candida parapsilosis*** **ATCC 22019 CIM μg/mL**	***Cryptococcus neoformans*** **ATCC 90012 CIM μg/mL**
Anfotericina B – Valores de referência	0,50–2,00	0,25–2,00	0,25–1,00	0,50
Itraconazol – Valores de referência	—	0,12–0,50	0,06–0,25	0,125
Clusiaceae *Garcinia xanthochymes* (Fração AcOet) (n)	125	7,8	≥ 250	≥ 250
Clusiaceae *Garcinia xanthochymes* (Ext, EtOH)	62,5	1,95	≥ 250	≥ 250

Continua

Tabela 8.3 – *Continuação*

	Candida albicans ATCC 90028 CIM µg/mL	*Candida krusei* ATCC 6258 CIM µg/mL	*Candida parapsilosis* ATCC 22019 CIM µg/mL	*Cryptococcus neoformans* ATCC 90012 CIM µg/mL
Clusiaceae *Garcinia xanthochymes* (Ext, HEX)	31,25	1,95	3,9	≥ 250
Sclerolobium denudatum; S. aureum; S. paniculatum (SP-AQ)	15,6	7,8	31,25	62,5
Lippia (EERz L, Lup (N) Fr n-BuOH)	15,6	31,25	62,5	7,8
Lippia (EEFL, Lup (N) Fr Hex)	15,6	15,6	125	7,8
Lippia (EERL, Lup (N) Fr Acoet)	15,6	15,6	125	3,9
Lippia (EERL, Sid Fr Acoet)	125	15,6	125	7,8
Salicaceae *Cascaria rupestres* (GEII-FER-14) Pura	1,95	3,9	125	0,48
Salicaceae *Cascaria rupestres* (GEII-FER-30) Pura	3,9	31,25	62,5	1,95
Lippia (EEFL, Velut Fr Acoet)	15,6	15,6	125	3,9
Lippia (L, Balan Ramos Fr Acoet)	15,6	15,6	125	3,9
Lippia (EEF+RL, Lasio Fr Acoet)	15,6	7,8	125	3,9
Acido Gálico (Fração G2)	≥ 250	≥ 250	≥ 250	3,9
Acido Gálico (Fração G3)	≥ 250	≥ 250	≥ 250	3,9
Acido Gálico (Fração G4)	≥ 250	≥ 250	≥ 250	3,9
Acido Gálico (Fração G5)	≥ 250	≥ 250	≥ 250	3,9
Acido Gálico (Fração G6)	≥ 250	≥ 250	≥ 250	3,9
Acido Gálico (Fração G7)	≥ 250	≥ 250	≥ 250	3,9
Acido Gálico (Fração G9)	125	15,6	≥ 250	3,9
Acido Gálico (Fração G10)	15,6	7,8	15,6	3,9
Acido Gálico (Fração G11)	7,8	7,8	7,8	3,9
Acido Gálico (Fração G12)	7,8	3,9	7,8	1,95
Acido Gálico (Fração G13)	3,9	7,8	7,8	0,97
Acido Gálico (Fração G14)	1,95	3,9	3,9	0,97
Acido Gálico (Fração G15)	1,95	3,9	3,9	0,97
Acido Gálico (Fração G16)	1,95	1,95	3,9	0,97
Acido Gálico (Fração G17)	3,9	3,9	7,8	3,9
Clusiaceae *Garcinia brasiliensis* (Gabr – feEE – folhas)	62,5	7,8	31,25	15,6
Myrtaceae – *Eugenia jambolana* (Ext, Bruto FO)	125	3,9	31,25	125
Myrtaceae – *Eugenia jambolana* (Ext, Acoet FO)	31,25	3,9	125	125
Myrtaceae – *Eugenia jambolana* (Ext, n-BuOh FO)	62,5	0,97	1,95	62,5

Continua

Tabela 8.3 – *Continuação*

	Candida albicans **ATCC 90028 CIM µg/mL**	***Candida krusei*** **ATCC 6258 CIM µg/mL**	***Candida parapsilosis*** **ATCC 22019 CIM µg/mL**	***Cryptococcus neoformans*** **ATCC 90012 CIM µg/mL**
Myrtaceae – *Eugenia jambolana* (Ext, HÁ FO)	31,25	3,9	1,95	31,25
Derivados do ácido Ferúlico (Ferulato de butila)	62,5	62,5	62,5	3,9
Derivados do ácido Ferúlico (Ferulato de pentila)	62,5	125	62,5	3,9
Derivados do ácido Ferúlico (Ferulato de hexila)	125	125	≥ 250	3,9
Derivados do ácido Ferúlico (Ferulato de heptila)	125	≥ 250	≥ 250	3,9
Derivados do ácido cafeico (C3)	15,6	62,5	31,25	7,8
Derivados do ácido cafeico (C4)	15,6	31,25	31,25	7,8
Derivados do ácido cafeico (C5)	31,25	15,6	15,6	7,8
Derivados do ácido cafeico (C6)	7,8	15,6	15,6	7,8
Clusiaceae *Garcinia brasiliensis* (S17) – Pura	125	31,25	62,5	7,8
Clusiaceae *Garcinia brasiliensis* (Fh – Folhas – hexano) – Fração	≥ 250	7,8	7,8	7,8
Clusiaceae *Garcinia brasiliensis* (Fh – Ramos – hexano) – Fração	≥ 250	7,8	7,8	7,8
Clusiaceae *Garcinia brasiliensis* (Fh – Ramos – Ethanol) – Fração	≥ 250	15,6	≥ 250	15,6
Familia Myrtaceae Jambolão Extrato Bruto	62,5	7,8	31,25	≥ 250
Rubriaceae (família) *Alibertia edulis* – AeE Extrato etanólico Bruto	125	15,6	7,8	3,9
Rubriaceae (família) *Alibertia edulis* – AeM Fração metanólica	≥ 250	7,8	15,62	3,9
Rubriaceae (família) *Alibertia sessilis* – AsE Extrato etanólico Bruto	≥ 250	15,6	31,25	7,8
Rubriaceae (família) *Alibertia sessilis* – AsA Fração Acoet	≥ 250	31,25	31,25	7,8
Rubriaceae (família) *Alibertia edulis* – AeC45Me Fração	125	125	62,5	7,8
Rubriaceae (família) *Alibertia edulis* – AeC5SAC Fração	≥ 250	62,5	125	7,8
Rubriaceae (família) *Alibertia edulis* –AeC5in Fração	125	31,25	62,5	7,8
Rubriaceae (família) *Alibertia sessilis* –AsCBf Fração	125	15,62	62,5	3,9

Continua

Tabela 8.3 – *Continuação*

	Candida albicans **ATCC 90028 CIM µg/mL**	***Candida krusei*** **ATCC 6258 CIM µg/mL**	***Candida parapsilosis*** **ATCC 22019 CIM µg/mL**	***Cryptococcus neoformans*** **ATCC 90012 CIM µg/mL**
Clusiaceae (família) *Kielmeyera rubriflora* Extrato Bruto ACOEt	31,25	7,8	15,6	7,8
Clusiaceae (família) *Kielmeyera rubriflora* Extrato Bruto EtOH	31,25	7,8	7,8	3,9
Clusiaceae (família) *Kielmeyera rubriflora* Extrato Bruto Soxlet	62,5	7,8	31,25	7,8
Leguminosae (família) *Machaerium villosum* Fração ACOEt	≥ 250	≥ 250	≥ 250	3,9
Piperaceae (família) *Peperomia obtusifolia* (caules) Extrato bruto	62,5	15,62	15,62	7,8
Piperaceae (família) *Peperomia obtusifolia* (folhas) Fração Hexânica	62,5	31,25	31,25	7,8
Leguminosae (família) *Senna espectabilis* PMC 05 F 20-29 Pura	62,5	62,5	62,5	7,8
Leguminosae (família) *Senna espectabilis* PMC 10 F 5-6 Pura	62,5	125	125	3,9
Leguminosae (família) *Senna espectabilis* PMC 03 F 5-10 Pura	62,5	62,5	125	7,8
Garcinia gardineriana (galhos) família Cluseaceae	1,95	125	≥ 250	7,8
Cariniana estrellensis (folhas) família Lecythidaceae	≥ 250	0,98	≥ 250	≥ 250
Diosporus híspida (folhas) família Ebenaceae	31,25	1,95	15,6	1,95
Peperomia obtusifolia família Piperaceae Pura	31,25	31,25	31,25	7,8
Xylosma pseudosalzmanii DI Bruto	15,6	7,8	7,8	15,6
Xylosma pseudosalzmanii DI 2 Fração	7,8	3,9	7,8	3,9
Casearia lasyophyla BI 4 Fração	62,5	7,8	15,6	7,8
Procria crucis CI 2 Fração	≥ 250	7,8	15,6	3,9
Procria crucis CI 3 Fração	≥ 250	7,8	15,6	7,8
Procria crucis CI 4 Fração	≥ 250	3,9	≥ 250	≥ 250
Procria crucis CI 5 Fração	15,6	3,9	15,6	7,8
Xylosma pseudosalzmanii DI 1 Fração	15,6	7,8	7,8	7,8
Xylosma pseudosalzmanii DI 3 Fração	≥ 250	3,9	7,8	≥ 250
Xylosma pseudosalzmanii DI 4 Fração	≥ 250	3,9	7,8	62,5

Continua

Tabela 8.3 – *Continuação*

	Candida albicans ATCC 90028 CIM µg/mL	*Candida krusei* ATCC 6258 CIM µg/mL	*Candida parapsilosis* ATCC 22019 CIM µg/mL	*Cryptococcus neoformans* ATCC 90012 CIM µg/mL
Xylosma pseudosalzmanii DI 5 Fração	15,6	3,9	7,8	31,25
Xylosma pseudosalzmanii DI 6 Fração	15,6	7,8	15,6	62,5
Piperaceae – *Piper* sp. PHDFOPG Fração	125	62,5	125	7,8
Família Flacourtiaceae BHI	15,6	15,6	7,8	15,6
Derivado do ácido gálico G12	7,8	7,8	7,8	15,6
Derivado do ácido gálico G13	3,9	7,8	7,8	7,8
Derivado do ácido gálico G14	3,9	3,9	3,9	0,97
Derivado do ácido gálico G15	1,95	3,9	1,95	0,97
Derivado do ácido gálico G16	1,95	3,9	3,9	1,95
Derivado do ácido gálico G17	3,9	3,9	31,25	≥ 250
Derivado do ácido gálico G2	≥ 250	≥ 250	≥ 250	3,9
Derivado do ácido gálico G3	≥ 250	≥ 250	≥ 250	3,9
Derivado do ácido gálico G4	≥ 250	≥ 250	≥ 250	3,9
Derivado do ácido gálico G5	≥ 250	≥ 250	≥ 250	3,9
Derivado do ácido gálico G6	≥ 250	≥ 250	≥ 250	3,9
Derivado do ácido gálico G7	≥ 250	≥ 250	125	3,9
Derivado do ácido gálico G9	125	125	125	3,9
Pterogyne nitens Pura 2	125	31,25	125	3,9
Pterogyne nitens Pura 4	≥ 250	15,6	15,6	0,97
Pterogyne nitens Pura 6	≥ 250	62,5	125	7,8
Pterogyne nitens Pura 7	≥ 250	31,25	125	7,8
Pterogyne nitens Pura F6	≥ 250	125	125	7,8
Cupania oblongifolia família Sapindaceae crepanio Bu	≥ 250	7,8	≥ 250	31,25
Piperaceae *Piper tuberculatum* Pura Statina	1,95	15,6	1,95	1,95
Piperaceae *Piper tuberculatum* Pura TSTA-52	3,9	7,8	3,9	1,95
Piperaceae *Piper tuberculatum* Pura TSTA-25	3,9	3,9	3,9	1,95
Piperaceae *Piper tuberculatum* Pura NSTA-74	1,95	3,9	3,9	1,95
Piperaceae *Piper tuberculatum* Pura NSTA-47	3,9	3,9	7,8	3,9
Piperaceae *Piper tuberculatum* Pura STASCZ-15	0,48	3,9	3,9	3,9

Continua

Tabela 8.3 – *Continuação*

	Candida albicans **ATCC 90028 CIM µg/mL**	***Candida krusei*** **ATCC 6258 CIM µg/mL**	***Candida parapsilosis*** **ATCC 22019 CIM µg/mL**	***Cryptococcus neoformans*** **ATCC 90012 CIM µg/mL**
Piperaceae *Piper tuberculatum* Pura STAMCZ-51	0,48	3,9	≥ 250	0,48
Piperaceae *Piper tuberculatum* Pura STAMCZ-15	0,48	3,9	0,97	1,95
Piperaceae *Piper tuberculatum* Pura STASCZ-51	0,48	3,9	3,9	1,95
Piperaceae *Piper tuberculatum* Pura NMCZ-14	0,48	7,8	3,9	1,95
Piperaceae *Piper tuberculatum* Pura NMCZ-23	0,48	3,9	1,95	0,48
Piperaceae *Piper tuberculatum* Pura NMCZ-32	0,48	1,95	3,9	0,48
Piperaceae *Piper tuberculatum* Pura NMCZ-42	0,48	1,95	3,9	0,48
Piperaceae *Piper tuberculatum* Pura TMCZ-14	0,48	3,9	3,9	3,9
Piperaceae *Piper tuberculatum* Pura TMCZ-23	0,48	3,9	3,9	3,9
Piperaceae *Piper tuberculatum* Pura TMCZ-32	0,48	1,95	3,9	3,9
Piperaceae *Piper tuberculatum* Pura TMCZ-41	0,48	1,95	3,9	0,97
Piperaceae *Piper tuberculatum* Pura NSCZ-14	0,48	62,5	15,6	0,48
Piperaceae *Piper tuberculatum* Pura NSCZ-23	0,48	31,25	7,8	0,48
Piperaceae *Piper tuberculatum* Pura NSCZ-32	0,48	15,6	7,8	0,48
Piperaceae *Piper tuberculatum* Pura NSCZ-41	0,48	15,6	7,8	0,48
Piperaceae *Piper tuberculatum* Pura NTMCZ-111	0,48	7,8	1,95	0,48
Piperaceae *Piper tuberculatum* Pura CZ-14	0,48	3,9	0,97	0,48
Piperaceae *Piper tuberculatum* Pura CZ-23	0,48	3,9	0,97	0,97
Piperaceae *Piper tuberculatum* Pura CZ-32	0,48	3,9	0,97	0,48
Piperaceae *Piper tuberculatum* Pura CZ-41	0,48	3,9	0,97	0,48

Continua

Tabela 8.3 – *Continuação*

	Candida albicans ATCC 90028 CIM µg/mL	*Candida krusei* ATCC 6258 CIM µg/mL	*Candida parapsilosis* ATCC 22019 CIM µg/mL	*Cryptococcus neoformans* ATCC 90012 CIM µg/mL
Piperaceae *Piper tuberculatum* Pura SCZ-50	0,48	7,8	3,9	0,48
Piperaceae *Piper tuberculatum* Pura MCZ-50	0,48	1,95	0,97	0,48
Piperaceae *Piper tuberculatum* Pura NTSCZ-111	0,48	31,25	3,9	0,48
Piperaceae *Piper tuberculatum* Pura TSCZ-14	0,48	3,9	1,95	0,48
Piperaceae *Piper tuberculatum* Pura TSCZ-23	0,48	7,8	3,9	0,48
Piperaceae *Piper tuberculatum* Pura TSCZ-32	0,48	15,6	3,9	0,48
Piperaceae *Piper tuberculatum* Pura TSCZ-41	0,48	31,25	7,8	0,48
Piperaceae *Piper tuberculatum* Pura NTSTA-111	1,95	3,9	3,9	3,9

Protótipos antifúngicos de substâncias naturais antibiofilmes fúngicos

O aumento da incidência de patógenos resistentes aos antifúngicos, à toxicidade dos compostos já existentes e o pequeno arsenal de fármacos disponíveis para o tratamento das micoses têm chamado a atenção e incentivado a busca de tratamentos alternativos com atividade antimicrobiana dos produtos advindos de plantas medicinais. (Sardi et al., 2011). As plantas são boas opções para a obtenção de uma ampla variedade de fármacos e têm sido utilizadas na medicina por muito tempo, sendo extensivamente usadas na medicina popular (Sardi et al., 2011). Muitas pesquisas têm dado ênfase ao estudo de biofilmes, uma vez que essa estrutura é bastante resistente à ação dos antimicrobianos em geral.

O'May e colaboradores (2016) descobriram que a adição de cranberry no meio de cultura, contendo a bactéria *Proteus mirabilis*, inibe sua locomoção e também a formação de biofilmes em cateteres. Da Silva et al. (2016) estudaram berberine (alcaloide) contra biofilmes de *C. neoformans* e *Candi-*

da sp. e observaram redução significativa destas formações tridimensionais complexas utilizando a metodologia do XTT.

Os extratos de *Sideroxylon obtusifolium* e *Syzygium cumini*, duas plantas da Caatinga, foram testados contra biofilmes de *C. albicans* e os resultados se mostraram promissores, nos quais os autores observaram uma alta inibição dos biofilmes por ambos os extratos e com baixa toxicidade em macrófagos e células epiteliais (Pereira et al., 2016).

Oliveira e colaboradores (2014) realizaram um estudo com óleo essencial de *Citrus limonum* e *Citrus aurantium* contra biofilmes multiespécies formado por *C. albicans*, *Enterococcus* e *Escherichia coli* e observaram melhor resultado, quando comparado à clorexidina a 0,2%. Estudos realizados por Mandal et al. (2011), com um peptídeo purificado denominado *Trapa natans*, demonstraram *in vitro* a inibição do crescimento de *C. tropicalis* e a interrupção da formação de biofilmes desta espécie fúngica, de uma maneira dependente da concentração desse peptídeo.

Stanciuc e colaboradores (2011) avaliaram o potencial antibacteriano e antifúngico de algumas plantas medicinais como a *Arnica montana*, *Artemisia absinthium* e *Urtica dioica*. Esses extratos vegetais mostraram atividade antimicrobiana preferencialmente dirigida contra o crescimento planctônico de fungos e bactérias, ao passo que o efeito contra a formação e desenvolvimento de biofilmes só foi demonstrado contra *S. aureus* e *C. albicans*. Esse estudo demonstrou que esses extratos de plantas são uma fonte significativa de alternativas naturais para a terapia antimicrobiana, evitando assim a terapia antibiótica/ antifúngica. Adicionalmente, o óleo essencial da semente de endro tem sido estudado como possível agente antifúngico. Nesse trabalho, realizado por Chen et al. (2013), foi estudado o mecanismo antifúngico do óleo essencial de sementes de endro (DSEO) contra *C. albicans*. A análise por citometria de fluxo e a inibição da síntese do ergosterol foram realizadas para esclarecer o mecanismo de ação do DSEO em *C. albicans*. Os resultados encontrados indicaram que a membrana plasmática de *C. albicans* foi danificada por DSEO, além de ocorrer disfunções na mitocôndria, causando acúmulo de ROS em *C. albicans*. Estes resultados indicam que a membrana citoplasmática e as mitocôndrias são os principais alvos de DSEO com ação anti-*Candida*.

Rault et al. (2013) estudaram vinte e oito terpenoides de origem vegetal. Esses terpenoides foram analisados quanto à sua atividade contra o crescimento, os atributos de virulência e a formação de biofilmes de *C. albicans*. Dezoito moléculas apresentaram CIMs < 2 mg ml^{-1} para o crescimento do fungo na forma planctônica. Moléculas selecionadas para a inibição do dimorfismo da levedura foram utilizadas em baixas concentrações (0,031-0,5 mg ml^{-1}), enquanto que a adesão a uma superfície sólida foi evitada a 0,5-2 mg ml^{-1}. O tratamento com 14 terpenoides resultou em inibição significativa da formação de biofilme e, destes, linalol, nerol, isopulegol, mentol, carvona, α-tujona, farnesol exibiram atividade específica contra o biofilme. Oito terpenoides foram identificados como inibidores de biofilmes maduros. Nesse estudo foi demonstrado o potencial de terpenoides, que deveriam ser mais explorados como estratégia terapêutica contra infecções associadas aos biofilmes de *C. albicans*.

C. neoformans é um fungo leveduriforme associado a casos de meningoencefalite fúngica. De Aguiar Cordeiro et al. (2013) avaliaram o efeito inibitório das combinações antifolato sulfametoxazol-trimetoprim (SMX/TMP) e sulfadiazina-pirimetamina (SDZ/PIR) contra células planctônicas e biofilmes de *C. neoformans* e *C. gattii*. Além disso, o efeito destas no teor de ergosterol celular de células planctônicas foi estudado. As combinações de fármacos SMX/TMP e SDZ/PIR foram capazes de impedir a formação de biofilmes e mostraram efeito inibitório contra biofilmes maduros de ambas as espécies. Além disso, o estudo mostrou que as drogas antifolato reduzem o teor de ergosterol em células planctônicas de *C. neoformans* e *C. gattii*. Os resultados obtidos neste estudo destacam o potencial antifúngico de drogas antifolato. Benaducci et al. (2016) também obtiveram excelentes resultados utilizando maitenina em biofilmes de isolados clínicos e ambientais de *C. neoformans* e *C. gattii*.

Substâncias naturais associadas à nanopartículas no combate a infecção fúngicas

Muitas vezes, diversos fatores impedem a utilização de determinadas substâncias consideradas essenciais para a ação farmacológica, simplesmente por sua incompatibilidade, juntamente com os demais componentes da formulação ou até mesmo por apresentarem propriedades indesejáveis, como baixa solubilidade em água. Atualmente, essa barreira vem sendo derrubada por uma série de estratégias tecnológicas, as quais são capazes de compartimentalizar, de maneira eficiente, diversos grupos de princípios ativos e de até mesmo modificar suas propriedades e comportamento em meio biológico, permitindo assim a veiculação de tais substâncias. Considerado um método extremamente atrativo, o sistema de liberação de fármacos possui a capacidade de aumentar a eficácia de uma série de substâncias, a reintrodução de outros princípios ativos anteriormente descartados por suas propriedades indesejáveis e o aprimoramento de novas substâncias antes que sejam efetivamente lançadas no mercado ou utilizadas na terapêutica (Mainardes et al., 2006).

O aumento da seletividade e eficácia dos princípios ativos vêm se tornando altamente desejado. Além disso, é de extrema importância a redução da dose total necessária, a fim de se garantir uma redução dos efeitos colaterais indesejados, além de se controlar a liberação do ativo. É dessa forma que novos veículos têm sido desenvolvidos durante os últimos anos (Mainardes et al., 2006).

A utilização de sistemas carreadores nanoestruturados é cada dia mais abordada na literatura científica e isso tem chamado atenção das indústrias farmacêuticas, devido às inúmeras vantagens, como melhoria da solubilidade e estabilidade de fármacos, protegendo-os da degradação térmica ou fotodegradação, possibilidade de incorporação de substâncias com caráter hidrofílico ou lipofílico, capacidade de agir também como sistemas reservatórios, diminuição da toxicidade e dos efeitos colaterais, aumento da eficácia, bem como alteração da disponibilidade de fármacos (Silva et al., 2015).

Dentre os sistemas carreadores nanoestruturados destacam-se as nanoemulsões. As nanoemulsões podem ser definidas como emulsões transparentes, nas quais um óleo é disperso num meio aquoso (ou vice-versa), contendo um tensoativo, associado ou não a um cotensoativo apropriado, gerando um sistema termodinamicamente estável e apresentando gotículas da fase interna na ordem de nanômetros (nm). As substâncias ativas podem ser veiculadas nas nanoemulsões quando são solubilizadas na fase oleosa ou aquosa (Silva et al., 2015; Formariz et al., 2008). As nanoemulsões são consideradas sistemas reservatórios, uma vez que o fármaco se encontra separado do meio de dissolução através de uma membrana ou interface, a qual deve ser transposta para que haja sua liberação para o meio. Estes sistemas proporcionam um ambiente dimensionalmente restrito, com propriedades particulares, capazes de ligar ou associar moléculas de diferentes grupos de fármacos, com o objetivo de solubilizar, modular estabilidade ou melhorar o perfil de biodisponibilidade (Silva et al., 2015; Formariz et al., 2010).

Outro ponto a ser destacado é a capacidade dos sistemas nanoestruturados melhorarem a solubilidade e estabilidade dos fármacos, além de proporcionarem ação prolongada, vetorização diferenciada para determinados tecidos ou órgãos do organismo e poderem veicular substâncias ativas com diferentes graus de hidrofilia/lipofilia na mesma formulação (Pestana et al., 2008).

A presença de tensoativos aumenta a permeabilidade da membrana celular, o que facilita a absorção do fármaco e possibilita maior biodisponibilidade. Estes sistemas espontaneamente formados possuem propriedades físico-químicas específicas como transparência e estabilidade termodinâmica, fatores que os tornam atrativos do ponto de vista da produção farmacêutica, com o desenvolvimento de uma alternativa terapêutica eficaz, com doses menores e com efeitos colaterais reduzidos (Formariz et al., 2007).

A estratégia de incorporação de extratos vegetais em sistemas nanoestruturados tem sido bastante citada na literatura. Kesarwani e Gupta (2013) publicaram um artigo de revisão, no qual mencionam uma série de trabalhos empregando sistemas nanoestruturados para otimizar as propriedades de extratos vegetais.

Bhatacharya e Ghosh (2009) utilizaram sistemas baseados em lipídios para incorporação de extrato de chá verde e ginseng, com o objetivo de aumentar a absorção dos componentes do extrato. Su et al. (2008) desenvolveram nanopartículas de *Radix salvia* e observaram melhora da biodisponibilidade do extrato. Sinico et al. (2005) desenvolveram lipossomas de *Artemisia arborescens* e notaram que estes sistemas propiciaram aumento da penetração dos componentes desta planta na barreira citoplasmática viral. Rajendran et al. (2013) obtiveram nanopartículas de extrato metanólico de *Ocimum sanctum* e observaram melhor ação antimicrobiana para o extrato encapsulado do que na forma livre quando testado contra *E. coli*, *Bacillus subtilis*, *Pseudomonas aeruginosa* e *S. aureus*.

Além das nanoemulsões, as nanopartículas de prata também têm se destacado como possível carreador com diversos resultados para fungos e bactérias.

Monteiro et al. (2013) avaliaram a eficácia antifúngica da nanopartícula de prata (SN) em combinação com nistatina (NYT) ou digluconato de clorexidina (CHG) contra biofilmes de *C. albicans* e *C. glabrata*. Os fármacos associados ou não com a SN foram aplicados sobre biofilmes maduros de espécies de *Candida* (48 h) e, depois de 24 h de tratamento, as suas atividades antibiofilme foram avaliadas por quantificação da biomassa total, por meio de coloração com violeta de cristal e contagem de unidades formadoras de colônias. Os dados indicaram que a SN, combinada com CHG ou NYT, apresentou atividade sinérgica, sendo essa dependente da espécie e das concentrações dos fármacos utilizados. Os resultados deste estudo sugerem que a combinação de SN com NYT ou CHG pode ter implicações clínicas no tratamento de estomatite protética.

Sivakamavalli et al. (2016) estudaram a *Ruta graveolens* (arruda) associada com a SN e obtiveram bons resultados de inibição dos biofilmes de patógenos de grande importância médica (*S. aureus*, *P. aeruginosa* e *C. albicans*). Dessa forma, acredita-se que a ação dos extratos vegetais contra os biofilmes possa ser potencializada pela sua incorporação em um sistema carreador nanoestruturado.

Conclusão

Considerando a resistência dos fungos aos diversos antifúngicos atualmente utilizados, pode-se inferir que a busca de novos compostos antifúngicos é extremamente relevante. O potencial poder antimicrobiano de produtos de origem natural e seus derivados sintéticos abrem a real possibilidade de aplicação destes produtos na prevenção e tratamento de doenças infecciosas de origem fúngica, e é hoje uma das vertentes de sucesso à necessidade de novos fármacos antifúngicos. Porém, é necessário ainda transpor várias etapas e estudos *in vivo* toxicológicos e clínicos para aumentar a segurança para o uso destes produtos como fármacos.

9
O desenvolvimento de compostos bioativos inspirado na estrutura química de produtos naturais[1]

Nailton Monteiro do Nascimento-Júnior

Introdução

Desde as civilizações mais antigas, como a Chinesa, Greco-Romana e a Egípcia, os produtos naturais têm sido explorados e empregados pela humanidade como fonte de compostos bioativos. As aplicações dos produtos naturais na história da humanidade mostram o potencial da natureza como fonte de uma grande variedade de substâncias úteis: no alívio e cura de várias doenças, como defensivos agrícolas (fungicidas, carrapaticidas etc.), corantes, filtros solares, calmantes, estimulantes, conservantes, especiarias, perfumes, etc. Inicialmente, estas substâncias eram consumidas em suas próprias folhas e frutos ou na forma de chás ou extratos. Com os avanços da Química Orgânica, tornou-se possível o isolamento dos componentes presentes em extratos vegetais por meio de técnicas cromatográficas, bem como a caracterização de suas estruturas moleculares por meio de reações químicas, identificação de propriedades físico-químicas e aplicação de técnicas analíticas como a espectrometria de massas (EM), ressonância mag-

1 Agradecimentos aos colaboradores: Dr. Breno Almeida Soares (UFRN, Natal), M.Sc. Gustavo Claro Monteiro (Unicamp), Prof. Dr. Gustavo Henrique Goulart Trossini (USP, São Paulo), Prof. Dr. Jean Leandro dos Santos (Unesp, Araraquara) e Profª. Drª. Maria Leticia de Castro Barbosa (UFRJ, Rio de Janeiro) pelas valiosas contribuicões na revisão do manuscrito e sugestões.

nética nuclear (RMN) e a difração de raios-X (DRX) (Viegas-Jr; Bolzani; Barreiro, 2006, p.326).

Com a elucidação das estruturas químicas de diversos produtos naturais e seus respectivos efeitos biológicos, a Química de Produtos Naturais desenvolveu métodos de extração, isolamento e caracterização mais eficientes, permitindo a produção em maior escala. Paralelamente, a Química Orgânica Sintética contribuiu para obtenção de produtos naturais de interesse a partir de moléculas mais simples à medida que novas metodologias foram desenvolvidas, possibilitando a síntese de produtos naturais com estruturas químicas cada vez mais complexas, com elevado grau de pureza e em quantidades cada vez maiores para atender às demandas da humanidade. Por sua vez, a Química Medicinal emprega os métodos de síntese desenvolvidos pela Química Orgânica Sintética, explorando a quimiodiversidade dos compostos isolados e caracterizados pela Química de Produtos Naturais para realizar as modificações estruturais necessárias, visando à obtenção de substâncias mais potentes, seletivas e com menos efeitos colaterais para o tratamento de doenças que necessitam de medicamentos mais eficazes (Barreiro; Fraga, 2008, p.536).

Neste contexto, há vários fragmentos estruturais oriundos de produtos naturais, como, por exemplo, resíduos de aminoácidos, esteroides, purinas e pirimidinas, carboidratos, dentre outros, os quais podem ser incorporados à estrutura de novos compostos potencialmente bioativos com uma quimiodiversidade ampla. Ao empregarmos subunidades estruturais de produtos naturais com atividade farmacológica comprovada, as chances de termos um reconhecimento molecular entre as novas substâncias planejadas e os seus respectivos biorreceptores-alvo aumenta consideravelmente. Ademais, ao planejar uma rota sintética a partir da estrutura de um produto natural, parte da estrutura química do produto é obtida da natureza, resultando num menor número de etapas em um processo denominado obtenção semissintética. O emprego de moléculas de fontes naturais contendo centros quirais ilustra uma importante aplicação destes fragmentos, o que torna a síntese dos novos compostos bioativos mais simples e barata, uma vez que não se faz necessário o uso de catalisadores e auxiliares quirais (Nascimento-Júnior, 2015, p.697).

Veremos ao longo deste capítulo alguns exemplos de produtos naturais, destacando as subunidades estruturais fundamentais para a construção de novos compostos bioativos, assim como doenças para as quais estas substâncias e seus respectivos derivados oferecem ou podem oferecer tratamento ou alívio dos sintomas. Utilizando uma abordagem químico-medicinal, discutiremos como variações estruturais podem estar diretamente relacionadas com a atividade farmacológica, realizadas por meio de estratégias de modificação molecular (e.g.: simplificação molecular, variações estereoeletrônicas, etc.), em derivados planejados a partir de produtos naturais específicos (Barreiro; Fraga, 2008, p.536).

Produtos naturais bioativos

O produto natural morfina (1), um alcaloide empregado como fármaco com potente efeito analgésico, é isolado como constituinte majoritário a partir do ópio, o qual é preparado dos bulbos de *Papaver somniferum*. Dentre outros alcaloides presentes no ópio, também se destacam a codeína (2), que possui efeito antitussígeno e a papaverina (3), que apresenta efeito espasmolítico (Figura 9.1).

Figura 9.1 – Estrutura química dos alcaloides morfina (1), codeína (2) e papaverina (3)

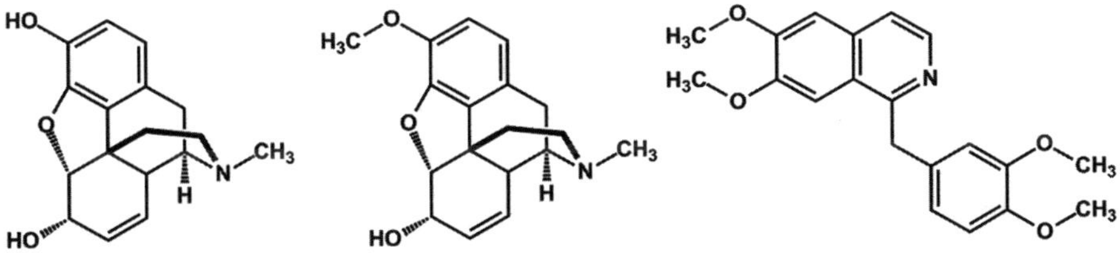

Morfina (1) Codeína (2) Papaverina (3)

Fonte: Viegas-Jr; Bolzani; Barreiro, 2006, p.326

A morfina (1) foi isolada por Friedrich Serturner em 1804 e alguns anos depois, em 1827, Heinrich Merck iniciou a comercialização deste alcaloide como fármaco. Desde então, centenas de novos padrões estruturais oriundos de produtos naturais foram explorados para a obtenção de novos candidatos a fármacos. A distribuição dos produtos naturais bioativos já descritos de acordo com sua respectiva fonte de obtenção, mostra que cerca de 47% são obtidos a partir de plantas, 30% de bactérias e 23% de fungos, sendo cerca de 5% obtidos a partir de outras fontes naturais. É importante destacar que antes de 1940, praticamente todos os produtos naturais bioativos eram oriundos de plantas e com o passar do tempo, produtos naturais isolados de fungos, bactérias e organismos marinhos (PNM) tem ganhado cada vez mais espaço. Da mesma forma que a morfina (1) e a codeína (2) auxiliaram no desenvolvimento de novos fármacos que atuam nos receptores opioides, o ácido salicílico (4) (Figura 9.2) serviu como base para a obtenção de novos anti-inflamatórios não esteroidais (AINEs). Já o alcaloide atropina (5) e o neurotransmissor dopamina (6) contribuíram para o desenvolvimento de novos moduladores de neurotransmissores. O antibiótico penicilina G (7), por sua vez, inspirou a criação de vários outros antibióticos β-lactâmicos (Patridge et al., 2016, p.205).

Figura 9.2 – Estruturas químicas do ácido salicílico (4), do alcaloide atropina (5), do neurotransmissor dopamina (6) e do antibiótico penicilina G (7)

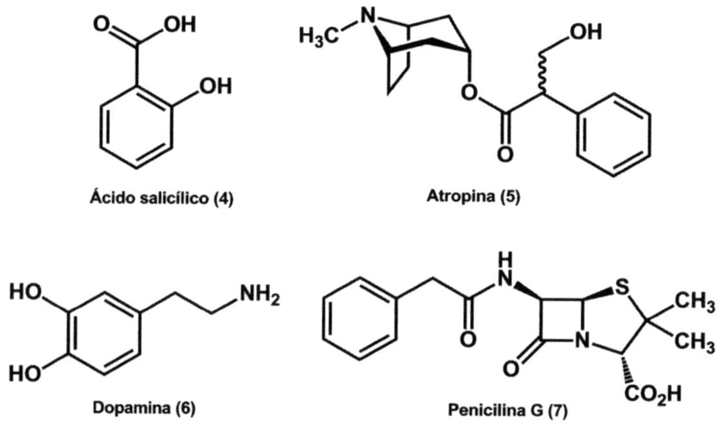

Fonte: Patridge et al., 2016, p.205

Neste contexto, substâncias obtidas a partir de fontes naturais podem ser vistas como "estruturas privilegiadas" selecionadas a partir do processo evolutivo para interagir com biorreceptores e enzimas. Este fato pode ser comprovado pela existência de diversos produtos naturais que, efetivamente, se tornaram medicamentos para uma variedade de doenças, atuando em diferentes alvos terapêuticos. A Figura 3 mostra alguns exemplos de produtos naturais que são fármacos em uso clínico, *e.g.* o redutor dos níveis sanguíneos de colesterol lovastatina (8), o qual pode ser obtido por meio da levedura do arroz vermelho; o antimalárico artemisinina (9), obtido a partir da planta *Artemisia annua*; além dos produtos naturais paclitaxel (10) e a colchicina (11), obtidos a partir das plantas *Taxus breviffolia* e *Colchiicum autumnale*, respectivamente. Os produtos naturais 10 e 11 afetam o processo mitótico, interferindo na polimerização da tubulina durante a divisão celular. Na descoberta de produtos naturais bioativos como protótipos ou candidatos a fármacos, além de isolar e identificar os componentes químicos da fonte natural, é necessário avaliar aspectos relacionados à abundância da fonte natural, à possibilidade de otimização do processo de obtenção da substância em questão e à viabilidade de síntese do produto natural identificado em: grau de pureza, custo, tempo e na escala adequada para atender à demanda dos ensaios farmacológicos pré-clínicos, clínicos e o mercado consumidor, caso a substância seja aprovada para comercialização como medicamento (Koehn; Carter, 2005, p.206).

Figura 9.3 – Estruturas químicas de fármacos obtidos a partir de fontes naturais: lovastatina (8), artemisinina (9), paclitaxel (10) e colchicina (11)

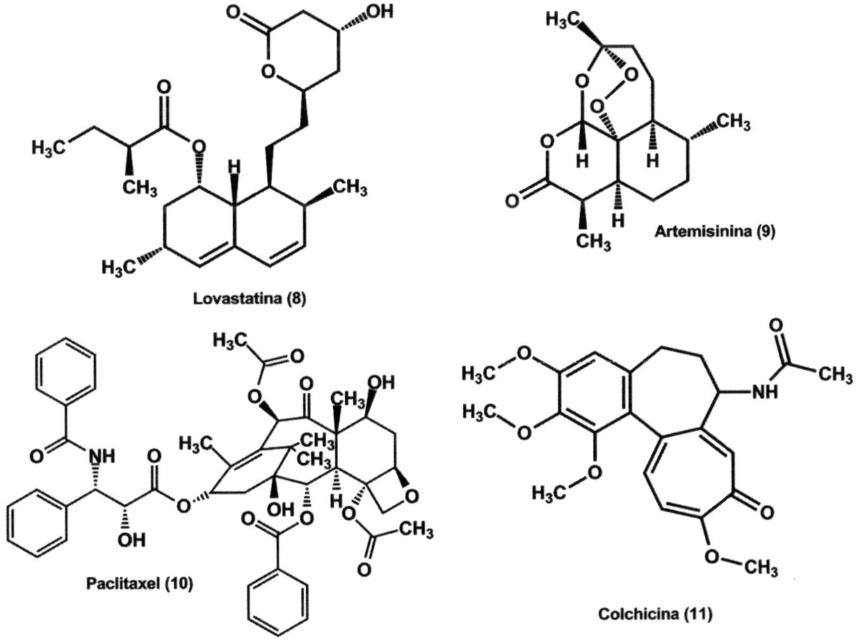

Fonte: Koehn; Carter, 2005, p.206

A vinblastina (12) e a doxorrubicina (13) (Figura 9.4) são dois fármacos obtidos a partir de fontes naturais que merecem destaque devido sua utilização no tratamento de alguns tipos de câncer. A vinblastina (12) é um alcaloide que foi inicialmente isolado da *Catharanthus roseus* e inibe a polimerização de microtúbulos por meio da ligação com a tubulina. Atuando por meio deste mecanismo, o composto 12 é empregado no tratamento da doença de Hodgkin, sarcoma de Kaposi e os cânceres de mama, testículo, fígado, dentre outros. Já o fármaco doxorrubicina (13) é uma antraciclina que inicialmente foi isolada de uma bactéria obtida de amostras de solo e tem a capacidade de intercalar com o DNA, atuando, dessa forma, contra diversos tipos de câncer, incluindo carcinomas e sarcomas (Mishra; Tiwari, 2011, p.4769).

Figura 9.4 – Estrutura química dos fármacos oncológicos vinblastina (12) e doxorrubicina (13)

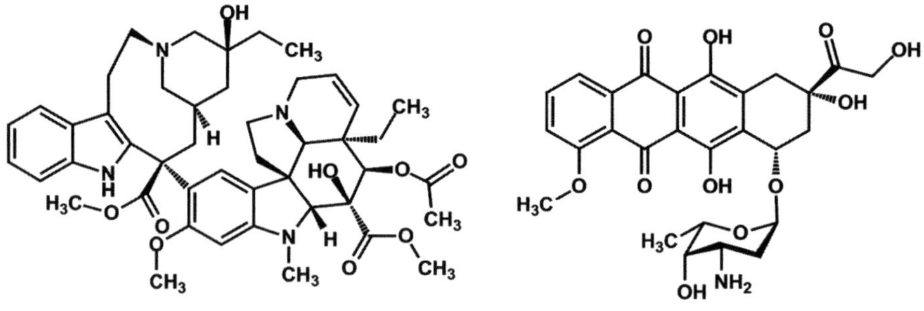

Vinblastina (12)

Doxorrubicina (13)

Fonte: Mishra; Tiwari, 2011, p.4769

Os produtos naturais marinhos (PNM) têm ganhado cada vez mais importância e apresentam características estruturais diversificadas em relação às fontes naturais clássicas, por conta de características específicas dos corpos hídricos, como: alta concentração de diversos sais e substratos, assim como luminosidade baixa ou inexistente em diferentes níveis de profundidade. Um exemplo interessante de PNM complexo é a halicondrina B (14) (Figura 9.5), um poliéter com atividade anticâncer isolado em baixo rendimento de algumas espécies de esponjas. A síntese total do PNM 14 seria quase impraticável em escala adequada como candidato a fármaco, porém estudos de síntese total revelaram que a subunidade estrutural em azul, contida no derivado sintético simplificado 15, é responsável por toda ou pela maior parte da bioatividade deste composto. Outro PNM estruturalmente complexo é a briostatina 1 (16), um macrolídeo obtido a partir do briozoário *Bugula neritina* com excelente atividade anticâncer por meio da ação em proteínas cinases C (PKC). Entretanto, esta substância apresentou efeitos colaterais severos nos ensaios clínicos de Fase II (Cragg; Newman, 2013, p.3670), demonstrando que apesar de ser um composto com perfil interessante, o PNM 16 precisaria passar por um processo de otimização estrutural visando à obtenção de novos análogos estruturais que possam exibir atividade semelhante, associada à diminuição ou eliminação dos efeitos colaterais severos.

Figura 9.5 – Estrutura química de dois macrolídeos estruturalmente complexos de origem marinha: a halicondrina B (14) juntamente com seu análogo estrutural sintético simplificado (15) e a briostatina 1 (16)

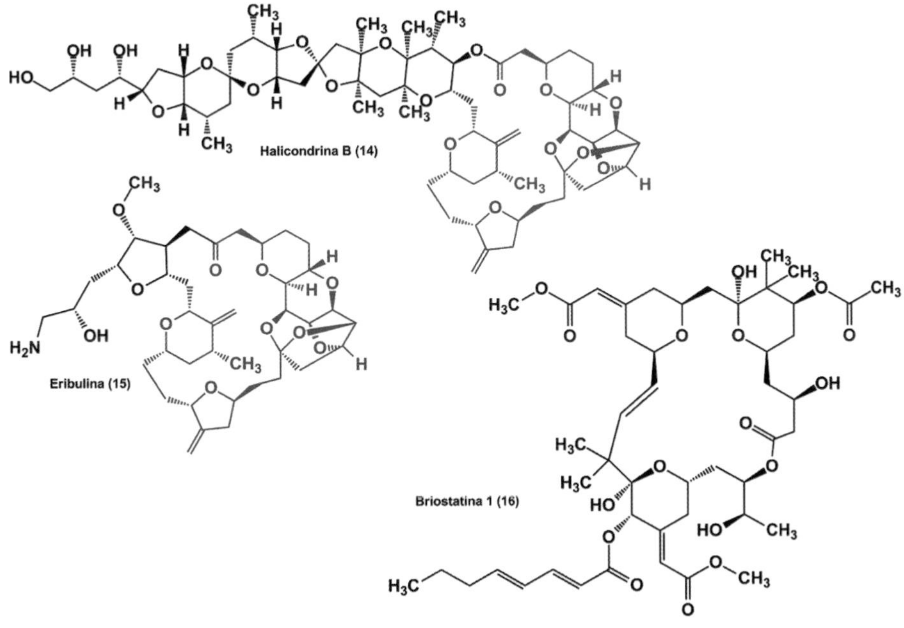

Fonte: Cragg; Newman, 2013, p.3670

Com base nos exemplos supracitados, pode-se concluir que os produtos naturais fornecem continuamente novos compostos protótipos úteis como candidatos a fármacos, incluindo como fontes: as plantas, organismos marinhos, micro-organismos, fungos, dentre outros (Cragg; Newman, 2013, p.3670).

Compostos bioativos planejados a partir de produtos naturais

Ao analisar a estrutura química de um produto natural bioativo, visando à obtenção de análogos estruturais, do ponto de vista químico-medicinal, deve-se levar em consideração: (a) quais subunidades são essenciais para a bioatividade em questão (subunidades farmacofóricas); (b) quais subunidades podem ser removidas sem prejuízo algum para a atividade, podendo resultar em análogos estruturalmente mais simples e economicamente mais competitivos; (c) quais subunidades estruturais, quando modificadas, podem resultar em aumento da atividade ou até mesmo na redução dos efeitos colaterais. O estabelecimento da relação entre as modificações moleculares em uma série congênere de análogos estruturalmente relacionados e a sua respectiva atividade biológica é denominado pela Química Medicinal, conhecida como Relação Estrutura-Atividade (REA).

Através da REA é possível aperfeiçoar estruturalmente um composto bioativo, sendo este um produto natural ou não, que apresente problemas de solubilidade, complexidade estrutural elevada que inviabilize sua síntese de forma economicamente viável, potência reduzida ou até mesmo limitações relacionadas à ocorrência de efeitos adversos. A seguir, serão abordados alguns exemplos específicos de produtos naturais e seus respectivos derivados ou análogos sintéticos, exemplificando-se a otimização da atividade farmacológica, com destaque para a atividade anticâncer, assim como outras questões relevantes.

Derivados obtidos a partir da curcumina

O produto natural curcumina (17) é uma β-hidroxicetona insaturada e poliidroxilada, a qual pode ser isolada a partir do açafrão da Índia (*Curcuma longa*) e é conhecida por possuir atividade anti-inflamatória, antitumoral, antioxidante, antibacteriana e neuroprotetora. Diversos análogos foram obtidos a partir de sua estrutura química, explorando a subunidade destacada em azul (Figura 9.6) por meio da introdução de um incremento estrutural aos carbonos α à carbonila. Dentre os derivados obtidos, ao menos três deles, 17a-c, apresentam atividade citotóxica maior que a curcumina (17) em uma linhagem celular derivada de células T humanas, conhecida pela sigla CEM (Jha et al., 2015, p.6404).

O derivado sintético contendo o grupo metoxila 17b merece destaque por apresentar atividade citotóxica frente a diversas linhagens de células tumorais humanas relacionadas à leucemia, câncer de pulmão, próstata, mama e rins. A presença do grupo metoxila neste derivado deve ser destacada por também estar presente na estrutura do produto natural 17. Ademais, as estruturas dos três análogos mostrados na Figura 9.6 apresentam uma subunidade reativa adicional frente à nucleófilos biológicos no interior das células tumorais, contendo dois carbonos que podem atuar como aceptores de Michael (Jha et al., 2015, p.6404).

Figura 9.6 – Estrutura química com produto natural curcumina (17) e seus análogos estruturais de origem sintética, 17a-c, com seus respectivos valores de atividade citotóxica (CI_{50}) em uma linhagem celular derivada de células T humanas (CEM)

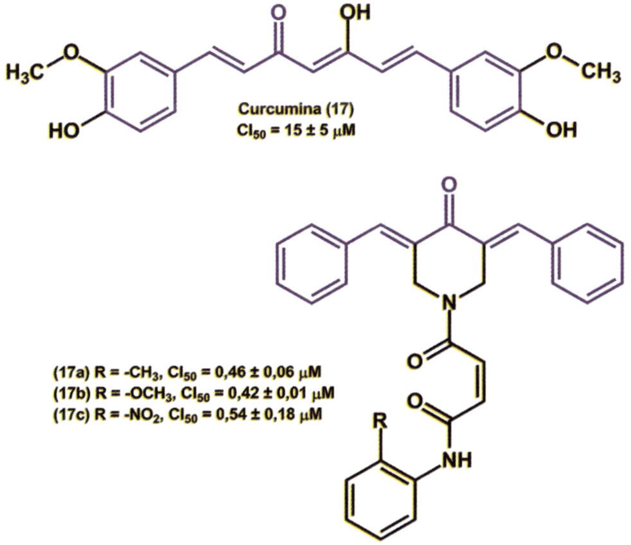

Fonte: Jha et al., 2015, p.6404

Derivados obtidos a partir da combretastatina

A combretastatina (18), assim como a colchicina (11), é um produto natural que apresentam a subunidade estrutural 3,4,5-trimetoxifenila (em azul), a qual tem se destacado como fragmento útil na obtenção de compostos com atividade anticâncer (Figura 9.7) (Saxena et al., 2008, p.3914).

Figura 9.7 – Estrutura química do produto natural combretastatina (18) e três de seus análogos estruturais sintéticos, 18a-c

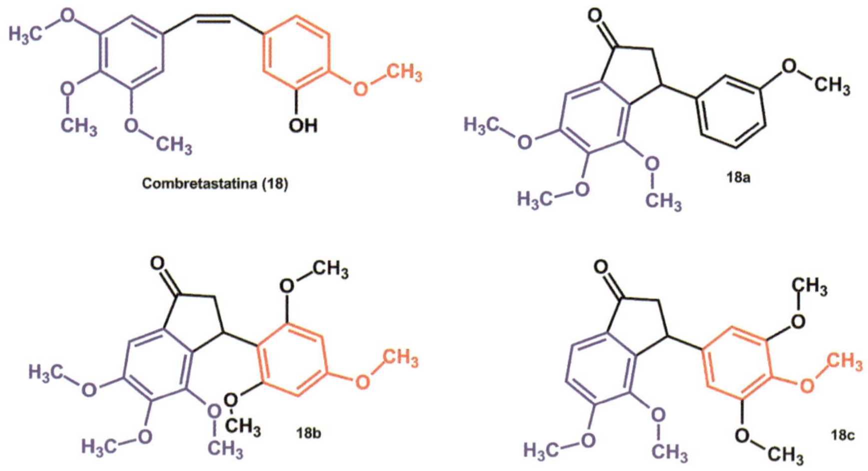

Fonte: Saxena et al., 2008, p.3914

No entanto, o derivado sintético 18a não apresenta atividade em nenhuma das linhagens de células tumorais humanas testadas, mesmo possuindo a subunidade 3,4,5-trimetoxifenila. Porém, ao se modificar a subunidade 3-metoxifenila de 18a por 2,4,6-trimetoxifenila, resultando em 18b, foi observada atividade citotóxica em todas as linhagens avaliadas, indicando a importância da subunidade 4-metoxifenila, destacada em vermelho, assim como é observado na combretastatina (18), além de duas metoxilas adicionais, nas posições 2 e 6. Quando a partir de 18b removemos a metoxila da posição 6 da subunidade 1-indanona e substituímos a subunidade 2,4,6-trimetoxifenila pela 3,4,5-trimetoxifenila, é obtido o análogo 18c, para o qual observamos queda ou perda da atividade citotóxica frente a maioria das linhagens celulares avaliadas (Tabela 9.1) (Saxena et al., 2008, p.3914). Este exemplo nos mostra como modificações estruturais relativamente simples podem alterar significativamente a potência de um composto bioativo.

Tabela 9.1 – Valores de citotoxicidade* (CI_{50}, μM) dos análogos estruturais 18a-c da combretastatina (18) frente a várias linhagens de células tumorais humanas, por meio do ensaio do MTT.

Composto	KB403	WRL68	CaCO2	HEPG2	MCF7
18a	Inativo	Inativo	Inativo	Inativo	Inativo
18b	12,90	0,022	226	1,49	211
18c	139,6	195,5	139,6	111,7	Inativo

* Os derivados contendo valores de CI_{50} acima de 250 μM foram considerados inativos.

Derivados obtidos a partir da faeosfaerida

A faeosfaerida (19) (Figura 9.8), a qual contém uma subunidade γ-lactâmica α,β-insaturada *N*-metoxisubstituída fundida a um oxacicloexano assimétrico (diidroxilado e dialquilado), é um produto natural isolado a partir de fungos endofíticos (*Phaeosphaeria avenaria*) que é capaz de inibir o crescimento de células de mieloma múltiplo (CE_{50} = 6,7 μM) (Abzianidze et al., 2015, p.5566).

Figura 9.8 – Estrutura química do produto natural faeosfaerida (19) e dois análogos sintéticos, 19a e 19b, com seus respectivos valores de atividade (CE_{50}) frente a linhagem de células tumorais do tipo A549

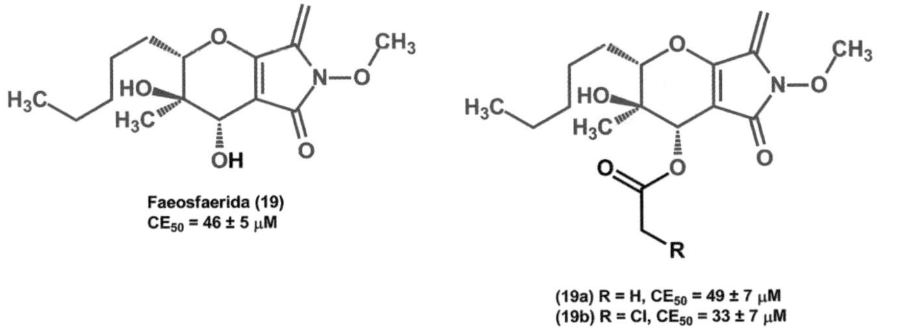

Fonte: Abzianidze et al., 2015, p.5566

A partir da reação de acetilação da hidroxila alfa à ligação C=C endocíclica, resultando na obtenção dos derivados 19a e 19b (Figura 9.8), houve manutenção da atividade frente à linhagem de células tumorais do tipo A549, mostrando que esta posição pode ser modificada visando à otimização de propriedades físico-químicas (lipofilicidade, por exemplo) ou da seletividade sem que a atividade anticâncer seja comprometida (Abzianidze et al., 2015, p.5566).

Derivados obtidos a partir do ácido asiático

O ácido asiático (AA, 20), membro da família ursano, é isolado majoritariamente a partir da planta medicinal tropical conhecida como *Centella asiatica*. O produto natural 20 despertou o interesse de químicos medicinais devido às suas diversas atividades farmacológicas, incluindo: atividade hepato- e neuroprotetora, anti-Alzheimer, antidiabética, anti-hiperlipidêmica, anti-inflamatória e antioxidante. Adicionalmente, o ácido asiático (20) apresenta atividade anticâncer, induzindo a morte por apoptose e inibição da proliferação de diversas linhagens de células tumorais (Gonçalves et al., 2016, p.101).

Na Figura 9.9, ao observarmos a estrutura química do ácido asiático (20) e de seus análogos estruturais sintéticos, 20a-d, podemos constatar que, ao conservarmos a subestrutura destacada em azul e modificarmos a ligação C=C e a carboxila presentes na estrutura original de 20, introduzindo um átomo de flúor e formando uma subunidade lactona, conforme destacado em vermelho, o mesmo perfil de atividade é obtido para 20a (Gonçalves et al., 2016, p.101). Entretanto, quando substituímos a subunidade lactona em 20a pela lactama e acetilamos as três hidroxilas, resultando no análogo 20b, a concentração do composto necessária para a inibição de 50% do crescimento celular (CI_{50}) é reduzida em mais de vinte vezes.

Adicionalmente, quando foram realizadas modificações no anel poliidroxilado do composto 20a, incorporando uma subunidade aldeídica α,β-insaturada em 20c e uma subunidade carbonílica α,β-insaturada fenil substituída, podemos observar valores de CI_{50} ainda melhores. Este perfil de atividade otimizado dos derivados 20c e 20d se deve, provavelmente, à incorporação de subunidades estruturais que podem atuar como aceptores de Michael, conforme já foi observado no caso da curcumina (17) e seus análogos estruturais 17a-c (Gonçalves et al., 2016, p.101).

Figura 9.9 – Estrutura química do ácido asiático (20) e de seus análogos estruturais sintéticos, 20a-d, com seus respectivos valores de atividade citotóxica (CI_{50}) frente à linhagem de células tumorais cervicais humanas do tipo HeLa

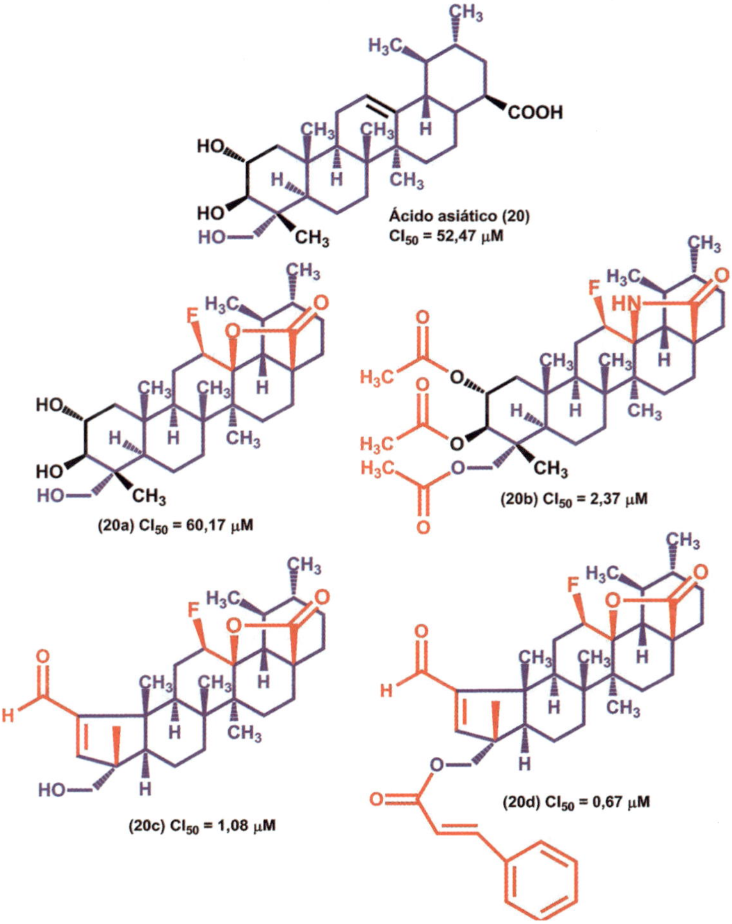

Fonte: Gonçalves et al., 2016, p.101

Derivados obtidos a partir da brasilamida

O produto natural brasilamida E (21), um sesquiterpeno bisabolano, pode ser isolado a partir de uma cultura de fermentação do fungo endofítico da planta *Paraconiothyrium brasiliense*. O interesse em estudar este produto natural se deve ao seu efeito de inibição específica de uma linhagem celular de adenocarcinoma de mama humano (MCF-7), sem apresentar efeito citotóxico em linhagens de células sadias. Ao mantermos a subunidade estrutural amídica α,β-insaturada (em vermelho) da brasilamida E (21) e substituirmos o restante da estrutura por uma bifenila *para*-metilsubstituída, gerando 21a, podemos observar que a atividade citotóxica frente às células do tipo MCF-7 é mantida, comprovando que as subunidades estruturais em preto e azul de ambas as estruturas tem uma relação bioisostérica (Figura 9.10). Paralelamente, quando a partir de 21, preserva-se tanto a subunidade em vermelho como o anel furano (em azul), mas substituímos a subunidade em preto, contendo uma dupla ligação C=C exocíclica pela *para*-metilfenila, resultando em 21b, observamos perda da atividade citotóxica. Por fim, a atividade se torna maior do que a brasilamida (21) quando a subunidade em preto é a *para*-fluorfenila, fornecendo a estrutura 21c, mostrando a importância do átomo de flúor no lugar da metila para este derivado (Zhang et al., 2016, p.1885).

Figura 9.10 – Estrutura química da brasilamida (21) e seus análogos sintéticos 21a-c, com seus respectivos valores de concentração inibitória (CI_{50}) frente a linhagem de célula tumoral humana MCF-7

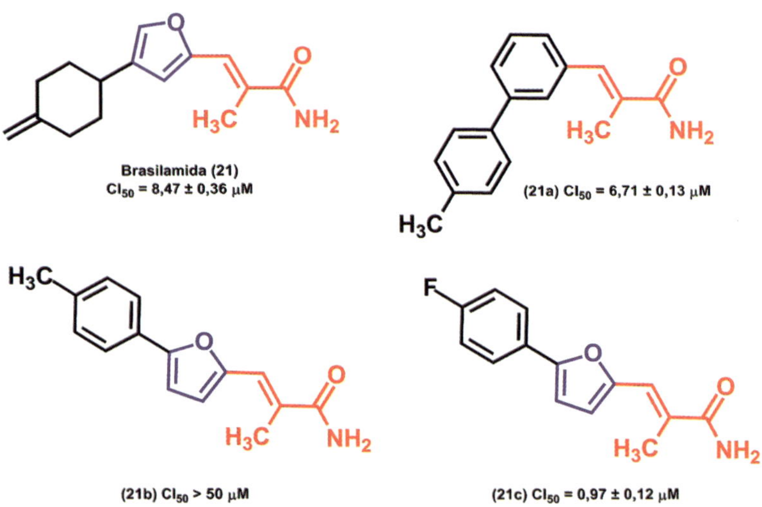

Fonte: Zhang et al., 2016, p.1885

Derivados obtidos a partir da xantoxilina e da 2,4-diidroxi-5-metilacetofenona

Após a discussão de alguns exemplos de produtos naturais e seus respectivos derivados com atividade anticâncer, será explorado agora o caso dos produtos naturais xantoxilina (22) e 2,4-diidroxi-5-metilacetofenona (23), os quais apresentam atividade antifúngica e podem ser isolados a partir da planta medicinal *Melicope borbonica* e de fungos *Polyporus picipes* (Polyporaceae), respectivamente. Mantendo-se a subunidade em azul presente em ambas as estruturas e explorando-se a série homóloga ao variar espaçadores metileno dos grupos alquila na posição R, podemos observar, à medida que aumentamos o número de átomos de carbono de 1 até 4 (Figura 9.11), estruturas 23, 23a-c, temos potência cada vez maior e para um número cada vez maior de fungos patogênicos de plantas (Tabela 9.2). Interessantemente, quando o número de átomos de carbono é superior a 4, nas estruturas 23d e 23e, há perda da atividade antifúngica, podendo estar relacionada ao aumento exacerbado da lipofilicidade ou do tamanho do grupo alquila (Shi et al., 2016, p.2156).

Figura 9.11 – Estrutura química dos produtos naturais com atividade antifúngica xantoxilina (22) e 2,4-diidroxi-5-metilacetofenona (23), juntamente com seus análogos estruturais 23a-e

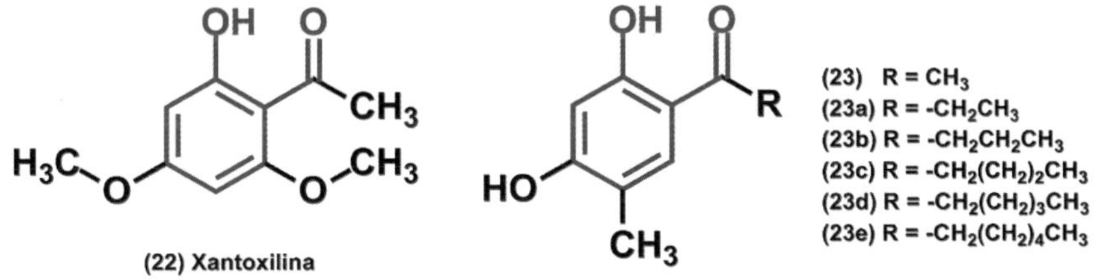

Fonte: Shi et al., 2016, p.2156

Tabela 9.2 – Valores de atividade antifúngica (CI_{50}, µg/mL) do produto natural 2,4-diidroxi-5-metilacetofenona (23) e seus análogos estruturais 23a-e em cinco diferentes tipos de fungos patogênicos de plantas (Shi et al., 2016, p.2156).

Compostos	*Cytosporasp.*	*Glomerellacingulata*	*Pyriculariaoryzaecar*	*Botrytiscinerea*	*Alternaria solani*
23	> 50	47,25 ± 1,42	> 50	> 50	> 50
23a	> 50	42,64 ± 0,34	> 50	48,45 ± 1,13	> 50
23b	49,53 ± 1,52	23,18 ± 1,25	36,62 ± 0,86	45,23 ± 1,29	46,58 ± 1,32
23c	23,63 ± 0,87	21,30 ± 1,07	24,17 ± 1,18	35,95 ± 0,52	42,52 ± 1,16
23d	> 100	> 50	> 50	> 50	> 50
23e	> 100	> 100	> 100	> 100	> 100

O derivado biossintético (-)-α-viniferina a partir do resveratrol

O resveratrol (24), polifenol presente em concentrações elevadas no vinho tinto, apresenta efeito cardioprotetor significativo, além de atividade antioxidante, antidiabética e capacidade de retardar o envelhecimento. Estudos envolvendo videiras mais resistentes a fungos mostraram que as regiões das folhas afetadas continham quantidades de resveratrol (24) relativamente baixas, mas concentrações elevadas de produtos naturais oligoméricos do resveratrol, dentre eles a (-)-α-viniferina (24a). Ao contrário do resveratrol (24), este derivado biossintético apresenta elevada atividade antifúngica e está presente em altas concentrações em videiras resistentes a fungos. Apesar da (-)-α-viniferina (24a) não ser um derivado sintético do resveratrol (24), sua estrutura química mostra a importância de investigarmos não somente os produtos isolados de fontes naturais íntegras, mas também seus metabólitos em regiões de plantas ou outras fontes afetadas por predadores naturais (Keylor; Matsuura; Stephenson, 2015, p.8976).

Figura 9.12 – Estrutura química do resveratrol (24) e de seu produto biossintético (-)-α-viniferina (24a)

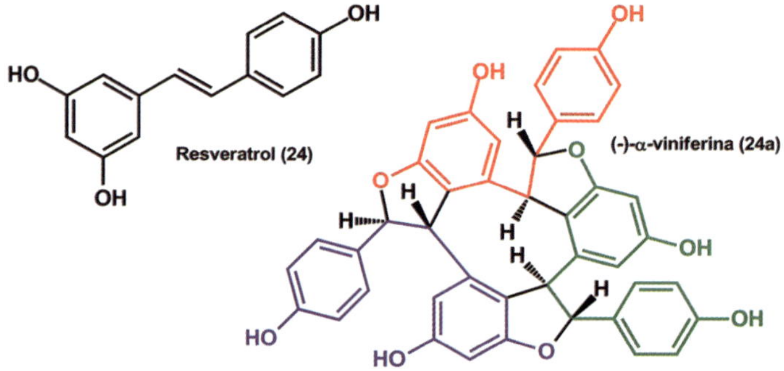

Fonte: Keylor; Matsuura; Stephenson, 2015, p.8976

Derivados obtidos a partir do arabinosídeo de citosina (Ara-C)

O derivado sintético citosina arabinose (Ara-C) (25) foi o primeiro protótipo sintético (1959) com atividade anticâncer obtido a partir de organismos marinhos, mais especificamente a partir de um produto natural isolado de esponjas. O Ara-C (25) é empregado no tratamento da leucemia mielocítica aguda e linfoma de Hodgkin, mas também foi extremamente útil na síntese e no desenvolvimento da zudovudina, conhecida como AZT (25a), que foi inicialmente testada visando atividade anticâncer, mas posteriormente foi aprovada por sua atividade anti-HIV. Na Figura 9.13, podemos observar as estruturas químicas dos fármacos representativos 25a-f, inspirados na estrutura do Ara-C (25) e aprovados pelo FDA para o tratamento do HIV por meio da inibição da transcriptase reversa. Dentre os 7 análogos estruturais, podemos observar que as subunidades estruturais 4-aminopirimidin-2-ona (em azul) e 5-metilpirimidin-2,4-diona (em vermelho), estruturalmente semelhantes, se repetem nestes análogos. Ademais, apesar das variações observadas nas subunidades em preto nas 7 estruturas, todas apresentam um anel de 5 membros contendo ao menos um átomo de oxigênio e uma hidroxila (Gogineni; Schinazi; Hamann, 2015, p.9655).

Figura 9.13 – Estrutura química da citosina arabinose (Ara-C) (25) e seus análogos estruturais 25a-f, com os respectivos anos nos quais foram aprovados como fármacos pelo FDA

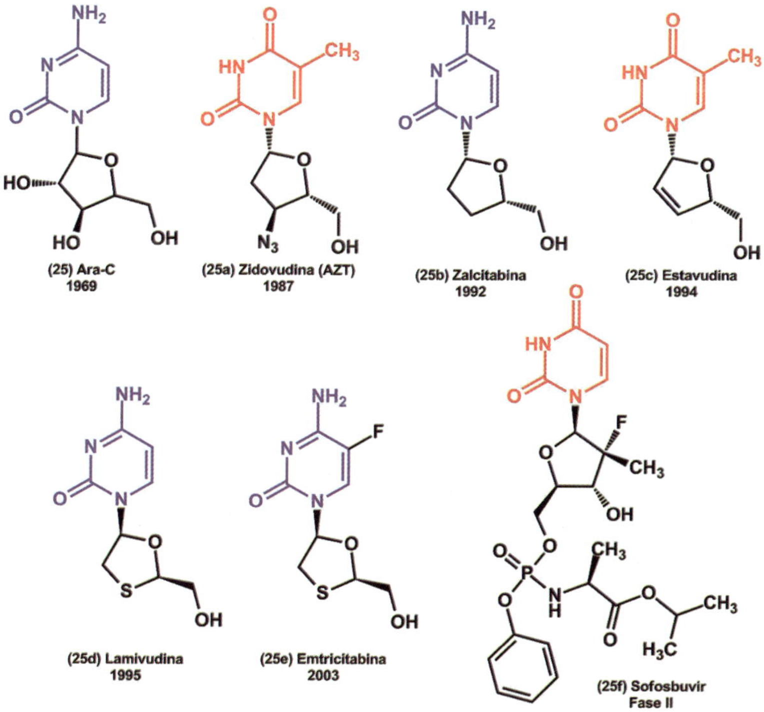

Fonte: Gogineni; Schinazi; Hamann, 2015, p.9655

Derivados obtidos a partir da apratoxina

A apratoxina A (26) é um macrocíclo de padrão estrutural peptídico isolado pela primeira vez em 2001 a partir da cianobactéria marinha *Lyngbya majuscula*, o qual apresenta toxicidade expressiva frente a células tumorais com CI_{50} = 0,52 nM e 0,36 nM em células do tipo KB e LoVo, respectivamente. Ao realizarmos a substituição da subunidade cíclica diidrotiazola (A) (26) pela diidrooxazola (B), gerando o macrociclo 26a, podemos observar que os valores de citotoxicidade frente a células do tipo HeLa para ambos os compostos são próximos (1:2), confirmando, dessa forma, a relação bioisostérica entre elas (Figura 9.14) (Doi, 2014, p.735).

Figura 9.14 – Estrutura química do produto natural marinho apratoxina (26) e de seu bioisóstero 26a, com seus respectivos valores de atividade citotóxica (CI_{50}) frente a células do tipo HeLa

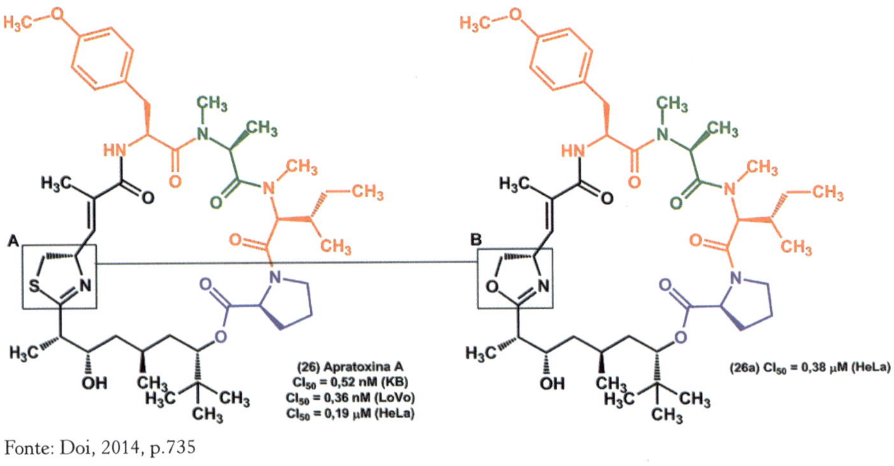

Fonte: Doi, 2014, p.735

Por sua vez, ao compararmos a apratoxina (26) com seu análogo estrutural simplificado 26b, podemos observar que há uma perda de atividade citotóxica em torno de 150 vezes, mostrando que os substituintes presentes na subunidade C, situada entre a diidrotiazola e o resíduo de prolina (em azul) são importantes para a maior potência. Neste estudo de relação estrutura-atividade (REA), outras modificações estruturais foram feitas a partir da apratoxina (26) e seus análogos mais ativos, resultando na obtenção do derivado 26c, o qual tem quatro subunidades estruturais modificadas em relação ao seu composto-protótipo e atividade citotóxica cerca de 6 vezes melhor frente a mesma linhagem de células tumorais (Doi, 2014, p.735).

Figura 9.15 – Estrutura química do produto natural marinho apratoxina (26) e de seu análogo estrutural simplificado 26b, com seus respectivos valores de atividade citotóxica (CI_{50}) frente a células do tipo HeLa

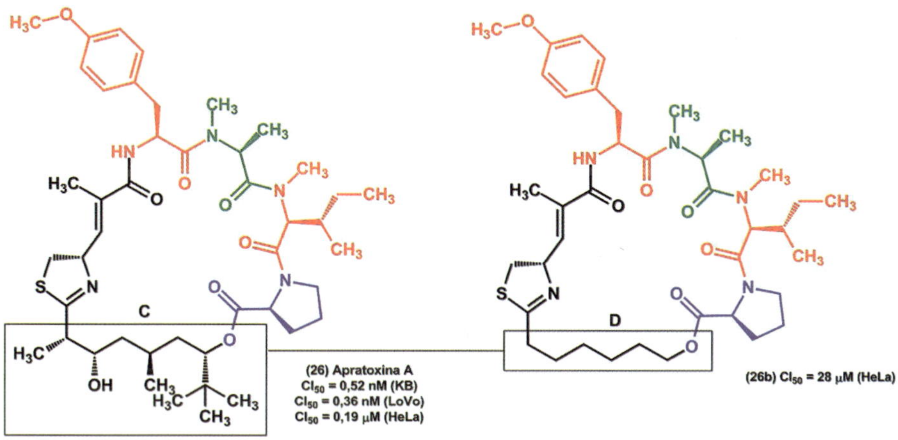

Fonte: Doi, 2014, p.735

Figura 9.16. Estrutura química do produto natural marinho apratoxina (26) e de seu análogo otimizado (26c), com seus respectivos valores de atividade citotóxica (CI_{50}) frente a células do tipo HeLa

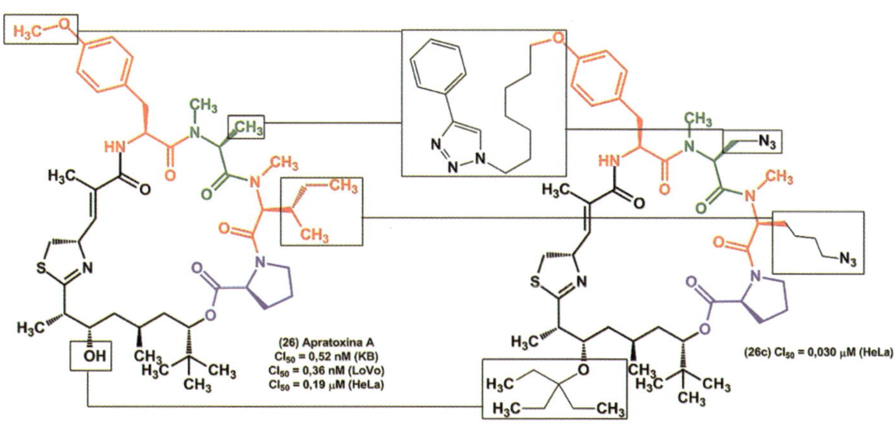

Fonte: Doi, 2014, p.735

Derivados obtidos a partir da noscapina

A noscapina (27) é um alcaloide ftalidoisoquinolínico isolado, a partir dos bulbos de *Papaver somniferum* como o segundo mais abundante, sendo a morfina (1) o mais abundante. A noscapina é utilizada como antitussígeno desde meados da década de 1950, além de também apresentar atividade antimitótica em linhagens celulares do tipo HeLa e interferir no processo de crescimento de microtúbulos, os quais são constituídos a partir das proteína α- e β-tubulina (Debono; Capuano; Scammells, 2015, p.5699).

Quando um dos átomos de hidrogênio do grupo metila da noscapina (27) é substituído por uma fenila, gerando o composto 27a (Figura 9.17), podemos observar melhor atividade inibitória frente a todas as linhagens de células tumorais testadas (Tabela 9.3), com destaque para o tipo celular A549. Funcionalizando-se a subunidade fenila em 27a, introduzindo os grupos nitro e metoxila na posição –*para* do anel aromático, gerando 27b e 27c, respectivamente, não observamos variações significativas, sendo mantida a atividade. Paralelamente, ao modificarmos o hidrogênio da metila da noscapina (27) por uma acetila, houve aumento da atividade tanto em relação ao protótipo 27, como em relação aos derivados contendo a subunidade fenila (substituída ou não) 27a-c (Debono; Capuano; Scammells, 2015, p.5699).

Figura 9.17 – Estrutura química da noscapina (27) seus análogos estruturais 22a-d

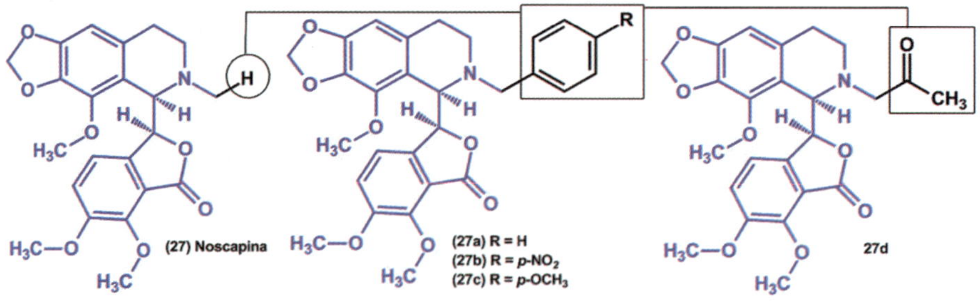

Fonte: Debono; Capuano; Scammells, 2015, p.5699

Tabela 9.3 – Valores de atividade inibitória da proliferação celular (CI_{50}, µM) da noscapina (27) e seus análogos estruturais 27a-d frente a diferentes linhagens de células tumorais (Debono; Capuano; Scammells, 2015, p.5699).

Compostos	CEM	Hela	A549	MCF-7
27	14,5 ± 2,5	24,0 ± 2,9	72,9 ± 4,6	42,3 ± 2,7
27a	8,3 ± 0,4	19,4 ± 1,4	37,7 ± 1,8	31,2 ± 1,5
27b	10,0 ± 0,8	23,7 ± 1,5	49,0 ± 2,5	38,2 ± 2,5
27c	7,7 ± 0,3	17,9 ± 0,9	33,5 ± 1,5	28,7 ± 0,8
27d	6,9 ± 0,5	15,8 ± 0,5	28,0 ± 1,5	25,3 ± 1,2

Derivado obtido a partir da tiocondrina C

O tiodepsipeptídeo tiocondrina C (28) é um produto natural marinho isolado a partir da *Verrucisispora sp.*, que apresenta atividade citotóxica moderada frente a células de adenocarcinoma de pulmão humano (A549) (CE_{50} = 2,9 µM) (Figura 9.18). (Vippila; Ly; Cuny, 2015, p.2398).

Figura 9.18 – Estrutura química do tiodepsipeptídeo tiocondrilina C (28) seu análogo estrutural 28a

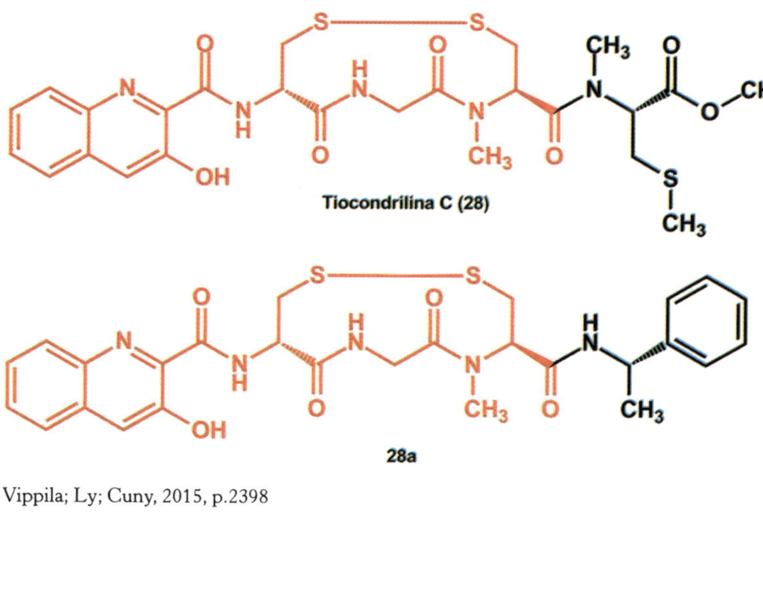

Fonte: Vippila; Ly; Cuny, 2015, p.2398

Quando a subunidade estrutural da tiocondrilina (28) destacada em vermelho é mantida, realizando se modificações estruturais na subunidade destacada em preto do peptídeo (Figura 9.18), obtemos o derivado 28a, o qual apresenta atividade antiproliferativa frente a várias linhagens de células tumorais humanas: SR (GI_{50} = 0,2 ± 0,1 μM, leucemia), DU-145 (GI_{50} = 5,8 ± 0,4 μM, câncer de próstata), MCF7 (GI_{50} = 0,9 ± 0,1 μM, câncer de mama), M14 (GI_{50} = 0,3 ± 0,1 μM, melanoma), COLO 205 (GI_{50} = 1,0 ± 0,0 μM, câncer de cólon), OVCAR-3 (GI_{50} = 0,6 ± 0,1 μM, câncer de ovário), dentre outras.

Derivados obtidos a partir da isoliquiritigenina

A isoliquiritigenina (29) é um produto natural polifenólico contendo uma cetona α,β-insaturada, que pode ser isolado a partir da *Spatholobus suberectus* e foi utilizado no planejamento de uma série de derivados 29a-f com atividade anticâncer frente às linhagens de células tumorais de mama humana (MCF-7 e MDA-MB-231), conforme podemos observar na Figura 9.19 (Peng et al., 2016, p.248).

O derivado sintético trimetoxilado 29a apresenta atividade inibitória nas duas linhagens de células avaliadas. Ao substituirmos a subunidade aromática *para*-metoxifenila em 29a pela 4-hidroxi-3-metoxifenila, gerando 29b, observamos a manutenção da atividade frente a MCF-7 e perda frente a linhagem MDA-MB-231. Paralelamente, o derivado 29c, contendo a subunidade 3,4,5-trimetoxifenila ligada na posição 4 da carbonila α,β-insaturada se mostra inativo frente a linhagem MCF-7 e mantém atividade semelhante a de 29a frente a linhagem MDA-MB-231. Enquanto os três primeiros derivados 29a-c variam somente em relação a subunidade aromática ligada na posição 4 da carbonila a,b-insaturada, o derivado 29d apresenta modificações nas posições 2 e 4 do aceptor de Michael, sendo inativo frente a primeira e mantendo a mesma atividade de 29a frente a segunda linhagem. Ao analisarmos a estrutura do derivado 29e, podemos concluir que a alteração simultânea das subunidades aromáticas por 3,4,5-trimetoxifenila (ligada na posição 4 da carbonila a,b-insaturada) e 3,4-diclorofenila (ligada diretamente à carbonila) não resulta em otimização do derivado 29a em relação a MCF-7 e há perda de atividade frente a segunda linhagem avaliada. A otimização de ambas as atividades somente foi obtida quando não houve modificação na posição 4 do aceptor de Michael do derivado 29a e a subunidade ligada na posição 2 foi substituída pela 3,4,5-trimetoxifenila, resultando no derivado 29f (Peng et al., 2016, p.248).

Figura 9.19 – Estrutura química da isoliquiritigenina (29), seus análogos sintéticos 29a-f e seus respectivos valores de atividade frente a duas linhagens de células tumorais de mama humana (MCF-7 e MDA-MB-231)

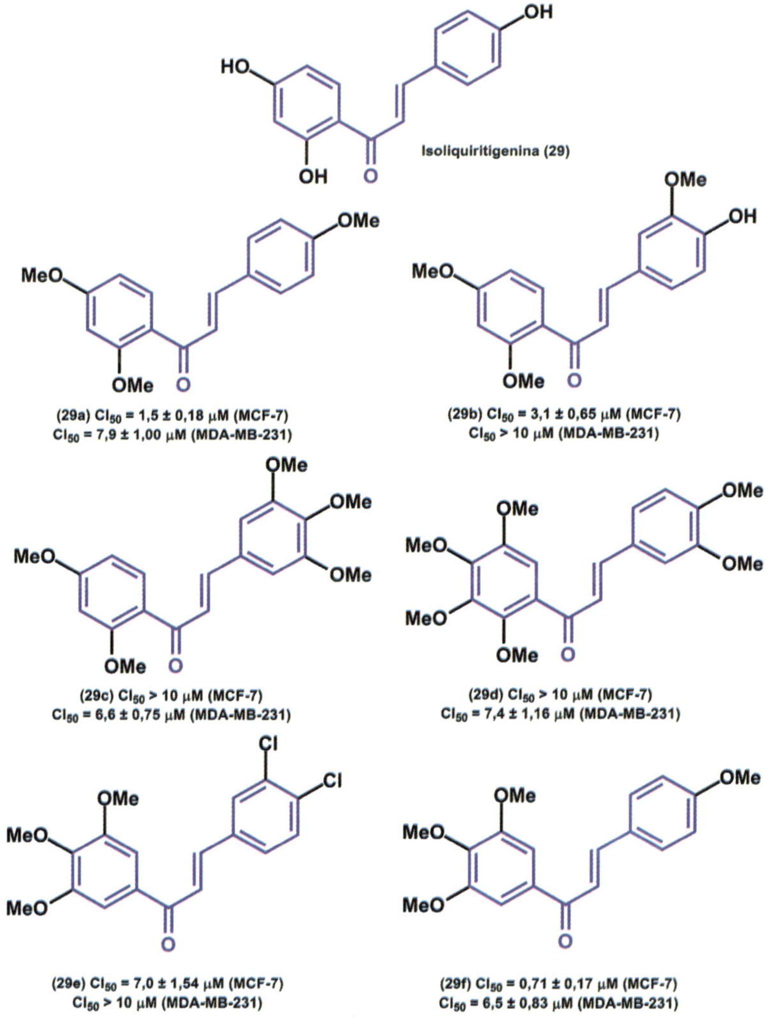

Fonte: Peng et al., 2016, p.248

Composto híbrido obtido a partir de um derivado da macrosfelida e da epotilona

Macrocíclos são frequentemente empregados na obtenção de compostos híbridos, frequentemente utilizando como cadeia lateral uma subunidade estrutural bioativa de um outro composto, a qual é incorporada ao macrociclo. Este exemplo se refere a aplicação da estratégia de hibridação molecular entre o derivado de macrosfelida indutor de apoptose (30) e a epotilona B (30a), resultando no derivado híbrido 30b, o qual reúne as subunidades destacadas em azul e em vermelho dos macrociclos 30 e 30a, respectivamente (Figura 20), resultando em maior atividade pró-apoptótica (Maier, 2015, p.5302).

Figura 9.20 – Estrutura química do derivado macrosfelídico 30, da epotilona B (30a) e do derivado híbrido 30b

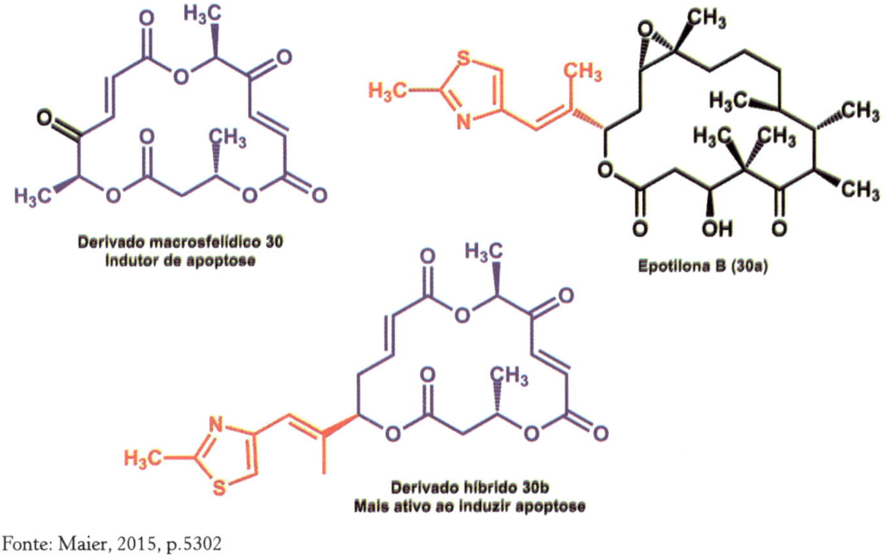

Fonte: Maier, 2015, p.5302

Conclusão

É possível observarmos a quimiodiversidade das estruturas de diversos produtos naturais bioativos e como suas subunidades estruturais podem sem empregadas na obtenção de análogos sintéticos. Este capítulo reúne apenas uma pequena seleção de uma infinidade de produtos naturais empregados no desenvolvimento de novos candidatos à fármacos, explorando estratégias semelhantes às descritas ao longo deste capítulo: isosterismo de anéis, simplificação molecular, hibridação molecular, homologação, variações estereoeletrônicas, interconversão de grupamentos funcionais, dentre outras.

10
Aplicação de produtos naturais bioativos em cosméticos: avaliação de sua segurança e eficácia

Vera Isaac
Bruna Galdorfini Chiari
Maria Gabriela José de Almeida
Ana Carolina Conceição Monteiro de Castro
José Ricardo Soares de Oliveira
Regina Maria Barretto Cicarelli
Marcos Antonio Corrêa

Definição de cosméticos e classificação por categoria

Cosméticos, segundo a Agência Nacional de Vigilância Sanitária (Anvisa, RDC 79/2000), podem ser definidos como preparações constituídas por substâncias naturais ou sintéticas, de uso externo nas diversas partes do corpo humano, pele, sistema capilar, unhas, lábios, órgãos genitais externos, dentes e membranas mucosas da cavidade oral, com o objetivo exclusivo ou principal de limpá-los, perfumá-los, alterar sua aparência e ou corrigir odores corporais e ou protegê-los ou mantê-los em bom estado (RDC 211/2005 – Anexo 1). Os produtos infantis devem ser analisados segundo uma legislação específica e diferenciada, conforme os Artigos 49 e 50 do Decreto 79094/77 – *Produtos Infantis*.

Nesta categoria geral, cosméticos, estão englobados produtos de higiene pessoal, cosméticos e perfumes. Pelos primeiros, podem ser entendidos, por exemplo, os produtos cosméticos destinados ao banho, à limpeza das mãos, à limpeza dos cabelos. Como cosméticos propriamente ditos, podem ser incluídos os hidratantes, os nutritivos, os esfoliantes, os emolientes protetores, entre outros. Como perfumes, estão englobadas todas as preparações perfumadas.

Classificação de cosméticos por grau de risco

Baseada nesses critérios, a classificação desses produtos é relativa ao grau de risco no uso do produto. Por risco pode ser entendida a probabilidade de ocorrência de um dano, que nada mais é do que o prejuízo à saúde, em função de uma propriedade inerente a cada substância. Assim, cosméticos podem ser classificados em grau 1 e grau 2.

Por grau 1, pode ser entendido todo produto cosmético que apresenta propriedades básicas elementares. Não requer informações detalhadas em relação ao modo e as restrições de uso e cuja comprovação não é inicialmente necessária. Está regido pela *RDC 211/05, Anexo II* da *RDC 343/05 e* Anexo II-I da RDC 211/05.

Por grau 2, regido pelo Anexo I-II da RDC 211/05, pode ser entendido todo aquele produto cosmético que necessita de indicações específicas em relação à comprovação de segurança e eficácia. Além disso, o produto cosmético grau 2 apresenta necessidade de informações e cuidados em relação ao modo e à restrição de uso.

Por exemplo, produtos cosméticos grau 1, podem ser, conforme exemplificado na *RDC 211/05, Anexo II-1: c*olônia/perfume, sabonete, desodorante, talco, xampu, condicionador, creme hidratante para o rosto/corpo (sem ação fotoprotetora), produtos para barbear (sem ação antisséptica), dentifrício sem flúor, enxaguatório bucal aromatizante, esmalte e maquiagem (sem ação fotoprotetora), fixadores de cabelos, entre outros.

Por produtos cosméticos grau 2, segundo a *RDC 211/05, Anexo II*, podem ser exemplificados: protetor solar, tintura capilar, alisante capilar, repelente de inseto, antitranspirante, maquiagem com ação fotoprotetora, sabonete antisséptico, clareador de pele, produtos infantis, produtos para pele acnêica, esfoliante químico, produtos para área dos olhos, xampu e condicionador anticaspa e/ou antiqueda, depilatório químico, produtos indicados para pele sensível, dentifrícios (anticárie, antitártaro), enxaguatório bucal (antisséptico, antiplaca), produtos íntimos, entre outros.

Como regra geral, os produtos cosméticos devem ser seguros nas condições normais de uso. Isso significa que um produto grau 1 não deve provocar nenhum tipo de adversidade ao usuário, uma vez que sua utilização, seu consumo pelo usuário, nas condições previsíveis de uso, não requer cuidados especiais.

O produto grau 2 requer comprovação de segurança e eficácia, uma vez que, nas condições não previsíveis de uso, há possibilidade de ocasionar algum tipo de adversidade ao usuário; por isso, há necessidade de informações específicas e cuidados especiais, em relação ao modo e restrições de uso.

Ainda, segundo a Anvisa, Produtos Grau 1 são produtos de higiene pessoal, cosméticos e perfumes, cuja formulação cumpre com a definição adotada no item 1 do Anexo I da Resolução 211 de 2005, e que se caracterizam por possuírem propriedades básicas ou elementares, cuja comprovação não seja inicialmente necessária e não requeiram informações detalhadas quanto ao seu modo de usar e suas restrições de uso, devido às características intrínsecas do produto, conforme mencionado na lista indicativa "Lista de tipos de produtos de grau 1" estabelecida no item "I" do Anexo da RDC 211/2005.

Produtos Grau 2 são produtos de higiene pessoal, cosméticos e perfumes cuja formulação cumpre com a definição adotada no item 1 do Anexo I da Resolução 211 de 2005, e que possuem indicações específicas, cujas características exigem comprovação de segurança e/ou eficácia, bem como informações e cuidados, modo e restrições de uso, conforme mencionado na lista indicativa "Lista de tipos de produtos de grau 2" estabelecida no item "II" do Anexo da RDC 211/2005.

Para a entrada no mercado, os produtos grau 1 devem ser notificados à Anvisa, enquanto os produtos grau 2 precisam ser submetidos a testes de eficácia e segurança, para garantir, ao usuário, consumo seguro e eficaz, com comprovação para a Anvisa, que emite o registro para sua comercialização (Resolução 79/00, Anexo XXI e suas atualizações).

Uma vez que o consumidor tem acesso livre ao produto cosmético, ele precisa estar assegurado que o uso, nas condições normais ou razoavelmente previsíveis, é seguro e será eficaz. Então, os critérios para classificação em grau 1 e grau 2 são definidos em função da probabilidade de ocorrência de efeitos não desejados devido ao uso inadequado do produto, sua formulação, finalidade de uso, áreas do corpo a que se destinam e cuidados a serem observados quando de sua utilização.

É de responsabilidade do fabricante, do importador ou do responsável pela colocação de um produto cosmético no mercado, a comprovação de sua segurança e, nisso, está implícito o uso de ingredientes seguros, o uso de concentrações em quantidades que apresentem uma margem de segurança entre a concentração de uso e a que poderia representar um risco ao usuário, além de fornecer ao consumidor todas as informações importantes para seu conhecimento em relação ao produto cosmético, fabricado em cumprimento às Boas Práticas de Fabricação.

A rotulagem de produtos grau 2 e a finalidade de uso requerem comprovação de eficácia e segurança como, por exemplo, a *Indicação de FPS*, se o produto foi *Dermatologicamente Testado*, se o produto é *Hipoalergênico, Não Comedogênico, Para Pele Sensível* ou se é específico para *Rugas, Celulite, Estrias, Firmeza da Pele, Ação Antisséptica*.

O potencial irritante de várias substâncias e produtos de uso humano vêm sendo avaliado em experimentos que utilizam animais de laboratório, desde a década de 1940. Alguns dos ensaios adotados para tal finalidade, denominados testes de irritação ocular ou cutânea, ainda hoje adotados pelos órgãos oficiais, foram inicialmente descritos por Draize e colaboradores, em 1944.

Apesar de toda a preocupação por parte dos órgãos fiscalizadores, existem alguns relatos de formulações de produtos cosméticos que resultaram em processos irritativos e dermatites de contato, principalmente na área dos olhos. Além disso, atributos apresentados na rotulagem de alguns produtos, designados por expressões como hipoalergênico, dermatologicamente testado e não irritante, muitas vezes não podem ser comprovados (Draelos, 1999).

Métodos alternativos vêm sendo investigados para tentar minimizar conflitos relacionados a procedimentos que afetam a segurança dos animais, gerando críticas e discussões por parte de entidades não governamentais. Entretanto, a introdução, a padronização e a validação de ensaios alternativos são necessárias, tendo em vista que as formulações dos produtos podem sofrer alterações ou adaptações para atender a diferentes necessidades da população de variadas regiões em todo o mundo.

Assim sendo, é perfeitamente justificada a preocupação de estudar modelos experimentais *in vitro* e *in vivo*, que possam avaliar quantitativa e qualitativamente os efeitos dos produtos sobre a pele ou na região dos olhos, no sentido de serem obtidas formulações eficazes e seguras. Além de fornecer subsídios que facilitem o controle de produtos disponíveis no mercado, essas iniciativas vão colaborar com as ações de Saúde Pública.

Tendências em desenvolvimento de cosméticos

A partir da década de 1990, tem ocorrido uma enorme tendência ao desenvolvimento de produtos cosméticos contendo princípios ativos obtidos de fontes naturais, com destaque para a descoberta de substâncias com propriedade antioxidante, capazes de prevenir e minimizar o envelhecimento da pele. A indústria cosmética, em evolução constante, aposta neste enfoque pioneiro, dando importância para o fitocosmético, caracterizado como tendência nacional e mundial.

Fitocosmético pode ser definido como o cosmético que contém ativo natural, de origem vegetal, seja um extrato, óleo ou óleo essencial, cuja ação define a atividade do produto. Um fitocosmético deve passar por todas as etapas de pesquisa: proposição, criação e desenvolvimento, incluindo os testes de estabilidade, para assegurar a atividade durante toda sua vida útil (Isaac et al., 2008).

Entendida como o segmento da Cosmetologia que se dedica ao estudo e à aplicação das substâncias de origem natural, a fitocosmética está aliada à biodiversidade brasileira, fonte de várias substâncias ativas.

O Brasil possui enorme biodiversidade, uma das mais ricas floras do mundo e, os poucos estudos existentes destes materiais, justificam a busca de maior desenvolvimento nesta área. Uma vez que a biodiversidade brasileira não é totalmente estudada, milhões de espécies distintas de vegetais, micro-organismos ou animais podem ser pesquisados (Guerra; Nodari, 2001).

O emprego destes recursos deve sempre seguir as normas no que diz respeito aos requisitos de eficácia e segurança (Rates, 2001); entretanto, muito caminho ainda deve ser percorrido para se chegar à situação ideal.

A obtenção de um produto de interesse cosmético, a partir de um vegetal, necessita de um conjunto de procedimentos que garanta a qualidade final (Carvalho; Pachioni, 1989; Simões et al., 2004; Ferreira, 2003) e estudos de estabilidade (Madden; Jackson, 1981; D'Leon, 2001; Isaac et al., 2008). Estudos etnobotânicos, aliados aos etnofarmacológicos, são de vital importância para a seleção de plantas passíveis de serem investigadas quanto à sua utilidade cosmética. Esta abordagem tem se mostrado eficiente na descoberta de novas substâncias, em contraste com outras abordagens, como triagens fitoquímicas, *screening* biológico de plantas coletadas ao acaso e, ainda, investigações fitoquímicas com o objetivo de identificar novos compostos químicos.

A padronização de produtos derivados de plantas é realizada com base na identificação e quantificação de um ou mais princípios ativos ou por meio de uma substância marcadora, presente em um extrato concentrado. No caso da padronização por uma substância marcadora é considerado que, se o marcador está presente em uma quantidade apropriada e padronizada, também todos os demais componentes estão igualmente representados, sendo assegurado, com isto, quantidade de ativos e uma atividade uniforme.

Outro método capaz de assegurar a uniformidade de ação de um produto, no qual a atividade pode ser devida a vários constituintes, é determinar a atividade do extrato, por meio de métodos farmacológicos e clínicos e, em seguida, preparar um perfil químico qualitativo e quantitativo dos constituintes mais significantes. Assim, é esperado que outros extratos com o mesmo perfil tenham atividades fisiológicas idênticas (Tyler, 1999).

Compostos obtidos de plantas medicinais são princípios ativos descritos e de estruturas químicas e propriedades farmacológicas conhecidas; entretanto, como qualquer produto eficaz, é importante conhecer a concentração dos constituintes na planta, para que uma dosagem adequada possa ser utilizada, pelo usuário, com segurança.

Este é um problema importante em cosméticos, pois a maioria dos componentes ativos empregados não é padronizada e a embalagem do produto não informa a concentração do princípio ativo, desrespeitando a exigência da legislação vigente no país, referente a produtos cosméticos. Por isso, o efeito de um determinado fitocosmético pode variar de acordo com o fabricante, entre outros fatores diretamente relacionados ao produto.

Bioativo cosmético: flavonoide

Os flavonoides são metabólitos secundários sintetizados pelas plantas e possuem a função de proteger o vegetal contra a radiação ultravioleta e controlar as reações oxidativas (Winkel-Shirley, 2001).

Figura 10.1 – (A) Estrutura básica dos flavonoides e (B) Estrutura básica dos flavonoides com grupo carbonila no C-4

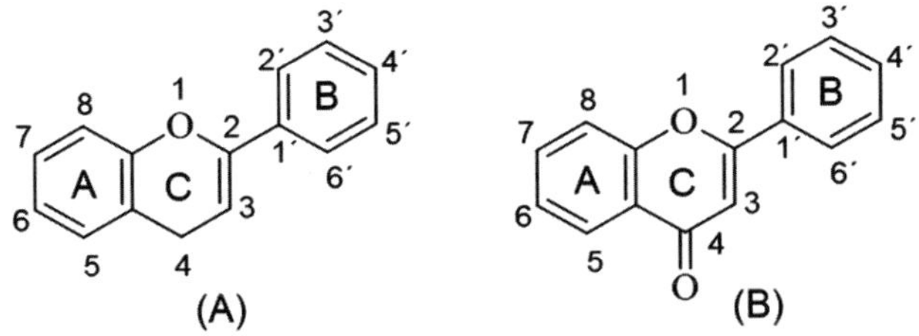

Fonte: Huber; Rodriguez-Amaya, 2008

Sua estrutura consiste em dois anéis fenólicos A e B e um anel C como mostra a Figura 10.1, que pode ser um pirano heterocíclico, como no caso de flavanóis (catequinas) e antocianidinas, ou pirona, como nos flavonóis, flavonas, isoflavonas e flavanonas, que possuem um grupo carbonila na posição C-4 do anel C, compreendendo as principais classes dos flavonoides como mostrado na Figura 10.2 (Huber; Rodriguez-Amaya, 2008, 2008).

Os flavonoides são encontrados em frutas, verduras, hortaliças, sementes, flores e seus produtos derivados, sendo importantes constituintes da dieta humana. As fontes alimentares são avaliadas principalmente em relação a três flavonóis (miricetina, quercetina e canferol) e duas flavonas (apigenina e luteolina) (Crozier et al., 1997), os mais amplamente distribuídos nos alimentos e, portanto, os mais investigados em estudos sobre compostos ativos (Oliveira et al., 2009).

O conteúdo de flavonoides é fortemente influenciado por fatores extrínsecos, como estação do ano, incidência de radiação ultravioleta, clima, composição do solo, preparo e processamento da matéria prima vegetal (Ewald et al., 1999; Trichopoulou et al., 2000).

Pode ser afirmado que as propriedades relacionadas à saúde humana exercidas pelos compostos fenólicos, com destaque os flavonoides, são baseadas principalmente na sua atividade antioxidante, atuando como sequestradores de radicais livres (Prior et al., 2000) e quelantes de metais capazes de catalisar a peroxidação de lipídeos (Silva et al., 1998; Terao; Piskula, 1999).

A capacidade antioxidante dos flavonoides pode ser aplicada, sobretudo, na neutralização das espécies reativas de oxigênio (EROs), além de desempenharem uma função preventiva na oxidação das lipoproteínas de baixa densidade (LDL). Deste modo, anulam os efeitos negativos destas espécies sobre as células (Martinez-Flores et al., 2002).

Figura 10.2 – Principais classes dos flavonoides

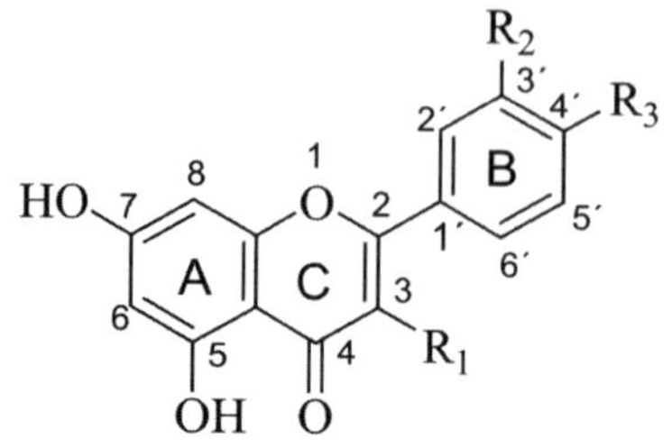

Flavonóis

	R_1	R_2	R_3
Quercetina	OH	OH	OH
Kaempferol	OH	H	OH

Flavonas

	R_1	R_2	R_3
Luteolina	H	OH	OH
Apigenina	H	H	OH

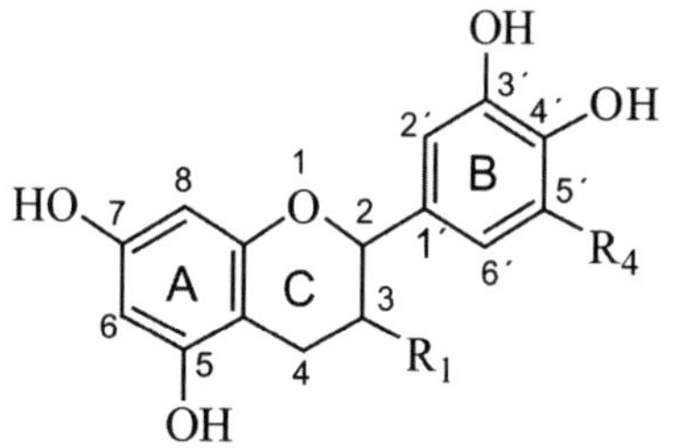

Flavanóis

	R_1	R_4
Catequina	OH	H
Epicatequina	OH	H
EGC	OH	OH
ECG	Galato	H
EGCG	Galato	OH

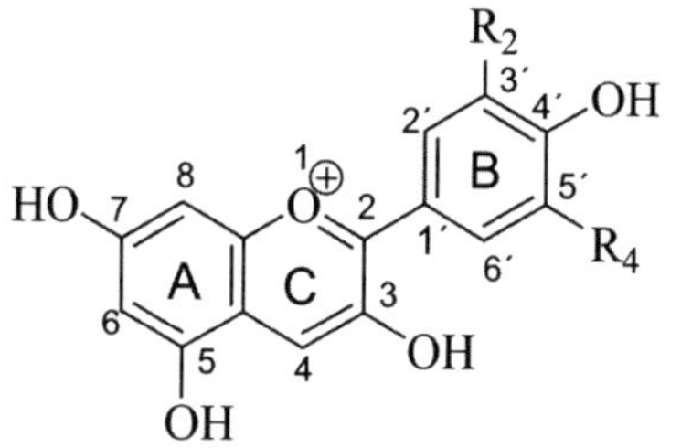

Antocianidinas

	R_1	R_2
Cianidina	OH	H
Malvidina	OCH_3	OCH_3
Pelargonidina	H	H

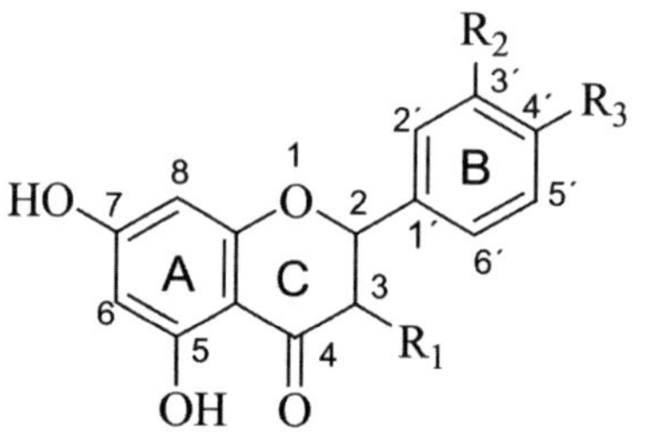

Flavanonas

	R_1	R_2	R_3
Taxifolina	OH	OH	OH
Naringenina	H	H	OH

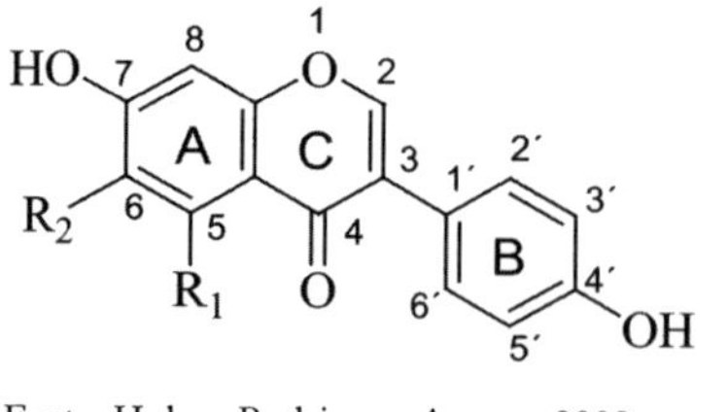

Isoflavonas

	R_1	R_2
Daidzeina	H	H
Gliciteina	H	OCH_3
Genisteína	OH	H

Fonte: Huber; Rodriguez-Amaya, 2008

Os flavonoides podem facilmente atuar como neutralizadores de radicais livres em meio aquoso devido a sua propriedade polifenólica. Podem também neutralizar ânions superóxidos produzidos por via química ou enzimática (Yilmaz; Toledo, 2004). Alguns flavonoides apresentam também a capacidade de eliminar os processos de peroxidação lipídica do ácido linoleico e dos fosfolipídeos das membranas, bem como a peroxidação dos glóbulos vermelhos (Martinez-Flores et al., 2002).

Os flavonoides também exercem seus efeitos antioxidantes por meio de outros mecanismos (Muschietti; Martino, 2007). Primeiramente, podem agir como inibidores de enzimas responsáveis pela produção do ânion superóxido como a xantina-oxidase (Hanasaki et al., 1994), a proteína quinase C (Ursini et al., 1994), a ciclo-oxigenase, a lipo-oxigenase, a mono-oxigenase microssomal, a glutationa S-transferase, a succino-oxidase mitocondrial e a NADH oxidase, todas envolvidas na geração de espécies reativas de oxigênio (Korkina et al., 1997).

Os flavonoides vêm despertando um grande interesse devido a estudos epidemiológicos que mostram que uma dieta rica nestes compostos está associada ao baixo risco de doenças cardiovasculares (Knekt et al., 1996; Yochum et al., 1999) e algumas formas de câncer (Knekt et al., 1997; Franke et al., 1998; Nuutila et al., 2002).

Além disso, atuam como quelantes de metais divalentes, os quais desempenham um papel importante no metabolismo do oxigênio, como captadores (*scavangers*) de EROs e como participantes da regulação da atividade de enzimas antioxidantes (Van Acker et al., 1996) e da atividade da tirosinase, enzima cobre dependente.

Um estudo realizado por Van Acker et al. (2000) demonstrou que certos flavonoides, como a fisetina, naringenina e o 7-monoidroxietilrutosídeo, poderiam atuar de forma similar ao antioxidante endógeno α-tocoferol (vitamina E), protegendo as membranas celulares do dano oxidativo.

Flavonoides geralmente absorvem em comprimentos de onda na região de 280-315 nm, sendo capazes de agir como filtros de radiação ultravioleta nas plantas, exercendo proteção contra danos aos tecidos fotossintéticos. Desde os primeiros experimentos fisiológicos, já existiam algumas evidências de que os flavonoides estavam envolvidos na proteção ultravioleta, no entanto, apenas a partir da década de 1990, uma série de experimentos em diferentes laboratórios no mundo inteiro (Stapleton; Walbot, 1994;

Buchholz et al., 1995; Gitz et al., 1998; Schnitzler et al., 1996) forneceram evidências convincentes de que plantas, artificialmente sujeitas à radiação ultravioleta, respondem por mudanças na síntese de flavonoides, possuindo uma relação direta com as propriedades de doar elétrons aos radicais livres, formando um composto radical derivado e, desta forma, neutralizando as EROs (Stapleton; Walbot, 1994; Buchholz et al., 1995; Bors et al., 1995; Schnitzler et al., 1996; Gitz et al., 1998; Oliveira et al., 2009).

As antocianinas são pigmentos fenólicos solúveis em água, pertencentes à classe dos flavonoides (Bravo, 1998; Robards et al., 1999), responsáveis pelas vários nuances entre laranja, vermelho e azul exibidas pelas frutas, hortaliças, flores, folhas e raízes, onde essa pigmentação pode ser influenciada com a variação de pH (Gil et al., 1997).

Esses compostos são glicosídeos que, por hidrólise ácida, liberam agliconas também denominadas de antocianidinas (Guedes, 2004). As antocianinas e suas respectivas agliconas são compostos bioativos e que, entre os vários outros efeitos fisiológicos, possuem capacidade antioxidante (Kähkönen; Heinonen, 2003) e propriedade anti-inflamatória (Seeram et al., 2001), promovem vasodilatação (Burns et al., 2000), atuam na prevenção da hiperglicemia (Matsui et al., 2002), estimulam a secreção de insulina (Jayaprakasam et al., 2005), melhoram a adaptação da visão noturna e previnem a fadiga visual (Nakaishi et al., 2000).

Avaliação da segurança e eficácia de cosméticos

Os ensaios para avaliar a segurança e eficácia a serem realizados com produtos cosméticos têm, por objetivo, verificar a ausência de irritação, sensibilização, fototoxicidade e fotoalergia, além, é claro, de comprovar a ação do produto, demonstrando a sua eficácia. Os testes de segurança são classificados em testes pré-clínicos e clínicos, sendo os primeiros divididos em testes *in vitro* e testes em animais, enquanto os segundos são representados pelos testes em humanos.

Testes pré-clínicos

Dentre os testes pré-clínicos, os ensaios podem ser realizados *in vitro* e *in vivo*. A tendência mundial de substituição dos modelos animais, por metodologias *in vitro,* para avaliação da eficácia e segurança de produtos cosméticos, tem feito com que, cada vez mais, as culturas de diferentes linhagens celulares, principalmente fibroblastos e queratinócitos, venham sendo empregadas com esta finalidade. Além disso, os consumidores buscam cosméticos com segurança e eficácia comprovadas. Sendo assim, diferentes metodologias, utilizadas, também, para determinação da segurança e eficácia de produtos naturais bioativos, usados como precursores de medicamentos, vem sendo aplicadas aos ativos cosméticos.

A experimentação animal tem servido, ao longo de muitos anos, como um meio de se determinar a eficácia e a segurança de diversas substâncias e produtos, em diferentes áreas. Na área cosmética, os animais têm sido utilizados para avaliar todos os riscos potenciais envolvidos, seja irritação, alergia ou efeitos sistêmicos a curto e longo prazo.

O potencial de irritação de um produto depende de uma série de variáveis: componentes utilizados, concentração dos componentes, absorção, quantidade aplicada, estado da pele, modo e frequência de aplicação, efeito cumulativo (Dooms-Goossens, 1993), além da idiossincrasia.

Uma preocupação crescente na indústria de cosméticos é evitar possíveis reações adversas nos usuários de seus produtos. Além disso, o consumidor está muito mais crítico quanto à irritação cutânea provocada por determinado produto tópico, sendo considerada reação adversa qualquer sinal ou sintoma desencadeado por um produto utilizado de maneira correta (Fisher, 1995). Entre as reações adversas cutâneas provocadas por cosméticos podem ser destacadas a dermatite eczematosa de contato, a urticária, a acne e manchas (Sampaio; Rivitii, 2000).

Os riscos a serem avaliados para as matérias primas e cosméticos são do tipo irritativo, alergênico e sistêmico, essencialmente por meio de sua absorção oral ou permeação (Brasil, 2003). Os modelos de irritação (Brasil, 2003), só podem ser utilizados como parâmetros experimentais de triagem, ou seja, tem caráter preliminar.

Através de um conjunto de métodos *in vitro,* teste em ovo de galinha/membrana corioalantoide (HET-CAM), permeabilidade e opacidade de córnea bovina (BCOP), citotoxicidade pela difusão em gel de agarose, citotoxicidade pelo método do vermelho neutro, e citotoxicidade pelo método red blood cell system (RBC), podem ser agrupadas informações que ofereçam subsídios para garantir a segurança do produto em nível ocular (Brasil, 2003).

Apesar de todos os esforços para a redução e substituição de animais de laboratório na experimentação biológica, ainda não é possível abandonar seu uso na avaliação da segurança de produtos, nos seus mais diversos aspectos (Brasil, 2003). Cabe ressaltar que a utilização de animais deve, obrigatoriamente, seguir os preceitos do rigor científico e da ética que norteiam os desenhos experimentais com modelos biológicos, bem como as normas de bioterismo preconizadas internacionalmente (Brasil, 2003).

De uma forma geral, é recomendado que os animais de laboratório, utilizados em experimentação, sejam manuseados dentro dos preceitos éticos preconizados pelos Guias Internacionais, de forma a contribuir para o refinamento dos ensaios e a diminuição do sofrimento, a que possam ser submetidos, durante a realização de ensaios biológicos (Brasil, 2003).

Ensaios in vitro

Em função da necessidade de substituição de animais de laboratório por culturas celulares, para avaliação da eficácia e segurança de produtos cosméticos, os ensaios *in vitro* têm ganhado importância, como uma necessidade premente de desenvolvimento de metodologias eficazes que possibilitem obtenção de resultados, dentro dos propósitos propostos.

Avaliação da citotoxicidade

Ensaios que avaliam a citotoxicidade de substâncias podem ser empregados para determinar a toxicidade de produtos naturais bioativos. Vários métodos já foram validados como, por exemplo, o ensaio do MTT (3-(4,5-dimethylthiazol-2-yl)-2,5-diphenyl tetrazolium bromide).

Este ensaio foi primeiramente descrito por Mosmann (1983), como um teste que utiliza o sal de tetrazólio, em um método colorimétrico, que permite identificar células vivas, possibilitando a quantificação de citotoxicidade, proliferação e ativação de células de mamíferos.

A importância da avaliação da citotoxicidade

A toxicidade é um dos parâmetros mais importantes na avaliação da resposta biológica e do potencial em causar morte de células ou tecidos. Um dos ensaios *in vitro* preconizados para avaliar o potencial de uma substância em causar morte celular é o teste de citotoxicidade (Gray et al., 2003).

Segundo Black (1992), este ensaio representa a fase inicial dos testes de biocompatibilidade de substâncias e/ou extratos obtidos de plantas com potencial atividade cosmética ou farmacêutica que, para serem aprovados, não devem causar morte das células nem afetar suas funções celulares. De acordo com Northup (1986), nas avaliações de citotoxicidade, normalmente são empregadas células de linhagens estabelecidas devido à facilidade de obtenção e manutenção das linhagens celulares.

Uso de cultura celular

O ensaio do MTT consiste em utilizar culturas celulares, tratadas com as substâncias bioativas e comparar a viabilidade das células tratadas com as células controle. A determinação da viabilidade é baseada na utilização do MTT (3-(4,5-dimethylthiazol-2-yl)-2,5-diphenyl tetrazolium bromide), substância de coloração amarela que, quando em contato com células viáveis, é transformada em cristais de formazana, de coloração arroxeada (Mosmann, 1983).

Os cristais de formazana são originados quando o anel tetrazólico é clivado na mitocôndria celular; portanto, a reação só ocorre em células viáveis e a quantidade de cristais de formazana formados é proporcional ao número de células vivas. Um espectrofotômetro, do tipo leitor de placas, é utilizado para leitura da absorbância que permite o cálculo da porcentagem de células viáveis (Mosmann, 1983).

O ensaio do MTT é utilizado, portanto, como uma ferramenta que auxilia na determinação da segurança de compostos naturais bioativos, verificando a viabilidade de células que foram mantidas em contato com a substância natural em análise (Abdul et al., 2008; Vogel; Heilmann, 2008; Yuan et al., 2008; Lee; Park, 2010; Ferreira et al., 2011); entretanto, esta mesma técnica pode ser aplicada de maneira diferente para o estudo da eficácia destes compostos.

Para isto, as culturas podem ser tratadas com substâncias que induzam algum dano às células, para a verificação do efeito que o composto natural poderá causar. O tratamento indutor de danos pode ser realizado antes (Rodeiro et al., 2008), conjuntamente e/ou após o tratamento com a substância ativa (Adil et al., 2010), fornecendo diferentes respostas ao pesquisador.

Em um estudo desenvolvido por Sreelatha e Padma (2011), células tumorais foram tratadas com peróxido de hidrogênio, substância que reconhecidamente reduz a viabilidade celular, e com extrato das folhas de *Moringa oleifera*. Os autores verificaram que o tratamento com o extrato promoveu um efeito citoprotetor, provavelmente devido ao potencial antioxidante apresentado pelo extrato. Outros ensaios podem ser utilizados para a determinação da viabilidade celular e, entre eles, podem ser citados o ensaio com o corante vermelho neutro e com Alamar blue.

O ensaio com o corante vermelho neutro é realizado de maneira muito similar ao do MTT, utilizando células semeadas em placas de 96 poços e tratadas com a substância em análise. Após o período de incubação das células com a substância bioativa, as células devem ser incubadas com um meio contendo o corante vermelho neutro por 2 horas. Após este período, as células devem ser lavadas para a remoção do corante e a determinação da absorbância em espectrofotômetro é analisada, para verificação da alteração da coloração (Repetto et al., 2008).

O Alamar Blue é um indicador de crescimento celular, baseado na detecção da atividade metabólica celular, que se torna fluorescente após redução mitocondrial. O procedimento de cultura e tratamento das células é semelhante ao desenvolvido para o ensaio do MTT e do corante vermelho neutro, porém, a mudança de cor pode ser medida em um espectrofotômetro ou em um fluorímetro. A vantagem desta técnica é que o corante não é tóxico para as células (Nociari et al., 1998).

Avaliação do potencial genotóxico e antigenotóxico

Alguns ensaios já descritos na literatura, para avaliação da genotoxicidade e antigenotoxicidade de compostos bioativos, usualmente visando uma aplicação terapêutica, são o GreenScreen® assay (GSA), o SOS chromotest, o ensaio cometa e o teste do micronúcleo.

O GreenScreen® assay (GSA) utiliza a levedura *Saccharomyces cerevisae*. É uma metodologia nova e de baixo custo, que pode ser empregada como um *screening* para a indústria farmacêutica (Cahill et al., 2004).

O SOS chromotest utiliza a cepa PQ37 de *Escherichia coli* para detectar efeitos genotóxicos de substâncias (Mersch-Sundermann et al., 1991). Quando ocorre indução de danos ao DNA da bactéria, os genes *sfiA* e *lacZ* são expressos, sendo que o produto do gene *lacZ*, β-galactosidase, pode ser medido por um simples método enzimático, fornecendo uma medida do dano ao DNA bacteriano (Mersch-Sundermann et al., 1991). O ensaio cometa é um método realizado *in vitro*, que utiliza como modelo células de mamíferos; portanto, permite a utilização de linhagens celulares específicas para a finalidade de uso da substância em análise. Tem, por objetivo, estudar o potencial genotóxico de diferentes substâncias, podendo ser aplicado a compostos naturais bioativos testando, assim, sua segurança.

Esta metodologia pode ser empregada também na determinação do potencial antigenotóxico das substâncias, avaliando a eficácia destes compostos por meio do tratamento da cultura celular com substâncias danosas ou, até mesmo procedimentos danosos, como a exposição das culturas à radiação ultravioleta.

O ensaio cometa foi desenvolvido por Singh et al. (1988) que descreveram uma técnica simples para determinação de danos ao DNA de células avaliadas isoladamente. No artigo original, os autores utilizaram linfócitos humanos; entretanto, esta técnica é aplicada a diferentes linhagens celulares, como células de hepatoma humano (HepG2) (Zegura et al., 2011) e queratinócitos (HaCaT) (Tobi et al., 2002, Vostálová et al., 2010).

Por esta técnica permitir a detecção da prevenção ou do reparo do DNA celular, é de grande importância para a Cosmetologia, visando identificar ativos naturais que possam atuar na prevenção ou reparo de danos causados pela radiação ultravioleta ou por radicais livres, e isso pode ser realizado, principalmente, usando peróxido de hidrogênio ou expondo a cultura celular à radiação ultravioleta.

A técnica é baseada em tratar as culturas celulares com a substância estudada, com ou sem o uso de indutores de danos e, em seguida, transferir às lâminas de microscopia recobertas com agarose, para proceder à eletroforese em pH alcalino. Previamente à eletroforese, as lâminas devem ser submersas em um tampão de lise, que provoca o rompimento das células e a liberação do material genético, que sofre migração pela lâmina devido à corrente elétrica a qual a lâmina é submetida. Ao final, as lâminas são coradas com brometo de etídeo ou SYBR Green, causando a fluorescência do DNA, para que as células presentes na lâmina de microscopia possam ser finalmente avaliadas sob microscópio de fluorescência (Singh et al., 1988).

No caso de células normais, são observados nucleoides densos; no caso de células que sofreram danos, pode ser observado um grande rastro, representando o DNA celular fragmentado, que migrou na direção da corrente elétrica a que foi submetido (Singh et al., 1988).

Com o desenvolvimento da tecnologia, existem softwares, alguns inclusive de uso gratuito, para a quantificação do dano celular observado, como exemplos: CometScore e Optimas Software.

Quantificação de matrizes metaloproteinases

As matrizes metaloproteinases (MMPs) são uma família de proteases dependentes de zinco, com capacidade de degradação do colágeno, o componente principal da derme, correspondendo a, aproximadamente, 70% em peso desta camada da pele, além de degradar outros componentes da matriz extracelular da derme (Lahmann et al., 2001).

Sendo assim, a aparência envelhecida da pele, principalmente quando o envelhecimento foi acentuado pela exposição excessiva à radiação ultravioleta, é resultante da alteração da estrutura e da composição do colágeno e da elastina da matriz extracelular da derme e parece estar relacionada à atuação das matrizes metaloproteinases no envelhecimento cutâneo, acelerado pela radiação ultravioleta (fotoenvelhecimento) e pelo tabagismo (Fisher et al., 1997).

A quantificação destas matrizes metaloproteinases pode ser realizada por técnicas de biologia molecular, como é o caso da reação em cadeia da polimerase em tempo real (RT-PCR) (Lahmann et al., 2001), por hibridização *in situ*, imunohistologia e zimografia *in situ* (Fisher et al., 1997).

Em um trabalho desenvolvido por Lahmann et al. (2001), os autores compararam a expressão de MMP-1 em amostras de pele de indivíduos fumantes e não-fumantes e verificaram maior quantidade de RNAm de MMP-1 nos fumantes. Isto pode demonstrar que a maior produção MMP-1, induzida pelo fumo, pode ser um fator importante dos efeitos do envelhecimento acentuado em fumantes.

Em relação à aplicação aos produtos naturais bioativos, a quantificação das MMPs pode ser realizada comparando tecidos que tiveram algum tipo de dano induzido, como o causado pela radiação ultravioleta, com tecidos que tiveram o dano induzido e foram tratados com o composto bioativo, possibilitando a avaliação de uma possível atuação, do composto bioativo, na prevenção da aceleração do envelhecimento cutâneo mediado por MMPs. O ensaio pode ser realizado também *in vitro,* utilizando fibroblastos provenientes da derme.

Uma forma indireta de avaliação da atividade das MMPs é por meio da avaliação da expressão dos TIMPs (*tissue inhibitors of matrix metalloproteinases*), que são substâncias reguladoras da ação das MMPs e, portanto, envolvidas no processo de degradação de colágeno (Denhardt et al., 1993; Fisher et al., 1997). Esta avaliação também pode ser efetuada por meio da quantificação dos fatores de transcrição AP-1 e NF-ƙB, que são estimuladores dos genes de MMPs (Fisher et al., 1996).

Estudos têm, há muito, tentado elucidar os mecanismos moleculares envolvidos no processo de envelhecimento cutâneo, principalmente o mediado pela radiação ultravioleta, ou fotoenvelhecimento (Fisher et al., 1996; Fisher et al., 1997). Sendo assim, é possível avaliar a influência dos compostos naturais bioativos em diversas etapas dos mecanismos moleculares envolvidos no processo.

Isto significa um grande avanço para a Cosmetologia, demonstrando à comunidade científica que os produtos desenvolvidos, inclusive os derivados de compostos naturais, podem ser eficazes em retardar os efeitos dos radicais livres, principalmente dos originados pela radiação ultravioleta.

A importância da avaliação da genotoxicidade

Segundo Fenech et al. (2005), o estudo de danos ao DNA induzidos por substâncias de origem natural ou sintética é de extrema importância, representando uma área essencial da toxicologia genética, uma vez que mutações em cromossomos despertam grandes interesses, por estarem diretamente relacionadas ao desenvolvimento de diversas doenças degenerativas, tais como câncer e arteriosclerose (Fenech et al., 2005; De Flora, 1998).

Uma variedade de substâncias químicas são agentes causadores de alterações cromossômicas. Essas substâncias podem atuar provocando alteração na distribuição dos cromossomos durante o processo de divisão celular gerando as aneuploidias (não segregação cromossômica), sendo chamadas de substâncias aneugênicas, e outras atuam induzindo quebras cromossômicas e, consequentemente, alteração na estrutura dos cromossomos, sendo conhecidas como substâncias clastogênicas. Em ambos os casos, é possível avaliar, por meio de ensaios específicos, o potencial mutagênico de um determinado composto. Estes ensaios têm se tornado imprescindíveis nestas avaliações (Rabello-Gay et al., 1991).

Ensaio *in vivo*

O ensaio de micronúcleo em células de sangue periférico de roedores *in vivo* é um dos testes preconizados pelas agências internacionais e instituições governamentais, sendo amplamente aceito e recomendado para avaliação e registro de novos produtos químicos e farmacêuticos, que entram anualmente no mercado mundial (Choy, 2001); Ribeiro et al., 2003). Este ensaio permite a identificação de mutações em células que são expostas a determinados compostos, sejam eles de origem natural ou sintética.

A escolha do teste de micronúcleo pode ser baseada na facilidade e rapidez com que o teste pode ser realizado, uma vez que é utilizado sangue periférico de camundongos, em vez de células de medula óssea; por isso, não é necessário processamento de material biológico. O ensaio do micronúcleo é um método utilizado para avaliar a capacidade de substâncias em induzir danos cromossômicos em células em estágio de divisão (Fenech, 2005).

A técnica para análise de células micronucleadas de sangue periférico de camundongos foi descrita por Hayashi et al. (1990), e utiliza lâminas pré-coradas com o corante fluorescente laranja de acridina. Este corante permite a identificação de reticulócitos jovens (eritrócitos policromáticos) por proporcionar coloração amarela ao DNA e vermelha ao RNA.

A visualização das células é facilitada, pois os reticulócitos são ricos em RNA em nível de citoplasma, sendo corados em vermelho. Os micronúcleos que forem formados, por alteração no DNA, e permaneceram no citoplasma, onde não deveria existir nenhum material genético, são corados em amarelo, ficando muito evidentes nestas células.

O teste do micronúcleo é um ensaio padrão utilizado na determinação de efeitos genotóxicos *in vivo* (Styles et al., 2001). A necessidade de utilização de animais é uma grande desvantagem deste método; porém, ainda é usado enquanto não ocorre o desenvolvimento de alternativas seguras.

Compostos bioativos com atividade antioxidante

A indústria cosmética tem utilizado, cada vez mais, compostos naturais bioativos como matérias primas funcionais em seus produtos. Este fato aumenta a necessidade de serem comprovadas a eficácia e segurança destes compostos, para que seu uso seja aceito pelos consumidores que, cada vez mais, estão exigindo produtos com qualidade e eficácia comprovadas.

A partir dos anos de 1980, foi observado um aumento nas pesquisas relacionadas a compostos antioxidantes de origem natural, uma vez que podem agir de maneira isolada ou possuir atividade sinérgica com outros compostos presentes em uma mistura (Shahidi et al., 2007; Broinzini et al., 2007).

Além disso, indústrias de cosméticos, farmacêutica e de alimentos buscam a substituição de antioxidantes sintéticos pelos naturais (Duran; Padilla, 1993; Pazourek et al., 2011), uma vez que o consumidor demonstra, claramente, sua preferência por produtos naturais (Safe; Al-Nughamish, 1999) e alguns estudos têm indicado que os sintéticos podem provocar danos ao fígado e promover o desenvolvimento de células tumorais (Duran; Padilla, 1993; Botterweck et al., 2000; Luo, 2008; Nandita; Rajini, 2004). Assim, segundo alguns autores, a substituição de antioxidantes sintéticos por naturais pode ser essencial para proteção das células contra a ação dos radicais livres e atraso no aparecimento de doenças crônicas (Luo, 2008; Nandita; Rajini, 2004).

O estresse oxidativo causado pelo aumento de espécies reativas de oxigênio (EROs) é o principal responsável pelo envelhecimento e aparecimento de doenças degenerativas (Gutteridge, 1993; Becker, 2004). A pele, por ser um tecido altamente metabólico, concentra excessiva carga de radicais livres, sendo alvo fácil para os possíveis danos. Devido a esta facilidade, o mercado de cosméticos tem investido em pesquisa e desenvolvimento para obtenção de compostos naturais bioativos com capacidade antioxidante (Dal Toso; Melandri, 2009).

Por todos estes motivos, os compostos naturais estão sendo estudados com maior atenção, para utilização em produtos cosméticos, uma vez que a comprovação de seu potencial antioxidante é de extrema importância (Miliauskas et al., 2004), e é capaz de proteger sistemas biológicos, inclusive membranas lipídicas, dos danos ocasionados devido ao estresse oxidativo, principal causa do envelhecimento cutâneo (Cozzini et al., 1997; Sousa et al., 2007; Sousa et al., 2007a).

Como exemplo de compostos naturais com capacidade antioxidante, pode ser citada a classe dos polifenóis, presentes em plantas comestíveis ou não (Kahkonen et al., 1999). Os extratos vegetais concentram grande parte dos polifenóis encontrados nas plantas e, por este motivo, tem sido alvo de estudo.

Os polifenóis atuam na adsorção e neutralização de radicais livres devido a sua propriedade redox e são bastante importantes para a pele, porque desaceleram o envelhecimento cutâneo e previnem doenças ocasionadas por excesso de radicais livres, como é o caso do câncer de pele e do fotoenvelhecimento (Kahkonen et al., 1999; Kohen; Nyska, 2002; Dávalos et al., 2004.; Valko et al., 2004; Lima et al., 2006; Laguerre et al., 2007).

Vários métodos podem ser utilizados para avaliação da atividade antioxidante de compostos naturais bioativos *in vitro* e apresentam resultados que possibilitam a seleção de compostos interessantes para a finalidade requerida.

Métodos para avaliação da atividade antioxidante

Os estudos para a determinação da eficácia de antioxidantes podem ser realizados *in vitro* ou *in vivo*, utilizando animais ou seres humanos. Os estudos *in vitro* apresentam como vantagem a possibilidade de estudos mais expressivos; contudo, necessitam de extrapolação e, muitas vezes, não reproduzem o mesmo efeito *in vivo*. Os estudos *in vivo*, por sua vez, tem, como maior vantagem, a possibilidade de determinação da eficácia de uma substância diretamente em seu local de ação (Simonsen et al., 2004). Dentre os métodos, podem ser destacados os de sequestro de radicais livres e cooxidação do β-caroteno/ácido linoleico (Marco, 1968; Miller, 1971; Sánchez-Moreno; Larrauri, 1998a; Robards et al., 1999; Cintra; Mancini-Filho, 2001; Antolovich, 2002; Luximon-Ramma et al., 2003; Moreira; Mancini-Filho, 2003; Netzel et al., 2006; Vasco et al., 2008; Patthamakanokporn et al., 2008; Stangeland et al., 2009; Alothman et al., 2009; Rufino et al., 2010).

Quando a metodologia utiliza o sistema de sequestro de radicais, os métodos mais comumente aplicados são o do DPPH (2,2-difenil-1-picrilhidrazila) e do ABTS (ácido 2,2'-azinobis-(3-etil-benzotiazolino-6-sulfônico) (Prior et al., 1998; Prior; Cao, 1999; Antolovich, 2002; Montoya et al., 2003). Estas duas metodologias apresentam bons resultados e reprodutibilidade, mas podem ocasionar diferenças quanto à sua resposta frente aos compostos antioxidantes, isto porque a resposta depende do tipo e da relação antioxidante/oxidante utilizados.

O método para avaliar a atividade sequestradora do radical 2,2-difenil-1-picril-hidrazila (DPPH•) é um dos mais usados para verificar a capacidade antioxidante e consiste em verificar o desaparecimento de coloração púrpura, da solução do radical, que absorve em um comprimento de onda máximo de 517 nm. Por ação de um antioxidante ou uma espécie radicalar (R•), o DPPH• é reduzido formando 2,2-difenilpicril-hidrazina (DPPH-H) como mostra a Figura 10.3, de coloração amarela, com consequente desaparecimento da banda de absorção, sendo monitorada pelo decréscimo da absorbância.

A partir dos resultados obtidos, é possível determinar a atividade antioxidante da amostra, proporcional à concentração utilizada no ensaio (quantidade de DPPH• consumida pelo antioxidante) ou sequestradora de radicais e/ou a porcentagem de DPPH• remanescente no meio reacional (Brand-Williams et al., 1995; Huang et al., 2005).

Figura 10.3 – Estabilização do radical $DPPH^{\cdot+}$ por um antioxidante

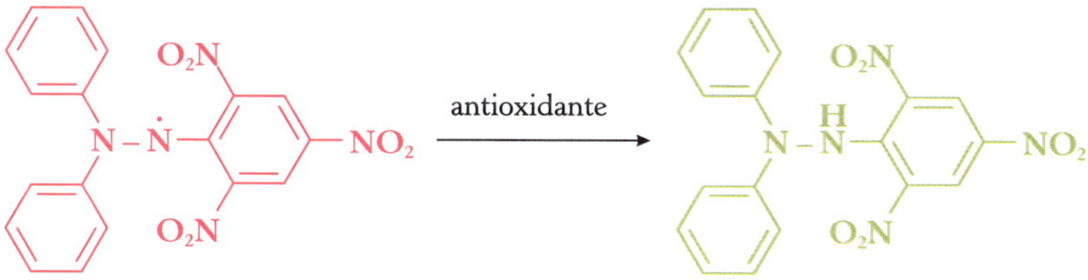

Fonte: Rufino et al., 2007

O radical DPPH pode ser obtido diretamente, sem a necessidade de preparação prévia, enquanto que o radical ABTS deve ser gerado previamente (Arnao, 2000) por reações químicas (persulfato de potássio, dióxido de manganês) (Re et al., 1999; Sellappan et al., 2002; Koskoski et al., 2004), enzimáticas (peroxidase) ou eletroquímicas (Ishige et al., 2001; Imeh; Khokhar, 2002).

O mecanismo de reação com o radical DPPH é baseado em transferência de elétrons, enquanto a abstração de átomo de hidrogênio é uma reação marginal, que acontece lentamente em solventes que estabelecem fortes ligações de hidrogênio. O método é influenciado pelo solvente e pelo pH das reações, mas é considerado de fácil execução e útil para análise de substâncias puras e amostras complexas (Oliveira et al., 2009).

Outro método bastante utilizado para medir a atividade antioxidante é por meio da captura do radical ABTS, que pode ser gerado por meio de uma reação química, eletroquímica ou enzimática, formado a partir de seu precursor, o ácido 2,2'-azino-bis(3-etilbenzotiazolina-6- sulfônico) (Figura 10.4) Com essa metodologia, é possível medir a atividade de compostos de natureza hidrofílica e lipofílica (Koskoski et al., 2005).

Figura 10.4 – Estabilização do radical ABTS$^{\cdot+}$ por um antioxidante e sua formação pelo persulfato de potássio

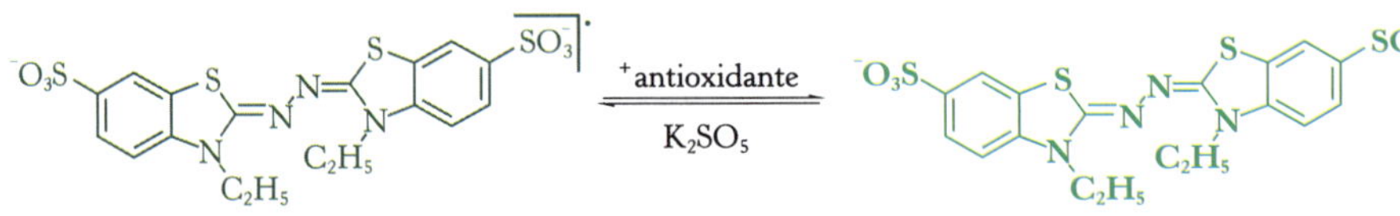

Fonte: Koskoski et al., 2005

O radical ABTS é um composto cromóforo quimicamente estável, com alta solubilidade em água e um máximo de absorbância em 414 nm (Miller et al., 1993). Pode ser utilizado tanto para amostras hidrossolúveis quanto lipossolúveis, o que lhe confere vantagem em relação a outros métodos. Tem sido utilizado em alimentos, como tomate e molho de soja, vinhos e cervejas, além de amostras biológicas (Scalfi et al., 2000; Mazza et al., 2002).

Foram desenvolvidos novos métodos de geração do radical ABTS, como a partir da oxidação do sal por persulfato de potássio, cuja reação ocorre na ausência de luz, durante 12 a 16 horas. A energia de ativação requerida é muito baixa e a reação começa imediatamente, mas não alcança um máximo de absorbância até o transcurso de 6 horas. O ABTS reage estequiometricamente em uma relação 1:0,05 com o persulfato de potássio (Henriques et al., 2002).

Uma vez gerado, o radical deve ser diluído em etanol até atingir uma absorbância de 0,7±0,02 (Re et al., 1999). A amostra a ser analisada é adicionada ao radical e a absorbância é medida em 734 nm, a 30° C, durante 6 minutos. Este método tem sido muito aplicado a amostras biológicas (plasma), carotenoides e compostos fenólicos (Arts et al., 2001; Pannala et al., 2001).

Apesar de requerer mais atenção durante a obtenção do radical, o método de avaliação da atividade antioxidante com o uso de radical ABTS é mais sensível e permite a avaliação de compostos hidrofílicos e lipofílicos (Koskoski et al., 2005), enquanto que com o DPPH é possível avaliar a atividade antioxidante apenas de compostos lipofílicos. Isso ocorre porque o ABTS é solúvel em meio aquoso e orgânico e o DPPH apenas em meio orgânico (Fogliano et al., 1999; Re et al., 1999; Antolovich, 2002; Karakaya; Ylmaz, 2007).

Levando em consideração que as duas metodologias são avaliadas espectrofotometricamente, o método do radical ABTS apresenta outra vantagem em relação ao DPPH, uma vez que são considerados quatro valores de absorbância máxima em meio alcoólico nos comprimentos de onda 414, 654, 754 e 815 nm, frente a apenas um em 505 nm, do DPPH (Sánchez-Moreno et al., 1998b; Kim et al., 2002). Isto possibilita a avaliação de maior número de substâncias, uma vez que, se a substância analisada absorver no mesmo comprimento de onda utilizado, é possível modificá-lo sem prejudicar a reprodutibilidade e precisão do método.

Em ambos os métodos, a absorbância máxima é obtida na ausência de compostos antioxidantes, ou seja, 100% de radical em solução. Quando o composto analisado é adicionado, uma redução nos valores de absorbância é observada, isto porque o radical é reduzido e sua coloração inicial é modificada.

Para o DPPH, a coloração inicial violeta é diminuída até amarelo pálido e, no caso do ABTS, a coloração verde escura passa a ser verde clara e até transparente. Os valores de absorbâncias obtidos são proporcionais ao potencial antioxidante e à concentração adicionada. A partir dos valores obtidos, é possível calcular o potencial de inibição de radicais dos compostos e, com isso, a concentração necessária para esta inibição.

O valor de inibição é expresso em IC_{50}, correspondendo à concentração necessária do composto estudado para inibir 50% dos radicais em solução (Brand-Willians, 1995; Silva et al., 1999; Mensor et al., 2001; Molyneux, 2004; Sousa et al., 2007).

Outro método para avaliação da atividade antioxidante de compostos naturais é pela cooxidação do β-caroteno/ácido linoleico. Este método também é baseado em descoloração com detecção espectrofotométrica. A atividade antioxidante é avaliada por inibição de radicais livres gerados durante a peroxidação do ácido linoleico (Marco, 1968; Miller, 1971).

O ensaio com radical superóxido também é um exemplo de metodologia para avaliação de atividade antioxidante de compostos naturais (Dasgupta; De, 2007). Os radicais superóxidos são produzidos no organismo por reações bioquímicas e liberam EROs (Souza et al., 2007; QI et al., 2006; Heo et al., 2005; Yuan et al., 2005). Da mesma maneira que nos ensaios com DPPH e com ABTS, o resultado é expresso em porcentagem de inibição (IC_{50}) (Lu; Foo, 2000; Zhang et al., 2003).

Como é possível perceber, há uma grande diversidade de técnicas para avaliar a atividade antioxidante de compostos naturais bioativos; porém, podem ser encontrados resultados divergentes, em ensaios diferentes, para uma mesma amostra (Bicas et al., 2011). Este fato ocorre porque a metodologia que avalia a atividade antioxidante utiliza diferentes tipos de radicais; entretanto, não há contradição entre os resultados obtidos. Por exemplo, quando amostras A e B são avaliadas pelo método do DPPH e pelo ABTS, é possível observar resultados coerentes e, se a amostra A apresentar potencial antioxidante maior que a amostra B pelo método do ABTS, apresentará também no ensaio com DPPH. O que vai variar é o valor numérico dos resultados e isto está sendo investigado por nosso grupo de pesquisa, em diferentes ensaios, para uma confirmação posterior.

Além disso, é utilizada, normalmente, uma substância antioxidante conhecida, denominada padrão antioxidante, como o ácido ascórbico, por exemplo, usado como referencia, para comparação dos resultados.

Outros métodos avaliam a eficiência dos antioxidantes, em inibir a peroxidação lipídica, por meio da quantificação dos produtos da reação de dienos conjugados e hidroperóxidos; quantificação dos produtos da decomposição da peroxidação lipídica, ou medição da inibição da oxidação do lipídio do sistema pelo antioxidante a ser testado (Oliveira et al., 2009).

Radiação solar

O sol é uma esfera de gás incandescente que, num processo de fusão nuclear, transforma o hidrogênio, seu gás mais abundante, em hélio, gerando calor e energia emitida em todas as longitudes do espectro eletromagnético. É compreendida a influência dessa energia emitida pelo sol na vida do planeta e os diversos fatores que possibilitam, pelo seu equilíbrio, as condições de sobrevivência para os seres vivos, como temperatura, produção de oxigênio, radiações positivas e negativas, entre outros (Diniz, 2002).

O espectro de radiação é comumente classificado de acordo com seu comprimento de onda (λ). A radiação ultravioleta é a parte do espectro solar eletromagnético entre 4 e 400 nm. Os raios ultravioleta podem ser dividos em radiação ultravioleta C (200-290 nm), radiação ultravioleta B (290-320 nm) e radiação ultravioleta A (320-400 nm), subdividida em curta, ou UVA-I (320-340 nm) e longa ou UVA-II (340-400 nm). A radiação solar abaixo de 290 nm praticamente não atinge a superfície terrestre, sendo absorvida pela camada estratosférica de ozônio (Jahan, 1997).

A radiação solar afeta a pele causando aumento do risco de câncer cutâneo, fotoenvelhecimento e exacerbação de dermatoses fotossensíveis (Stokes, 2000). As radiações UVA e UVB são responsáveis pela diminuição de sistemas antioxidantes cutâneos, bem como pela alteração do balanço redox celular, por diferentes formas, resultando em aumento de sistemas oxidantes e, consequentemente, alterando a hemostasia cutânea (Yasui; Sakurai, 2000).

A primeira resposta observada na pele, após exposição ao sol, é a inflamação, caracterizada por eritema, edema e calor e pela elevação dos níveis de prostaglandinas e leucotrienos. Células especializadas, como neutrófilos, são recrutadas e estimuladas e, em seguida, ocorre a ativação do sistema NAD(P)H oxidase, gerando uma série de espécies reativas (Clydesdale et al., 2001).

Além da inflamação, outros mecanismos de resposta podem originar espécies reativas na pele. Heck et al. (2003) identificaram uma catalase presente em queratinócitos capaz de formar EROs em resposta à radiação UV, em especial, UVB. Kuhn et al. (1998) também demonstraram uma expressão aumentada de óxido nítrico sintase (NOS) na pele quando exposta à radiação UVB, resultando em formação excessiva de óxido nítrico ($^{\bullet}NO$), que tem o papel fisiológico de estimular os melanócitos a produzirem mais melanina.

Além disso, o $^{\bullet}NO$ pode reagir com $O_2^{\bullet-}$ formando peroxinitrito ($ONOO^-$), uma espécie altamente reativa (Nabeyrat et al., 2003). As espécies reativas podem ser formadas, ainda, por reações da luz com fotossensibilizadores endógenos cutâneos, na presença de O_2, como por exemplo, o ácido urocânico (Haralampus-Grynaviski et al., 2002).

A reação das espécies reativas então formadas, com componentes celulares, pode resultar em lipoperoxidação, oxidação de proteínas e de DNA (Linton et al., 2001). Os aldeídos formados pela lipoperoxidação podem interagir com o DNA, formando aductos que têm sido associados com câncer (Chaudhary et al., 1994).

Há evidências que em peles com exposição crônica ao sol há maior incidência de mutações no gene supressor de tumor *p53*, pelo estresse oxidativo ocasionado. Mutações neste gene, responsável pela manutenção da integridade genômica por bloquear a replicação do DNA em resposta a danos, ou induzir seu reparo, reduzem sua capacidade em disparar a morte programada de células (apoptose), resultando em maior proliferação celular. Pode ser sugerido, ainda, que independentemente dos danos causados ao DNA, o desequilíbrio redox provocado pela radiação UV pode interferir na apoptose, ocasionando o complexo processo carcinogênico, que é a principal preocupação quanto à exposição à radiação UV e seus metabólitos (Smith et al., 1995; Chang et al., 2002).

Tendo em vista a prevenção ou terapias para o câncer de pele, que é um dos tipos de câncer de maior ocorrência, são muito discutidos mecanismos para o restabelecimento do equilíbrio redox, sendo que o uso de antioxidantes e de produtos naturais bioativos com Fator de Proteção Solar (FPS) ou potencializadores de FPS, são alternativas que tem sido amplamente utilizadas, apesar das divergências encontradas.

Fotoprotetores

Inicialmente, os fotoprotetores foram desenvolvidos para proteger a pele contra queimaduras do sol, isto é, preferencialmente contra a radiação ultravioleta B, permitindo bronzeamento por meio da radiação ultravioleta A. Um fotoprotetor eficiente deve prevenir não apenas uma possível queimadura, mas também reduzir o acúmulo de todas as lesões induzidas pela radiação ultravioleta (Flor et al., 2007).

A pele apresenta mecanismo natural de fotoproteção, entretanto, produtos cosméticos fotoprotetores contendo substâncias artificiais, classificadas como filtros físicos ou bloqueadores e filtros químicos ou absorvedores (Coelho, 2005), assim como substâncias naturais como extratos vegetais fotoprotetores podem ser utilizados, quando exposta às radiações solares (Oliveira et al., 2004).

Alguns extratos vegetais contendo flavonoides são capazes de absorver a radiação ultravioleta. O espectro de absorção de um flavonoide mostra, em geral, dois picos máximos de absorção, um entre a faixa 240-280 nm e outro na faixa de 300-550 nm, o que mostra a possibilidade de uso destes extratos como filtros de radiação solar em preparações fotoprotetoras (Souza, 2004).

Tendência no uso de fotoprotetores

Entre as principais classes de moléculas filtrantes estão: o ácido para-aminobenzoico (Paba) e seus derivados; os derivados do ácido cinâmico; os derivados do benzilideno canforado e as benzofenonas e seus derivados (Peyrefitte et al., 1998), cujo uso está em discussão, devido às suas propriedades alergizantes.

Os antagonistas de radicais livres são substâncias bem conhecidas por suas propriedades antioxidantes. Sua presença atenua ou suprime as reações químicas devidas às radiações solares que não foram filtradas. Sozinhos, eles não são suficientemente protetores, mas acompanham frequentemente os filtros. São especialmente: o α-tocoferol, o β-caroteno, os flavonoides e os extratos ou óleos vegetais que os contêm (Peyrefitte et al., 1998).

Entre os óleos vegetais utilizados, podem ser citados os óleos de sésamo, de algodão, de amendoim, de oliveira e de coco e, ainda, a manteiga de cacau ou óleo de teobroma, que é o protetor solar mais antigo de uso popular (Peyrefitte et al., 1998). Nosso grupo de pesquisa tem avaliado o potencial fotoprotetor do óleo de café verde com resultados promissores (Chiari et al., 2014, Ribeiro et al., 2016).

Determinação do fator de proteção solar (FPS)

O fator de proteção solar é a medida da capacidade de um filtro solar proteger contra o eritema, causado principalmente pela radiação UVB, sendo então uma medida de eficácia do filtro contra a radiação UVB (Rosen, 2003). No Brasil, a Anvisa considera os filtros solares como cosméticos e enquadra os produtos para proteção solar nas categorias apresentadas.

A Anvisa define fator de proteção solar como sendo a razão entre a dose mínima eritematosa (DME), na pele protegida, dividida pela dose mínima eritematosa na pele não protegida. A DME é definida como a dose mínima de radiação ultravioleta requerida para produzir a primeira reação eritematosa perceptível com bordas claramente definidas, observadas entre 16 e 24 horas após a exposição à radiação ultravioleta (Anvisa, 2002). Dessa maneira, o fator de proteção solar (FPS) pode ser calculado conforme a equação:

$$FPS = \frac{\text{DEM (pele com proteção)}}{\text{DEM (pele sem proteção)}}$$

Fonte: Anvisa, 2002

A Anvisa não descreve um método para determinação do FPS, mas indica que deverá ser realizada pela aplicação estrita de uma das seguintes normas de testes *in vivo*: metodologia de determinação do fator de proteção solar indicada pelo FDA, de maio de 1993, ou a norma da Cosmetics Europe (antiga Colipa), de outubro de 1994.

Métodos *in vivo* de determinação do FPS

Os métodos de determinação de FPS *in vivo* utilizam 20 indivíduos sadios, homens e mulheres com sensibilidade mediana à radiação UV. É demarcada uma área nas costas do voluntário (0,3 m x 0,3 m) onde é aplicada a amostra, formando um filme de 2,0 mg/cm^2. É mantida, também, uma região desprotegida, separada por uma fita de 1,0 cm de largura. A irradiação é realizada com uma lâmpada UV de 300 W, 20 minutos após a aplicação do produto. O tempo de formação de eritema é medido e, por meio dos cálculos, pode ser determinado o FPS (Janousek, 1997). O padrão utilizado pela FDA é uma formulação contendo 8,0% de homosalato que resulta em um FPS de 4,47 (Ribeiro, 2004).

Métodos *in vitro* de determinação do FPS

Como alternativa aos métodos *in vivo*, existem métodos *in vitro* que foram desenvolvidos com o objetivo de acelerar o resultado e diminuir o custo dos testes *in vivo*. Estes métodos podem ser utilizados para avaliar o FPS durante o desenvolvimento de formulações e para o controle de qualidade de rotina, lote a lote (Ribeiro et al., 2004). Os principais empregam soluções diluídas dos produtos testados que são levadas para leitura por espectrofotometria no UV ou mesmo a amostra a ser ensaiada espalhada em substratos ou suportes submetidos à leitura. Os métodos podem explorar a absorbância (Mansur et al., 1986) ou a reflectância (Diffey, 1997) dos filtros solares.

O método desenvolvido por Mansur et al. (1986) demonstrou ser eficaz e rápido, além de apresentar uma boa correlação com os resultados *in vivo*, já tendo sido utilizado em outros trabalhos (Barth, 2000; Santos et al., 1999; Garcia et al., 1990). A absorbância de uma dispersão da formulação, em vários comprimentos de onda (290, 295, 300, 305, 310, 315 e 320nm) é medida e os valores aplicados na fórmula apresentada a seguir:

$$FPS = FC \times \sum_{290}^{320} . EE(\lambda) . 2 . I(\lambda) . Abs(\lambda)$$

Fonte: Mansur et al., 1986

Na equação proposta por Mansur:

FC = fator de correção (igual a 10).
EE (λ) = efeito eritematogênico da radiação de comprimento de onda λ.
I (λ) = intensidade da luz solar no comprimento de onda λ.
Abs (λ) = leitura espectrofotométrica da absorbância da solução da preparação no comprimento de onda (λ).

A relação entre efeito eritematogênico e intensidade da radiação, em cada comprimento de onda da radiação UVB, é dada por Sayre et al. (1979) e está demonstrada no Quadro 10.1.

Quadro 10.1 – Relação entre efeito eritematogêncio (EE) e intensidade da radiação (I) para cada comprimento de onda da radiação UVB.

λ (nm)	**EE x I**
290	0,0150
295	0,0817
300	0,2874
305	0,3278
310	0,1864
315	0,0839
320	0,0180
Σ	1,000

Fonte: Sayre et al., 1979

Um método desenvolvido por Diffey (1997) permite calcular o FPS utilizando um espectrofotômetro de reflectância. A principal vantagem deste método, sobre o de Mansur, é poder determinar o FPS de formulações que contenham bloqueadores solares (filtros solares físicos, como o dióxido de titânio, por exemplo).

Avaliação do nivel de proteção solar dos cosméticos

Mansur et al. (1986) realizaram ensaios de avaliação *in vivo* e *in vitro* para determinação de fator de proteção solar (FPS). Os autores comprovaram, por meio dos resultados obtidos, correlação aceitável entre os valores encontrados de FPS dos filtros solares e bronzeadores, apresentados na forma de emulsão, em testes em humanos e nos ensaios espectrofotométricos.

O FPS estimado por espectrofotometria de absorção no ultravioleta fornece resultados que avalia o filtro de acordo com a altura, largura e localização da sua curva de absorção dentro do espectro do ultravioleta. Portanto, para avaliarmos um protetor solar pela espectrofotometria, não basta vermos a curva de absorção, é necessário calcular o fator de proteção solar (Mansur et al., 1986).

Entre todos os ensaios *in vitro* para determinação do FPS, o ensaio de análise por espectrofotometria de UV consiste em um processo simples, rápido, barato e sem riscos, por meio do qual se pode conhecer o espectro de absorção de filtro solar e calcular o seu fator de proteção. Esse método tem grande aplicação na previsão do fator de proteção antes de se realizarem os testes em seres humanos, reduzindo, assim, os riscos potenciais deste tipo de produto.

O ensaio por espectrofotometria por reflectânica pode ser realizado em equipamentos como o Optometrics® e o Labsphere® que asseguram uma reprodutibilidade em relação aos ensaios *in vivo*. Embora a Anvisa ainda não reconheça como substituto ao ensaio *in vivo*, o ensaio por espectrofotometria de reflectância pode ser usado para diminuir o número de voluntários ou mesmo orientar o teste *in vivo*

Avaliação da atividade inibidora de tirosinase

Cada vez mais, a população mundial fica exposta à radiação Ultravioleta (UV), uma vez que a degradação da camada de ozônio está se acentuando.

Esta exposição é a principal causa de doenças dermatológicas hiperpigmentantes, pois a radiação UV estimula a atividade dos melanócitos, células da pele responsáveis pela produção de melanina (Thody, 1999; Briganti et al., 2003; Rouzaud et al., 2006; Scherdin et al., 2008; Miot et al., 2009).

O melasma é uma hiperpigmentação cutânea benigna, porém inestética, que, normalmente, aparece na face e membros superiores de pessoas que vivem em regiões equatoriais e/ou tropicais (Kang et al., 2002; Willis, 2004; Miot et al., 2009; Costa et al., 2010).

A hiperpigmentação ocorre quando os melanócitos aumentam sua atividade e produzem alta concentração de melanina. Para que isso não aconteça é necessário diminuir a atividade destes melanócitos, afim de que uma menor quantidade de melanina seja produzida. Esta diminuição da taxa de produção de melanina normalmente é realizada inibindo a tirosinase, enzima que atua em duas etapas do processo de melanogênese (Briganti et al., 2003; Kang et al., 2008; Chang, 2009).

Uma das maneiras para tratamento destas hipercromias é com o uso de produtos cosméticos (Scherdin et al., 2008). Por este motivo, é necessária a comprovação de atividade inibidora de tirosinase de compostos naturais bioativos, uma vez que os consumidores estão exigindo qualidade, segurança e eficácia comprovadas de cosméticos por eles utilizados.

A tirosinase é uma enzima cobre-dependente, que inicia o processo da síntese de melanina, pois catalisa as reações de hidroxilação da tirosina e oxidação da Dopa. A síntese de melanina é necessária para o organismo devido à função de proteção que a melanina confere à pele e aos pelos do corpo, incluindo cabelo. Entretanto, o acúmulo de melanina de forma indeterminada é o causador das hipercromias (Korner; Pawelek, 1980; Dooley, 1997; Cooksey et al., 1997; Nappi; Vass, 2001; Sturm et al., 2001; Kim; Uyama, 2005; Solano et al., 2006).

A indústria cosmética propõe o uso de substâncias sintéticas (por exemplo, hidroquinona, ácido kójico, entre outros) para inibir a atividade da tirosinase, na produção de cosméticos com a finalidade de clareamento da pele; porém, estas substâncias possuem limitações de uso, já que apresentam elevada toxicidade, reduzida estabilidade, pequena taxa de penetração e, por isso, apresentam eficácia insatisfatória (Pieroni et al., 2004; Schurinik et al., 2007; Momtaz et al., 2008). Por estes motivos, compostos naturais estão sendo, cada vez mais, utilizados como substitutos aos sintéticos.

A atividade inibidora de tirosinase é determinada por metodologias *in vitro,* que avaliam a inibição da atividade da enzima na reação de oxidação da L-tirosina e inibição da oxidação da L-Dopa. As duas metodologias utilizam a enzima, o substrato e a substância que possui a ação inibidora da enzima e avaliam a porcentagem de inibição da atividade por determinação espectrofotométrica em 475 nm. Como brancos da reação são utilizados apenas a enzima e o substrato que representam 100% de atividade (Land et al., 2001; Masamoto et al., 2003; Chang et al., 2007).

Além destas metodologias, também é possível avaliar a atividade inibidora de tirosinase utilizando cultura celular com linhagens de melanócitos humanos ou de rato (células B16F10). Neste caso, as células são transferidas para placas e tratadas com ácido kójico como controle positivo, com os compostos a serem avaliados e com meio de cultura contendo dimetilsulfóxido (DMSO) como controle negativo. Após 24 horas, o tratamento das células é retirado e os poços da placa são lavados para lisar as células e o efeito na produção de melanina é avaliado espectrofotometricamente em 405 nm. A porcentagem de melanina produzida é determinada, por comparação, com o controle negativo. Para este ensaio é necessária a obtenção de uma curva analítica de melanina (Takagi; Mitsunaga, 2003; Kim et al., 2006; Yamakoshi et al., 2006; Momtaz et al., 2008). Ambas as metodologias são capazes de fornecer dados seguros sobre a eficácia dos compostos naturais como inibidores de tirosinase.

Permeação cutânea

A cosmética está associada aos bioativos com o propósito de agir na pele e cabelos, de forma semelhante ao nosso organismo. Com a explosão do consumo de cosméticos e a necessidade da população em manter uma beleza estética desejada, produtos cosméticos passaram a ser vistos como agentes de tratamento.

Com essa mudança, surgiu um conflito, pois a legislação considera cosmético somente aquilo que não altera a estrutura e atividade da pele (Corrêa, 2011). Há muitos anos atrás, o dermatologista americano Albert Kligman nomeou outra categoria, a dos "cosmecêuticos". termo que resulta da junção de duas palavras: cosm(etic) + (pharma)ceutic (Ramos-e-Silva; Carneiro, 2001; Kligman, 1997; Kligman, 2000).

Os produtos classificados como cosméticos grau 1 não necessitam de testes de eficácia e segurança para serem lançados no mercado, porém existem os cosméticos grau 2, que alteram a fisiologia da pele que, segundo Albert Kligman, seriam os cosmecêuticos. Não são fármacos, mas também não se encaixam na definição de cosméticos segundo a Anvisa e o Food and Drugs Administration (FDA), nos Estados Unidos, não aceita nenhuma variação: ou são fármacos ou são cosméticos (Larry; Millikan, 2001; Kligman, 1997; Kligman, 2000).

A cosmetologia atual busca produtos com atividade fisiológica, com destaque para o anti envelhecimento e para a prevenção de patologias cutâneas, com comprovação de eficácia. Esses produtos não podem ser, simplesmente, denominados de cosméticos. Os termos cosmeto-dermatológicos ou cosmecêuticos, como nomeou Kligman, seriam mais adequados.

Permeação cutânea de compostos naturais bioativos

A passagem de substâncias pela pele é alterada por diversos parâmetros como: espessura, temperatura, grau de hidratação, limpeza da pele, fluxo sanguíneo, concentração de lipídios, número de folículos pilosos, função das glândulas sudoríparas, raça, pH na superfície da pele e integridade do estrato córneo (Wokovich et al., 2006). A principal barreira de permeabilidade cutânea é o estrato córneo.

Antes de tratar de permeação cutânea propriamente, é necessário conhecer a estrutura da pele e de suas camadas, porque permeação e pele são intimamente relacionadas.

A pele é o maior órgão do corpo humano, apresentando funções como: proteção e defesa, impermeabilização do organismo, termorregulação (homeostase do organismo), funções táteis (exemplo: calor, frio, dor entre outros). É uma via de administração de fármacos (administração transdérmica), sendo, também, considerada uma porta de saída de toxinas do organismo (Walters, 2002).

A pele é composta por duas camadas principais, a epiderme (camada exterior) e a derme (camada inferior) e uma terceira camada variável, que é chamada de hipoderme ou subcutânea (Reichling et al., 2006; Wheater, 1994; Wheater, 2001). A pele apresenta alguns apêndices ou também denominados anexos cutâneos, que são: unhas, folículos pilosos, glândulas sudoríparas e sebáceas.

A epiderme tem a função de barreira contra agressores externos e contra perda de componentes internos do corpo, principalmente água. É uma camada de estrato queratinizado estratificado escamoso. Na camada mais externa da epiderme está o estrato córneo, formado por células queratinizadas em constante descamação, que exercem a função barreira e que controlam a permeação de substâncias pela pele (Rass, 1993).

A derme é a camada mais espessa de tecido conjuntivo e é nela que a epiderme está ligada. Contém vasos sanguíneos e linfáticos, terminações nervosas, folículos pilosos e as glândulas. Apresenta funções de preenchimento, sustentação e elasticidade, nutrição da epiderme devido à presença dos vasos sanguíneos.

Hipoderme é a camada mais profunda da pele, sendo constituída principalmente de tecido adiposo. Atua como isolante térmico, proteção contra pressões, e apresenta, como uma de suas principais funções, levar o sistema vascular e neural para a pele.

Como pode ser visto, a pele é uma proteção e é também uma barreira, fator que limita a ação não só de fármacos mas também de bioativos cosméticos. Para permeação de bioativos cosméticos é necessário que o bioativo seja liberado da preparação cosmética, entretanto, entre as características desejadas para um produto de uso tópico é que apresente elevada retenção e baixa permeação (Sato et al., 2007).

A passagem por meio do estrato córneo apresenta três formas: transcelular, intercelular e por meio dos anexos da pele (transapêndices) (Walters, 2002). Assim sendo, as propriedades físico químicas de um ativo vão influenciar sua penetração no estrato córneo.

Um bioativo cosmético com elevada hidrofilia apresentará dificuldades em passar pelo estrato córneo. O mesmo acontece com um bioativo cosmético com elevado grau de lipofilicidade. É provável que fique retido no estrato córneo. A permeação, para a maioria das substâncias, é dependente da lipofilicidade e do tamanho da partícula (Guy; Hadgraft, 1992; Boddé et al., 1991).

Para facilitar a permeação, podem ser empregados promotores físicos e químicos. Os promotores de permeação físicos são utilizados para ajudar a libertar a substância de interesse através da pele, alterando a propriedade barreira do estrato córneo. Exemplos de promotores físicos podem ser a iontoforese, microdermoadesão, sonoforese, magnetoforese, eletropermeabilização, entre outros.

Os promotores de permeação químicos não apresentam propriedades farmacológicas ativas, agem interagindo com os componentes do estrato córneo, diminuindo a resistência da pele à passagem dos fármacos e também dos bioativos cosméticos (Walters, 1989; Barry, 1987).

Outra forma de diminuir a resistência da pele é alterar, de forma reversível, a função barreira como, por exemplo, pela ação de promotores como álcool e ácidos graxos. Segundo Hadgraft (1999) e Sinha e Kaur (2000), um promotor de permeação almejado é farmacologicamente inerte, não tóxico, de ação imediata, não-irritante, hipoalérgico, de ação reversível, química e fisicamente compatível com o fármaco e excipientes, aceitável cosmeticamente pela pele, inodoro, insípido, incolor, acessível e com boas propriedades solventes.

Alguns métodos são usados para avaliar a quantidade de substância ativa que atravessa a pele, em testes *in vitro,* que indicam ou sugerem o que poderá acontecer no teste *in vivo;* assim, os resultados devem ser analisados e estudados com cuidado. Um dos testes mais utilizados para estudo de permeação é o que emprega a célula de Franz modificada. Esse aparato consiste em um sistema de difusão, contendo um compartimento receptor, um compartimento doador, uma área para difusão, acoplados a um sistema de agitação. O sistema de difusão está acoplado a um banho, para controle da temperatura.

Os testes são realizados utilizando pele humana ou animal, as chamadas membranas naturais, ou, ainda, membranas artificiais (acetato ou nitrato de celulose, polissulfona, silicone). As membranas de pele humana ou animal são mais utilizadas devido a uma maior confiabilidade dos resultados. Normalmente, a pele humana é obtida de cirurgias plásticas, a partir de mama ou pele abdominal. Sem dúvida, é a melhor pele para se fazer o estudo; porém, devido à dificuldade de aquisição e a variação biológica, são usadas, então, as peles de animais (Sato et al., 2007).

Em testes nos quais é empregada a pele de animais, as mais comumente utilizadas são o flanco e a parte traseira (rato); o flanco e a orelha (de porco), e a muda da pele de cobra. A pele da orelha de porco é uma das mais utilizadas nos experimentos *in vitro,* apresenta morfologia semelhante à pele humana e uma permeação também similar; é de fácil aquisição e não apresenta dificuldades na preparação e dissecação (Sato et al., 2007).

A muda da pele de cobra apresenta vantagens, por não ser necessária a morte do animal e possuir similaridades com o estrato córneo humano (Baby et al., 2008). A preparação da membrana é um fator crítico, é necessário prestar muita atenção com a colocação correta da membrana no aparato; conduzir o teste com muito cuidado, para não danificar a barreira cutânea, garantindo sua integridade.

Após um determinado tempo de permeação, geralmente definido pelo pesquisador responsável pelo experimento, alíquotas de amostras vão sendo retiradas (por exemplo, após 10, 20, 30, 60, 120, 180, 240, e 360 minutos) e as amostras são submetidas à quantificação da substância permeada por método espectrofotométrico no ultravioleta ou por cromatografia líquida de alta eficiência.

Segundo Sato et al. (2007), a quantidade permeada (Q) pode ser calculada por meio da fórmula proposta por Aronson (1993) e também estudada por Bentley e Lopez (2002)

Q_{real}, t = $C_{mensurado}$, t.V_r + Σn-1. C_a.V_a, onde:

Q = quantidade permeada acumulada
Q_{real} t = o valor real no tempo t
$C_{mensurada}$ t = concentração mensurada da coleta no tempo t
V_r = volume da solução receptora da célula de difusão
C_a = concentração da amostra removida
V_a = volume da amostra removida

Os dados são obtidos para calcular o tempo LAG (tempo de latência), que representa o tempo para que o fluxo se equilibre e o fluxo através da membrana. Para avaliar a cinética da reação, são propostos alguns modelos matemáticos e, dentre eles estão: o modelo cinético de Higuchi (pseudo primeira ordem), o de primeira ordem, o de ordem zero, Hixon-Crowell, quadrático e Weibull, entre outros (Polli, 1996; O'Hara et al., 1998).

Os modelos mais utilizados para fazer o estudo da cinética são os modelos de Higuchi, de ordem zero e o de primeira ordem. A cinética da permeação do bioativo cosmético será o modelo cinético de coeficiente linear mais próximo de um (Sato et al., 2007). No modelo de Higuchi, a quantidade liberada é proporcional á raiz quadrada do tempo (Aulton, 2005).

Conclusão

Este capítulo descreveu atividades biológicas passíveis de serem apresentadas por compostos naturais bioativos, além de mostrar métodos *in vivo* e *in vitro* para avaliação da segurança dos fitocosméticos, enfatizando e enfocando a tendência atual da Cosmetologia na obtenção de ativos realmente seguros e eficazes na diminuição dos sinais do envelhecimento cutâneo intrínseco e prevenção de patologias e efeitos inestéticos causados pelo ambiente e pelo tempo à pele.

Referências bibliográficas

ABDUL, A. B. H.; AL-ZUBAIRI, A. S.; TAILAN, N. D.; WAHAB, S. I. A.; ZAIN, Z. N. M.; RUSLAY, S.; SYAM, M. M. Anticancer activity of natural compound (Zerumbone) extracted from *Zingiber zerumbet* in human HeLa cervical cancer cells. *International Journal of Pharmacology*, v.4, n.3, p.160-168, 2008.

ABU-ASAB, M. S.; CANTINO, P. D. Philogenetic implications of leaf anatomy in subtribe Melittidinae (Labiatae) and related taxa. *Journal of the Arnold Arboretum*, v.68, p.1-34, 1987.

ABZIANIDZE, V.; PROKOFIEVA, D. S.; CHISTY, L. A.; BOLSHAKOVA, K. P.; BERESTETSKIY, A. O.; PANIKOROVSKII, T. L.; BOGACHENKOV, A. S.; HOLDER, A. A. Synthesis of natural phaeosphaeride A derivatives and an in vitro evaluation of their anti-cancer potential. *Bioorganic & Medicinal Chemistry Letters*, v.25, p.5566-5569, 2015.

ACOSTA, H.; DUBOURDEIEU, M.; QUIÑONES, W.; CÁCERES, A.; BRINGAUD, F.; CONCEPCIÓN, J. L. Pyruvate phosphate dikinase and pyrophosphate metabolism in the glycosome of *Trypanosoma cruzi* epimastigotes. *Comparative Biochemistry and Physiology Biochemistry & Molecular Biology*, v.138, n.4, p.347-356, 2004.

ADAUI, V.; CASTILLO, D.; ZIMIC, M.; GUTIERREZ, A.; DECUYPERE, S.; VANAERSCHOT, M.; DE DONCKER, S.; SCHNORBUSCH, K.; MAES, I.; DER AUWERA, G. V.; MAES, L.; LLANOS-CUENTAS, A.; AREVALO, J.; DUJARDIN, J-C. Comparative Gene Expression Analysis throughout the Life Cycle of *Leishmania braziliensis*: Diversity of Expression Profiles among Clinical Isolates. *PLOS Neglected Tropical Disease*, v.5, n.5, p.1021, 2011.

ADIL, M. D.; KAISERA, P.; SATTI, N. K.; ZARGARB, A. M.; VISHWAKARMAA, R. A.; TASDUQA, S. A. Effect of *Emblica officinalis* (fruit) against UVB-induced photo-aging in human skin fibroblasts. *Journal of Ethnopharmacology*, v.132, p.109-114, 2010.

AFONSO-NETO, I. S.; BESSA, E. A.; SOARES, G. L. G. Avaliação da atividade moluscicida do látex de três espécies de *Euphorbia* (Euphorbiaceae) sobre *Leptinaria unilamellata* D'Orbigny, 1835 (Gastropoda-Subulinidae). *Revista Brasileira de Plantas Medicinais*, v.12, n.1, p.90-95, 2010.

AGARWAL, A. K.; TRIPATHI, S. K.; XU, T.; JACOB, M. R.; LI, X. C.; CLARK, A. M. Exploring the molecular basis of antifungal synergies using genome-wide approaches. *Frontiers in Microbiology*, v.3, p.115-121, 2012.

AGÊNCIA NACIONAL DE VIGILÂNCIA SANITÁRIA (ANVISA). Decreto n.79094, de 5 jan. 1977.

________. *Guia para Avaliação*, 2002.

________. Resolução RDC n.79, de 28 de agosto de 2000.

________. Resolução RDC n.211, de 14 de julho de 2005.

________. Resolução RDC n.343, de 13 de dezembro de 2005.

________. *Guia para avaliação da segurança de produtos cosmético*. Brasil, 2003. Disponível em: <http://www. anvisa. gov. br/cosmeticos/guia/index. html>. Acesso em: 25 de nov. 2011.

AGÜERO, F.; AL-LAZIKANI, B.; ASLETT, M.; BERRIMAN, M.; BUCKNER, F. S.; CAMPBELL, R. K.; CARMONA, S.; CARRUTHERS, I. M.; CHAN, A. W. E.; CHEN, F.; CROWTER, G. J.; DOYOLE, M. A.; HERTZ-FOWLER, C.; HOPKINS, A. L.; MCALLISTER, G.; NWAKA, S.; OVERINGTON, J. P.; PAIN, A.; PAOLINI, G. V.; PIEPER, U.; RALPH, S. A.; RIECHERS, A.; ROOS, D. S.; SALI, A.; SHANMUGAN, D.; SUZUKI, T.; VOORHIS, W. C. V.; VERLINDE, C. L. M. J. Genomic-scale prioritization of drug targets: the TDR Targets database. *Nature Reviews Drug Discovery*, v.7, n.11, p.900-7, 2008.

AGÜERO, M. B.; GONZALEZ, M.; LIMA, B.; SVETAZ, L.;, SÁNCHEZ, M.; ZACCHINO, S.; FERESIN, G. E.; SCHMEDA-HIRSCHMANN, G.; PALERMO, J.; WUNDERLIN, D.; TAPIA, A. Argentinean propolis from *Zuccagnia punctata* Cav. (Caesalpinieae) exudates: phytochemical characterization and antifungal activity. *Journal Agricultural and Food Chemistry*, v.58, n.1, p.194-201, 2010.

AGÜERO, M. B.; SVETAZ, L.; SÁNCHEZ, M.; LUNA, L.; LIMA, B.; LÓPEZ, M. L.; ZACCHINO, S.; PALERMO, J.; WUNDERLIN, D.; FERESIN, G. E. TAPIA A. Argentinean Andean propolis associated with the medicinal plant *Larrea nitida* Cav. (Zygophyllaceae). HPLC-MS and GC-MS characterization and antifungal activity. *Food and Chemical Toxicology*, v.49, n.9, p.1970-1978, 2011.

AINSWORTH, G. C.; SUSSMAN, A. S. (Ed.). *The fungi, an advanced treatise*. New York: Academic Press, 1996, v.2, p.805.

AJIKUMAR, P. K.; TYO, K.; CARLSEN, S.; MUCHA, O.; PHON, T. H.; STEPHANOPOULOS, G. Terpenoids: Opportunities for biosynthesis of natural product drugs using engineered microorganisms. *Molecular Pharmaceutics*, v.5, n.2, p.167-190, 2008.

AJIKUMAR, P. K.; XIAO, W-H.; TYO, K. E. J.; WANG, Y.; SIMEON, F.; LEONARD, E.; MUCHA, O.; PHON, T. H.; PFEIFER, B.; STEPHANOPOULOS, G. Isoprenoid pathway optimization for taxol precursor overproduction in *Escherichia coli*. *Science*, v.330, n.6000, p.70-74, 2010.

ALCOLEA, P. J.; ALONSO, A.; LARRAGA, V. Proteome Profiling of *Leishmania infantum* Promastigotes. *Journal of Eukaryotic Microbiology*, 2011.

ALI, J. A.; CREEK, D.J.; BURGUESS, K.; ALLISON, H. C.; FIELD, M. C.; MÄSER, P.; DE KONING, H. P. Pyrimidine Salvage in *Trypanosoma brucei* Bloodstream Forms and the Trypanocidal Action of Halogenated Pyrimidines. *Molecular Pharmacology*, v.83, n.2, p.439-453, 2013.

ALLARD, R. W. Sistemas reprodutivos e métodos de melhoramento de plantas. In: BLUCHER, E. (ed.). *Princípios do melhoramento genético de plantas*. Rio de Janeiro, p.25-40, 1971.

ALLMENDINGER, A.; SPAVIERI, J.; KAISER, M.; CASEY, R.; HINGLEY-WILSON, S.; LALVANI, A.; GUIRY, M.; BLUNDEN, G.; TASDEMIR, D. et al. Antiprotozoal, antimycobacterial and cytotoxic potential of twenty-three British and Irish red algae. *Phytotherapy Research*, v.24, n.7, p.1099-1103, 2010.

ALMEIDA, F. Fitoalexinas. Instituto Agronômico do Paraná, Londrina, 98p., 1988.

ALMEIDA, A.; MUZITANO, M.; COSTA, S. 1-octen-3-*O*-α-L-arabinopyranosyl-(1 → 6)-β-glucopyranoside, a minor substance from the leaves of *Kalanchoe pinnata* (Crassulaceae). *Revista Brasileira de Farmacognosia*, v.16, p.485-489, 2006.

ALMEIDA, O. S.; SILVA, A. H. B. da; SILVA, A. B.; SILVA, A. B. da; AMARAL, C. L. F. Estudo da biologia floral e mecanismos reprodutivos do alfavacão (*Ocimum officinalis* L.) visando o melhoramento genético. *Acta Scientiarum, Biological Sciences*, v.26, n.3, p.343-348, 2004.

ALOTHMAN, M.; BHAT, R.; KARIM, A. A.; Antioxidant capacity and phenolic content of selected tropical fruits from Malaysia, extracted with different solvents. *Food Chemistry*, v.115, p.785-788, 2009.

ALVAR, J.; APARICIO, P.; ASEFFA, A.; DEN BOER, M.; CAÑAVATE, C.; DEDET J. P.; GRADONI, L.; TER HORST, R.; LÓPEZ-VÉLEZ, R.; MORENO, J. The relationship between leishmaniasis and Aids: the second 10 years. *Clinical Microbiology Reviews*, v.2, p.334-359, 2008.

ALVES, R. R.; ALVES, H. N. The faunal drugstore: animal-based remedies used in traditional medicines in Latin America. *Journal Ethnobiology Ethnomedicine*, v.7, p.9, 2011.

ALVES, T. M. A.; SILVA, A. F.; BRANDÃO. M.; GRANDI, T. S. M.; SMÂNIA, E. F. A.; SMÂNIA JUNIOR, A.; ZANI, C. L. Biological Screening of Brazilian Medicinal Plants. *Memórias do Instituto Oswaldo Cruz*, v.95, n.3, p.367-373, 2000.

ALY, A. H.; DEBBAB, A.; KJER, J.; PROKSCH, p.Fungal endophytes from higher plants: a prolific source of phytochemicals and other bioactive natural products. *Fungal Diversity*, v.41, p.1-16, 2010.

ALY, A. H.; DEBBAB, A.; PROKSCH, P. Fungal endophytes: unique plant inhabitants with great promises. *Applied of Microbiology Biotechnology*, v.90, p.1829-1845, 2011.

AMARAL, W. *Desenvolvimento de camomila e produção de óleo essencial sob diferentes condições de manejo*. Curitiba, 2005. 83f. Dissertação (Mestrado em Ciências Agrárias) – Universidade Federal do Paraná.

AMBRÓSIO, D. L.; BARBOSA, C. F.; VIANNA, V. F.; CICARELLI, R. M. B. *Trypanosoma cruzi*: establishment of permeable cells for RNA processing analysis with drugs. *Memórias Instituto Oswaldo Cruz*, v.99, n.6, p.617-620, 2004.

AMORIM, M. R.; SOMENSI, A.; ARAUJO, A. R.; BONIFÁCIO, B. V.; BAUAB, T. M.; SANTOS, L. C. Compounds of *Anthostomella brabeji*, an endophytic fungus isolated from *Paepalanthus planifolius* (Eriocaulaceae). *Journal of the Brazilian Chemical Society*, v.27, n.6, p.1048-1054, 2016.

AMOROZO, M. C.; GELY, A. L. Uso de plantas medicinais por caboclos do Baixo Amazonas, Barcarena- PA Brasil. *Boletim do Museu Paranaense Emilio Goeoldi*, v.4 n.1, p.47-131, 1988.

ANDRADE E SILVA, M. L.; CICARELLI, R. M. B.; PAULETTI, P. M.; LUZ, P. P.; REZENDE, K. C. S.; JANUÁRIO, A. H.; DA SILVA, R.; PEREIRA, A. C.; BASTOS, J. K.; DE ALBUQUERQUE, S.; MAGALHÃES, L. G.; CUNHA, W. R. *Trypanosoma cruzi*: evaluation of (-)-cubebin derivatives activity in the messenger RNAs processing. *Parasitology Research*, 2011.

ANIBAL, P. C.; PEIXOTO, I. T.; FOGLIO, M. A.; HÖFLING, J. F. Antifungal activity of the ethanolic extracts of *Punica granatum* L. and evaluation of the morphological and structural modifications of its compounds upon the cells of *Candida* spp. *Brazilian Journal of Microbiology*, v.44, n.3, p.839-48, 2013.

ANITA, P.; SIVASAMY, S.; MADAN, K. P. D.; BALAN, I. N.; ETHIRAJ, S. *In vitro* antibacterial activity of *Camellia sinensis* extract against cariogenic microorganisms. *Journal of Basic and Clinical Pharmacy*, v.6, n.1, p.35-39, 2014.

ANTOLOVICH, M.; PRENZLER, P. D.; PATSALIDES, E.; MCDONALD, S.; ROBARDS, K.; Methods for testing antioxidant activity. *Analyst*, v.127, p.183-198, 2002.

ARAÚJO JR.; R. F.; OLIVEIRA, A. L.; PESSOA, J. B.; GARCIA, V. B.; GUERRA, G. C.; SOARES, L. A.; SOUZA, T. P.; PETROVICK, P. R.; ARAÚJO, A. A. *Maytenus ilicifolia* dry extract protects normal cells, induces apoptosis and regulates Bcl-2 in human cancer cells. *Experimental Biology and Medicine* (Maywood), v.238, n.11, p.1251-1258, 2013.

ARNAO, M. B. Some methodological problems in the determination of antioxidant activity using chromogen radicals: A practical case. *Trends in Food Science and Technology*, v.11, p.419-421, 2000.

ARNOLD, A. E. Understanding the diversity of foliar endophytic fungi: progress, challenges, and frontiers. *Fungal Biology Reviews*, v.21, p.51-66, 2007.

ARONSON, H. Correction factor for dissolution profile calculations. *Journal of Pharmaceutical Science*, v.82, n.11, p.1190-1203, 1993.

ARTS, M. J. T. J.; HAENEN, G. R. M. M.; VOSS, H. P.; BAST, A.; Masking of antioxidant capacity by the interaction of flavonoids with protein. Food and Chemical Toxicology, v.39, n.8, p.787-791, 2001.

ASAKAWA, Y.; NOMA, Y. Biotransformation of Sesquiterpenoids. In: LIU, H. W.; MANDER, L. (Ed.). *Comprehensive Natural Products II*. Oxford: Elsevier, p.803, 2010a.

ASAKAWA, Y.; NOMA, Y. Biotransformation of Di- and Triterpenoids, Steroids, and Miscellaneous Synthetic Substrates. In: LIU, H. W.; MANDER, L. (Ed.). *Comprehensive Natural Products II*. Oxford: Elsevier, p.893, 2010b.

ASSCHE, T. V.; DESCHACHT, M.; DA LUZ, R. A.; MAES, L.; COS, P. *Leishmania*-macrophage interactions: Insights into the redox biology. *Free Radical Biology and Medicine*, v.51, n.2, p.337-351, 2011.

AULTON, M. E. *Delineamento de formas farmacêuticas*, 2. ed. Porto Alegre: Artmed, 2005, 677 p.

AZEVEDO, J. L. Microrganismos endofíticos. In: MELO, I. S.; AZEVEDO, J. L. *Ecologia Microbiana*. Jaguariúna: Embrapa; CNPMA, 1998, p.117-137.

AZEVEDO, J. L.; MACCHERONI JÚNIOR, W.; ARAUJO, W. L. Microrganismos endofíticos e seu papel em plantas tropicais. 235-268 In: SERAFINI, L. A.; BARROS, N. M.; AZEVEDO, J. L. *Biotecnologia*: avanços na agricultura e na agroindústria. Caxias do Sul: Educs, 2002, p.235-268.

BABY, A. R. C. A.; HAROUTIOUNIAN-FILHO, F. D.; SARRUF, C. R.; TAVANTE-JÚNIOR, C. A. S. O.; PINTO, V.; ZAGUE. Estabilidade e estudo de penetração cutânea in vitro da rutina veiculada em uma emulsão cosmética através de um modelo de biomembrana alternativo. *Revista Brasileira de Ciências Farmacêuticas*, v.44, n.2, p.233-248, 2008.

BACCHI, E. M. Controle de qualidade de fitoterápicos. In: *Plantas medicinais: arte e ciências. Um guia de estudo interdisciplinar*. Editora Unesp,1996. p.170-186.

BACON, K. M.; HOTEZ, P. J.; LEE, B. Y. The Potential Economic Value of a Cutaneous Leishmaniasis Vaccine in Seven Endemic Countries in the Americas. *Vaccine*, v.31, n.3, p.480-486, 2013.

BAGGIO, C. H.; FREITAS, C. S.; OTOFUJI, G. D. M.; CIPRIANI, T. R.; SOUZA, L. M.; SASSAKI, G. L.; IACOMINI, M.; MARQUES, M. C.; MESIAS-VELA, S. Flavonoid-rich fraction of *Maytenus ilicifolia* Mart. ex. Reiss protects the gastric mucosa of rodents through inhibition of both H+,K+-ATPase activity and formation of nitric oxide. *Journal of Ethnopharmacology*, v.113, n.3, p.433-440, 2007.

BAILEY, B. A.; BAE, H.; STREM, M. D.; ROBERTS, D. P.; THOMAS, S. E.; CROZIER, J.; SAMUELS, G. J.; CHOI, I. Y.; HOLMES, K. A. Fungal and plant gene expression during the colonization of cacao seedlings by endophytic isolates of four *Trichoderma* species. *Planta*, v.224, p.1449-1464, 2006.

BAHL, J.R.; GARG, S.N.; SINGH, S.C.; BANSAL, R.P.; NAQVI, A.A.; KUMAR, S. Composition of linalool from Lippia alba grown in Indian plains. Flavour Fragrance Journal, v.15, n.3, p.199-200, 2000.

BALASEGARAM, M.; RITMEIJER, K.; LIMA, M.A.; BURZA, S.; ORTIZ GENOVESE, G.; MILANI, B.; GASPANI, S.; POTET, J.; CHAPPUIS, F. Liposomal amphotericin B as a treatment for human leishmaniasis. *Expert Opinion on Emerging Drugs*, v.17, p.493-510, 2012.

BALUNAS, M. J. R. G.; LININGTON R. G.; TIDGEWELL, K.; FENNER, A. M.; UNERÑA, L. D.; TOGNA, G. D.; KYLE, D. E.; GERWICK, W. H. Dragonamide E, a Modified Linear Lipopeptide from *Lyngbya majuscula* with Antileishmanial Activity. *Journal of Natural Products*, v.73, n.1, p.60-66, 2010.

BANDINI, G.; MARINO, K.; GÜTHER, M. L. S.; WERNIMONT, A. K.; KUETTEL, S.; QIU, W.; AFZAL, S.; KELNER, A.; HUI, R.; FERGUSON, M. A. J. Phosphoglucomutase is absent in *Trypanosoma brucei* and redundantly substituted by phosphomannomutase and phospho-*N*-acetylglucosamine mutase. *Molecular Microbiology*, v.85, n.3, p.513-534, 2012.

BAPTISTA, D. F.; VASCONCELLOS, M. C.; LOPES, F. E. F.; SILVA, I. P.; SCHALL, V. T. Evaluation of the molluscicidal property of *Euphorbia splendens* var hislopii (N E B) (Euphorbiaceae) – 2. Investigation in lotic habitat. *Memórias do Instituto Oswaldo Cruz*, v.87, n, 4, p.549-553, 1992.

BARBOSA, C. F.; OKUDA, E. S.; CHUNG, M. C.; FERREIRA, E. L.; CICARELLI, R. M. B. Rapid test for the evaluation of the activity of the prodrug hydroxymethylnitrofurazone in the processing of *Trypanosoma cruzi* messenger RNAs. *Brazilian Journal of Medical and Biological Research*, v.40, n.1, p.33-9, 2007.

BARREIRO, E. J.; FRAGA, C. A. M. *Química Medicinal: As bases moleculares da ação dos fármacos*. 2ª Edição. Porto Alegre: Artmed, 2008.

BARROS-ALVAREZ, X.; GUALDRON-LOPEZ, M.; ACOSTA, H.; CACERES, A.J.; GRAMINHA, M.A.S.; MICHELS, P. A. M.; CONCEPCION, J. L.; QUINONES, W. Glycosomal Targets for Anti-Trypanosomatid Drug Discovery. *Current Medicinal Chemistry*, v.21, n.15, p.1679-1706, 2014.

BARRY, B. W. Mode of action of penetration enhancers in human skin. *Journal of Controlled Release*, v.6, p.85-97, 1987.

BARTH, A. L. *Fator de proteção solar versus coeficiente de carga de filtros solares químicos:* avaliação fotobiológica de uma mistura de filtros solares químicos. Rio de Janeiro, 2000. Dissertação (Mestrado em Farmácia) – Universidade Federal do Rio de Janeiro.

BASSO, L. A.; DA SILVA, L. H.; FETT-NETO, A. G.; DE AZEVEDO, W. F. JR; MOREIRA, I. S.; PALMA, M. S.; CALIXTO, J. B.; ASTOLFI FILHO, S.; DOS SANTOS, R. R.; SOARES, M. B.; SANTOS, D. S. The use of biodiversity as source of new chemical entities against defined molecular targets for treatment of malaria, tuberculosis, and T-cell mediated diseases-a review. *Memórias do Instituto Oswaldo Cruz*, v.100, n.6, p.475-506, 2005.

BECKER, L. B. New concepts in reactive oxygen species and cardiovascular reperfusion physiology. Cardiovascular Research, v.61, p.461-470, 2004.

BELLOFATTO, V.; CROSS, G. A. Expression of a bacterial gene in a trypanosomatid protozoan. *Science*, v.244, n.4909, p.1167-1169, 1989.

BENNEKOM, W. P.; VAN DER VIJGH, W. J.; BAST, A. Structural aspects of antioxidant activity of flavonoids. *Free Radical Biology &Medicine*, v.20, n.3, p.331-342, 1996.

BENTLEY, M. V. L. B.; LOPEZ, R. F. V. *Curso de permeação cutânea in vitro II*. Módulo II. Apostila, Ribeirão Preto: Fundefarp, 2002.

BERG, K.; ZHAI, L.; CHEN, M.; KHARAZMI, A.; OWEN, T. C. The use of a water-soluble formazan complex to quantitate the cell number and mitochondrial function of *Leishmania major* promastigotes. *Parasitology Research*, v.80, n.3, p.235-239, 1994.

BERGMANN, B.; COSTA, S.; MORAES, V. Brazilian medicinal plants: A rich source of immunomodulatory substances. *Brazilian Journal Association for the Advancement of Science*, v.49, p.395-402, 1997.

BERNARD, P.; SCIOR, T.; DIDIER, B.; HIBERT, M.; BERTHON, J. -Y. Ethnopharmacology and bioinformatic combination for leads discovery: application to phospholipase A2 inhibitors. *Phytochemistry*, v.58, n.6, p.865-874, 2001.

BERRIMAN, M.; GHEDIN, E.; HERTZ-FOWLER, C.; BLANDIN, G.; RENAULD, H.; BARTHOLOMEU D.C.; LENNARD, N.J.; CALER, E.; HAMLIN, N.E.; HAAS, B.; BÖHME, U.; HANNICK, L.; ASLETT M.A.; SHALLOM, J.; MARCELLO, L.; HOU, L.; WICKSTEAD, B.; ALSMARK, U.C.; ARROWSMITH, C.; ATKIN, R.J.; BARRON, A.J.; BRINGAUD, F.; BROOKS, K.; CARRINGTON, M.; CHEREVACH, I.; CHILLINGWORTH, T.J.; CHURCHER, C.; CLARK, L.N.; CORTON, C.H.; CRONIN, A.; DAVIES, R.M.; DOGGETT. J.; DJIKENG, A.; FELDBLYUM, T.; FIELD,

M.C.; FRASER, A.; GOODHEAD, I.; HANCE, Z.; HARPER, D.; HARRIS, B.R.; HAUSER, H.; HOSTETLER, J. IVENS, A.; JAGELS, K.; JOHNSON, D.; JOHNSON, J.; JONES, K.; KERHORNOU, A.X.; KOO, H.; LARKE, N.; LANDFEAR, S.; LARKIN, C.; LEECH, V.; LINE, A.; LORD, A.; MACLEOD, A.; MOONEY, P.J; MOULE, S.; MARTIN, D.M.; MORGAN, G.W.; MUNGALL, K.; NORBERTCZAK, H.; ORMOND, D.; PAI, G.; PEACOCK, C.S.; PETERSON, J.; QUAIL, M.A.; RABBINOWITSCH, E.; RAJANDREAM, M.A.; REITTER, C.; SALZBERG, S.L.; SANDERS, M.; SCHOBEL, S.; SHARP, S.; SIMMONDS, M.; SIMPSON, A.J.; TALLON, L.; TURNER, C.M.; TAIT, A.; TIVEY, A.R.; VAN AKEN S.; WALKER, D.; WANLESS, D.; WANG, S.; WHITE, B.; WHITE, O.; WHITEHEAD, S.; WOODWARD, J.; WORTMAN, J.; ADAMS, M.D.; EMBLEY, T.M.; GULL, K.; ULLU, E.; BARRY, J.D.; FAIRLAMB, A.H.; OPPERDOES, F.; BARRELL, B.G.; DONELSON, J.E.; HALL, N.; FRASER, C.M.; MELVILLE, S.E.; EL-SAYED, N.M. The genome of the African trypanosome *Trypanosoma brucei*. *Science*, v.309, n.5733, p.416-422, 2005.

BERSANI-AMADO, C. A.; MASSAO, L. B.; BAGGIO, S. R.; JOHANSON, L.; ALBIERO, A. L. M.; KIMURA, E. Antiulcer effectiveness of *Maytenus aquifolium* spray dried extract. *Phytotherapy Research*, v.14, n.7, p.543-545, 2000.

BEVERLEY, S. M.; CODERRE, J. A.; SANTI, D.V.; SCHIMKE, R. T. Unstable DNA amplifications in methotrexate-resistant *Leishmania* consist of extrachromosomal circles which relocalize during stabilization. *Cell*, v.38, n.2, p.431-439,1984.

BEVERLEY, S. M. Gene amplification in *Leishmania*. *Annual Reviews Microbiology*, v.45, p.417-444, 1991.

BEVERLEY, S. M.; ELLENBERGER, T. E.; CORDINGLEY, J. S. Primary structure of the gene encoding the bifunctional dihydrofolate reductase-thymidylate synthase of *Leishmania major*. *Proceedings of the National Academy of Sciences of the USA*, v.83, n.8, p.2584-2588, 1986.

BEZERRA, J. C. B.; SILVA, I. A.; FERREIRA, H. D.; FERRI, P. H.; SANTOS, S. C. BEZERRA, P.; FERNANDES, A. G.; CRAVEIRO, A. A.; ANDRADE, C. H. S.; MATOS, F. J. A.; ALENCAR, J. W.; MACHADO, M. I. L.; VIANA, G. S. B.; MATOS, F. F.; ROUQUAYROL, M. Z. Composição química e atividade de óleos essenciais de plantas do nordeste – Gênero *Lippia*. *Ciência & Cultura*, v.33, p.1-14, 2002.

BEZIC, N.; DUNKIC, V.; RADONIC, A. Glandular apparatus structure and essential oil constituents of *Satureja cuneifólia*. *Acta Biologica Cracoviensia*, v.43, p.65-68, 2001.

BHARGAVA, P.; SINGH, R. Developments in diagnosis and antileishmanial drugs. *Interdisciplinary Perspectives on Infectious Diseases*, v.2012, p.13, 2012.

BHATTI, H. N.; KHERA, R. A. Biological transformations of steroidal compounds: A review. *Steroids*, v.77 p.1267, 2012.

BHATTI, H. N.; KHERA, R. A. Biotransformations of diterpenoids and triterpenoids: a review. *Journal of Asian Natural Products Research*, v.16, p.70, 2014.

BIANCO, É. S.; DE OLIVEIRA, S. Q.; RIGOTTO, C.; TONINI, M. L.; GUIMARÃES T. R.; BITTENCOURT, F.; GOUVÊA, L. P.; ARESI, C.; DE ALMEIDA, M. T. R.; MORITZ, M. I. G.; MARTINS, C. D. L.; SCHERNER, F.; CARRARO, J. L.; HORTA, P. A.; REGINATTO, F. H.; STEINDEL, M.; SIMÕES, C. M. O.; SCHENKEL, E. P. Anti-Infective Potential of Marine Invertebrates and Seaweeds from the Brazilian Coast. *Molecules*, v.18, n.5, p.5761, 2013.

BIASI-GARBIN, R. P.; DEMITTO F. O.; AMARAL, R. C.; FERREIRA, M. R.; SOARES, L. A.; SVIDZINSKI, T. I.; BAEZA, L. C.; YAMADA-OGATTA, S. F. Antifungal potential of plant species from brazilian caatinga against dermatophytes. *Revista do Instituto de Medicina Tropical de São Paulo*, v.58, n.18, p.1-5, 2016.

BICAS, J. L.; NERI-NUMA, I. A.; RUIZ, A. L. T. G.; DE CARVALHO, J. E.; PASTORE, G. M. Evaluation of the antioxidant and antiproliferative potential of bioflavors. *Food and Chemical Toxicology*, v.49, p.1610-1615, 2011.

BIE, S.; LU, F.; DU, L.; QIU, Q.; ZHANG, Y. Effect of phase composition on the bioconversion of methyltestosterone in a biphasic system. *Journal of Molecular Catalysis B: Enzymatic*, v.55, p.1, 2008.

BIENVENU, E.; AMABEOKU, G. J.; EAGLES, P. K.; SCOTT, G.; SPRIN, E. P. Anticonvulsant activity of aqueous extract of *Leonotis leonurus*. *Phytomedicine*, v.9, n.3, p.217-223, 2002.

BIROLLI, W. G.; FERREIRA, I. M.; ALVARENGA, N.; SANTOS, D. A.; MATOS, I. L.; COMASSETO, J. V.; PORTO, A. L. M. Biocatalysis and biotransformation in Brazil: An overview. *Biotechnology Advances*, v.33, p.481, 2015.

BISIO, A. CORALLO, A.; GASTALDO, P.; ROMUSSI, G.; CIARALLO, G.; FONTANA, N.; TOMASSI, N.; PROFUMO, P. Glandular hairs and secreted material in *Salvia blepharophylla* Brandegee ex Epling grow in Italy. *Annals of Botany*, v.83, p.441-452, 1999.

BLACK, J. Biological Performance of Materials: fundamentals of biocompatibility. Marcel Dekker, New York, 1992.

BLACKWELL, M. The fungi: 1, 2, 3 ... 5. 1 million species? *American Journal of Botany*, v.98, n.3, p.426-438, 2011.

BLANK, A. F.; EHLERT, P. A. D.; ARRIGONI-BLANK, M. F.; INNECCO, R; MANN, R. 2006. *Conservação e utilização de erva-cidreira-brasileira [Lippia alba (Mill.) n. E. Br.] visando a exportação do seu óleo essencial.* (Relatório Parcial BNB).

BODDÉ, H.; KRUITHOF, M.; BRUSSEE, J.; KOERTEN, H. Visualisation small-angle X-ray scattering. *Journal of Investigative Dermatology*, v.97, p.1005-1012, 1991.

BOLHASSANI, A.; TAHERI, T.; TASLIMI, Y.; ZAMANILUI, S.; ZAHEDIFARD, F.; SEYED, N.; TORKASHVAND, F.; VAZIRI, B.; RAFATI, S. Fluorescent *Leishmania* species: development of stable GFP expression and its application for *in vitro* and *in vivo* studies. *Experimental Parasitology*, v.127, n.3, p.637-645, 2011.

BOLZANI, V. S.; YOUNG, M. C.; FURLAN, M.; CAVALHEIRO, A. J.; ARAÚJO, A. R.; SILVA, D. H. S.; LOPES, M. N. Search for antifungal and anticancer compounds from native plant species of Cerrado and Atlantic Forest. *Annais da Academia Brasileira de Ciências*, v.71, n.2, 181-187, 1999.

BOMMARIUS, A. S.; RIEBEL, B. R. *Biocatalysis:* Fundamentals and Applications. Weiheim: Wiley-VHC, 2004.

BORÉM, A.; MIRANDA, G. V. *Herdabilidade*. Universidade Federal de Viçosa: Viçosa, 2005.

BORGES, P. A. L.; BAUER, L. Isolation of ethyl-1-hidroxy-4-oxo-2,5-cyclohexadiene-1-acetate from *Jacaranda puberula* Cham. *Tribuna Farmacêutica*, v.1/2, p.49-50, 1982.

BORRELLI, F.; IZZO, A. A. The plant kingdom as a source of anti-ulcer remedies. *Phytotherapy Research*, v.14, n.8, p.581-591, 2000.

BORS, W.; MICHEL, C.; SCHIKORA, S. Interaction of flavonoids with ascorbate and determination of their univalent redox potentials: A pulse radiolysis study. *Free Radicical Biology & Medicine*, v.19, n.1, p.45-52, 1995.

BOTTERWERCK, A. A. M.; VERHAGEN, H.; GOLDBOHM, R. A.; KLEINJANS, J.; BRANDT, P. A. Intake of butylated hydroxyanisole and butylated hydroxytoluene and stomach cancer risk: results from analyses in the Netherlands cohort study. *Food and Chemical Toxicology*, v.38, p.599-605, 2000.

BOVINI, M.; GIORDANO, L. C. S. Loasaceae Lindl. no Estado do Rio de Janeiro, Brasil. *Acta Botanica Brasilica*, v.19, p.265-271, 2005.

BOZOV, P.; GIROVA, T.; PRISADOVA, N.; HRISTOVA, Y.; GOCHEV, V. Antimicrobial Activity of neo-Clerodane Diterpenoids isolated from Lamiaceae Species against Pathogenic and Food Spoilage Microorganisms. *Natural Products Communication*, v.10, n.11, p.1797-800, 2015.

BRAKHAGE, A. A.; SCHROECKH, V. Fungal secondary metabolites-strategies to activate silent gene clusters. *Fungal Genetics and Biology*, v.48. p.15-22, 2011.

BRAND-WILLIAMS, W.; CUVELIER, M. E.; BERSET, C. Use of a free radical method to evaluate antioxidant activity. *Food Science and Technology*, v.28, n.1, p.25-30, 1995.

BRANDÃO, G. C.; KROON, E. G.; DUARTE, M. G.; BRAGA, F. C.; DE SOUZA FILHO, J. D.; DE OLIVEIRA, A. B. Antimicrobial, antiviral and cytotoxic activity of extracts and constituents from *Polygonum spectabile* Mart. *Phytomedicine*, v.17, n.12, 926-992, 2010.

BRASIL. Decreto 5813 de 22. 06. 2006. Aprova a Politica Nacional de Plantas Medicinais e Fitoterápicos. Brasilia, DF. 2006.

________. Agência Nacional de Vigilância Sanitária (ANVISA). Guia para avaliação da segurança de produtos cosmético. 2003. Disponível em: <http://www. anvisa. gov. br/cosmeticos/guia/index. html>. Acesso em: 25 nov. 2011.

________. Agência Nacional de Vigilância Sanitária. Resolução RDC n.26, de 13 de maio de 2014. *Diário Oficial da União*, Brasília, DF, de 14 de maio de 2014.

________. Ministério da Saúde, Secretaria de Ciência, Tecnologia e Insumos Estratégicos. Departamento de Assistência Farmacêutica. *A fitoterapia no SUS e o Programa de Pesquisa de Plantas Medicinais da Central de Medicamentos*. Brasília: Ministério da Saúde, 2010.

________. Ministério da Saúde. Departamento de Ciência e Tecnologia. Doenças negligenciadas: estratégias do Ministério da Saúde. *Revista Saúde Pública*, v.44, n.1, p.200-202, 2010.

________. Ministério da Saúde. Departamento de Vigilância Epidemiológica. *Manual de Recomendações para Diagnóstico, Tratamento e Acompanhamento de Pacientes com a coinfecçãoLeishmania-HIV.* 106p, 2011. Disponível em: <http://portal. saude. gov. br/portal/arquivos/pdf/leishmania_hiv_web_25_01_11. pdf>. Acesso em: dez, 2013.

________. Ministério da Saúde. Secretaria de Ciência, Tecnologia e Insumos Estratégicos. Departamento de Assistência Farmacêutica e Insumos Estratégicos. *Programa Nacional de Plantas Medicinais e Fitoterápicos*. Brasília: Ministério da Saúde, 2009.

________. Ministério da Saúde. Secretaria de Vigilância em Saúde. Departamento de Vigilância Epidemiológica. *Vigilância e Controle de Moluscos de Importância Epi-*

demiológica: diretrizes técnicas: Programa de Vigilância e Controle da Esquistossomose (PCE). Brasília: Ministério da Saúde, 2008.

________. MS Secretaria de Ciência, Tecnologia e Insumos Estratégias. Programa Nacional de Plantas Medicinais e Fitoterápicos. Brasília. Ministério da Saúde, 136p. 2009.

BRAVO, L. Polyphenols: chemistry, dietary sources, metabolism, and nutritional significance. *Nutrition Reviews*, v.56, n.11, p.317-333, 1998.

BRENELLI, E. C. S. A extração de cafeína em bebidas estimulantes – uma nova abordagem para um experimento clássico em química orgânica. *Química Nova*, v.26, n.1, p.136-138, 2003.

BRENER, Z.; CHIARI, E. Aspects of early growth of different *Trypanosoma cruzi* strains in culture medium. *Journal of Parasitology*, v.51, n.6, p.922-926, 1965.

BRIGANTI, S.; CAMERA, E.; PICARDO, M. Chemical and instrumental approaches to treat hyperpigmentation. *Pigment Cell Research*, v.16, p.101-110, 2003.

BRITO, H. R. *Caracterização química de óleos essenciais de Spondiasmombin L., Spondias purpurea L. e Spondias sp (cajarana do sertão)*. Campina Grande, 2010. 86f. Dissertação (Mestrado) – Centro de Saúde e Tecnologia Rural, Universidade Federal de Campina Grande.

BRITO, S. M.; COUTINHO, H. D.; TALVANI, A.; CORONEL, C.; BARBOSA, A. G.; VEJA, C.; FIGUEREDO, F. G.; TINTINO, S. R.; LIMA, L. F.; BOLIGON, A. A.; ATHAYDE, M. L.; MENEZES, I. R. Analysis of bioactivities and chemical composition of *Ziziphus joazeiro* Mart. using HPLC-DAD. *Food Chemistry*, v.186, p.185-191, 2015

BROINZINI, P. R. B.; ANDRADE-WARTHA, E. R. S.; SILVA, A. M. O.; NOVOA, A. J. V.; TORRES, R. P.; AZEREDO, H. M. C.; ALVES, R. E.; MANCINI-FILHO, J. Avaliação da atividade antioxidante dos compostos fenólicos naturalmente presentes em subprodutos do pseudofruto de caju (*Anacardium occidentale* L.). *Ciência e Tecnologia de Alimentos*, v.27, n.4, p.902-908, 2007.

BRÜNING, R.; WAGNER, H. Übersicht über die celastraceen-inhaltsstoffe: Chemie, chemotaxonomie, biosynthese, pharmakologie. *Phytochemistry*, v.17, n.11, p.1821-1858, 1978.

BRUNNER, G.; BURGER, U.; CASTIONI, P.; KAPETANIDIS, I.; CHRISTEN, P. A novel acylated flavonol glycoside isolated from *Brunfelsia grandiflora* ssp. structure elucidation by gradient accelerated NMR Spectroscopy at 14t. *Phytochemical Analysis*, v.11, p.29-33, 2000.

BRUNO, F. F.; KUMAR, J.; NAGARAJAN, S.; BRAUNHUT, S. J.; NAGARAJAN, R.; SAMUELSON, L. A.; MCLNTOSH, D.; FOLEY, K. Synthesis og oligo/poly(catechins) and methods of use. Patent number US8143308B2, 2012.

BRUSCA, R. C.; BRUSCA, G. J. *Invertebrados*. 2. ed. Rio de Janeiro: Guanabara Koogan, 2007.

BUCHHOLZ, G.; EHMANN, B.; WELLMANN, E. Ultraviolet light inhibition of phytochrome-induced flavonoid biosynthesis and DNA photolyase formation in mustard cotyledons. *Plant Physiology*, v.108, n.1, p.227-234, 1995.

BUCKNER, F.; VERLINDE, C. L.; LA FLAMME, A. C.; VAN VOORHIS, W. C. Efficient technique for screening drugs for activity against *Trypanosoma cruzi* using parasites expressing beta-galactosidase. *Antimicrobial Agents and Chemotherapy*, v.40, n.11, p.2592-2597, 1996.

BUFFA FILHO, W.; BOLZANI, V. S.; FURLAN, M.; PEREIRA, S. I. V.; PEREIRA, A. M. S.; FRANÇA, S. C. *In vitro* propagation of *Maytenus ilicifolia* (Celastraceae) as potential source for antitumoral and antioxidant quinomethide triterpenes production. A rapid quantitative method for their analysis by reverse-phase high-performance liquid chromatography. *ARKIVOC*, v.6, p.137-146, 2004.

BUFFA FILHO, W.; CORSINO, J.; BOLZANI, S. V.; FURLAN, M.; PEREIRA, A. M.; FRANCA, S. C. Quantitative determination for cytotoxic Friedo-nor-oleanane derivatives from five morphological types of *Maytenus ilicifolia* (Celastraceae) by reverse-phase high-performance liquid chromatography. *Phytochemical Analysis*, v.13, n.2, p.75-78, 2002a.

BUFFA FILHO, W.; PEREIRA, A. M. S.; FRANÇA, S. D. C.; FURLAN, M. Indução de metabólitos bioativos em culturas de células de *Maytenus Ilicifolia*. *Eclética Química*, v.27, n.special, p.403-416, 2002b.

BULLE, S.; REDDYVARI, H.; NALLANCHAKRAVARTHULA, V.; VADDI, D. R. Therapeutic Potential of *Pterocarpus santalinus* L.: An Update. *Pharmacognosy Review*, v.10, n.19, p.43-49, 2016

BULTMAN, L.; BELL, G. D. Interaction between fungal endophytes and environmental stressors influences plant resistance to insects. *OIKOS*, v.103, p.182-190, 2003.

BUNGIHAN, M. E.; TAN, M. A.; KITAJIMA, M.; KOGURE, N.; FRANZBLAU, S. G.; CRUZ, T. E. E. DELA; TAKAYAMA, H.; NONATO, M. G. Bioactive metabolites of *Diaporthe* sp. P133, an endophytic fungus isolated from *Pandanus amaryllifolius*. *Journal of Natural Medicines*, v.65, p.606-609, 2011.

BURKART, A. Flora Ilustrada de Entre Rios, Buenos Aires, Editora Ágora, 606p, 1979.

BUREIK, M.; BERNHARDT, R. Steroid hydroxylation: microbial steroid biotransformations using cytochrome P450 enzymes. In: SCHMID, R. D.; URLACHER, V. B. Modern biooxidation: enzymes, reactions and applications. Weinheim: Wiley-VCH Verlag GmbH & Co. KGaA, 2007.

BURNS, J.; GARDNER, P. T.; O'NEIL, J.; CRAWFORD, S.; MORECROFT, I.; MCPHAIL, D. B.; LISTER, C.; MATTHEWS, D.; MACLEAN, M. R.; LEAN, M. E.; DUTHIE, G. G.; CROZIER, A. Relationship among antioxidant activity, vasodilatation capacity, and phenolic content of red wines. *Journal Agricultural and Food Chemistry*, v.48, n.2, p.220-230, 2000.

CABALLERO, A. B.; SALAS, J. M.; SANCHEZ-MORENO, M. Metal-Based Therapeutics for Leishmaniasis. In: CLABORN, D. M. (Ed.). *Leishmaniasis – Trends in Epidemiology, Diagnosis and Treatment*, Chapter 20, p.465-493, 2015.

CACERES, A. J.; QUIÑONES, W.; GUALDRÓN, M.; CORDEIRO, A.; AVILÁN, L.; MICHELS, P. A.; CONCEPCIÓN, J. L. Molecular and biochemical characterization of novel glucokinases from *Trypanosoma cruzi* and *Leishmania* spp. *Molecular and Biochemical Parasitology*, v.156, n.2, p.235-245, 2007.

CAFÊU, M. C.; SILVA, G. H.; TELES, H. L.; BOLZANI. V. S.; ARAUJO, A. R.; YOUNG, M. C. M.; PFENNING, L. H. Substâncias antifúngicas de *Xylaria* sp., um fungo endofítico isolado de *Palicourea marcgravii* (Rubiaceae). *Química Nova*, v.28, p.991-995, 2005.

CAHILL, P. A.; KNIGHT, A. W.; BILLINTON, N.; BARKER, M. G.; WALSH, L.; KEENAN, P. O.; WILLIAMS, C. V.; TWEATS, J.; WALMSLEY, R. M.

The GreenScreen® genotoxicity assay: a screening validation programme. *Mutagenesis*, v.19, n.2, p.105-119, 2004.

CALIXTO JR.; J. T.; DE MORAIS, S. M.; GOMEZ, C. V.; MOLAS, C. C.; ROLON, M.; BOLIGON, A. A.; ATHAYDE, M. L.; DE MORAIS, O. C. D.; TINTINO, S. R.; HENRIQUE, D. M. C. Phenolic composition and antiparasitic activity of plants from the Brazilian Northeast "Cerrado". *Saudi Journal of Biological Science*, v.23, n.3, p.434-440, 2016.

CALIXTO, C. M. F.; CAVALHEIRO, É. T. G. Penicilina: efeito do acaso e momento histórico no desenvolvimento científico. *Química Nova na Escola*, v.34, n.3, p.118-123, 2012.

CALIXTO, J. B. Efficacy, safety, quality control, marketing and regulatory guidelines for herbal medicines (phytotherapeutic agents). *Brazilian Journal and Biological Research*, v.33, p.179-189, 2000.

CALLAHAN, H. L.; PORTAL, A. C.; DEVEREAUX, R.; GROGL, M. An axenic amastigote system for drug screening. *Antimicrobial Agents and Chemotherapy*, v.41, n.4, p.818-822, 1997.

CAMANDAROBA, E. L.; PINHEIRO LIMA, C. M.; ANDRADE, S. G. Oral transmission of Chagas disease: importance of *Trypanosoma cruzi* biodeme in the intragastric experimental infection. *Revista do Instituto de Medicina Tropical de São Paulo*, v.44, n.2, p.97-103, 2002

CANAVACI, A. M. C.; BUSTAMANTE, J. M.; PADILLA, A. M.; PEREZ BRANDAN, C. M.; SIMPSON, L. J.; XU, D.; BOEHLKE, C. L.; TARLETON, R. L. *In vitro* and *in vivo* high-throughput assays for the testing of anti-*Trypanosoma cruzi* compounds. *PLOS Neglected Tropical Disease*, v.4, n.7, p.740, 2010.

CANCADO, J. R. Long term evaluation of etiological treatment of chagas disease with benznidazole. *Revista do Instituto de Medicina Tropical de São Paulo*, v.44, n.1, p.29-37, 2002.

CANTANHEDE, S. P. D.; MARQUES, A. M.; SILVA-SOUZA, N.; VALVERDE, A. L. Atividade moluscicida de plantas: uma alternativa profilática. *Revista Brasileira de Farmacognosia*, v.20, n.2, p.282-288, 2010.

CANTINO, P. D. The phylogenetic significance of stomata and trichomes in Labiatae and Verbenaceae. *Journal of the Arnold Arboretum*, v.71, p.323-370, 1990.

CAO, H.; CHEN, X.; JASSBI, A. R.; XIAO, J. Microbial biotransformation of bioactive flavonoids. *Journal of Natural Products*, v.69, n.3, p.499, 2006.

CAPOCI, I. R.; CUNHA, M. M.; BONFIM-MENDONÇA, P. S.; GHIRALDI-LOPES, L. D.; BAEZA, L. C.; KIOSHIMA, E. S.; SVIDZINSKI, T. I. Antifungal activity of *Cymbopogon nardus* (L.) Rendle (Citronella) against *Microsporum canis* from animals and home environment. *Revista* do *Instituto* de *Medicina Tropical de São Paulo*, v.57, n.6, p.509-511, 2015.

CARADONNAL, K. L.; ENGEL, J. C.; JACOBI, D.; LEE, C.; BURLEIGH, B. A. Host Metabolism Regulates Intracellular Growth of *Trypanosoma cruzi*. *Cell Host & Microbe*, v.13, n.1, p.108-117, 2013.

CARNAT, A. P.; CARNAT, A.; FRAISSE, D.; LAMAISON, J. L. The aromatic and polyphenolic composition of lemon balm (*Melissa officinalis* L. subsp. Officinalis) tea. *Pharmaceutica Acta Helvetiae*, v.73, p.301-305, 1998.

CARNEIRO, M. *História da Doença de Chagas*. Curitiba: s. e., 1963.

CARREA, G.; BOVARA, R.; CREMONESI, P.; LODI, R. Enzymatic preparation of 12-ketochenodeoxycholic acid with NADP regeneration. *Biotechnology and Bioengineering*, v.26, p.560, 1984.

CARREA, G.; BOVARA, R.; LONGHI, R.; RIVA, S. Preparation of 12-ketochenodeoxycholic acid from cholic acid using coimmobilized 12α-hydroxysteroid dehydrogenase and glutamate dehydrogenase with NADP+ cycling at high efficiency. *Enzyme and Microbial Technology*, v.7, p.597, 1985.

CARRERO, S.; ROMERO, H.; APITZ-CASTRO, R. [*In vitro* inhibitory effect of ajoene on *Candida* isolates recovered from vaginal discharges]. *Revista Iberoamericana de Micologia*, v.26, n.3, p.189-193, 2009.

CARRIÓ, E.; VALLÈS, J. Ethnobotany of medicinal plants used in Eastern Mallorca (Balearic Islands, Mediterranean Sea). *Journal of Ethnopharmacology*, v.141, n.3, p.1021-1040, 2012.

CARROLL, G. Fungal endophytes in stems and leaves from latent pathogen to mutualistic symbiont. *Ecology*, v.69, p.2-9, 1988.

CARVALHO-OKANO, R. M. *Estudos taxonômicos do gênero Maytenus Mol. emend. Mol (Celastraceae) do Brasil extra amazônico*. Campinas, 1992. 253f. Tese (Doutorado em Ciências) – Universidade Estadual de Campinas.

CARVALHO-OKANO, R. M.; LEITÃO FILHO, H. F. O gênero *Maytenus* Mol. emend. Mol. (Celastraceae) no Brasil extra-amazônico. In: REIS, M. S.; SILVA, S. R. (Ed.). *Conservação e uso sustentável de plantas medicinais e aromáticas: Maytenus spp., espinheira-santa*. Brasília: Ibama, 2004, p.11-51

CARVALHO, C. C. R.; FONSECA, M. M. R. Biotransformation of terpenes. *Biotechnology Advances*, v.24, p.134, 2006.

CARVALHO, M. G.; ALVES, C. C. F.; WERLE, A. A.; BRAZ-FILHO, R. Metabólitos especiais isolados de *Laseguea erecta* (Apocynaceae). *Revista Brasileira de Farmacognosia*, v.16, p.497-500, 2006.

CARVALHO, N. M. DE; NAKAGAWA, J. *Sementes:* ciência, tecnologia e produção. 4. ed. Jaboticabal: Funep, 2000.

CARVALHO, V. L. G.; PACHIONI, V. M. Controle microbiológico em cosméticos. *Aerosol & Cosmetics*, n.36, p.10-12, 1989.

CASADORO, G.; RASCIO, N. Glands of Lippia triphylla (L'Her.). Cytobios, v.35, p.85-94, 1982

CASTRO BRAGA, F.; WAGNER, H.; LOMBARDI, J. A.; BRAGA DE OLIVEIRA, A. Screening the Brazilian flora for antihypertensive plant species for in vitro angiotensin-I-converting enzyme inhibiting activity. *Phytomedicine*, v.7, n.3, p.245-250, 2000.

CASTRO, D. M. *Efeito de variação sazonal, colheita selecionada e temperaturas de secagem sobre a produção de biomassa, rendimento e composição de óleos essenciais de Lippia alba n. E. Br. ex Britt. & Wilson (Verbenaceae)*. Botucatu, 2001. 132f. Tese (Doutorado em Horticultura) – Faculdade de Ciências Agronômicas, Universidade Estadual Paulista.

CASTRO, M. M.; MACHADO, S. R. Células e Tecidos Secretores. In: APPEZZATO-DA-GLÓRIA, B.; CARMELLO-GUERREIRO, S. M. *Anatomia Vegetal*. Viçosa: UFV, 2006. p.177-213.

CASTRO, M. S.; FERREIRA, T. C.; CILLI, E. M.; CRUSCA, E. JR; MENDES-GIANNINI, M. J.; SEBBEN, A.; RICART, C. A.; Sousa, M. V.; Fontes, W.

Hylin a1, the first cytolytic peptide isolated from the arboreal South American frog *Hypsiboas albopunctatus* ("spotted treefrog"). *Peptides*, v.30, n.2, p.291-296, 2009.

CAVALEIRO, C.; SALGUEIRO, L. R.; ANTUNES, T.; SEVINATE-PINTO, I.; BARROSO, G. Composition of the essential oil and micromorphology of trichomes of *Teucrium salviastrum*, na endemic species from Portugal. *Flavour and Fragrance Journal*, v.17, p.287-291, 2002.

CAVALLI, A.; BOLOGNES, M. L. Neglected Tropical Diseases: Multi-Target-Directed Ligands in the Search for Novel Lead Candidates against *Trypanosoma* and *Leishmania*. *Journal of Medicinal Chemistry*, v.52, p.7339-7359, 2009.

CECHINEL FILHO, V; YUNES, R. A. Estratégias para a obtenção de compostos farmacologicamente ativos a partir de plantas medicinais. Conceitos sobre modificação estrutural para otimização da atividade. *Química Nova*, v.21, p.99-105, 1998.

CESPEDES, G. F.; LORENZÓN, E. N.; VICENTE, E. F.; MENDES-GIANNINI, M. J.; FONTES, W. CASTRO, M. S.; CILLI, E. M. Mechanism of action and relationship between structure and biological activity of Ctx-Ha: a new ceratotoxin-like peptide from *Hypsiboas albopunctatus*. *Protein and Peptideos Letters*, v.19, n.6, p.596-603, 2012.

CHAGAS, C. Nova tripanossomíase humana. Estudos sobre morfologia e o ciclo evolutivo do *Trypanosoma Schizotrypanum cruzi*, n. gen., n. sp., agente etiológico de nova entidade mórbida do homem. *Memórias do Instituto Oswaldo Cruz*, v.1, p.159-218, 1909.

CHAMPOUX, J. J. DNA topoisomerases: Structure, function, and mechanism. *Annual Review of Biochemistry*, v.70, p.369-413, 2001.

CHAN-BACAB, M. J.; BALANZA, E.; DEHARO, E.; MUÑOZ, V.; GARCÍA, R. D.; PEÑA-RODRÍGUEZ, L. M. Variation of leishmanicidal activity in four populations of *Urechites andrieuxii*. *Journal of Ethnopharmacology*, v.86, n.2-3, p.243-247, 2003.

CHANG, C. S.; INSERRA, T. J.; KINK, J. A.; FONG, D.; CHANG, K. P. Expression and size heterogeneity of a 63 kilodalton membrane glycoprotein during growth and transformation of *Leishmania mexicana amazonensis*. *Molecular and Biochemical Parasitology*, v.18, n.2, p.197-210, 1986.

CHANG, H.; SANDER, C. S.; MÜLLER, C. S.; ELSNER, P.; THIELE, J. J. Detection of poly (ADP-ribose) by immunocytochemistry: a sensitive new method for the early identification of UVB- and H_2O_2-induced apoptosis in keratinocytes. *Biological Chemistry*, v.383, p.703-708, 2002.

CHANG, M. C. Y.; KEASLING, J. D. Production of isoprenoid pharmaceuticals by engineered microbes. *Nature Chemical Biology*, v.2, n.12, p.674-681, 2006.

CHANG, T. S. An updated review of tyrosinase inhibitors. *International Journal of Molecular Science*, v.10, p.2440-2475, 2009.

CHANG, T. S.; DING, H. Y.; TAI, S. S. K.; WU, C. Y. Mushroom tyrosinase inhibitory effects of isoflavones isolated from soygerm koji fermented with *Aspergillus oryzae* BCRC 32288. *Food Chemistry*, v.105, p.1430-1438, 2007.

CHAPLA, V. M.; BIASETTO, C. R.; ARAUJO, A. R. Fungos endofíticos uma nova fonte inexplorada e sustentável de novos e bioativos produtos naturais. *Revista Virtual de Química*, v.5, p.421-437, 2013.

CHAPLA, V. M.; ZERAIK, M. L.; LEPTOKARYDIS, I. H.; SILVA, G. H.; BOLZANI, V. S.; YOUNG, M. C. M.; PFENNING, L. H.; ARAÚJO, A. R. Antifungal compounds produced by *Colletotrichum gloeosporioides*, an endophytic fungus from *Michelia champaca*. *Molecules*, v.19, p.19243-19252, 2014a.

CHAPLA, V. M.; ZERAIK, M. L.; XIMENES, V. F.; ZANARDI, L. M.; LOPES, M. N.; CAVALHEIRO, A. J.; SILVA, D. H. S.; YOUNG, M. C. M.; BOLZANI, V. S.; PFENNING, L. H.; FONSECA, L. M.; ARAUJO, A. R. Bioactive secondary metabolites from *Phomopsis* sp., an endophytic fungus from *Senna spectabilis*. *Molecules*, v.19, p.6597-6608, 2014b.

CHAPPUIS, F.; SUNDAR, S.; HAILU, A.; GHALIB, H.; RIJAL, S.; PEELING, R. W.; ALVAR, J.; BOELAERT, M. Visceral leishmaniasis: what are the needs for diagnosis, treatment and control? *Nature Reviews Microbiology*, v.5, n.11, p.873-882, 2007.

CHARNEY, W.; HERZOG, H. L. Microbial Transformations of Steroids: A Handbook. New York: Academic Press, p.740, 1967.

CHATELAIN, E.; IOSET, J. -R. Drug discovery and development for neglected diseases: the DNDi model. *Drug Design Development and Therapy*, v.5, p.175-181, 2011.

CHAUDHARY, A. K.; NOKUBO, M.; REDDY, G. R.; YEOLA, S. N.; MORROW, J. D.; BLAIR, I. A.; MARNETT, L. J. Detection of endogenous malondialdehyde-deoxyguanosine adducts in human liver. *Science*, v.265, p.1580-1582, 1994.

CHAUDHURI, G.; CHANG, K. P. Acid protease activity of a major surface membrane glycoprotein (gp63) from *Leishmania mexicana* promastigotes. *Molecular and Biochemical Parasitology*, v.27, n.1, p.43-52, 1988.

CHAVES, F. C. M. *Produção de biomassa, rendimento e composição de óleo essencial de alfavaca-cravo (Ocimum gratissimum L.) em função da adubação orgânica e épocas de corte*. Botucatu, 2002. 144f. Tese (Doutorado em Horticultura) – Faculdade de Ciências Agronômicas, Universidade Estadual Paulista.

CHEBIL, L.; HUMEAU, C.; FALCIMAIGNE, A.; ENGASSER, J-M.; GHOUL, M. Enzymatic acylation of flavonoids. *Process Biochemistry*, v.41, p.2237, 2006.

CHEE, H. Y.; KIM, H.; LEE, M. H. *In vitro* Antifungal Activity of Limonene against *Trichophyton rubrum*. *Mycobiology*, v.37, n.3, p.243-246, 2009.

CHEN, H.; GAO, Y.; WANG, A.; ZHOU, X.; ZHENG, Y.; ZHOU, J. Evolution in medicinal chemistry of ursolic acid derivatives as anticancer agents. *European Journal of Medicinal Chemistry*, v.92, p.648-655, 2015.

CHEN, J. H.; LIM, J. D.; SOHN, E. H.; CHOI, Y. S.; HAN, E. T. Growth-inhibitory effect of a fucoidan from brown seaweed *Undaria pinnatifida* on *Plasmodium* parasites. *Parasitology Research*, v.104, n.2, p.245-250, 2008.

CHETELEIN, E.; LOSET, R. J. Drug discovery and development for neglected diseases: the DND*i* model, Review. *Dovepress*, 175-181, 2011.

CHOI, M.; YU, J.; HONG, S. Who Neglects Neglected Tropical Diseases? – Korean Perspective. *Journal of Korean Medical Science*, v.30, p.S122-130, 2015.

CHOWDHURY, S.; MUKHERJEE, T.; SENGUPTA, S.; CHOWDHURY, S. R.; MUKHOPADHYAY, S.; MAJUMDER, H. K. Novel betulin derivatives as antileishmanial agents with mode of action targeting type IB DNA topoisomerase. *Molecular Pharmacology*, v.80, n.4, p.694-703, 2011.

CHOY, W. N. Genetic Toxicology and Cancer Risk Assessment. New York, Marcel Dekker, 2001.

CHUN, S. -S.; VATTEM, D. A.; LIN, Y. -T.; SHETTY, K. Phenolic antioxidants from clonal oregano (*Origanum vulgare*) with antimicrobial activity against *Helicobacter pylori*. *Process Biochemistry*, v.40, n.2, p.809-816, 2005.

CHUNG, C. K.; BULGER, P. G.; KOSJEK, B.; BELYK, K. M.; RIVERA, N.; SCOTT, M. E.;HUMPHREY, G. R.; LIMANTO, J.;BACHERT, D. C.;EMERSON, K. M. Process development of C-N cross coupling and enantioselective biocatalytic reactions for the asymmetric synthesis of niraparib. *Organic Process Research development*, v.18, p.215, 2013.

CHUNG, S. K.; RYOO, C. H.; YANG, H. W.; SHIM, J. Y.; KANG, M. G.; LEE, K. W.; KANG, H. I. Synthesis and bioactivities of steroid derivatives as antifungal agents. *Tetrahedron*, v.52, p.15899, 1998.

CINTRA, R. M. G.; MANCINI-FILHO, J. Efeito antioxidante de especiarias: avaliação e comparação de métodos in vitro e in vivo. *Nutrire*, v.22, p.49-62, 2001.

CIPRIANI, T. R.; MELLINGER, C. G.; GORIN, P. A. J.; Iacomini, M. An arabinogalactan isolated from the medicinal plant *Maytenus ilicifolia*. *Journal of Natural Products*, v.67, p.703-706, 2004.

CIPRIANI, T. R.; MELLINGER, C. G.; SOUZA, L. M.; BAGGIO, C. H.; FREITAS, C. S.; MARQUES, M. C. A.; GORIN, P. A. J.; SASSAKI, G. L.; IACOMINI, M. A polysaccharide from a tea (infusion) of *Maytenus ilicifolia* leaves with anti-ulcer protective effects. *Journal of Natural Products*, v.69, p.1018-1021, 2006.

CIPRIANI, T. R.; MELLINGER, C. G.; SOUZA, L. M.; BAGGIO, C. H.; FREITAS, C. S.; MARQUES, M. C. A.; GORIN, P. A. J.; SASSAKI, G. L.; IACOMINI, M. Polygalacturonic acid: Another anti-ulcer polysaccharide from the medicinal plant *Maytenus ilicifolia*. *Carbohydrate Polymers*, v.78, n.2, p.361-363, 2009.

CIRIO, G. M.; DONI FILHO, L.; MIGUEL, M. D.; MIGUEL, O. G.; ZANIN, S. M. W. Inter-relação de parâmetros agronômicos e físicos de controle de qualidade de *Maytenus ilicifolia*, Mart. Ex. Reiss (espinheira-santa) como insumo para a indústria farmacêutica. *Visão Acadêmica*, v.4, n.2, p.67-76, 2003.

CLAYTON, C. E.; FUERI, J. P.; ITZHAKI, J. E.; BELLOFATTO, V.; SHERMAN, D. R.; WISDOM, G. S.; VIJAYASARATHY, S.; MOWATT, M. R. Transcription of the procyclic acidic repetitive protein genes of *Trypanosoma brucei*. *Molecular Cellular Biology*, v.10, n.6, p.3036-47,1990.

CLYDESDALE, G. J.; DANDIE, G. W.; MULLER, H. K. Ultraviolet light induced injury: immunological and inflammatory effects. *Immunology & Cell Biology*, v.79, p.547-568, 2001.

CODERRE, J. A.; BEVERLEY, S. M.; SCHIMKE, R. T.; SANTI, D. V. Overproduction of a bifunctional thymidylate synthetase-dihydrofolate reductase and DNA amplification in methotrexate-resistant *Leishmania tropica*. *Proceedings of the National Academy of Sciences of the USA*, v.80, n.8, p.2132-2136, 1983.

COELHO, L. C. S. *Protetor solar: desenvolvimento farmacotécnico e avaliação da eficácia e segurança*. Recife, 2005. Dissertação (Mestrado) – Universidade Federal de Pernambuco.

COELHO, R. G.; DI STASI, L. C.; VILEGAS, W. Chemical constituents from the infusion of *Zollernia ilicifolia* Vog. and comparison with *Maytenus* species. *Zeitschrift für Naturforschung. C*, v.58, n.1-2, p.47-52, 2003.

COLOTTI, G. A. ILARI, A. Polyamine metabolism in *Leishmania*: from arginine to trypanothione. *Amino Acids*, v.40, p.269-285, 2011.

CAMPBELL, W. E.; GAMMON, D. W.; SMITH, P.; ABRAHAMS, M.; PURVES, T. Composition and antimalarial activity in vitro of the essential oil of *Tetradenia riparia*. *Planta Medica*, v.63, p.270-272, 1997.

CONTINGUIBA, F.; REGASINI, L. O.; BOLZANI, V. S.; DEBONSI, H. M.; PASSERINI, G. D.; CICARELLI, R. M. B.; KATO, M. J.; FURLAN, M. Piperamides and their derivatives as potential anti-trypanosomal agents. *Medicinal Chemistry Research*, v.18, p.703-711, 2009.

COOKSEY, C. J.; GARRAT, P. J.; LAND, E. J.; PAVEL, S.; RAMADEN, C. A.; RILEY, P. A.; SMITH, N. P.; Evidence of indirect formation of the catecholic intermediate substrate responsible for the autoactivation kinetics of tyrosinase. *Journal of Biological Chemistry*, 272, p.26226-26235, 1997.

COOMBS, G. H.; TETLEY, L.; MOSS, V. A.; VICKERMAN, K. 3-Dimensional structure of the *Leishmania* amastigote as revealed by computer-aided reconstruction from serial sections. *Parasitology*, v.92, p.13-23, 1986.

COPPEDE, J. S.; PINA, E. S.; PAZ, T. A.; FACHIN, A. L.; MOZART, A. M.; BERTONI, B. W.; FRANÇA, S. C.; PEREIRA, A. M. S. Cell cultures of *Maytenus ilicifolia* Mart. are richer sources of quinone-methide triterpenoids than plant roots in natura. *Plant Cell, Tissue and Organ Culture (PCTOC)*, v.118, p.33-43, 2014.

COQUEIRO, A.; REGASINI, L. O.; STAPLETON, P.; BOLZANI, V. S.; GIBBONS, S. *In Vitro* Antibacterial Activity of Prenylated Guanidine Alkaloids from *Pterogyne nitens* and Synthetic Analogues. *Journal of Natural Products.*, v.77, n.8, p.1972-1975, 2014.

CORDEIRO, P. J. M.; VILEGAS, J. H. Y.; LANÇAS, F. M. HRGC-MS analysis of terpenoids from *Maytenus ilicifolia* and *Maytenus aquifolium* ("espinheira santa"). *Journal of the Brazilian Chemical Society*, v.10, n.6, p.523-526, 1999.

CORRÊA, C. B. V. Contribuição ao estudo de *Lippia alba* (Mill) n.E. Br. ex Britt & Wilson – erva cidreira. *Revista Brasileira de Farmacognosia*, v.73, p.57-64, 1992.

CORRÊA, M. A. Cosmetologia: teórica e prática. Apostila prática de Cosmetologia, Faculdade de Ciências Farmacêuticas, 2011.

CORRÊA, M. C. R. *Avaliação moluscicida das plantas Pterodon emarginatus Vogel 1837, Magonia pubescens St Hil, e Croton urucurana Baill 1864, sobre Biomphalaria glabrata (Say, 1818) e cercaricida sobre Schistosoma mansoni (Sambon, 1907)*. Goiânia, 2006. 73f. Dissertação (Mestrado em Parasitologia) – Instituto de Patologia Tropical e Saúde Pública, Universidade Federal de Goiás.

CORRÊA, M. F. P.; MELO, G. O.; COSTA, S. S. Substâncias de origem vegetal potencialmente úteis na terapia da asma. *Revista Brasileira de Farmacognosia*, v.18, p.785-797, 2008.

CORRÊA, R. C. G.; RHODEN, S. A.; MOTA, T. R.; AZEVEDO, J. L.; PAMPHILE, J. A.; SOUZA, C. G. M.; POLIZELI, M. L. T.; BRACHT, A.; PERALTA, R. M. Endophytic fungi: expanding the arsenal of industrial enzyme producers. *Journal of Industrial Microbiology Biotechnology*, v.41, p.1467-1478, 2014.

CORSI, G.; BOTTEGA, S. Glandular Hairs of *Salvia officinalis*: new data on morphology, localization and histochemistry in relation to function. *Annals of Botany*, v.84, p.657-664, 1999.

CORSINO, J.; ALÉCIO, A. L.; RIBEIRO, M. L.; PEREIRA, A. M. S.; DUARTE, I. B.; FRANÇA, S. C.; FURLAN, M. Quantitative determination of maytenin and 22α-hydroxymaytenin in callus of *Maytenus aquifolium* (Celastraceae) by reversed phase high performance liquid chromatography. *Phytochemical Analysis*, v.9, p.245-247, 1998a.

CORSINO, J.; BOLZANI, V. S.; PEREIRA, A. M. S.; FRANÇA, S. C.; FURLAN, M. Bioactive sesquiterpene pyridine alkaloids from *Maytenus aquifolium*. *Phytochemistry*, v.48, n.1, p.137-140, 1998b.

CORSINO, J.; CARVALHO, P. R. F.; KATO, M. J.; OLIVEIRA, O. M. F.; ARAÚJO, A. R.; BOLZANI, V. S.; PEREIRA, A. M. S.; FRANÇA, S. C.; FURLAN, M. Biosynthesis of friedelane and quinomethide triterpenoids is compartmentalized in *Maytenus aquifolium* and *Salacia campestris*. *Phytochemistry*, v.55, n.7, p.741-748, 2000.

CORSINO, J.; BOLZANI, V. S.; PEREIRA, A. M. S.; CASTRO FRANÇA, S.; FURLAN, M. Further sesquiterpene pyridine alkaloids from *Maytenus aquifolium*. *Phytochemistry*, v.49, n.7, p.2181-2183, 1998c.

CORSINO, J.; SILVA, D. H. S.; ZANONI, M. V. B.; BOLZANI, V. S.; FRANÇA, S. C.; PEREIRA, A. M. S.; FURLAN, M. Antioxidant flavan-3-ols and flavonol glycosides from *Maytenus aquifolium*. *Phytotherapy Research*, v.17, n.8, p.913-916, 2003.

COS, P.; VLIETINCK, A. J.; BERGHE, D. V.; MAES, L. Anti-infective potential of natural products: How to develop a stronger in vitro 'proof-of-concept'. *Journal of Ethnopharmacology*, v.106, n.3, p.290-302, 2006.

COSTA-SILVA T. A.; GRECCO, S. S.; DE SOUSA, F. S.; LAGO, J. H.; MARTINS, E. G.; TERRAZAS, C. A.; VARIKUTI, S.; OWENS, K. L.; BEVERLEY, S. M.; SATOSKAR, A. R.; TEMPONE, A. G. Immunomodulatory and Antileishmanial Activity of Phenylpropanoid Dimers Isolated from *Nectandra leucantha*. *Journal of Natural Products*, v.78, n.4, p.653-657, 2015.

COSTA, A.; MOISES, T. A.; CORDEIRO, T.; ALVES, C. R. T.; MARMIRORI, J. Associação de emblica, licorice e belides como alternativa à hidroquinona no tratamento clínico do melasma. *Anais Brasileiro de Dermatologia*, v.85, n.5, p.613-620, 2010.

COSTA, F. G.; NETO, B. R.; GONÇALVES, R. L.; DA SILVA, R. A.; DE OLIVEIRA, C. M.; KATO, L.; FREITAS, C. S.; GIANNINI, M. J.; DA SILVA, J. F.; SOARES, C. M.; PEREIRA, M. Alkaloids as inhibitors of malate synthase from *Paracoccidioides* spp.: receptor-ligand interaction-based virtual screening and molecular docking studies, antifungal activity, and the adhesion process. *Antimicrobial Agents and Chemotherapy*, v.59, n.9, p.5581-594, 2015.

COSTA, P. M.; FERREIRA, P. M. P.; BOLZANI, V. S.; FURLAN, M.; SANTOS, V. A. F. F. M.; CORSINO, J.; MORAES, M. O.; COSTA-LOTUFO, L. V.; MONTENEGRO, R. C.; PESSOA, C. Antiproliferative activity of pristimerin isolated from *Maytenus ilicifolia* (Celastraceae) in human HL-60 cells. *Toxicology in Vitro*, v.22, n.4, p.854-863, 2008.

COURA, J. R.; CASTRO, S. L. A critical review on Chagas disease chemotherapy. *Memórias do Instituto Oswaldo Cruz*, v.97, n.1, p. 3-24, 2002.

COUSTOU, V.; BIRAN, M.; BESTEIRO, S.; RIVIÈRE, L.; BALTZ, T.; FRANCONI, J. M.; BRINGAUD, F. Fumarate is an essential intermediary metabolite produced by the procyclic *Trypanosoma brucei*. *Journal of Biological Chemistry*, v.281, n.37, p.26832-26846, 2006.

COWAN, M. M. Plant products as antimicrobial agents. *Clinical Microbiological Reviews*, v.12, n.4, p.564-582, 1999.

COZZI, R.; RICORDY, R.; AGLITTI, T.; GATTA, V.; PERTICONE, P.; DE SALVIA, R. Ascorbic acid and b-carotene as modulators of oxidative damage. *Carcinogenesis*, v.18, p.223-228, 1997.

CRAGG, G. M.; NEWMAN, D. J. Natural products: A continuing source of novel drug leads. *Biochimica et Biophysica Acta*, v.1830, p.3670-3695, 2013.

CRAVEIRO, A. A.; ALENCAR, J. W.; MACHADO, M. J. W. *Óleos essenciais de plantas do Nordeste*. Fortaleza: Editora da Universidade Federal do Ceará, 1981.

CRESTANI, S.; RATTMANN, Y. D.; CIPRIANI, T. R.; SOUZA, L. M.; IACOMINI, M.; KASSUYA, C. A. L.; MARQUES, M. C. A.; SIVA-SANTOS, J. E. A potent and nitric oxide-dependent hypotensive effect induced in rats by semi-purified fractions from *Maytenus ilicifolia*. *Vascular Pharmacology*, v.51, n.1, p.57-63, 2009.

CRIGNIS, R. N. *Ação moluscicida do látex de Euphorbia milii em Achatina fulica e seu efeito em biomarcadores ambientais.* Porto Velho, 2011. 72f. Dissertação (Mestrado em Ecologia de Ecossistemas) – Centro Universitário Vila Velha.

CROFT, S. L.; BRUN, R. *In vitro* and *in vivo* models for the identification and evaluation of drugs active against *Trypanosoma* and *Leishmania*. In: FAIRLAMB, A. CROWTHER, G. J. et al. Identification of attractive drug targets in neglected-disease pathogens using an *in silico* approach. *PLOS Neglected Tropical Disease*, v.4, n.8, p.804, 2010.

CROFT, S. L.; OLLIARO, P. Leishmaniasis Chemotherapy-Challenges and Opportunities. *Clinical Microbiological Infections* v.17, p.1478-1483, 2011.

CROWTHER, G. J.; SHANMUGAM, D.; CARMONA, S. J.; DOYLE, M. A.; HERTZ-FOWLER, C.; BERRIMAN, M.; NWAKA, S.; RALPH, S. A.; ROOS, D. S.; VAN VOORHIS, W. C.; AGÜERO, F. Identification of attractive drug targets in neglected-disease pathogens using an *in silico* approach. *PLOS Neglected Tropical Disease*, v.4, n.8, p.804, 2010.

CROZIER, A.; LEAN, M. E. J.; MCDONALD, M. S.; BLACK, C. Quantitative analysis of the flavonoid content of commercial tomatoes, onions, lettuce, and celery. *Journal Agricultural and Food Chemistry*, v.45, p.590-595, 1997.

CRUZ, A.; BEVERLEY, S. M. Gene replacement in parasitic protozoa. *Nature*, v.348, n.6297, p.171-173, 1990.

CRUZ, A.; COBURN, C. M.; BEVERLEY, S. M. Double targeted gene replacement for creating null mutants. *Proceedings of National Academy of Sciences USA*, v.88, n.16, p.7170-7174, 1991.

CRUZ, C. D. & REGAZZI, J. A. Divergência genética. In: Modelos biométricos aplicados ao melhoramento genético (eds.). Viçosa: UFV, Minas Gerais: Brasil, p.287- 313, 1994.

CRUZ, M. C.; SANTOS, P. O.; BARBOSA, A. M. JR; DE MÉLO, D. L.; ALVIANO, C. S.; ANTONIOLLI, A. R.; ALVIANO, D. S.; TRINDADE, R. C. Antifungal activity of Brazilian medicinal plants involved in popular treatment of mycoses. *Journal of Ethnopharmacology*, v.111, n.2, p.409-412, 2007.

CUNHA, B. L.; FRANÇA, J. P.; MORAES, A. A.; CHAVES, A. L.; GAIBA, S.; FONTANA, R.; SACRAMENTO, C. K.; FERREIRA, L. M.; FRANÇA, L. P. Evaluation of antimicrobial and antitumoral activity of *Garcinia mangostana* L. (mangosteen) grown in Southeast Brazil. *Acta Cirurgica Brasileira*, v.29, n.2, p.21-28, 2014. Erratum in: Acta Cirurgica Brasileira, v.29, n.3, p.81, 2014

CUTTER, E. G. *Anatomia Vegetal*. São Paulo: Roca, 1986.

D'LEON, L. F. P. Estudos de estabilidade de produtos cosméticos. *Cosmetics Toiletries*, v.13, p.54-64, 2001.

DA SILVA MACHADO, F. L.; PACIENZA-LIMA, W.; ROSSI-BERGMANN, B.; DE SOUZA GESTINARI, L. M.; FUJII, M. T.; CAMPOS DE PAULA, J.; COSTA, S. S.; LOPES, N. P.; KAISER C. R.; SOARES, A. R. Antileishmanial Sesquiterpenes from the Brazilian Red Alga *Laurencia dendroidea*. *Planta Medica*, v.77, n.7, p.733-735, 2011.

DA SILVA, A. R.; ANDRADE NETO, J. B.; DA SILVA, C. R.; CAMPOS, R. S.; COSTA, S. R. A.; FREITAS, D. D.; DO NASCIMENTO, F. B.; DE ANDRADE, L. N.; SAMPAIO, L. S.; GRANGEIRO, T. B.; FERREIRA MAGALHÃES, H. I.; CAVALCANTI, B. C.; MORAES, M. O.; NOBRE JÚNIOR, H. V. Berberine Antifungal Activity in Fluconazole-resistant Pathogenic Yeasts: Action Mechanism Evaluated by Flow Cytometry and Biofilm Growth Inhibition in *Candida* spp. *Antimicrobial Agents and Chemotherapy*, v.60, n.6, p.3351-3357, 2016.

DAL TOSO, R.; MELANDRI, F. Ingredienti cosmetici di origine vegetale per via biotecnologica. *Cosmetic Technology*, v.12, p.25-31, 2009.

DAS, A.; DASGUPTA, A.; SENGUPTA, T.; MAJUMDER, H. K. Topoisomerases of kinetoplastid parasites as potential chemotherapeutic targets. *Trends in Parasitology*, v.20, n.8, p.381-387, 2004.

DAS, B. B.; SEN, N.; ROY, A.; DASGUPTA, S.B.; GANGULY, A.; MOHANTA, B. C.; DINDA, B.; MAJUMDER, H. K. Differential induction of *Leishmania donovani* bi-subunit topoisomerase I-DNA cleavage complex by selected flavones and camptothecin: activity of flavones against camptothecin-resistant topoisomerase I. *Nucleic Acids Research*, v.34, n.4, p.1121-1132, 2006.

DAS, B. B.; SEN, N.; GANGULY, A.; MAJUMDER, H. K. Reconstitution and functional characterization of the unusual bi-subunit type I DNA topoisomerase from *Leishmania donovani*. *Febs Letters*, v.565, n.1-3, p.81-88, 2004.

DÁVALOS, A.; GÓMEZ-CORDOVÉS, C.; BARTOLOMÉ, B.; Extending applicability of the oxygen radical absorbance capacity (ORAC-fluorescein) assay. *Journal Agricultural and Food Chemistry*, v.52, p.48-54, 2004.

DAVIES-COLEMAN, M. T.; RIVETT, D. E. A. Structure of the 5,6-dihydro-2 pyrone, umuravum bolide. *Phytochemistry*, v.38, p.791-192, 1995.

DAY, T.; BORBOLLA, F. A.; PHILLIPS, S.; PAGANO, R.; DYALL-SMITH, D.; SCURRY, J.; GARLAND, S. M. Can Routine Histopathology Distinguish Between Vulvar Cutaneous Candidosis and Dermatophytosis? *Journal of Lower Genital Tract Disase*, v.174, n.4, p.869-77, 2016.

DE AGUIAR, C. R.; MOURÃO, C. I.; ROCHA, M. F.; DE FARIAS, M. F. J.; TEIXEIRA, C. E.; DE OLIVEIRA, M. D. F.; NETO, L. V.; BRILHANTE, R. S.; DE JESUS, P. G. B. T.; SIDRIM, J. J. Antifolates inhibit *Cryptococcus* biofilms and enhance susceptibility of planktonic cells to amphotericin B. *European Journal Clinical Microbiology & Infectious Diseases*, v.32, n.4, p.557-564, 2013.

DE CARVALHO, T. C.; POLIZELI, A. M.; TURATTI, I. C. C.; SEVERIANO, M. E.; DE CARVALHO, C. E.; AMBRÓSIO, S. R.; CROTTI, A. E. M.; FIGUEIREDO, U. S.; VIEIRA, P. C.; FURTADO, A. A. J. C. Screening of filamentous fungi to identify biocatalysts for lupeol biotransformation. *Molecules*, v.15, p.6140, 2010.

de FELÍCIO, R.; de ALBUQUERQUE, S.; YOUNG, M. C. M.; YOKOYA, N. S.; DEBONSI, H. M. Trypanocidal, leishmanicidal and antifungal potential from marine red alga *Bostrychia tenella* J. Agardh (Rhodomelaceae, Ceramiales). *Journal of Pharmaceutical and Biomedical Analysis*, v.52, n.5, p.763-769, 2010.

DE FLORA, S.; Mechanisms of inhibitors of mutagenesis and carcinogenesis. *Mutation Research*, 402, p.151-158, 1998

DE GONZÁLEZ, M. I.; MENDOZA, M.; BASTARDO, A. M.; APITZ-CASTRO, R. [Activity of ajoene on dermatophytes, *Candida albicans* and *Malassezia furfur*.]. *Revista Iberoamericana de Micologia*, v.15, n.4, p.277-281, 1998.

DE KONING, H. P.; BRIDGES, D. J.; BURCHMORE, R. J. S. Purine and pyrimidine transport in pathogenic protozoa: From biology to therapy. *Fems Microbiology Reviews*, v.29, n.5, p.987-1020, 2005.

de MESQUITA, M.; DESRIVOT, J.; BORIES, C.; FOURNET, A.; de PAULA, J. E.; GRELLIER, P.; ESPINDOLA, L. S. Antileishmanial and trypanocidal activity of Brazilian Cerrado plants. *Memórias do Instituto Oswaldo Cruz*, v.100, n.7, p.783-787, 2005.

DE OLIVEIRA, E. B.; HUMEAU, C.; CHEBILA, L.; MAIA, E. R.; FRANCOIS, D.; MAIGRET, B.; GHOUL, M.; ENGASSER, J-M. A molecular modelling study to rationalize the regioselectivity in acylation of flavonoid glycosides catalyzed by Candida antarctica lipase B. *J. Mol. Catal. Enzym. B*, v.59, p.96, 2009.

DE PAULA, E. S. A. C.; COSTA-ORLANDI, C. B.; GULLO, F. P.; SANGALLI-LEITE, F.; DE OLIVEIRA H. C.; DA SILVA, J. F.; SCORZONI, L.; PITANGUI, n.S.; ROSSI, S. A.; BENADUCCI, T.; WOLF, V. G.; REGASINI, L. O.; PETRÔNIO, M. S.; SILVA, D. H.; BOLZANI, V. S.; FUSCO-ALMEIDA, A. M.; MENDES-GIANNINI, M. J. Antifungal Activity of Decyl Gallate against Several Species of Pathogenic Fungi. *Evidence Based Complementary and Alternative Medicine*, 2014: 506273, 2014.

DEBONO, A.; CAPUANO, B.; SCAMMELLS, P. J. Progress toward the development of noscapine and derivatives as anticancer agents. *Journal of Medicinal Chemistry*, v.58, p.5699-5727, 2015.

DEMAIN, A. L. Small bugs, big business: the economic power of the microbe. *Biotechnology Advances*, v.18, p.499-514, 2000.

DEMARCO, D.; KINOSHITA, L. S.; CASTRO, M. M. Laticíferos articulados anastomosados – novos registros para Apocynaceae. *Revista Brasileira de Botânica*, v.29, p.133-144, 2006.

DEMBITSKY, V. M.; POOVARODOM, S.; LEONTOWICZ, H.; LEONTOWICZ, M.; VEARASILP, S.; TRAKHTENBERG, S.; GORINSTEIN, S. The multiple nutrition properties of some exotic fruits: Biological activity and active metabolites. *Food Research International*, v.44, p.1671-1701, 2011.

DEN BOER, M.; ARGAW, D.; JANNIN, J.; ALVAR, J. Leishmaniasis Impact and Treatment Access. *Clinical Microbiological Infections*, v.17, p.1471-1477, 2011.

DENHARDT, D. T.; FENG, B.; EDWARDS, D. R.; COCUZZI, E. T.; MALYANKAR, U. M. Tissue inhibitor of metalloproteinases (TIMP, aka EPA): structure, control of expression and biological functions. *Pharmacology & Therapeutics*, v.59, p.329-341, 1993.

DENNING, D. W.; HOPE, W. W. Therapy for fungal diseases: opportunities and priorities. *Trends in Microbiology*, v.18, n.5, p.195-204, 2010.

DESCOINS, C. J.; BAZZOCCHI, I. L.; RAVELO, A. G. New sesquiterpenes from *Euonymus europaeus* (Celastraceae). *Chemical and Pharmaceutical Bulletin*, v.50, n.2, p.199-202, 2002.

DESHMUKH, S. K.; VEREKAR, S. A.; BHAVE, S. V. Endophytic fungi: are servoir of antibacterials. *Frontiers in microbiology*, v.5, p.1-43, 2015.

DETHIER, V. G. Chemical factors determing the choice of food plants by *Papilo larvae*. *American Naturalist*, v.75, p.61-73, 1941.

DEWICK, P. M. Medicinal natural products: a biosynthetic approach. 2 ed. John Wiley e Sons, 2002.

DEWICK, P. M. *Medicinal natural products:* a biosynthetic approach. 3 ed. John Wiley e Sons, 2009.

DI STASI, L. C. Aspectos químicos e farmacológicos da espinheira-santa: uma análise da utilidade dos dados. In: REIS, M. S.; SILVA, S. R. (Ed.). *Conservação e uso sustentável de plantas medicinais e aromáticas: Maytenus spp.; espinheira-santa*. Brasília: Ibama, 2004, p.67-92

DI STASI, L. C.; SANTOS, E. M. G.; SANTOS, C. M. dos; HIRUMA, C. A. *Plantas medicinais da Amazônia*. São Paulo, Unesp, 1989. p 193 e 365.

DIAS, J. C. Southern Cone Initiative for the Elimination of Domestic Populations of *Triatoma infestans* and the Interruption of Transfusional Chagas disease. Historical Aspects, Present Situation, and Perspectives. *Memórias do Instituto Oswaldo Cruz*, v.102, Suppl 1, p.11-8, 2007.

DIAS, J. Doença de Chagas. In: CIMERMAN, B. e CIMERMAN, S. (Ed.). *Parasitologia humana e seus fundamentos gerais*. São Paulo: Atheneu, 2005, p.81-94.

DIAS, J. *Trypanosoma cruzi* e doença de Chagas. In: BRENER, Z. et al. (Ed.). *Trypanosoma cruzi* e doença de Chagas. Rio de Janeiro: Guanabara Koogan, 2000, p.48-74.

DIAS, J.; SCHOFIELD, C. The evolution of Chagas disease (American trypanosomiasis) control after 90 years since Carlos Chagas discovery. *Memórias do Instituto Oswaldo Cruz*, v.94, Suppl 1, p.103-21, 1999.

DIAZ-CHICO, B. N.; RODRIGUEZ, F. G.; GONZALEZ, A.; RAMIREZ, R.; BILBAO, C.; LEON, A. C.; JAIME, A. A.; CHIRINO, R.; NAVARRO, D. Androgens and androgen receptors in breast cancer. *The Journal of Steroid Biochemistry and Molecular Biology*, v.105, p.1, 2007.

DIGIROLAMO, J. A.; LI, X. C.; JACOB, M. R.; CLARK, A. M. Ferreira D. Reversal of fluconazole resistance by sulfated sterols from the marine sponge *Topsentia* sp. *Journal of Natural Products*, v.72, n.8, p.1524-1528, 2009.

DIMITROVA, Z. *The history of pharmacy*. Sofija: St Clement of Ohrid; 1999.

DINIZ, D. J. C. *Contribuição da tecnologia digital no estudo da insolação nas edificações*. Belo Horizonte, 2002. (Monografia) – Universidade Federal de Minas Gerais.

DOI, T. Synthesis of the biologically active natural product cyclodepsipeptides apratoxin A and its analogues. *Chemical and Pharmaceutical Bulletin*, n.8, v.62, p.735-743, 2014.

DOMBROWSKI, A. W.; HAZUDA, D. J.; POLISHOOK, J. D.; FELOCK, P. J.; SINGH, S. B.; ZINK, D. L.; WO Patent: 0036132, 2000.

DONOSO V, BACHO M, NÚIÑEZ S, ROVIROSA J, SAN-MARTIN A, LEIVA S. Antimicrobial Diterpenes from *Azorella* Species Against Gram-Positive Bacteria. *Natural Products Communication*, v.10, n.11, p.1915-6, 2015.

DONOVA, M. V.; EGOROVA, V. O. Microbial steroid transformations: current state and prospects. *Applied Microbiology and Biotechnology*, v.94, p.1423, 2012.

DONOVA, M. V.; NIKOLAYEVA, V. M.; DOVBNYA, D. V.; GULEVSKAYA, S. A.; SUZINA, N. E. Methyl-β-cyclodextrin alters growth, activity and cell envelope features of sterol-transforming mycobacteria. *Microbiology*, v.153, p.1981, 2007.

DOOLEY, T. P. Topical skin depigmentation agents: current products and discovery a novel inhibitiors of melanogenesis. *Journal of Dermatologic Treaments*, v.8, p.275-279, 1997.

DOOMS-GOOSSENS, A. Cosmetics as causes of allergic contact dermatitis. *Cutis*, v.52, p.316-320, 1993.

DORLO, T. P. C.; BALASEGARAM, M.; BEIJNEN, J. H.; DE VRIES, P.J. Miltefosine: a review of its pharmacology and therapeutic efficacy in the treatment of leishmaniasis. *Journal of Antimicrobial and Chemotherapy*, v.67, p.2576-2597, 2012.

DOS SANTOS, A. O.; BRITTA E. A.; BIANCO, E. M.; UEDA-NAKAMURA, T.; FILHO, B. P.; PEREIRA, R. C.; NAKAMURA, C. V. 4-Acetoxydolastane Diterpene from the Brazilian Brown Alga *Canistrocarpus cervicornis* as Antileishmanial Agent. *Marine Drugs*, v.9, n.11, p.2369-2383, 2011.

DRAELOS, D. Z. *Cosméticos em dermatologia*, 2. ed. Rio de Janeiro: Revinter, 1999.

DRAIZE, J. H.; WOODARD, G.; CALVERY, H. Q. Methods for the study of irritation and toxicity of substances applied topically to the skin and mucous membranes. *Journal Pharmacology and Experimental Therapeutics*, v.82, p.377-389, 1944.

DRUGS FOR NEGLECTED DISEASES Initiative. Diseases and projects. 2013. Disponível em: <http://www. dndi. org/diseases-projects/diseases. html>. Acesso em: ago. 2013.

DUAN, H.; KAWAZOE, K.; TAKAISHI, Y. Sesquiterpene alkaloids from *Tripterygium hypoglaucum*. *Phytochemistry*, v.45, n.3, p.617-621, 1997.

DUAN, H.; TAKAISHI, Y. Sesquiterpene evoninate alkaloids from *Tripterygium hypoglaucum*. *Phytochemistry*, v.52, n.8, p.1735-1738, 1999.

DUAN, H.; TAKAISHI, Y. Structures of sesquiterpene polyol alkaloids from *Tripterygium hypoglaucum*. *Phytochemistry*, v.49, n.7, p.2185-2189, 1998.

DUARTE, M. C. T.; FIGUEIRA, G. M.; PEREIRA, B; MAGALHÃES, P. M.; DELARMINA, C. Atividade antimicrobiana de extratos hidroalcolicos de espécies da coleção de plantas medicinais CPQBA. *Revista de Farmacognosia*, v.14, n.1 p.6-8, 2004.

DUARTE, M. G. R.; SOARES, I. A. A.; BRANDÃO, M.; JÁCOME, R. L. R. P.; FERREIRA, M. D.; SILVA, C. R. F.; OLIVEIRA, A. B. Perfil fitoquímico e atividade antibacteriana in vitro de plantas invasoras. *Revista Lecta*, v.20, n.2, p.177-182, 2002.

DUBE, A.; SINGH, N.; SUNDAR, S. Refractoriness to the treatment of sodium stibogluconate in Indian kala-azar field isolates persist in *in vitro* and *in vivo* experimental models. *Parasitology Research*, v.96, n.4, p.216-223, 2005.

DUCAT, G.; TORRES, Y. R.; DALLA SANTA, H. S.; CAETANO, I. K.; KLEINUBING, S. A.; STOCK, D.; TUSSOLINI, L.; JUSTO, T. H.; QUINÁIA, S. P. Correlation among metallic ions, phenolic compounds and antimicrobial action in medicinal plants extracts. *Journal of Food Quality*, v.34, n.5, p.306-314, 2011.

DUFERNEZ, F.; YERNAUX, C.; GERBOD, D.; NÖEL, C.; CHAUVENET, M.; OPPERDOES, F.; VISCOGLIOSI, E. The presence of four iron-containing superoxide dismutase isozymes in Trypanosomatidae: Characterization, subcellular localization, and phylogenetic origin in *Trypanosoma brucei*. *Free Radical Biology and Medicine*, v.40, n.2, p.210-225, 2006.

DURAN, R. M.; PADILLA, R. B. Actividad antioxidante de los compuestos fenólicos. *Grasas y Aceites*, v.44, n.2, p.101-106, 1993.

DUTTA, D.; PUZARI, K. C.; GOGOI, R.; DUTTA, P. Endophytes: Exploitation as a tool in plant protection. *Brazilian Archives of Biology and Technology*, v.57, p.621-629, 2014.

EDENHARDER, R.; VON PETERSDORFF, I.; RAUSCHER, R. Antimutagenic effects of flavoniods, chalcones and structurally related compounds on the activity of 2-amino-3-methylinidazo[4,5-f]quinoline (IQ) and other heterocyclic amine mutagens from cooked food. *Mutation Research/Fundamental and Molecular Mechanisms of Mutagenesis*, v.287, n.2, p.261-274, 1993.

EHLERT, P. A. D. *Épocas de plantio, idades e horários de colheita na produção e qualidade do óleo essencial de Lippia alba (Mill.) n. E. Br., quimiotipo limoneno-carvona.* Botucatu, 2003. 108f. Tese (Doutorado em Horticultura) – Faculdade de Ciências Agronômicas, Universidade Estadual Paulista.

EINHARDT, P. M.; CORREA, E. R.; RASEIRA, M. C. B. Comparação entre Métodos para testar a viabilidade de pólen de pessegueiro. *Revista Brasileira de Fruticultura*, Jaboticabal, v.28, n.1, p.5-7, 2006.

EL GAZZAR, A.; WATSON, L. A taxonomic study of Labiatae and related genera. *The New Phytologistic*, v.69, p.451-486, 1970.

EL TAHIR, A.; SATTI, G. M. H.; KHALID, S. A. Antiplasmodial activity of selected Sudanese medicinal plants with emphasis on *Maytenus senegalensis* (Lam.) Exell. *Journal of Ethnopharmacology*, v.64, n.3, p.227-233, 1999.

EL-SAYED, N. M.; MYLER, P. J.; BLANDIN, G.; BERRIMAN, M.; CRABTREE, J.; AGGARWAL, G.; CALER, E.; RENAULD, H.; WORTHEY, E. A.; HERTZ-FOWLER, C.; GHEDIN, E.; PEACOCK, C.; BARTHOLOMEU, D. C.; HAAS, B. J.; TRAN, A. N.; WORTMAN, J. R.; ALSMARK, U. C.; ANGIUOLI, S.; ANUPAMA, A.; BADGER, J.; BRINGAUD, F.; CADAG, E.; CARLTON, J. M.; CERQUEIRA, G. C.; CREASY, T.; DELCHER, A. L.; DJIKENG, A.; EMBLEY, T. M.; HAUSER, C.; IVENS, A. C.; KUMMERFELD, S. K.; PEREIRA-LEAL, J. B.; NILSSON, D.; PETERSON, J.; SALZBERG, S. L.; SHALLOM, J.; SILVA, J. C.; SUNDARAM, J.; WESTENBERGER, S.; WHITE, O.; MELVILLE, S. E.; DONELSON, J. E.; ANDERSSON, B.; STUART, K. D.; HALL, N. Comparative genomics of trypanosomatid parasitic protozoa. *Science*, v.309, n.5733, p.404-4099, 2005a.

EL-SAYED, N. M.; MYLER, P. J.; BARTHOLOMEU, D. C.; NILSSON, D.; AGGARWAL, G.; TRAN, A. N.; GHEDIN, E.; WORTHEY, E. A.; DELCHER, A. L.; BLANDIN, G.; WESTENBERGER, S. J.; CALER, E.; CERQUEIRA, G. C.; BRANCHE, C.; HAAS, B.; ANUPAMA, A.; ARNER, E.; ASLUND, L.; ATTIPOE, P.; BONTEMPI, E.; BRINGAUD, F.; BURTON, P.; CADAG, E.; CAMPBELL, D. A.; CARRINGTON, M.; CRABTREE, J.; DARBAN, H.; DA SILVEIRA, J. F.; DE JONG, P.; EDWARDS, K.; ENGLUND, P. T.; FAZELINA, G.; FELDBLYUM, T.; FERELLA, M.; FRASCH, A. C.; GULL,

K.; HORN, D.; HOU, L.; HUANG, Y.; KINDLUND, E.; KLINGBEIL, M.; KLUGE, S.; KOO, H.; LACERDA, D.; LEVIN, M. J.; LORENZI, H.; LOUIE, T.; MACHADO, C. R.; MCCULLOCH, R.; MCKENNA, A.; MIZUNO, Y.; MOTTRAM, J. C.; NELSON, S.; OCHAYA, S.; OSOEGAWA, K.; PAI, G.; PARSONS, M.; PENTONY, M.; PETTERSSON, U.; POP, M.; RAMIREZ, J. L.; RINTA, J.; ROBERTSON, L.; SALZBERG, S. L.; SANCHEZ, D. O.; SEYLER, A.; SHARMA, R.; SHETTY, J.; SIMPSON, A. J.; SISK, E.; TAMMI, M. T.; TARLETON, R.; TEIXEIRA, S.; VAN AKEN, S.; VOGT, C.; WARD, P. N.; WICKSTEAD, B.; WORTMAN, J.; WHITE, O.; FRASER, C. M.; STUART, K. D.; ANDERSSON, B. The genome sequence of *Trypanosoma cruzi*, etiologic agent of Chagas disease. *Science*, v.309, n.5733, p.409-415, 2005b.

ENDO, E. H.; CORTEZ, D. A.; UEDA-NAKAMURA, T.; NAKAMURA, C. V.; DIAS FILHO, B. P. Potent antifungal activity of extracts and pure compound isolated from pomegranate peels and synergism with fluconazole against *Candida albicans*. *Research in Microbiology*, v.161, n.7, p.534-540, 2010.

ENGEL, J. C.; FRANKE DE CAZZULO, B. M.; STOPPANI, A. O.; CANNATA, J. J.; CAZZULO, J. J. Aerobic glucose fermentation by *Trypanosoma cruzi* axenic culture amastigote-like forms during growth and differentiation to epimastigotes. *Molecular Biochemical Parasitology*, v.26, n.1-2, p.1-10, 1987.

ERDMANN, K.; GROSSER, N.; SCHIPPOREIT, K.; SCHRÖDER, H. The ACE inhibitory dipeptide Met-Tyr diminishes free radical formation in human endothelial cells via induction of heme oxygenase-1 and ferritin. *The Journal of Nutrition*, v.136, n.8, p.2148-2152, 2006.

ESAU, K. *Anatomia de plantas com sementes*. São Paulo: Edgard Blucher, 2002.

ESMAEILI A.; HASHEMI E. Biotransformation of myrcene by *Pseudomonas aeruginosa*. *Chemistry Central Journal*, v.5, p.26, 2011.

ESPÍNDOLA, C. R.; TOSIN, W. A. C.; PACCOLA, A. A. Levantamento pedológico da Fazenda Experimental São Manoel. In: CONGRESSO BRASILEIRO DE CIÊNCIA DO SOLO, 14, 1973, Santa Maria. *Anais*..., Santa Maria: Sociedade Brasileira de Ciência do Solo, 1974. p.651-1.

ETGES, R. J.; BOUVIER, J.; HOFFMAN, R.; BORDIER, C. Evidence that the major surface proteins of three *Leishmania* species are structurally related. *Molecular and Biochemical Parasitology*, v.14, n.2, p.141-149, 1985.

ETGES, R.; BOUVIER, J.; BORDIER, C. The major surface protein of *Leishmania* promastigotes is a protease. *J Biol Chem*, v.261, n.20, p.9098-10101, 1986.

EVIDENTE, A.; KORNIENKO, A.; CIMMINO, A.; ANDOLFI. A.; LEFRANC, F.; MATHIEU, V.; KISS, R. Fungal metabolites with anticancer activity. *Natural Products Report*, v.31, p.617-627, 2014.

EVRANOS-AKSÖZ B.; ONURDAĞ, F. K.; ÖZGACAR, S. Ö. Antibacterial, antifungal and antimycobacterial activities of some pyrazoline, hydrazone and chalcone derivatives. *Zeitschrift für Naturforschung. C*, v.70, n.7-8, p.183-189, 2015.

EWALD, C.; FJELKNER-MODIG, S.; JOHANSSON,K.; SJÖHOLM, I.; ÅKESSON, B. Effect of processing on major flavonoids in processed onions, green beans, and peas. *Food Chemistry*, v.64, p.231-235, 1999.

FABER, K. Biotransformation in Organic Chemistry. 6. ed. Dordretch: Springer, p.9, 2011.

FABRICANT, D. S.; FARNSWORTH, N. R. The value of plants used in traditional medicine for drug Discovery. *Environmental Health Perspective*, v.109, p.69-76, 2001.

FAHN, A. *Secretory tissues in plants*. London: Academic Press, 1979. 302p.

FARIA, R. L.; CARDOSO, L. M.; AKISUE, G.; PEREIRA, C. A.; JUNQUEIRA, J. C.; JORGE, A. O.; SANTOS JÚNIOR, P. V. Antimicrobial activity of *Calendula officinalis*, *Camellia sinensis* and chlorhexidine against the adherence of microorganisms to sutures after extraction of unerupted third molars. *Journal of Applied Oral Science*, v.19, n.5, p.476-482, 2011.

FELIZARI, J.; OLIVEIRA, R. C. Toxicidade de extratos de *Ricinus communis* e *Euphorbia milii* para caramujo aquático e tilápia. *Revista Thêma et Scientia*, v.1, n.2, p.160-163, 2011.

FENECH, M. In vitro micronucleus technique to predict chemosensitivity. *Methods in Molecular Medicine*, v.111, p.3-32, 2005.

FERNANDES, F. H.; SALGADO, H. R.; Gallic Acid: Review of the Methods of Determination and Quantification. *Criticals Reviews in Analytical Chemistry*, v.3, n.46, p.257-265, 2016.

FERREIRA, A. Controle de qualidade: da matéria-prima ao fitoterápico. *Revista Racine*, v.72, p.68-78, 2003.

FERREIRA, P. M. P.; FARIAS, D. F.; VIANA, M. P.; SOUZA, T. M.; VASCONCELOS, I. M.; SOARES, B. M.; PESSOA, C.; COSTA-LOTUFO, L. V.; MORAES, M. O.; CARVALHO, A. F. U. Study of the antiproliferative potential of seed extracts from Northeastern Brazilian plants. *Anais da Academia Brasileira de Ciências*, v.83, n.3, p.1045-1058, 2011.

FERREIRA, P. M.; OLIVEIRA, C. N.; OLIVEIRA, A. B.; LOPES, M. J.; ALZAMORA, F.; VIEIRA, M. A. R. A lyophilized aqueous extract of *Maytenus ilicifolia* leaves inhibits histamine-mediated acid secretion in isolated frog gastric mucosa. *Planta*, v.219, n.2, p.319-324, 2004.

FERREIRA, P.; SOARES, G. L. G.; D'ÁVILA, S.; BESSA, E. C. A. The influence of thymol+DMSO on survival, growth and reproduction of *Bradybaena similaris* (Mollusca: Bradybaenidae). *Zoologia*, v.28, n.2, p.145-150, 2011.

FERREIRA, P.; SOARES, G. L. G.; D'ÁVILA, S.; BESSA, E. C. A. The Influence of caffeine and thymol on the survival, growth and reproduction of *Subulina octona* (Brugüière, 1789) (Mollusca, Subulinidae). *Brazilian Archives of Biology and Technology*, v.52, n.4, p.945-952, 2009.

FERREIRA, R. S.; OLIVA, G.; ADNDRICOPULO, A. D. Integração das têcnicas de triagem virtual e triagem biológica automatizada em alta escala: oportunidades e desafios em P&D de fármacos. *Química nova*, v.34, n.10, p.1770-1778, 2011

FERRERO, A. H. Cautela. Instituto Brasileiro de Frutas (IBRAF), v.4, p.18-26, 2009.

FICHA de informação de segurança do produto químico metarex sp. Disponível em: <www. nucleosaudeambiental. com. br/imagens/Produtos/2432010_102521_METAREX. pdf>. Acesso em: 05 dez. 2012.

FILARDI, L. S.; BRENER, Z. Susceptibility and Natural Resistance of *Trypanosoma cruzi* Strains to Drugs Used Clinically in Chagas disease. *Transactions of the Royal Society of Tropical Medicine and Hygiene*, v.81, n.5, p.755-759, 1987.

FISCHER, T.; PIETRUSZKA, J. Key building blocks via enzyme-mediated synthesis. In: PIEL, J. (Ed.) *Natural Products via Enzymatic Reaction*. Heidelberg: Springer, p.4, 2010.

FISHER, A. A. *Contact Dermatitis*, 2. ed. Philadelphia: Lea 7 Febiger, 1995.

FISHER, G. J.; DATTA, S. C.; TALWAR, H. S.; WANG, Z.; VARANI, J.; KANG, S.; VOORHEES, J. J. Molecular basis of sun-induced premature skin ageing and retinoid antagonism. *Nature*, v.379, p.335- 339, 1996.

FISHER, G. J.; WANG, Z.; DATTA, S. C.; VARANI, J.; KANG, S.; VOORHEES, J. J. Pathophysiology of premature skin aging induced by ultraviolet light. *New England Journal of Medicine*, v.337, p.1419-1428, 1997.

FLOR, J.; DAVOLOS, M. R.; CORREA, M. A. Protetores solares. *Quimica Nova*, v.30, n.1, p.153-158, 2007.

FLORES, M.; ROJAS, L.; APARICIO, R.; LUCENA, M. E.; USUBILLAGA, A. Essential Oil Composition and Antibacterial Activity of *Hyptis colombiana* from the Venezuelan Andes. *Natural Products Communications*, v.10, n.10, p.1751-1752, 2015.

FOGLIANO, V.; VERDE, V.; RANDAZZO, G.; RITIENI, A. Method for measuring antioxidant activity and its application to monitoring the antioxidant capacity of wines. *Journal Agricultural and Food Chemistry*, v.47, p.1035-1040, 1999.

FOGLIO, M. A.; QUEIROGA, C. L.; SOUSA, I. M. O.; RODRIGUES, R. A. F. Plantas medicinais como fonte de recursos terapêuticos: um modelo multidisciplinar. *MultiCiência*, v.7, p.1-8, 2006.

FOKINA, V.; SUKHODOLSKAYA, G.; GULEVSKAYA, S.; GAVRISH, E.; EVTUSHENKO, L.; DONOVA, M. The 1(2)-dehydrogenation of steroid substrates by *Nocardioides simplex* VKM Ac-2033D. *Microbiology*, v.2, p.24, 2003.

FONG, D.; CHANG, K. P. Surface Antigenic change during differentiation of a parasitic protozoan, *Leishmania mexicana*: identification by monoclonal antibodies. *Proceedings of the National Academic of Science of the United States of America*, v.79, p.7366-7370, 1982.

FORMARIZ, T. P.; CHIAVACCI, L. A.; SARMENTO, V. H.; SANTILLI, C. V.; TABOSA, E. E. S.; OLIVEIRA, A. G. Relationship between structural features and *in vitro* release of doxorubicin from biocompatible anionic microemulsion. *Colloids and Surfaces B: Biointerfaces*, v.60, n.1, p.28-35, 2007.

FORNASIERO, R. B.; BIANCHI, A.; ADRIANO PINETTI, A. Anatomical and Ultrastuctural Observations in *Hypericum perforatum* L. Leaves. *Journal of Herbs, Spices & Medicinal Plants*, v.5, p.21-33, 1998.

FRAGKAKI, A. G.; ANGELIS Y. S.; KOUPPARIS, M.; TSANTILI-KAKOULIDOU, A.; KOKOTOS, G.; GEORGAKOPOULOS, C. Structural characteristics of anabolic androgenic steroids contributing to binding to the androgen receptor and to their anabolic and androgenic activities: applied modifications in the steroidal structure. *Steroids*, v.74, p.172, 2009.

FRANCA, N. C.; POLONSKY, J. Structure of boronolide isolated from Tetradenia fruticosa. *Comptes Rendus Hebdomadaires des Seances de l'Academie des Sciences. Serie C: Sciences Chimiques*, v.273, p.439-41, 1971.

FRANÇA, S. C. Abordagens biotecnológicas para obtenção de substâncias ativas. In: SIMÕES, C. M. O.; SCHENKEL, E. P.; GOSMANN, G.; MELLO, J. C. P.; MENTZ, L. A.; PETROVICK, P. R. *Farmacognosia:* da planta ao medicamento. Porto Alegre: UFRGS, 2003. p.101-122.

FRANÇA, S. C.; PEREIRA, A. M. S. Espinheira santa: do estudo á viabilização de um fitoterápico brasileiro contra úlcera gástrica. *Plantas em Destaque*, v.7, p.67-69, 1997.

FRANK, H. O.; VIEIRA, D. F.; QUADROS, I. p.S. Atividade moluscicida do óleo essencial da Erva-de-Santa-Maria (*Chenopodium ambrosioides* L.) sobre o molusco do gênero *Biomphalaria*. In: XV ENCONTRO LATINO AMERICANO DE INICIAÇÃO CIENTÍFICA E XI ENCONTRO LATINO AMERICANO DE PÓS-GRADUAÇÃO, 2011, Vale do Paraíba. Disponível em: <http://www. inicepg. univap. br/cd/INIC_2011/anais/arquivos/0081_0731_02. pdf>. Acesso em: 02 jan. 2012.

FRANKE, A. A.; COONEY, R. V.; CUSTER, L. J.; MORDAN, L. J.; TANAKA, Y. Inhibition of neoplastic transformation and bioavailability of dietary flavonoid agents. *Advance in Experimental Medicine and Biology, v.*48, p.439-237, 1998.

FREILE-PELEGRIN, Y.; ROBLEDO, D.; CHAN-BACAB, M. J.; ORTEGA-MORALES, B. O. Antileishmanial properties of tropical marine algae extracts. *Fitoterapia*, v.79, n.5, p.374-377, 2008.

FREIRE, M. F. I.; CARVALHO, M. G.; BERBARA, R. L. L.; FREIRE, R. B. Atividade antimicrobiana de acetato de lupeol isolado de *Vernonia scorpioides* (Lam.) Pers., Asteraceae. *Revista Brasileira de Farmácia*, v.83, p.83-87, 2002.

FREIRES, I. A.; MURATA, R. M.; FURLETTI, v.F.; SARTORATTO, A.; ALENCAR, S. M.; FIGUEIRA, G. M.; DE OLIVEIRA, R. J. A.; DUARTE, M. C.; ROSALEN, P. L. *Coriandrum sativum* L. (Coriander) essential oil: antifungal activity and mode of action on *Candida* spp., and molecular targets affected in human whole-genome expression. *PLOS One*, n.6, p.99086, 2014.

FREITAS, J. C. B. R.; PRESGRAVE, G. A. F.; FINGOLA, F. F.; MENEZES, M. A. C.; VASCONCELLOS, M. C.;. SCHALL, V. T.;. PAUMGARTTEN, F. J. R. Toxicological study of the molluscicidal latex of *Euphorbia splendens*: irritant action on skin and eye. *Memórias do Instituto Oswaldo Cruz*, v.86, p.87-88, 1991.

FREITAS, R. F.; PROKOPCZYK, I. M.; ZOTTIS, A.; OLIVA, G.; ANDRICOPULO, A. G.; TREVISAN, M. T. S.; VILEGAS, W.; SILVA, M. G. V.; MONTANARI, C. A. Discovery of novel *Trypanosoma cruzi* glyceraldehyde-3-phosphate dehydrogenase inhibitors. *Bioorganic and Medicinal Chemistry*, v.17, n.6, p.2476-2482, 2009.

FRENCH, J. B.; YATES, P. A.; SOYSA, D. R.; BOITZ, J. M.; CARTER, N. S.; CHANG, B.; ULLMAN, B.; EALICK, S. E. The Leishmania donovani UMP Synthase Is Essential for Promastigote Viability and Has an Unusual Tetrameric Structure That Exhibits Substrate-controlled Oligomerization. *Journal of Biological Chemistry*, v.286, n.23, p.20930-20941, 2011.

FRYE, L. L.; LEONARD, D. A. Lanosterol analog: dual action inhibitors of cholesterol biosynthesis. In: PARISH, E. J.; NES, W. D. Biochemistry and function of sterols. Boca Raton, FL: CRC Press, 1987, p.23.

FU, S. B.; YANG, J. S.; CUI, J. L.; FENG, X.; SUN, D. A. Biotransformation of ursolic acid by an endophytic fungus from medicinal plant *Huperzia serrata*. *Chemical & pharmaceutical bulletin*, v.59, p.1180, 2011.

FUMAROLA, L.; SPINELLI, R.; BRANDONISIO, O. *In vitro* assays for evaluation of drug activity against *Leishmania* spp. *Research in Microbiology*, v.155, n.4, p.224-230, 2004.

FUNARI, C. S.; FERRO, v.O. Uso ético da biodiversidade brasileira: necessidade e oportunidade. *Revista Brasileira de Farmacognosia*, v.15, p.178-182, 2005.

FUNARI, C. S.; GULLO, F. P.; NAPOLITANO, A.; CARNEIRO, R. L.; MENDES-GIANNINI, M. J.; FUSCO-ALMEIDA, A. M.; PIACENTE, S.; PIZZA, C.; SILVA, D. H. Chemical and antifungal investigations of six *Lippia* species (Verbenaceae) from Brazil. *Food Chemistry*, v.135, n.3, p.2086-2094, 2012.

FUNDER, J. W. Minireview: aldosterone and mineralocorticoid receptors: past, present, and future. *Endocrinology*, v.151, p.5098, 2010.

FURUKAWA, M.; MAKINO, M.; UCHIYAMA, T.; ISHIMI, K.; ICHINOHE, Y.; FUJIMOTO, Y. Sesquiterpene pyridine alkaloids from *Hippocratea excelsa*. *Phytochemistry*, v.59, n.7, p.767-777, 2002.

GAO, J. -M.; WU, W. -J.; ZHANG, J. -W.; KONISHI, Y. The dihydro-β-agarofuran sesquiterpenoids. *Natural Product Reports*, v.24, n.5, p.1153-1189, 2007.

GARAMI, A.; ILG, T. Disruption of mannose activation in *Leishmania mexicana*: GDP-mannose pyrophosphorylase is required for virulence, but not for viability. *The Embo Journal*, v.20, n.14, p.3657-3666, 2001.

GARCIA-ESTRADA, C; PRADA, C. F.; FÉRNANDEZ-RUBIO, C.; ROJO-VÁZQUEZ, F.; BALAÑA-FOUCE, R. DNA topoisomerases in apicomplexan parasites: promising targets for drug discovery. *Proceedings of the Royal Society Biological Sciences*, v.277, n.1689, p.1777-1787, 2010.

GARCIA, S.; SANTOS, E. P. Avaliação do FPS de produtos comerciais por método in vitro. *Revista Brasileira de Ciências Farmacêuticas*, v.71, n.4, p.99, 1990.

GASPAROTTO JR.; A.; BRENZAN, M. A.; PILOTO, I. C.; CORTEZ, D. A. G.; NAKAMURA, C. V.; DIAS FILHO, B. P.; RODRIGUES FILHO, E.; FERRERIA, A. G.; Estudo fitoquímico e avaliação da atividade moluscicida do *Calophyllum brasiliense* Camb (Clusiaceae). *Quimica Nova*, v.28, n.4, p.575-578, 2005.

GELLERT, E.; CHAUBAL, M. G.; IYER, R. P. The alkaloids of *Brunfelsia hopeana* (Hock) Benth. In: SYMP. PAP. – IUPAC INT. SYMP. CHEM. NAT. PROD. 11, 1978. Wollongong, Australia. *Proceedings...*,1978.

GERSHENZON, J.; ENGELBRTH, E. E. Secondary metabolites an plant defense. In: TAIZ, L.; ZEIGER, E. *Plant Physiology*, Sunderland: Sinauer, 2010. p.369-400.

GIL, M. I.; HOLCROFT, D. M.; KADER, A. A. Changes in strawberry anthocyanins and other polyphenols in response to carbon dioxide treatments. *Journal Agricultural and Food Chemistry*, v.45, n.5, p.1662-1667, 1997.

GINGER, M. L.; McFADDEN, G. I.; MICHELS, P. A. M. Rewiring and regulation of cross-compartmentalized metabolism in protists. *Philosophical Transactions of the Royal Society Biological Sciences*, v.365, n.1541, p.831-845, 2010.

GIOVANELLI, A.; SILVA, C. L. P. A. C.; MEDEIROS, L. The molluscicidal activity of the Latex of *Euphorbia splendens* var. hislopii on *Melanoides tuberculata* (Thiaridae), a snail associated with habitats of *Biomphalaria glabrata* (Planorbidae). *Memórias do Instituto Oswaldo Cruz*, v.96, n.1, p.123-125, 2001.

GIRARD, E. A. *Volume, Biomassa e Rendimento de Óleos Essenciais do Craveiro (Pimenta pseudocaryophyllus (Gomes) Landrum) em Floresta Ombrófila Mista*. Curitiba, 2005. 75p. Dissertação (Mestrado) – Universidade Federal do Paraná.

GITZ, D. C.; LIU, L.; MCCLURE, J. W. Phenolic metabolism, growth and UV-B tolerance in phenylalanine ammonia lyase inhibited red cabbage seedlings. *Phytochemistry*, v.49, n.2, p.377-386, 1998.

GOBBO-NETO, L.; LOPES, N. L. Plantas medicinais: fatores de influência no conteúdo de metabólitos secundários. *Química Nova*, v.30, p.374-381, 2007.

GOGINENI, V.; SCHINAZI, R. F.; HAMANN, M. T. Role of marine natural products in the genesis of antiviral agents. *Chemical Reviews*, v.115, p.9655-9706, 2015.

GOLFAKHRABADI, F.; ARDEKANI, M. R.; SAEIDNIA, S.; YOUSEFBEYK, F.; JAMALIFAR, H. RAMEZANI, N.; AKBARZADEH, T.; KHANAVI, M. Report – Phytochemical analysis, antimicrobial, antioxidant activities and total phenols of *Ferulago carduchorum* in two vegetative stages (flower and fruit). *Pakistan Journal of Pharmaceutical Science*, v.29,n. 2, p.623-628, 2016.

GOMES. E. C.; MIGUEL, O. G.; MOREIRA, E. A.; MIGUEL, M. D.; MING, L. C.; MERUVIA, M. Y. L.; BONA, C.; TAKEMURA, O. S. Contribuição ao estudo anatômico e fitoquímico da folha de Lippia alba (Mill.) N.E.Br. –Verbenaceae. Resumos do XI Simpósio de Plantas Medicinais do Brasil, João Pessoa, P/B, 3.15, 1990.

GONÇALVES, B. M. F.; SALVADOR, J. A. R.; MARÍN, S.; CASCANTE, M. Synthesis and anticancer activity of novel fluorinated asiatic acid derivatives. *European Journal of Medicinal Chemistry*, v.114, p.101-117, 2016.

GONZÁLEZ, A. G.; RODRÍGUEZ, F. M.; BAZZOCCHI, I. L.; RAVELO, A. G. New Terpenoids from *Maytenus blepharodes*. *Journal of Natural Products*, v.63, n.1, p.48-51, 1999.

GONZALEZ, F. G.; PORTELA, T. Y.; STIPP, E. J.; DI STASI, L. C. Antiulcerogenic and analgesic effects of *Maytenus aquifolium, Sorocea bomplandii* and *Zolernia ilicifolia*. *Journal of Ethnopharmacology*, v.77, n.1, p.41-47, 2001.

GONZALEZ, G. A. Componentes mayoritarios del *Maytenus aquifolium* y sintesis parcial del acido-3-oxo-20-hidroxilup-28-oico. *Revista Latinoamericana de Química*, v.17, p.51-57, 1986.

GOTO, H.; LINDOSO, J. A. Current diagnosis and treatment of cutaneous and mucocutaneous leishmaniasis. *Expert Reviews of Anti-Infective Therapy*, v.8, p.419-433, 2010.

GOTTLIEB, O. R. Evolução e função dos óleos essenciais. In: Simpósio de óleos essenciais, I. São Paulo, Resumos... Universidade de São Paulo, p.175-191, 1978.

GRAY, D. E.; PALLARDY, S. G.; GARRET, H. E.; ROTTINGHAUS, G. E. Effect of acute drought stress and time of harvest on phytochemistry and dry weight of St. John's wort leaves and flowers. *Planta Medica*, v.69, p.1024-1030, 2003.

GRZESIUK, V. L. *Estudo químico e avaliação do potencial moluscicida da espécie vegetal Serjania glabrata Kunth (Sapindaceae)*. Maringá, 2008. 91f. Dissertação (Mestrado em Química) – Universidade Estadual de Maringá.

GUALDRÓN-LOPEZ, M.; BRENNAND, A.; HANNAERT, V.; QUIÑONES, W.; CÁCERES, A. J.; BRINGAUD, F.; CONCEPCIÓN, J. L.; MICHELS, P. A. When, how and why glycolysis became compartmentalised in the Kinetoplastea. A new look at an ancient organelle. *International Journal for Parasitology*, v.42, n.1, p.1-20, 2012.

GUBIANI, J. R.; OLIVEIRA, C. M.; XIMENES, V. F.; NOGUEIRA, C. R.; FONSECA, L. M.; SILVA, D. H.; BOLZANI, V. S.; ARAUJO, A. R. Biologically active eremophilane-type sesquiterpenes from *Camarops* sp., an endophytic fungus isolated from *Alibertia macrophylla*. *Journal of Natural Products*, v.77, p.668-672, 2014.

GUEDES, M. C. Antocianinas: pigmento natural ou remédio?. *Revolução Cientifica*, v.2, n.2, p.71- 73, 2004.

GUERRA, M. P.; NODARI, R. O. Biodiversidade: aspectos biológicos, geográficos, legais e éticos. In: SIMÕES, C. M. O.; SCHENKEL, E. P.; GOSMANN, G.;

MELLO, J. C. P.; MENTZ, L. A.; PETROVICK, P. R. *Farmacognosia:* da planta ao medicamento. 3. ed. Porto Alegre: Editora da Universidade Federal de Santa Catariana, 2001. p.13-40.

GUHLING, O.; HOBL, B.; YEATS, T.; JETTER, R. Cloning and characterization of a lupeol synthase involved in the synthesis of epicuticular wax crystals on stem and hypocotyl surfaces of *Ricinus communis*. *Archives of Biochemistry and Biophysics*, v.448, n.1-2, p.60-72, 2006.

GUIDO, R. V. C.; ANDRICOPULO, A. D.; OLIVA, G. Planejamento de fármacos, biotecnologia e química medicinal: aplicações em doenças infecciosas. *Estudos Avançados*, v.24, n.70, 2010.

GUIMARÃES, E. F.; PILIACKAS, J. M.; NOTARE, M. Plantas carnívoras. *Habitat*, n.74, 2003.

GUIMARÃES, K. L.; FILHO, J. D. S.; MARES-GUIA T. R.; BRAGA, F. C. Dihydroisocoumarins from *Xyris pterygoblephara* active against dermatophyte fungi. *Phytochemistry*, v.69, p.439-444, 2008.

GUIMARÃES, L. R.; RODRIGUES, A. P.; MARINHO, P. S.; MULLER, A. H.; GUILHON, G. M.; SANTOS, L. S.; DO NASCIMENTO, J. L.; SILVA, E. O. Activity of the julocrotine, a glutarimide alkaloid from Croton pullei var. glabrior, on *Leishmania (L.) amazonensis*. *Parasitology Research*, v.107, n.5, p.1075-1081, 2010.

GUIMARÃRES, L. A. C.; SECCO, R. S. As espécies de *Croton* L. sect. *Cyclostigma* Griseb. e *Croton* L. sect. *Luntia* (Raf.) G. L. Webster subsect. *Matourenses* G. L. Webster (Euphorbiaceae s. s.) ocorrentes na Amazônia brasileira. *Acta Amazonica*, v.40, p.67-84, 2010.

GULLO, F. P.; SARDI, J. C. O.; SANTOS, V. A. F. F. M.; SANGALLI-LEITE, F.; PITANGUI, N. S.; ROSSI, S. A.; SILVA, A. C. A. DE PAULA.; SOARES, L. A.; SILVA, J. F.; OLIVEIRA, H. C.; FURLAN, M.; SILVA, D. H. S.; BOLZANI, V. S.; MENDES-GIANNINI, M. J. S.; FUSCO-ALMEIDA, A. M. Antifungal activity of maytenin and pristimerin. *Evidence-Based Complementary and Alternative Medicine*, v.2012, p.1-6 http://dx. doi. org/10. 1155/2012/340787, 2012.

GUNATILAKA, A. A. L. Natural products from plant-associaated microorganisms: distribuition, structural diversity, bioactivity, and implications of their occurrence. *Journal of Natural Products*, v.69, p.509-526, 2006.

GUO, B.; WANG, Y.; SUN, X.; TANG, K. Bioactive natural products from endophytes: a review. *Applied Biochemistry and Microbiology*, v.44, n.2, p.136-142, 2008.

GUPTA, S.; ABU-GHANNAM, N. Bioactive potential and possible health effects of edible brown seaweeds. *Trends in Food Science & Technology*, v.22, n.6, p.315-326, 2011.

GUPTA, V. K.; SHARMA, S. K. Plants as natural antioxidants. *Natural Product Radiance*, v.5, n.4, p.326-335, 2006.

GURIB-FAKIM, A. Medicinal plants: Traditions of yesterday and drugs of tomorrow. *Molecular Aspects of Medicine*, v.27, n.1, p.1-93, 2006.

GUTTERIDGE, J. M. Free radicals in disease processes: A compilation of cause and consequence. *Free Radical Research Communication*, v.19, p.141-158, 1993.

GUY, R. H.; HADGRAFT, J. Physicochemical aspects of percuta-X-ray diffraction study. *International Journal of Pharmaceuticals*, v.84, p.205-216, 1992.

HADARUGA, N. G.; HADARUGA, D. I; LUPEA, A. X.; PAUNESCU, V.; TATU, C. Bioactive nanoparticles – 7. Essential oil from Apiaceae and Pinaceae family plants/betacyclodextrinn supramolecular system. *Revista de Chimie*, v.56, p.876-882, 2005.

HADGRAFT, J. Passive enhancement strategies in topical and transdermal drug delivery. *International Journal of Pharmaceuticals*, v.184, p.1-6, 1999.

HAKIZAMUNGU, E. Active principles of *Tetradenia riparia*. III. Anti-trichomonas activity of 8(14),15-sandaracopimaradiene-7α,18-diol. *Phytotherapy Research*, v.4, p.207-208, 1988.

HALVORSEN, B. L.; HOLTE, K.; MYHRSTAD, M. C. W.; BARIKMO, I.; HVATTUM, E.; REMBERG, S. F.; WOLD, A-B.; HAFFNER, K.; BAUGERØD, H.; ANDERSEN, L. F.; MOSKAUG, J. Ø.; JACOBS, JR. D. R.; BLOMHOFF, R. A systematic screening of total antioxidants in dietary plants. *The Journal of Nutrition*, v.132, n.3, p.461-471, 2002.

HAMANN, T.; MÜLLER, B. L. Improved cloning and expression of cytochrome P450s and cytochrome P450 reductase in yeast. *Protein Expression and Purification*, v.56, n.1, p.121-127, 2007.

HAMEED, A.; ABDULLAH, M. I.; AHMED, E.; SHARIF, A.; IRFAN, A.; MASOOD, S. Anti-HIV cytotoxicity enzyme inhibition and molecular docking studies of quinoline based chalcones as potential non-nucleoside reverse transcriptase inhibitors (NNRT). *Bioorganic Chemistry*, v.65: 175-182, 2016.

HANASAKI, Y.; OGAWA, S.; FUKUI, S. The correlation between active oxygens scavenging and antioxidative effects of flavonoids. *Free Radical Biology and Medicine*, v.16, p.845-850, 1994.

HARALAMPUS-GRYNAVISKI, N.; RANSOM, C.; YE, T.; RÔZANOWSKA, M.; WRONA, M.; SARNA, T.; SIMON, J. D. Photogeneration and quenching of reactive oxygen species by urocanic acid. *Journal of the American Chemical Society*, v.124, p.3461-3468, 2002.

HARIDY, M. S. A.; AHMED, A. A.; DOE, M. Microbiological transformation of two labdane diterpenes, the main constituents of Madia species, by two fungi. *Phytochemistry*, v.67, p.1455-1459, 2006.

HART, D. T.; OPPERDOES, F. R. A Comparison of the glycosomes (microbodies) isolated from *Trypanosoma brucei* blood-stream form and cultured procyclic trypomastigotes. *Molecular and Biochemical Parasitology*, v.12, n.1, p.25-35, 1984.

HART, D. T.; OPPERDOES, F. R. The occurrence of glycosomes (microbodies) in the promastigote stage of 4 major *Leishmania* species. *Molecular and Biochemical Parasitology*, v.13, n.2, p.159-172, 1984.

HARTMANN, D. B.; MARIM, R. A.; SILVA, Y. L; ZARDETO, G.; SILVA, I. A.; MATTOS, D. A.; LAVERDE JR, A. Letalidade do extrato de *Synadenium grantii* Hook. F. (Euphorbiaceae) frente a caramujos *Biomphalaria glabrata* Say, 1818 (Gastropoda, Planorbidae). *Arquivos de Ciências Veterinárias e Zoologia da Unipar*, v.14, n.1, p.5-11, 2011.

HAYASHI, M.; MORITA, T.; KODAMA, Y.; SOFUNDI, T.; ISHIDATE JR, M. The micronucleus assay with mouse peripheral blood reticulocytes using acridine orange-coated slides. *Mutation Research*, v.245, p.245-249, 1990.

HAZRA, B.; SAHA, A. K.; RAY, R.; SUR, P.; BANERJEE, A. Antiprotozoal activity of diospyrin towards *Leishmania donovani* promastigotes in vitro. *Transactions of the Royal Society of Tropical Medicine and Hygiene*, v.81, n.5, p.738-41, 1987.

HECHTER, O.; JACOBSEN, R. P.; JEANLOZ, R.; LEVY, H.; MARSHALL, C. W.; PINCUS, G.; SCHENKER, V. The bio-oxygenation of 11-desoxycorticosterone at C-11. *Journal of the American Chemical Societ*, v.71, p.3261, 1949.

HECK, D. E.; VETRANO, A. M.; MARIANO, T. M.; LASKIN, J. D. UVB light stimulates production of reactive oxygen species: unexpected role for catalase. *Journal of Biological Chemistry*, v.278, p.22432-22436, 2003.

HEGAZY, M. E. F.; MOHAMED, T. A.; ELSHAMY, A. I.; MOHAMED, A. E. H. H.; MAHALEL, U. A.; REDA, E. H.; SHAHEEN, A. M.; TAWFIK, W. A.; SHAHAT, A. A.; SHAMS, K. A.; ABDEL-AZIM, N. S.; HAMMOUDA, F. M. Microbial biotransformation as a tool for drug development based on natural products from mevalonic acid pathway: A review. *Journal of Advanced Research*, v.6, p.17, 2015.

HEISE, N.; OPPERDOES, F. R. The dihydroxyacetonephosphate pathway for biosynthesis of ether lipids in *Leishmania mexicana* promastigotes. *Molecular and Biochemical Parasitology*, v.89, n.1, p.61-72, 1997.

HELFAND, W. H. COWEN, D. L. Evolution of pharmaceutical oral dosage forms. *Pharmacy in History*, v.25, n.1, p.3-18, 1983.

HELFERT, S.; ESTÉVEZ, A. M.; BAKKER, B.; MICHELS, P.; CLAYTON, C. Roles of triosephosphate isomerase and aerobic metabolism in Trypanosoma brucei. *Biochemical Journal*, v.357, p.117-125, 2001.

HEMSWORTH, G. R.; MOROZ, O. V.; FOGG, M. J.; SCOTT, B.; BOSCH-NAVARRETE, C.; GONZÁLEZ-PACANOWSKA, D.; WILSON, K. S. The crystal structure of the *Leishmania major* deoxyuridine triphosphate nucleotidohydrolase in complex with nucleotide analogues, dUMP, and deoxyuridine. *The Journal of Biological Chemistry*, v.286, n.18, p.16470-16481, 2011.

HENRIQUES, C.; ALIAGA, C. LISI, E. Formation and decay od the ABTS derived radical cátion: a comparasion of different preparations procedures. *International Journal of Chemical Kinetcs*, v.34, n.12, p.659-665, 2002.

HEO, S. J.; PARK, E. J.; LEE, K. W.; JEON, Y. J. Antioxidant activities of enzymatic extracts from brown seaweeds. *Bioresource Technology*, v.96, p.1613-1623, 2005.

HERTZ-FOWLER, C.; PEACOCK, C. S.; WOOD, V.; ASLETT, M.; KERHORNOU, A.; MOONEY, P.; TIVEY, A.; BERRIMAN, M.; HALL, N.; RUTHERFORD, K.; PARKHILL, J.; IVENS, A. C.; RAJANDREAM, M.; BARRELL, B. GeneDB: a resource for prokaryotic and eukaryotic organisms. *Nucleic Acids Research*, v.32, p.D339-343, 2004.

HILL, R. A.; CONNOLLY, J. D. Triterpenoids. *Natural Products Report*, v.29, p.780, 2012.

HIRAMATSU, F.; MURAYAMA, T.; KOSEKI, T.; FUNAKOSHI, T.; SHIONO, Y. Cadinane sesquiterpenoids, strobilols L and M, from *Strobilurus ohshimae*. *Natural Products Research*, v.25, p.781-788, 2001.

HOGG J. A. Steroids, the steroid community and Upjohn in perspective: a profile of innovation. *Steroids*, v.57, p.593, 1992.

HOHNSTON, J. O. Aromatase inhibitors. In: PARISH, E. J.; NES, W. D. Biochemistry and function of sterols. Boca Raton, FL: CRC Press; p.23, 1987.

HOLLINGSWORTH, R. G.; ARMSTRONG, J. W.; CAMPBELL, E. Caffeine as a repellent for slugs and snails. *Nature*, v.417, p.915-916, 2002.

HORIUCH, M.; MURAKAMI, C.; FUKAMIYA, N.; YU, D.; CHEN, T-H.; BASTOW, D-Z.; TAKAISHI, Y.; IMAKURA, Y.; LEE, K-H. Tripfordines A-C, sesquiterpene pyridine alkaloids from *Tripterygium wilfordii*, and structure anti-HIV activity relationships of *Tripterygium* alkaloids. *Journal of Natural Products*, v.69, n.9, p.1271-1274, 2006.

HORN, R. C.; VARGAS, V. M. Antimutagenic activity of extracts of natural substances in the *Salmonella*/microsome assay. *Mutagenesis*, v.18, n.2, p.113-118, 2003.

HOTEZ, P. J.; MOLYNEUX, D. H.; FENWICK, A.; KUMARESAN, J.; SACHS, S. E.; SACHS, J. D.; SAVIOLI, L. Control of neglected tropical diseases. *The New England Journal of Medicine*, v.357, n.10, p.1018-1027, 2007.

HOTEZ, P. J. et al. The neglected tropical diseases of Latin America and the Caribbean: a review of disease burden and distribution and a roadmap for control and elimination. *PLOS Neglected Tropical Disease*, v.2, n.9, p.300, 2008.

HOTEZ, P. J.; FUJIWARA, R. T. Brazil's neglected tropical diseases: an overview and a report card. *Microbes Infect*, v.16, n.8, p.601-606, 2014.

HOUËL, E.; RODRIGUES, A. M.; JAHN-OYAC, A.; BESSIÈRE, J. M. EPARVIER, V.; DEHARO, E. STIEN, D. *In vitro* antidermatophytic activity of *Otacanthus azureus* (Linden) Ronse essential oil alone and in combination with azoles. *Journal of Applied Microbiology*, v.116, n.2, p.288-294, 2014.

HUANG, D.; OU, B.; PRIOR, R. L. The chemistry behind antioxidant capacity assays. *Journal Agricultural and Food Chemistry*, v.53, n.6, p.1841-1856, 2005.

HUANG, M.; LU, J. J.; HUANG, M. Q.; BAO, J. L.; CHEN, X. P.; WANG, Y. T. Terpenoids: natural products for cancer therapy. *Expert Opinion on Investigational Drugs*, v.21, p.1801, 2002.

HUANG, W.-Y.; DAVIDGE, S. T.; WU, J. Bioactive natural constituents from food sources-potential use in hypertension prevention and treatment. *Critical Reviews in Food Science and Nutrition*, v.53, n.6, p.615-630, 2013.

HUBER, L. S.; RODRIGUEZ-AMAYA, D. B. Flavonóis e flavonas: fontes brasileiras e fatores que influenciam a composição em Alimentos. *Alimentos e Nutrição*, v.19, n.1, p.97-108, 2008.

HUSSEIN, G.; MIYASHIRO, H.; NAKAMURA, N.; HALTORI, M.; KAWAHATA, T.; OTAKE, T.; KAKIUCHI, N.; SHIMOTOHNO, K. Inhibitory effects of Sudanese plant extracts on HIV-1 replication and HIV-1 protease. *Phytotherapy research*, v.13, n.1, p.31-36, 1999.

HYUN, T. K.; KIM, H. C.; KIM, J. S. *In vitro* Screening for Antioxidant, Antimicrobial, and Antidiabetic Properties of Some Korean Native Plants on Mt. Halla, Jeju Island. *Indian Journal of Pharmaceutical Sciences*, v.77, n.6, p.668-674, 2015.

IBRAHIM, M. A.; MOHAMMED, A.; ISAH, M. B.; ALIYU, A. B. Anti-trypanosomal activity of African medicinal plants: a review update. *Journal of Ethnopharmacology*, v.154, n.1, p.26-54, 2014.

IMEH, U.; KHOKHAR, S. Distribution of conjugated and free phenols in fruits: antioxidant activity and cultivar variations. *Journal of Agricultural and Food Chemistry*, v.50, p.6301-6306, 2002.

INÁCIO, M. L.; SILVA, GERALDO H.; TELES, H. L.; TREVISAN, H. C.; CAVALHEIRO, A. J.; BOLZANI, V. S.; YOUNG, M. C. M.; PFENNING, L. H.; ARAUJO, A. R. Antifungal metabolites from *Colletotrichum gloeosporioides*, an endophytic fungus in *Cryptocarya mandioccana* Nees (Lauraceae). *Biochemical Systematics and Ecology*, v.34, p.822-824, 2006.

IÓCA, L. P.; ALLARD, P. M.; BERLINCK, R. G. S. Thinking big about small beings-the (yet) underdeveloped microbial natural products chemistry in Brazil. *Natural Product Reports*, v.31, p.646-675, 2014.

ISAAC, V. L. B; CEFALI, L. C.; CHIARI, B. G.; OLIVEIRA, C. C. L. G.; SALGADO, H. R. N.; CORREA, M. A. Protocolo para ensaios físico-químicos de estabilidade de fitocosméticos. *Revista de Ciencias Farmacêuticas Básica e Aplicada*, v.29, n.1, p.85-100, 2008.

ISHIGE, K.; SCHUBERT, D.; SAGARA, Y. Flavonoids protect neuronal cells from oxidative stress by three distinct mechanisms. *Free Radical Biology and Medicine*, v.30, p.433-446, 2001.

ISNARD, A.; SHIO, M. T.; OLIVIER, M. Impact of *Leishmania* metalloprotease GP63 on macrophage signaling. *Front Cell Infect Microbiol*, v.2, p.72, 2012.

ITOKAWA, H.; SHIROTA, O.; IKUTA, H.; MORITA, H.; TAKEYA, K.; IITAKA, Y. Triterpenes from *Maytenus ilicifolia*. *Phytochemistry*, v.30, n.11, p.3713-3716, 1991.

ITOKAWA, H.; SHIROTA, O.; MORITA, H.; TAKEYA, K.; TOMIOKA, N.; ITAI, A. New triterpene dimers from *Maytenus ilicifolia*. *Tetrahedron Letters*, v.31, n.47, p.6881-6882, 1990.

IVENS, A. C.; PEACOCK, C. S.; WORTHEY, E. A.; MURPHY, L.; AGGARWAL, G.; BERRIMAN, M.; SISK, E.; RAJANDREAM, M.; ADLEM, E.; AERT, R.; ANUPAMA, A.; APOSTOLOU, Z.; ATTIPOE, P.; BASON, N.; BAUSER, C.; BECK, A.; BERVELEY, S. M.; BIANCHETTIN, G.; BORYM, K.; BOTHE, G.; BRUSCHI, C. V.; COLLINS, M.; CADAG, E.; CIARLONI, L.; CLAYTON, C.; COULSON, R. M. R.; CRONIN, A.; CRUZ, A. K.; DAVIES, R. M.; GAUDENZI, J.; DOBSON, D. E.; DUESTERHOEFT, A.; FAZELINA, G.; FOSKER, N.; FRASCH, A. C.; FRASER, A.; FUCHS, M.; GABEL, C.; GOBLE, A.; GOFFEAU, A.; HARRIS, D.; HERTZ-FOWLER, C.; HILBERT, H.; HORN, D.; HUANG, Y.; KLAGES, S.; KNIGHTS, A.; KUBE, M.; LARKE, N.; LITVIN, L.; LORD, A.; LOUIE, T.; MARRA, M.; MASUY, D.; MATTEWS, K.; MICHAELI, S.; MOTTRAM, J. C.; MÜLLER-AUER, S.; MUNDEN, H.; NELSON, S.; NORBERTCZAK, H.; OLIVER, K.; O'NEIL, S.; PENTONY, M.; POHL, T. M.; PRICE, C.; PURNELLE, B.; QUAIL, M. A.; RABBINOWITSCH, E.; REINHARDT, R.; RIEGER, M.; RINTA, J.; ROBBEN, J.; ROBERTSON, L.; RUIZ, J. C.; RUTTER, S.; SAUNDERS, D.; SCHÄFER, M.; SCHEIN, J.; SCHWARTZ, D. C.; SEEGER, K.; SEYLER, A.; SHARP, S.; SHIN, H.; SIVAM, D.; SQUARES, R.; SQUARES, S.; TOSATO, V.; VOGT, C.; VOLCKAERT, G.; WAMBUTT, R.; WARREN, T.; WEDLER, H.; WOODWARD, J.; ZHOU, S.; ZIMMERMANN, W.; SMITH, D. F.; BLACKWELL, J. M.; STUART, K. D.; BARRELL, B.; MYLER, P. J. The genome of the kinetoplastid parasite, *Leishmania major*. *Science*, v.309, n.5733, p.436-442, 2005.

JACCARD, P. Nouvelles recherches sur la distribution florale. Bulletin de la Société vaudoise des sciences naturelles, v.44, p.223-270, 1908.

JALGAONWALA, R. E.; MOHITE, B. V.; MAHAJAM, R. T. A review: natural products from plant associated endophytic fungi. *Journal of Microbiology Biotechnology Research*, v.1, n.2, p.21-32, 2011.

JANECZKO, T.; DMOCHOWSKA-GŁADYSZ, J.; KOSTRZEWA-SUSŁOW, E.; BIAŁONSKA, E.; CIUNIK, Z. Biotransformations of steroid compounds by *Chaetomium sp*. KCH 6651. *Steroids*, v.74, p.657, 2009.

JANOUSEK, A. Regulatory aspects of sunscreens in Europe. In: Lowe, N. J. et al. Sunscreens: Development: *Evaluation, and Regulatory Aspects*: Second Edition. Cosmetic Science and Technology Series, v.15, New York, Marcel Dekker.

JAYAPRAKASAM, B.; VAREED, S. K.; OLSON, L. K.; NAIR, M. G. Insulin secretion by bioactive anthocyanins and anthocyanidins present in fruits. *Journal of Agricultural and Food Chemistry*, v.53, n.1, p.28-31, 2005.

JELLER, A. H.; SILVA, D. H. S.; LIÃO, L. M.; BOLZANI, V. S.; FURLAN, M. Antioxidant phenolic and quinonemethide triterpenes from *Cheiloclinium cognatum*. *Phytochemistry*, v.65, n.13, p.1977-1982, 2004.

JESUS, W. M. D. M.; CUNHA, T. N. Estudo das propriedades farmacológicas da espinheira-santa (*Maytenus ilicifolia* Mart. ex Reissek) e de duas espécies adulterantes. *Revista Saúde e Desenvolvimento*, v.2, n.1, p.20-46, 2012.

JHA, A.; DUFFIELD, K. M.; NESS, M. R.; RAVOORI, S.; ANDREWS, G.; BHULLAR, K. S.; RUPASINGHE, H. P. V.; BALZARINI, J. Curcumin-inspired cytotoxic 3,5-bis(arylmethylene)-1-(*N*-(*ortho*-substituted aryl)maleamoyl)-4-piperidones: A novel group of topoisomerase II alpha inhibitors. *Bioorganic & Medicinal Chemistry*, v.23, p.6404-6417, 2015.

JI, H. -F.; LI, X. -J.; ZHANG, H. -Y. Natural products and drug discovery. *EMBO reports*, v.10, n.3, p.194-200, 2009.

JINBO, Z.; MINGAN, W.; WENJUN, W.; ZHIQING, J.; ZHAONONG, H. Insecticidal sesquiterpene pyridine alkaloids from *Euonymus* species. *Phytochemistry*, v.61, n.6, p.699-704, 2002.

JOHANSEN, D. A. *Plant microtechnique*. New York: Mc Graw Hill, 1940. 523p.

JOHNER, A.; KUNZ, S.; LINDER, M.; SHAKUR, Y.; SEEBECK, T. Cyclic nucleotide specific phosphodiesterases of *Leishmania major*. *BMC Microbiology*, v.6, p.25, 2006.

JORGE, R. M.; LEITE, J. P. V.; OLIVEIRA, A. B.; TAGLIATI, C. A. Evaluation of antinociceptive, anti-inflammatory and antiulcerogenic activities of *Maytenus ilicifolia*. *Journal of Ethnopharmacology*, v.94, n.1, p.93-100, 2004.

JURBERG, P.; CABRAL NETO, J. B.; SCHALL, V. Molluscicide activity of the "avelós" plant (*Euphorbia tirucalli* L) on *Biomphalaria glabrata*, the mollusk vector of schistosomiasis. *Memórias do Instituto Oswaldo Cruz*, v.80, n.4, p.423-427, 1985.

JURBERG, P.; VASCONCELLOS, M. C.; MENDES, N. M. Plantas empregadas como moluscicidas: uma visão crítica. *Memórias do Instituto Oswaldo Cruz*, v.84, p.76-83, 1989.

KÄHKÖNEN M. P.; HOPIA, A. I.; VUORELA H. J.; RAUHA J. P.; PIHLAJA K.; KUJALA T. S.; HEINONEN M. Antioxidant activity of plant extracts containing phenolic compounds. *Journal of Agricultural and Food Chemistry*, v.47, p.3954-3962, 1999

KÄHKÖNEN, M. P.; HEINONEN, M. Antioxidant activity of anthocyanins and their aglycons. *Journal of Agricultural and Food Chemistry*, v.51, n.3, p.628-633, 2003.

KANG, S. S.; KIM, H. J.; JIN, C.; LEE Y. S. Synthesis of tyrosinase inhibitory (4-oxo-4H-pyran-2-yl) acrylic acid ester derivatives. *Bioorganic & Medicinal Chemistry Letters*, v.19, p.188-191, 2008.

KANG, W. H.; YOON, K. H.; LEE, E. S.; KIM, J.; LEE, K. B.; YIM, H. Melasma: histopathological characteristics in 56 Korean patients. *British Journal of Dermatology*, v.146, p.228-237, 2002.

KANT, R.; KUMAR, D.; AGARWAL, D.; GUPTA, R. D,; TILAK, R.; AWASTHI, S. K.; AGARWAL, A. Synthesis of newer 1,2,3-triazole linked chalcone and flavone hybrid compounds and evaluation of their antimicrobial and cytotoxic activities. *European Journal of Medicinal Chemistry*, v.113, p.34-49, 2016.

KAPLER, G. M.; COBURN, C. M.; BEVERLEY, S. M. Stable transfection of the human parasite *Leishmania major* delineates a 30-kilobase region sufficient for extrachromosomal replication and expression. *Molecular Cellular Biology*, v.10, n.3, p.1084-1094, 1990.

KAPPAGODA, S.; IOANNIDIS, J. P. Neglected tropical diseases: survey and geometry of randomised evidence. *BMJ*, v.22, n.345, p.6512, 2012.

KARABIN, M.; HUDCOVA, T.; JELINEK, L.; DOSTALEK, P. Biotransformations and biological activities of hop flavonoids. *Biotechnology Advances*, v.33, p.1063, 2015.

KARAKAYA, S.; YLMAZ, N. Lycopene content and antioxidant activity of fresh and processed tomatoes and in vitro bioavailability of lycopene. *Journal of the Science of Food and Agriculture*, v.87, n.12, p.2342-2347, 2007.

KATHIRAVAN, M. K.; SALAKE, A. B.; CHOTHE, A. S.; DUDHE, P. B.; WATODE, R. P.; MUKTA, M. S.; GADHWE. The biology and chemistry of antifungal agents: A review. *Bioorganic & Medicinal Chemistry*, v.20, n.19, p.5678-5698, 2012.

KATSORI, A. M.; HADJIPAVLOU-LITINA, D. Recent progress in therapeutic application of chalcones. *Expert Opinion on Therapeutic Patents*, v.21, n.10, p.1575-1596, 2011.

KAUL, S.; GUPTA, S.; AHMED, M.; DHAR M. K. Endophytic fungi from medicinal plants: a treasure hunt for bioactive metabolites. *Phytochemistry Reviews*, v.11, p.487-505, 2012.

KAUSHAL, P. S.; TRIPATHI, A. Studies on the foliar epidermis, stomatal patterns and floral trichomes in some Verbenaceae. Research bulletin of the Panjab University Science, v. 35, n.3/4, p. 45-56, 1984.

KELLY, K. *History of medicine.* New York: Facts on File, 2009.

KESARWANI, K.; GUPTA, R.; MUKERJEE, A. Bioavailability enhancers of herbal origin: an overview. *Asian Pacific Journal of Tropical Biomedicine*, v.3, n.4, p.253-266, 2013.

KEYLOR, M. H.; MATSUURA, B. S.; STEPHENSON, C. R. J. Chemistry and biology of resveratrol-derived natural products. *Chemical Reviews*, v.115, p.8976-9027, 2015.

KHARWAR, R. N.; MISHRA, A.; GOND, S. K.; STIERLE, A.; STIERLE, D. Anticancer compounds derived from fungal endophytes: their importance and future challenges. *Natural Product Report*, v.28, p.1208-1228, 2011.

KIM, D. O.; LEE, K. W.; LEE, H. J.; LEE, C. Y. Vitamin C equivalent antioxidant capacity (VCEAC) of phenolics phytochemicals. *Journal of Agricultural and Food Chemistry*, v.50, p.3713-3717, 2002.

KIM, K. S.; KIM, J. A.; EOM, S. Y.; LEE, S. H.; MIN, K. R.; KIM, Y. Inhibitory effect of piperlonguminine on melanin production in melanoma B16 cell line by downregulation of tyrosinase expression. *Pigment Cell Research*, v.19, n.1, p.90-98, 2006.

KIM, Y. J.; UYAMA, H. Tyrosinase inhibitors from natural and synthetic sources: structure, inhibition mechanism and perspective for the future. *Cellular and Molecular Life Sciences*, v.62, p.1707-1723, 2005.

KIMURA, E.; ALBIERO, A. L. M.; CUMAN, R. K. N.; CAPARROZ-ASSEF, S. M.; OGA, S.; BERSANI-AMADO, C. A. Effect of *Maytenus aquifolium* extract on the pharmacokinetic and antiinflammatory effectiveness of piroxicam in rats. *Phytomedicine*, v.7, n.2, p.117-121, 2000.

KING-DÍAZ, B.; GRANADOS-PINEDA, J.; BAH, M.; RIVERO-CRUZ, J. F.; LOTINA-HENNSEN, B. Mexican propolis flavonoids affect photosynthesis and seedling growth. *Journal of Photochemistry and Photobiology B*, v.151, p.213-220, 2015.

KIRBY, J.; ROMANINI, D. W.; PARADISE, E. M.; KEASLING, J. D. Engineering triterpene production in *Saccharomyces cerevisiae*-β-amyrin synthase from *Artemisia annua*. *FEBS Journal*, v.275, n.8, p.1852-1859, 2008.

KITTS, D. D.; WEILER, K. Bioactive proteins and peptides from food sources. Applications of bioprocesses used in isolation and recovery. *Current pharmaceutical design*, v.9, n.16, p.1309-1323, 2003.

KLASS, J.; TINTO, W. F.; REYNOLDS, W. F.; MCLEAN, S. Peritassines A and B, new sesquiterpene alkaloids from *Peritassa compta*. *Journal of Natural Products*, v.56, n.6, p.946-948, 1993.

KLIGMAN, A. M. Cosmetics. A dermatologist looks to the future: promises and problems. *Dermatologic Clinics*, v.18, n.4, p.699-709, 2000.

KLIGMAN, A. M. Topical treatments for photoaged skin. Separating the reality from the hype. *Postgrad Medicine*, v.102, n.2, p.115-8, 123-6. 1997.

KNEKT, L. G.; JARVINEN, R.; SEPPANEN, M.; HELLOVAARA, L.; TEPPO, E.; PUKKALA, A.; AROMA, A. Dietary flavonoids and the risk of lung cancer and other malignant neoplasms. *American Journal of Epidemiology*, v.146, n.3, p.223-230, 1997.

KNEKT, P.; JARVINEN, R.; REUNANEN, A.; MAATELA, J. Flavonoid intake and coronary mortality in Finland: a cohort study. *British Medicine Journal*, v.312, p.478-481, 1996.

KO, D.; HEIMAN, A. S.; CHEN, M.; LEE, H. J. New steroidal anti-inflammatory drugs: methyl 21-desoxy-21-chloro-11b,17a-dihydroxy-3,20-dioxo-1,4-pregnadiene-16a-carboxylate, methyl 21-desoxy-21-chloro-11b -hydroxy- 3,20-dioxo-1,4-pregnadiene-16a-carboxylate, and their 9a-fluoro derivatives. *Steroids*, v.65, p.210, 2000.

KOEHN, F. E.; CARTER, G. T. The involving role of natural products in drug discovery. *Nature Reviews in Drug Discovery*, v.4, p.206-220, 2005.

KOHEN, R.; NYSKA, A. Oxidation of biological systems: oxidative stress phenomena, antioxidants, redox reactions, and method for their quantification. *Toxicologic Pathology*, v.30, p.620-650, 2002.

KOHN, L. K.; QUEIROGA, C. L.; MARTINI, M. C.; BARATA, L. E.; PORTO, P. S.; SOUZA, L.; ARNS, C. W. In vitro antiviral activity of Brazilian plants (*Maytenus ilicifolia* and *Aniba rosaeodora*) against bovine herpesvirus type 5 and avian metapneumovirus. *Pharmaceutical Biology*, v.50, n.10, p.1269-1275, 2012.

KOHN, L. K.; QUEIROGA, C. L.; MARTINI, M. C.; BARATA, L. E.; PORTO, P. S.; SOUZA, L.; ARNS, C. W. *In vitro* antiviral activity of Brazilian plants (*Maytenus ilicifolia* and *Aniba rosaeodora*) against bovine herpesvirus type 5 and avian metapneumovirus. *Pharmaceutical Biology*, v.50, n.10, p.1269-1275, 2012

KOLEV, N. G.; TSCHUDI, C.; ULLU, E. RNA interference in protozoan parasites. Achievements and challenges. *Eukariotic Cells,* v.10, n.9, p.1156-1163, 2011.

KORKINA, L. G.; AFANAS'EV, I. B. Antioxidant and chelating properties of flavonoids. In: SIES, H. *Antioxidants in disease mechanisms and therapy,* San Diego: Academic Press, 1997. p.151-179.

KORNER, A. M.; PAWELEK, J.; Dopacrome conversion: a possible control point in melanin biosynthesis. *Journal of Investigative Dermatology*, v.75, p.192-195, 1980.

KROHN, K.; BAHRAMSARI, R.; FLÖRKE U.; LUDEWIG, K.; KLICHE-SPORY, C.; MICHEL, A.; AUST, A. J.; DRAEGER, S.; SCHULZ, B.; ANTUS, S. Dihydroisocoumarins from fungi: isolation, structure elucidation, circular dichroism and biological activity. *Phytochemistry*, v.45, p.313-320, 1997.

KUHN, A.; FEHSEL, K.; LEHMANN, P.; KRUTMANN, J.; RUZICKA, T.; KOLB-BACHOFEN, V. Aberrant timing in epidermal expression of inducible nitric oxide synthase after UV irradiation in cutaneous lupus erythematosus. *Journal of Investigative Dermatology*, v.111, p.149-53, 1998.

KUMAR, R. S.; SIVAKUMAR, T.; SUNDERAM, R. S.; GUPTA, M.; MAZUMDAR, U. K.; GOMATHI, P.; RAJESHWAR, Y.; SARAVANAN, S.; KUMAR, M. S.; MURUGESH, K.; KUMAR, K. A. Antioxidant and antimicrobial activities of *Bauhinia racemosa* L. stem bark. *Brazilian Journal of Medical and Biological Research*, v.38, n.7, p.1015-1024, 2005.

KUMAR, S.; AHARWAL, R. P.; SHUKLA, H.; RAJAK, R. C.; SANDHU, S. S. Endophytic fungi: as a source of antimicrobials bioactive compounds. *World Journal Pharmacy and Pharmaceutical Sciences*, v.3, p.1179-1197, 2014.

KUMAR, S.; PANDEY, A. Chemistry and Biological Activities of Flavonoids: An Overview. *The Scientific World Journal*, p.16, 2013.

KUO, Y. -H.; HUANG, H. -C.; CHIOU, W. -F.; SHI, L. -S.; WU, T. -S.; WU, Y. -C. A novel NO-production-inhibitingt and cytotoxicity of known alkaloids from *Euonymus laxiflorus*. *Journal of Natural Products*, v.66, n.4, p.554-557, 2003.

KURAMATA, M.; FUJIOKA, S.; SHIMADA, A.; KAWANO, T.; KIMURA, Y. Citrinolactones A, B and C, and sclerotinin C, plant growth regulator from *Pinicillium citrinum*. *Bioscience Biotechnology and Biochemistry*, v.71, p.499-503, 2007.

KURISAWA, M.; CHUNG, J. E.; KIM, Y. J.; UYAMA, H.; KOBAYASHI, S. Amplification of antioxidant activity and xanthine oxidase inhibition of catechin by enzymatic polymerization. *Biomacromolecules*, v.4, n.3, p.469, 2003.

KURISAWA, M.; CHUNG, J. E.; KIM, Y. J.; UYAMA, H.; KOBAYASHI, S. Laccase-catalyzed Synthesis and Antioxidant Property of Poly(catechin). *Macromolecular Bioscience*, v.3, p.758, 2003.

KUSARI, S.; HERTWECK, C.; SPITELLER, M. Chemical ecology of endophytic fungi: origins of secondary metabolites. *Chemistry & Biology*, v.19, p.792-798, 2012.

KUSARI, S.; SPITELLER, M. Are we ready for industrial production of bioactive plant secondary metabolites utilizing endophytes? *Natural Product Reports*, v.28, p.1203-1207, 2011.

KUSKOSKI, E. M.; ASUERO, A. G.; TRONCOSO, A. M.; MANCINI-FILHO, J.; FETT, R. Aplicatíon de diversos métodos químicos para determinar actividad antioxidante en pulpa de frutos. *Ciencia e Tecnologia de Alimentos*, v.25, n.4, p.726-732, 2005.

KUTNEY, J. P.; BEALE, M. H.; SALISBURY, P. J.; STUART, K. L.; WORTH, B. R.; TOWNSLEY, P. M.; CHALMERS, W. T.; NILSSON, K.; JACOLI, G. G. Isolation and characterization of natural products from plant tissue cultures of *Maytenus buchananii*. *Phytochemistry*, v.20, n.4, p.653-657, 1981.

LABAN, A.; TOBIN, J. F.; CUROTTO DE LAFAILLE, M. A.; WIRTH, D. F. Stable expression of the bacterial neor gene in *Leishmania enriettii*. *Nature*, v.343, n.6258, p.572-574, 1990.

LABAN, A.; WIRTH, D. F. Transfection of *Leishmania enriettii* and expression of chloramphenicol acetyltransferase gene. *Proceedings of the National Academy of Sciences of the USA*, v.86, n.23, p.9119-9123,1989.

LACAVA, P. T.; SEBASTIANES, F. L. S.; AZEVEDO, J. L. Fungos endofíticos: biodiversidade e aplicações biotecnológicas. In: ESPOSITO, E.; AZEVEDO, J. L. *Fungos:* uma introdução à biologia, bioquímica e biotecnologia. 2 ed. Caxias do Sul: Educs, 2010, p.533-569.

LAGUERRE, M.; LACOMTE, J.; VILLENEUVE, P.; Evaluation of the ability of antioxidants to counteract lipid oxidation: existing methods, new trends and challenges. *Progress in Lipid Research*, v.46, p.244-282, 2007.

LAHMANN, C.; BERGEMANN, J.; HARRISON, G.; YOUNG, A. R. Matrix metalloproteinase-1 and skin ageing in smokers. *The Lancet*, v.357, p.935-936, 2001.

LANA, M.; TAFURI, W. L. Trypanosoma cruzi e Doença de Chagas. In: NEVES, D. P. O. (Ed.). *Parasitologia humana*. 10. ed. São Paulo: Atheneu, 2000, p.73-96.

LAND, E. J.; RAMSDEN, C. A.; RILEY, P. A. Pulse radiolysis studies of orthoquinone chemistry relevant to melanogenesis. *Journal of Photochemistry and Photobiology B: biology*, v.64, n.2-3, p.123-135, 2001.

LANDFEAR, S. M. Nutrient Transport and Pathogenesis in Selected Parasitic Protozoa. *Eukaryotic Cell*, v.10, n.4, p.483-493, 2011.

LANDMESSER, U.; HARRISON, D. G.; DREXLER, H. Oxidant stress—A major cause of reduced endothelial nitric oxide availability in cardiovascular disease. *European Journal of Clinical Pharmacology*, v.62, n.1, p.13-19, 2006.

LAPENNA, D.; CUCCURULLO, F. Hypochlorous acid and its pharmacological antagonism: An update picture. *General Pharmacology: The Vascular System*, v.27, n.7, p.1145-1147, 1996.

LAPORT, M. S.; SANTOS, O. C.; MURICY, G. Marine Sponges: Potential Sources of New Antimicrobial Drugs. *Current Pharmaceutical Biotechnology*, v.10, n.1, p.86-105, 2009.

LARA, M. V.; ANDREO, C. S. Fotossíntese em plantas aquáticas. Mecanismos de concentração de CO^2 em espécies aquáticas submersas. In: PRADO, C. H. B.; CASALI, C. A. *Fisiologia Vegetal:* práticas em relações hídricas, fotossíntese e nutrição mineral. Barueri: Manole, 2006. p.1-18.

LARRY E.; MILLIKAN, M. D. Cosmetology, cosmetics, cosmeceuticals: definitions and regulations. *Clinics in Dermatology*, v.19, p.371-374, 2001.

LEBOWITZ, J. H.; SMITH, H. Q.; RUSCHE, L.; BERVELEY, S. M. Coupling of poly(A) site selection and trans-splicing in *Leishmania*. *Genes Development*, v.7, n.6, p.996-1007, 1993.

LEE, H. J.; WALLER, G. R. Biosynthesis of pyridine alkaloids from *Tripterygium wilfordii*. *Phytochemistry*, v.11, n.7, p.2233-2240, 1972.

LEE, M. P.; BROWN, S. D.; CHEN, A.; HSIEH, T. S. DNA topoisomerase I is essential in *Drosophila melanogaster*. *Proceedings of the National Academy of Sciences of the USA*, v.90, n.14, p.6656-6660, 1993.

LEE, S.; PARK, H. Anticancer activity of guava (*Psidium guajava* L.) branch extracts against HT-29 human colon cancer cells. *Journal of Medicinal Plants Research*, v.4, n.10, p.891-896, 2010.

LEITÃO, C. A. E.; MEIRA, R. M. S. A.; AZEVEDO, A. A.; ARAÚJO, M. Ontogenia dos nectários extraflorais de *Triumfetta emitriloba* (tiliaceae). *Planta daninha*, v.20, p.343-351, 2002.

LEITE, A. M.; LIMA, E. O.; SOUZA, E. L.; DINIZ, M. F. F. M.; LEITE, S. P.; XAVIER, A. L.; MEDEIROS, I. A. Preliminary study of the molluscicidal and larvicidal properties of some essential oils and phytochemicals from medicinal plants. *Revista Brasileira de Farmacognosia*, v.19, n.4, p.842-846, 2009.

LEITE, J. P. V.; BRAGA, F. C.; ROMUSSI, G.; PERSOLI, R. M.; TABACH, R.; CARLINI, E. A.; OLIVEIRA, A. B. Constituents from *Maytenus ilicifolia* leaves and bioguided fractionation for gastroprotective activity. *Journal of the Brazilian Chemical Society*, v.21, n.2, p.248-254, 2010.

LEITE, J. P.; RASTRELLI, L.; ROMUSSI, G.; OLIVEIRA, A. B.; VILEGAS, J. H. Y.; VILEGAS, W.; PIZZA, C. Isolation and HPLC quantitative analysis of flavonoid glycosides from Brazilian beverages (*Maytenus ilicifolia* and *Maytenus aquifolium*). Journal of *Agricultural and Food Chemistry*, v.49, p.3796-3801, 2001.

LEME, T. S. V.; PRANDO, T. B. L.; GASPAROTTO, F. M.; SOUZA, P.; CRESTANI, S.; SOUZA, L. M.; CIPRIANI, T. R.; LOURENÇO, E. L. B.; GASPAROTTO JUNIOR, A. Role of prostaglandin/cAMP pathway in the diuretic and hypotensive effects of purified fraction of *Maytenus ilicifolia* Mart ex Reissek (Celastraceae). *Journal of Ethnopharmacology*, v.150, n.1, p.154-161, 2013.

LEWINSOHN, T. M.; VASCONCELLOS-NETO, J. Como Insetos Sabotam Defesas de Plantas: O Caso do Látex. In: MARTINS, R. P.; LEWINSOHN, T. M.; BARBEITOS, M. S. (Eds.). *Ecologia e Comportamento de Insetos*. 2000. p.281-298.

LEYTON, V.; HENDERSON, T. O.; MASCARA, D. Atividade moluscicida de princípios ativos de folhas de *Lycopersicon esculentum* (Solanales, Solanaceae) em *Biomphalaria glabrata* (Gastropoda, Planorbidae). *Iheringia Série Zoologia*, v.95, n.2, p.213-216, 2005.

LI, G. H.; DUAN, M.; YU, Z. F.; LI, L.; DONG, J. Y.; WANG, X. B.; GUO, J. W.; HUANG, R.; WANG, M.; ZHANG, K. Q. Stereumin A-E, sesquiterpenoids from the fungus *Stereum* sp. CCTCC AF 207024. *Phytochemistry*, v.69, p.1439-1445, 2008.

LI, H.; JEAN, S.; WEBSTER, D.; ROBICHAUD, G. A.; CALHOUN, L. A.; JOHNSON, J. A.; GRAY, C. A. Dibenz[b,f]oxepin and Antimycobacterial Chalcone Constituents of *Empetrum nigrum*. *Journal of Naural Products*, v.78, n.11, p.2837-2840, 2015.

LI, J. W. H.; VEDERAS, J. C. Drug Discovery and Natural Products: End of an Era or an Endless Frontier? *Science*, v.325, n.5937, p.161-165, 2009.

LI, J. Y.; STROBEL, G.; HARPER, J.; LOBKOVSKY, E.; CLARDY, J. Cryptocin, a potent tetramic acid antimycotic from the endophytic fungus *Cryptosporiopsis cf. quercina*. *Organic Letters*, v.2, p.767-770, 2000.

LIÃO, L. M. Sesquiterpene pyridine alkaloids. In: CORDEL, G. A. E. (Ed.). *The Alkaloids: chemistry and biology*. Amsterdã: Elsevier, v.60, 2003, p.1205-1207.

LIÃO, L. M.; SILVA, G. A.; MONTEIRO, M. R.; ALBUQUERQUE, S. Trypanocidal activity of quinonemethide triterpenoids from *Cheiloclinium cognatum* (Hippocrateaceae). *Zeitschrift für Naturforschung. C*, v.63, n.3-4, p.207-210, 2008.

LIÃO, L. M.; VIEIRA, P. C.; RODRIGUES-FILHO, E.; FERNANDES, J. B.; DA SILVA, M. F. G. F. Sesquiterpene pyridine alkaloids from *Peritassa campestris*. *Phytochemistry*, v.58, n.8, p.1205-1207, 2001.

LIESE, B. H.; HOUGHTON, N.; TEPLITSKAYA, L. Development assistance for neglected tropical diseases: progress since 2009. *International Health*, v.6, p.162-171, 2014.

LIEW, K. L.; JEE, J. M.; YAP, I.; YONG, P. V. *In Vitro* Analysis of Metabolites Secreted during Infection of Lung Epithelial Cells by *Cryptococcus neoformans*. *PLOS One*, v.11, n.4, 2016.

LIMA, A. R.; BARBOSA, V. C.; SANTOS-FILHO, P. R.; GOUVÊA, C. M. C. P. Avaliação *in vitro* da atividade antioxidante do extrato hidroalcoólico de folhas de bardana. *Revista Brasileira de Farmacognosia*, v.16, n.4, p.531-536, 2006.

LIMA, D. M. D.; TANNO, G. N.; PURCINO, M.; BIASI, L. A.; ZUFFELLATO-RIBAS, K. C.; ZANETTE, F. Enraizamento de miniestacas de espinheira-santa (*Maytenus ilicifolia* Mart. ex Reissek) em diferentes substratos. *Ciência e Agrotecnologia*, v.33, n.2, p.617-623, 2009.

LIMA, G. S. *Estudo da Atividade Tripanossomicida e Leishmanicida de Extrato, Frações e Terpenos de* Croton cajucara *Benth*. Rio de Janeiro, 2014. 76 f. Tese (Doutorado em Produção e Inovação Agropecuária) – Universidade Federal Rural do Rio de Janeiro.

LIMA, N. M. F.; SANTOS, A. F.; PORFÍRIO, Z.; GOULART, M. O.; SANTA'ANA, A. E. Toxicity of lapachol and isolapachol and their potassium salts against *Biomphalaria glabrata*, *Schistosoma mansoni* cercariae, *Artemia salina* and *Tilapia nilotica*. *Acta Tropica*, v.83, n.1, p.43-47, 2002.

LIMA, V. L. A. G.; MÉLO, E. A.; LIMA, L. S. Flavonoides em seleções de acerola (*Malpighia sp* L.). 1- Teor de antocianinas e flavonóis totais. *Ciência Rural*, v.30, p.1063-1064, 2000.

LINDMARK-HENRIKSSON, M.; ISAKSSON, D.; VANEK, T.; VALTEROVÁ, I.; HÖGBERG, H. E.; SJÖDIN, K. Transformation of terpenes using a *Picea abies* suspension culture. *Journal of Biotechnology*, v.107, p.173, 2004.

LINDOSO, J. A.; LINDOSO, A. A. Neglected tropical diseases in Brazil. *Revista do Instituto de Medicina Tropical de São Paulo*, v.51, n.5, p.247-53, 2009.

LINDSAY, D. G.; ASTLEY, S. B. European research on the functional effects of dietary antioxidants – Eurofeda. *Molecular Aspects of Medicine*, v.23, n.1-3, p.1-38, 2002.

LININGTON, R. G.; CLARK, B. R.; TRIMBLE, E. E.; ALMANZA, A.; UREÑA, L.; DENNIS, E. K.; GERWICK, W. H. Antimalarial Peptides from Marine Cyanobacteria: Isolation and Structural Elucidation of Gallinamide A. *Journal of Natural Products*, v.72, n.1, p.14-17, 2009.

LININGTON, R. G.; GONZÁLEZ, J.; UREÑA, L.; ROMERO, L. I.; ORTEGA-BARRIA, E.; GERWICK, W. H. Venturamides A and B: Antimalarial Constituents of the Panamanian Marine Cyanobacterium *Oscillatoria* sp. *Journal of Natural Products*, v.70, n.3, p.397-401, 2007.

LINTON, S.; DAVIES, M. J.; DEAN, R. T. Protein oxidation and ageing. *Experimental Gerontology*, v.36, p.1503-1518, 2001.

LISBOA, D. A.; CALDEIRA, R. L.; ROSA, L. H.; ZANI, C. L.; CARVALHO, O. S. Análise da atividade moluscicida de produtos naturais e sintéticos em moluscos da espécie *Achatina fulica*. In: *ANAIS DA 58ª REUNIÃO ANUAL DA SBPC*, 2006, Florianópolis, SC. Disponível em: <http://www. sbpcnet. org. br/livro/58ra/JNIC/RESUMOS/resumo_1608. html>. Acesso em: 02 fev. 2012.

LIU, J. H.; CHEN, Y. G.; YU, B. Y.; CHEN, Y. J. A novel ketone derivative of artemisinin biotransformed by *Streptomyces griseus* ATCC 13273. *Bioorganic & Medicinal Chemistry Letters*, v.16, p.1909, 2006.

LIU, L. F. DNA Topoisomerase poisons as antitumor drugs. *Annual Review of Biochemistry*, v.58, p.351-375, 1989.

LIU, W.-C.; ZHU, P. Pilot studies ons cale-up biocatalysis of 7-b-xylosyl-10-deacetyltaxol and its analogues by na engineered yeast. *J. Ind. Microbiol. Biotechnol*, v.42, p.867, 2015.

LIU, W. H.; HORNG, W. C.; TSAI, M. S. Bioconversion of cholesterol to cholest-4-en-3-one in aqueous/organic solvent two-phase reactors. *Enzyme and Microbial Technology*, v.18 p.184, 1996.

LOPES, T. C.; GONÇALVES, J. R. S.; SOUZA, N. S.; MORAES, D. F. C.; AMARAL, F. M. M.; ROSA, I. G. Avaliação moluscicida e perfil fitoquímico das folhas de *Caryocar brasiliense* Camb. Cadernos de Pesquisa, v.18, n.3, p.23-30, 2011.

LORENTE, S. O.; JIMENEZ, C. J.; GROS, L.; YARDLEY, V.; LUCA-FRADLEY, K.; CROFT, S. L.; URBINA, J. A.; RUIZ-PEREZ, L. M.; PACANOWSKA, D. G.; GILBERT, I. H. Preparation of transition-state analogues of sterol 24-methyl transferase as potential anti-parasitics. *Bioorganic Medicinal Chemistry*, v.13, n.18, p.5435-5453, 2005.

LORENZI, H. *Plantas medicinais do Brasil*: nativas e exóticas cultivadas. Nova Odessa: Instituto Plantarum, 2002. 512p.

LU, Y.; FOO, L. Y. Antioxidant and radical scavenging activities of polyphenols from apple pomace. *Food Chemistry*, v.68, p.81-85, 2000.

LUNA, J. S.; SANTOS, A. F.; LIMA, M. R. F.; Omena, M. C.;. Mendonça, F. A. C.; Bieber, L. W.; Sant'Ana, A. E. G. A study of the larvicidal and molluscicidal activities of some medicinal plants from northeast Brazil. *Journal of Ethnopharmacology*, v.97, n.2, p.199-206, 2005.

LUO, D. H. Identification of structure and antioxidant activity of a fraction of polysaccharide purified from *Dioscorea nipponica* Makino. *Carbohydrate Polymers*, v.71, p.544-549, 2008.

LUSTRINO, D.; TUNHOLI-ALVES, V. M.; TUNHOLI, V; M.; BESSA, E. C. A.; PINHEIRO, J. *Allamanda cathartica* L (Apocynaceae) seeds induces changes on carbohydrates deposits of *Bradybaena similaris* (Férussac, 1821) (Mollusca, Bradybaenidae). *Revista Brasileira de Zoociências*, v.10, n.1, p.23-27, 2008.

LÜTTGE, U. Structure and function of plant glands. *Annual Review of Plant Physiology*, v.22, p.23-44, 1971.

LUXIMON-RAMMA, A.; BAHORUN, T.; CROZIER, A. Antioxidant actions and phenolic and vitamin C contents of common Mauritian exotic fruits. *Journal of Science and. Food Agriculture*, v.83, p.496-502, 2003.

MACIEL, M. A. M.; PINTO, A. C.; VEIGA Jr, V. F. Plantas medicinais: a necessidade de estudos multidisciplinares. *Química Nova*, v.25, p.429-438, 2002.

MADDEN, J. M.; JACKSON G. J. Cosmetic preservation and microbes: viewpoint of the food and drug administration. *Cosmetics Toiletries*, v.96, n.10, p.75-77, 1981.

MAGILL, A. J. Epidemiology of the leishmaniases. *Dermatologic Clinics*, v.13, n.3, p.505-523, 1995.

MAHATO, S. B.; MAZUMDER, I. Current trends in microbial steroid biotransformation. *Phytochemistry*, v.34, p.883, 1995.

MAIER, M. E. Design and synthesis of analogues of natural products. *Organic & Biomolecular Chemistry*, v.13, p.5302-5343, 2015.

MAINARDES, R. M.; URBAN, M. C.; CINTO, P. O.; CHAUD, M. V. Evangelista RC, Gremião MP. Liposomes and micro/nanoparticles as colloidal carriers for nasal drug delivery. *Current Drug Delivery*, v.3, n.3, p.275-285, 2006.

MALTEZOU, H. C. Drug resistance in visceral leishmaniasis. *Journal of Biomedicine and Biotechnology*, 2010.

MANDAL, S M.; MIGLIOLO, L.; FRANCO, O. L.; GHOSH, A. K. Identification of an antifungal peptide from *Trapa natans* fruits with inhibitory effects on *Candida tropicalis* biofilm formation. *Peptides*, v.32, n.8, p.1741-1747, 2011.

MANETTI, L. M.; TURRA, A. F.; TAKEMURA, O. S.; SVIDZINSKI, T. I. E.; LAVERDE JUNIOR, A. Avaliação das atividades antimicrobiana, citotóxica, moluscicida e antioxidante de *Bromelia antiacantha* Bertol. (Bromeliaceae). *Revista Brasileira de Plantas Medicinais*, v.12, n.4, p.406-413, 2010.

MANSUR J. S. BREDER, M. N. R.; MANSUR, M. C. A.; AZULAY, R. D. Determinação do fator de proteção solar por espectrofotometria. *Anais Brasileiros de Dermatologia*, v.61, n.4, p.121-124, 1986.

MARCO, G. J. A rapid method for evaluation of antioxidants. *Journal of the American Oil Society*, v.45, p.594-598, 1968.

MARCOS-FILHO, J.; CÍCERO, S. M.; SILVA, W. R. *Avaliação da qualidade das sementes*. Piracicaba- FEALQ, 230p, 1987.

MARINI, J. C.; LEVENE, S. D.; CROTHERS, D. M.; ENGLUND, P. T. Bent helical structure in kinetoplast DNA. *Proceedings of National Academy of Sciences USA*, v.79, n.24, p.7664-8,1982.

MARINO, K.; GUTHER, M. L. S.; WERNIMONT, A. K.; QIU, W.; HUI, R.; FERGUSON, M. A. J. Characterization, Localization, Essentiality, and High-

Resolution Crystal Structure of Glucosamine 6-Phosphate N-Acetyltransferase from *Trypanosoma brucei*. *Eukaryotic Cell*, v.10, n.7, p.985-997, 2011.

MARINO, K.; GUTHER, M. L. S.; WERNIMONT, A. K.; AMANI, M.; HUI, R.; FERGUSON, M. A. Identification, subcellular localization, biochemical properties, and high-resolution crystal structure of *Trypanosoma brucei* UDP-glucose pyrophosphorylase. *Glycobiology*, v.20, n.12, p.1619-1630, 2010.

MARSTON, A.; HOSTETTMANN, K. Review article number 6: plant molluscicides. *Phytochemistry*, v.24, n.4, p.639-652, 1985.

MARTIN, V.; PITERA, D.; WITHERS, S.; NEWMAN, J.; KEASLING, J. Engineering a mevalonate pathway in *Escherichia coli* for production of terpenoids. *Nature Biotechnology*, v.21, n.7, p.796-802, 2003.

MARTÍNEZ-FLÓREZ, S.; GONZÁLEZ-GALLEGO, J.; CULEBRAS, J. M.; TUÑÓN, M. J. Los flavonoides: propiedades y acciones antioxidantes. *Nutrición Hospitalaria*, v.XVII, n.6, 271-278, 2002.

MARTÍNEZ, M. J.; BETANCOURT, J.; ALONSO-GONZÁLEZ, N.; JAUREGUI, A. Screening of some Cuban medicinal plants for antimicrobial activity. *Journal of Ethnopharmacology*, v.52, n.3, p.171-174, 1996.

MARTINS, C. M.; DO NASCIMENTO, E. A.; DE MORAIS, S. A.; DE OLIVEIRA, A.; CHANG, R.; CUNHA, L. C.; MARTINS, M. M.; MARTINS, C. H.; MORAES, T. S.; RODRIGUES, P. V.; DA SILVA, C. V.; DE AQUINO, F. J. Chemical Constituents and Evaluation of Antimicrobial and Cytotoxic Activities of *Kielmeyera coriacea* Mart. & Zucc. Essential Oils. *Evidence Based Complementary and Alternative Medicine*, 2015: 842047, 2015.

MARTINS, F. M.; KINOSHITA, L. S.; CASTRO, M. M. Coléteres foliares e calicinais de *Temnadenia violacea* (Apocynaceae, Apocynoideae): estrutura e distribuição. *Revista Brasileira de Botânica*, v.33, n.3, p.489-500, 2010.

MARTINS, I. L.; CHARNEIRA, C.; GANDIN, V.; SILVA, J. L. F.; JUSTINO, G. C.; TELO, J. P.; VIEIRA, A. J. S. C.; MARZANO, C.; ANTUNES, A. M. M. Selenium-containing chrysin and quercetin derivatives: attractive scaffolds for cancer therapy. *Journal of Medicinal Chemistry*, v.58, p.4250-4265, 2015.

MARTINS, M. B. G. *Análise Morfológica em Microscopia eletrônica de Varredura de Tricomas Secretores nas folhas de Brugmansia suaveolens (Solanaceae).* In: IV Congresso Brasileiro de Pesquisas Ambientais e Saúde, 4, 2004, Santos. Anais...,Santos: Council of Researches in Education and Science, 2004. p.235-239, 2004.

MARTINS, M. B. G.; MOREIRA, V. L. Caracterização Histológica das folhas de Avicennia schaueriana Stapf & Leechman (Aviceniaceae). *Revista HISPECI & LEMA*, v.1, p.1- 8, 2007.

MARTINS, M. B. G.; CARAVANTE, A. L. C.; APPEZZATO-DA-GLÓRIA, B.; SOARES, M. K. M.; MOREIRA, R. R. D.; SANTOS, L. E. Caracterização anatômica e fitoquímica de folhas e rizomas de *Hedychium coronarium* J. König (Zingiberaceae). *Revista Brasileira de Plantas Medicinais*, v.12, p.179-187, 2010.

MARTINS, M. B. G.; CASTRO, A. A.; CAVALHEIRO, A. J.; RODRIGUES, S. D. Caracterização anatômica e química de folhas de *Jacaranda puberula* (Bignoniaceae) presente na Mata Atlântica. *Revista Brasileira de Farmacognosia*, v.18, p.600-607, 2008a.

MARTINS, M. B. G.; GRAF, R. R.; CAVALHEIRO, A. J.; RODRIGUES, S. D. Caracterização anatômica, química e antibacteriana de folhas de *Brunfelsia uniflora* (manacá) presentes na Mata Atlântica. *Revista Brasileira de Farmacognosia*, v.19, p.106-114, 2009b.

MARTINS, M. B. G.; MARCONI, A. P.; CAVALHEIRO, A. J.; RODRIGUES, S. D. Caracterização anatômica e química da folha e do sistema radicular de *Hydrocotyle 8umbellata* (Apiaceae). *Revista Brasileira de Farmacognosia*, v.18, p.402-414, 2009a.

MARTINS, M. B. G.; MARTINS, A. R.; CAVALHEIRO, A. J.; TELASCRÊA, M. Caracterização biométrica e química da folha de *Mentha pulegium X spicata* (Lamiaceae). *Revista de Ciências Farmacêuticas*, v.25, p.17-23, 2004a.

MARTINS, M. B. G.; MARTINS, A. R.; TELASCRÊA, M.; CAVALHEIRO, A. J. Caracterização anatômica da folha de *Cymbopogon citratus* (DC) Stapf (Poaceae) e perfil químico do óleo essencial. *Revista Brasileira de Plantas Medicinais*, v.25, p.20-29, 2004b.

MARTINS, M. B. G.; MARTINS, R. G.; CAVALHEIRO, A. J. Histoquímica e atividade antibacteriana de folhas do incenso (*Tetradenia riparia*). *Revista de Biociências*, v.14, p.127-139, 2008b.

MARTINS, M. B. G.; PASTORI, A. P. Anatomia com ênfase nos tricomas secretores e análise cromatográfica do óleo essencial de *Melissa officinalis* L. (Lamiaceae). *Revista Brasileira de Plantas Medicinais*, v.6, p.77-82, 2004c.

MARTINS, M. B. G.; ROMITELLI, I. Comparison of leaf morphology and anatomy among Malva sylvestris ('gerânio-aromático'), Pelargonium graveolens ('falsa-malva') and Pelargonium odoratissimum ('gerânio-de-cheiro'). *Revista Brasileira de Plantas Medicinais*, v.15, p.91-97, 2013.

MASAMOTO, Y.; ANDO, H.; MURATA, Y.; SHIMOISHI, Y.; TADA, M.; TAKASHATA, K. Mushroom tyrosinase inhibitory activity of esculetin isolated from seeds of *Euphorbia lathyris L. Bioscience Biotechnology and Biochemistry*, v.67, p.631-634, 2003.

MASER, E. Xenobiotic carbonyl reduction and physiological steroid oxidoreduction: The pluripotency of several hydroxysteroid dehydrogenases. *Biochemical Pharmacology*, v.49, p.421, 1995.

MATOS, F. J. A.; OLIVEIRA, F. *Lippia sidoides* Cham: farmacognosia, química e farmacologia. *Revista Brasileira de Farmacognosia*, v.79, n.3/4, p.84-87, 1998.

MATSUI, T.; EBUCHI, S.; KOBAYASHI, M.; FUKUI, K.; SUGITA, K.; TERAHARA, N.; MATSUMOTO, K. Anti-hyperglycemic effect of diacylated anthocyanin derived from *Ipomoea batatas* cultivar Ayamurasaki can be achieved through the α-glucosidase inhibitory action. *Journal of Agricultural and Food Chemistry*, v.50, n.25, p.7244-7248, 2002.

MAUGERI, D. A.; CANNATA, J. J. B.; CAZZULO, J. J. Glucose metabolism in *Trypanosoma cruzi*. In: Docampo, R. (Ed.). Essays in Biochemistry: *Molecular Parasitology*, v.51, p.15-30, 2011

MAYER, A. M.; RODRÍGUEZ, A. D.; TAGLIALATELA-SCAFATI, O.; FUSETANI, n.Marinepharmacology in 2009-2011: marine compounds with antibacterial, antidiabetic, antifungal, anti-inflammatory, antiprotozoal, antituberculosis, and antiviral activities; affecting the immune and nervous systems, and other miscellaneous mechanisms of action. *Marine Drugs*, v.11, p.2510-2573, 2013.

MAZZA, S.; MONTANA, A.; BENITEZ, C. Transmisión de *Schizotrypanum cruzi* al niño por leche de la madre con enfermedad de Chagas. *MEPRA*, v.28, p.41-46, 1936.

MCCONVILLE, M. J.; NADERER, T. Metabolic Pathways Required for the Intracellular Survival of Leishmania. In: Gottesman, S. e Harwood, C. S. (Ed.). Annual Review of Microbiology, Vol 65. Palo Alto: *Annual Reviews*, v.65, p.543-561, 2011.

MCDONALD, L. A.; BARBIERI, L. R.; BERNAN, V. S.; JANSO, J.; LASSOTA, P.; CARTER, G. T. 07H239-A, a new cytotoxic eremophilane sesquiterpene from the marine-derived xylariaceous Fungus LL-07H239. *Journal of Natural Products*, v.67, p.1565-1567, 2004.

McPHAIL, K. L.; CORREA, J.; LININGTON, R. G.; GONZÁLEZ, J.; ORTEGA-BARRIA, E.; CAPSON, T. L.; GERWICK, W. H. Antimalarial Linear Lipopeptides from a Panamanian Strain of the Marine Cyanobacterium *Lyngbya majuscula*. *Journal of Natural Products*, v.70, n.6, p.984-988, 2007.

MEDINA, J. M.; PEIXOTO, J. L. B.; SILVA, A. A.; HARAGUCHI, S. K.; FALAVIGNA, D. L. M.; ZAMUNER, M. L. M.; SARRAGIOTO, M. H.; VIDOTTI, G. J. Evaluation of the molluscicidal and *Schistosoma mansoni* cercariae activity of *Croton floribundus* extracts and kaurenoic acid. *Revista Brasileira de Farmacognosia*, v.19, n.1B, p.207-211, 2009.

MEHEUS F. et al. Cost-Effectiveness Analysis of Combination Therapies for Visceral Leishmaniasis in the Indian Subcontinent. *PLOS Neglected Tropical Diseases*, v.4. 2010

MELLOU. F.; LAZARIA, D.; SKALTSAC. H.; TSELEPIS, A. D.; KOLISIS, F. N.; STAMATISA, H. Biocatalytic preparation of acylated derivatives of flavonoid glycosides enhances their antioxidant and antimicrobial activity. *Journal of Biotechnology*, v.116, p.295, 2005.

MENDES, M. N.; SOUZA, C. P. de; ARAÚJO, N.; PEREIRA, J. P.; KATZ, n.Atividade moluscicida de alguns produtos naturais sobre *Biomphalaria glabrata*. *Memórias do Instituto Oswaldo Cruz*, v.81, n.1, p.87-91. 1986.

MENDES, M. N.; BAPTISTA, D. F.; VASCONCELLOS, M. C.; SHALL, V. T. Evaluation of the molluscicidal property of *Euphorbia splendens* var hislopii (N E B) (Euphorbiaceae) – 1. Experimental test in a lentic habitat. *Memórias do Instituto Oswaldo Cruz*, v.87, n.1, p.21-23, 1992.

MENDES, M. N.; PEREIRA, J. P.; SOUZA, C. P.; OLIVEIRA, M. L. L. Ensaios preliminares em laboratório para verificar a ação moluscicida de algumas espécies da flora brasileira. *Revista de Saúde Pública*, v.18, p.348-354, 1984.

MENDES, N. M.; GÓMEZ, J. D.; ARAÚJO, N.; ZANI, C. L.; KATZ, N. Ensaios preliminares do *Guaiacum officinale* L. como moluscicida. *Revista do Instituto de Medicina Tropical de São Paulo*, v.35, n.6, p.509-513, 1993.

MENDES, N. M.; QUEIROZ, R. O.; GRANDI, T. S. M.; ANJOS, A. M. G. Screening of Asteraceae (Compositae) plant extracts for molluscicidal activity. *Memórias do Instituto Oswaldo Cruz*, v.94, n.3, p.411-412, 1999.

MENDES, N. M.; VASCONCELLOS, M. C.; BAPTISTA, D. F.; ROCHA, R. S.; SCHALL, V. T. 1997. Evaluation of the molluscicidal properties of *Euphorbia splendens* var. hislopii (N. E. B.) latex: experimental test in an endemic area in the State of Minas Gerais, Brazil. *Memórias do Instituto Oswaldo Cruz*, v.92, n.5, p.719-724.

MENDES, R. J. A.; PEREIRA FILHO, A. A.; FRANÇA, C. R. C.; OLIVEIRA, D. S.; ROSA, I. G. Análise fitoquímica e avaliação da atividade moluscicida dos frutos de *Achras sapota* L. In: X CONGRESSO DE ECOLOGIA DO BRASIL, 2011,

São Lourenço (MG). Disponível em: <http://www. seb-ecologia. org. br/xceb/resumos/846. pdf>. Acesso em: 20 mar. 2012.

MENSOR, L. L.; MENEZES, F. S.; LEITÃO, G. G.; REIS A. S.; DOS SANTOS, T. C.; COUBE, C. S.; LEITÃO, S. G. Screening of Brazilian plant extracts for antioxidant activity by the use of DPPH free radical method. *Phytotherapy Research*, v.15, p.127-130, 2001.

MERSCH-SUNDERMANN, V.; KEVEKORDES, S.; MOCHAYEDI, S. Sources of variability of the *Escherichia coli* PQ37 genotoxicity assay (SOS chromotest). *Mutation Research*, v.252, p.51-60, 1991.

MESA-VANEGAS, A. M.; PABON, A. L.; BLAIR-TRUJILLO, S. Actividad antiplasmodial in vitro de *Calophyllum inophyllum*. *Revista Quimica Viva*, v.10, p.118-128, 2011.

METOUI, N.; GARGOURI, S.; AMRI, I.; FEZZANI, T.; JAMOUSSI, B.; HAMROUNI, L. Activity antifungal of the essential oils; aqueous and ethanol extracts from *Citrus aurantium L. Natural Products Research*, v.29, n.23, p.2238-2241, 2015.

MICHELS, P. A.; BRINGAUD, F.; HERMAN, M.; HANNAERT, V. Metabolic functions of glycosornes in trypanosomatids. *Biochimica et Biophysica Acta-Molecular Cell Research*, v.1763, n.12, p.1463-1477, 2006.

MICHELS, P. A. M.; HANNAERT, V.; BRINGAUD, F. Metabolic aspects of glycosomes in trypanosomatidae – New data and views. *Parasitology Today*, v.16, n.11, p.482-489, 2000.

MILIAUSKAS, G.; VENSKUTONIS, P. R.; VAN BEEK, T. A. Screening of radical scavenging activity of some medicinal and aromatic plant extracts. *Food Chemistry*, v.85, p.2312-237, 2004.

MILITELLO, K. T.; REFOUR, P.; COMEAUX, C. A.; DURAISINGH, M. T. Antisense RNA and RNAi in protozoan parasites: Working hard or hardly working? *Molecular and Biochemical Parasitology*, v.157, n.2, p.117-126, 2008.

MILLER, H. E. A simplified method for the evaluation of antioxidant. *Journal of the American Oil Society*, v.48, p.91, 1971.

MILLER, J. D. Fungi and Mycotoxins in grain: implications for stored product research *Journal of Stored Product Research* v.31, p.1-16, 1995.

MILLER, N. J.; RICEEVANS, C.; DAVIES, M. J.; GOPINATHAN, V.; MILNER, A.; A Novel Method for Measuring Antioxidant Capacity and Its Application to Monitoring the Antioxidant Status in Premature Neonates. Clinical Science, 84 (4), p.407-412, 1993.

MING, L. C. Aspectos Agronômicos de Plantas Medicinais. In: Seminário Mineiro de Plantas Medicinais, 2, 1996, Lavras. *Anais...*,Lavras: Faepe, 1996.

MING, L. C.; CASTRO, D. M.; DELACHIAVE, M. E. Plantas medicinais aromáticas e condimentares. Botucatu: Universidade Estadual Paulista. 1998.

MING, L. C. *Influência de diferentes níveis de adubação orgânica na produção de biomassa e teor de óleos essenciais de Lippia alba (Mill.) N. E. Br. – Verbenaceae*. Curitiba, 1992, 206f. Dissertação (Mestrado em Botânica) – Centro de Ciências Biológicas, Universidade Federal do Paraná.

MIOT, L. D. B.; MIOT, H. A.; SILVA, M. G.; E MARQUES, M. E. A. Fisiopatologia do melasma. *Anais Brasileiro de Dermatologia*, v.84, n.6, p.623-635, 2009.

MIRANDA, A. C. M.; BATISTA, A. S.; GUSMAN, G. S. Efeito alelopático e moluscicida de amora (*Morus rubra* L.). *Revista Caatinga*, v.25, n.1, p.28-36, 2012.

MISHRA, B. B.; TIWARI, V. K. Natural products: An involving role in the future drug discovery. *European Journal of Medicinal Chemistry*, v.46, p.4769-4807, 2011.

MISSET, O.; BOS, O. J. M.; OPPERDOES, F. R. Glycolytic-enzymes of *Trypanosoma brucei* – simultaneous purification, intraglycosomal concentrations and physical-properties. *European Journal of Biochemistry*, v.157, n.2, p.441-453, 1986.

MITCHELL, W. Natural products from synthetic biology. *Current Opinion in Chemical Biology*, v.15, n.4, p.505-515, 2011.

MIYASATO, P. A.; KAWANO, T.; FREITAS, J. C. BERLINCK R. G.;, NAKANO E.; TALLARICO, L. F.; Molluscicidal activity of some marine substances against the snail *Biomphalaria glabrata* (Mollusca, Planorbidae). *Parasitology Research*, v.110, n.5, p.1873-1879, 2012.

MOELLERING JR, R. C.; GRAYBILL, J. R.; MCGOWAN JR, J. E.; COREY, L. Antimicrobial Resistance Prevention Initiative – An Update: Proceedings of an expert panel on resistance. *The American Journal of Medicine*, v.120, n.7, p.S4-S25, 2007.

MOGHRABI, N.; ANDERSSON, S. 17β-Hydroxysteroid Dehydrogenases: Physiological Roles in Health and Disease. *Trends in Endocrinology & Metabolism*, v.9, p.265, 1998.

MOHAMED-AHMED, A. H.; BROCCHINI S, CROFT S. L. Recent advances in development of amphotericin B formulations for the treatment of visceral leishmaniasis. *Current Opinion in Infectious Diseases*, v.25, p.695-702, 2012.

Molluscicidal activity against *Biomphalaria glabrata* of Brazilian Cerrado medicinal plants. *Fitoterapia*, v.73, n.5, p.428-430, 2002.

MOLDENKE, H. N. Materials toward a monograph of the genus Lippia, I. Phytologia, v. 12, n. 1, p. 6-71, 1978.

MOLYNEUX, D. H.; MALECELA, M. N. Neglected tropical diseases and the millennium development goals: why the "other diseases" matter: reality versus rhetoric. *Parasite Vectors*, v.13, n.4, p.234, 2011

MOLYNEUX, P. The use of the stable free radical diphenylpicrylhydrazyl (DPPH) for estimating antioxidant activity. *Songklanakarin Journal of Science and Technology*, v.26, n.2, p.211-219, 2004.

MOMTAZ, S.; MAPUNYA, B. M.; HOUGHTON, P. J.; EDGERLY, C.; HUSSEIN, A.; NAIDOO, S.; LALL, N. Tyrosinase inhibition by extracts and constituents of *Sideroxylon inerme L. steam bark*, used in South Africa for skin lightening. *Journal of Etnopharmacology*, v.119, p.507-512, 2008.

MONTAGNAC, R.; BOKOWY, C.; CIUPEA, A.; DELAGNE, J. M.; SCHILLINGER, F. Fungal sinusitis from endodontic origin. Some reflexions about an observation by an hemodialyzed patient. *Néphrologie & Thérapeutique*, v.2, n.2, p.87-92, 2006.

MONTANARI, C. A.; BOLZANI, V. S. Planejamento racional de fármacos baseado em produtos naturais. *Química Nova*, v.24, p.105-111, 2001.

MONTEIRO, D. R.; TAKAMIYA, A. S.; FERESIN, L. P.; GORUP, L. F.; DE CAMARGO, E. R.; DELBEM, A. C.; HENRIQUES, M.; BARBOSA, D. B. Susceptibility of *Candida albicans* and *Candida glabrata* biofilms to silver nanoparticles in intermediate and mature development phases. *Journal of Prosthodontic Research*, v.59, n.1, p.42-4, 2015.

MONTI, D.; OTTOLINA, G.; CARREA, G.; RIVA, S. Redox reactions catalyzed by isolated enzymes. *Chemical Reviews*, v.111, p.4111, 2011.

MONTOYA, B. H.; LEMESHKO, V.; LÓPEZ, J. B.; PAREJA, A.; URREGO, R.; TORRES, R. Actividad antioxidativa de algunos extractos vegetales. *Vitae*, v.10, n.2, p.72-79, 2003.

MOORE, D.; ROBSON, G. D.; TRINCI, A. P. J. Natural classification of fungi. In: ______. *21st century guidebook to fungi*. New York: Cambridge University Press, 2011, p.41-79.

MORAIS-BRAGA, M. F.; SALES, D. L.; CARNEIRO, J. N.; MACHADO, A. J.; DOS SANTOS, A. T.; DE FREITAS, M. A.; MARTINS, G. M.; LEITE, N. F.; DE MATOS, Y. M.; TINTINO, S. R.; SOUZA, D. S.; MENEZES, I. R.; RIBEIRO-FILHO, J.; COSTA, J. G. COUTINHO HD. *Psidium guajava* L. and *Psidium brownianum* Mart ex DC.: Chemical composition and anti-*Candida* effect in association with fluconazole. *Microbial Pathogenesis*, v.95, p.200-207, 2016.

MOREIRA, A. V. B.; MANCINI-FILHO, J. Atividade antioxidante das especiarias mostarda, canela e erva doce em sistemas aquoso e lipídico. *Nutrire*, v.25, p.31-46, 2003.

MOREIRA, C. P. S.; ZANI, C. L.; ALVES, T. M. A. Atividade moluscicida do látex de *Synadenium calrinatum* Boiss (Euphorbiaceae) sobre *Biomphalaria glabrata* e isolamento do constituinte majoritário. *Revista Eletrônica de Farmácia*, v.7, n.3, p.16-27, 2010.

MORHAM, S. G.; KLUCKMAN, K. D.; VOULOMANOS, N.; SMITHIES, O. Targeted disruption of the mouse topoisomerase I gene by camptothecin selection. *Molecular Cellular Biology*, v.16, n.12, p.6804-9, 1996.

MORS, W. G.; RIBEIRO, O. Occurence of scopoletin in the genus *Brunfelsia*. *Journal Organic Chemistry*, v.22, p.978, 1957.

MOSMANN, T. Rapid colorimetric assay for cellular growth and survival: application to proliferation and cytotoxicity assays. *Journal of Immunological Methods*, v.65, n.1/2, p.55-63, 1983.

MOSSI, A. J.; MAZUTTI, M.; PAROUL, N.; CORAZZA, M. L.; DARIVA, C.; CANSIAN, R. L.; OLIVEIRA, J. V. Chemical variation of tannins and triterpenes in Brazilian populations of *Maytenus ilicifolia* Mart. ex Reiss. *Brazilian Journal of Biology*, v.69, n.2, p.339-345, 2009.

MOTTER, M. D. S.; SILVA, L. D.; OLIVEIRA, R. D.; YAMADA, T. A, SANTOS, S. C.; SABÓIA-MORAIS, S. M. T. Índice mitótico em células epiteliais da brânquia de Guaru (*Poecilia vivipara*) tratados com frações da casca do caule e da folha de Pequi (*Caryocar brasiliensis*). *Brazilian Journal of Veterinary Research and Animal Science*, v.41, n.4, p.221-227, 2004.

MOUJIR, L.; GUTIÉRREZ-NAVARRO, A. M.; GONZÁLEZ, A. G.; RAVELO, A. G.; LUIS, J. G. The relationship between structure and antimicrobial activity in quinones from the Celastraceae. *Biochemical Systematics and Ecology*, v.18, n.1, p.25-28, 1990.

MUELAS-SERRANO, S.; NOGAL-RUIZ, J. J.; GÓMEZ-BARRIO, A. Setting of a colorimetric method to determine the viability of *Trypanosoma cruzi* epimastigotes. *Parasitology Research*, v.86, n.12, p.999-1002, 2000.

MUFFLER, K.; LEIPOLD, D.; SCHELLERA, M.; HAAS, C.; STEINGROEWER, J.; BLEY, T.; NEUHAUS, H. E.; MIRATA, M. A.; SCHRADER, J.; ULBER, R. Biotransformation of triterpenes. *Process Biochemistry*, v.46, p.1, 2011.

MUKHTAR, M.; ARSHAD, M.; AHMAD, M.; POMERANTZ, R. J.; WIGDAHL, B.; PARVEEN, Z. Antiviral potentials of medicinal plants. *Virus Research*, v.131, n.2, p.111-120, 2008.

MURRAY, P. J.; SPITHILL, T. W.; HANDMAN, E. The PSA-2 glycoprotein complex of *Leishmania major* is a glycosylphosphatidylinositol-linked promastigote surface antigen. *Journal of Immunology*, v.143, n.12, p.4221-4226, 1989.

MURTA, S. M.; ROMANHA, A. J. *In vivo* selection of a population of *Trypanosoma cruzi* and clones resistant to benznidazole. *Parasitology*, v.116, p.165-171, 1998.

MUSCHIETTI, L. V.; MARTINO, V. S. Atividades biológicas dos flavonoides naturais. In: YUNES, R. A.; CECHINEL FILHO, V. *Química de produtos naturais, novos fármacos e a moderna farmacognosia*. Itajaí: Univali, 2007, p.183-207.

MUSHARRAF, S. G.; NAJEEB, A.; KHAN, S.; PERVEZ, M.; ALI, R. A.; CHOUDHARY, M. I. Microbial transformation of 5α-hydroxycaryophylla-4(12),8(13)-diene with *Macrophomina phaseolina*. *Journal of Molecular Catalysis B: Enzymatic*, v.66, p.156, 2010.

MYERS, N.; MITTERMEYER, R. A.; MITTERMEYER, C. G.; da FONSECA, G. A. B.; KENT, J. Biodiversity hotspots for conservation priorities. *Nature*, v.403, n.6772, p.853-858, 2000.

MYLER, P. J. Searching the Tritryp genomes for drug targets. *Advances in Experimental Medicine and Biology*, v.625, p.133-140, 2008.

NABEYRAT, E.; JONES, G. E.; FENWICK, P. S.; BARNES, P. J.; DONNELLY, L. E. Mitogen-activated protein kinases mediate peroxynitrite-induced cell death in human bronchial epithelial cells. *American Journal of Physiology. Lung Cellular and Molecular Physiology*, v.284, p.L1112-1120, 2003.

NADERER, T.; McCONVILLE, M. J. Intracellular growth and pathogenesis of Leishmania parasites. In: Docampo, R. (Ed.). Essays in Biochemistry: *Molecular Parasitology*, v.51, p.81-95, 2011.

NAKAGAWA, H.; TAKAISHI, Y.; FUJIMOTO, Y.; DUQUE, C.; GARZON, C.; SATO, M.; OKAMOTO, M.; OSHIKAWA, T.; AHMED, S. U. Chemical Constituents from the Colombian Medicinal Plant *Maytenus laevis*. *Journal of Natural Products*, v.67, n.11, p.919-1924, 2004.

NAKAISHI, H.; MATSUMOTO, H.; TOMINAGA, S.; HIRAYAMA, M. Effects of black currant anthocyanoside intake on dark adaptation and VDT work-induced transient refractive alteration in healthy humans. *Alternative Medicine Review*, v.5, n.6, p.553-562, 2000.

NAKAO, H.; SENOKUCHI, K.; UMEBAYASHI, C.; KANEMARU, K.; MASUDA, T.; OYAMA, Y.; YONEMORI, S. Cytotoxic activity of maytanprine isolated from *Maytenus diversifolia* in Human Leukemia K562 Cells. *Biological and Pharmaceutical Bulletin*, v.27, n.8, p.1236-1240, 2004.

NANDITA, S.; RAJINI, P. S.; Free radical scavenging activity of an aqueous extract of potato peel. *Food Chemistry*, v.85, p.611-616, 2004.

NAPPI, A. J.; VASS, E. The effects of nitric oxide on the oxidations of L-DOPA and dopamine mediated by tyrosinase and peroxidase. *Journal Biological Chemistry*, v.276, n.14, p.11214-11222, 2001.

NASCIMENTO-JÚNIOR, N. M. A relação entre fragmentos estruturais oriundos de produtos naturais e compostos bioativos. *Revista Virtual de Química*, v.7, n.2, p.697-712, 2015.

NASCIMENTO, V. T.; LACERDA, E. U.; MELO, J. G.; LIMA, C. S. A.; AMORIM, E. L. C.; ALBUQUERQUE, U. P. Controle de qualidade de produtos à base de plantas medicinais comercializados na cidade do Recife-PE: erva-doce (*Pimpinella anisum* L.), quebra-pedra (*Phyllanthus* spp.), espinheira-santa (*Maytenus ilicifolia* Mart.) e camomila (*Matricaria recutita* L.). *Revista Brasileira de Plantas Medicinais*, v.7, n.3, p.56-64, 2005.

NEGRI, M. L. S. *Secagem das folhas de espinheira-santa – Maytenus ilicifolia Mart. ex Reiss. sob diferentes temperaturas e influência nos teores de polifenóis, na atividade antioxidante e nos aspectos microbiológicos*. Curitiba, 2007. 95f. Dissertação (Mestrado em Ciências Farmacêuticas) – Universidade Federal do Paraná.

NEGRI, M. L. S.; POSSAMAI, J. C.; NAKASHIMA, T. Atividade antioxidante das folhas de espinheira-santa – *Maytenus ilicifolia* Mart. ex Reiss., secas em diferentes temperaturas. *Revista Brasileira de Farmacognosia*, v.19, n.2b, p.553-556, 2009.

NETT, J. E. The Host's Reply to *Candida* Biofilm. *Pathogens*, v.5, n.1, pii: E33, 2016.

NETZEL, M.; NETZEL, G.; TIAN, Q.; SCHWARTZ, S.; KONCZAK, I.; Sources of antioxidant activity in Australian native fruits. Identification and quantification of anthocyanins. *Journal of Agricultural and Food Chemistry*, v.54, p.9820-9826, 2006.

NEVES, D. P.; MELO, A. L.; LINARDI, P. M.; VITOR, VITOR, R. W. A. *Parasitologia Humana*. 11. ed. Rio de Janeiro: Atheneu, 2001.

NEWMAN, D. J.; CRAGG, G. M. Natural products as sources of new drugs over the 30 years from 1981 to 2010. *Journal of Natural Products*, v.75, n.3, p.311-335, 2012.

NEWMAN, D. J.; CRAGG, G. M. Natural Products as Sources of New Drugs from 1981 to 2014. *Journal of Natural Products*, v.79, n.3, p.629-661, 2016

NEWMAN, D. J.; CRAGG, G. M.; SNADER, K. M. Natural products as sources of new drugs over the period 1981-2002. *Journal of Natural Products*, v.66, n.7, p.1022-37, 2003.

NEWMAN, D.; CRAGG, G. M. Endophytic and epiphytic microbes as "sources" of bioactive agents. *Frontiers in Chemistry*, v.3, 2015.

NIERO, R.; FALONI DE ANDRADE, S.; CECHINEL FILHO, V. A review of the ethnopharmacology, phytochemistry and pharmacology of plants of the *Maytenus* Genus. *Current Pharmaceutical Design*, v.17, n.18, p.1851-1871, 2011.

NISA, H.; KAMILI, A. N.; NAWCHOO, I. A.; SHAFI, S.; SHAMEEM, N.; BANDH, S. A. Fungal endophytes as prolific source of phytochemicals and other bioactive natural products: a review. *Microbial Pathogenesis*, v.82, p.50-59, 2015.

NISHIMURA, S.; ARITA, Y.; HONDA, M.; IWAMOTO, K.; MATSUYAMA, A.; SHIRAI, A.; KAWASAKI, H.; KAKEYA, H.; KOBAYASHI, T.; MATSUNAGA, S.; YOSHIDA, M. Marine antifungal theonellamides target 3beta-hydroxysterol to activate Rho1 signaling. *Nature Chemical Biology*, v.6, n.7, p.519-526, 2010.

NJOROGE, M.; NJUGUNA, N.M.; MUTAI, P.; ONGARORA, D.S.; SMITH, P.W.; CHIBALE, K.. Recent approaches to chemical discovery and development against malaria and the neglected tropical diseases human african trypanosomiasis and schistosomiasis. *Chemical Reviews*, v.114, p.11138-11163, 2014

NOCIARI, M. M.; SHALEV, A.; BENIAS, P.; RUSSO, C. A novel one-step, highly sensitive fluorometric assay to evaluate cell-mediated cytotoxicity. Journal *of Immunological Methods*, v.213, p.157-167, 1998.

NODARI, R. O.; GUERRA, M. P. Biodiversidade: aspectos biológicos, geográficos, legais e éticos. In: SIMÕES, C. M. O.; SCHENKEL, E. P.; GOSMANN, G; MELLO, J. C. P.; MENTZ, L. A.; PETROVICK, P. R. *Famacognosia*: da planta ao medicamento. Porto Alegre: UFRGS, 2003, p.11-24.

NODARI, R. O.; GUERRA, M. P. Aspectos genéticos e moleculares da produção vegetal. In: SIMÕES, C. M. O.; SCHENKESL, E. P.; GOSMANN, G.; MELLO, J. C. P. DE; MENTZ, L. A.; VETROVICK, P. R. (Org.). *Farmacognosia: da planta ao medicamento*. 3. ed. Porto Alegre/Florianópolis: Editora da Universidade Federal do Rio Grande do Sul; Editora da Universidade Federal de Santa Catariana, 2001, p.25-38.

NUNES, F. M.; DOS SANTOS, G. F.; SARAIVA, N. N.; TRAPP, M. A.; DE MATTOS, M. C.; OLIVEIRA, M. D. C. F.; RODRIGUES-FILHO, E. New fungi for whole-cell biotransformation of carvone enantiomers. Novel p-menthane-2,8,9-triols production. *Applied Catalysis A: General*, v.468, p.88, 2013.

NÚÑEZ, M. J.; GUADANO, A.; JIMÉNEZ, I. A.; RAVELO, A. G.; GONZÁLEZ-COLOMA, A.; BAZZOCCHI, I. L. Insecticidal sesquiterpene pyridine alkaloids from *Maytenus chiapensis*. *Journal of Natural Products*, v.67, n.1, p.14-18, 2004a.

NÚÑEZ, M. J.; LÓPEZ, M. R.; JIMÉNEZ, I. A.; MOUJIR, L. M.; RAVELO, A. G.; BAZZOCCHI, I. L. First examples of tetracyclic triterpenoids with a D:B-friedobaccharane skeleton. A tentative biosynthetic route. *Tetrahedron Letters*, v.45, n.39, p.7367-7370, 2004b.

NUUTILA, A. M.; KAMMIOVIRTA, K.; OKSMAN-CALDENTEY, K. M. Comparison of methods for the hydrolysis of flavonoids and phenolic acids from onion and spinach for HPLC analysis. *Food Chemistry*, v.76, p.519-525, 2002.

O'MAY, C.; AMZALLAG, O.; BECHIR, K.; TUFENKJI, N. Cranberry derivatives enhance biofilm formation and transiently impair swarming motility of the uropathogen *Proteus mirabilis* HI4320. *Canadian Journal of Microbiology*, v.19, p.1-11, 2016.

O'HARA, T.; DUNNE, A; BUTLER, J.; DENAVE, J. A review of methods used to compare dissolution profile data. *Pharmaceutical Science and Technology*, v.1, n.5, p.214-223, 1998.

ODDS, F. V.; BROWN A. J. P.; GOW, N. A. R. Antifungal agents: mechanisms of action. *Trends in Microbiology*, v.11, n.6, p.272-279, 2003.

OHSAKI, A.; IMAI, Y.; NARUSE, M.; AYABE, S. -I.; KOMIYAMA, K.; TAKASHIMA, J. Four new triterpenoids from *Maytenus ilicifolia*. *Journal of Natural Products*, v.67, n.3, p.469-471, 2004.

OLIVEIRA, A. C.; VALENTIM, I. B.; GOULART, M. O. F. Fontes vegetais de antioxidantes. *Quimica Nova*, v.32, n.3, p.689-702, 2009.

OLIVEIRA, A. M.; HUMBERTO, M. M. S.; SILVA, J. M.; ROCHA, R. F. A.; SANT'ANA, A. E. G. Estudo fitoquímico e avaliação das atividades moluscicida e larvicida dos extratos da casca do caule e folha de *Eugenia malaccensis* L. (Myrtaceae). *Revista Brasilseira de Farmacognosia*, v.16, p.618-624, 2006.

OLIVEIRA, B.; KFFURI, C. W.; VICENTE, C. W. D. Ethnopharmacological study of medicinal plants used in Rosário da Limeira, Minas Gerais, Brazil. *Revista Brasileira de Farmacognosia*, v.20, n.2, p.256-260, 2010.

OLIVEIRA, C. M.; REGASINI, L. O.; SILVA, G. H.; PFENNING, L. H.; YOUNG, M. C. M.; BERLINCK, R. G. S.; BOLZANI, V. S.; ARAUJO, A. R. Dihydroisocoumarins produced by *Xylaria* sp. and *Penicillium* sp., endophytic fungi associated with *Piper aduncum* and *Alibertia macrophylla*. *Phytochemistry Letters*, v.4, p.93-96, 2011.

OLIVEIRA, C. M.; SILVA, G. H.; REGASINI, L. O.; FLAUSINO, O.; LÓPEZ, S. N.; ABISSI, B. M.; BERLINCK, R. G.; SETTE, L. D.; BONUGLI-SANTOS, R. C.; RODRIGUES, A.; BOLZANI, V. S.; ARAUJO, A. R. Xylarenones C–E from an endophytic fungus isolated from *Alibertia macrophylla*. *Journal of Natural Products*, v.74, p.1353-1357, 2011b.

OLIVEIRA, C. M.; SILVA, G. H.; REGASINI, L. O.; ZANARDI, L. M.; EVANGELISTA, A. H.; YOUNG, M. C.; BOLZANI, V. S.; ARAUJO, A. R. Bioactive metabolites produced by *Pinicillium* sp. 1 and sp. 2, two endophytes associated with *Alibertia macrophylla* (Rubiaceae). *Zeitschrift für Naturforschung C-A Journal of Biosciences*, v.64c, p.824-830, 2009.

OLIVEIRA, D. A. G. C.; DUTRA, E. A.; SANTORO, M. I. R. M.; KEDOR-HACKMANN, E. R. M. Protetores solares, radiações e pele. *Cosmetics & Toiletries*, v.16, n.2, p.68-72, 2004.

OLIVEIRA, P. L. Contribuição ao estudo de espécies da família Rubiaceae: fitoquímica da espécie *Amaioua guianensis* Aulb. 2009. 111f. Dissertação (Mestrado em Química) – Universidade Federal de Goiás, Goiânia, 2009.

OLIVEIRA, S. A.; ZAMBRANA, J. R.; IORIO, F. B.; PEREIRA, C. A.; JORGE, A. O. The antimicrobial effects of *Citrus limonum* and *Citrus aurantium* essential oils on multi-species biofilms. *Brazilian Oral Research*, v.28, p.22-27, 2014.

OMOLO, M. O.; OKINYO, D.; NDIEGE, I. O.; LWANDE, W.; HASSANALI, A. Repellency of essential oils of some Kenyan plants against *Anopheles gambiae*. *Phytochemistry*, v.65, p.2797-2802, 2004.

OMS/WORLD HEALTH ORGANIZATION. Guidelines on good agricultural and collection practices (GACP) for medicinal plants. Genebra, 2003.

OPPERDOES, F. R. Localization of the initial steps in alkoxyphospholipid biosynthesis in glycosomes (microbodies) of *Trypanosoma brucei*. *Febs Letters*, v.169, n.1, p.35-39, 1984.

OPPERDOES, F. R.; BORST, P. Localization of 9 glycolytic enzymes in a microbody-like organelle in *Trypanosoma brucei* – glycosome. *Febs Letters*, v.80, n.2, p.360-364, 1977.

OPPERDOES, F. R.; COOMBS, G. H. Metabolism of *Leishmania*: proven and predicted. *Trends in Parasitology*, v.23, n.4, p.149-158, 2007.

OPPERDOES, F. R.; SZIKORA, J. P. In silico prediction of the glycosomal enzymes of *Leishmania major* and trypanosomes. *Molecular and Biochemical Parasitology*, v.147, n.2, p.193-206, 2006.

ORJALA, J.; WRIGHT, A. D.; BEHRENDS, H.; FOLKERS, G.; STICHER, O. Cytotoxic and antibacterial dihydrochalcones from *Piper aduncum*. *Journal of Natural Products*, v.57, n.1, p.18-26, 1994.

PÁDUA, R. M.; OLIVEIRA, A. B.; FILHO, J. D. S.; TAKAHASHI, J. A.; SILVA, M. A.; BRAGA, F. C. Biotransformation of digitoxigenin by *Cochliobolus lunatus*. *Journal of the Brazilian Chemical Society*, v.18, p.1303, 2007.

PÁDUA, R. M.; OLIVEIRA, A. B.; FILHO, J. D. S.; VIEIRA, G. J.; TAKAHASHI, J. A.; BRAGA, F. C. Biotransformation of digitoxigenin by *Fusarium ciliatum*. *Journal of the Brazilian Chemical Society*, v.16, p.614, 2005.

PAIVA, E. A. S.; MACHADO, S. R. Ontogênese, anatomia e ultra-estrutura dos nectários extraflorais de *Hymenaea stigonocarpa* Mart. ex Hayne (Fabaceae-Caealpinioideae). *Acta Botanica Brasilica*, v.20, p.471-482, 2006.

PANDI, M.; MANIKANDAN, R.; MUTHUMARY, J. Anticancer activity of fungal taxol derived from *Botryodiplodia theobromae* Pat., an endophytic fungus, against 7,12 dimethyl benz(a)anthracene (DMBA)-induced mammary gland carcinogenesis in Sprague dawley rats. *Biomedicine & Pharmacotherapy*, v.64, p.48-53, 2010.

PANIGRAHI, A.; RAUT, S. K. *Thevetia peruviana* (Family: Apocynaceae) in the control of slug and snail pests. *Memórias do Instituto Oswaldo Cruz*, v.89, n.2, p.247-250, 1994.

PANNALA, A. S.; CHAN, T. S.; O'BRIEN, P. J.; RICE-EVANS, C. A.; Flavonoid B-ring chemistry and antioxidant activity: Fast reaction kinetics. *Biochemical and Biophysical Research Communications*, v.282, n.5, p.1161-1168, 2001.

PANSERA, M. A.; SANTOS, A. C. A.; PAESE, K.; WASUM, R.; ROSSATO, M.; ROTA, L. D.; PAULETTI, G. F.; SERAFINI, L. A. Análise de taninos totais em plantas aromáticas e aromáticas cultivadas no Nordeste do Rio Grande do Sul. *Revista Brasileira de Farmacognosia*, v.3, n.1, p.17-22, 2003.

PARADISE, E. M.; KIRBY, J.; CHAN, R.; KEASLING, J. D. Redirection of flux through the FPP branch-point in *Saccharomyces cerevisiae* by down-regulating squalene synthase. *Biotechnology and Bioengineering*, v.100, n.2, p.371-378, 2008.

PARDO ANDREU, G. L.; REIS, F. H.; DALALIO, F. M.; NUÑEZ, F. Y.; CUESTA, R. O.; UYEMURA S. A.; CURTI, C.; ALBERICI, L. C. The cytotoxic effects of brown Cuban propolis depend on the nemorosone content and may be mediated by mitochondrial uncoupling. *Chemico-Biological Interactions*, v.228, p.28-34, 2015.

PARK, J. Y.; JEONG, H. J.; KIM, Y. M.; PARK, S. J.; RHO, M. C.; PARK, K. H.; RYU, Y. B.; LEE, W. S. Characteristic of alkylated chalcones from *Angelica keiskei* on influenza virus neuraminidase inhibition. *Bioorganic & Medicinal Chemistry Letters*, v.21, n.18, p.5602-5604, 2011.

PARRA, A.; RIVAS, F.; GARCIA-GRANADOS, A.; MARTINEZ, A. Microbial transformation of triterpenoids. *Mini-Reviews in Organic Chemistry*, v.6, p.307, 2009.

PARSHIKOV, I. A.; NETRUSOV, A. I.; SUTHERLAND, J. B. Microbial transformation of antimalarial terpenoids. *Biotechnology Advances*, v.30, p.1516, 2012.

PARSHIKOV, I. A.; SUTHERLAND, J. B. The use of *Aspergillus niger* cultures for biotransformation of terpenoids. *Process Biochemistry*, v.49, p.2086, 2014.

PASCUAL, M. E.; SLOWING, K.; CARRETERO, E.; MATA, D. S.; VILLAR, A. *Lippia*: traditional uses, chemistry and pharmacolgy: a review. *Journal of Ethnopharmacology*, v.76, p.201-214, 2000.

PASSALACQUA, T. G.; DUTRA, L. A.; de ALMEIDA, L.; VELÁSQUEZ, A. M.; TORRES, F. A.; YAMASAKI, P. R.; dos SANTOS, M. B.; REGASINI, L. O.; MICHELS, P. A.; BOLZANI, V. S.; GRAMINHA, M. A. Synthesis and evaluation of novel prenylated chalcone derivatives as anti-leishmanial and anti-trypanosomal compounds. *Bioorganic and Medicinal Chemistry Letters*, v.25, n.16, p.3342-3345, 2015b.

PASSALACQUA, T. G.; TORRES, F.A.; NOGUEIRA, C.T.; de ALMEIDA, L, Del CISTIA; M.L.; dos SANTOS; M.B.; REGASINI, L.O.; GRAMINHA, M.A.; MARCHETTO, R.; ZOTTIS, A. The 2',4'-dihydroxychalcone could be explored to develop new inhibitors against the glycerol-3-phosphate dehydrogenase from *Leishmania* species. *Bioorganic and Medicinal Chemistry Letters*, v.25, n.17, p.3564-3568, 2015a.

PASSOS, X. S.; SANTOS, S. C.; FERRI, P. H.; FERNANDES, O. F.; PAULA, T. F.; GARCIA, A. C.; SILVA, M. R. Antifungal activity of *Caryocar brasiliensis* (Caryocaraceae) against *Cryptococcus neoformans*. *Revista da Sociedade Brasileira Medicina Tropical*, v.35, n.6, p.623-627, 2002.

PATRIDGE, E.; GAREISS, P.; KINCH, M. S.; HOYER, D. An analysis of FDA-approved drugs: natural products and their derivatives. *Drug Discovery Today*, v.21, n.2, p.205-207, 2016.

PATTHAMAKANOKPORN, O.; PUWASTEIN, P.; NITITHAMYONG, A.; SIRICHAKWAL, P. P. Changes of antioxidant activity and total phenolic compounds during storage of selected fruits. *Journal of Food Composition and Analysis*, v.21, p.241-248, 2008.

PAULA, L. G.; QUADROS, I. P. S.; D'ALMEIDA, S. C. G. Efeito moluscicida de extratos de pimenta-do-reino (*Piper nigrum*) em caramujo (*Biomphalaria tenagophila*) hospedeiro intermediário do *Schistosoma mansoni*. In: XIV Encontro Latino Americano de Iniciação Científica, X Encontro Latino Americano de Pós-Graduação e IV Encontro Latino Americano de Iniciação Científica Júnior, 2011, Universidade do Vale do Paraíba. disponível em: <http://www. inicepg. univap. br/cd/INIC_2011/anais/arquivos/RE_0483_0721_02. pdf>. Acesso em: 10 jan. 2012.

PAVÃO, F. CASTILHO, M.S.; PUPO, M.T.; DIAS, R.L.; CORREA, A.G.; FERNANDES, J.B.; da SILVA, M.F.; MAFEZOLI, J.; VIEIRA, P.C.; OLIVA, G. Structure of *Trypanosoma cruzi* glycosomal glyceraldehyde-3-phosphate dehydrogenase complexed with chalepin, a natural product inhibitor, at 1. 95 A resolution. *FEBS Letters*, v.520, n.1-3, p.13-17, 2002.

PAZ, T. A.; SANTOS, V. A. F. F. M.; INÁCIO, M. C.; PINA, E. S.; PEREIRA, A. M.; FURLAN, M. Production of the quinone-methide triterpene maytenin by *in vitro* adventitious roots of *Peritassa campestris* (Cambess.) A. C. Sm. (Celastraceae) and rapid detection and identification by APCI-IT-MS/MS. *BioMed Research International*, v.2013, Disponível em: <http://dx. doi. org/10.1155/2013/485837>. Acesso em: 2013.

PAZOUREK, J.; VACLAVIK, J.; ZEMLICKA, M. An optimized method for the rapid measurement and calculation of radical scavenger profiles in plant extract by HPLC. *Food Chemistry*, v.125, p.785-790, 2011.

PEDRIQUE, B. STRUB-WOURGAFT, N.; SOME, C.; OLLIARO, P.; TROUILLER, P.; FORD, N.; PÉCOUL, B.; BRADOL, J. H. The drug and vaccine landscape for neglected diseases (2000-11): a systematic assessment. *Lancet Glob Health* 1, p.371-379, 2013.

PENA-DIAZ, J. MONTALVETTI, A.; FLORES, C. L.; CONSTÁN, A.; HURTADO-GUERRERO, R.; De SOUZA, W.; GANCEDO, C, RUIZ-PEREZ, L. M.; GONZALEZ-PACANOWSKA, D. Mitochondrial localization of the mevalonate pathway enzyme 3-hydroxy-3-methyl-glutaryl-CoA reductase in the trypanosomatidae. *Molecular Biology of the Cell*, v.15, n.3, p.1356-1363, 2004.

PENG, F.; MENG, C. W.; ZHOU, Q. M.; CHEN, J. P.; XIONG, L. Cytotoxic evaluation against breast cancer cells of isoliquiritigenin analogues from *Spatholobus suberectus* and their synthetic derivatives. *Journal of Natural Products*, v.79, p.248-251, 2016.

PERAZZOLO, M.; PINHEIRO, F. Aspectos anatômicos e adaptativos das partes vegetativas de *Spartina densiflora* Brong. (Gramineae) da marisma do estuário da Lagoa dos Patos-RS. *Acta botânica Brasilica*, v.5, p.3-14, 1991.

PEREIRA, A. M. S. Micropropagação de *Maytenus aquifolium* Mart. e *Maytenus ilicifolia* Mart. (espinheira-santa). In: L. C. Ming (Ed.). *Plantas medicinais, aromáticas e condimentares: avanços na pesquisa agronômica*. Botucatu: Unesp, v.2, 1998, p.19-32

PEREIRA, J. V.; FREIRES, I. A.; CASTILHO, A. R.; DA CUNHA, M. G.; ALVES, H. D.; ROSALEN, P. L. Antifungal potential of *Sideroxylon obtusifolium* and *Syzygium cumini* and their mode of action against *Candida albicans*. *Pharmaceutical Biology*, 2016:1-8, 2016.

PERES, L. C.; SAGGIORO, F. P.; DIAS, L. B. Jr, ALVES, V. A.; BRASIL, R. A.; LUIZ, V. E.; NEDER, L.; ROSMAN, F. C.; FLEURY, R. N.; URA, S.; ORSI, A. T.; TALhARI, C.; FERREIRA, L. C.; RAMOS, S. G.; REY, L. C.; MARTINEZ-ESPINOSA, F. E.; SIM, F.; FILHO, O. E.; DUARTE, M. I.; LAMBERTUCCI, J. R.; CHIMELLI, L. M, ROSA, P. S.; BELONE, A. F. Infectious diseases in paediatric pathology: experience from a developing country. *Pathology*, v.40, n.2, p.161-175, 2008.

PÉREZ-BLANCO, M.; VALLES, R. H.; ZEPPENFELDT, G. F.; APITZ-CASTRO, R. Ajoene and 5-fluorouracil in the topical treatment of *Cladophialophora carrionii* chromoblastomycosis in humans: a comparative open study. *Medical Mycology*, v.41, n.6, p.517-520, 2003.

PEREZ, M. P.; FERNANDEZ, L. D.; GUIRADO, O. A. A.; CAPOTE, R. V.; AGUILAR, G. G. Actividad molusquicida del Paraiso (*Melia azedarach* L.) (Meliaceae) sobre *Lymnaea cubensis*, molusco vector de Fasciolosis. *Revista de Saúde Pública*, v.32, n.3, p.262-266, 1998.

PEROZIN, M. M.; FRANCISCO, N. Revisão bibliográfica das sinomínias populares das 16 plantas medicinais selecionadas para estudos pelo Projeto de Fitoterapia do SUDS-PR, Simpósio de Plantas medicinais do Brasil, 11, João Pessoa, PB, 1990-, datil.

PERRY, K.; AGABIAN, N. mRNA processing in the Trypanosomatidae. *Experientia*, v.47, n.2, p.118-28, 1991.

PESSUTO, M. B.; COSTA, I. C.; SOUZA, A. B.; NICOLI, F. M.; MELLO, J. C. P.; PETEREIT, F.; LUFTMANN, H. Atividade antioxidante de extratos e taninos condensados das folhas de *Maytenus ilicifolia* Mart. ex Reiss. *Química Nova*, v.32, n.2, p.412-416, 2009.

PETERSON, D. H. MURRAY, H. C. Microbiological oxygenation of steroids at carbon 11. *Journal of the American Chemical Society*, v.74, p.1871, 1952.

PETRÔNIO, M. S.;, REGASINI, L. O.; BENADUCCI, T.; GIANINNI, M. J. S. M.; LOPES, E. M. C.; YOUNG, M. C. M.; TORRES, L. M. B.; CASTRO-GAMBOA, I.; BOLZANI, V. S.; SILVA, D. H. S. Gallicacid from *Alchornea glan-*

dulosa as a prototype for antifungal semi-synthetic alkyl-gallates. *Planta Medica*, v.74, p.1169, 2008.

PETROVSKA, B. B. Historical review of medicinal plants' usage. *Pharmacognosy Reviews*, v.6, n.11, p.1-5, 2012.

PEYREFITTE, G.; MARTINI, C. M.; CHIVOT, M. *Cosmetologia/ Biologia Geral/ Biologia da Pele Estética Cosmética*. 1. ed. São Paulo: Andrei, 1998.

PHILLIPSON, J. D. A matter of some sensitivity. *Phytochemistry*, v.38, n.6, p.1319-1343, 1995.

________. Phytochemistry and medicinal plants. *Phytochemistry*, v.56, n.3, p.237-243, 2001.

PIACENTE, S.; TOMMASI, N. D.; PIZZA, C. Laevisines A and B: Two new sesquiterpene-pyridine alkaloids from *Maytenus laevis*. *Journal of Natural Products*, v.62, n.1, p.161-163, 1998.

PIERI, O. S.; JURBERG, P. Comportamento de *Biomphalaria glabrata* (Say, 1818) como critério de toxicidade em ensaios biológicos com moluscicidas. *Memórias do Instituto Oswaldo Cruz*, v.76, n 2, p.147-160, 1981.

PIERONI, A.; CASSANDRA, L.; VILLANELLI, M.; MANGINO, P.; SABBATINI, G.; BOCCETTI, T.; CICCOLI, T.; ANTONIN, G.; GIROLAMINI, C.; CECCHI, M. Ethopharmacognostic survey on the natural ingridients in folks cosmetics, cosmeceuticals and remedies skin disease in the inland Marches, Central-Easter Italy. *Journal of Etnopharmacology*, v.91, p.331-334, 2004.

PIERRE, P. M. O. *Caracterização citogenética e molecular de três acessos de Lippia alba (Mill.) n. E. Br (Verbenaceae)*. 2004. 80f. Tese (Mestrado) – UFLA, Lavras. In: SOUZA, S. M de. Bandeamento cromossômico em *Lippia alba*. Dissertação (Mestrado)- Universidade de Lavras-UFLA, Lavras, 2006.

PIERRE, P. M. O.; DAVID, L. C.; VICCINI, L. F.; VANZELA, A. L. L. Variabilidade de sítios DNAr 45S em dois quimiotipos de *Lippia alba* Mill, NE BR. (*Verbenaeae*), com diferentes números cromossômicos. In: Congresso Brasileiro de Genética, 52°, 2006, Foz de Iguaçu. *Resumos*. CD-Rom.

PIMENTA, J. A. Relações Hídricas. In: KERBAUY, G. B. (Ed.). *Fisiologia Vegetal*. Rio de Janeiro: Guanabara Koogan, 2008. p.1-39.

PIMENTEL-ELARDO, S. M.; BUBACK, V; GULDER, T.A.; BUGNI, TS; REPPART, J; BRINGMANN, G.; IRELAND, C.M; SCHIRMEISTER, T.; HENTSCHEL, U. New Tetromycin Derivatives with Anti-Trypanosomal and Protease Inhibitory Activities. *Marine Drugs*, v.9, n.10, p.1682, 2011.

PINHEIRO, L.; CORTEZ, D. A. G.; VIDOTTI, G. J.; YOUNG, M, C, M,. FERREIRA, A. G. Estudo fitoquímico e avaliação da atividade moluscicida da *Kielmeyera variabilis* Mart (Clusiaceae). *Química Nova*, v.26, n.2, p.157-160, 2003.

PINTO, A. C. O Brasil dos viajantes e dos exploradores e a química de produtos naturais brasileira. *Química Nova*, v.18, n.6, p.608-615, 1995.

PINTO, A. C.; SILVA, D. H. S.; BOLZANI, V. S.; LOPES, N. P.; EPIFANIO, R. A. Produtos naturais: atualidade, desafios e perspectivas. *Química Nova*, v.25, p.45-61, 2002.

PINTO, D. S.; TOMAZ, A. C. A.; TAVARES, J. F.; TENÓRIO-SOUZA, F. H.; SILVA, T. M. S.; DIAS, C. S.; BRAZ-FILHO, R.; CUNHA, E. V. L. Secondary metabolites isolated from *Richardia brasiliensis* Gomes (Rubiaceae). *Revista Brasileira de Farmacognosua*, v.18, p.367-372, 2008.

PINTO, M. C. BARBIERI K.; SILVA M. C.; GRAMINHA M.A.; CASANOVA C.; ANDRADE A. J.; EIRAS, A. E. Octenol as attractant to *Nyssomyia neivai* (Diptera: Psychodidae: Phlebotominae) in the field. *Journal of Medicine and Entomology*, v.48, p.39-44, 2011.

PINTO, P. L. TAKAMI, R.; NUNES, E. V.; GUILHERME, C. S.; OLIVEIRA, O. C. JR, GAMA-RODRIGUES, J.; OKUMURA. M. Life cycle of *Trypanosoma cruzi* (Y strain) in mice. *Revista do Hospital das Clínicas da Faculdade Medicina de São Paulo*, v.54, n.5, p.141-6, 1999.

PIRES, R. H.; LUCARINI, R.; MENDES-GIANNINI, M. J. Effect of usnic acid on *Candida orthopsilosis* and *C. parapsilosis*. *Antimicrobial Agents and Chemotherapy*, v.56, n.1, p.595-597, 2012.

PIRES, R. H.; MONTANARI, L. B.; MARTINS, C. H.; ZAIA, J. E.; ALMEIDA, A. M.; MATSUMOTO, M. T.; MENDES-GIANNINI, M. J. Anticandidal efficacy of cinnamon oil against planktonic and biofilm cultures of *Candida parapsilosis* and *Candida orthopsilosis*. *Mycopathologia*, v.172, n.6, p.453-464, 2011.

PISOSCHI, A. M.; NEGULESCU, G. P. Methods for total antioxidant activity determination: A review. *Biochemistry and Analytical Biochemistry*, v.1:106, doi:10. 4172/2161-1009. 1000106, 2011.

POLLI, J. E.; REKHI, G. S.; SHAH, V. P. Methods to compare dissolution profiles. *Drug Information Journal*, v.30, p.1113-1120, 1996.

POMMIER, Y. POURQUIER, P.; FAN, Y.; STRUMBERG. D. Mechanism of action of eukaryotic DNA topoisomerase I and drugs targeted to the enzyme. *Biochimica et Biophysica Acta-Gene Structure and Expression*, v.1400, n.1-3, p.83-106, 1998.

PRADA, C. F.; ALVAREZ-VELILLA, R.; BALAÑA-FOUCE, R.; PRIETO, C.; CALVO-ÁLVAREZ, E.; ESCUDERO-MARTÍNEZ, J.M.; REQUENA, J.M.; ORDÓÑEZ, C.; DESIDERI, A.; PÉREZ-PERTEJO, Y.; REGUERA, R.M. Gimatecan and other camptothecin derivatives poison Leishmania DNA-topoisomerase IB leading to a strong leishmanicidal effect. *Biochemical Pharmacology*, v.85, n.10, p.1433-40, 2013.

PRANCE, G. T. Floristic inventory of the tropics: where do we stand. *Ann. Missouri Bot. Gard.*, v.64, p.559-684, 1977.

PRIOR, R. L.; CAO, G. Antioxidant phytochemicals in fruits and vegetables. Diet and health implication. *Horticultural Science*, v.35, p.588-592, 2000.

_________. In vivo total antioxidant capacity: comparison of different analytical methods. *Free Radical Biology and Medicine*, v.27, n.11-12, p.1173-1181, 1999.

PRIOR, R. L.; CAO, G.; MARTIN, A.; SOFIC, E.; MCEWAN, J.; O'BRIEN, C.; LISCHNER, N.; EHLENFELDT, M.; KALT, W.; KREWER, G.; MAINLAND, C. M.; Antioxidant capacity as influenced by total phenolic and anthocyanin content, maturity and variety of Vaccinium specie. *Journal of Agricultural and Food Chemistry,* 46, p.2686-2693, 1998.

PRITI, V.; RAMESHA, B. T.; SHWETA SINGH; RAVIKANTH, G.; GANESHAIAH, K. N.; SURYANARAYANAN, T. S.; SHAANKER, R. U. How promising are endophytic fungi as alternative sources of plant secondary metabolites? *Current Science*, v.97, p.477-478, 2009.

PULLEN, C. B.; SCHMITZ, P.; DIETMAR, H.; MEURER, K.; BOETTCHER, T.; BAMBERG, D.; PEREIRA, A. M.; FRANÇA, S. C.; HAUSER, M.; GEERTSEMA, H.; WYK, A.; MAHMUD, T.; FLOSS, H. G.; LEISTNER.

Occurrence and non-detectability of maytansinoids in individual plants of the genera *Maytenus* and *Putterlickia*. *Phytochemistry*, v.62, p.377-387, 2003.

QI, H.; ZHANG, Q.; ZHAO, T.; HU, R.; ZHANGC, K.; LI, Z.; In vitro antioxidant activity of acetylated and benzoylated derivatives of polysaccharide extracted from *Ulva pertusa* (Chlorophyta). *Bioorganic & Medicinal Chemistry Letters*, v.16, p.2441-2445, 2006.

QUEIROGA, C. L.; SILVA, G. F.; DIAS, P. C.; POSSENTI, A.; CARVALHO, J. E. Evaluation of the antiulcerogenic activity of friedelan-3beta-ol and friedelin isolated from *Maytenus ilicifolia* (Celastraceae). *Journal of Ethnopharmacology*, v.72, n.3, p.465-468, 2000.

RABELLO-GAY, M. N.; RODRIGUES, M. A. R.; MONTELEONE-NETO, R. Mutagênese, teratogênese e carcinogênese: métodos e critérios de avaliação. *Revista Brasileira de Genética*, p.83-90, 1991.

RAI, M.; RATHOD, D.; AGARKAR, G.; DAR, M.; BRESTIC, M.; PASTORE, G. M.; JUNIOR, M. R. M. Fungal growth promotor endophytes: a pragmatic approach towards sustainable food and agriculture. *Symbiosis*, v.62, p.63-79, 2014.

RAINSFORD, K. D. Anti-inflammatory drugs in the 21st century. *Sub-cellular Biochemistry*, v.42, p.3-27, 2007.

RAJENDRAN, R.; RADHAI, R.; KOTRESH, T. M.; CSISZAR, E. Development of antimicrobial cotton fabrics using herb loaded nanoparticles. *Carbohydrate Polymers*, v.91, n.2, p.613-617, 2013.

RALTON, J. E.; NADERER, T.; PIRAINO, H. L.; BASHTANNYK, T. A.; CALLAGHAN, J. M.; McCONVILLE, M. J. Evidence that intracellular beta 1-2 mannan is a virulence factor in *Leishmania* parasites. *Journal of Biological Chemistry*, v.278, n.42, p.40757-40763, 2003.

RAHMAN, M. S.; SHANSUL, A. K. M. Ecotypic and ecophenic variation in Lippia nodiflora Bagladesh. Journal of Botany, v.9, n.1, p.60-66, 1982.

RAMIREZ, M.; YAMAUCHI, L. M.; de FREITAS, L. H. JR.; UEMURA, H.; SCHENKMAN, S. The use of the green fluorescent protein to monitor and improve transfection in *Trypanosoma cruzi*. *Molecular and Biochemical Parasitology*, v.111, n.1, p.235-240, 2000.

RAMOS-E-SILVA, M.; CARNEIRO, S. C. Cosmetics for the elderly. *Clinics in Dermatology*, v.19, n.4, p.413-423, 2001.

RAO, I. G.; SINGH, A.; SINGH, V. K. Effect of single and binary combinations of plant-derived molluscicides on different enzyme activities in the nervous tissue of *Achatina fulica*. *Journal of Applied Toxicology*, v.23, n.1, p.19-22, 2003.

RAO, I. G.; SINGH, D. K. Effect of single and binary combinations of plant-derived molluscicides on reproduction and survival of the snail *Achatina fulica*. *Archives of Environmental Contamination and Toxicology*, v.39, n.4, p.486-493, 2000.

RAO, I. G.; SINGH, D. K. Toxic effect of single and binary treatments of synthetic and plant-derived molluscicides against *Achatina fulica*. *Journal of Applied Toxicology*, v.22, n.3, p.211-215, 2002.

RAO, Y.; LIU, H.; GAO, L.; YU, H.; OU, T. M.; TAN, J. H.; HUANG, S. L.; WANG, H. G.; LI, D.; GU, L. Q.; YE, J. M.; HUANG, Z. S. Synthesis and biological evaluation of novel bouchardatine derivatives as potential adipogenesis/lipogenesis inhibitors for antiobesity treatment. *Journal of Medicinal Chemistry*, v.58, p.9395-9413, 2015.

RASHED, K.; BUTNARIU, M. Antimicrobial and Antioxidant Activities of *Bauhinia racemosa* Lam. and Chemical Content. *Iranian Journal of Pharmaceutical Research*, v.13, n.3, p.1073-1080, 2014.

RASS, M. H. *Histologia*: texto e atlas. 2. ed. Rio de Janeiro: Médica Panamericana, 1993.

RASSI JR, A.; RASSI, A.; MARCONDES DE REZENDE J. American trypanosomiasis (Chagas disease). *Infectious Disease Clinics of North America*, v.26, n.2, p.275-291, 2012.

RASSI JR.; A.; RASSI, A.; MARIN-NETO, J. A. Chagas disease. *Lancet*, v.375, p.1388-1402, 2010.

RATES, S. M. K. Plants as source of drugs. *Toxicon*, v.39, p.603-613, 2001.

RATTMANN, Y. D.; CIPRIANI, T. R.; SASSAKI, G. L.; IACOMINI, M.; RIECK, L.; MARQUES, M. C. A.; SILVA-SANTOS, J. E. Nitric oxide-dependent vasorelaxation induced by extractive solutions and fractions of *Maytenus ilicifolia* Mart ex Reissek (Celastraceae) leaves. *Journal of Ethnopharmacology*, v.104, n.3, p.328-335, 2006.

RAVEN, P. H.; EVERT, R. F.; EICHHORN, S. E. *Biologia Vegetal*. Rio de Janeiro: Guanabara Koogan, 2007. p.830.

RAZAVI, S. M.; NAZEMIYEH, H.; HAJIBOLAND, R.; KUMARASAMY, Y.; DELAZAR, A.; NAHAR, L.; SARKER, S. D. Coumarins from the aerial parts of *Prangos uloptera* (Apiaceae). *Revista Brasileira de Farmacognosia*, v.18, p.1-5, 2008.

RE, R.; PELLEGRINI, N.; PROTEGGENTE, A.; PANNALA, A.; YANG, M.; RICE-EVANS, C. Antioxidant activity applying an improved ABTS radical cation decolorization assay. *Free Radical Biology & Medicine*, v.26, n.9-10, p 1231-1237, 1999.

REDDY, M. K.; GUPTA, S. K.; JACOB, M. R.; KHAN, S. I.; FERREIRA, D. Antioxidant, antimalarial and antimicrobial activities of tannin-rich fractions, ellagitannins and phenolic acids from *Punica granatum* L. *Planta Medica*, v.73, n.5, p.461-467, 2007.

REGASINI, L. O.; PIVATTO, M.; SCORZONI, L.; BENADUCCI, T.; FUSCO-ALMEIDA, A. M.; MENDES-GIANNINI, M. J. S.; BARREIRO, E. J.; SILVA, D. H. S.; BOLZANI, V. S. Antimicrobial activity of *Pterogyne nitens* Tul.; Fabaceae, against opportunistic fungi. *Revista Brasileira de Farmacognosia*, v.20, n.5, p.706-711, 2010.

REGASINI, L. O.; VELLOSA, J. C.; SILVA, D. H.; FURLAN, M.; DE OLIVEIRA, O. M.; KHALIL, N. M.; BRUNETTI, I. L.; YOUNG, M. C.; BARREIRO, E.; BOLZANI, V. S. Flavonols from *Pterogyne nitens* and their evaluation as myeloperoxidase inhibitors. *Phytochemistry*, v.69, n.8, p.1739-1744, 2008.

REICHLING, J.; LANDVATTER, U.; WAGNER, H.; KOSTKA, K. H.; SCHAEFER, U. F.; In vitro studies on release and human skin permeation of Australian tea tree oil (TTO) from topical formulations. *European Journal of Pharmaceutics and Biopharmaceutics*, 64 (2), p.222-228, 2006.

REPETTO, G.; DEL PESO, A.; ZURITA, J. L. Neutral red uptake assay for the estimation of cell viability/cytotoxicity. *Nature Protocols*, v.3, p.1125-1131, 2008.

RETAMAR, J. A. Variaciones fitoquimicas de la especie *Lippia alba* (salvia morada) y sus aplicaciones en la quimica fina. *Essenze Derivati Agrumari*, v.16, p.55-60, 1994.

REY, L. *Parasitologia:* parasitos e doenças parasitárias do homem nas Américas e na África. Rio de Janeiro: Guanabara Koogan. 2001.

RIBEIRO, C. V. C.; KAPLAN, M. A. C. Tendências evolutivas de famílias produtoras de cumarinas em angiospermae. *Quimica Nova*, v.25, p.533-538, 2002.

RIBEIRO, L. R.; SALVADORI, D. M. F.; MARQUES, E. K. *Mutagênese Ambiental*. Canoas, RG: Editora da Ulbra, 2003, p.173-198.

RIBEIRO, R. P. *Desenvolvimento e validação da metodologia de análise do teor de filtros solares e determinação do fps in vitro em formulações fotoprotetoras comerciais*. Rio de Janeiro, 2004. Dissertação (Mestrado em Farmácia) – Universidade Federal do Rio de Janeiro.

RICCIOTTI, E.; FITZGERALD, G. A. Prostaglandins and Inflammation. *Arteriosclerosis, Thrombosis, and Vascular Biology*, v.31, n.5, p.986-1000, 2011.

RIO, M. C. S.; KINOSHITA, L. S.; CASTRO, M. M. Anatomia foliar como subsídio para a taxonomia de espécies de *Forsteronia*G. Mey. (Apocynaceae) dos cerrados paulistas. *Revista Brasileira de Botânica*, v.28, p.713-726, 2005.

RIVA, S.; BOVARA, R.; PASTA, P.; CARREA, G. Preparative-scale regio- and stereospecific oxidoreduction of cholic acid and dehydrocholic acid catalyzed by hydroxysteroid dehydrogenases. *The Journal of Organic Chemistry*, v.51, p.2902, 1986.

RO, D-K.; PARADISE, E. M.; OUELLET, M.; FISHER, K. J.; NEWMAN, K. L.; NDUNGU, J. M.; HO, K. A.; EACHUS, R. A.; HAM, T. S.; KIRBY, J.; CHANG, M. C. Y.; WITHERS, S. T.; SHIBA, Y.; SARPONG, R.; KEASLING, D. Production of the antimalarial drug precursor artemisinic acid in engineered yeast. *Nature*, v.440, n.7086, p.940-943, 2006.

ROBARDS, K.; PRENZLER, P. D.; TUCKER, G.; SWATSITANG, P.; GLOVER, W. Phenolic compounds and their role in oxidative processes in fruits. *Food Chemistry*, v.66, p.401-436, 1999.

RODEIRO, I.; DONATO, M. T.; MARTÍNEZ, I.; HERNÁNDEZ, I.; GARRIDO, G.; GONZÁLEZ-LAVAUT, J. A.; MENÉNDEZ, R.; LAGUNA, A.; CASTELL, J. V.; GÓMEZ-LECHÓN, M. J. Potential hepatoprotective effects of new Cuban natural products in rat hepatocytes culture. *Toxicology in Vitro*, v.22, p.1242-1249, 2008.

RODRIGUES-FO, E.; BARROS, F. A. P.; FERNANDES, J. B.; SILVA, M. F. G. F. Studies towards the detection and identification of sesquiterpene pyridine alkaloids in *Peritassa campestris* by mass spectrometry. *Phytochemical Analysis*, v.12, n.3, p.185-193, 2001.

RODRIGUES, F. F.; OLIVEIRA, L. G.; RODRIGUES, F. F.; SARAIVA, M. E.; ALMEIDA, S. C.; CABRAL, M. E.; CAMPOS, A. R.; COSTA, J. G. Chemical composition, antibacterial and antifungal activities of essential oil from *Cordia verbenacea* DC leaves. *Pharmacognosy Research*, v.4, n.3, p.161-165, 2012.

RODRIGUES, K. F.; SAMUELS, G. J. *Idriella* species endophytic in palms. *Mycotaxon*, v.43, p.271-276, 1992.

RODRÍGUEZ, F. M.; LÓPEZ, M. R.; JIMÉNEZ, I. A.; MOUJIR, L.; RAVELO, A. G.; BAZZOCCHI, I. L. New phenolic triterpenes from *Maytenus blepharodes*. Semisynthesis of 6-deoxoblepharodol from pristimerin. *Tetrahedron*, v.61, n.9, p.2513-2519, 2005.

ROJAS, J. J.; OCHOA, V. J. O.; CAMPO, S. A.; MUÑOZ, J. F. Screening for antimicrobial activity of ten medicinal plants used in Colombian folkloric medicine: a possible alternative in the treatment of non-nosocomial infections. *BMC Complementary and Alternative Medicine*, v.6, n.2, 2006.

ROHLF, F.J. Numerical taxonomy and multivariate analysis system. New York: State University of New York Stony Brook, USA, v.29, p.1997.

ROMANIUC-NETO, S; GAGLIOTI, A. L.; GUIDO, B. M. O. Urticaceae Juss. do parque estadual das fontes do Ipiranga, São Paulo, SP, Brasil. *Hoehnea*, v.36, p.193-205, 2009.

ROPER, J. R. GUTHER, M. L.; MILNE, K. G.; FERGUSON, M. A. Galactose metabolism is essential for the African sleeping sickness parasite *Trypanosoma brucei*. *Proceedings of the National Academy of Sciences of the USA*, v.99, n.9, p.5884-5889, 2002.

ROPER, J. R.; GÜTHER, M. L.; MACRAE, J. I.; PRESCOTT, A. R.; HALLY-BURTON, I.; ACOSTA-SERRANO, A.; FERGUSON, M. A. The suppression of galactose metabolism in procylic form *Trypanosoma brucei* causes cessation of cell growth and alters procyclin glycoprotein structure and copy number. *Journal of Biological Chemistry*, v.280, n.20, p.19728-19736, 2005.

ROSA, S. G. T.; FERREIRA, A. G. Germinação de sementes de espécies medicinais do Rio Grande do Sul: *Bromelia antiacantha* Bert.; *Cuphea carthagenesis* (Jacq.) Macbride e *Talinum patens* (Jacq.) Willdenov. *Acta Botânica Brasílica*, v.12, n.3, p.515-522, 1998.

ROSA, S. G. T.; FERREIRA, A. G. Germinação de sementes de plantas medicinais lenhosas. *Acta Botânica Brasílica*, v.15, n.2, p.147-154, 2001.

ROSEN, C. F. *Sunscreen and the prevention of erythema.* In: Sunscreen Photobiology: Molecular, Cellular and Physiological Aspects Part of the series Biotechnology Intelligence Unit Springer Berlin Heidelberg, pp 63-68, 1997.

ROSSO, V. V. Bioactivities of Brazilian fruits and the antioxidant, potential of tropical biomes. *Food and Public Health*, v.3, p.37-51, 2013.

ROUZAUD, F.; COSTIN, G. E.; YAMAGUSHI, Y.; VALENCIA, J. C.; BERENS, W. F.; CHEN K. G. *Regulation of constitutive and UVR induced skin pigmentation by melanocortin 1 receptor isoforms.* Federation of American Societies for Experimental Biology, v.20, p.1927-1929, 2006.

ROY, A.; CHOWDHURY, S.; SENGUPTA, S.; MANDAL, M.; JAISANKAR, P.; D'ANNESSA, I.; DESIDERI, A.; MAJUMDER, H.K. Development of Derivatives of 3, 3 '-Diindolylmethane as Potent *Leishmania donovani* Bi-Subunit Topoisomerase IB Poisons. *PLOS One*, v.6, n.12, 2011.

RUFINO, M. S. M.; ALVES, R. E.; BRITO, E. S.; MORAIS, S. M.; SAMPAIO, C. G.; PÉREZ-JIMÉNEZ, J.; CALIXTO, F. D. S. *Metodologia científica*: determinação da atividade antioxidante total em frutas pela captura do radical livre ABTS $^{\bullet+}$. Embrapa, Ministério da Agricultura, Pecuária e Abastecimento, Fortaleza, 2007.

RUFINO, M. S. M.; ALVES, R. E.; BRITO, E. S.; PÉREZ-JIMÉNEZ, J.; SAURA-CALIXTO, F.; MANCINI- FILHO, J. Bioactive compounds and antioxidant capacities of 18 nontraditional tropical fruits from Brazil. *Food Chemistry*, v.121, p.996-1002, 2010.

RUIZ-PÉREZ, N. J.; GONZÁLEZ-ÁVILA, M.; SÁNCHEZ-NAVARRETE, J.; TOSCANO-GARIBAY, J. D.; MORENO-EUTIMIO, M. A.; SANDOVAL-HERNÁNDEZ, T.; ARRIAGA-ALBA, M. Antimycotic Activity and Genotoxic Evaluation of *Citrus sinensis* and *Citrus latifolia* Essential Oils. *Scientific Reports*, v.6, n.25371, 2016.

RUIZ, A. L. T. G.; MAGALHÃES, E. G.; MAGALHÃES, A. F.; FARIA, A. D.;, AMARAL, M. C. E.; SERRANO, D. R.; ZANOTTI-MAGALHÃES, E. M.; MAGALHÃES, L. A. Avaliação da atividade tóxica em *Artemia salina* e *Biomphalaria glabrata* de extratos de quatro espécies do gênero *Eleocharis* (Cyperaceae). *Revista Brasileira de Farmacognosia*, v.15, n.2, p.98-102, 2005.

SAFER, A. M.; AL-NUGHAMISH, A. J. Hepatotoxicity induced by the antioxidant food additive, butylated hydroxytoluene (BHT), in rats: an electron microscopical study. *Histology Istopathology*, v.14, p.391-406, 1999.

SAIKKONEN, K.; FAETH, S. H.; HELANDER, M.; SULLIVAN, T. J. Fungal endophytes: a continuum of interactions with host plants. *Annual Review of Ecology and Systematics*, v.29, p.319-343, 1998.

SAKAI, V. S. Simple method for differential staining of paraffin embedded plant material using toluidine blue O. *Stain Technology*, v.48, p.247-249, 1973.

SALEM, M. M.; WERBOVETZ, K. A. Natural products from plants as drug candidates and lead compounds against leishmaniasis and trypanosomiasis. *Current Medicinal Chemistry*, v.13, n.21, p.2571-2598, 2006.

SALIMENA, F. R. G. *Revisão taxonômica de Lippia* L., sect. Rhodolipia Schauer (*Verbenaceae*). São Paulo, 2000. Tese (Doutorado) – Universidade de São Paulo.

SALOMÃO, A. N.; SOUZA-SILVA, J. C.; DAVIDE, A. C.; GONZALES, S.; TORRES, R. A. A.; WETZEL, M. M. V. S.; FIRETTI, F.; CALDAS, L. S. *Germinação de sementes e produção de mudas de plantas do cerrado*. Brasília: Rede de Sementes do Cerrado, 2003. 96p.

SAMBER, N.; KHAN, A.; VARMA, A.; MANZOOR, N. Synergistic anti-candidal activity and mode of action of *Mentha piperita* essential oil and its major components. *Pharmaceutical Biology*, v.53, n.10, p.1496-1504, 2015.

SAMPAIO, S. A. P.; RIVITTI, E. A. *Dermatologia básica*. 2. ed. São Paulo: Artes Médicas, 2000.

SÁNCHEZ-MORENO, C.; LARRAURI, J. A.; Principales métodos para la determinación de la oxidación lipídica. *Food Science and Technology International*, v.4, p.391-399, 1998a.

SÁNCHEZ-MORENO, C.; LARRAURI, J. A.; SAURA-CALIXTO, F. A procedure to measure the antiradical efficiency of polyphenols. *Journal of the Science of Food and Agriculture*, v.76, p.270-276, 1998b.

SANCHEZ, L. M.; LOPEZ, D.; VESELY, B. A.; DELLA TOGNA, G.; GERWICK, W. H.; KYLE, D. E.; LININGTON, R. G. Almiramides A–C: Discovery and Development of a New Class of Leishmaniasis Lead Compounds. *Journal of Medicinal Chemistry*, v.53, n.10, p.4187-4197, 2010.

SNEATH, P. H. A. & SOKAL, R. R. Numerical Taxonomy. San Francisco. Freeman, W.H. and Company, p.230-234, 1973

SANGLARD, D. Emerging Threats in Antifungal-Resistant Fungal Pathogens. *Frontierin Medicine (Lausanne)*, v.3, n.11, eCollection 2016, 2016.

SANTANA, Z. C.; OYAMA, K. *Wigandia urens* (Hydrophyllaceae): un mosaico de recursos para sus insectos herbívoros. *Acta Botânica Mexicana*, v.28, p.29-39, 1994.

SANTOS-MENDES, M. F. B. dos, *Caracterização morfo-anatômica, fitoquímica e molecular de oito formas de Lippia alba (Mill.) n. E. Br. ex Br. & Wilson (Verbenaceae)*. 2001. 102f. Tese (Doutorado em Horticultura) – Faculdade de Ciências Agronômicas Universidade Paulista, Botucatu, 2001.

SANTOS-OLIVEIRA, R.; COULAUD-CUNHA, S.; COLAÇO, W. Revisão da *Maytenus ilicifolia* Mart. ex Reissek, Celastraceae. Contribuição ao estudo das propriedades farmacológicas. *Revista Brasileira de Farmacognosia*, v.19, n.2b, p.650-659, 2009.

SANTOS, A. F.; FERRAZA, P. A. L.; PINTO, A. V. Molluscicidal activity of 2-hydroxy-3-alkyl-1,4-naphthoquinones and derivatives. *International Journal of Parasitology*, v.30, n.4, p.1199-1202, 2000a.

SANTOS, A. F.; SANT'ANA, A. E. G. The molluscicidal activity of plants used in Brazilian folk medicine. *Phytomedicine*, v.6, n.6, p.431-438, 2000b.

_________. Molluscicidal properties of some species of *Annona*. *Phytomedicine*, v.8, p.115-120, 2001.

SANTOS, A.; PORTO, A. L. M.; OMORI, A. T. Biocatálise e Biotransformação. In: CORREA, A. G.; ZUIN, V. G. (Org.). *Química Verde:* fundamentos e aplicações. São Carlos: Edufscar, 2012, p.109. (Série de Textos da Escola de Verão em Química V)

SANTOS, E. A.; CARVALHO, C. M.; COSTA, A. L. S.; CONCEIÇÃO, A. S.; MOURA, F. B. P.; Santana, A. E. G. Bioactivity evaluation of plant extracts used in indigenous medicine against the snail, *Biomphalaria glabrata*, and the larvae of *Aedes aegypti*. *Evidence-Based Complementary and Alternative Medicine*, Article ID 846583, v.2012, p.1-9, 2012.

SANTOS, J. A. A.; TOMASSINI, T. C. B.; XAVIER, D. C. D.; Molluscicidal Activity of *Physalis angulata* L. extracts and fractions on *Biomphalaria tenagophila* (d'Orbigny, 1835) under laboratory conditions. *Memórias do Instituto Oswaldo Cruz*, v.98, n.3, p.425-428, 2003.

SANTOS, M. R. A. dos & INNECCO, R. Influência de períodos de secagem de folhas no óleo essencial de erva-cidreira (quimiotipo limoneno/carvona). *Rev Ciencia Agronômica*, v.34, p.5-11, 2003.

SANTOS, N. C.; DIAS, C. N.; COUTINHO-MORAES, D. F.; VILANOVA, C. M.; GONÇALVES, J. R. S.; SOUZA, N. S.; ROSA, I. G. Toxicidade e avaliação de atividade moluscicida de folhas de *Turnera ulmifolia* L. *Revista Brasileira de Biociências*, v.8, n.4, p.324-329, 2010.

SANTOS, V. A. F. F. M.; SANTOS, D. P.; CASTRO-GAMBOA, I.; ZANONI, M. V. B.; FURLAN, M. Evaluation of antioxidant capacity and synergistic associations of quinonemethide triterpenes and phenolic substances from *Maytenus ilicifolia* (Celastraceae). Molecules, v.15, n.10, p.6956-6973, 2010.

SANTOS, V. A. F. F. M.; REGASINI, L. O.; NOGUEIRA, C. R.; MARTINEZ, I.; BOLZANI, V. S.; GRAMINHA, M. A. S.; CICARELLI, R. M. B.; FURLAN, M. Antiprotozoal sesquiterpene pyridine alkaloids from *Maytenus ilicifolia*. Journal of Natural Products, v.75, n.5, p.991-995, 2012.

SANTOS, V. A. F. F. M.; LEITE, K. M.; SIQUEIRA, M. C.; REGASINI, L. O.; MARTINEZ, I.; NOGUEIRA, C. T.; GALUPPO, M. K.; STOLF, B. S.; PEREIRA, A. M. S.; CICARELLI, R. M. B.; FURLAN, M.; GRAMINHA, M. A. S. Antiprotozoal activity of quinonemethide triterpenes from *Maytenus ilicifolia* (Celastraceae). *Molecules*, v.18, n.1, p.1053-1062, 2013.

SARDI, J. C.; ALMEIDA, A. M.; MENDES, G. M. J. New antimicrobial therapies used against fungi present in subgingival sites-a brief review. *Archives of Oral Biology*, v.56, n.10, p.951-959, 2011.

SARKAR, M.; HAMILTON, C. J.; FAIRLAMB, A. H. Properties of phosphoenolpyruvate mutase, the first enzyme in the aminoethylphosphonate biosynthetic pathway in *Trypanosoma cruzi*. *Journal of Biological Chemistry*, v.278, n.25, p.22703-22708, 2003.

SARTORI, M. R.; PRETTO, J. B.; CRUZ, A. B.; BRESCIANI, L. F.; YUNES, R. A.; SORTINO, M.; ZACCHINO, S. A.; CECHINEL, V. F. Antifungal activity of fractions and two pure compounds of flowers from *Wedelia paludosa* (*Acmela brasiliensis*) (Asteraceae). *Pharmazie*, v.58, n.8, p.567-569, 2003.

SASTRARUJI, T.; CHAIYONG, S.; JATISATIENR, A.; PYNE, S. G.; UNG, A. T.; LIE, W. Phytochemical studies on *Stemona aphylla*: isolation of a new stemofoline alkaloid and six new stemofurans. *Journal of Natural Products*, v.74, n.1, p.60-64, 2011.

SATO, M. E. O.; GOMARA, F.; PONTAROLO, R.; ANDREAZZA, I. F.; ZARONI. M. Permeação cutânea *in vitro* do ácido kójico. *Revista Brasileira de Ciências Farmacêuticas*, v.43, n.2, p.195-203, 2007.

SAITOU, N. & NEI M. The neighbor-joining method: a new method for reconstructing phylogenetic trees. Molecular Biology and Evolution, v.4, p.406-425, 1987.

SAÚDE-GUIMARÃES, D. A.; FARIA, A. R. Substâncias da natureza com atividade anti-*Trypanosoma cruzi*. *Revista Brasileira de Farmacognosia*, v.17, n.3, p.455-465, 2007.

SAXENA, H. O.; FARIDI, U.; SRIVASTAVA, S.; KUMAR, J. K.; DAROKAR, M. P.; LUQMAN, S.; CHANOTIYA, C. S.; KRISHNA, V.; NEGI, A.; KHANUJA, S. P. S. Gallic acid-based indanone derivatives as cancer agents. *Bioorganic & Medicinal Chemistry Letters*, v.18, p.3914-3918, 2008.

SCALFI, L.; FOGLIANO, V.; PENTANGELO, A.; GRAZIANI, G.; GIORDANO, I.; RITIENI, A.; Antioxidant activity and general fruit characteristics in different ecotypes of Corbarini small tomatoes. *Journal of Agricultural and Food Chemistry*, 48 (4), p.1363-1366, 2000.

SCHALL, V. T.; VASCONCELLOS, M. C.; VILLAÇA-COELHO, A. L.; FERREIRA-LOPES, F. E.; SILVA, I. P. Evaluation of temporal seasonal and geographic stability of the molluscicidal property of *Euphorbia splendens* latex. *Revista do Instituto de Medicina Tropical de São Paulo*, v.34, n.3, p.183-191, 1992.

SCHARDL, C. L.; LEUCHTMANN, A.; SPIERING, M. J. Symbioses of Grasses with Seedborne Fungal Endophytes *Annual Review of Plant Biology* v, 55, p.315-340, 2004

SCHENKMAN, S.; PONTES DE CARVALHO, L.; NUSSENZWEIG, V. *Trypanosoma cruzi* trans-sialidase and neuraminidase activities can be mediated by the same enzymes. *The Journal of Experimental Medicine*, v.175, n.2, p.567-575, 1992.

SCHERDIN, U.; BURGUER, A.; BIELFELDT, S.; FILBRY, A.; WEBWR, T.; SCHOLERMANN, A.; WIGGER-ALBERTI, W.; RIPPKE, F.; WILHELM, K. P. Skin-lightening effects of a new face care product in patients with melasma. *Journal of Cosmetic Dermatology*, v.7, p.68-75, 2008.

SCHNITZLER, J. P.; JUNGBLUT, T. P.; HELLER, W.; KÖFFERLEIN, M.; HUTZLER, P.; HEINZMANN, U.; SCHMELZER, E.; ERNST, D.; LANGE-BARTELS, C.; SANDERMANN JUNIOR, H. Tissue localization of UV-B screening pigments and chalcone synthase mRNA in needles of Scots pine seedlings. *New Phytologist*, v.132, n.2, p.247-258, 1996.

SCHOCKEN, N. R. L. *Obtenção de quimiotipos híbridos de Lippia alba (Mill.) n. E. Brown*. Campinas, 2007. 82f. Dissertação (Mestrado em Agricultura Tropical e Subtropical, Área de Concentração de Melhoramento Genético Vegetal) – Instituto Agronômico de Campinas.

SCHULZ, B.; BOYLE, C. The endophytic continuum. *Mycological Research*, v.109, p.661-686, 2005.

SCHULZ, B.; BOYLE, C.; DRAEGER, S.; RÖMMERT, A. K.; KROHN, K. Endophytic fungi: a source of novel biologically active secondary metabolites. *Mycological Research*, v.106, p.996-1004, 2002.

SCHURINK, M.; VAN BERKEL, W. J.; WICHERS, H. J.; BOERIU, C. G. Novel peptides with tyrosinase inhibitory activity. *Peptides*, v.28, p.485-495, 2007.

SCORZONI, L.; SANGALLI-LEITE, F.; DE LACORTE, S. J.; DE PAULA, E. S. A. C.; COSTA-ORLANDI, C. B.; FUSCO-ALMEIDA, A. M.; MENDES-GIANNINI, M. J. Searching new antifungals: The use of *in vitro* and *in vivo* methods for evaluation of natural compounds. *Journal of Microbiological Methods*, v.123, p.68-78, 2016.

SEBBENN A. M.; KAGEYAMA P. Y.; SIQUEIRA A. C. M. F.; ZANATTO; A. C. S. Sistema de cuzamento em populações de *Cariniana legalis* Mart. Ol Ktze: implicações para conservação e melhoramento genético. *Scientia Floretalis*, v.58, p.25-40, 2000.

SECCO, R. S. Uma nova espécie de *Croton* sect. *Geiseleria* (Euphorbiaceae) da Amazônia Oriental brasileira. (Euphorbiaceae) da Amazônia Oriental brasileira. *Revista Brasileira de Botânica*, v.32, p.249-252, 2009.

SEERAM, N. P.; MOMIN, R. A.; NAIR, M. G.; BOURQUIN, L. D. Cyclooxygenase inhibitory and antioxidant cyanidin glycosides in cherries and berries. *Phytomedicine*, v.8, n.5, p.362-369, 2001.

SELLAPPAN, S.; AKOH, C. C.; KREWER, G. Phenolic compounds and antioxidant capacity of Georgia-Grown blueberries and blackberries. *Journal of Agricultural and Food Chemistry*, v.50, p.2432-2438, 2002.

SÊNIOR, K. Chagas disease: moving towards global elimination. *The Lancet Infectious Diseases*, v.7, n.9, p.572, 2007.

SERENO, D.; LEMESRE, J. L. Advances and perspectives in *Leishmania* cell based drug-screening procedures. *Parasitology International*, v.56, n.1, p.3-7, 2007.

SERENO, D.; LEMESRE, J. L. Axenically cultured amastigote forms as an *in vitro* model for investigation of antileishmanial agents. *Antimicrobial Agents and Chemotherapy*, v.41, n.5, p.972-976, 1997.

SERRANO, M. A.; PIVATTO, M.; FRANCISCO, W.; DANUELLO, A.; REGASINI, L.O.; LOPES, E.M.; LOPES, M.N.; YOUNG, M.C.; BOLZANI, V. S. Acetylcholinesterase inhibitory pyridine alkaloids of the leaves of *Senna multijuga*. *Journal of Natural Products*, v.73, n.3, p.482-484, 2010.

SHAH, S. A.; TAN, H. L.; SULTAN, S.; FARIDZ, M. A.; SHAH, M. A.; NURFAZILAH, S.; HUSSAIN, M. Microbial-Catalyzed Biotransformation of Multifunctional Triterpenoids Derived from Phytonutrients. *International Journal of Molecular Sciences*, v.15, p.12027, 2014.

SHAHIDI, F.; ALASALVAR, C.; LIYANA-PATHIRANA, C. M.; Antioxidant phytochemicals in Hazelnut Kernel (*Corylus avellana* L.) and Hazelnut Byproducts. *Journal of Agricultural and Food Chemistry*, v.55, n.4, p.1212-1220, 2007.

SHI, H.; DJIKENG, A.; MARK, T.; WIRTZ, E.; TSCHUDI, C.; ULLU, E. Genetic interference in *Trypanosoma brucei* by heritable and inducible double-stranded RNA. *RNA*, v.6, n.7, p.1069-1076, 2000.

SHI, W.; DAN, W. J.; TANG, J. J.; ZHANG, Y.; NANDINSUREN, T.; ZHANG, A. L.; GAO, J. M. Natural products as sources of new fungicides (III): Antifungal activity of 2,4-dihydroxy-5-methylacetophenone derivatives. *Bioorganic & Medicinal Chemistry Letters*, v.26, p.2156-2158, 2016.

SHIROTA, O.; MORITA, H.; TAKEYA, K.; ITOKAWA, H.; IITAKA, Y. Cytotoxic aromatic triterpenes from *Maytenus ilicifolia* and *Maytenus chuchuhuasca*. *Journal of Natural Products*, v.57, n.12, p.1675-1681, 1994.

SHIROTA, O.; SEKITA, S.; SATAKE, M.; MORITA, H.; TAKEYA, K.; ITOKAWA, H. Two cangorosin A type triterpene dimers from *Maytenus chuchuhuasca*. *Chemical and Pharmaceutical Bulletin*, v.52, n.9, p.1148-1150, 2004a.

SHIROTA, O.; SEKITA, S.; SATAKE, M.; MORITA, H.; TAKEYA, K.; ITOKAWA, H. Two new sesquiterpene pyridine alkaloids from *Maytenus chuchuhuasca*. *Heterocycles*, v.63, n.8, p.1891-1896, 2004b.

SHWETA, S.; ZUEHLKE, S.; RAMESHA, B. T.; PRITI, V.; KUMAR, P. M.; RAVIKANTH, G.; SPITELLER, M.; VASUDEVA, R.; SHAANKER, R. U. Endophytic fungal strains of *Fusarium solani*, from *Apodytes dimidiata* E. Mey. ex Arn (Icacinaceae) produce camptothecin, 10-hydroxycamptothecin and 9-methoxycamptothecin. *Phytochemistry*, v.71, p.117-122, 2010.

SIEBER, T. N. Endophytic fungi in forest trees: are they mutualists? *Fungal Biology Reviews*, v.21, p.75-89, 2007.

SIEMES, C.; VISSER, L. E.; DE-JONG, F. H.; JAN-WILLEM; COEBERGH, W.; UITTERLINDEN, A. G. Cytochrome P450 3A gene variation, steroid hormone serum levels and prostate cancer. *Steroids*, v.75, p.1024, 2010.

SILVA FILHO, C. R. M.; SOUZA, A. G.; CONCEIÇÃO, M. M.; SILVA, T. G.; SILVA, T. M. S.; RIBEIRO, A. P. L. Avaliação da bioatividade dos extratos de cúrcuma (*Curcuma longa* L., Zingiberaceae) em *Artemia salina* e *Biomphalaria glabrata*. *Revista Brasilseira de Farmacognosia*, v.19, n.4, p.919-923, 2009.

SILVA, C. P. *Efeitos do ANA, ácido bórico, paclobutrazol e da época de coleta, no enraizamento de estacas caulinares de espinheira-santa (Maytenus aquifolia Mart.)*. Botucatu, 1999. 99f. Tese (Doutorado em Ciências Biológicas) – Universidade Estadual Paulista.

SILVA, E. L. Quercetin metabolites inhibit copper ion-induced lipid peroxidation in rat plasma. *Federation of European Biochemical Societies*, v.430, n.3, p.405-408, 1998.

SILVA, E. M. J.; MACHADO, S. R. Estrutura e desenvolvimento dos tricomas secretores em folhas de *Piper regnellii* (Miq.) C. DC. var. regnellii (Piperaceae). *Revista Brasileira de Botânica*, v.22, p.17-124, 1999.

SILVA, F. A. M.; BORGES, M. F. M.; FERREIRA, M. A. Métodos para avaliação do grau de oxidação lipídica e da capacidade antioxidante. *Química Nova*, v.22, n.1, p.94-103, 1999.

SILVA, G. H.; OLIVEIRA, C. M.; TELES, H. L.; BOLZANI, V. S.; ARAUJO, A. R.; PFENNING, L. H.; YOUNG, M. C. M.; COSTA-NETO, C. M.; HADDAD, R.; EBERLIN, M. N. Citocalasinas produzidas por *Xylaria* sp., um fungo endofítico de *Piper aduncum* (piperaceae). *Química Nova*, v.33, p.2038-2041, 2010a.

SILVA, G. H.; OLIVEIRA, C. M.; TELES, H. L.; PAULETTI, P. M.; CASTRO-GAMBOA, I.; SILVA, D. H. S.; BOLZANI, V. S.; YOUNG, M. C. M.; COSTA-NETO, C. M.; PFENNING, L. H.; BERLINCK, R. G. S.; ARAUJO, A. R. Sesquiterpenes from *Xylaria* sp., an endophytic fungus associated with *Piper aduncum* (Piperaceae). *Phytochemistry Letters*, v.3, 164-167, 2010b.

SILVA, G. H.; TELES, H. L.; TREVISAN, H. C.; BOLZANI, V. S.; YOUNG, M. C. M.; PFENNING, L. H.; EBERLIN, M. N.; HADDAD, R.; COSTA-NETO, C. M.; ARAÚJO. A. R. New bioactive metabolites produced by *Phomopsis cassiae*, an endophytic fungus in *Cassia spectabilis*. *Journal of Brazilian Chemical Society*, v.16, p.1463-1466, 2005.

SILVA, G. H.; TELES, H. L.; ZANARDI, L. M.; YOUNG, M. C. M.; EBERLIN, M. N.; HADAD, R.; PFENNING, L. H.; COSTA-NETO, C. M.; CASTRO-GAMBOA, I.; BOLZANI, V. S.; ARAÚJO, A. R. Cadinane sesquiterpenoids of *Phomopsis cassiae*, an endophytic fungus associated with *Cassia spectabilis (Leguminosae)*. *Phytochemistry*, v.67, p.1964-1969, 2006.

SILVA, L. M.; BOEING, T.; SOMENSI, L. B.; CURY, B. J.; STEIMBACH, V. M.; SILVERIA, A. C.; NIERO, R.; CECHINEL FILHO, V.; SANTIN, J. R, DE ANDRADE, S. F. Evidence of gastric ulcer healing activity of *Maytenus robusta* Reissek: *In vitro* and *in vivo* studies. *Journal of Ethnopharmacology*, v.175, p.75-85, 2015.

SILVA, L. N.; TRENTIN, S.;, ZIMMER, K. R.; TRETER, J.; BRANDELLI, C. L.; FRASSON, A. P.; TASCA, T.; DA SILVA, A. G.; DA SILVA, M. V.; MACEDO, A. J. Anti-infective effects of Brazilian Caatinga plants against pathogenic bacterial biofilm formation. *Pharmaceutical Biology*, v.53, n.3, p.464-468, 2015.

SILVA, L.; SOUZA, B.; BESSA, E. C. A.; PINHEIRO, J. Effect of successive applications of the sublethal concentration of *Solanum paniculatum* in *Subulina octona* (Subulinidae). *Journaol of Natural Products*, v.5, p.157-167, 2012.

SILVA, M. C.; CARVALHO, J. C. T. Plantas medicinais: In: CARVALHO, J. C. T. *Carvalho, Fitoterápicos. Antiinflamatórios. Aspectos químicos, Farmacológicos e aplicações terapêuticas*. Ribeirão Preto: Tecmed, 2004.

SILVA, M. Megadiversidade de Abrolhos, v.1, n.2, 2005. Disponível em: <http://www. consevation. org>. Acesso em: mar. 2016.

SILVA, M. S.; CÂMARA, C. A.; AGRA, M. F.; CARVALHO, M. G.; FRANA, M. T.; BRANDOLINE, S. V. P. B.; PASCHOAL, L. S.; BRAZ-FILHO, R. Molluscicidal activity of *Solanum* species of the Northeast of Brazil on *Biomphalaria glabrata*. *Fitoterapia*, v.77, p.449-452, 2006.

SILVA, N. F. S.; COGO, J.; WIEPIESKI, C. C. P.; LAVERDE, J. R. Bioensaio de atividade moluscicida adaptado para a avaliação de extratos de plantas medicinais. *Arquivos de Ciências Veterinárias e Zoologia da Unipar*, v.11, n.2, p.179-181, 2008.

SILVA, P. B.; BONIFÁCIO, B. V.; FREM, R. C.; GODOY NETTO, A. V.; MAURO, A. E.; FERREIRA, A. M.; LOPES, E. O.; RADDI, M. S.; BAUAB, T. M.; PAVAN, F. R.; CHORILLI, M. A. Nanostructured Lipid System as a Strategy to Improve the *in vitro* Antibacterial Activity of Copper(II) Complexes. *Molecules*, v.20, n.12, p.22534-2245, 2015.

SILVA, T. M. S.; BATISTA, M. M.; CAMARA, C. A.; AGRA, M. F. Molluscicidal activity of some Brazilian *Solanum* spp (Solanaceae) against *Biomphalaria glabrata*. *Annals of Tropical Medicine & Parasitology*, v.99, n.4, p.419-425, 2005.

SILVA, T. M. S.; NASCIMENTO, R. J. B.; BATISTA, M. M.; AGRA, M. F.; CAMARA, C. A. Brine shrimp bioassay of some species of *Solanum* from Northestern Brazil. *Revista Brasileira de Farmacognosia*, v.17, n.1, p.35-38, 2007.

SILVA, T. M. S.; SILVA, T. G.; MARTINS, R. M.; MAIA, G. L. A.; CABRAL, A. G. S.; CAMARA, C. A.; AGRA, M. F.; BARBOSA-FILHO, J. M. Molluscicidal activities of six species of Bignoniaceae from north-eastern Brazil, as measured against *Biomphalaria glabrata* under laboratory conditions. *Annals of Tropical Medicine and Parasitology*, v.101, n.4, p.359-365, 2007a.

SILVA, T. M. S.; CAMARA, C. A.; FREIRE, K. R. L.; SILVA, T. G.; AGRA, M. F.; BHATTACHARYYA, J. Steroidal glycoalkaloids and molluscicidal activity of *Solanum asperum* rich fruits. *Journal of the Brazilian Chemical Society*, v.19, n.5, p.1048-1052, 2008.

SILVA, V. D.; STAMBUK, B. U.; NASCIMENTO, M. G. Asymmetric reduction of (4*R*)-(-)-carvone catalyzed by Baker's yeast in aqueous mono- and biphasic systems. *Journal of Molecular Catalysis B, Enzymatic*, v 77, p.98, 2012.

SILVEIRA, E. P.; JUNIOR, O. M.; MACHADO, M. I. Ocorrência de *Biomphalaria straminea* (Pulmonata: Planorbidae) na Estação de Aquicultura do Ibama em Uberlândia, MG. *Revista da Sociedade Brasileira de Medicina Tropical*, v.30, n.5, p.401-403, 1997.

SILVEIRA, J. F.; ABRAHAMSOHN, P. A.; COLLI, W. Plasma membrane vesicles isolated from epimastigote forms of *Trypanosoma cruzi*. *Biochimica et biophysica acta*, v.550, n.2, p.222-232, 1979.

SIMMONS, M. P.; CAPPA, J. J.; ARCHER, R. H.; FORD, A. J.; EICHSTEDT, D.; CLEVINGER, C. C. Phylogeny of the Celastreae (Celastraceae) and the relationships of *Catha edulis* (qat) inferred from morphological characters and nuclear and plastid genes. *Molecular Phylogenetics and Evolution*, v.48, n.2, p.745-757, 2008.

SIMÕES, C. M. O.; SCHENKEL, E. P.; GOSMANN, G.; MELLO, J. C. P.; MENTZ, L. A.; PETROVICK, P. R. *Farmacognosia: da planta ao medicamento*. 5. ed. Porto Alegre: Ed. UFRGS; Florianópolis: Ed. UFSC, 2004.

SIMÕES, C. M. O.; SPITZER, V. Óleos voláteis. In: SIMÕES, C. M. O.; SCHENKEL, E. P.; GOSMANN, G; MELLO, J. C. P.; MENTZ, L. A.; PETROVICK, P. R. *Famacognosia: da planta ao medicamento*. Porto Alegre: UFRGS, 2003. p.387-416.

SIMONSEN, L.; JORGENSEN, A.; BENFELDT, E.; GROTH, L. Differentiated in vivo skin penetration of salicylic compounds in hairless rats measured by cutaneous microdialysis. *European Journal of Pharmaceutical Science*, v.21, p.379-388, 2004.

SINGH, N.; KUMAR, M.; SINGH, R. K. Leishmaniasis: Current status of available drugs and new potential drug targets. *Asian Pacific Journal Tropical Medicine*, v.5, p.485-497, 2012.

SINGH, N. P.; MCCOY, M. T.; TICE, R. R.; SCHNEIDER, E. L. A simple technique for quantitation of low levels of DNA damage in individual cells. *Experimental Cell Research*, v.175, p.184-191, 1988.

SINGH, S.; SIVAKUMAR, R. Challenges and new discoveries in the treatment of leishmaniasis. *Journal of Infection and Chemotherapy*, v.10, n.6, p.307-15, 2004.

SINGH, V. K.; SINGH, D. K. Characterization of allicin as a molluscicidal agent in *Allium sativum* (Garlic). *Biological Agriciculture and Horticulture*, v.12, p.119-131, 1995.

SINHA, V. R.; KAUR, M. P. Permeation enhancers for transdermal drug delivery. *Drug Development and Industrial Pharmacy*, v.26, n.11, p.1131-1140, 2000.

SIQUEIRA-NETO, J. L.; SONG, O.R.;OH, H.; SOHN, J.H.; YANG, G.; NAM, J.; JANG, J.; CECHETTO, J.; LEE, C.B.; MOON, S.; GENOVESIO, A.; CHATELAIN, E.; CHRISTOPHE T.; FREITAS-JUNIOR, L.H. Antileishmanial high-throughput drug screening reveals drug candidates with new scaffolds. *PLOS Neglected Tropical Disease*, v.4, n.5, p.675, 2010.

SISTEMA ALICE (SECEX). *Sistema de Análise e Informações de Comércio Exterior* ALICE-WEB. http://aliceweb. desenvolvimento. gov. br (abril, 2007).

SIVAKAMAVALLI, J.; DEEPA, O.; VASEEHARAN, B. Discrete nanoparticles of *Ruta graveolens* induces the bacterial and fungal biofilm inhibition. *Cell Communication & Adhesion*, v.21, n.4, p.229-238, 2016.

SMITH, D. F.; PEACOCK, C. S.; CRUZ, A. K. Comparative genomics: From genotype to disease phenotype in the leishmaniases. *International Journal for Parasitology*, v.37, n.11, p.1173-1186, 2007.

SMITH, M. L.; CHEN, I. T.; ZHAN, Q.; O'CONNOR, P. M.; FORNACE, A. J. J. R. Involvement of the p53 tumor suppressor in repair of UV-type DNA damage. *Oncogene*, v.10, p.1053-1059, 1995.

SNEADER, W. *Drug discovery: a history*. Chichester: John Wiley & Sons Ltd. 2005.

SOARES, L. A. L.; OLIVEIRA, A. L.; ORTEGA, G. G.; PETROVICK, P. R. Development and validation of a LC-method for determination of catechin and epicatechin in aqueous extractives from leaves of *Maytenus ilicifolia*. *Journal of Pharmaceutical and Biomedical Analysis*, v.36, n.4, p.787-790, 2004.

SOARES, L. A.; GULLO, F. P.; SARDI, J. C.; PITANGUI, N. S.; COSTA-ORLANDI, C. B.; SANGALLI-LEITE, F.; SCORZONI, L.; REGASINI, L. O.; PETRÔNIO, M. S.; SOUZA, P. F.; SILVA, D. H.; MENDES-GIANNINI, M. J.; FUSCO-ALMEIDA, A. M. Anti-*Trichophyton* activity of protocatechuates and their synergism with fluconazole. *Evidence Based Complementary and Alternative Medicine*, 2014:957860, 2014.

SOARES, D. C.; CALEGARI-SILVA, T. C.; LOPES, U. G.; TEIXEIRA, V. L.; de PALMER, PAIXÃO, I. C.; CIRNE-SANTOS, C.; BOU-HABIB, D. C.; SARAIVA, E. M. A Stereological study of the differentiation process in *Trypanosoma cruzi*. *Parasitology Research*, v.75, n.7, p.522-527, 1989.

SOARES, M. J.; DESOUZA, W. Cytoplasmic organelles of trypanosomatids – a cytochemical and stereological study. *Journal of Submicroscopic Cytology and Pathology*, v.20, n.2, p.349-361, 1988.

SOEJARTO, D. D. Biodiversity prospecting and benefit sharing: perspectives from the field. *Journal of Ethnopharmacology*, v.51, p.1-15, 1996.

SOLANO, F.; BRIGANTI, S.; PICARDO, M.; GHANEM, G. Hypopigmenting agents: An update review on biological, chemical and clinical aspects. *Pigment Cell Research*, v.19, p.550-571, 2006.

SONBOLI, A.; BABAKHANI, B.; MEHRABIAN, A. R. Antimicrobial activity of six constituents of essential oil from Salvia. *Zeitschrift für Naturforschung C*, v.61, p.160-164, 2006.

SOSSAE, F. C. *Anatomia e fitoquímica foliar de Tetradenia riparia (Hochstetter) Codd.* Botucatu, 1995. 85 f. Dissertação (Mestrado em Ciências Biológicas) – Instituto de Biociências de Botucatu, Universidade Estadual Paulista.

SOUSA, C. M. M.; SILVA, H. R.; VIEIRA-JR.; G. M.; AYRES, M. C. C.; COSTA, C. L. S.; ARAÚJO, D. S.; CAVALCANTE, L. C. D; BARROS, E. D. S.; ARAÚJO, P. B. M.; BRANDÃO, M. S.; CHAVES, M. H.; Fenóis totais e atividade antioxidante de cinco plantas medicinais. *Quimica Nova*, 30, 2, p.351-355, 2007.

SOUZA, A. Q. L.; SOUZA, A. D. L.; FILHO, S. A.; PINHEIRO, M. L. B.; SARQUIS, M. I. M.; PEREIRA, J. O. Atividade antimicrobiana de fungos endofíticos isolados de plantas tóxicas da Amazônia: *Palicourea longiflora* (aubl.) rich e *Strychnos cogens* bentham. *Acta Amazônica*, v.34, p.185-195, 2004.

SOUZA, C. A. M.; CARVALHO, R. R.; KURIYAMA, S. N.; ARAUJO, I. B.; RODRIGUES, R. P.; VOLLMER, R. S.; ALVES, E. N.; PAUMGARTTEN, F. J. R. Study of the embryofeto-toxicity of Crown-of-Thorns (*Euphorbia milii*) latex, a natural molluscicide. *Brazilian Journal of Medicinal and Biological Research*, v.30, n.11, p.1325-1332, 1997.

SOUZA, C. M.; PEREIRA JUNIOR, S. A.; MORAES, T. D.; DAMASCENO, J. L.; AMORIM, M. S.; DIAS, H. J.; STEFANI, R.; TAVARES, D. C.; MARTINS, C. H.; CROTTI, A. E.; MENDES-GIANNINI, M. J.; PIRES, R. H. Antifungal activity of plant-derived essential oils on *Candida tropicalis* planktonic and biofilms cells. *Medical Mycology*, v.54, n.5, p.:515-523, 2016

SOUZA, C. P. Molluscicide control of snail vectors of schistosomiasis. *Memórias do Instituto Oswaldo Cruz*, v.90, n.2, p.165-168, 1995.

SOUZA, C. P.; MENDES, N. M.; ARAÚJO, N.; KATZ, N. Atividade moluscicida do extrato de *Phytolacca dodecandra* (Endod) sobre *Biomphalaria galabrata*. *Memórias do Instituto Oswaldo Cruz*, v.82, n.3, p.345-349, 1987.

SOUZA, C. P.; MENDES, N. M.; JANNOTTI-PASSOS, L. K.; PEREIRA, J. P. O uso da casca da castanha do caju, *Anacardium occidentale*, como moluscicida alternativo. *Revista do Instituto de Medicina Tropical de São Paulo*, v.34, n.5, p.459-466, 1992.

SOUZA, D. H.; GARRATT, R.C.; ARAÚJO, A. P.; GUIMARÃES, B. G.; JESUS, W. D.; MICHELS, P. A.; HANNAERT, V.; OLIVA, G. *Trypanosoma cruzi* glycosomal glyceraldehyde-3-phosphate dehydrogenase: structure, catalytic mechanism and targeted inhibitor design. *FEBS Letters*, v.424, n.3, p.131-135, 1998.

SOUZA, D. R.; RAFAEL, V. F. P.; CORTEZ, D. A. G. Atividade moluscicida do *Calophyllum brasiliensis* (Camb). In: XI Encontro Anual de Iniciação Científica, 2002, Maringá (PR). Disponível em: <http://www. ppg. uem. br/Docs/pes/eaic/XI_EAIC/trabalhos/arquivos/11-1419-0. pdf>. Acesso em: 12 jan. 2012.

SOUZA, M. C. R.; MARQUES, C. T.; DORE, C. M. G.; SILVA, F. R. F.; ROCHA, H. A. O.; LEITE, E. L.; Antioxidant activities of sulfated polysaccharides from brown and red seaweeds. *Journal Applied Phycology*, 19, p.153-160, 2007b.

SOUZA, P. J. C.; BARROS, C. A. L.; ROCHA, J. C. S.; LIRA, D. S.; MONTEIRO, G. M.; MAIA, J. G. S. Avaliação toxicológica do óleo essencial de *Piper aduncum* L. *Revista Brasileira de Farmacognosia*, v.18, n.2, p.217-221, 2008.

SOUZA, S. M de. *Bandeamento cromossômico em Lippia alba*. 2006. 65f. Dissertação (de Mestrado) – Universidade de Lavras (UFLA), Lavras, 2006.

SOUZA, T. J. T.; APEL, M. A.; BORDIGNON, S.; MATZENBACHER, N. I.; ZUANAZZI, J. A. S.; HENRIQUES, A. T.; Composição química e atividade antioxidante do óleo volátil de *Eupatorium polystachyum* DC. *Revista Brasileira de Farmacognosia*, 17, 3, Jul. /Set. 2007a.

SOUZA, V. M. *Ativos Dermatológicos: Um Guia dos Novos Ativos Dermatológicos Utilizados na Farmácia de Manipulação, para Médicos e Farmacêuticos.* 2 ed. São Paulo: Tecnopress, 2004.

SOUZA, W. (Coord.). *Doenças negligenciadas*. Rio de Janeiro: Academia Brasileira de Ciências, 2010.

SPITELLER, P. Chemical ecology of fungi. *Natural Products Reports*, v.32, p.971-993, 2015.

SREELATHA, S.; PADMA, P. R. Modulatory effects of *Moringa oleifera* extracts against hydrogen peroxide-induced cytotoxicity and oxidative damage. *Human and Experimental Toxicology*, v.30, n.9, p.1359-1368, 2011.

STANCIUC, A. M.; GASPAR, A.; MOLDOVAN, L.; SAVIUC, C.; POPA, M.; MĂRUŢESCU, L. *In vitro* antimicrobial activity of Romanian medicinal plants hydroalcoholic extracts on planktonic and adhered cells. *Roumanian Archives of Microbiology and Immunology*, v.70, n.1, p.11-14, 2011.

STANGARLIN, J. R.; SCHWAN-ESTRADA, K. R. F.; CRUZ, M. E. S.; NOZAKI, M. H. Plantas medicinais e controle alternativo de fitopatógenos. *Biotecnologia Ciência & Desenvolvimento*, v.11, p.16-21, 1999.

STANGELAND, T.; REMBERG, S. F.; LYE, K. A. Total antioxidant activity in 35 Ugandan fruits and vegetables. *Food Chemistry*, v.113, p.85-91, 2009.

STAPLETON, A. E.; WALBOT, V. Flavonoids canprotect maize DNA from the induction of UV radiationdamage. *Plant Physiology*, v.105, p.881-889, 1994.

STEIN, E. M. Avaliação das atividades biológicas e composição química dos extratos de algas vermelhas do gênero *Laurencia*. 2011. 167 f. *Dissertação (Mestrado em Ciências)* – Instituto de Biociências, Universidade de São Paulo, São Paulo, 2011.

STIERLE, A.; STROBEL, G.; STIERLE, D. Taxol and taxane production by *Taxomyces andreanae*, an endophytic fungus of pacific yew. *Science*, v.260, p.214-216, 1993.

STOKES, M. J.; GÜTHER, M. L.; TURNOCK, D. C.; PRESCOTT, A. R.; MARTIN, K. L.; ALPHEY, M. S.; FERGUSON, M. A. The synthesis of UDP-N-acetylglucosamine is essential for bloodstream form *Trypanosoma brucei* in vitro and in vivo and UDP-N-acetylglucosamine starvation reveals a hierarchy in parasite protein glycosylation. *Journal of Biological Chemistry*, v.283, n.23, p.16147-16161, 2008.

STOKES, R. Project sunscreen protection. In: GABARD, B.; ELSNER, P.; SURBER, C.; TREFFEL, P. (Eds). *Dematopharmacology of topical preparations*. Berlin: Springer, 2000. cap. 21, p.365-382.

STROBEL, G.; DAISY, B. Bioprospecting for microbial endophytes and their natural products. *Microbiology and Molecular Biology Reviews*, v.67, p.491-502, 2003.

STURM, R. A.; TEASDALE, R. D.; BOX, N. F. Human pigmentation genes: identification, structure and consequences of polymorphic variation. *Gene*, v.277, p.256-261, 2001.

STYLES, J. A.; CLARK, H.; FESTING, M. F. W.; REW, D. A. Automation of Mouse Micronucleus genotoxicity assay by laser scanning cytometry. *Cytometry*, v.44, p.153-155, 2001.

SUNDAR, S. Drug resistance in Indian visceral leishmaniasis. *Tropical Medicine International Health*, v.6, p.849-854, 2001.

SÜZGEÇ-SELÇUK, S.; MERIÇLI, A. H.; GÜVEN, K. C.; KAISER, M.; CASEY, R.; HINGLEY-WILSON, S.; LALVANI, A., TASDEMIR, D. Evaluation of turkish seaweeds for antiprotozoal, antimycobacterial and cytotoxic activities. Phytotherapy Research, v. 25, n. 5, p. 778-783, 2011.

SUNDAR, S.; RAI, M. Advances in the treatment of leishmaniasis. *Current Opinion Infectious Disease*, v.15, n.6, p.593-8, 2002.

SUZUKI, K.; NAKATA, T.; SHIMIZU, T.; ENOMOTO, K. US Patente, 5712109, 1998.

SVETAZ, L. A.; POSTIGO, A.; BUTASSI, E.; ZACCHINO, S. A.; SORTINO, M. A. Antifungal drugs combinations: a patent review 2000-2015. *Expert Opinion on Therapeutic Patents*, v.26, n.4, p.439-453, 2016

SZCZEBARA, F. M.; CHANDELIER, C.; VILLERET, C.; MASUREL, A.; BOUROT, S.; DUPORT, C.; BLANCHARD, S.; GROISILLIER, A.; TESTET, E.; COSTAGLIOLI, P.; CAUET, G.; DEGRYSE, E.; BALBUENA, D.; WINTER, J.; ACHSTETTER, T.; SPAGNOLI, R.; POMPON, D.; DUMAS, B. Total biosynthesis of hydrocortisone from a simple carbon source in yeast. *Nature Biotechnology*, v.21, p.143, 2003.

TABACH, R.; OLIVEIRA, W. P. Evaluation of the anti-ulcerogenic activity of a dry extract of *Maytenus ilicifolia* Martius ex. Reiss produced by a jet spouted bed dryer. *Die Pharmazie – An International Journal of Pharmaceutical Sciences*, v.58, n.8, p.573-576, 2003.

TAKAGI, K.; MITSUNAGA, T. Tyrosinase inhibitory activity of proanthocyanidins from woody plants. *Journal of Wood Science*, v.49, p.461-465, 2003.

TALEB-CONTINI, S. H.; SANTOS, P. A.; VENEZIANI, R. C. S.; PEREIRA, A. M. S. FRANÇA, S. C.; LOPES, N. P.; OLIVEIRA, D. C. R. Differences in secondary metabolites from leaf extracts of *Mikania glomerata* Sprengel obtained by micropropagation and cuttings. *Revista Brasileira de Farmacognosia*, v.16, p.596-598, 2006.

TAN, R. X.; ZOU. W. X. Endophytes: a rich source of functional metabolite. *Natural Product Report*, v.18, p.448-459, 2001.

TAVARES, E. S.; JULIÃO, L. S.; LEITÃO, S. G.; LAGE, C. L. S.; VICCINI, L. Diferenças morfológicas anatômicas e fisiológicas de dois quimiotipos de *Lippia alba* (Mill.) N E. Br. relacionadas à ploidia. In: Congresso de ecologia do Brasil, VI, 2003. *Anais...*, p.99, Fortaleza, 2003.

TEIXEIRA, S. M.; de PAIVA, R. M.; KANGUSSU-MARCOLINO. M. M.; DAROCHA, W. D. Trypanosomatid comparative genomics: Contributions to the study of parasite biology and different parasitic diseases. *Genetics and Molecular Biology*, v.35, n.1, p.1-17, 2012.

TELES, H. L.; SILVA, G. H.; CASTRO-GAMBOA, I.; BOLZANI, V. S.; PEREIRA, J. O.; COSTA-NETO, C. M.; HADDAD, R.; EBERLIN, M. N.; YOUNG, M. C.; ARAÚJO, A. R. Benzopyrans from *Curvularia* sp, an endophytic fungus associated with *Ocotea corymbosa* (Lauraceae). *Phytochemistry*, v.66, p.2363-2367, 2005.

TELES, H. L.; SORDI, R.; SILVA, G. H.; CASTRO-GAMBOA, I.; BOLZANI, V. S.; PFENNING, L. H.; DE ABREU, L. M.; COSTA-NETO, C. M.; YOUNG, M. C.; ARAÚJO, A. R. Aromatic compounds produced by *Periconia atropurpurea*, an endophytic fungus associated with *Xylopia aromatic*. *Phytochemistry*, v.67, p.2686-2690, 2006.

TEMPONE, A. G.; PIMENTA, D. C.; LEBRUN, I.; SARTORELLI, P.; TANIWAKI, N. N.; DE ANDRADE, H. F. JR; ANTONIAZZI, M. M.; JARED, C. Antileishmanial and antitrypanosomal activity of bufadienolides isolated from the toad *Rhinella jimi* parotoid macrogland secretion. *Toxicon*, v.52, n.1, p.13-21, 2008.

TEODORO, V. L.; GULLO, F. P.; SARDI, J. C.; TORRES, E. M.; FUSCO-ALMEIDA, A. M.; MENDES-GIANNINI, M. J. Environmental isolation, biochemical identification, and antifungal drug susceptibility of *Cryptococcus* species. *Revista da Sociedade Brasileira de Medicina Tropical*, v.46, n.6, p.759-764, 2013.

TERAO, J.; PISKULA, M. K. Flavonoids and membrane lipid peroxidation inhibition. *Nutrition*, v.15, n.10, p.790-791, 1999.

TERRY, P.; TERRY, J. B.; WOLK, A. Fruit and vegetable consumption in the prevention of cancer: an update. *Journal of Internal Medicine*, v.250, n.4, p.280-290, 2001.

THODY, A. J. Alpha-MSH and the regulation of melanocyte function. *Annals of the New York Academy of Sciences*, n.885, p.217-229, 1999.

THOMAS, T. R. A.; KAVLEKAR, D. P.; LOKABHARATHI, P. A. Marine Drugs from Sponge-Microbe Association—A Review. *Marine Drugs*, v.8, n.4, p.1417-1468, 2010.

TIBYANGYE, J.; OKECH, M. A.; NYABAYO, J. M.; NAKAVUMA, J. L. *In vitro* Antibacterial Activity of *Ocimum suave* Essential Oils against Uropathogens Isolated from Patients in Selected Hospitals in Bushenyi District. *British Microbiology Research Journal*, v.8, n.3, p.489-498, 2015

TOBI, S. E.; GILBERT, M.; PAUL, N.; MCMILLAN, T. J. The green tea polyphenol, epigallocatechin-3-gallate, protects against the oxidative cellular and genotoxic damage of UVA radiation. *International Journal of Cancer*, v.102, p.439-444, 2002.

TONG, W-Y.; DONG, X. Microbial biotransformation: recent developments on steroid drugs. *Recent Patents on Biotechnology*, v.3, p.141, 2009.

TORRES, F. A. E.; PASSALACQUA, T. G.; VELÁSQUEZ, A. M. A.; DE SOUZA, R. A.; COLEPICOLO, P.; GRAMINHA, M. A. S. New drugs with antiprotozoa activity from algae: a review. *Revista Brasileira de Farmacognosia*, v.24, p.265-276, 2014.

TRAPP, S.; CROTEAU, R. Defensive resin biosynthesis in coniferes. *Annual Review of Plant Molecular and Biologic*, v.52, p.495-504, 2001.

TREYVAUD, V.; MARSTON, A.; DYATMIKO, W.; HOSTETTMANN, K. Molluscicidal saponins from *Phytolacca icosandra*. *Phytochemistry*, v.55, n.6, p.603-609, 2000.

TRICHOPOULOU, A.; VASILOPOULOU, E.; HOLLMAN, P.; CHAMALIDES, C. H.; FOUFA, E. Nutritional composition and flavonoid content of edible wild greens and green pies: a potential rich source of antioxidant nutrients in the Mediterranean diet. *Food Chemistry*, v.70, p.319-323, 2000.

TRIPATHI, A.; PUDDICK, J.; PRINSEP, M. R.; ROTTMANN, M.; TAN, L. T. Lagunamides A and B: Cytotoxic and Antimalarial Cyclodepsipeptides from the Marine Cyanobacterium *Lyngbya majuscula*. *Journal of Natural Products*, v.73, n.11, p.1810-1814, 2010.

TRIPATHI, R. P.; BISHT, S. S.; PANDEY, V. P.; PANDEY, S. K.; SINGH, S.; SINHA, S. K.; CHATURVEDI, V. Antimycobacterial activities in hybrid molecules with benzopyran skeleton. *Medicinal Chemistry Research*, v.20, p.1515-1522, 2011.

TRONINA, T.; BARTMAŃSKA, A.; MILCZAREK, M.; WIETRZYK, J.; POPŁOŃSKI, J.; ROJ, E.; HUSZCZA, E. Antioxidant and antiproliferative activity of glycosides obtained by biotransformation of xanthohumol. *Bioorganic & Medicinal Chemistry Letters*, v.23, p.1957, 2013.

TROUILLER, P.; OLLIARO, P.; TORREELE, E.; ORBINSKI, J.; LAING, R.; FORD, N. Drug development for neglected diseases: a deficient market and a public-health policy failure. *Lancet*, v.359, n.9324, p.2188-2194, 2002.

TRUITI, M. C. T.; FERREIRA, I. C. P.; ZAMUNER, M. L. M.; NAKAMURA, C. V.; SARRAGIOTTO, M. H.; SOUZA, M. C. Antiprotozoal and molluscicidal activities of five Brazilian plants. *Brazilian Journal of Medical and Biological Research*, v.38, n.12, p.1873-1878, 2005

TSURUTA, H.; PADDON, C. J.; ENG, D.; ENG, D.; LENIHAN, J. R.; HORNING, T.; ANTHONY, L. C.; REGENTIN, R.; KEASLING, J. D.; RENNINGER, N. S.; NEWMAN, J. D. High-Level Production of Amorpha-4,11-Diene, a Precursor of the Antimalarial Agent Artemisinin, in *Escherichia coli*. *PLOS one*, v.4, n.2, p.4489, 2009.

TUBA, Z.; BARDEN, C. W.; DANCSI, A.; FRANCSICS-CZINEGE, E.; MOLNAR, E. C.; CSORGEI, J.; FALKAY, G.; KOIDE, S. S.; KUMAR, N.; SUNDARAM, K.; DUKAT-ABROK, V.; BALOGH, G. Synthesis and biological activity of a new progestogen, 16-methylene-17-α-hydroxy-18-methyl-19-norpregn-4-ene-3, 20-dione acetate. *Steroids*, v.65, p.266, 2000.

TUCAKOV, J. *Pharmacognosy*. Beograd: Institute for text book issuing in SR. Srbije; 1964. P.11-30.

TURNOCK, D. C.; IZQUIERDO, L.; FERGUSON, M. A. J. The de Novo synthesis of GDP-fucose is essential for flagellar adhesion and cell growth in *Trypanosoma brucei*. *Journal of Biological Chemistry*, v.282, n.39, p.28853-28863, 2007.

TYLER, V. E. Phytomedicines: Back to the future. *Journal of Natural Products*, v.62, p.1589-1592, 1999.

UEMURA, T.; MORINO, K.; UZAWA, S.; SHIOZAKI, K.; YANAGIDA, M. Cloning and sequencing of Schizosaccharomyces pombe DNA topoisomerase I gene, and effect of gene disruption. *Nucleic Acids Research*, v.15, n.23, p.9727-9739, 1987.

UEOKA, R. Gracilioethers A–C, Antimalarial Metabolites from the Marine Sponge *Agelas gracilis*. *The Journal of Organic Chemistry*, v.74, n.11, p.4203-4207, 2009.

URBERG, P.; BARBOSA, J. V.; ROTENBERG, L. The role of behavior in the survival of *Biomphalaria glabrata* in bioassays with the plant molluscicide *Phytolacca dodecandra*. *Memórias do Instituto Oswaldo Cruz*, v.83, n.1, p.41-46, 1988.

URBINA, J. A.; DOCAMPO, R. Specific chemotherapy of Chagas disease: controversies and advances. *Trends Parasitology*, v.19, n.11, p.495-501, 2003.

URBINA, J. Specific chemotherapy of Chagas disease: relevance, current limitations and new approaches. *Acta Tropica*, v.115, p.55-68, 2010.

URREA-BULLA, A,; SUÁREZ, M. M.; MORENO-MURILLO, B. Biological activity of phenolic compounds from *Alchornea glandulosa*. *Fitoterapia*, v.75, n.3-4, p.392-394, 2004

URSINI, F.; MAIORINO, M.; MORAZZONI, P.; ROVERI, A.; PIFFERI, G. A novel antioxidant flavonoid (IdB 1031) affecting molecular mechanisms of cellular activation. *Free Radical Biology & Medicine*, v.16, n.5, p.547-553, 1994.

VACCHINA, P.; MORALES, M. *In vitro* screening test using *Leishmania* promasigotes stably expressing mCherry Protein. *Antimicrobial Agents and Chemotherapy*, v.58, n.3, p.1825-1828, 2014.

VALKO, M.; IZAKOVIC, M.; MAZUR, M.; RHODES, C. J.; TELSER, J.; Role of oxygen radicals in DNA damage and cancer incidence. *Molecular Cellular and Biochemistry*, v.266, p.37-56, 2004.

VAN ACKER, F. A. A.; SCHOUTEN O.; HAENEN, G. R. M. M.; VAN DER VIJGH, W. J. F.; BAST, A.; Flavonoids can replace α-todopherol as an antioxidant. *FEBS Letters*, 473, p.145-148, 2000.

VAN ACKER, S. A.; VAN DEN BERG, D. J.; TROMP, M. N.; GRIFFIOEN, D. H.; VAN

VAN GRIENSVEN, J.; DIRO, E. Visceral leishmaniasis. *Infectious Disease Clinics of North America*, v.26, p.309-322, 2012.

VAN PUYVELDE, L.; De KIMPE, N. Tetradenolide, an alpha pyrone from *Tetradenia riparia*. *Phytochemistry*, v.49, p.1157- 1158, 1998.

VAN SOEST, R. Axinella polypoides Schmidt, 1862. In: VAN SOEST, R. W. M et al. (2016) World Porifera database. 2016. Disponível em: <http://www. marinespecies. org/aphia. php?p=taxdetails&id=132487>. Acesso em: 30 mar. 2016.

VAN SOEST, R. Dragmaxia anomala Carvalho & Hajdu, 2004. In: VAN SOEST, R. W. M et al. World Porifera database. 2015. Disponível em: <http://www. marinespecies. org/porifera/porifera. php?p=taxdetails&id=165564>. Acesso em: 29 mar. 2016.

VASCO, C.; RUALES, J.; KAMAL-ELDIN, A. Total phenolic compounds and antioxidant capacities of major fruits from Ecuador. *Food Chemistry*, v.111, p.816-823, 2008.

VASCONCELLOS, M. C.; AMORIM, A. Molluscicidal action of the latex of *Euphorbia splendens* var. hislopii N. E. B. ("Christ's Crown") (Euphorbiaceae) against *Lymnaea columella* (Say, 1817) (Pulmonata: Lymnaeidae), intermediate host of *Fasciola hepatica* Linnaeus, 1758 (Trematode: Fasciolidae). 1- Test in Laboratory. *Memórias do Instituto Oswaldo Cruz*, v.98, n.4, p.557-563, 2003.

VASCONCELLOS, M. C.; AMORIM, A. Activity of *Euphorbia splendens* var. hislopii N. E. B. (Euphorbiaceae) latex against *Lymnaea columella* (Say, 1817) (Pulmonata: Lymnaeidae), intermediate host of *Fasciola hepatica*, Linnaeus, 1758 (Trematoda: Fasciolidae). 2: Limited field-testing. *Memórias do Instituto Oswaldo Cruz*, v.98, n.7, p.981-985, 2003a.

VASCONCELLOS, M. C.; SCHALL, V. Latex of "Coroa de Cristo" (*Euphorbia splendens*): an effective molluscicide. *Memórias do Instituto Oswaldo Cruz*, v.81, n.4, p.475-476, 1986.

VEGA, C.; ROLÓN, M.; MARTÍNEZ-FERNÁNDEZ, A. R.; ESCARIO, J. A.; GÓMEZ-BARRIO, A. A new pharmacological screening assay with *Trypanosoma cruzi* epimastigotes expressing beta-galactosidase. *Parasitology Research*, v.95, n.4, p.296-298, 2005.

VELANKAR H. R.; HEBLE R. H. Biotransformation of (L)-citronellal to (L)-citronellol by free and immobilized *Rhodotorula minuta*. *Applied Microbiology and Biotechnology*, v.6, p.90, 2003.

VELÁSQUEZ, A. M. A.; DE SOUZA, R. A.; PASSALACQUA, T. G.; RIBEIRO, A. R.; SCONTRI, M.; CHIN, C. M.; DE ALMEIDA, L.; DEL CISTIA, M. L.;

ROSA, J. A.; MAURO, A. E.; GRAMINHA, M. A. S. Antiprotozoal Activity of the Cyclopalladated Complexes Against *Leishmania amazonensis* and*Trypanosoma cruzi*. *Journal of the Brazilian Chemical Society*, v.00, n.00, 1-1, 2016.

VELLOSA, J. C. R.; BARBOSA, V. D. F.; KHALIL, N. M. SANTOS, V. A. F. F. M.; FURLAN, M.; BRUNETTI, I. L.; OLIVEIRA, O. M. M. F. Profile of *Maytenus aquifolium* action over free radicals and reactive oxygen species. *Revista Brasileira de Ciências Farmacêuticas*, v.43, n.3, p.447-453, 2007.

VELLOSA, J. C. R.; KHALIL, N. M.; FORMENTON, V. A. F.; XIMENES, V. F.; FONSECA, L. M.; FURLAN, M.; BRUNETTI, I. L.; OLIVEIRA, O. M. M. F. Antioxidant activity of *Maytenus ilicifolia* root bark. *Fitoterapia*, v.77, n.3, p.243-2444, 2006.

VENCOVSKY, R. Herança Quantitativa . In: Melhoramento e produção de milho no Brasil. Paterniani E. (Ed.), p.122-201, Piracicaba, 1978.

VENTRELLA, M. C. *Produção de folhas, óleo essencial e anatomia foliar quantitativa de Lippia alba (Mill.) n. E. Br. (Vernenaceae) em diferentes níveis de sombreamento e épocas de colheita*. Botucatu, 2000. 84f. Tese (Doutorado em Horticultura) – Faculdade de Ciências Agronômicas Universidade Paulista.

VENTUROSO, L. R.; BACCHI, L. M. A.; GAVASSONI, W. L.; CONUS, L. A.; PONTIM, B. C. A.; BERGAMIN, A. C. Atividade antifúngica de extratos vegetais sobre o desenvolvimento de fitopatógenos. *Summa Phytopathologica*, v.37, n.1, p.18-23, 2011.

VERPOORTE, R.; ALFEMANN, A. W. *Metabolic engineering of plant secondary metabolism*. Dordrecht: Springer. 2000.

VICCINI, L. F.; PIERRE, P. M. O.; PRAÇA, M. M.; SOUZA DA COSTA, D. C.; ROMANEL-COSTA, E.; SOUZA, S. M.; PEREIRA-PEIXOTO, P. H.; SALIMENA, F. R. Chromossome number in the genus *Lippia* (Verbenaceae). *Plant Systematics and Evolution*, v.256, p.171-178, 2006.

VICTÓRIO, C. P. Therapeutic value of the genus *Alpinia*, Zingiberaceae. *Revista Brasileira de Farmacognosia*, v.21, p.194-201. 2011.

VICKERY, M. L.; VICKERY, B. Secondary plant metabolism, Mac Millan Press, London, 1981, 335p.

VIEGAS JR, C.; BOLZANI, V. S.; BARREIRO, E. J. Os produtos naturais e a química medicinal moderna. *Química Nova*, v.29, p.326-337, 2006.

VIEGAS JR, C.; SILVA, D. H. S.; PIVATTO, M.; DE REZENDE, A.; CASTRO-GAMBÔA, I.; BOLZANI, V. S.; NAIR, M. G. Lipoperoxidation and cyclooxygenase enzyme inhibitory piperidine alkaloids from *Cassia spectabilis* green fruits. *Journal of Natural Products*, v.70, p.2026-2028, 2007.

VILEGAS, W.; SANOMMIYA, M.; RASTRELLI, L.; PIZZA, C. Isolation and structure elucidation of two new flavonoid glycosides from the infusion of *Maytenus aquifolium* leaves. Evaluation of the antiulcer activity of the infusion. *Journal of Agricultural and Food Chemistry*, v.47, n.2, p.403-406, 1999.

VILLA, H.; OTERO MARCOS, A. R.; REGUERA, R. M.; BALAÑA-FOUCE, R.; GARCÍA-ESTRADA, C.; PÉREZ-PERTEJO, Y.; TEKWANI, B. L.; MYLER, P. J.; STUART, K. D.; BJORNSTI, M. A.; ORDÓÑEZ, D. A. A novel active DNA topoisomerase I in *Leishmania donovani*. *Journal of Biological Chemistry*, v.278, n.6, p.3521-3526, 2003.

VINHAES, M. C.; DIAS, J. C. P. Doença de Chagas no Brasil. *Cadernos de Saúde Pública*, v.16, p.7-12, 2000.

VIOLANTE, I. M.; GARCEZ, W. S.; BARBOSA, C. S.; GARCEZ, F. R. Chemical composition and biological activities of essential oil from *Hyptis crenata* growing in the Brazilian cerrado. *Natural Products Communications*, v.7, n.10, p.1387-1389, 2012.

VIPPILA, M. R.; LY, P. K.; CUNY, G. D. Synthesis and antiproliferative activity evaluation of the disulfide-containing cyclic peptide thiochondrilline C and derivatives. *Journal of Natural Products*, v.78, p.2398-2404, 2015.

VITALE, F.; GENOVESE, G.; BRUNO, F.; CASTELLI, G.; PIAZZA, M.; MIGLIAZZO, A.; MINICANTE, S. A.; MANGHISI, A.; MORABITO, M. Effectiveness of red alga Asparagopsis taxiformis extracts against Leishmania infantum. Open Life Sciences, v. 10, p. 490–496, 2015.

VISKUPIČOVÁ, J.; ŠTURDÍK, E.; ONDREJOVIČ, M. Enzymatic transformation of flavonoids. *Acta Chimica Slovaca*, v.2, n.1, p.88, 2009.

VIVAS, J.; ALVARADO, P.; VISBAL, G.; ALVAREZ-AULAR, A.; RUIZ, E.; LEDEZMA, E. [*In vitro* synergisms among hydrazones, ajoeno and posaconazole against *Cryptococcus* spp]. *Investigación Clinica*, v.52, n.4, p.312-322, 2011.

VO, T. S.; NGO, D. H.; KIM, S. K. Marine algae as a potential pharmaceutical source for anti-allergic therapeutics. *Process Biochemistry*, v.47, n.3, p.386-394, 2012.

VOGEL, S.; HEILMANN, J. Synthesis, cytotoxicity, and antioxidative activity of minor prenylated chalcones from *Humulus lupulus*. *Journal of Natural Products*, v.71, p.1237-1241, 2008.

VONTHRON-SÉNÉCHEAU, C.; KAISER, M.; DEVAMBEZ, I.; VASTEL, A.; MUSSIO, I.; RUSIG, A. M. Antiprotozoal Activities of Organic Extracts from French Marine Seaweeds. Marine Drugs, v. 9, n. 6, p. 922-933, 2011.

VOSTÁLOVÁ, J.; ZDARILOVÁ, A.; SVOBODOVÁ, A. Prunella vulgaris extract and rosmarinic acid prevent UVB-induced DNA damage and oxidative stress in HaCaT keratinocytes. *Archives of Dermatological Research*, v.302, p.171-181, 2010.

WAGENAAR, M. M.; CORWIN, J.; STROBEL, G.; CLARDY, J. Three new cytochalasins produced by an endophytic fungus in the genus *Rhinocladiella*. *Journal of Natural Products*, v.63, p.1692-1695, 2000.

WALL, M. E.; WANI, M. C. Camptothecin and taxol: from discovery to clinic. *Journal of Ethnopharmacology*, v.51, p.239-54, 1996.

WALTERS, A. K. *Dermatological and transdermal formulations*. 4. ed. New York: Marcel Dekker, 2002.

WALTERS, K. A. Penetration enhancers and their use in transdermal therapeutic systems. In: HADGRAFT, J.; GUY, R. H. (Eds.). *Transdermal drug delivery*: developmental issues and research initiatives. New York: Marcel Dekker, 1989, p.197-246.

WANG, A.; ZHANG, F.; HUANG, L.; YIN, X.; LI, H.; WANG, Q.; ZENG, Z.; XIE, T. New progress in biocatalysis and biotransformation of flavonoids. *Journal of Medicinal Plants Research*, v.4, n.10, p.847, 2010.

WANG, B.; ZHANG, Z.; GUO, L.; LIU, L. New cytotoxic meroterpenoids from the plant endophytic fungus *Pestalotiopsis fici*. *Helvetica Chimica Acta*, v.99, p.151-156, 2016.

WANG, H.; YAN, Z.; GENG, J.; KUNZ, S.; SEEBECK, T.; KE, H. Crystal structure of the *Leishmania major* phosphodiesterase LmjPDEB1 and insight into the design of the parasite-selective inhibitors. *Molecular Microbiology*, v.66, n.4, p.1029-1038, 2007.

WANG, J. C. DNA topoisomerases. *Annual Review of Biochemistry*, v.65, p.635-692, 1996.

WANG, L. W.; XU, B. G.; WANG, J. Y.; SU, Z. Z.; LIN, F. C.; ZHANG, C. L.; KUBICEK, C. P. Bioactive metabolites from *Phoma* species, an endophytic fungus from the Chinese medicinal plant *Arisaema erubescens*. *Applied Microbiology and Biotechnology*, v.93, p.1231-1239, 2012.

WANG, Y.; TANG, K. A new endophytic taxol- and baccatin III-producing fungus isolated from *Taxus chinensis* var. *mairei*. *African Journal of Biotechnology*, v.10, p.16379-16386, 2011.

WANG, Z.; YEATS, T.; HAN, H.; JETTER, R. Cloning and characterization of oxidosqualene cyclases from *Kalanchoe daigremontiana*: enzymes catalyzing up to 10 rearrangement steps yielding friedelin and other triterpenoids. *The Journal of biological chemistry*, v.285, n.39, p.29703-29712, 2010.

WERKER, E.; PUTIEVSKY, E.; RAVID, U. Glandular hairs and essential oil developing leaves of *Origanum basilicum* (Lamiaceae). *Annals of Botany*, v.71, p.43-50, 1993.

WERKER, E.; RAVID, V.; PUTIEVSKY, E. Structure of glandular hair and identification of the main components their secreted material in some species of the Labiatae. *Israel Journal of Botany*, v.34, p.31-45, 1985.

WERNECK, G. L. Geographic spread of visceral leishmaniasis in Brazil. *Cadernos Saúde Pública*, v.26, n.4, p.644-645, 2010.

WERNECK, G. L.; HASSELMANN, M. H.; GOUVÊA, T. G. An overview of studies on nutrition and neglected diseases in Brazil. *Revista Ciência & Saúde Coletiva*, v.16, n.1, p.39-62, 2011.

WESTFALL, P. J.; PITERA, D. J.; LENIHAN, J. R.; ENG, D.; WOOLARD, F. X.; REGENTIN, R.; HORNING, T.; TSURUTA, H.; MELIS, D. J.; OWENS, A.; FICKES, S.; DIOLA, D.; BENJAMIN, K. R.; KEASLING, J. D.; LEAVELL, M. D.; MCPHEE, D. J.; RENNINGER, N. S.; NEWMAN, J. D.; PADDON, C. J. Production of amorphadiene in yeast, and its conversion to dihydroartemisinic acid, precursor to the antimalarial agent artemisinin. *PNAS*, v.109, n.3, p.E111-E118, 2012.

WHEATER, P. R. *Histologia funcional*. 3. ed. Rio de Janeiro: Guanabara Koogan, 1994.

________. *Histologia funcional*. 4. ed. Rio de Janeiro: Guanabara Koogan, 2001.

WHITSON, E. L.; MALA, S. M. V. D.; VELTRI, C. A.; BUGNI, T. S.; SILVA, E. D.; IRELAND, C. M. Oppositines A and B, sesquiterpene pyridine alkaloids from a Sri Lankan *Pleurostylia opposita*. *Journal of Natural Products*, v.69, n.12, p.1833-1835, 2006.

WHO (World Health Organization) *Report of the scientific working group meetingon schistosomiasis*, 2005. Disponível em: <http://www. who. int/tdr/publications/documents/swg_schisto. pdf>. Acesso em: 19 dez. 2011.

________. Memoranda – molluscicide screening and evaluation. *Bulletin of the World Health Organization*, v.33, n.4, p.567-581, 1965.

________. *Pesticides and their application for the control of vectors and pests of public health importance*. 2006. Disponível em: <http://whqlibdoc. who. int/hq/2006/WHO_CDS_NTD_WHOPES_GCDPP_2006. 1_eng. pdf>. Acesso em: 10 jan. 2012.

________. *Report of the scientific working group on plant molluscicide & guidelines for evaluation of plant molluscicides*. (4)/83. 3, 1983.

WIART, C. *Etnopharmacology of medicinal plants*. New Jersey: Humana Press; 2006. P.1-50.

WIEMER, E. A.; IJLST, L.; VAN ROY, J.; WANDERS, R. J.; OPPERDOES, F. R. Identification of 2-enoyl coenzyme A hydratase and NADP(+)-dependent 3-hydroxyacyl-CoA dehydrogenase activity in glycosomes of procyclic *Trypanosoma brucei*. *Molecular and Biochemical Parasitology*, v.82, n.1, p.107-111, 1996.

WILKINSON, S. R.; PRATHALINGAM, S. R.; TAYLOR, M. C.; AHMED, A.; HORN, D.; KELLY, J. M. Functional characterisation of the iron superoxide dismutase gene repertoire in *Trypanosoma brucei*. *Free Radical Biology and Medicine*, v.40, n.2, p.198-209, 2006.

WILKINSON, S. R.; PRATHALINGAM, S. R.; TAYLOR, M. C.; HORN, D.; KELLY, J. M. Vitamin C biosynthesis in trypanosomes: A role for the glycosome. *Proceedings of the National Academy of Sciences of the United States of America*, v.102, n.33, p.11645-11650, 2005.

WILLIAMS, R. B.; HENRIKSON, J. C.; HOOVER, A. R.; LEE, A. E.; CICHEWICZ, R. H. Epigenetic remodeling of the fungal secondary metabolome. *Organic & Biomolecular Chemistry*, v.6, p.1895-1897, 2008.

WILLIS, I. Cutaneous heat: a potential environmental factor in the development of melasma. *Cosmetic Dermatology*, v.17, p.387-390, 2004.

WINKEL-SHIRLEY, B. Flavonoid biosynthesis, a colorful model for genetics, biochemistry, cell biology, and biotechnology. *Plant Physiology*, v.126, p.485-493, 2001.

WITSCHEL, M.; ROTTMANN, M.; KAISER, M.; BRUN, R. Agrochemicals against Malaria, Sleeping Sickness, Leishmaniasis and Chagas Disease. *PLOS Neglected Tropical Disease*, v.6, p.1805, 2012.

WOKOVICH, A. M.; PRODDUTURI, S.; DOUB, W. H.; HUSSAIN, A. S.; BUHSE, L. F. Transdermal drug delivery system (TDDS) adhesion as a critical safety, efficacy and quality attribute. *European Journal Pharmaceutics and Biopharmaceutics*, v.64, n.1, p.1-8, 2006

WOLLENWEBER, E.; DORR, M. Exudate flavonoids in some Solanaceae. *Biochemical Systematic adn Ecology*, v.23, p.457-458, 1995.

WORLD HEALTH ORGANIZATION. Control of the leishmaniases. Report of a meeting of the WHO Expert Committee on the Control of Leishmaniases. Geneva, Swiss, 2010.

________. Technical report series: Research priorities for Chagas disease, human african trypanosomiasis and leishmaniasis. World Health Organization: Geneva, 2012.

________. Why are some tropical diseases called "neglected"? 2013a. Disponível em: <http://www. who. int/features/qa/58/en/>. Acesso em: dez. 2013.

________. Leishmaniasis. 2013b. Disponível em: <http://www. who. int/leishmaniasis/en/index. html>. Acesso em: dez. 2013.

________. Chagas disease (American trypanosomiasis): Fact sheet n.340. 2016. Disponível em: <http://www. who. int/mediacentre/factsheets/fs340/en/>. Acesso em: 11 mar. 2016.

WU, Z.; LI, D. L.; CHEN, Y. C.; ZHANG, W. M. A new isofuranonaphthalenone and benzopyrans from the endophytic fungus *Nodulisporium* sp. A4 from *Aquilaria sinensis*. *Helvetica Chimica Acta*, v.93, p.920-924, 2010.

XIAO. J.; MUZASHVILI, T. S.; GEORGIEV, M. I. Advances in the biotechnological glycosylation of valuable flavonoids. *Biotechnology Advances*, v.32, p.1145, 2014.

XU, D. H,; HUANG, Y. S.; JIANG, D. Q.; YUAN, K. The essential oils chemical compositions and antimicrobial, antioxidant activities and toxicity of three *Hyptis* species. *Pharmaceutical Biology*, v.51, n.9, p.1125-1130, 2013.

YAMAKOSHI, J.; OTSUKA, F.; SANO, A.; TOKUTAKE, S.; SAITO, M.; KIKUSHI, M.; KUBOTA, Y. Lightening effect on ultraviolet-induced pigmentation of guinea pig skin by oral administration of proanthoccyanidin-rich extract from grape seeds. *Pigment Cell Research*, v.16, p.629-638, 2006.

YAMAMOTO, P. Y. *Interação Genótipo X Ambiente na Produção e Composição de Óleos Essenciais de Lippia alba (Mill.) n. E. Br*. Campinas, 2006. 73f. Dissertação (de Mestrado em Agricultura Tropical e Subtropical) – Instituto Agronômico de Campinas.

YAMEY, G.; TORREELE, E. The world's most neglected diseases. *BMJ*, v.325, n.7357, p.176-177, 2002.

YAN, J. F.; BROUGHTON, S. J.; YANG, S. L.; GANGE, A. C. Do endophytic fungi grow through their hosts systemically? *Fungal Ecology*, v.13, p.53-59, 2015.

YAN, X. -J.; GONG, L. -H.; ZHENG, F. -Y.; CHENG, K. -J.; CHEN, Z. -S.; SHI, Z. Triterpenoids as reversal agents for anticancer drug resistance treatment. *Drug Discovery Today*, v.19, n.4, p.482-488, 2014.

YANG, Y.; ZHAO, H.; BARRERO, R. A.; ZHANG, B.; SUN, G.; WILSON, I. W.; XIE, F. WALKER, K. D.; PARKS, J. W.; BRUCE, R.; GUO, G.; CHEN, L.; ZHANG, Y.; HUANG, X.; TANG, Q.; LIU, H.; BELLGARD, M. I.; QIU, D.; LAI, J.; HOFFMAN, A. Genome sequencing and analysis of the paclitaxel-producing endophytic fungus *Penicillium aurantiogriseum* NRRL 62431. *BioMed Central Genomics*, v.15, n.69, p.1471-2164, 2014.

YARIWAKE, J. H.; LANÇAS, F. M.; CAPPELARO, E. A.; VASCONCELOS, E. C.; TIBERTI, L. A.; PEREIRA, A. M. S.; FRANCA, S. C. Variabilidade sazonal de constituintes químicos (triterpenos, flavonoides e polifenóis) das folhas de *Maytenus aquifolium* Mart. (Celastraceae). *Revista Brasileira de Farmacognosia*, João Pessoa, v.15, n.2, p.162-168, 2005.

YASUI, H.; SAKURAI, H. Chemiluminescent detection and imaging of reactive oxygen species in live mouse skin exposed to UVA. *Biochemical and Biophysical Research Communications*, v.269, p.131-136, 2000.

YILMAZ, Y; TOLEDO, R. T. Major flavonoids in grape seeds and skins: antioxidant capacity of catechin, epicatechin, and gallic acid. *Journal of Agricultural and Food Chemistry*, v.52, n.2, p.255-260, 2004.

YOCHUM, L.; KUSHI, L. H.; MEYER, K.; FOLSOM, A. R. Dietary flavonoid intake and risk of cardiovascular disease in postmenopausal women. *American Journal Epidemiology*, v.149, n.10, p.943-949, 1999.

YUAN, J.; ZHANG, Z.; FAN, Z.; YANG, J. Antioxidant effects and cytotoxicity of three purified polysaccharides from *Ligusticum chuanxiong* Hort. *Carbohydrate Polymers*, v.74, p.822-827, 2008.

YUAN, Y. V.; BONE, D. E.; CARRINGTON, M. F. Antioxidant activity of dulse (*Palmaria palmate)* extract evaluated *in vitro*. *Food Chemistry*, v.91, p.485-494, 2005.

ZAIN, M. E.; AWAAD, A. S.; AL-OTHMAN, M. R.; ALAFEEFY, A. M.; EL-MELIGY, R. M. Biological activity of fungal secondary metabolites. International Journal of Chemical and Applied Biological Sciences, v.1, n.1, p.14-22, 2014.

ZANARDI, L. M.; BOLZANII, V. S.; CAVALHEIRO, A. J.; SILVA, D. H. S.; TREVISAN, H. C.; ARAUJO, A. R.; SILVA, G. H.; TELES, H. L.; YOUNG, M. C. M. Sesquiterpenos produzidos pelo fungo endofítico *Phomopsis cassiae* com atividade antifúngica e inibidora de acetilcolinesterase. *Química Nova*, v.35, p.2233-2236, 2012.

ZANI, C. L.; MARSTON, A.; HAMBURGER, M.; HOSTETTMANN, K. Molluscicidal milliamines from *Euphorbia milii* var hislopii. *Phytochemistry*, v.34, n.1, p.89-95, 1993.

ZEGURA, B.; DOBNIK, D.; NIDERL, M. H.; FILIPIC, M. Antioxidant and antigenotoxic effects of rosemary (*Rosmarinus officinalis* L.) extracts in *Salmonella typhimurium* TA98 and HepG2 cells. *Environmental Toxicology and Pharmacology*, v.32, p.296-305, 2011.

ZELNIK, R.; PUTIEVSKY, E.; RAVID, V. Glandular hairs and essential oil developing leaves of *Ocimum basilicum* (Lamiaceae). *Annals of Botany*, v.71, p.43-50, 1978.

ZELNIK, R.; RABENHORST, E.; MATIDA, A. K.; GOTTLIEB, H. E.; LAVIE, D.; PANIZZA, S. Ibozol, a new diterpenoid from Iboza riparia. *Phytochemistry*, v.17, n.10, p.1795-1797, 1978.

ZERAIK, M. L.; SERTEYN, D.; DEBY-DUPONT, G.; WAUTERS, J. N.; TITS, M.; YARIWAKE, J. H.; ANGENOT, L.; FRANCK, T. Evaluation of the antioxidant activity of passion fruit (*Passiflora edulis* and *Passiflora alata*) extracts on stimulated neutrophils and myeloperoxidase activity assays. *Food Chemistry*, v.128, p.259-265, 2011.

ZHAN, J. X.; ZHANG, Y. X.; GUO, H. Z.; HAN, J.; NING, L. L.; GUO, D. A. Microbial metabolism of artemisinin by *Mucor polymorphosporus* and *Aspergillus niger*. *Journal of Natural Products*, v.65, p.1693, 2002.

ZHAN, J.; GUO, H.; DAI, J.; ZHANG, Y.; GUO, D. Microbial transformations of artemisinin by *Cunninghamella echinulata* and *Aspergillus niger*. *Tetrahedron Letters*, v.43, p.4519, 2002.

ZHANG, H. W.; SONG, Y. C.; TAN, R. X. Biology and chemistry of endophytes. *Natural Product Reports*, v.23, p.753-771, 2006.

ZHANG, J. Y.; TAO, L. Y.; LIANG, Y. J.; CHEN, L. M.; MI, Y. J.; ZHENG, L. S.; WANG, F.; SHE, Z. G.; LIN, Y. C.; TO, K. K. W.; FU, L. W. Anthracenedione derivatives as anticancer agents isolated from secondary metabolites of the mangrove endophytic fungi. *Marine Drugs*, v.8, p.1469-1481, 2010.

ZHANG, Q.; YU, P.; LI, Z.; ZHANG, H.; XU, Z.; LI, P. Antioxidant activities of sulfated polysaccharide fractions from *Porphyra haitanesis*. *Journal of Applied Phycology*, v.15, p.305-310, 2003.

ZHANG, W.; CUI, L.; WU, M.; ZHANG, R.; XIE, L.; WANG, H. Transformation of prednisolone to a 20β-hydroxy prednisolone compound by *Streptomyces roseochromogenes* TS79. *Applied Microbiology and Biotechnology*, v.92, p.727, 2011.

ZHANG, Y.; ZHANG, Z.; WANG, B.; LIU, L.; CHE, Y. Design and synthesis of natural product derivatives with selective and improved cytotoxicity based on a sesquiterpene scaffold. *Bioorganic & Medicinal Chemistry Letters*, v.26, p.1885-1888, 2016.

ZHU, N.; SHARAPIN, N.; ZHANG, J. Three glucosides from *Maytenus ilicifolia*. *Phytochemistry*, v.47, n.2, p.265-268, 1998.

ZOGBI, M. G. S.; ANDRADE, E. H. A.; SANTOS, A. S.; SILVA, M. H. L.; MAIA, J. G. S. Essential oils of *Lippia alba* (Mill.) n. E. Br. growing wild in the Brazilian Amazon. *Flavour and Fragance Journal*, v.13, p.47-8, 1998.

ZUCCA, M.; SCUTERAM S.; SAVOIAM D. New chemotherapeutic strategies against malaria, leishmaniasis and trypanosomiases. *Current Medicinal Chemistry*, v.20, n.4, p.502-526, 2013.

Sobre os autores

Ana Carolina Conceição Monteiro de Castro – Faculdade de Ciências Farmacêuticas, Universidade Estadual Paulista (Unesp), *campus* de Araraquara

Ana Marisa Fusco Almeida – Faculdade de Ciências Farmacêuticas, Universidade Estadual Paulista (Unesp), *campus* de Araraquara

Angela Maria Arenas Velásquez – Faculdade de Ciências Farmacêuticas e Instituto de Química, Universidade Estadual Paulista (Unesp), *campus* de Araraquara

Angela Regina Araujo – Instituto de Química, Universidade Estadual Paulista (Unesp), *campus* de Araraquara

Bruna Galdorfini Chiari – Faculdade de Ciências Farmacêuticas, Universidade Estadual Paulista (Unesp), *campus* de Araraquara

Carolina Rabal Biasetto – Instituto de Química, Universidade Estadual Paulista (Unesp), *campus* de Araraquara

Cíntia Duarte de Freitas Milagre – Instituto de Química, Universidade Estadual Paulista (Unesp), *campus* de Araraquara

Dulce Helena Siqueira Silva – Instituto de Química, Universidade Estadual Paulista (Unesp), *campus* de Araraquara

Erika Mattos Stein – Instituto de Química, Universidade de São Paulo

Iracy Lea Pecora – Universidade Estadual Paulista (Unesp), *campus* experimental do Litoral Paulista

Janaina de Cássia Orlandi Sardi – Faculdade de Ciências Farmacêuticas, Universidade Estadual Paulista (Unesp), *campus* de Araraquara.

José Ricardo Soares de Oliveira – Faculdade de Ciências Farmacêuticas, Universidade Estadual Paulista (Unesp), *campus* de Araraquara

Karina Alves Pinheiro – Instituto de Química, Universidade Estadual Paulista (Unesp), *campus* de Araraquara

Leandro da Costa Clementino – Faculdade de Ciências Farmacêuticas e Instituto de Química, Universidade Estadual Paulista (Unesp), *campus* de Araraquara

Leticia de Almeida – Faculdade de Ciências Farmacêuticas e Instituto de Química, Universidade Estadual Paulista (Unesp), *campus* de Araraquara

Lidiane Gaspareto Felippe – Instituto de Química, Universidade Estadual Paulista (Unesp), *campus* de Araraquara

Lin Chau Ming – Faculdade de Ciências Agronômicas, Universidade Estadual Paulista (Unesp), *campus* de Botucatu

Luna Schlittler dos Santos – Instituto de Química, Universidade Estadual Paulista (Unesp), *campus* de Araraquara

Maicon Segalla Petrônio – Instituto de Biociências, Letras e Ciências Exatas, Universidade Estadual Paulista (Unesp), *campus* de São José do Rio Preto

Maraylla Inácio de Moraes – Instituto de Química, Universidade Estadual Paulista (Unesp), *campus* de Araraquara

Márcia Aparecida Silva Graminha – Faculdade de Ciências Farmacêuticas, Universidade Estadual Paulista (Unesp), *campus* de Araraquara

Márcia Ortiz Mayo Marques – Centro de P&D de Recursos Vegetais, Instituto Agronômico de Campinas (IAC)

Marcos Antonio Corrêa – Faculdade de Ciências Farmacêuticas, Universidade Estadual Paulista (Unesp), *campus* de Araraquara

Maria Bernadete Gonçalves Martins – Instituto de Biociência, Universidade Estadual Paulista (Unesp), campus do Litoral Paulista de São Vicente

Maria Gabriela José de Almeida – Faculdade de Ciências Farmacêuticas, Universidade Estadual Paulista (Unesp), *campus* de Araraquara

Maria José Soares Mendes Giannini – Faculdade de Ciências Farmacêuticas, Universidade Estadual Paulista (Unesp), *campus* de Araraquara

Maria Luiza Zeraik – Universidade Estadual de Londrina (UEL)

Maysa Furlan – Instituto de Química, Universidade Estadual Paulista (Unesp), *campus* de Araraquara

Nailton Monteiro do Nascimento-Júnior – Instituto de Química, Universidade Estadual Paulista (Unesp), *campus* de Araraquara

Nayla de Souza Pitangui – Faculdade de Ciências Farmacêuticas, Universidade Estadual Paulista (Unesp), *campus* de Araraquara

Pio Colepicolo Neto – Instituto de Química, Universidade de São Paulo

Polyana Erhlet – Faculdade de Ciências Agronômicas, Universidade Estadual Paulista (Unesp), *campus* de Botucatu

Raquel Sabará da Cruz – Instituto de Química, Universidade Estadual Paulista (Unesp), *campus* de Araraquara

Regina Maria Barretto Cicarelli – Faculdade de Ciências Farmacêuticas, Universidade Estadual Paulista (Unesp), *campus* de Araraquara

Rodrigo Araújo de Souza – Museu Biológico do Instituto Butantan, São Paulo

Selma Dzimidas Rodrigues – Instituto de Biociência, Universidade Estadual Paulista (Unesp), campus do Litoral Paulista de São Vicente

Tatiana Maria de Souza-Moreira – Instituto de Química, Universidade Estadual Paulista (Unesp), *campus* de Araraquara

Thais Gaban Passalacqua – Faculdade de Ciências Farmacêuticas e Instituto de Química, Universidade Estadual Paulista (Unesp), *campus* de Araraquara

Vanderlan da Silva Bolzani – Instituto de Química, Universidade Estadual Paulista (Unesp), *campus* de Araraquara

Vanessa Mara Chapla – Universidade Federal do Tocantins (UFT)

Vânia Aparecida de Freitas Formenton Macedo dos Santos – Instituto de Química, Universidade Estadual Paulista (Unesp), *campus* de Araraquara

Vera Isaac – Faculdade de Ciências Farmacêuticas, Universidade Estadual Paulista (Unesp), *campus* de Araraquara

Walter José Siqueira – Centro de P&D de Recursos Vegetais, Instituto Agronômico de Campinas (IAC)

SOBRE O LIVRO

Formato: 16 x 23 cm
Mancha: 22,5 x 37,5 pica
Tipologia: Horley Old Style 11/15
Papel: Offset 75 g/m² (miolo)
Cartão Supremo 250 g/m² (capa)

1ª edição: 2016

EQUIPE DE REALIZAÇÃO

Coordenação Geral
Marcos Keith Takahashi

Impressão e Acabamento
FARBE DRUCK
gráfica e editora ltda.